"十一五"中国环境学科发展报告

中国环境科学学会　主编

中国科学技术出版社

·北 京·

图书在版编目(CIP)数据

"十一五"中国环境学科发展报告/中国环境科学学会主编.
—北京：中国科学技术出版社，2012.4
　ISBN 978 - 7 - 5046 - 6078 - 7

　Ⅰ.①十⋯　Ⅱ.①中⋯　Ⅲ.①环境科学–研究–中国–
2006—2010　Ⅳ.①X

中国版本图书馆 CIP 数据核字(2012)第 070730 号

选题策划　许　英
责任编辑　许　英　郭秋霞
封面设计　李　丽
责任校对　焦对诗
责任印制　王　沛

出　　版　中国科学技术出版社
发　　行　科学普及出版社发行部
地　　址　北京市海淀区中关村南大街 16 号
邮　　编　100081
发行电话　010 - 62173865
传　　真　010 - 62179148
网　　址　http://www.cspbooks.com.cn

开　　本　787mm×1092mm　1/16
字　　数　822 千字
印　　张　34.25
印　　数　1—2000 册
版　　次　2012 年 4 月第 1 版
印　　次　2012 年 4 月第 1 次印刷
印　　刷　北京九歌天成彩色印刷有限公司

书　　号　ISBN 978 - 7 - 5046 - 6078 - 7/X · 113
定　　价　98.00 元

编委会名单

名誉主任	王玉庆
主　　任	任官平
科学顾问	王文兴　郝吉明　孟　伟　曲久辉
副主任	易　斌　张远航　胡洪营　金相灿　柴发合　周琪

常务编委　刘　平　胡华龙　吴振斌　田　静　江桂斌　杨志峰　王灿发　吴舜泽
　　　　　　王金南　夏　光　高吉喜　舒俭民　于志刚　郭新彪　李广贺　余　刚
　　　　　　陈吉宁　魏复盛　潘自强　鲍晓峰　乔寿锁　鲍　强

编　　委（按姓氏笔画排序）

万　军	王人洁	王业耀	王亚芬	王　光	王　伟	王体健	王社坤
王　坤	王明远	王宗爽	王建生	王　斌	王　韬	王　睿	王　慧
文秋霞	文秋霞	邓芙蓉	孔繁翔	卢少勇	叶兴南	叶　春	田伟君
田春秀	史　洁	代嫣然	冯朝阳	吕亚东	吕锡武	朱利中	朱　彤
朱　坦	全　浩	庄炳亮	刘文君	刘　永	刘艳萍	刘　越	刘静玲
刘碧云	闫金霞	祁建华	杨　军	杨志峰	杨丽丽	杨林章	杨素娟
李正炎	李红祥	李孝宽	李志远	李秀金	李　凯	李金惠	李　娜
李艳芳	李爱峰	李润东	李铭煊	李　萱	李　晶	李　斌	李　新
李　瑾	李　毅	吴丰昌	吴少伟	吴吉春	吴忠标	吴振斌	何小芳
汪太明	汪　劲	汪群慧	沈晓悦	宋立荣	宋旭娜	张永生	张　旭
张庆竹	张庆华	张志刚	张林波	张　迪	张学庆	张建辉	张俊丽
张爱茜	张　珺	张越美	张彭义	张　斌	张　婷	张毅敏	陈义珍
陈英旭	陈　尚	陈建民	陈晓秋	陈雄波	邵春岩	武建勇	武建勇
武俊梅	武雪芳	范绍佳	尚洪磊	罗元锋	竺　效	岳　欣	周巧红
周可新	周羽化	周连碧	周泽兴	郑明辉	郑春苗	郑　蕾	赵以军
赵由才	赵妤希	赵富伟	郝　羽	胡学海	胡　静	钟流举	段飞舟
侯佳儒	施汉昌	姜　霞	骆永明	秦伯强	袁　巍	柴发合	徐　欣
徐　蕾	高云霓	高会旺	高振宁	高　翔	高增祥	黄民生	黄　婧
曹　炜	曹　俊	曹　颖	康玉峰	梁　威	梁　雪	梁　鹏	葛芳杰
葛察忠	董　岩	蒋建国	韩永伟	辜小安	傅学良	焦风雷	温雪峰
甄　毓	解淑霞	蔡木林	翟国庆	潘　庆	潘进芬	薛达元	戴文楠

各学科编写机构及人员

水环境学科发展报告

编写机构　中国环境科学学会水环境分会

主　　编　金相灿　姜霞

参编人员　王　坤　孔繁翔　卢少勇　叶　春　吕锡武　杨林章　宋立荣　张永生
　　　　　张毅敏　陈英旭　赵以军　施汉昌　秦伯强　黄民生

大气环境学科发展报告

编写机构　中国环境科学学会大气环境分会

主　　编　王文兴　柴发合

参编人员　王人洁　王体健　王　韬　叶兴南　朱利中　朱　彤　庄炳亮　刘　越
　　　　　吴忠标　张庆竹　张远航　陈义珍　陈建民　陈雄波　范绍佳　赵妤希
　　　　　郝吉明　钟流举

固体废物处理处置学科发展报告

编写机构　中国环境科学学会固体废物分会

主　　编　胡华龙　温雪峰

参编人员　王　伟　全　浩　李秀金　李金惠　李润东　汪群慧　张俊丽　邵春岩
　　　　　周连碧　郑　蕾　赵由才

环境生物学学科发展报告

编写机构　中国环境科学学会环境生物学分会

主　　编　吴振斌　梁　威

参编人员　王亚芬　代嫣然　刘碧云　何小芳　张　婷　武俊梅　周巧红　高云霓
　　　　　梁　雪　葛芳杰

环境声学学科发展报告

编写机构　中国环境科学学会环境物理分会

主　　编　田　静　吕亚东

参编人员　杨　军　张　斌　李志远　辜小安　焦风雷　徐　欣　翟国庆

环境化学学科发展报告

编写机构　中国环境科学学会环境化学分会

主　　编　江桂斌　郑明辉

参编人员　张爱茜

环境地学学科发展报告

编写机构　中国环境科学学会环境地学分会
主　　编　杨志峰　刘静玲
参编人员　闫金霞　李　毅　张　珺　徐　蕾

环境法学科发展报告

编写机构　中国环境科学学会环境法学分会
主　　编　王灿发　杨素娟
参编人员　王明远　刘艳萍　王社坤　李艳芳　汪　劲　竺　效　胡　静　侯佳儒
　　　　　袁　巍　傅学良　董　岩　潘　庆　曹　炜

环境规划学科发展报告

编写机构　中国环境科学学会环境规划专业委员会
主　　编　吴舜泽
参编人员　万　军　刘　永　李　新

环境经济学学科发展报告

编写机构　中国环境科学学会环境经济学分会
主　　编　王金南　葛察忠
参编人员　李红祥　李　娜　曹　颖

环境管理学科发展报告

编写机构　中国环境科学学会环境管理分会
主　　编　夏　光
参编人员　文秋霞　田春秀　李　萱　沈晓悦　宋旭娜　王建生

生态与自然保护科学发展报告

编写机构　中国环境科学学会生态与自然保护分会
主　　编　高吉喜　周可新
参编人员　武建勇　赵富伟　高振宁　薛达元

农业生态环境学学科发展报告

编写机构　中国环境科学学会生态农业专业委员会
主　　编　舒俭民　韩永伟
参编人员　高吉喜　冯朝阳　张林波　尚洪磊

海洋环境学学科发展报告

编写机构　中国环境科学学会海洋环境保护专业委员会
主　　编　于志刚　高会旺
参编人员　田伟君　史　洁　祁建华　李正炎　李爱峰　李　瑾　张学庆　张越美
　　　　　陈　尚　高增祥　甄　毓　潘进芬

环境医学与健康学科发展报告

编写机构　中国环境科学学会环境医学与健康分会

主　　编　郭新彪　邓芙蓉

参编人员　黄　婧　郝　羽　吴少伟

土壤和地下水环境学科发展报告

编写机构　中国环境科学学会土壤与地下水环境专业委员会

主　　编　李广贺　张　旭　王　慧

参编人员　骆永明　吴吉春　郑春苗

持久性有机污染物污染防治发展报告

编写机构　中国环境科学学会持久性有机污染物专业委员会

主　　编　余　刚　黄　俊

参编人员　王　斌

环境基准与标准学科发展报告

编写机构　中国环境科学学会环境标准与基准专业委员会

主　　编　孟　伟

参编人员　王宗爽　吴丰昌　武雪芳　周羽化　蔡木林

环境影响评价学科发展报告

编写机构　中国环境科学学会环境影响评价专业委员会

主　　编　陈吉宁　梁　鹏

参编人员　朱　坦　胡学海　戴文楠　段飞舟

环境监测学科发展报告

编写机构　中国环境科学学会环境监测专业委员会

主　　编　魏复盛　王业耀

参编人员　王　光　李铭煊　汪太明　张　迪

核与辐射学科发展报告

编写机构　中国环境科学学会核安全与辐射环境安全专业委员会

主　　编　潘自强　张志刚

参编人员　李　斌　康玉峰　陈晓秋　杨丽丽　张庆华

机动车污染防治技术发展报告

编写机构　中国环境科学学会机动车船污染防治专业委员会

主　　编　鲍晓峰　岳　欣

参编人员　李　凯　解淑霞　周泽兴

序

科学技术是人类智慧的结晶,是第一生产力,其发展水平标志着人类创造物质财富的能力。不断研究总结科学技术学科演变规律、研究成果及发展趋势,是提升学科发展效能、促进学科间交叉渗透以萌发新生长点、更好规划和组织科研工作的基础,具有重要的意义。作为人口最多的发展中国家,快速的工业化、城镇化和农业现代化使得我国环境问题非常突出且极其复杂,已成为制约我国经济社会发展的重大瓶颈。正确解释和提出有效解决面临环境问题的技术措施,是环境科学技术的任务。这对环境科技研究既是巨大挑战,又是极好的发展机遇。近二十多年来,我国环境学科在各种因素的相互作用下,呈现迅速发展态势。

为总结、报告环境各学科(领域)最新研究进展,指出其发展趋势,进入新世纪,中国环境科学学会共组织编写了4次学科发展报告。第1次是2003年与国家环保总局科技标准司共同编写了《环境学科发展报告》,第2、第3次是在中国科协学科发展报告项目支持下,编写了《环境科学技术学科发展报告(2006—2007)》、《环境科学技术学科发展报告(2008—2009)》。

"十一五"期间,我国各类污染物排放总量有不同程度下降,国家减排目标如期实现,环境科技功不可没。我会及所属各分支机构是环保科技队伍的重要力量,在环境科技的各个领域均有学会机构及会员的活跃身影。值"十二五"开局之年,举全学会之力,调动各方资源,进一步梳理环境学科知识体系,总结"十一五"各环境学科进展,展望"十二五"发展趋势,恰逢其时。为此,第四次编写学科发展报告为5年的,即《"十一五"中国环境学科发展报告》。这一研究报告包括环境学科发展综合报告和22个专题报告,约80余万字。报告以总结5年(2006—2010年)环境学科领域取得的主要研究进展为重点,在客观评价各专业领域发展现状、水平、取得的突破性成果基础上,结合环境保护事业发展的重大需求,提出了环境学科未来10年的研究重点与发展方向。

正如研究的综合报告中提到的,环境学科有三大特征:问题导向型、综合交叉型和社会应用型,是一门发展迅猛的朝阳学科。不断开展学科发展研究是非常必要的,也是作为环境科技社团的职责所在。学会秘书处和各分支机构应共同努力把这项工作做好。我希望,通过5—10年的努力,将环境学科发展研究打造成为社会各界了解中国环境学科前沿动态的权威报告,成为环境科技工作者研究开发成果传播的重要平台。

王玉庆

2011 年 12 月

前　言

　　“十一五”以来，在科学发展观的引领下，我国环境科技面向经济发展和环境保护的主战场，为适应环境保护历史性转变的科技发展要求，开拓创新，深入落实《国家中长期科学和技术发展规划纲要（2006—2020 年）》的任务部署，大力实施《国家环境保护“十一五”科技发展规划》规定的目标和任务，取得了较大成绩。同时，我国排污总量大幅下降，“十一五”减排目标如期实现，这集中反映出五年来我国环保工作取得新的积极进展，而作为引领与支撑我国环境保护事业发展的环境科技也在基础和应用基础研究、技术研发以及能力建设、人才培养等方面取得了丰硕成果，为各项环保目标的实现奠定了坚实的基础。

　　值“十二五”开局之年，举全学会之力，调动各方资源，进一步梳理学科知识体系，总结“十一五”学科进展，展望发展趋势，恰逢其时。本报告以回顾、总结“十一五”期间（2006—2010 年）环境学科领域取得的主要研究进展为重点，从环境基础学科、环境介质及技术要素（水、大气、土壤、噪声、固体废物等）、决策支持等视角，对“十一五”期间我国环境学科的研究开发进展进行梳理和评述。报告包括一个综合报告和 22 个专题报告。综合报告主要是综述“十一五”期间整个环境学科的重点研究进展，在客观评价主要专业领域发展现状、水平、取得的突破性成果的基础上，结合环境保护事业发展的重大需求，提出环境学科未来 10 年的研究开发重点与方向。专题报告主要回顾和评述“十一五”期间国内在该学科（或领域）中的研究进展，涵盖该学科（或领域）每个研究方向（包括基础领域研究进展、应用领域研究进展、工程技术开发进展等），并进行国内外比较分析，指出战略需求、发展趋势及发展策略等。报告文献来源于实施年度范围内公开发表的国内外期刊，该学科（或领域）的重要国际、国内学术会议及专利，引用基本遵循了“严格引证”的原则。

　　为保证本报告在同行中的认可程度，我会成立了编委会和编制办公室，综合报告专家组和 22 个依托于分支机构的专题组，确定了首席专家组全面指导、专题分支机构主任委员责任制相结合的责任制度，共计有 150 位专家、学者参加了综合报告和专题报告的研究和撰写。在此，我会诚挚地向参与本报告研究工作的专家、学者表示深深的谢意！同时，也向为本书出版付出辛勤劳动的工作人员表示感谢！

本书出版得到了国电科技环保集团股份有限公司的大力支持，在此表示衷心地感谢！

由于时间有限，又是首次组织我会各分支机构牵头编写，经验不足，疏漏与不妥之处在所难免，恳请广大读者批评指正。

编　者

2011 年 12 月

目　录

综合报告

专题报告

ABSTRACTS IN ENGLISH

综合报告

"十一五"中国环境学科发展综合报告

摘要 本报告主要综述了"十一五"环境科学技术学科的重点研究进展,在科学客观评价主要专业领域发展现状、水平、取得的突破性研究成果的基础上,结合环境保护事业发展的重大需求以及与国际存在的差距,提出我国环境科技的发展趋势,即在学科发展上,从自然科学领域向人文社会科学领域扩展;在研究领域上,从单一环境要素向生态系统整体转变;在研究手段上,从传统技术方法向大力发展交叉学科促进技术创新转变;在污染防治技术的研究重点上,从末端治理向全防全控转变;在环境应急技术上,从事后应急向事前预警和事后应急并重转变;在研究热点上,逐步向危害人体健康的各类环境风险转变。同时,结合我国环保科技工作实际,建议今后应在 8 个重点研究领域予以关注。

一、引言

环境类学科(以下简称环境学科)是在人类社会认识和解决环境问题的过程中孕育并逐渐发展起来的一门综合性交叉学科,主要研究人类社会经济系统与环境系统之间的相互作用规律,调控二者之间的物质、能量与信息的交换过程,进而寻求解决环境问题的途径和方法,以实现经济社会与环境的协调和持续发展。

我国的环境学科发轫于 20 世纪 70 年代中后期,在传统学科致力于解决环境问题的过程中产生了环境化学、环境地学、环境生物学、环境工程学、环境监测、环境法学、环境管理、环境规划、环境经济学等多个学科专业与研究方向,初步形成了环境学科的基本框架。环境学科在 20 世纪 80、90 年代得到快速发展,随着解决环境问题的社会实践不断丰富环境学科的内容,不断深化学科的内涵,并不断注入新的活力。1998 年环境科学与工程作为环境学科的核心已成为独立的一级学科(下设环境科学和环境工程两个二级学科)。至今,环境学科进入到平稳和深化发展阶段,环境学科被定义为是研究人与环境相互作用及其调控的学科,明确提出了问题导向型、综合交叉型和社会应用型等三大学科特征,形成了相对完整的学科体系、知识体系和人才培养体系,并在学科基本理论和方法学体系的构建中取得了积极进展。

改革开放 30 多年来,随着我国进入工业化、城镇化快速发展阶段,发达国家两三百年经历的环境问题在我国已集中显现,凸显了我国环境问题的复杂性和解决环境问题的艰巨性。在此形势下,环境学科面临支撑我国实现全面建设小康社会的巨大挑战,同时,认识和解决我国环境问题的任何重大突破都将是对社会发展的重要贡献,环境学科的发展面临极佳的战略机遇期。"十一五"期间,在科学发展观的引领下,我国环境学科面向经济发展和环境保护的主战场,积极探索环保新道路,深入落实《国家中长期科学和技术发展规划纲要(2006—2020 年)》,实施《国家环境保护"十一五"科技发展规划》,在基础和应用基础研究、技术研发以及能力建设、人才培养等方面取得了丰硕成果,支撑了国家超额完成全国化学需氧量与二氧化硫排放量减排的约束性指标,部分成果产生了良好的国际声誉,为我国21世纪环境学科的蓬勃发展奠定了基础。

本文从环境基础学科、环境介质及技术要素(水、大气、土壤、噪声、固体废物等)、决策支持等视角,对"十一五"期间我国环境学科的研究进展进行梳理和评述,力求反映这一时期的总体进展和重大成果。

二、"十一五"环境科学基础理论研究主要进展

(一)环境化学

环境化学既是环境科学的重要分支,也是环境科学的核心组成部分,环境化学的理论和方法是环境科学研究与发展不可或缺的基石和工具。环境化学主要包括环境分析化学、环境污染化学、污染生态化学、污染控制化学和理论环境化学等学科分支。随着社会经济、科学技术的迅猛发展使得化学污染物种类不断增加,环境化学的研究对象日益扩大,持久性有机物(POPs)、药物和个人护理品(PPCPs)、纳米颗粒物等成为近年来的研究热点;新的环境分析方法和仪器水平的发展提高了环境化学检测化学污染物的能力,新的环境行为和污染物致毒模式不断发现,低剂量环境暴露的分子毒理得以深入研究;研究尺度则分别向微观分子水平、局部地区乃至全球范围延伸。

1.环境分析化学

在环境分析化学方面,各种现代手段快速渗透到环境分析中来,分析速度和自动化程度及灵敏度均获得了较大提高,环境分析的角色从被动提供数据转向全面主动参与环境问题的解决。

在持久性有机污染物分析方面,我国学者提出离子液体富集方法,拓展了液相微萃取在环境分析中的应用,为"按目标设计"高选择性和广谱萃取溶剂提供了新途径[1];建立了一次净化完成二噁英、多氯联苯和多溴联苯醚三大类污染物同时分析的方法,在灵敏度、回收率、准确度、精密度等方面均达到了国际上通行的二噁英类污染物检测方法要求,在多次参加的国际比对实验中取得优异成绩,在国内外多家实验室得到推广使用[2,3]。此外,LC-MS及其改良方法的发展为环境中微量极性污染物如全氟取代化合物、药物等的广泛检测提供了便利。在重金属元素分析方面,我国所发展的原子荧光仪器具有经济、快捷、准确的优点,在国内外得到广泛应用,成为我国仪器开发的一个亮点。在此基础上发展的商品化色谱-原子荧光联用仪为元素的形态分析奠定了基础[4,5]。

近年来,纳米材料在环境污染物检测方面有飞速的发展,众多的纳米材料,如碳纳米材料、金属/金属氧化物纳米颗粒、量子点、复合纳米材料可以组装为功能性的分析器件,如酶传感器、免疫传感器、DNA传感器和气体传感器等,这些纳米传感检测器在微量重金属和持久性有机污染物检测方面显示出很好的应用前景[6-9],可以实现无损、超灵敏地检测环境污染物。通过改性纳米电极应用于痕量污染物的电化学检测已成为现代分析化学中的重要领域之一。

2.环境污染化学

随着社会经济以及环境分析技术的发展,不断有新的污染物被检出、被关注,近几年

关于这些新兴污染物(emerging pollutants)的环境存在、来源、行为及危害的研究成为环境化学领域的焦点。

在持久性有机污染物研究方面,我国于2007年编制了《中华人民共和国履行〈关于持久性有机污染物的斯德哥尔摩公约〉国家实施计划》,展开了典型持久性有机物的释放因子、污染特征及演变趋势的研究;提出了我国60多个与产生二噁英类相关的工业行业的二噁英类排放清单,估算中国年排放二噁英类10.2kg TEQ。2009年完成了1200份母乳样品多溴联苯醚和全氟化合物以及四溴双酚A和六溴环十二烷的背景值调查,并首次在氟化工厂环境中发现并报道了全氟碘烷的存在,这标志着我国在此方面的研究开始从跟踪国外到部分引领方向转化[10-12]。以全氟辛酸(PFOA)和全氟辛烷磺酸(PFOS)为代表的全氟化合物是另一研究热点[13]。目前已经在全世界范围内各个环境介质(大气、水体、土壤)、生物体和人体中检出这类物质。我国上海黄浦江水中PFOS和PFOA的浓度分别达到20.5ng/L和1590ng/L;昆明和深圳自来水中PFOS的浓度也达到13.2ng/L和7.50ng/L;中国人血液中所检出的PFOS浓度最高[14]。

在药物及个人护理用品(PPCPs)的环境效应研究方面,抗生素、止痛消炎药、调血脂药、β-阻断剂、镇痫剂、避孕药、类固醇等多种PPCPs很早就在环境中被检出。PPCPs环境存在水平、特征及其生态毒性、环境风险和去除方法仍是近几年国内外的研究热点。同时,环境中PPCPs的转化也有较多研究,尤其是通过污水处理流程中的吸附、生物降解等方法,现已发现较难去除的有卡马西平、双氯芬酸等。膜处理、活性炭吸附、高级氧化等对PPCPs的去除也已有开展。此外,由于其低浓度,PPCPs对生物没有急性毒性,关于其长期的生态毒性目前仅有一些综述文章[15,16],但仍然缺乏足够的数据。

在纳米技术对环境、健康和安全问题(EHS)的研究方面,国内外尤其是发达国家非常重视纳米技术的EHS问题。纳米风险评价研究表明,人工纳米材料与生物分子、生物过程间的广泛相互作用是纳米材料危害的基础;氧自由基的产生是一重要的毒理损伤机制,并进而发展了基于分级氧化应激反应来评价人工纳米材料毒性的方法。近几年,针对碳纳米管(CNTs)、二氧化钛、氧化锌、硅胶、银等最为常用的人工纳米材料开展了大量的EHS研究,发现CNTs可能导致肺泡的肉芽肿性发炎或间质性纤维化;而防晒霜和化妆品中的二氧化钛和氧化锌对实际的消费者的风险很低[17]。纳米颗粒与植物的相互作用及其影响也被研究,但纳米材料在食物链中的生物转化及对转移到后代的可能性所知甚少[18]。最近还在城市污泥中发现Ag_2S纳米粒子[18,19],可能是由人为排放的银纳米材料在污水处理过程中转化而形成的。

3. 污染控制化学

污染控制化学在研究理念上由以前的被动治理向以风险预防为主的清洁生产、绿色化学、生态工业的思路上转变,在污染环境修复技术的化学原理与方法、相关环境材料的制备与应用等方面取得了进展。

大量的环境污染治理需求使得近年来污染控制化学的发展十分迅猛,其中,基于纳米材料的污染控制技术是其中的最大亮点,大量的纳米吸附剂、纳米催化剂、纳米絮凝剂、纳米膜、纳米滤料被研究和开发。我国学者在高量子效率和可见光响应的纳米光催化材料上有许多开创性的工作,如采用氢氟酸作为形貌控制剂首先合成了反应活性面{001}面高达47%的锐钛矿二氧化钛[20];利用表面等离子共振效应的光催化材料研究成果显著,其中 BiOBr 分解藻毒素的论文[21]被评为 2010 年 EST 的最佳文章之一。

4. 理论环境化学

随着计算化学、材料物理、生物信息学以及非线性系统数值模拟等的发展,理论环境化学的研究方向从早期的有机污染物定量构效关系和稳态系统多介质模型,向污染物环境过程化学机制模拟和污染物非稳态体系时空分布模型拓展,目标亦由环境行为预测向微观机理探索过渡,已在污染物环境过程的理论模拟和毒性效应分子机制研究方面形成了一个极具活力的学科生长点。而污染物微界面吸附理论的提出与同步辐射等方法的应用,使得各圈层环境化学研究也随之由单一圈层向多介质微界面深化,在分子水平上亚稳平衡态吸附理论颠覆了传统吸附热力学观念,在区域尺度乃至全球层面上,污染物长距离传输机制研究亦获得重要突破。

此外,在环境生态化学研究中,环境化学与环境生物学、环境医学的交叉渐趋深化,污染物低剂量长时间暴露所致的复合效应愈加得以重视,而环境污染的健康危害及相关风险削减与阻断研究成为新的学科领域。

"十一五"期间,环境化学研究取得了巨大进步,其学科基础理论体系渐趋完善。然而,我国环境化学各分支学科的发展态势并不均衡,污染生态化学方向发展略显迟缓,而环境污染过程和理论环境化学领域相对薄弱,亟须在未来学科布局中重视相关学科交叉并加大支持力度。

(二)环境生物学

近 5 年环境生物学研究进展主要涉及环境微生物多样性、污染控制、废物资源化与能源、生物监测等领域。

在环境生物多样性及资源开发方面,近 5 年,以高通量测序(焦磷酸测序[22]、illumina 测序[23]等)和芯片(Geochip 技术[24]等)为代表的基因组学技术、宏转录组学及蛋白质组学技术,同位素技术等在各种环境的应用中不断发展。单细胞基因组技术、单分子测序技术正在带来新的飞跃。氮循环微生物学(尤其是厌氧氨氧化和古菌氨氧化)[25]、极端环境微生物[26,27]等方面研究取得丰硕成果。环境微生物地理学[28,29]、生物种间关系[30-32]及调控代谢网络[33]、微生态与气候变化[34,35]等研究也十分活跃。

在污染控制与环境修复生物学方面,节能与资源化成为污染控制的主要诉求[36]。厌氧氨氧化、好氧颗粒污泥[37]、好氧或厌氧膜生物反应器[38,39]、人工湿地[40]等相关生物学研究不断推动着这些高效低耗技术的发展。场地修复生物学研究,借助组学、同位素、化学鉴定技术的发展,在微生物及其构成解析、功能基因及代谢流分析等多方面取得新进展。溢油事件中海洋污染生态学研究积累了重要成果[40-43]。纳米材料、全氟化合物、有害转化产物、抗生素及抗性基因等相关生物学研究都有重要进展。

在废物资源化方面,近年来基因组学的变革,使得利用微生物系统生产工业相关化合物的技术取得了重大进展。微生物发酵产氢、乙醇和甲烷[44-46]、微生物电解池、微生物电池、生物合成聚羟基烷酸酯(PHAs)、生物农药、蛋白饲料[47]等方面都取得了很大进展,对其中的微生物、代谢调控和关键酶系等方面的本质性认识等都取得重要进展。

在生物监测技术方面,目前研究较多的主要有聚合酶式反应技术(PCR 技术)、生物芯片技术、生物传感器、酶联免疫监测等。多重实时定量 PCR 技术、生物芯片的应用提高了环境微生物检测技术的局限性及检测速度,和基因芯片相比,高通量测序可以对转录组直接测序,得出目标基因的详细信息,因此,可能会代替基因芯片技术[48]。生物传感技术的感应元件主要有蛋白质抗体、核苷酸适配子、糖类和抗菌肽等,而无机感应元件和纳米技术会在感应器中应用已经逐步显露其优势[49],监测灵敏度和种类都有很大提高。

未来 5 年,以超高通量组学技术为代表的新方法将广泛应用,传统环境生物理论不断得以验证或摒弃的同时,将催生新理论和新学科分支。与氮循环、极端环境、高效资源化治理技术、场地生物修复、新兴污染物生物转化相关研究仍是重要领域,环境生物网络、全球气候变化与环境生物关系等领域将明显发展。生物监测应该发展更快、更简单和更可靠并能够实现实时、在线的、同时监测数种指标的生物监测系统,新污染物的生物监测方法。随着科技的发展和成本的降低,更多的原料可以用来做生物发酵的底物,包括生物质和垃圾,从而生产出合适的经济的生物能源。

(三)环境地学

进入 21 世纪以来,人类社会面临着生存、环境和发展的严峻挑战,中国更是面临全球环境变化、国家可持续发展战略和区域环境问题复杂程度高三大挑战。2006—2010 年期间,环境地学作为环境科学的重要分支,侧重重大工程建设的生态环境效应;温室气体排放及污染物在地表环境中迁移、转化、分异研究,关注风险评估与公共安全的环境影响。此外在区域可持续发展等研究方向也取得很大的进展。运用地球系统科学的思想开展研究并科学解释陆地表层复杂系统,研究尺度向微观和宏观两个方向扩展,借鉴和使用相邻学科的数据采集、数据分析方法和技术成为发展的潮流。针对宏观尺度下复合环境问题,全球环境变化、流域环境风险及城市生态系统模拟成为学科前沿和研究热点问题。

"十一五"期间我国污染减排目标是化学需氧量(COD)和二氧化硫(SO_2)排放量分别在 2005 年的基础上减少 10%。截止到 2009 年底,全国 COD 排放量累计下降 9.66%,SO_2 排放量累计下降 13.14%,可见,SO_2 的指标已经提前完成,而 COD 的指标实现也胜利在望。中国的'十一五'减排目标已经基本实现。但是引起广大公众感兴趣的复合型大尺度环境问题,如城市农村的饮用水安全、区域性大气灰霾、湖库富营养化、区域生态保护等问题却还需要进行深入研究与解决。

"十二五"环境保护规划紧紧围绕科学发展主题,转变经济发展方式主线,提高生态文明水平的新要求,积极探索代价小、效益好、排放低、可持续的环境保护新道路。提出"重点领域环境风险防控"的战略任务和完善环境保护基本公共服务体系的战略任务。进一步深化总量减排,努力解决关系民生的突出环境问题,把改善环境质量放在更加突出位置,在不同区域突出有差别的环境管理政策,完善环境保护战略体系。强化政策支撑,推进并建立环境保护长效机制。

在全球气候变化和经济一体化大背景下,为配合可持续发展战略和国家环保"十二五"规划的实现,环境地学在宏观尺度复合生态环境问题和绿色能源战略相关的复杂系统问题还有巨大的发展空间,具有如下发展趋势:区域复合环境问题与自然环境的生态过程如生物多样性减少等相耦合;定量化环境模拟与生态模拟相结合;环境科学与工程研究创新方法与生态学和社会学相结合;环境科学问题探索与技术和管理创新相结合。

三、"十一五"环境科学与技术研究主要进展

(一)水

与过去相比,水环境问题表现出显著的复合性、流域性、复杂性特征,严重危及水环境安全、水生态健康以及饮用水安全,成为我国经济社会可持续发展的巨大障碍。

"十一五"期间,国家加大了水污染治理力度,增加了水污染治理研究与技术开发经费投入,以国家水专项、"863"、"973"计划项目等科研项目为科技支撑,以河流湖库控源减排、水质改善与饮水安全保障、水生态系统修复、水质监控预警为水污染防治关键技术为重点,在全国范围内开展了大规模的水环境保护与污染治理的科学研究及技术开发,取得了可喜的成果并呈现出战略思想及污染控制技术重点的转变。

1.流域水环境管理及技术

(1)流域水环境管理研究

近年来,在构建流域水污染防治技术体系、探讨适合我国国情的流域水环境综合管理制度及长效机制方面取得重要进展。在流域管理上,引进生态区化理论,开发了流域水生态功能分区与水环境质量目标管理技术,从以行政区域为主的水环境管理模式向"分区、分类、分级、分期"多维水环境管理模式发展。初步建立了我国流域水生态功能分区理论体系与区划技术方法,在全国完成了一级水生态功能区划,在重点流域"三河三湖—江—库"完成了二级水生态功能区划,在太湖和辽河流域完成了水生态功能三级区划和控制单元划分。

在流域水环境系统模拟与生态承载力计算方面,建立了流域水环境系统演变驱动过程解析与多要素耦合的流域水环境演化过程仿真模型、流域水生态承载力评价指标体系以及基于3类数学方法的流域水生态承载力计算方法,对太湖典型研究区水生态承载力进行了计算和评价;建立了以水生态承载力指数为基础的水生态系统安全状态判别标准,提出太湖流域水生态承载力理论体系和评价技术体系[50]。

在水污染控制上,开始出现由总量控制向容量总量控制方向转变,建立污染控制与水质目标的对应关系,将宏观目标总量控制与基于控制单元水质目标的容量总量控制相结合,研究人员结合美国 TMDL 计划的污染物分配思路和方法,对南水北调山东段沿线城市、武汉市东湖水体的污染物总量进行分配,促进了水环境治理工作顺利展开。

在调水引流技术方面,更加注重整个水生态系统的功能平衡与资源保护,新研究了调水引流线路优化与水力调控技术、输水河道水质保障关键技术、大型水库防控支流水华的三峡水库多目标调度技术等。其中,在三峡水库初步建立了不同水量调度条件下的水流水质观测信息平台,开发了一套复杂条件下水质水量联合优化调度的方法体系,建立了复杂条件下三峡水库多目标优化调度决策系统,开展了调度技术综合数据库系统、决策支持及仿真系统的研究。

（2）水质监测、预警与应急技术研究

在水质监测、预警技术研究方面,在重点完善现有国家水环境监测技术体系的基础上,研发集成生化、光电、传感器、网络和空间信息技术,建立集卫星遥感、近地面高光谱监测、地基激光雷达与水质在线监测为一体的立体监控平台,实时监测分析相关指标,结合湖泊水动力学模型、藻类生长、输移和扩散模型,对蓝藻水华的发生、爆发进行科学监测和预警。同时,初步建立了不同类型流域水环境风险评估与预警技术方法,控制阈值方法与应急控制技术体系,流域饮用水源、城市景观水体、河口水环境预警指标体系、预警阈值和预警模型,在太湖流域、辽河流域和三峡水库环境管理决策中得以应用,对示范流域的重大水环境风险问题提出风险评估预警报告。

水专项提出了工业、城镇生活污染负荷核算与总量核定的技术框架;拟定了典型调查、监测方案与模拟试验的技术方案,构建了水污染源风险评估指标体系,建立了沉积物、水生生物质量评价技术框架,形成基于4～5种生物毒性测试的废水/污水综合毒性分级评价技术;针对事故型环境风险,建立了应急评估技术方法,构建了水环境风险预警技术框架,并开发了一、二、三维水动力学水质模型以及嵌套模型的预警模型;制定了流域水环境风险评估与预警平台构建共性技术标准体系框架、流域水环境数据信息资源共享管理办法。

在重大环境污染事件应急技术研究方面,开展了重大环境污染事件的特征污染物实验室检测与快速处理技术研究,尤其针对典型液态有机污染物的爆炸或泄漏方式及其污染阶段,研发高效阻断、快速削减和安全处理关键技术,构建技术集成系统和信息库,形成了多级处理处置应急技术系统,并在重大污染事件处理与处置中成功应用,得到了地方政府和环保部的高度评价。

（3）水环境管理信息平台构建

对10大流域、51个二级流域、600多个水系、5737条河流、980个湖库进行了水环境功能区划分,将水环境现状、管理目标以及地表水环境质量标准对应到近1.3万个水环境功能区,形成了以地理信息系统（GIS）为工具、以1:25万标准电子地图为平台,省市两级、数据表和数据图两种表现形式的工作成果。初步构成了数字水环境管理工程数据支撑,形成了数字化的全国水环境功能区划系统的基本框架。2009年,建成了《全国湖泊（水库）水环境调查数据管理平台》,实现了对湖泊（水库）水环境调查数据和城市集中式饮用水水源地环境调查数据的数据查询、文档管理、数据上报、统计汇总等管理功能,为进一步利用相关数据进行水源地管理提供了信息化支撑。

2. 河流、湖泊水环境污染控制及技术

在江河、湖泊水环境综合整治与污染控制研究方面,初步提出了解决我国河流、湖泊水污染和富营养化治理的基本理论体系框架,攻克了一批具有全局性、带动性的水污染防治与富营养化控制关键技术;形成了河流、湖泊水污染和富营养化控制的总体战略途径。为我国今后不同类型河流、湖泊富营养化治理提供了成套技术与管理思路。

（1）河流水环境综合整治研究及技术

近年来,针对我国河流水污染严峻的现状,选择不同地域、类型、污染成因和经济发展阶段分异特征的典型河流,开展了河流管理支撑技术体系及水污染综合整治方案研究。

海河流域以流域复合污染的形成过程—转移转化—生态响应—控制修复为主线,深入开展了河流污染特征与水环境质量演变机制、复合污染的动力学过程与生态健康效应以及饮用水安全评价研究;东江流域针对有机氯农药、多环芳烃、多氯联苯及多溴联苯醚等典型持久性有机污染物(POPs)分布特征、来源、输入途径及污染历史等进行了系统的研究;松辽水系针对工业复合污染所致的环境质量演变规律、复合污染毒理过程、水体生态修复原理等开展了系统研究;淮河流域针对洪水问题、闸坝影响等特征开展研究,分析了淮河流域水环境恶化的根本原因,科学评估了闸坝等水工程活动对河流污染造成的影响。

在河流水污染治理途径方面,从流域层面的工农业发展、水文条件、生态环境、社会经济等不同角度,深入分析河流水体污染的现状、成因和发展趋势;结合水域功能分区和不同功能区水质目标,按照"一河一策"的思路,制定适合不同区域经济发展阶段、与水体功能区水质目标需求相适应的污染河流(段)水污染综合整治方案,实现了由以"水污染控制"为目标向以"流域水生态系统健康保护"为目标的转变,初步构建了河流水污染防治战略途径。

在河流水污染控制技术方面,针对重污染河流,入河污染量大、污染严重和蓝藻频发以及河口生态退化问题,重建河道旁污染物滞留与净化型多塘系统和河口湿地生态系统,研发多级人工湿地处理重污染河水技术、河口湿地生态系统重建技术。针对河道低污染水开发了缓释碳源固相反硝化强化生物脱氮技术,以水不溶性可生物降解聚合物作为反硝化碳源,同时作为生物膜载体,实现低污染水体脱氮与有机微污染物同时去除,对环境条件的变化适应性强。针对低污染地表径流,进行了前期研发,确定了相关低污染水河道水异位处理工艺、城市污水处理厂排放水深度处理工艺以及生态护岸工艺和结构形式。首次借鉴水利工程中丁字坝的设计思路,使之与生态浮床、人工湿地等有机耦合,研发了一种新的河流污染治理技术——生态丁型潜坝技术。集成"十五"研发的生态浮床技术、污染底泥控释技术、边坡生境恢复等技术,形成了河网区地表低污染水的"串式"前置处理技术系统。

(2)湖泊水环境污染控制研究及技术

为有效治理湖泊水污染及富营养化,加强了水生态演变规律、蓝藻暴发机制、污染物的输移演替规律、复合污染机理和毒理效应等方面的基础科学研究,深入研究了太湖等流域生源要素的循环驱动机制及其失衡机理,分析了蓝藻水华的生消动力学、水生植被的生态系统功能和富营养化导致水生植物消亡的原理,提出了蓝藻生长形成水华的4阶段理论;同时,开展了湖泊水动力与污染物输移耦合机制、沉积物重金属的迁移转化过程及生物毒性、富营养化湖泊复合污染特征及生态毒理、湖泊饮用水源污染物的生态学特征、暴露途径与水平等方面的研究,提出并修正了我国沉积物基准模型,获得了沉积物重金属Pb、Cu、Zn、Cr、As、Hg等的基准建议值,揭示了有机污染物在太湖饮用水源水体、沉积物和生物体中污染水平和分布规律。为控制面源污染,提出了"流域清水产流机制"的概念,即根据不同湖泊流域的自然与社会经济现状特点,通过流域水源涵养与水土流失的控制保证源头清水产流,通过河流小流域的污染控制与生态修复实现河流汇流的清水养护与清水输送通道,通过湖滨缓冲区构建与湖滨带生态修复最终使"清水"入湖。流域清水产流机制对湖泊流域面源污染负荷截留发挥了重要引领作用。通过对不同类型湖泊开展综合诊断,制订与湖泊营养水平、类型、阶段和地区经济水平相适应的富营养化湖泊综合整治方案,选择具有典型性和代表性的湖泊水域及流域重点集水区开展工程示范,推进了湖泊水污染控制思路由湖泊及其集水区的重点控源与局部湖区水质改善,向湖泊整体水环境质量改善转变,形成了湖库流域污染防治的整体思路,即:"污染源系统治理+流域清水产流机制修复+湖泊水体生境改善+流域管理"[51]。

在湖泊富营养化控制关键技术方面,蓝藻的收集及处理处置技术研发着重于技术集成的系统性与完整性,如:一体化船载高效蓝藻浓缩脱水收聚设备、蓝藻腐熟水解农田灌溉技术、富藻水腐熟水解—厌氧—好氧氧化—生态处理技术系统等资源化利用技术,有效解决了蓝藻水华的处理处置难题。基于疏浚理论与实践,底泥疏浚技术开发取得重要进展:①从传统的氮磷营养盐污染底泥疏浚,逐渐扩展到重金属污染底泥和有毒有害有机污染底泥疏浚;②初步构建了一套湖泊环保疏浚工程技术体系,包括底泥勘察、测试、污染底泥分类、质量评估、疏浚范围、深度确定、不同污染类型(营养盐、重金属和有毒有害有机物)堆场设计、泥水分离技术、疏浚全过程的监测评估及疏浚后效果评估。

在湖泊生态修复技术方面,与"十五"期间相比较,湖滨带的生态修复技术开发取得新进展:湖滨带修复理念更新——由景观设计转变为生态系统的改善;湖滨带示范工程规模扩展——由湖湾型小规模发展为大湖泊全湖滨带示范;湖滨带修复联动性增强——由孤立的湖滨带、湖泊修复转变为全流域的综合治理;新开发了多项关键技术,如:湖滨带近岸水体净化微米气泡增效、湖滨带生物多样性恢复技术等。在湖荡区湿地生态修复技术方面,开发出了湖荡区人工湿地净化、湖荡区漂浮湿地重建、复杂水文条件下湿地生境修复与植物空间配置、湿地植物生存与发展基础及湿地蓝藻污水团防除技术等。同时还开发了多级湿地串联、不同结构的好氧/厌氧多级串联潜流人工湿地模型、湿地与其他修复技术的耦合技术。

在湖泊生物操纵技术方面,突出了优化集成组合、复合食物链筛选配置、生物种类及投放量确定以及生物操纵同其他生物技术相结合等。如大房郢水库,采用投放滤食性鱼类鱼种、移殖螺、蚌、浅水区移植沉水植物、上游湿地扩大香蒲生长面积、消落区以上范围栽培杨树林和防护带等生物操纵与人工湿地技术相结合的方法,取得了良好的水质改善成效;在滇池草海,采取控制底层扰动与草食性鱼类、利用刮食性螺类清除水生植物体表面的碎屑颗粒与附植生物促进沉水植被恢复、优化配置水生植物的种群与生物量等多种组合技术,实现了重污染的滇池草海由浊水态向草型清水态的转变,总氮、总磷下降50%以上,水质改善效果明显。

在湖泊污染防治关键设备方面,开发了湖泊藻类生命观测系统,该系统能够监控藻细胞的生长过程,在线监测藻细胞的生理代谢强度,研究水环境变化与藻种变迁、藻细胞生长、暴发的内在联系,预测湖泊是否会发生水华爆发。研发了船载式藻水采集、藻水分离设备,创新性地将"磁种"投入到藻水中,可一次性将富藻水含水率降到90%以下。开发的大型仿生式水面蓝藻清除装置,仿照鲢鱼滤食藻类的科学原理,并结合巢湖水源地蓝藻灾害防御的特殊用途进行设计,作业幅宽达$10m$,以每小时$1000m^3$的流量分离获取富含蓝藻的表水层并快速完成藻水分离。

在污泥处理技术方面,开发研究了好氧—厌氧两段消化、酸性发酵—碱性发酵两相消化及中温—高温双重消化等新工艺,还开发了污泥热处理—干化处理技术、污泥低温热解处理技术、污泥等离子法处理技术、污泥超声波处理技术等新的污泥处理新技术[52]。污泥资源化利用方面,研发了一些新的技术,如低温热解制油、提取蛋白质、制水泥、改性制吸附剂;通过污泥裂解可制成可燃气、焦油、苯酚、丙酮、甲醇等化工原料。其他处置方法还包括用于建筑材料、制备合成燃料、制备微生物肥料、用做土壤改良剂。

3.污水处理技术

在城镇污水与工业废水处理技术方面,针对有机污染物、营养物质、重金属、有毒有机物等污染物质开展了大量的研究,并取得了重大进展。既包括重点行业污水处理新工艺、新技术的开发,又有传统工艺技术的优化组合,这些新技术新工艺工程应用的适用性均得到较大提高。

(1)污水中常规有机污染物去除技术

污水中常规有机污染物去除技术主要以生物处理为主。按照污水生物处理过程中有无氧气的参与,污水生物处理技术可分为好氧处理、厌氧处理以及厌氧/好氧一体化处理。这些处理技术在"十一五"期间均取得了一定的进展。

各类活性污泥法,如 SBR 法、生物接触氧化法、A^2/O 工艺、氧化沟工艺等好氧生物处理技术已经被广泛应用于城镇污水以及工业废水的处理,但是也存在着能耗高或是剩余污泥量大等缺陷。"十一五"期间,好氧生物处理技术研究重点从工艺研发转向针对现有工艺运行实践中存在的问题展开。主要表现在以下几个方面:①对现有污水处理工艺在极端条件下的适用性方面开展了大量的研究工作,如超低有机物浓度污水的处理技术、低温下改良型 lCEAS 工艺处理生活污水技术、低温 DAT‐IAT 技术、较低可生化性废水 SBBR 处理技术等;②优化现有污水处理工艺以进一步发挥其处理污水的潜能,如通过优化曝气生物滤池的运行方式和结构形式,建立了两段上向流曝气生物滤池(TUBAF)技术、分段进水 A/O 工艺、CAST 分段进水处理,前置 A/O 工艺,改良型 lCEAS 工艺等;③开发多种工艺组合以实现同时去除多种污染物的目的,如 UASB 与好氧生物膜组合工艺、厌氧滤床-接触氧化组合工艺、加压生物氧化技术与单级 BAF 结合工艺、ABR(厌氧折流板反应器)‐SBR(序批式反应器)组合工艺、MBBR 与 A/O 组合等;④近年来好氧颗粒污泥的培养及应用等方面也取得了较大进展。

目前,广泛应用的厌氧处理技术主要包括 UASB 工艺、EGSB 工艺、IC 工艺、厌氧滤池、厌氧接触氧化、厌氧折流板等,其能耗和剩余污泥量仅为好氧处理工艺的 $10\% \sim 15\%$,且可回收利用能源。近年来,随着全球能源危机、温室气体排放等问题的日趋加剧,厌氧生物技术向城镇生活污水处理领域的拓展也越来越引起重视。"十一五"期间,国内外针对厌氧处理工艺在城镇生活污水处理中应用的限制因素(主要是温度和低有机污染物)开展了大量工作,如中温 UASB 生活污水处理技术等。厌氧处理工艺的这些改进,为城镇生活污水处理提供了一种新途径,但今后应进一步加强厌氧反应器中生物持有量的提高、反应器内适宜于厌氧微生物的生态条件的控制等方面的研发,以进一步提高污水厌氧生物处理能力、稳定性等。

随着占地、剩余污泥量以及景观等方面要求的日趋严格,紧凑高效的厌氧—好氧一体化污水处理技术的研发也成为"十一五"期间国内外的研究热点。与组合处理工艺不同的是,一体化处理工艺是在同一个反应器内实现好氧和厌氧生物处理功能,如具有厌氧、缺氧、好氧反应区的一体化污水处理反应器、多点交替进水五箱一体化活性污泥法、UASB＋CSTR一体化工艺、序批式UASB＋ASR一体化工艺等。

(2)污水脱氮除磷技术

目前污水处理广泛采用的脱氮除磷工艺有 A^2/O、AB法、SBR、氧化沟等。但这些工艺均存在基建投资大、运行费用高、能量浪费等一系列问题。基于传统脱氮除磷工艺存在的问题,"十一五"期间,国内外学者主要从以下几个方面来提高脱氮除磷的效率。

1)通过对传统工艺的优化以提高脱氮除磷效率。在 A^2/O 工艺基础上优化形成的PASF(双污泥脱氮除磷工艺)、UCT和VIP等技术,提高了工艺处理能力;由 A^2/O 工艺改进形成的双循环两相生物处理工艺(BICT工艺)则在提高生物除磷效率的同时也使运行控制更简便可靠;改进EPHANOX工艺以提高系统的脱氮效率;通过改变进水方式实现短时高效脱氮的高效脱氮除磷工艺(ECOSUNIDE)在污水处理厂升级改造中得到了成功应用。

2)通过多种传统工艺进行组合来提高脱氮除磷效率。将 A^2/O 工艺与膜分离技术相结合,形成具有同步脱氮除磷功能的 $A^2/O-MBR$ 工艺,能同时去除碳、氮和磷。传统活性污泥法与氧化沟法相结合形成的新型生化反应器AOR工艺、A^2/O 工艺与曝气生物滤池组合、亚硝化-厌氧氨氧化组合工艺等,均采用传统处理工艺的科学组合有效地提高了脱氮除磷效率。

3)污水生物脱氮除磷新技术的研究得到了进一步的深入和拓展。好氧反硝化、反硝化除磷、同时硝化与反硝化、短程硝化反硝化、厌氧氨氧化等都是在突破传统生物脱氮除磷原理的基础上发展起来的一批新技术,这些新技术的工艺原理、影响因素以及实践应用的适用性等在"十一五"期间均得到较大进展,而如何将这些经济、高效、低耗的新工艺广泛应用于污水生物脱氮除磷也将依然是今后的一个重要研究方向。

此外,高效、紧凑的污水生物脱氮除磷反应器的研发和设计也取得了较大进展,尤其是一体化反应器的研究。综合考虑到污水处理的能耗以及资源循环利用问题,将来污水生物脱氮除磷技术的研发应不仅仅以满足排放标准为目的,同时还要考虑向污水处理中植物营养元素的合理利用、处理水回用和剩余污泥产量最小等方向发展。

(3)工业废水重金属削减技术

由于以往对重金属的治理没有得到足够重视,我国重金属污染形势比较严峻,污染事件呈频发态势。"十一五"期间,国内外在沉淀法、离子交换、吸附和膜分离等重金属削减技术方面取得了一定的进展。

1)沉淀法。"十一五"期间,在稳定性强、处理效率高的新型沉淀剂方面取得了一定的进展。配位超分子沉淀剂、新型高分子金属螯合剂等的合成和应用取得了越来越多的研究。但这些新型沉淀剂对重金属的作用机理、动力学过程等还需要进一步研究。

2)离子交换法。"十一五"期间,天然沸石、改性沸石、类水滑石、木质素等价廉丰富的离子交换材料已成为重金属废水处理重要的发展方向。由于有机骨架树脂机械强度低、结构易损害,新型无机骨架材料以其优异的结构稳定性受到越来越多的关注。对于含有多种重金属离子的废水,单一的离子交换树脂很难同时对其去除,因此高选择性基团如

N－O配位基、N－S配位基等合成树脂的开发选型及相应的梯级处理技术的发展将会不断扩大离子交换法在重金属废水处理中的应用。

3）吸附法。"十一五"期间，价廉高效吸附材料的开发成为研究的一个重要方面。沸石、黏土、高岭土、硅藻土、膨润土等天然矿物及其改性材料得到了较多的研究。此外，生物质吸附材料由于具有原料来源广泛、品种多、成本低等优点也成为研究的热点之一。壳聚糖、木质素、藻类、微生物等生物质材料已被用来进行污水中重金属去除的研究。虽然生物质吸附剂目前大多还处于实验室阶段，但其独特的优势在将来会获得更多的关注。此外，一些工业废弃物，如粉煤灰、高炉渣等也可以用来作为吸附剂，实现以废治废的目的，使用后的粉煤灰和高炉渣还可以用于水泥生产等，从而可以比较彻底地消除污染。

4）膜分离技术。在"十一五"期间，借助物理或化学过程，增大重金属离子粒径的胶束强化超滤、聚合物强化超滤等取得了较多的研究进展。反渗透几乎可以实现重金属的完全去除和废水的回用，但是其操作压力大，处理成本较高限制了广泛应用。超低压反渗透、纳滤等设备投资较少、能耗较低的膜材料在重金属废水处理中得到越来越多的关注。虽然膜分离法具有分离效率高、无相变、节能、无二次污染等优点，但膜污染仍然是膜技术应用过程中需要解决的一大问题。膜污染控制技术研究是膜技术领域关注的一个热点。陶瓷膜、共混膜、复合膜等抗污染、性能优良膜的开发、膜污染机理和控制方法等依旧是膜技术研究的重点。

5）组合工艺。由于污水组分的复杂性，单一工艺往往不能满足处理要求，组合工艺在重金属污水处理中得到了越来越多的研究。离子交换-电解、浮选-膜分离、沉淀-纳滤、吸附-电解等组合工艺由于能够同时发挥各自的长处，并取得较好地处理效果，在重金属污水处理中具有广阔的前景。

（4）工业废水有毒有害有机物削减技术

"十一五"期间，国内外在有毒有害有机物削减技术取得以下进展：

1）面向毒性控制的工业废水水质安全评价与管理方法。针对工业废水具有污染物组成复杂、生物效应综合的特点，提出了由综合生物毒性指标、常规水质指标等构成的废水水质评价指标体系，并建议将水溞生物毒性测试作为工业废水毒性评价的首选方法。

2）基于高级氧化和催化还原的工业废水预处理工艺。焦化、ABS、腈纶、抗生素等工业废水具有有机物可生化性差、毒性较高，开发高效的工业废水预处理技术成为研究者关注的热点。传统 Fenton 法等存在药剂使用量大、处理效果不理想等问题。针对这一问题，我国建立了基于电－Fenton、臭氧－H_2O_2 等高级氧化过程以及零价铁、电催化还原等还原过程的有毒有害有机物预处理工艺，优化了内电解等工艺的反应器构型和材料，提高了污废水的可生化性，改善了后续二级工艺的处理效果。

3）有毒有机物高效生物降解技术。针对制药废水、炼油废水、焦化废水等建立了二级移动床生物膜法、曝气生物流化床、A/O1/H/O₂、组合填料膜 A/O 工艺等技术，通过优化处理工艺组合及微生物固定化载体，提高了有毒有害有机物的削减效率。

4）工业废水深度处理技术。建立了光催化氧化、混凝-固定化生物活性炭、粉煤灰吸附等处理技术，并将活性炭、生物活性炭等深度处理技术用于生产规模的造纸废水处理工程中，为实现工业废水达标排放、安全回用提供了技术支持。

(5)污水处理系统优化运行方法

随着国家"节能减排"工作的深入开展以及污水排放标准的日益严格,污水处理厂的稳定达标与节能降耗及节能成为了水处理行业的关注焦点。"十一五"期间,国内外研究者以稳定达标和节能降耗为目标,利用自动化控制等手段,开展了大量的污水处理系统的优化运行研究,提出了基于进水负荷动态变化的全流程控制技术。具体研究包括:全流程节能降耗关键要素识别方法、鼓风曝气系统配气调节技术、A^2/O 好氧体积控制技术、SBR 实时控制策略、氧化沟转刷时序控制技术、微絮凝自动加药控制方法等。这些技术有效降低污水处理系统运行能耗和药剂投加量、提高处理效率、增大处理容量和抵抗进水扰动等。

4. 污水资源化技术

在污水资源化方面,"十一五"期间,针对污水中的有毒有害物质、病原微生物、营养物质等的潜在风险,围绕污水再生处理、再生水输配储存、再生水利用等城市污水再生利用的主要环节和过程,开发了再生水水质安全保障关键技术及组合工艺,为保障再生水安全利用提供技术支撑。

(1)污水再生处理与安全利用技术

1)再生水有毒有害物质控制技术。"十一五"期间,国内外研究者针对污水中内分泌干扰物、持久性有机物、药品及个人护理品等微量有毒有害污染物,建立了活性炭吸附、雾化曝气臭氧氧化、光催化氧化等有毒有害有机物削减关键技术,初步形成了臭氧/生物过滤、臭氧/膜过滤、复合土层多效处理等高效组合工艺,实现了各项技术的优势互补,为构建多重安全控制体系提供支持。相关研究出现了从"特定有毒有害有机物控制"逐步转向"特定有毒有害有机物与综合生物毒性联合削减"的发展趋势。

2)再生水安全消毒技术与工艺。消毒技术研发重点正由单一消毒技术逐步转向组合消毒工艺,出现了紫外线/氯、过氧乙酸/紫外线等多种组合消毒工艺。此外,如何解决病原微生物灭活与消毒副产物生成的矛盾,是再生水消毒实践中面临的重要问题之一。研究者就再生水氯消毒过程中典型消毒副产物、生物毒性变化规律及其影响因素展开了探索研究,阐明了三卤甲烷、卤乙酸等常规消毒副产物及急性毒性、遗传毒性的生成规律。

3)再生水氮磷深度去除技术。针对再生水水源(二级出水)中氮、磷等营养物质所带来的生态风险,在"十一五"期间开发了曝气生物滤池、反硝化生物滤池、微絮凝过滤等工艺,通过添加甲醇等反硝化电子供体以及絮凝剂,深度脱氮除磷。近期研究表明,微藻可高效去除硝酸盐氮等营养物质,其具有去除氮磷无需投加外部碳源、去除氮磷的同时可固定 CO_2 等优点,受到高度关注。

4)再生水管网规划设计方法及水质劣化控制技术。国内外研究者建立了基于 GIS 和 EPANET 模型的再生水管网规划设计方法,初步评价了再生水管网输配过程中病原微生物的生长特性。相关研究表明仅仅控制再生水厂出水的水质,并不一定能够保障再生水利用过程中的安全性。再生水储存与输配过程中水质安全保障技术有待开发。

5)再生水利用过程中的风险评价与控制技术。针对再生水回用的潜在风险,国内外建立了再生水回用洗车、绿地灌溉等用途的暴露剂量及健康风险计算方法,并提出基于健康风险控制的风险因子指标限值;采用藻类生长潜力评价再生水回用于环境与景观水体时的水华风险,提出了基于湿生/水生植物的再生水景观利用水质生态净化与保持技术,取得了良好处理环境效益和景观效果。

（2）污水中能源回收技术

随着能源危机的加剧,从污水中回收能源成为了研究者关注的热点。"十一五"期间涌现的污水中能源回收技术主要包括:污水产氢产甲烷技术、微生物燃料电池技术、微藻脱氮磷产油技术等。这些技术在回收能源的同时,削减污染物排放量,取得了良好的经济和社会效益。

1)污水产氢产甲烷技术。传统污水产能技术主要针对高浓度有机废水,以产甲烷为主。"十一五"期间,国内外相关研究呈现如下发展态势,处理对象由高浓度有机废水扩展到低浓度生活污水,温度由中高温向中低温拓展,能源物质由甲烷拓展到氢气。国内外建立了厌氧折流板反应器、常温颗粒污泥膨胀床（EGSB）、外循环颗粒污泥膨胀床（ECGSB）等工艺。其中,ECGSB法具有产氢效率高、运行稳定等特点,在发酵法生物制氢领域具有广泛的应用前景。

2)微生物燃料电池。微生物燃料电池是在"十一五"期间出现的一项新型污水处理与能源回收技术。该技术集污水净化和产电为一体,以微生物作为催化剂将污染物中的化学能转化为电能。"十一五"期间,微生物燃料电池的功能不断被拓宽,可去除氮、硫、无机盐、偶氮染料等多种污染物。现有的微生物燃料电池产能低、成本高,离实用化尚有一定的距离,还需从机理和工艺上进一步深入研究。

3)基于微藻培养的污水深度处理与生物柴油生产耦合系统。微藻生产生物柴油的单一系统需要消耗大量水、无机盐甚至有机物,成本较高;而利用微藻脱氮除磷的单一系统则未考虑藻细胞的回收利用,整体经济效益较低。针对这一问题,国内在"十一五"期间提出了基于微藻培养的污水深度处理与生物柴油生产耦合系统的理念,以克服上述单一系统的局限性。耦合系统是在二沉池之后构建微藻光生物反应器,高密度培养高含油的脱氮除磷优势藻种,去除污水中的营养物质以及曝气池和附近热电厂排放的 CO_2,并制备生物柴油。提取油脂后残余的藻渣,可通过厌氧发酵的方式继续生产甲烷、氢气等能源。该系统目前处于概念提出的起步阶段,尚有一些关键技术环节需要研究,但是在目前能源与水资源紧缺的严峻形势下,该耦合工艺具有良好的发展前景。

（3）污水中有用物质回收技术

目前国内外污水中物质的回收技术主要集中在氮、磷、重金属回收等方面。

1)污水中氮、磷的回收技术。从污水中回收氮、磷已经成为当前控制水体富营养化的重要工程技术手段,具有广阔的发展前景。"十一五"期间,采用合适的吸附剂进行磷回收取得了一定的进展,新型廉价吸附剂如工业废料高炉渣、赤泥、明矾污泥、磁性层状复合金属氢氧化物等成为研究的一个重要方面。对于分散式污水处理,源分离技术不仅能够就地回收尿液中的磷,还可降低污水处理难度,具有很大的发展潜力。此外,生物聚磷技术由于在磷回收方面的巨大潜力而得到广泛关注。在磷回收的主要产品形式磷酸铁、磷酸铝、鸟粪石和羟磷灰石等磷酸盐沉淀物中,鸟粪石由于能够同时回收氮、磷而备受青睐。

2)重金属的回收技术。"十一五"期间,结晶法、离子交换法和膜技术等低能耗、易回收技术成为污水中重金属回收的重要发展方向。由于废水中重金属的难以降解性及在食物链中的累积性,低浓度重金属废水的回收也获得人们越来越多的关注。胶束强化超滤—电解、离子交换—电解等组合技术也获得了较快的发展。重金属的回收是当前重金属废水处理技术的发展趋势,相关的技术具有良好的发展前景。

3)其他物质的回收技术。"十一五"期间,高效低耗物质回收技术在废水处理资源化过程中进行了一定的研究。纳滤-泡沫分离、液膜分离、超滤—纳滤双膜技术、离子交换等技术不断将化工、印染、制药等行业废水的物质回收提高到一个新的水平。物质回收技术是企业实现清洁生产的重要举措,具有迫切的技术需求,其已成为污水资源化重要的发展方向。

(二)大气

"十一五"期间,我国新修订了《中华人民共和国大气污染防治法》,为大气污染防治和解决新时期面临的复杂大气环境问题提供了法律依据;同时国家通过"863"和"973"等科技计划和其他专项基金项目,通过"北京奥运"、"上海世博"和"广州亚运"等重大活动对解决区域大气环境问题的重大实践,逐步开展了大气复合污染机理、控制理论和控制技术的研究,大气环境学科理论和控制技术得到了创新和长足发展。

1. 大气环境科学基础理论

（1）大气物理

现代探测手段和模拟技术(数值模拟和风洞及水槽模拟)的综合运用推动了对边界层物理结构及其对污染物输送、扩散影响的研究,进一步发展了湍流理论。"十一五"期间,国内科学家针对早期湍流理论的不足提出了湍流的"同步串级"理论[53,54];通过实验揭示了边界层湍流的团状结构、湍流能量与耗散率偏态分布的新现象,丰富和发展了大气湍流理论。伴随着高阶闭合大涡模拟等数值模拟技术、风洞和水槽等物理模拟技术以及声雷达、激光雷达、风廓线雷达和无线电仪等现代探测手段的改进和发展[55-61],针对非均匀复杂下垫面下多尺度边界层开展了大量研究,在地气交换和能量收支、下边界层的湍流特征、大气边界层的垂直特征以及台风近地层的湍流特征等方面取得了积极进展。

（2）大气化学

近几年,围绕大气复合污染的关键科学问题,采用外场观测、实验室研究和数值模拟等手段对大气复合污染的形成机制及演变规律进行了深入研究,取得了一系列创新性的研究成果,丰富和深化了大气复合污染的基本理论。

在污染物排放清单及源排放特征研究方面,基于大量测试结果建立了基于详细工艺技术信息的排放因子库,形成了具有中国特色的污染源清单技术和数据库[62,63],构建了基于卫星遥感的"自上而下"区域排放清单反演方法,提高了污染物排放源清单的准确度[64]。

在大气氧化性研究方面,采用激光诱导荧光技术对 HO_x 自由基进行了在线测量,通过对大气 OH 生成和去除过程的定量机理分析,确定已知自由基循环缺失了重要的 OH 再生机制,现有空气质量和气候模型可能严重低估了污染物去除速率,对揭示我国大气氧化能力和应对气候变化有重要意义。

在大气新粒子成核机制和二次颗粒物生成机理研究方面,基于长期和典型过程的野外观测,发现了大气中新粒子生成事件。综合数据分析和模型模拟,初步揭示了北京、上海和广州大气新粒子生成事件的主导成核机理可能是水-硫酸-氨三元成核机理[65,66];通过烟雾箱模拟实验,研究二次颗粒物(硫酸盐和二次有机物颗粒物 SOA)生成的动力学和微观机理,发现如 H_2SO_4 和 $(NH_4)_2SO_4$ 的存在对 SOA 的生成有明显的促进作用。

在颗粒物表面的非均相反应研究方面,基于我国颗粒物污染特征,对主要污染气体 NO_2、SO_2、O_3 和甲醛等在 $CaCO_3$、高岭石、蒙脱石、NaCl、海盐、Al_2O_3 和 TiO_2 等颗粒物中主要矿物质组分的表面进行了反应动力学和产物形成机理的系统研究,揭示了硝酸盐、SOA 形成的新途径和新机制。

在云中化学过程研究方面,以泰山和衡山作为我国南方和北方代表性站点,对云中化学过程,云雾对气体、气溶胶清除速率进行了系统的研究,发现泰山和衡山云雾水酸化比国外高山站点严重,离子浓度更高,云雾过程中硫酸盐生成的主要控制因素存在地域差异。研究还探明了我国南北方典型地区云雾过程对气溶胶中无机及有机成分的清除规律,并发现在云雾过程中 SOA 通过液相反应的生成途径[67]。

(3)大气污染控制理论

"十一五"期间,我国以区域大气污染物总量控制为基础,建立了区域大气环境质量综合调控方法,改善了重点地区和城市大气环境质量。同时,完善了污染物总量控制理论与方法,建立了以提高资源利用效率、降低能耗为中心,以绿色设计为引导的循环经济和清洁生产技术体系,使主要污染物的排放总量得到有效控制,重点行业污染物排放强度明显降低。此外,大气污染总量控制和排污权交易制度取得了显著的进展。

2. 大气环境科学技术

在大气环境探测和模拟的关键技术方面取得了重要突破,成功开发了大气污染卫星遥感综合监测系统,自主研发和生产了一系列在线监测技术及仪器,实现了对关键气态污染物、大气颗粒物浓度分布和理化性质的连续、高时间分辨率测量。物理模拟技术在提高模拟精度、减少人为干扰误差等方面取得了较大突破。数值模拟技术也取得了快速发展,开发了多个有中国特色的大气环境模式和空气污染与气候变化耦合模式。

(1)探测技术

近年来激光雷达、风廓线仪、无线电声学探测系统(RASS)、GPS 探空、微波辐射计、太阳光度计、协方差脉动仪等新型大气探测设备得到广泛应用。综合利用激光雷达、风廓线仪、太阳光度计等探测气溶胶粒子和大气化学成分,利用卫星、飞机等平台进行污染物区域输送研究。目前我国对风廓线雷达、激光雷达、微波辐射计等新型大气环境探测设备资料的应用,尤其是二次开发,还存在明显不足,与国外差距较大。

(2)监测技术

"十一五"期间,我国大气监测手段有了极大的发展,自主研发和生产了一批关键气态污染物和颗粒物在线监测技术及设备。针对大气复合污染的关键科学问题,按照闭合实验的技术思路,在京津冀、珠三角和长三角等地区设立了大气超级测站,集成了常规气态污染物、NMHC、VOCs、H_2O_2、PANs、$PM_{2.5}$、PM_1、BC、$PM_{2.5}$ 水溶性化学组成、EC/OC、颗粒物粒径分布及化学成分、激光雷达、风廓线仪、$J(NO_2)$-$J(O_3)$ 光解常数、能见度等多种监测仪器,实现了对气态污染物、颗粒物的物理-化学-光学性质的快速在线测量,深化了对大气复合污染演变规律及影响因素的认识。

（3）模拟技术

在物理模拟技术研究方面,在提高实验室风洞和实验室水槽的功能上取得了显著进展,自主研发了 48 点自动采样仪,实现了全部自动化操作,且 48 个点采样同时完成,其功能和性能是世界上该领域最先进的测量技术之一。进一步提高实验仪器、设备精度和实验过程的自动化仍是今后大气环境物理模拟的发展重点。

在数学模拟技术研究方面,国内科学家一直致力于发展适用于中国的大气环境模式。近几年,着重发展了大气化学资料的最优插值和集合卡尔曼滤波数据同化技术,改善了区域空气质量预报的初始浓度场;通过代码重构和标准化,完善了嵌套网格区域空气质量模式 NAQPS 及源识别和源追踪技术,研发了区域大气环境模拟系统 RegAEMS,实现对大气多污染物高时空分辨率的模拟;建立了以 NAQPS、CMAQ、CAMx 为基础的空气质量多模式集成预报系统,为北京奥运会、上海世博会和广州亚运会提供了空气质量业务化预报。在应对气候变化的科学问题上,发展了空气污染与气候变化耦合模式 GRAPES-CUACE、RIEMS 和 RegCCMS,引进了国外 MOZART、GEOS-CHEM、CAM-CHEM、Models-3/CMAQ 和 WRF-CHEM 等模式,这些模式被用于研究全球和区域的气溶胶辐射强迫和气候效应,并取得了一定的研究成果。

3. 典型大气污染物控制技术

（1）粉尘及细微颗粒物控制技术

"十一五"期间,静电除尘器占 200MW 以上燃煤机组烟气除尘设备的 95% 以上;袋式除尘器在水泥行业使用比例达到 80% 左右,钢铁、有色行业比例达到 95% 左右。

静电除尘器方面,针对高比电阻、高温、高湿、高含尘浓度及细微颗粒的控制,研发了烟气调质技术、新型高效节能电源技术、粉尘凝并技术、湿式静电除尘技术、移动电极技术等增效技术,并已投入工程应用,强化了固定源细微颗粒物及二次颗粒物的控制。

袋式除尘器方面,设备的大型化进展显著,烟气处理量 200 万 m^3/h 以上的大型设备已实现工程应用;实现自主知识产权的大型脉冲阀性能及以强力清灰为特征的脉冲技术的升级,满足 8m 以上超长滤袋高强度稳定清灰要求;开发了可满足不同行业的耐高温、耐腐蚀的 PPS、P84、PTFE、玻纤覆膜等高端滤料。

电袋复合除尘方面,前级电场预收烟气中 70%～80% 以上的颗粒物,后级袋式除尘装置捕捉剩余颗粒物,特别是对 $0.01\sim 1\mu m$ 的气溶胶粒子有极高的捕集效率,已应用于660MW 机组。

目前我国烟气除尘技术已能满足不同行业各种容量机组的需求,同时在一些特殊领域如高温煤气净化方面呈加速发展趋势,但 $PM_{2.5}$ 及二次颗粒物的高效低成本控制技术尚未完全成熟。

（2）SO_2 控制技术

目前烟气脱硫技术包括石灰石-石膏法、循环流化床半干法、氨法、海水法、活性焦（炭）吸附法、旋转喷雾干燥法、炉内喷钙尾部烟气增湿活化法等。石灰石-石膏法目前应用最为广泛,截至 2010 年年底占我国烟气脱硫技术的 85%。

我国已掌握自主知识产权的石灰石—石膏烟气脱硫技术,具备 1000 MW 级机组脱硫装置的生产制造能力。在此基础上发展了燃煤烟气多种污染物湿式协同脱除技术,实现了多效复合添加剂、高效吸收塔、成套集成工艺的应用。开发了适合我国电厂烟气特点的循环流化床半干法烟气脱硫技术,在有效控制 SO_2 的同时实现 HCl、HF 及 Hg 等的联合脱除,部分技术已出口美国。氨法脱硫技术和海水脱硫技术已分别在 300MW 以上机组和 1000 MW 机组上实现工程应用。

(3)NO_x 控制技术

"十一五"期间新建电站机组全部采用了先进的低氮燃烧技术,截至 2010 年年底,全国已投运的烟气脱硝机组容量超过 0.9 亿 kW,其中选择性催化还原(SCR)机组占 95%。

固定源方面,研发了具有完全自主知识产权的风控浓淡煤粉燃烧技术、可调煤粉浓淡低 NO_x 燃烧及低负荷稳燃技术等低氮燃烧技术并进行了产业化应用,NO_x 脱除效率可达 40%~60%。一直被国外垄断的 SCR 脱硝催化剂生产技术取得了重大突破,已有多家企业建立了 SCR 脱硝催化剂生产线,形成了 60500m³/a 的催化剂生产能力。SNCR 脱硝技术取得了较大进展,目前已实现自主技术在 300MW 机组上的应用。此外,碱液吸收法、催化直接分解法、微生物法、等离子体氧化法和固体吸附法等烟气脱硝技术目前大都处于实验研究或工业示范阶段。

机动车、船舶等移动源方面,"十一五"期间研发机内净化技术,主要包括发动机电控改造、燃油喷射系统改造和涡轮增压器系统改造;研发尾气净化技术,针对汽油机大规模推广应用了三效催化剂,针对柴油机开发了 EGR、NSR 等技术联用的催化转化器(DOC)和颗粒物捕集器(DPF),实现了 NO_x、HC、CO 和 PM 的协同脱除。

(4)Hg 排放控制技术

燃煤是最大的大气汞排放源之一。燃煤烟气中 Hg 排放控制技术主要包括燃烧前脱汞技术、利用现有设备的协同控制技术及强化脱汞技术。目前我国汞排放控制技术方面已取得一些有益的成果,但汞污染防治工作基础比较薄弱,基础信息、污染防治技术与对策都严重滞后于形势需求。

(5)VOCs 治理技术

VOCs 的排放控制包括销毁技术、回收技术和集成技术三大类。销毁技术方面,催化燃烧法和高温焚烧法已广泛应用,分别占 VOCs 处理总量的 30% 和 5%。

"十一五"期间,在销毁技术方面,分子筛催化剂、耐高温催化剂等的研发促进了催化燃烧的进一步发展;高温焚烧装置运行稳定性得到提升,二次污染物生成得到有效控制;蓄热式燃烧技术及多孔介质燃烧技术因其热利用效率高,运行成本低,在有机废气净化行业得到了推广。此外,生物技术、低温等离子体技术和光催化氧化技术等也取得了一定进展,并进行了示范应用。

在回收技术方面,通过纳米微孔吸附剂、石墨化碳材料等新材料对传统吸收技术和吸附技术进行了升级改造;应用膜分离技术回收高浓度油气已投入应用试点。

在集成技术方面,针对低浓度废气研发了吸附浓缩-(催化、蓄热)燃烧集成技术,吸附浓缩技术提高有机废气的浓度,拓展了处理技术的适用范围,提高了系统经济性;针对中高浓度有机废气开发了活性炭纤维吸附回收-吸附浓缩技术和冷凝回收-吸附浓缩技术,实现了过程优化,大大提高了有机成分的回收率。针对机动车尾气推广了三效催化剂,促进了 HC 的深度氧化,抑制了有机气溶胶和光化学烟雾等二次污染的形成。

总体来看,我国技术水平与美、日、欧相比仍有较大的差距:适应新技术的疏水分子筛吸附剂、广谱耐高温催化剂等新材料有待进一步开发;沸石转轮吸附浓缩技术、等离子体协同催化技术、光催化技术、离子液吸收技术等新技术也需加大开发力度;在过程优化和集成技术的方面,需改进工艺性能,提高工艺集成水平。

(6)室内空气净化技术

"十一五"期间,我国在室内空气净化技术和室内空气净化设备两方面开展了大量工作,开发了一批具有自主知识产权的净化技术和净化设备。

室内空气净化技术方面,按作用机制不同主要可分物理法、化学法和生物法。物理法方面,对吸附甲醛的沸石分子筛、吸附苯、甲苯、二甲苯混合气体的黏胶基活性炭纤维与颗粒活性炭等吸附剂进行了大量研究。化学方法方面,研究最广泛的是低温等离子体技术和光催化技术。我国有多个单位对低温等离子体去除 VOCs 技术进行了研究,进展明显。光催化技术的研究主要集中于光催化剂的开发,目前研究的光催化剂主要是一些半导体材料,如 TiO_2、ZnO、Fe_2O_3、ZnS、CdS、WO_3、SnO_2、$SrTiO_3$ 等,其中最有实用意义的为 TiO_2。我国科研工作者开发了大量 TiO_2 基光催化剂,并尝试了光催化与其他技术的联用,如等离子体与光催化耦合技术、吸附与光催化联用技术。生物法方面,我国对植物净化技术有一定研究,发现吊兰、常春藤、一品红、杜鹃等植物都是良好的"室内空气净化器";还有研究人员发现云南秋海棠、蜘蛛抱蛋等多种植物对室内有害微生物的抑制作用十分明显。

室内空气净化设备方面,"十一五"期间我国开发了净化屋全能王、净化屋装修卫士等产品,在净化甲醛等顽固污染物及去除异味方面实现了重大突破。产品可达到"除甲醛99.36%、除苯99.74%、除氨89.37%、除尘99.9%、除菌95%和除烟99.9%"的出色效果。此外,国内对等离子体和光催化空气净化设备开发也做了不少尝试,如:将光催化技术用于中央空调中制成有光催化活性的纳米二氧化钛活性炭净化网。

(7)温室气体减排技术

目前,全球温室气体中影响最显著为 CO_2,其次为 CH_4、N_2O 等。全球 CO_2 浓度的增加主要是由于化石燃料的使用,而 CH_4 和 N_2O 浓度的变化主要源于农业活动与废弃物处理。

在二氧化碳捕集与存储(carbon capture and storage,CCS)技术方面,在诸多温室气体技术中,CCS 技术用于燃煤发电厂极具潜力,受到国内外关注,研究与应用较多。CCS技术主要包括捕集、运输、封存三个环节。目前我国在二氧化碳的捕集技术进展较快,醇胺化学吸收法技术及煤气化联合循环发电(IGCC)技术等二氧化碳的捕集技术在我国多家电厂进行试验。

在二氧化碳资源化利用研究方面,积极深入研究 CO_2 资源化技术也对 CO_2 减排具有深远的意义。随着化石资源的不断消耗以及社会发展需求,将 CO_2 转变成高附加值的有机化工产品及新型材料依然是这一领域的研究热点。

(8)区域大气复合污染防治技术

"十一五"期间,在"863"计划和科技支撑计划等的大力支持下,我国开始大力研究和建立区域大气复合污染防治技术。这些项目以"科学研究-技术集成-区域示范-管理决策"为主线,集中突破了大气复合污染监测、区域大气污染源识别和动态源清单,区域大气复合污染立体监测网络,区域大气复合污染物的预测预警,以及大气复合污染综合防治的决策支持等关键技术,构建了区域空气质量立体监测预警体系和区域污染防治的协调机制与管理体系,并成功应用于京、津、冀、珠三角和长时间区域污染防治的实践,为北京奥运会、上海世博会和广州亚运会空气质量保障工作的圆满成功提供了坚实的科技支持。

(三)固体废物

随着我国经济与社会进入一个新的发展时期,开展固体废物无害化处理处置与资源化利用对于促进循环经济,建设环境友好型和资源节约型社会起着至关重要的作用。"十一五"期间,固体废物处理处置与资源化利用的新技术、新工艺与新设备成果不断涌现,为危险废物、污泥、大宗工业固体废物、生活垃圾与电子废物等各类固体废物的污染防治与资源化利用提供技术保障。展望"十二五",一般固体废物资源化利用和危险废物处理仍是固废污染防治的难点和重点,污泥处理处置、危险废物稳定化技术、飞灰、渗滤液等二次污染防治将会成为技术创新的热点。

1.生活垃圾处理处置技术

在焚烧处置方面,针对我国生活垃圾高水分、低热值、燃烧成分复杂等特点,成功开发出新型二段往复式生活垃圾焚烧炉排,可有效降低灰渣的热灼减率,且对未进行堆存脱水的新生垃圾也能够稳定焚烧,达到国际先进水平。目前,最大单台处理能力达 600t/d 设备已在示范工程中稳定运行。而针对生活垃圾焚烧飞灰的土聚物稳定化和加速碳酸化稳定化技术在有效降低其重金属浸出毒性,提高其在环境中长期稳定性的同时,也可达到降低二氧化碳减排的效果[68],符合以废治废和清洁生产的理念。而以垃圾焚烧飞灰为主要原料研制硫酸铝盐水泥的技术的研究也为该类废物的资源化利用提供了新的途径[69]。

在填埋处置方面,将渗滤液回灌技术应用于老垃圾填埋场封场工程,使垃圾的稳定化进程加快,实现渗滤液零排放,从而降低了填埋场封场后的环境风险。以渗滤液回灌技术为基础的生活垃圾生物反应器填埋技术的发展,实现了对填埋渗滤液的原位净化和填埋场的提前稳定,同时还能提高填埋气体回收利用率,从而提高垃圾的资源化、无害化水平[70]。A-O、好氧曝气、生物脱氮等生活垃圾填埋场渗滤液原位脱氮技术的发展,有效解决了填埋场渗滤液循环的氨氮积累问题,降低运行成本。具有中国自主知识产权的 LDS-1 填埋场渗漏实时检测系统可用于对填埋场防渗层 HDPE 膜的质量、渗漏以及其在填埋场封场后的检测,从而解决了我国众多填埋场防渗层 HDPE 膜渗漏的定位问题。生物覆盖层甲烷氧化技术和生物过滤法的研究与应用将有效控制垃圾填埋埋场中温室气体——甲烷的排放,而针对填埋产气的变压吸附提纯技术,还能实现对甲烷气体的回收利用以替代传统能源,具有理想的碳减排效益。在其他方面,以城市集中源产生的生物质垃圾为对象的厌氧消化技术通过导入水热预处理工艺,研发出适合高悬浮固体物料的高效厌氧消化反应器,并结合沼气分离提纯生产优质车用清洁燃料和沼液分离浓缩腐殖酸技术的开发,实现生物质资源的循环利用。CBS 城市垃圾生化菌种堆肥成套技术创新性地提出了三阶段温度控制接种堆肥方法,并开发出国内外领先的高效复合微生物菌剂,从而有效达到缩短堆肥发酵周期,提高发酵速率,降低堆肥成本的目的。

2. 污泥处理处置和资源化利用技术

"十一五"期间,污水处理厂污泥的处理处置和资源化利用研究取得了重要进展。污泥超声波破解、高级氧化、水热法等破解技术对浓缩污泥的预处理起到了很好的效果,其中超声耦合 Fenton 氧化破解技术首次提出用超声波和 Fenton 氧化的协同作用破解污泥,达到了处理成本大幅度降低以及污泥的脱水性能明显改善、恶臭物质释放明显降低的效果,同时还可实现资源化回收污泥中的磷元素来生产磷酸铁。而可应用于园林绿化、花卉栽培等领域城市污泥分层堆肥技术[71,72]以及污泥超临界水部分氧化技术[73]的研究也为我国城市污泥的资源化利用提供了新的思路。利用干化污泥焚烧产生的高温烟气直接干燥由喷雾干燥器雾化喷嘴处理后的细颗粒脱水污泥液滴的新型污泥干化焚烧集成技术,强化传热传质效果,提高了干化焚烧系统的热能综合利用效率,目前已有 360t/d 示范工程生产线运行。污泥微生物沥浸处理技术通过在污水处理厂的浓缩污泥中接种特异复合微生物菌群,常温常压条件下适当曝气可达到大幅度提高污泥脱水性能又能消除污泥恶臭、杀灭病原菌和有效去除有害重金属的效果,从而实现了污泥的减量化。污泥石灰干化技术的设备研发及其工艺优化,使得仅需 5%～10% 的石灰添加量即可达到良好的污泥稳定化、重金属钝化和臭味明显去除的效果,具有较好的规模化应用前景。

3. 工业固体废物资源化利用技术

大宗工业固体废物资源化利用的研究和应用也取得了较大的突破。以高掺电石渣为原料,煅烧水泥熟料的新型干法工艺使电石渣成为水泥生产的钙质原料,该工艺已形成 1150 万 t 的水泥熟料生产能力,新增工业产值 23 亿元。采用在煤矸石和粉煤灰中接种氧化硫硫杆菌和解磷细菌等特异性菌的微生物修复技术,可在一定程度上降低两种废物中硫、磷和铁等的污染性。凝胶包裹固氟技术既可以实现氟石膏废渣的无害化处理,又能有效改善氟石膏产品的使用性能,同时成本可降低 30% 以上。以钢铁生产熔渣为原料,制备掺量大(钢渣 35%)、性能优良的复合硫铝酸盐水泥,其各项性能指标均可达到 P·C32.5 级复合硅酸盐水泥国家标准要求[74]。而有关钢渣在混凝土以及公路基层材料中应用的研究也为其综合处置提供了新的途径。以磷石膏为原料,采用水压热法、常压酸化法以及浮选两步脱水法等技术制备的硫酸钙晶须(石膏纤维),是一类低毒性、高性能的绿色环保材料,可广泛应用于填充剂、增强剂、摩擦材料、密封材料等高新材料开发领域。超声波预处理-生物降解复合工艺、堆肥处理技术以及低温热解技术的研究与应用有效提高了含油污泥的无害化处理效果,为我国大量含油污泥的处理提供了新的方法。

4. 危险废物处置技术

"十一五"期间,国家高度重视危险废物污染防治工作,危险废物的规范化利用与处置数量和能力显著提升。医疗废物半煤气二燃炉装置、摆窑技术实现了焚烧炉快速高温强燃技术,解决了废物焚烧后的结焦问题。细菌解毒铬渣[75]、高碱无卤钠化焙烧工艺等新技术在对六价铬还原解毒的同时,资源化回收三价铬沉淀物,六价铬转化率高达 90% 以上,处理技术居于国际领先水平。可循环氧化法采用特殊氧化剂处理高砷尾渣,处理后的尾渣可用于制备白炭黑。高温气化法能有效回收废弃荧光灯中的汞,具有二次污染少、易于规模化等优势,全国已有多省采用此技术建成多个无害化处理示范项目,年处理能力高达上万吨。此外,含氯代有机物工业废物处理技术研究完成了机械化学、碱催化、熔盐氧化和光催化技术探索,实现对氯代有机污染物高效破解并达到国际先进水平。

5. 电子废弃物处理技术

电子废弃物是近年来增长速度最快、回收价值最高的固体废弃物。新开发的两级破碎方式、滚筒静电分选法、高效离心分选法有效分离线路板中金属和非金属,为各类物质的资源回收提供保证。火法冶金方法、微生物浸取法、湿式处理法、碘液浸取法等新技术对线路板中的铜、铅、锌、镍、金等有色金属实行全面回收,实现了有色金属较高回收率的低成本资源化途径。电子废物无害化处置与无污染高值利用技术将电子废物自动化拆解分类、贵重金属深加工、火法-湿法联合处理等流程进行集成,设计了废线路板干式粉碎分选、废电缆干式粉碎分选、废旧冰箱以及废旧洗衣机粉碎分选等全套设备,在国内已建成处置能力为 3000t/a 的生产线。除了回收电子废物中金属组分,新研发的二次分解技术可在温和条件下对电子废物中环氧树脂和玻璃纤维等非金属物质进行绿色回收,减少污染物排放的同时使资源得到充分利用。

(四)噪声、振动及电磁辐射

"十一五"期间,我国环境声学理论及相关技术取得了很大的进展,学科基础研究体系已渐趋成熟,同时相关控制技术在我国的环境噪声保护和社会、经济可持续性发展中发挥了应有的作用。环境声学在其发展过程中,逐渐形成声学结构与材料、环境噪声的主观评价、环境噪声监测技术、声学预估和计算方法研究、噪声地图、有源噪声控制、环境噪声评价、隔振技术等学科方向和理论体系;在有源噪声控制、微穿孔板吸声材料、声二极管等方面仍然处于国际先进水平。由于对环境物理的基础研究投入不足,在技术的应用中又鱼目混杂,在声学仿真计算、新型声学材料、声品质、噪声地图、分布式网络声学监测系统等方面均与国际水平拉开了一定的差距,还没有建立国家级的环境噪声方面的数据库,未建成先进完善的城市环境噪声监测体系等。

1. 环境声学研究

(1)声学材料研究

声学材料研究是目前研究的热点领域,主要集中在微穿孔板吸声材料、声子晶体材料、声二极管、低频薄层声学材料和声学智能材料等。微穿孔板吸声技术是由我国声学家马大猷院士在 20 世纪 70 年代提出的,近年来在微穿孔板吸声机理、声涡转换与微流结构声吸收、扩散场内声吸收、高声强条件下吸声特性等方面的研究中又有了新的成果,并给出了微孔板吸声特性的精确算法[76];在微孔板的制造工艺方面,提出了机械钻孔法、泡沫铝法、激光打孔法、电腐蚀法等多种微孔形式;在结构方面,提出了一种新型共振吸声结构——柔性管束穿孔板共振吸声结构[77],并揭示了该结构及其衍生结构的吸声机理和特性[78,79],实现了管束穿孔板共振吸声结构的拓展优化设计,并达到了"强化低频,兼顾中高频,实现宽带吸声"的设计目标;在产品开发方面,研制了多孔水泥基复合吸声材料,具有良好的吸声特性,并在轨道交通降噪的应用中取得良好效果。声子晶体材料是近 10 年来提出的概念声学材料,主要是指周期性多元嵌入结构材料,通过Bragg散射、局部共振等机理产生通带和阻带特性,提高非线性损耗,可望用于中低频段的吸声和隔声。声子晶体在隔声隔振和声波控制材料方面有应用潜力[80]。南京大学首次提出有效的声二极管理论模型,并成功构建了第一个结构简单却效率极高的声二极管器件。另外,最近的研究表明,利用低声速的强色散或强非线性材料,或促使纵波能量向横波的转移,可望用于发展低频薄层声学材料。使用智能材料,实现声能向电能的转变,也是实现低频材料的一种可能选择,伴随着有源控制技术的发展可望在近期实现突破。

总体来说,声学材料发展的方向主要包括四个方面,即:薄——材料厚度;轻——材料质量;宽——声学频带;强——结构强度。声学材料的多样化给建筑声学和噪声控制设计带来更多的选择和可能。

(2)声品质与声景观

人对于环境噪声的社会反应是环境声学关注的一个中心议题,近些年,声品质和声景观[81-83]成为这方面的研究热点。国内同济大学、中科院声学研究所和西北工业大学等针对不同研究对象开展了声品质主观评价研究和客观评价研究,集中于汉语背景下响度曲线和等噪度曲线测定,车内噪声声品质的研究,视觉和听觉相互作用,组合声源烦恼度等。在声景观方面,目前国内开展了不同空间的声景观研究,如开放式办公室、地下商业空间、公园声景观设计等。尚需进一步加强心理声学基础研究;关注环境中低频噪声评价研究;分析噪声声品质的人类特征;视觉和听觉交感作用研究;加强声音数据库建立;收集研究不同区域的特征声音和特征景观,调查不同爱好的人群对应的特征,以及与区域对应的受人喜爱的不同的声景观;声景观图的研究等。

(3)噪声预估和计算方法研究

目前声学数值计算与仿真技术主要用于声学环境预测和评价、噪声源分析、声场或结构响应分析、控制效果预报与优化等许多方面,以及用于各种复杂的声学计算问题,如复杂消声器中的声传播、消声器的传声损失计算、车辆/船舶/飞机噪声与振动分析、结构振动与声辐射分析计算、流固耦合问题中的声波产生与传播等。声学仿真技术虽然已能解决声学领域的大部分仿真计算问题,但对一些复杂声源如飞机发动机、各种流体机械声学特性的准确仿真还有待深入研究。另外,对声学领域的反向设计问题还没有成熟的仿真计算方法。从实际的工程应用需要来看,复杂声源特性仿真及声学反向仿真技术将成为今后一段时期急需解决的问题。在复杂声源特性预估方面,需要将日渐成熟的计算流体力学(CFD)技术与声学仿真技术相结合,以解决飞机发动机、各种流体机械等复杂声源的声学特性预估问题,其关键是如何建立CFD与声学仿真计算的桥梁,将非定常CFD计算结果转化为声学仿真计算的边界条件,包括计算网格转化和计算结果的转化两个方面的问题。

(4)噪声测量和监测技术

近几年,噪声测量和监测技术的进步最激动人心。网络传声器以及与其相关的MEMS传声器、智能传声器、网络化监测、阵列化处理等一整套技术的发展和应用,给环境噪声监测和分析注入了新的活力。分布式网络化环境噪声的监测加上GIS加上Noise Mapping使得环境噪声监测快速实时、大范围、永久性的要求得以实现;同时伴随着阵列化测量发展起来的相关技术包括近场声全息（NAH）、波束形成（beamforming）、统计优化近场声全息（SONAH）、声强测量和传递路径分析技术等。针对强噪声背景环境和多声源条件下的噪声源分离和精确定位问题,中国科学院声学研究所重点研究了传声器阵列声成像测量技术的理论和先进算法,形成了噪声源分离检测和成像技术,并集成阵型结构优化设计、噪声源分离技术、递归搜索快速成像算法、微型前置放大器技术,成功研制了多款高精度的声成像测量仪——声相仪产品[84,85],填补了国内空白。

（5）噪声地图

在城市建设和管理过程中,需要对噪声污染情况做出预测评价,主要的工作包括噪声图的绘制和相关软件的开发。目前最主要的突破是对国外的噪声预测模型进行了修正,并在此基础上,绘制出了能够反映北京市特点的噪声地图;同时,鉴于噪声地图的广泛功用,在噪声地图的基础上,研究开发了城市环境噪声管理平台,进一步发挥了噪声地图对城市噪声治理的快速高效的指导作用。此外,自主开发了我国的噪声环境影响预测及环评软件,结合环境噪声源数据库,针对环境噪声源特点,开展了新型噪声源（如风电场噪声、高铁噪声等）噪声影响预测模式研究。

（6）噪声控制技术

我国在噪声控制技术研究方面取得的进展主要集中在有源噪声控制、浮置道床隔振技术、环境噪声控制技术以及其他噪声控制产品的开发。

在有源噪声控制方面,近几年的研究工作主要在于技术的可靠性和实用性,同时有针对性地解决了一系列的应用实例。同时,系统的稳定性和鲁棒性是目前对控制系统和控制算法研究的重点。声学机理、指向性声源控制、声场简正方式控制、稳定性控制、鲁棒性控制等方向先后取得了很好的结果,有些认识还领先于国外同行。在应用系统中,研制完成的有源护耳器、电子抗噪声送、受话器等已经实现商品化应用,管道有源消声器、有源减振器等也已接近应用。开发了阻尼弹簧浮置道床减振系统,并形成自主、完整的减振技术理论体系,对地铁减振技术的国产化应用形成理论支撑,技术成果已直接应用于北京市地铁4号线和多项国家大型电厂减振和降噪工程。采用拥有自主知识产权专利的柔性管束穿孔板共振吸声结构,实现了奥运会"鸟巢"和"水立方"主场馆重点配套输变电工程的既定要求;慧祥110kV变电站对变电站排烟风机通风管道消声器和进回风通道消声墙壁等进行了系统声学设计和针对低频噪声的重点降噪处理,并应用该技术还完成多项重点工程,实现了显著的整体噪声控制效果。通用噪声控制设备产业取得了很大的发展,已形成一批系列化和标准化的通用噪声控制设备和声学测量仪器生产基地,专业从事噪声与振动控制产品生产制造和工程技术服务的企业已超过500家。

相关研究机构和企业应积极利用我国制造业的高速发展的机遇,发展先进的噪声控制技术,包括低频宽带声学材料、有源噪声与振动控制、声源设计控制等,使我国的噪声控制水平符合国家制造产业发展水平的要求,提供更多在声学上具有国际市场竞争力的先进产品。

2. 振动控制

"十一五"期间振动测量和监测技术的发展突飞猛进。一系列新的软件算法,如自动化模态分析、传递函数实时控制和反演、振动全息AVD实时测试技术等,大大提升了振动分析处理的效率。同时,高精度超量程 160dB 高动态范围的数据采集仪器的推广,提升了振动信号的测量范围,能够同时测量微弱和剧烈的振动信号。无线式和网络式的振动测量系统的发展和应用,使得大跨径桥梁的振动模态测量的问题迎刃而解。云计算的概念带来一个革命性的变化,通过物联网,采集的数据实时传递回远程计算机进行计算分析,同时将分析结果传回本地,实现数据共享。

"十一五"期间还对高速列车运行的条件下,高速列车诱发地面波与轨道强烈振动以及横风作用下的列车-轨道系统空间振动响应开展研究,还对 http://f. g. wanfangdata. com. cn/download/Periodical_zngydxxb201003065. aspxhttp://d. g. wanfangdata. com. cn/Periodical_zngydxxb201003065. aspx 地铁振动对周围环境和建筑影响以及振动传播规律进行了研究。

3. 电磁辐射污染控制

随着广播电视、移动通信、电力和磁悬浮交通行业的迅速发展,由于工频交变电磁场和射频电磁辐射所带来的电磁辐射污染问题也越来越严重。2006—2011 年的辐射环境质量报告显示,大多数监测点处电场强度呈逐年上升趋势,电磁污染正加速向三四线城市甚至农村蔓延。

为加强电磁辐射污染防治,相关立法工作取得积极进展,整体架构已现雏形。"十一五"期间,地方各级政府如天津、江苏、广东、山西等省(直辖市)的立法工作相继展开;2007 年环保部和工信部联合制订了《移动通信基站电磁辐射环境监测方法(试行)》,推动了移动通信基站电磁辐射环境监测的规范化;《电磁环境公众暴露控制限值》《建设项目竣工环境保护验收技术规范 输变电工程》《环境影响评价技术导则 输变电工程》和《电磁辐射环境监测技术规范》等相关标准的修订工作正加紧进行。

在电磁辐射污染防治研究方面,中国疾病预防控制中心开展了移动电话基站射频电磁辐射污染状况调查,根据 GSM 基站的总体分布于 2007—2009 年对北京市公共场所、居民区、医院、学校及幼儿园等场所选择 101 个代表性微蜂窝基站及 23 个室外宏蜂窝基站进行环境射频电磁场强度监测,并针对基站提出了若干改进建议。南京信息工程大学开展了移动通信基站的电磁辐射仿真模拟及应用研究。

"十一五"期间,对部分城市电磁辐射污染分布现状进行分析,并利用 GIS 技术进行典型污染源分布分析,提出管理对策与防护建议。还建立了中短波广播发射台电磁辐射环境影响预测模型,对计算机电磁辐射信息进行了再现分析,并就电磁辐射致脑、心脏、神经系统、生殖系统、免疫系统等损伤效应,电磁辐射对妊娠及子代的影响机制和防护等开展研究,在此基础上,提出了电磁辐射生物效应和防护建议。

(五)土壤和地下水

"十一五"期间,我国土壤和地下水环境科学与修复技术的发展受到国家高度重视,在宏观战略、污染调查、理论基础、技术研发和环境管理等方面,取得了明显的进展。在理论层面上,逐步形成污染化学、物质输移的界面与生态过程、生态毒性与微生态效应、污染水动力学和微生物地理学等环境科学理论创新体系;通过技术、方法与设备研发,在非均质介质多相流体数值模拟方法、污染修复化学与生物功能材料制备、风险暴露及环境风险评估与不确定分析方法、绿色生物修复等环境材料、污染控制与修复技术等方面取得了重大突破,为保障我国环境安全、生态安全和人居环境安全发挥了重要的科技支撑作用。

1.界面作用过程与污染物迁移动力学研究

目前土壤污染物的物理、化学、生物界面过程及其效应正在成为土壤环境科学关注的前沿课题。针对我国土壤中重金属和有机污染问题,开展了土壤组分及其性质对污染物的影响机制、土壤胶体表面重金属和有机污染物的吸附与释放动力学、污染物土-液界面交互作用机理、生态效应及调控原理等方面的研究。土壤污染过程、反应机理及其尺度效应和预测模型将更加受到关注。

目前对于污染地下水动力学基础理论的研究,已从单一流体转变为多项流,兼顾涉及物理、化学与生物变化。同时把多孔介质流体力学理论逐渐引入到土壤及地下水污染研究中,完善多相模型并发展成为二维、三维,使模型更加符合地下水环境有机物污染的实际情况。针对有机污染物的数值模拟,研究涉及气-水-油三相流动的物理机制。

2.污染土壤和地下水的生态毒性与检测方法

土壤-生物系统中污染生态过程、生态毒理与生态风险研究受到国际高度重视,尤其低剂量暴露和复合污染的生物效应研究成为当前研究的前沿和热点。目前已经开展了土壤中生物个体水平上的有毒物质剂量-效应关系、污染对微生物群落结构和生物多样性影响、土壤-植物系统中污染物相互作用过程、污染场地微生物地理学分布与群落结构的研究。

利用现代微生物学与化学分析技术,量化微生物活性,构建微生物活性指标与微生态环境内在关系,为有机污染土壤和地下水系统修复奠定基础。近年来,分子生物学方法已经用于研究微生物群落结构及功能,包括 16SrRNA 基因分析、变性梯度凝胶电泳、长度非均质性聚合酶链式反应,终极制性片段长度多态性和分子探针法。此外,生物传感器逐渐用来评价生物可利用化合物的毒性和检测。

3.土壤污染修复技术与方法

污染土壤修复决策上已从基于污染物总量控制的修复目标发展到基于污染风险评估的修复导向,技术上已从单一的修复技术发展到联合的、集成的工程修复技术。有机污染土壤的固化-稳定化、新型可持续稳定化修复材料及其长期安全性监测评估等成为关注重点。

我国在利用热脱附技术、土壤蒸汽抽提(简称 SVE)、淋洗技术与设备去除多氯联苯、有机氯农药、挥发性有机污染物(VOCs)等方面进行了工程示范。采用固化-稳定化处理冶炼企业场地重金属污染土壤和铬渣清理后的堆场污染土壤。同时,低温等离子体技术作为有效去除污染土壤中有机污染物的新途径受到关注。多相均匀放电、低温等离子体修复的土壤前处理、修复排放的尾气检测与处理等已成为研究重点。

植物修复技术正向植物阻隔、植物固碳、生物质能源、植物生态及杂交修复技术发展;构建了多种组合方式的基于超积累植物的重金属污染农田土壤植物吸取修复技术与示范工程,构建了农药高效降解菌筛选技术、微生物修复剂制备技术和农药残留微生物降解田间应用技术。同时,筛选了石油烃降解菌,研制了生物修复预制床和生物泥浆反应器,提出了生物修复模式。近年来,多环芳烃、含氯有机污染物等持久性有机污染土壤的微生物修复技术取得了显著进展。

联合修复技术可以实现对多种污染物的复合/混合污染土壤的修复,已成为土壤修复技术的发展潮流;微生物/动物-植物联合修复技术是土壤生物修复技术研究的新内容;利用能促进植物生长的根际细菌或真菌,发展植物-降解菌群协同修复、动物-微生物协同修复及其根际强化技术将是生物修复技术新的研究方向。

4.地下水污染修复技术与方法

针对有机污染场地中挥发与半挥发有机物,已开展物化、生物修复技术的研究。对于轻质石油烃(包括 BTEX)等挥发性有机物,研发了拖尾期强化去除技术和尾气收集处理技术,以及具有增溶作用的微生物表面活性剂和具有多种功能的复合修复菌剂,有效提高挥发和半挥发有机污染地下水修复效率,为我国修复技术与材料的研发奠定重要基础。针对污染场地中难降解的 PAHs 和高分子量石油类污染物,研发了物化分离、化学氧化与生物降解的协同技术,提升了难降解污染地下水修复水平。

针对我国不同类型场地的污染状况和场地特征,构建了毒性评价、暴露评价和风险表征为核心的污染场地风险评价技术框架,建立了污染场地环境风险不确定性分析方法,形成了我国污染地下水环境风险评价技术体系与风险管理体系,提升了我国地下水环境风险管理层次和国际化水平。

未来几年,有机污染物在土壤及地下水中迁移转化成为污染地下水动力学的研究重点。地下水实验技术与研究手段及地质微生物和生物修复系统,亟待创新性研究和完善;通过过程模拟方法及技术创新和集成,突破地下水修复技术瓶颈,开发新材料和新型生物技术提高修复的有效性。

(六)生态保护

生态保护与生态恢复在过去十年取得重要进展,尤其在生态系统服务评价与生态功能区划、濒危动植物濒危机制和保护措施、全国生物多样性格局与保护、生态脆弱区的生态保护与生态恢复等方面,生态恢复关键技术、技术集成和模式的研究中取得一系列重要成果。

1.生态系统服务功能评价与生态功能区划

近 10 年,生态保护的理论基础越来越重视生态服务功能的保护,生态系统服务功能的评价已成为国际生态学压境的前沿和热点领域。我国在生态系统服务功能形成机制、生态系统服务功能评价方法和生态功能区划等方面均取得重要进展和成果,为国家生态保护战略和生态保护政策和措施的制定提供了科学依据。

(1)生态系统服务功能的评价指标和评价方法

在研究我国生态系统和社会经济特征的基础上,探索了适合我国生态环境和经济社会特征的生态系统服务功能的评价指标、评价模型和方法。并开展了森林、草地、湿地、农田、荒漠等不同生态系统类型的服务功能评价,以及不同区域尺度生态系统服务功能评价,为区域生态提供了科学方法。

（2）生态系统服务功能形成机制

以定位观测为基础,研究了生态系统结构、过程与服务功能的关系,尤其在生态系统固碳功能、水文调节功能、土壤保持功能等方面均取得重要进展和成果。

（3）生态功能区划

系统研究了全国各流域、省、市及重要区域的生态系统服务功能空间格局的评价方法,建立不同尺度区域生态功能区划方法,并完成了全国生态功能区划,确定了国家重要生态功能区,为国家及区域生态保护、区域国土开发以及产业布局提供的科学基础,推动了我国生态保护工作。

2. 生物多样性保护

我国是全球生物资源最丰富的国家之一,对全球生物多样性保护具有重要地位。近十年来,在生物多样性资源调查、珍稀濒危物种的濒危机制和保护措施、区域和全国生物多样性空间格局与生物多样性保护热点区评价、自然保护区监测和管理有效性评价等方面均取得重要进展和成果。

（1）生物多样性资源调查与监测

环保部启动了全国野生植物资源编目工作取得了重要进展,初步建立了全国野生植物资源保护与持续利用的信息系统。中国科学院建立的中国生物多样性信息系统已完成了大量的物种多样性编目、生态系统多样性编目及数据库建设工作;还建立了中国森林生物多样性监测网络,开始了生物多样性的长期监测研究,为未来认识和揭示植物功能形状与物种共存机制、碳动态与全球变化的关系、植物与动物和土壤微生物相互作用、植物空间分布格局与生境的关系等生物多样性演变过程奠定了基础。

（2）濒危动植物物种的保护

近十年来,我国对主要珍稀濒危物种的保护现状、致危机制、保护对策等均进行了研究,如大熊猫种群监测的分子生物学方法、人类活动胁迫下大熊猫生境利用行为、大熊猫生境的演变和保护,以及金丝猴、羚牛、丹顶鹤、东北虎等众多野生动植物的生态学与保护均取得了一系列重要成果。

（3）全国生物多样性格局评价

开展了系统的全国生物多样性空间格局评价,明确了我国生物多样性保护的热点区域,制订了全国生物多样性保护的行动计划,为国家生物多样性保护提供依据。

3. 生态系统恢复

近十年来,重点围绕我国生态脆弱区退化生态系统恢复、水电开发、水资源开发、矿产资源开发、道路建设、油气管线建设等导致生态破坏,在生态恢复关键技术、技术集成和生态系统管理模式等方面开展了系统的研究,并取得一系列重要进展和重大成果。

（1）揭示了我国生态脆弱区空间格局与形成机制。分析评价了我国生态环境敏感性特征,制定了全国生态脆弱区区划,分析了不同脆弱区面临的生态环境问题、生态退化原因与机制,提出了不同脆弱区生态保护与生态恢复的目标与策略,为国家生态保护与生态恢复的宏观决策提供了科学基础。

（2）评价与筛选适合于不同脆弱生态区生态恢复的植物与品种。通过大量的试验,研究了耐寒/耐高温、耐旱、耐盐、耐瘠薄植物资源调查、引进、评价、培育的技术,评价了在青藏高原、黄土高原、西南喀斯特地区、东北盐碱土地、新疆荒漠区等不同生态脆弱区具有应用潜力的植物共计500多种。为自然环境恶劣地区的生态恢复提供了物种资源。

（3）恶劣条件下退化生态系统整治的关键技术与示范。重点研究了极端环境条件下水资源高效利用、土壤改良、植被恢复等方面关键技术。在干旱半干旱区及喀斯特地区雨水集水、蓄水和节水技术,喀斯特地区的土壤改良技术,喀斯特石漠化地区、新疆荒漠区和内蒙古温带草原退化生态系统的自然修复和人工加速恢复的关键技术开发等方面取得重要进展和成果。

（4）退化生态系统整治技术集成与示范。广泛收集现有生态恢复技术,进行筛选评价,针对不同脆弱区退化生态系统特征和恢复重建目标,研究典型脆弱退化生态系统重建的技术集成与综合治理模式,并开展试验示范。重要成果有:黄土高原地区水土流失防治技术集成,干旱半干旱地区沙漠化防治技术集成,石漠化地区植被恢复重建技术集成,虫鼠害及毒杂草生物防治技术集成,干旱区流域水资源调控机制和水资源高效综合利用技术,多层次立体植被种植技术和林农果木等多形式配制经营模式,坡地农林复合经营技术等。

（5）退化生态系统管理模式与示范。根据生态系统演化规律,结合不同地区社会经济发展特点,开展脆弱区典型生态系统综合管理模式与示范。在高寒草地和典型草原可持续管理模式,可持续农-林-牧系统调控模式,新农村建设与农村生态环境管理模式,生态重建与扶贫式开发模式,全民参与退化生态系统综合整治模式,生态移民与生态环境保护模式等方面取得重要成果。

（七）环境与健康

我国环境与健康面临的形势日益复杂:从介质来看,从室外空气到室内空气、从地表水到地下水、从土壤到农作物的污染对健康的危害无处不在;从污染物来看,传统的重金属污染与新型有毒有害有机污染物的污染对健康的影响共存且相互作用;从范围来看,从城市到农村,从地区性到全国性,从区域性到全球性的各类环境问题对健康的威胁重重叠加;从效应来看,污染的慢性累积和突发环境污染事故的急性健康危害同时存在的;从类型来看,由于基础卫生设施不足导致的传统环境与健康问题还没有得到妥善解决的同时,由工业化、城市化进程带来的环境污染与健康风险逐步增强。所有这些,都给环境与健康科学与技术发展提供了许多新的科研课题和焦点,也提出了更高和更新的要求。

环境与健康科学适应新时代的需求,在自我更新中不断发展。环境与健康学科不断细分,空间流行病学、分子流行病学等分支学科逐渐形成。暴露评价作为一门单独学科的地位也得到了确定。通过开展"全国重点地区环境与健康调查",在环境暴露调查技术方法、生物标志物指标和筛选方法、健康效应指标确定等各个方面都进行了探索。同时,主要的环境污染物与人群不同健康效应终点的关系方面也有了广泛深入的研究,主要在大气颗粒物、水、土壤污染对健康的影响等方面进行了流行病学调查及毒理学毒作用及其机理的探讨,取得了一系列成果。

1. 暴露评价

我国人体暴露评价学科还处于起步阶段。"十一五"期间,在暴露参数的调查研究方法、污染物的精细化暴露测量、暴露模型开发等方面都取得了较大的进展。当前,正在组织开展中国人群暴露参数调查,并在暴露生物标志物的筛选与监测等方面逐渐开发新的技术方法。

2. 大气污染及其健康影响

大气污染与健康影响是近几年研究较为活跃的领域之一。大气污染对人群的健康影响效应终点研究,不仅关注其对人群呼吸系统健康的影响,更逐步关注其对人群心血管系统、神经系统、生殖系统等的影响及作用机制;研究对象不仅关注老年人和儿童等敏感人群,很多研究开始关注不同水平的环境污染物对健康成年人健康的影响;在研究方法上,积极学习国外先进方法,将其应用到国内的实际调查研究中,开展了许多时间序列分析、病例交互研究、定组研究等,同时还将传统流行病学的研究方法应用到实际环境问题的研究过程,取得了很好的成果。

国内研究成果表明,大气臭氧或二氧化硫浓度上升 $10~\mu g/m^3$,心血管和呼吸道疾病死亡率将明显增加。发生在北京、上海、辽宁、广州、重庆等地的病例实证研究均显示,心血管疾病就诊人数和死亡率对可吸入颗粒物、二氧化硫、二氧化氮浓度上升均发生明确的正响应。大气细颗粒物贡献了可吸入颗粒物对人体健康的大部分影响。我国臭氧和细颗粒物等二次污染十分严峻,然而大气复合污染引发的公共卫生问题研究刚刚起步,并且大气污染长期健康影响和低浓度大气污染健康影响研究和大气污染物作用的生物学机制研究尚需加强。此外,沙尘暴对呼吸系统疾病的流行病学研究尚处在局部、小规模、初步研究水平上,有关沙尘暴与心血管病流行病学及沙尘暴的毒理学作用的研究还不多见;酸雨对人群健康影响方面的研究还很少,也有待进一步研究。

3. 水污染及其健康影响

近年来,我国有关水环境污染对人体健康影响的研究主要集中于病原微生物、金属、有机污染物、饮水型砷暴露、氟暴露等对人群健康影响的现况调查以及机制探索。研究技术手段开始采用水环境健康风险评价,以风险度作为评价指标量化污染物的危害程度,并以风险度来直接表达其对人体的危害。

近年来水源污染影响供水水质和生态破坏的突发事件频发,水体中持久性有机污染物、化学和生物致癌物等污染物对人体健康的影响也越来越受到关注,并有待进一步研究。

4. 土壤污染及其健康影响

随着研究方法的拓展及研究层面的不断深入,国内学者从土壤污染特征、污染物暴露评价、健康风险评估等多方面进行了研究,尤其对铬、镉、砷、铅、汞、农药等土壤污染物的健康效应研究已经较为深入,结果较为明确。在对土壤污染物的人体暴露评价上,多采用环境测量浓度结合暴露系数,对个体暴露测量和生物标志的测量较少;土壤环境污染物对人体健康暴露的定量研究(如暴露-反应关系)尚不多见,所研究污染物的范围亦比较小,尚需加强农药对人群的内分泌干扰作用研究,土壤重金属污染对我国人体健康影响的暴露-反应关系研究和土壤病原生物污染的健康影响研究等。此外,我国还有很多污染场地未进行系统的健康风险评估,亟须建立适合中国国情的健康风险评估的标准方法与程序。

(八)环境监测

"十一五"期间,环境监测科技取得了长足的进步。环境监测科技对环境监测工作的引领作用充分显现,环境监测技术体系不断完善,环境监测网络逐步形成;环境监测技术水平不断提高,成功发射了环境与灾害监测预报小卫星星座系统,天地一体化监测能力初步实现;环境监测新领域、新技术的研究能力和应用水平均得到加强。环境监测科技的发展,促进了环境监测业务水平的提高,为环境管理和决策提供了可靠的科技支撑。

1. 环境监测技术体系不断强化

"十一五"期间,全国环境监测系统共制订、修订100余项国家环境监测技术标准、规范,环境监测技术体系不断完善,初步形成了适应环境管理需要和与国际接轨的环境监测技术规范体系。如2006年,颁布了《生态环境状况评价技术规范(试行)》,形成了我国生态环境综合性评价的第一个行业标准,是县域以上区域综合评价的唯一依据,对我国的生态环境质量评价具有十分重要的指导意义;2007年,发布的《环境空气监测规范(试行)》,规定了环境空气质量监测网的设计和监测点位设置与调整的具体要求,环境空气质量人工监测和自动监测的方法及技术要求等,空气监测的规范体系基本形成;2008年,制定了《近岸海域环境监测规范》,包括了近岸海域环境监测站位布设、入海污染源监测和近岸海域环境功能区监测评价等内容。这些技术标准和规范的研究编制有力地推进了环境监测工作的规范化水平。

2. 环境监测网络建设

以监测站为骨架,组建并不断完善了全国环境监测网络。逐步建成了全国环境空气、地表水、近岸海域、噪声、生态遥感、酸沉降、沙尘暴、三峡工程等生态与环境监测网络;以环境空气和地表水监测为切入点,大力推进自动监测技术发展,提升环境监测自动化水平。国家投资建设了126台/套地表水水质自动监测站和380多台/套空气自动监测站,建成了覆盖我国主要水体的地表水自动监测网络和全国113个环保重点城市空气自动监测网络,全国地级以上城市实现了空气质量日报或预报。以地理信息系统(GIS)、遥感信息技术(RS)和全球定位系统(GPS)相结合的"3S"技术为手段,构建环境监测信息网络系统,提高了环境质量表征能力和信息化水平;建设了区域环境联动监测机制,在局部地区初步形成大气污染联防联控机制。

3. 天地一体化监测能力初步实现

在2008年开展的"三湖一库"水华预警和应急监测工作中,初步实现了地面监测与遥感监测技术手段的结合,迈出了环境监管技术手段向"天地一天化"发展的重要一步。2008年9月6日环境一号卫星A星、B星被成功送入太空,标志着环境监测"天地一体化"进入一个全新的阶段。其目的是综合利用环境一号卫星A星、B星数据和地面环境监测数据,开展区域大气环境、湖泊、河流和海洋环境、重要生态功能区环境、自然保护区环境、城市环境、重大工程和区域开发等生态环境动态监测和综合评估业务工作,逐步实现大范围、快速、动态的生态环境监测,跟踪、预警突发环境污染事件的发生和发展,全面提升我国的环境监测预警能力和水平,建立天地一体化环境监测体系,为国家环境保护提供重要的技术支撑。

4. 环境监测新领域技术能力不断强化

"十一五"期间,在中央财政的大力支持下,我国环境监测领域不断拓展。开展了空气中臭氧、$PM_{2.5}$、温室气体,空气背景等领域的研究与实践,空气质量监测区域实现了从城市向农村、向边远地区的纵深发展,并填补了环境变化和气候变化监测能力的空白;在有代表性的地区新建了 14 个国家空气背景监测子站,具备 SO_2、NO_x、CO、O_3、PM_{10}、$PM_{2.5}$ 等项目的监测能力,实现了我国典型地区环境空气变化趋势的动态监测,形成了连续稳定大气背景值数据历史记录;新建了 31 个温室气体试点监测站,具备 CO_2、甲烷及非甲烷总烃等项目的监测能力,获得了有代表性城市源区的主要温室气体的浓度水平分布状况,为我国履行国际公约、应对全球气候变化提供科学的技术支撑;同时为 18 个臭氧试点地区配备了光化学烟雾和细粒子监测设备,为城市群区域臭氧和细粒子产生及演变机理研究提供了基础数据,缩短了与发达国家环境监测水平差距。

地表水监测领域和监测项目也不断拓展,饮用水源地监测项目形成了从常规 35 项监测向 109 项全指标分析的能力,地表水监测形成了从主要水体向主要水体和边界水体相结合的监测能力;选择了 8 个水质自动站试点,形成了对水体中挥发性有机污染物(VOCs)、总氮、总磷和叶绿素的自动在线监测能力。

5. 环境监测仪器设备的发展

在大气监测仪器设备方面,研制出十余项具有自主知识产权的大气监测设备样机和多项产品,关键监测技术研发取得突破:自主开发的 HO_2 自由基监测设备,成功应用于外场观测实践;我国公司和科研机构联合研制了原理和 ATOFMS 完全相同的在线气溶胶质谱仪(SPAMS),并已经应用到我国大气颗粒物重金属、有机铵分析以及灰霾形成机制研究;挥发性有机物测量装置、颗粒物粒径测量仪、拉曼激光雷达等达到国际同类设备先进水平,并已投入应用;研发了区域污染气体和颗粒物浓度的卫星监测关键技术;构建了污染源清单编制规范和动态数据管理平台,建立了污染源快速评价技术,实时监控空气质量与污染源排放的关系;发展了集合预报技术及观测资料同化技术,研发了具有自主知识产权的区域空气质量模式,构建了世界上首个空气质量多模式集合预报业务系统。这些核心技术的突破,为推动我国区域大气复合污染防治的进程提供了技术保障。

在水环境监测和水污染监测方面,监测仪器进一步向智能化、便携化方向发展,并实现水质综合评价。"十一五"期间,我国多家科研单位和科技公司利用发光菌技术开发了用于自动监测的水质综合毒性监测仪器,通过电信号采集受试水生生物的行为生态学变化,通过信号分析系统和设定的行为变化阈值,对水质状况进行分析。2010 年,我国首款便携式气相色谱-质谱联用仪也正式问世。

(九)环境基准与标准

我国环境基准研究起步较晚,基础薄弱,但近年来基准研究工作得到重视,"973"项目、"水专项"和国家环保公益性行业科研专项等都设立了有关环境基准研究的课题,"十一五"期间,已初步建立了我国环境基准体系研究框架,但离实现建立一套完全基于科学理论的、有充足实测数据支撑的环境基准这个目标还有一定距离,尚需开展大量的工作。在环境标准研究方面,"十一五"期间,共发布国家环境保护标准 502 项,我国环境标准体系日臻成熟,特别是功能区合理分区和设定达标过渡期的决策思路,使标准作用更加突出,影响显著加强。

1. 环境基准

环境基准主要是依据特定对象在环境介质中的暴露数据,以及与环境要素的剂量效应关系数据,通过科学判断得出的,反映了环境化学、毒理学、生态学、流行病学、生物学和风险评估等前沿学科领域的最新科研成果。环境基准是国际环境保护和管理领域的研究前沿。目前国际上已针对不同作用对象发布了多种污染物基准,并在不断修订,但仍有许多问题没有解决,技术与方法仍在发展。我国已开展了一些与环境基准相关的基础理论研究,与国外相比尚处于探索阶段。

目前的研究,主要围绕我国湖泊和流域污染防治的重大科技需求,以环境暴露、效应识别和风险评估为基础,对湖泊、流域等水生态基准、营养物基准制定的理论基础、技术和方法体系等进行了研究探索,取得了一些阶段性成果,但尚未建立适合保护我国水生态系统和人体健康的水质基准体系。

队列跟踪调查是国际公认的研究大气污染长期暴露对人群健康影响较为理想的方法,但由于其周期长、人力物力投入巨大,迄今为止得到公认的高质量大气污染队列研究均在欧美发达国家进行。近年来,在公益专项等国家科技专项的支持下,针对大气环境基准的相关研究逐步展开,但目前还没有开展以大气污染健康影响为研究目的的大规模队列长期跟踪调查。

此外,基于人体健康风险评估和生态风险评估制定土壤环境基准的方法论已被引入我国。一些国内学者陆续开展了污染土壤的风险评估、分类管理和控制标准等相关技术研究,在土壤基准研究方面有了初步基础。

总体而言,现有基准研究仍主要偏重于某一地区或某一方面的具体问题,缺乏国家层面上对制约我国环境保护关键问题的系统研究和考虑,急需开展包括污染物优先排序、基准类型及相关理论及方法学在内的基准体系研究。

2. 环境标准

目前,我国现行水环境标准和大气环境标准主要参照国外相关标准指数,结合我国经济发展和生产力水平,来确定环境标准的各项指标。我国现行土壤环境标准是在 20 世纪 70 年代以来我国取得的土壤环境背景值、土壤环境容量等相关研究基础上制订。

为适应解决损害群众健康的突出环境问题,降低主要污染物排放强度,结合经济、社会和环境问题,环境标准研究主要是在充分调研国内外相关理论、方法学和标准体系、环境管理体系基础上,就我国环境质量标准、污染物(控制)排放标准的制修订方法学、体系构建、指标筛选与方法、标准限值确定方法以及基准等效程序与转化等方面进行研究,并取得初步成果。围绕环境保护部调整国家水污染物排放标准体系的研究,在已有的以环境质量标准和排放标准为核心的标准体系的基础上，加强了环境监测规范、环境基础类标准与环境管理技术规范类标准的建设。调整设置了水污染物排放限值，明确并公布了太湖流域执行特别排放限值的具体行政区域；对于排入城镇污水处理厂的工业废水提出了间接排放限值的要求；以重点污染物和环境要素为核心，形成若干个针对重点环境问题、由各类标准组织而成的标准簇，以完整表达对同一环境问题环境质量、排放控制、监测与监控、技术规范等方面的要求。

由于我国可直接支撑环境管理的环境基准研究基本是空白，还没有系统地编制一套基于完整科学理论、充足实测数据支撑的环境基准，"十一五"末，环保部向科技部、财政部报送了《环境基准研究科技专项建议书》，拟分 3 个阶段，通过 15～20 年的研究，构建一套我国完整的环境基准体系，并在此基础上形成系统完整、重点突出、监管有效、经济可行和社会认可的环境标准体系，为我国环境保护和环境管理提供重要的科技支撑。

（十）环境管理

"十一五"期间，以环境规划为龙头、环境法制为保障、环境经济政策为调节、环境评价为手段的较为完善的环境管理支撑体系日趋完善，相关学科都有新理念、新理论提出，社会、经济、生态之间的协调发展关系得到学界的普遍重视。尽管相关科学与技术的创新及基础研究依然薄弱，但在应用实践、热点跟踪分析等方面的研究非常活跃，学科发展势头很好，学科与战略制定、政策实施的支持互动较为及时，为我国环境管理提供了良好的科技支持。

我国环境问题成因复杂，与经济、社会、政治、文化、科技、国际等相互交叉、相互影响，要解决我国环境问题，必须从宏观和战略层面加强研究。2007 年，经国务院批准，中国工程院和原国家环保总局牵头，组织开展了中国环境宏观战略研究。历时 3 年，宏观战略研究取得丰硕成果，提出了中国环境保护新道路的命题。

1. 环境法学

"十一五"期间，是环境法学科发展中承前启后的 5 年，环境法学者继续在环境法学基础理论、污染防治以及自然资源保护等领域开展研究，取得了丰硕的理论研究成果；研究主题基本覆盖了环境法学研究的所有重要议题，并且在发展之中不断提高学科理论水平、不断扩展学科研究视域、不断完善学科研究方法、不断加强与其他学科的交流，整个学科呈现出蓬勃发展的面貌。

"十一五"期间，环境法学基础理论研究的进展可以概括为百花齐放和百家争鸣：一方面，环境法学者在环境法的理念、法律体系、原则、基本制度、权利体系、法律责任等基础理论领域投入了极大的学术热情，另一方面对现行环境法理论的反思和争鸣成为不可忽视的研究风气。环境法学从公平、正义理念出发，探索环境法理及实现方式和路径，主要从抽象论述的层面，对环境法律立法理念、环境权等基本法律概念和立法逻辑进行了探讨，归纳出了环境优先原则、激励原则等新型环境立法原则。从整个法律体系协调性方面考虑，进一步完善了环境法律体系研究，对环境法律与行政法、民法、刑法等其他法律规范系统的关系作出了解释。同时，就政府重大决策行为和争议个案进行了分析和讨论，对我国环境影响评价等环保制度的法制化提出了很多建设性意见。

"十一五"期间,环境法律制度与实践的研究主要是围绕国家的重大环境立法活动展开的,为《物权法》的制订、《侵权责任法》的制订、《水污染防治法》的修订、《土壤污染防治法》的制订、《能源法》的制订、《可再生能源法》的修订提供了理论支持。同时,环境法学界探索了生态保护法律制度、自然资源法律权益属性、能源法律生态化等命题,尤其是在生物安全、生态补偿和自然保护区立法研究等领域取得了显著进展。此外,国际环境法学的基础理论研究进一步深化,在国际环境法的指导理念、基本原则、实施机制等领域取得了一定的共识,为我国争取国际环境保护权利和承担相关环保义务提供了理论支持。

"十一五"期间,环境法学发展存在的问题包括:基础理论研究薄弱,没有形成统一的研究范式;研究过程缺少连续性,重复性研究多,开创性成果少;整合性研究较少,研究成果较为零散;与其他法学学科之间的对话少,跨学科研究水平有待提高。

"十二五"期间,环境法学界应更加注意环境法基础理论研究,进一步提高环境法学研究的系统性和连续性,注意从整个法律体系的协调性和系统性视角分析把握生态、资源、环境三者的统一关系,加强与其他法学学科的对话和交融,逐步实现环境经济政策法制化,环境执法与环境司法的协调统一。

2. 环境规划学

"十一五"时期,国家环境保护五年规划及各专项规划研究成果相继发表,环境规划学科发展建设加速,取得了长足进展。

环境规划的价值观和自然观理论作为环境规划宏观战略思想体系研究的基础[86],引导环境规划从技术文件向公共政策转变。"十一五"多种生态理论和环境经济理论引入环境规划研究,通过对人地系统理论、生态学原理、循环经济理论、区域科学理论等新型规划理论的引入,拓展了环境规划立论依据,为发展多层次、多维度、多空间的环境规划体系提供了重要的理论支撑。同时,加强了对环境承载力理论、环境经济政策理论的研究,为环境容量、排污指标分配、环境规划配套政策措施等环境规划基本构成要素分析,提供了理论基础。

"纵-横"环境规划体系趋于完整,"编制-实施-评估-反馈"全过程控制体系进一步完善,环境规划更加注重与社会经济发展的融合与协调,更加注重空间引导与落地控制,相应地,环境规划学科研究重点也发生了转变:一是更加注重区域尺度环境规划的研究,即更加关注以区域、流域及城市群为特征的环境规划技术方法的研究;二是研究对象由水环境要素逐渐向土地、景观等多领域扩展;三是各种数理模型方法成为主要的研究工具,环境规划的量化应用研究兴起;四是以实现环境经济社会效益最优化、规划执行、评估、考核等为主的环境规划宏观战略成为研究的热点。

随着环境规划体系的拓展以及对定量环境规划决策支持的需求,"评价-模拟-优化-集成"规划技术框架得到逐步完善。环境质量评价方法、容量计算及总量分配方法和模拟预测方法的研究相对较多,且以成熟技术的直接应用或改进为主。随着地理信息等相关科学技术的快速发展,在环境规划辅助技术(即决策支持系统)的开发方面进展迅速,如完成多项GIS技术的应用研究成果。

在专项环境规划领域,一个多层次、多要素、多时段的专项规划体系正在发展之中。多个重点流域水污染防治规划等水环境规划的批复实施;为我国"十一五"时期大气环境质量得到明显改善,出台了一系列的大气污染联防联控、环境保护一体化规划等指导性文件;实现了环境规划由局部向区域布局的转变;实现了跨省、跨地区的区域产业发展与环境保护的整体布局。与此同时,环境规划开始向环境风险、有毒有害物质等非传统领域延伸;规划的行政层级开始向乡镇、乡村延伸,并逐步拓展到园区和企业等微观规划层次发展。此外,国家出台了《国家环境保护"十一五"科技发展规划》、《国家环境保护"十一五"环境保护标准规划》等科技规划,大大促进了环保科技进步。

由于环境规划学科交叉性和应用性很强,研究领域分散,"十一五"环境规划学科体系还未健全。展望"十二五",需要继续加强理论体系建设,完善规划编制方法体系,更加注意各学科发展的协调性和系统性,加强环境经济形势分析、定量评估预测、信息技术模拟分析等学科领域的融合应用,加强环境规划空间控制、分区分类、污染减排与环境质量改善机理效益等技术方法的研究,加强环境风险控制、环境安全管理、环境基本公共服务等领域的研究,同时逐步完善环境规划学科能力建设。

3. 环境经济学

"十一五"时期,环境经济学学科进一步拓展了可持续发展理论,使得"绿色经济"和"低碳经济"逐渐替代"循环经济"成为新议题。对经济与环境协调发展以及以环境保护优化经济发展的理念进行多方面探讨,在经济增长理论中开始考虑环境因素,拓展引入了可交易公共物品理论和资源环境产权理论,丰富了经济可持续增长的规律和发展路径的理论依据。国际通用的"污染者付费"原则(polluter pays principle, PPP)和"使用者付费"原则(user pays principle, UPP)两项基本原则进一步发展,依据我国环境经济政策管理经验,衍生出"受益者付费(补偿)"原则(beneficiary pays principle, BPP)、"破坏者付费(赔偿)"原则(destroyer pays principle, DPP)等政策原则,丰富和发展了我国环境经济政策基础理论。

环境经济定量模型方法研究方面以方法应用和改进为主,相关基础研究成果较少。环境价值评估领域主要研究了生态系统服务功能价值评估方法和绿色GDP核算方法;费用-效益分析领域重点研究了基于干系人的费用效益方法;通过深化区域之间环境损益空间关系研究,完善了环境经济损益分析方法,促进了区域生态补偿和可持续发展,为环境损益分析提供了一种新的思路;编制了我国的绿色投入产出表,并对国民经济的连锁效应、FDI诱发效应、进出口贸易能环效应进行了初步分析;将CGE模型逐步应用于区域环境问题研究,如:构建了中国多区域社会经济核算矩阵(SAM)数据库和可计算一般均衡理论和数学优化求解思想的环境CGE(ECGE)模型等。

"十一五"期间,我国主要在以下几个方面开展环境经济政策实践:①逐步实行以电价、水价、补贴为主的环境价格政策;②开展排污收费政策、独立型环境税和相关税种的"绿色化"的环境税费政策改革与试点;③开展排污权有偿使用和排污交易市场创建政策和试点;④开展生态补偿政策和试点;⑤探索推进绿色信贷、环境责任保险为主的绿色金融政策;⑥逐步探索以"双高产品名录制定"和"出口退税政策调整"为代表的绿色贸易政策。

"十二五"期间环境经济学的发展将更加注重经济学理论和技术的完善和应用研究,吸收其他学科研究的精髓,系统实践经济学技术方法,做好公共财政、污染减排价格、排污权有偿使用、生态补偿等环境经济政策的基础理论研究和学术及技术支持工作。

4.环境影响评价

"十一五"期间,环境影响评价在法规体系与评价制度建设、学科应用领域、学科理论与技术方法、评价队伍建设等方面取得了重大发展,环评制度体系更加完善规范,环评技术方法体系进一步丰富。在我国经济建设、开发活动与有关规划开展的环境影响评价实践中,建设项目环评得到进一步深化与提升,战略环评和规划环评取得了重大进展与宝贵经验。

在总结过去环境影响评价实践经验和借鉴国外环境影响评价新技术的基础上,我国开展了对1993年以来发布的环境影响评价技术导则总纲、环境要素及行业的环境影响评价技术导则和规范的修订工作,并对需要制订但尚未制订的环境影响评价技术导则的环境要素及行业开展了导则制订的科学研究。"十一五"期间,修订发布实施了大气环境、声环境等6项环评技术导则,不仅从技术上规范了环评,而且还引入了国际流行的预测方法,进一步提升了预测的精度和可操作性。战略环评和规划环评具有时空尺度大、拟议方案实施不确定性因素多的特点,多方案比选、情景分析、累积影响评价、社会影响评价、资源环境承载力分析、政策系统分析、决策科学和战略学等的理论与方法,得到了具体应用与发展。

"十一五"期间,我国履行环境影响评价审批手续的建设项目约有162万个,其中,编写环境影响报告书8.7万个,编制环境影响报告表131.6万个,其余的为填写环境影响登记表。在协调环境保护与经济发展、加快转变经济发展方式中,建设项目环境影响评价起着不可替代的重大作用。

"十一五"期间,我国在战略环评和规划环评两个领域取得了重要的实践进展。开展了涉及15个省(直辖市、自治区)的五大区域重点产业发展战略环境评价,成为我国首次大尺度区域性战略环境影响评价。在煤炭矿区、能源基地、城市轨道、城际交通、西南水系、跨界河流等重点领域和行业的规划环评得到全面推进,累积了重要的实践经验。

"十二五"期间,环境影响评价研究将进一步深化战略环评、规划环评、项目环评研究,更加注重评价方法学、信息技术的引进和应用,进一步完善环评管理机制和环评技术法规体系。

5.环境管理体制

在严格的学科意义上,环境管理体制并非一个独立学科,而是综合了环境科学与管理学等相关内容的综合性研究范畴,但环境管理体制已经成为我国环境管理学不可或缺的重要研究内容之一。

2008年国务院机构改革设置环境保护部以来,在中央编办大力支持下,环境保护部在职能、机构、人员编制上都得到了加强。在职能上,强化了统筹协调、宏观调控、监督执法和公共服务职能。在机构上,增设了污染物排放总量控制司、环境监测司、宣传教育司3个内设机构。在人员编制上,增加了50名编制,增设了总工程师和核安全总工程师,增加了12名司级领导职数。在中央严格控制机构编制情况下,环保部成为这次机构改革中内设机构和人员编制增加最多的部门,充分体现了党中央、国务院对环境保护的高度重视和大力支持。

环境行政管理体制的改革,特别是地方环境管理体制存在的问题得到较多关注,讨论的问题主要为在地方政府层面存在的环保监督执法较为薄弱现象,环境监管权威弱化、监督执法不力等问题。研究方法上,采取了外部性、组织行为、利益博弈、组织结构或一般性的制度分析等不同视角与方法,对地方政府与环保部门的关系、中央与地方在环保事务上的关系以及地方政府之间的关系进行剖析。同时,流域与区域环境管理体制、农村环境管理体制方面的研究也成为研究的重要内容之一。

环境行政管理体制的研究源于实践,并指导实践。"十二五"时期我国环境行政管理体制的研究应当注重环境管理事权划分研究、开展环境管理体制绩效评估研究与环保行政组织结构方面的研究,进一步探索环境管理体制中决策、监督与执行的关系问题。

6.中国环境宏观战略研究

中国环境宏观战略研究分为4个课题组和29个专题组,涵盖各环境要素、主要环境领域和战略保障等方面。战略研究在回顾和总结我国30多年环境保护经验教训基础上,根据未来国内国际发展大趋势,通过综合分析和研究,概括出当前我国的环境形势:局部有所改善,总体尚未遏制,形势依然严峻,压力继续加大。提出环境问题的主要成因是:粗放式的发展方式是加速环境恶化的动力性因素;人口总量大且环境意识不强是造成环境问题的重要因素;不可持续的消费方式已成为目前影响环境问题的直接因素;对外贸易中的粗放型增长方式是加剧资源环境压力的外部诱导性因素;科技能力不足导致环境绩效差是环境退化的技术性因素;体制和制度安排不完善,环境保护水平长期滞后是环境退化的内在性因素。

战略研究提出探索中国特色环境保护新道路的命题,并要求必须从事关民族兴衰、国家安全、人民福祉的高度来认识环境问题;把加快建设资源节约型和环境友好型社会作为我国未来是发展的根本战略任务;必须在整体推进中不断深化三个转变;应使环境保护成为优化经济增长的动力,贯穿于生产、流通、分配、消费的全过程;必须对不堪重负的生态系统实行休养生息;生态文明建设的根本目标是实现人与自然相和谐、经济与环境相协调。

战略研究概括出中国环境宏观战略思想为:"以人为本,优化发展,环境安全,生态文明",并提出战略总目标和2020年、2030年和2050年阶段目标,将战略任务概括为:加强水环境综合管理,保障水质安全和水生态系统健康;提高能源效率,消减排放总量,推进城市和区域大气环境质量持续改善;提高资源利用效率,全面控制固体废物污染;推动工业污染防治与减排,走新型工业化道路;加强城市环境保护,建设环境友好城市;加强农村环保工作,建设环境友好新农村;积极开展生态保护与修复,保障国家生态安全;严格核与辐射安全监督管理,促进核能和核技术可持续发展;切实应对全球和区域环境挑战,呵护人类共同家园。根据战略任务,提出了对策与措施,即:加强环境法制建设,推进国家法律生态化;加强环境系统管理,建立综合协调管理机制;完善环境公共财政体系,增加环境保护投入;完善环境经济政策,全面推进生产、流通、分配、消费领域的环境保护;实行分区管理,让不堪重负的生态系统休养生息;加强环境科技支撑和能力建设;加强环境宣教与培训,提高全民环境素质,推动公众参与环境监督。

为保障战略目标的实现,战略研究提出了一系列加强环境保护的政策措施建议:严格环境标准,强化环境监管,进一步促进经济结构调整,优化经济增长;建立稳定的环境保护投入机制,大幅提高中央和地方政府履行环保事权的能力,确保环保任务与投入的责权统一,努力提高环保资金的使用效率;稳步推进税收制度的绿色化,建立有利于保护环境、节约资源的税收和价格政策体系;完善国家环境保护管理体制,推进"大部制"改革;加强环境法治,完善监管制度;实施环境风险管理策略,积极防范有毒有害物质污染环境;提请国务院发布中央关于加强环境保护工作的文件,指导"十二五"我国环境保护工作。宏观战略研究成果对"十二五"规划编制起到了重要作用[87]。

四、环境科学技术的重大应用成果

(一)污染减排

"十一五"时期,国家将主要污染物减排作为国民经济和社会发展规划的约束性指标,着力解决影响可持续发展和损害群众健康的突出环境问题。在经济增速和能源消费总量均超过规划预期的情况下,依靠环境科技和环保产业的技术支撑,通过结构减排、工程减排和管理减排三大措施的稳步推进,使 SO_2 减排目标提前一年实现,COD 减排目标提前半年实现,2010 年全国 COD 和 SO_2 排放量较 2005 年分别下降了 12.45% 和 14.29%,双双超额完成减排任务。通过使用 4 种不同方法对我国"十一五"期间科技减排贡献率的测算表明:"十一五"期间我国科技进步对 COD 减排的贡献率约为 60%,对 SO_2 减排的贡献率约为 45%,科技进步为三大减排提供了坚实有力的基础支撑。

在结构减排方面,"十一五"期间完成了环渤海、海峡西岸、北部湾、成渝和黄河中上游能源化工区等五大区域重点产业发展战略环评,涉及 15 个省(自治区、直辖市)的石化、能源、冶金、装备制造等十多个重点行业,相关成果已应用到重点产业布局和重大项目的环境准入。此外,该阶段还提出了等量置换、减量置换、上大压小、提标改造等结构减排方法,淘汰了大量落后产能,充分发挥污染减排倒逼机制和产业调结构的抓手作用,累计关停小火电机组 7000 多万 kW,提前一年半完成关闭 5000 万 kW 的任务,淘汰落后炼铁产能 1.1 亿 t、炼钢 6860 万 t、水泥 3.3 亿 t、焦炭 9300 万 t、造纸 720 万 t、酒精 180 万 t、味精 30 万 t、玻璃 3800 万重量箱,使各地产业结构不断优化升级,促进了环保产业等战略性新兴产业的发展壮大。

在工程减排方面,在水环境污染物控制上,"十一五"时期的城镇污水处理厂建设和升级改造步入快速增长阶段,高效脱氮除磷、污水再生回用等一批新技术推广和应用于城市、工业等各类废水的处理中。在污染物的控制程度上,实现了从"达标排放"向"提标升级排放"到"再生回用"的发展;在污染物的控制类别上,实现了从"常规有机污染物"到"氮、磷、盐"控制的发展。截至 2010 年年底,全国已建城镇污水处理厂 2870 座,其中具有二级、三级处理能力的污水处理厂达 1203 座,城市污水处理率由 2005 年的 52% 提高到 75% 以上。此外,还建成了印染、冶金、化工等一批典型行业清洁生产与水循环利用的示范工程。在大气环境污染控制上,"十一五"时期脱硫工艺的资源回收、脱硫副产物的高效利用、低氮燃烧以及烟气脱硝等新技术新工艺得到广泛应用。截至 2010 年年底,全国新增燃煤脱硫机组装机容量 1.07 亿 kW,火电脱硫机组装机容量达到 5.78 亿 kW,占全部火电机组的比例从 2005 年的 12％提高到 82.6％。钢铁烧结机烟气脱硫设施累计建成运行 170 台,占烧结机台数的比例由 2005 年的 0 提高到 2010 年的 15.6％。新建机组全部采用了先进的低氮燃烧技术,全国已投运的烟气脱硝机组容量超过 0.9 亿 kW,其中 SCR 机组占 95％。

在管理减排方面,通过建设污染减排指标、监测和考核三大体系,为全面完成主要污染物减排任务创造条件。《国家环境保护"十一五"规划》、《国家环境保护"十一五"环境保护标准规划》、《全国城镇污水处理及再生利用设施建设"十一五"规划》、《节能减排综合性工作方案》等提高了对污水处理与排放要求(特别是 2006 年对《城镇污水处理厂污染物排放标准》(GB 18918—2002)的修改以及 2008 年实施的《太湖地区城镇污水处理厂及重点工业行业主要水污染物排放限值》,明确规定城镇污水处理厂出水排入重点流域及湖泊、水库等封闭、半封闭水域时,执行一级标准的 A 标准),多个重点流域水污染防治规划等的批复实施,使我国"十一五"时期水环境质量得到明显改善;基于区域大气污染控制研究成果的《重点区域大气污染联防联控"十二五"规划》、《珠江三角洲环境保护一体化规划》等一系列指导性文件的出台,实现了环境规划由局部向区域布局的转变,将跨省、跨地区的区域产业发展与环境保护整体布局的要求科学结合,有效控制了大气污染物的排放。

(二)环境质量控制

"十一五"时期,我国环境质量控制的能力和水平进一步提升。根据"科技兴环保战略"的要求,环境科技创新、环保标准体系建设和环保技术管理体系三大环保科技工程不断推进,开展了首次"全国污染源普查"、"中国环境宏观战略研究"和"水专项"等一批战略性科研专项,成果丰硕,环境决策的科技支撑能力和环境质量的技术保障水平全面提升。

在水环境方面,发展了大中型浅水湖泊富营养化控制理念,攻克了富营养化控制成套关键技术、城市污水深度处理关键技术和设备、流域水生态功能分区技术体系等一批难题,有力地支持了水环境改善的努力。2010 年,全国地表水国控断面高锰酸盐指数平均浓度 5.1mg/L,比 2005 年下降 29％,七大水系国控断面好于Ⅲ类水质的比例由 2005 年的 41％提高到 57％。

在大气环境方面,研发了区域大气细颗粒物、氮氧化物、臭氧及空气有毒有害污染物控制技术和对策。大气污染防治规划创新理念的应用和污染控制新技术的工程实践,促进了大气环境质量改善。2010 年,城市空气环境二氧化硫年均浓度 0.035mg/m³,比 2005 年下降 17％,环保重点城市空气二氧化硫平均浓度 0.046 mg/m³,比 2005 年下降 24.6％,地级以上城市达到或优于空气质量二级标准的比例明显提升,达 79.6％。

在固体废物方面,开发出固体废物无害化处理处置与资源化利用的新技术、新工艺与新设备成果,为危险废物、污泥、大宗工业固体废物、生活垃圾与电子废物等各类固体废物的污染防治与资源化利用提供技术保障。2010 年,全国工业固体废物产生量为 24.1 亿 t,比 2005 年增加了 9.7 亿 t,工业固废排放量减少了 1156.5 万 t,综合利用量由 2005 年的

56.1% 提高到 67.1%。

在声环境方面,《声环境质量标准》和《工业企业、社会生活噪声排放标准及铁路边界噪声标准》修改方案,一揽子解决了长期困扰我国城市环境噪声监管工作的一些老大难问题,规范和促进了噪声污染防治工作。2010 年,全国 73.7% 的城市区域声环境质量处于好和较好水平,比 2005 年提高了 9.9%。全国 97.3% 的城市道路交通声环境质量为好和较好,各类功能区噪声昼间达标率为 88.4%,夜间达标率为 72.8%。

在其他方面,如海洋环境、辐射环境、土地及农村环境等也涌现出了多项成果,对环境质量的改善提供了支撑。

(三)重点流域(区域)治理

集多年湖库富营养化研究成果和认识的深化,"让江河湖泊休养生息"已成为我国流域(区域)水环境综合治理的指导思想。"十一五"期间的"水专项"、"国家科技支撑计划"等研究项目对"三河"、"三湖"、"一江"、"一库"等重点流域(区域)开展研究与示范,结合重点流域省界断面水质考核制度全面建立,对水质污染、生态退化等问题的治理初显成效。

在太湖,基于污染源控制及低污染水治理、入湖河流污染与水网地区面源控制等成套控源技术,形成了太湖流域中长期及全程富营养化控制战略,以及蓝藻水华控制方案。研究示范区主要点源排放量削减 30%,入湖河流水质提高 20%,入湖负荷下降 20%,示范区湖泊水环境质量明显改善。

在洱海,初步突破了农村农田面源污染控制等关键技术,形成"污染源控制-低污染水生态处理-水体生态恢复"三位一体的湖泊富营养化防治成套技术集成体系,为流域面源污染削减、洱海富营养化防控提供了重要的科技支撑。

在巢湖,研发与集成富磷背景区水土流失及磷拦截的物理和植物修复技术,建立源头磷污染生态拦截示范,达到有效控制巢湖富磷背景区的磷流失入湖,改善水源区水质的目的,使整个湖体由 2005 年平均中度富营养状态恢复到 2010 年的轻度状态。

此外,"十一五"期间还突破了典型化工行业清洁生产、轻工行业废水达标排放、冶金重污染行业节水、纺织印染行业控源与减毒、制药行业高浓度有机物削减等关键技术,为辽河、海河、松花江等重点流域 COD 的削减、实现"控源减排"的阶段目标提供了技术支撑。

(四)国家重大活动

环境科技为国家重大活动提供有力保障。针对我国严重的大气复合污染问题,以及重大活动期间对空气质量改善的急切需求,探索并构建出"统一规划、统一监测、统一监管、统一评估、统一协调"的大气污染联防联控机制,形成了《关于推进大气污染联防联控工作改善区域空气质量指导意见》,为重大活动的空气质量提供保障。

在北京奥运会期间,通过识别周边省市影响北京空气质量的重点区域、重点源和重点行业,评估其减排潜力,建立了多种行业大气污染物的控制清单,提出了区域大气污染联防联控行动建议,并制定了《第 29 届奥运会北京空气质量保障方案北京周边省区市措施》,在河北、天津、山东、山西、内蒙古实施后,此期间各省市分别削减了 47%、55%、

42％、20％、24％的 SO_2 排放,同时还削减了氮氧化物、烟尘等的排放,使 2008 年奥运会、残奥会期间北京市空气质量天天达标。

在上海世博会期间,建立了长三角联防联控的大气质量保障机制,开展了"2010 年上海世博会空气质量保障长三角区域联动方案应用研究"、"长三角区域机动车污染控制联动方案研究"、"江浙沪空气质量联合日报预报方案及重点大气污染源排放清单的建立研究"。并在世博会联合观展期间,先后启用多种先进的技术手段评价了世博会期间各项空气质量保障措施,使 2010 年世博会期间的空气质量较 2009 年同期有明显改善,世博空气质量保障效果显著。

在广州亚运会期间,鉴于举办日期(2010 年 11～12 月)是珠江三角洲地区历年中大气污染物扩散条件和空气质量最差的月份之一,在对广州市及周边城市空气质量系统研究的基础上,编制了《2010 年第 16 届亚运会广州空气质量保障措施方案(广州市措施)》和《2010 年第 16 届亚运会广州空气质量保障措施方案(广州周边城市措施)》,形成了以 O_3 和 $PM_{2.5}$ 为控制核心,以及以 PM_{10}、SO_2 和 NO_2 为控制目标的区域空气质量保障的指导思想,确定了以广州市为重点及周边城市互动的多目标多污染物区域联防联控思路,并依靠由 55 个空气质量监测站点和多模式空气质量集成预报系统组成的亚运会空气质量实时监控预警平台,实现了从地面监测到雷达探测到卫星遥测的立体化监测,以及区域空气质量 48～72h 预报和 5～7d 的趋势性预报,使广州、东莞和佛山 3 个赛事举办城市大气能见度超过 5km 的比例分别达到 95.8％、100％和 95.8％,刷新了过去 10 年来珠三角地区同期的最好纪录,并确保了亚运开幕式在蓝天白云的优良环境下圆满成功举行,为亚运会空气质量保障工作提供了保障。

(五)环境监管

环境科技为环境监管提供强有力的支撑。"十一五"期间,加大了对政策法制、标准规范、科技监测和国际合作等方面的研究投入,取得了较大进展,为环境监管能力的加强提供了科学的技术支撑和技术服务。

在法制方面,《水污染防治法》修订颁布、《大气污染防治法》正在修订、《循环经济法》制定实施、《规划环境影响评价条例》、《废弃电器电子产品回收处理管理条例》等 7 项环境保护行政法规相继出台,《节能减排综合性工作方案》、《应对气候变化国家方案》等法规性文件先后发布等一系列举措,强化地方政府和相关主体的环保责任。

在政策方面,环境经济政策的作用日益显现。环保部所提出的"双高"(高污染、高环境风险)产品名录成为出口退税、加工贸易、安全监管等政策制订与调整的重要依据。绿色产品政府采购比例不断加大,排污权交易、生态补偿试点走向深入,"绿色税收"政策也正在积极酝酿。

在环境标准方面,国家环保标准的数量以每年 100 项的速度递增,填补了声环境质量标准的空白,完成了 60 余项重点行业污染排放标准的制修订,开展了 1050 项国家环保标准的制修订工作。现行国家环保标准达 1300 项,比"十五"期间新增 502 项。

在技术规范方面,全国环境监测系统在"十一五"时期共制(修)订 100 余项国家环境监测技术标准、规范,《环境空气监测规范(试行)》、《生态环境状况评价技术规范(试行)》、

《近岸海域环境监测规范》等一系列规范的制定,使我国环境监测技术体系不断完善,初步形成了适应环境管理需要和国际接轨的环境监测技术规范体系;包括环境污染防治技术政策、环境污染防治最佳可行技术指南、环境污染治理工程技术规范的我国环境技术管理体系基本形成,发布了一系列技术政策、最佳可行技术指南和工程技术规范。

在监测科技方面,环境监测技术能力、手段和领域不断提高。在监测能力上,环境与灾害监测小卫星成功发射,标志着我国环境监测预警体系进入了从"平面"向"立体"发展的新阶段,天地一体化监测能力初步实现;在监测手段上,国家"十一五"期间组织实施的"重点污染源自动在线监控系统"、"金环工程"等一系列环保科技项目,使环境监测仪器设备向高精尖方向发展;在监测领域上,拓展了空气中臭氧、$PM_{2.5}$、温室气体,空气背景等领域的研究与实践,空气质量监测区域实现了从城市向农村、向边远地区的纵深发展,填补了环境变化和气候变化监测能力的空白。地表水形成了从常规35项监测向109项全指标分析的能力,实现了从主要水体向主要水体和边界水体相结合的监测能力。总之,环境监测科技的发展,促进了环境监测业务水平的提高,为环境管理和决策提供了科学的技术支撑和技术服务。

在国际合作与交流上,中美环境合作开拓了环境法等新的合作领域;中俄之间环境合作已从应对危机发展到全方位、深层次、多领域的合作阶段,特别对跨界河流水污染事件的处理,建立了成套的风险评估方法与对策,为我国环境外交政策和战略研究奠定了方法论基础;中、日、韩部长会议关于电子废弃物的合作建议被三国首脑会议声明所采纳;此外,我国还主动参与生物多样性、斯德哥尔摩、汞等公约的谈判,切实履行已签订的公约。上述合作,使我国的环境监管更适合国际接轨的需要。

(六)环保产业

环境科技提高了环保产业发展水平。"十一五"期间在节能减排政策的推动下,全国各地加快了环境保护设施建设的步伐。各类市场开发业务发展顺利,销售收入大幅增长,科技开发继续保持高投入水平,科研成果水平不断提高,金融商界普遍看好环保产业市场投资,越来越多的环保骨干企业筹划上市,主要行业涉及水污染治理、大气污染治理、噪声振动控制、固体废物处理处置等行业。

在水污染治理行业,主要市场集中在工程设计施工、设备生产销售、设施运营服务等领域。市场销售和运行继续保持了较高的增长水平,销售收入总额的年平均增长率在25%左右。2010年全国水污染治理行业形成的技术服务与装备制造的生产总产值已达到1830亿元,其中工程设计施工领域的销售总收入约为407亿元,设备生产销售领域的销售总收入约为680亿元,设施运营服务领域的销售总收入约为113亿元,其他服务业的销售总收入约为510亿元。全行业实现的销售总收入约达1710亿元,利润总额约为206亿元,进出口贸易总额约为38亿元(约6亿美元),新增投资额约为210亿元。

在大气污染治理行业,主要市场集中在除尘净化、火电厂脱硫脱硝等领域。在除尘净化领域,在国家加大节能减排力度的背景下,各工业领域和能源领域大量采用除尘器。其中仅袋式除尘2010年的总产值为148.13亿元,利润16.85亿元,总产值增加28.36亿元,出口销售额达到2.58亿美元。在火电厂脱硫脱硝领域,2010年全国脱硫脱硝行业企业总数为 70～80 家,全年总产值约为 60 亿元,同比 2009 年增长约 10％,利税总额约为 3.5 亿元,同比 2009 年增长约 3％;利润率约为 5％ ,其中脱硝行业利润率略高于脱硫行业,设备制造及运营业利润率略高于工程服务业。

在噪声振动控制行业,主要市场增量集中在噪声控制工程与装备、隔振器产品与隔振工程、声学材料及建筑声学工程等领域。目前我国已形成专业较齐全、技术较先进、产品结构基本适应我国污染治理需要的噪声振动控制产业体系,已形成一批系列化和标准化的通用噪声控制设备,噪声控制设备的品种、规格和性能有了一定的改进和提高,工程设计和工艺水平也有了一定的进步。2010 年全国从事噪声振动控制相关产业和工程技术服务的专业企业总数超过 600 家,行业总产值超过 10 亿元,比 2009 年同期增长约 41％;行业整体年工业销售和技术服务收入约 10 亿元。行业总产值的复合增长率达到 41％,其中噪声控制工程与装备的比重由 2007 年的 41.75％上升至 58.9％。

在其他环保行业,如:固体废物治理行业、环境监测仪器行业等,在"十一五"期间产业总体规模迅速扩大,领域不断拓展,结构逐步调整,整体水平有较大提升,运行质量和效益进一步提高。

五、能力建设

"十一五"期间,环境科技体制改革不断深化,学术团体、研究机构得到较快发展,人才队伍进一步壮大,环境类论文发表数量和质量有了很大提升,学术期刊影响因子逐年增加,研究和应用平台得到全方位发展,为我国环境学科发展提供了根本保障。

(一)学术团体、研究机构及学术期刊

1.学术团体

"十一五"期间,在环境科技及产业投资的带动下,学术团体发展迅速,环境学会、环保产业协会、环保联合会、其他学会及行业协会环保分支机构等环境学科学术团体不断发展壮大,在决策咨询、学术交流、科学普及、人才培养等方面均取得较大进展,推进了环境科学学科建设、环境保护产业及环境保护事业的发展。据中华环保联合会发布的《2008 中国环保民间组织发展状况报告》显示,截至 2008 年 10 月,全国共有环境类学术团体 552 个。学术团体发展显现多元化、学科交叉化、相互融合的特征。

2.研究机构

在国家科技政策和环境管理科技规划的带动下,国内环境科研机构发展良好,以国家科研院所、重点高校、环境保护直属科研院所以及环保企业研发机构组成的科研体系能力得到整体提高,在水污染治理、大气主要污染物治理、环境管理等学科领域进步突出。国家环境科技资金、社会投资纷纷投入战略性新兴产业,研究机构的数量和质量有了飞跃发展。到目前为止,除了高校院系外,专门从事环境学科研究的专业机构已达 39 家,包括 3 家环保部直属事业科研单位、4 家中国科学研究院直属研究所以及 32 个地方中国环境科学研究院,其他学科研究机构,多设立与环境学科交叉的分支机构,科研机构建设在宏观

环保战略的指导下,逐步布局到整个社会经济领域。

3.学术期刊

根据 2008 年《中文核心期刊目录总览(第五版)》资料,目前共有环境类核心期刊 23 种。2006—2010 年间,这些期刊每年发表论文均达 1000 余篇,有的高达 2000 余篇。由于环境学科科研成果的增多,读者需求的增大,一些期刊在"十一五"期间由双月刊改为月刊,出版能力大幅增强。数字技术在期刊发行上广泛应用,促进了期刊成果的传播,一些期刊在学科和专业领域内的影响力也逐渐提高,例如《自然资源学报》、《环境科学研究》、《环境科学学报》、《中国环境科学》等期刊的期刊影响因子有大幅提升。

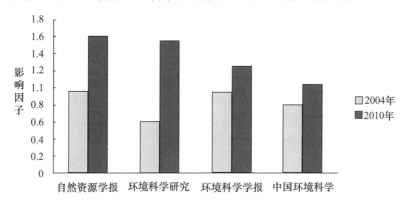

图 1　2004 年和 2010 年环境类学术期刊影响因子对比

(二)环境学科人才培养

1.高等教育

为了推进高等院校工程教育质量的提高,教育部在"十一五"期间启动了教育质量工程,在教育部环境科学与工程教学指导委员会的组织下,各院校编写了一大批精品教材,通过教学改革涌现了一批精品课程,完善了环境工程专业培养规范,制订了环境工程教育专业认证的标准,开展了环境工程专业认证试点工作,在高等教育出版社的支持下建立了课程论坛平台。

根据 2010 年我国高校的招生目录,我国共有 306 所高校招收环境工程专业,共招收 18444 人。有些高校进行环境大类招生,如环境科学与工程类、能源与环境等,有些高校在其它专业院系招收环境工程方向,共招收 3200 多人,高校的环境工程专业每年为国家培养大约 2.2 万名毕业生。据 2010 年统计,我国的环境监测与治理技术高职高专每年培养毕业生超过 6000 人。研究生培养方面,共 196 所院校开设了环境工程专业方向,其中 149 所院校设有博士点。

2.职业化管理

在注册环评工程师方面,"十一五"期间,环评机构建设进一步向规范化、专业化深入发展,环评机构和专业人员规模持续扩大。全国建设项目环评资质单位共增加了 95 家,较 2005 年末(1022 家)增长了 9.3%,环评技术人员增加了 1.3 万人(其中环评工程师

9000多人),较"十五"期末(19414人)增长67.5%。

在注册环保工程师方面,根据人事部、建设部和国家环境保护总局联合颁布的《注册环保工程师制度暂行规定》(国人部发[2005]56号),国家对从事环保专业工程设计活动的专业技术人员实行职业准入制度,纳入全国专业技术人员职业资格证书制度统一规划,并于2007年9月首次进行全国注册环保工程师资格考试。目前全国通过专业测试共1000余人。

(三)研究与应用平台

在国家积极推进下,建立了以高等院校、科研院所、企业为中心的学科研究与产业发展平台,通过重点实验室、工程中心等研发推广平台建设,将政产学研资源进行整合,成为为政府和企业提供决策支持、技术创新、人才培养和产业化应用服务的全方位科技平台。

1.重点实验室

"十一五"期间,新建环境保护类国家级重点实验室2家,即城市水资源与水环境国家重点实验室和环境化学与生态毒理学国家重点实验室。到目前为止,共有环境类国家级重点实验室11家,主要涉及环境资源、水、环境化学3个方面。

这期间,环保部也加强了对重点实验室的建设力度,通过验收并命名的重点实验室6家,批准建设的实验室6家。截至2010年年底,共建成11个国家环境保护重点实验室,另有9个国家环境保护重点实验室正在建设中。初步建成了与环境科技、环境管理和综合决策相适应的重点实验室体系,形成了重点突出、布局合理、规模适度、技术先进和运行高效的科研实验平台,使其成为我国环境应用基础研究的核心力量和原始性知识创新的重要基地。进一步推进前沿与高新技术的发展,加强重大环境技术的国际交流和合作将是今后的发展方向。

2.工程中心

工程技术中心是国家组织重大环境科技成果工程化、产业化、聚集和培养科技创新人才、组织科技交流与合作的重要基地。目前,我国建成和在建的环境类国家级工程研究中心(发改委)有9家,环境类国家级工程技术研究中心(科技部)有11家,技术领域涵盖了水处理、固废处理、清洁能源、行业减排等技术领域,为我国环境产业升级改造提升了产业化平台。

环境保护部到目前为止建成和批建了27个部级工程技术中心,已建和在建工程中心的依托单位中,有企业14家,科研院所8家,高校5家。工程中心领域涵盖了水、气、固废、噪声、监测、农村和生态、重点污染工业行业、技术管理与评估等主要污染防治领域和技术支持领域。"十一五"期间,通过验收并命名的工程技术中心5家,批准建设的工程技术中心8家。这些中心为我国环境政策咨询、环境标准规范研究、环保产业化示范推广等环境管理工作提供了良好的平台支撑。

六、趋势与展望

（一）环境科技发展的战略需求

我国环境保护的战略目标定位于环境质量的全面改善和生态系统的完整与稳定,促进环境保护与经济社会的高度融合,提高国家可持续发展能力。在 2020 年,要实现主要污染物排放得到有效控制,生态环境质量明显改善;2030 年实现污染物排放总量得到全面控制,生态环境质量显著改善;到 2050 年,实现生态环境质量全面改善,生态系统健康稳定,人体健康得到充分保障。科技发展是解决影响我国可持续发展和损害群众健康突出环境问题的必要途径和重要支撑,在未来环境保护中将发挥越来越重要的作用。

"十二五"期间,环境保护以转变发展方式、建设资源节约型和环境友好型社会为重要着力点,确定了削减主要污染物排放总量、改善环境质量、防范环境风险和促进均衡发展的环境保护总体战略,围绕着"十二五"环境保护目标与任务,环保科技需要在以下方面提供强有力的支持,实现科技创新和技术进步:

(1)面向削减主要污染物排放总量,促进绿色发展的科技需求

重点需要研究环境污染源头预防、全过程控制和高效治理的对策和技术途径。需要探索我国环境保护的新机制、新体制和新制度,完善环境经济政策,并开展环境基准与标准、污染物总量控制、环境监测、生态管理、环境污染综合防治等技术研究;加强水、大气、土壤、固废等污染控制技术、快速高效的污染治理技术和循环经济支撑技术的研发,提高环境保护技术装备水平,加强技术示范和推广,促进高科技产品和技术手段在环境保护领域应用的产业化和市场化。

(2)面向解决突出环境问题,改善环境质量的科技需求

重点要探明环境污染演变与生态退化机理和调控机制,逐步强化环境质量的约束性要求。为此,迫切需要面向环境质量改善的目标,开展总量控制与环境质量改善之间的关系研究。针对区域性重大环境问题,进一步探索污染物在区域、流域尺度和多介质环境下的演变机理和调控机制,探索流域水污染治理技术、水环境管理技术,以及区域大气复合污染的作用机理和区域大气污染联防联控技术。针对重金属、危险废物、微量有机污染物、持久性有机污染物等影响人体健康的重大环境问题,研究其复合生态毒理效应,探索其控制和削减的技术原理。

(3)面向重点领域环境风险防控,维护环境安全的科技需求

针对支撑环境管理从常规管理向风险管理转变的关键技术问题,急需开展重金属、危险废物、持久性有机污染物(POPs)、危险化学品等重点领域的预防与应急、监测与预警、生态修复与恢复等一系列环境应急管理的技术研究。针对我国环境与健康方面研究分散、基础数据缺乏、风险性大、事故频发等问题,需要加强环境健康调查和管理研究,构建环境健康管理信息系统,重点开展健康风险评价、突发环境健康事件应急处理和预警技术等方面的研究。针对我国核与辐射安全领域技术支撑能力薄弱等问题,迫切需要加强核与辐射安全监管、核与辐射应急与反恐防恐、放射性废物处理处置、退役核设施安全防范、

电磁辐射污染防治等技术研发,促进核与辐射安全科技进步。

(4)面向完善环境基本公共服务体系,促进均衡发展的科技需求

环境保护科技从自然科学向社会科学发展,需要重点研究与我国自然环境格局、社会经济格局相适应的环境区域特征,分析不同区域环境系统与社会经济系统发展的区域性和阶段性耦合关系,构建分区分类保护管理政策。需要研究农村地区、贫困地区、重要生态功能区社会经济与环境协调发展的途径与政策机制,需要研究空地一体、区域全覆盖的环境监测体系建设,针对重金属、有毒有害物质、生态系统等建立高效实用的监测技术。需要研究环境基本公共服务体系,促进不同区域、不同阶层的人们享有基本平等的环境基本公共服务。

(二)环境科技发展趋势

环境科技具有综合性、交叉性、跨学科发展的特征,与国计民生关系密切,环境科技的研究对象更加复杂、研究内容不断增加,手段和方法不断创新,环境保护的内涵不断丰富。

(1)学科发展从自然科学领域向与社会学融合的跨学科领域扩展

环境保护不仅仅限于生态环境系统的污染治理与生态保护,更多的与社会经济发展、城镇建设、资源开发等经济活动相结合。随着人们环境意识和环境思想的发展,环境伦理、环境权益、公共服务等日渐成为环境科学的重点领域,环境因素成为国家安全、社会稳定、人民福祉的重要内容。环境科学研究的对象与方法除了传统自然科学的监测、实验、模拟和实证方法外,已经出现与更多社会学、心理学和经济学的思想与方法进行跨学科交叉与融合的趋势。

(2)研究领域从单一环境要素向生态系统整体转变

国际环境科学发展经验和我国发展趋势显示,环境科学基础研究方面,已经进入以地球生态系统为对象的综合集成研究阶段,并通过数字地球技术,建立了高度综合的环境信息网络,实现环境要素的长期连续观测,能够在更大程度上揭示人类活动对地球系统的影响机制。我国在环境基础研究中,也加强了天地一体化、多环境要素交互影响的区域生态系统研究。在具体研究领域,表现出研究过程从微观到宏观,研究内容由单一因素到多元因素,研究范围由小尺度到区域,以至全球性大尺度的转变。

(3)研究手段从传统技术方法向大力发展交叉学科促进技术创新转变

针对复杂的自然过程及重大的资源、环境、生态问题,需要加强学科间的交叉、渗透和综合集成。与此同时,其他学科的一些基本思想也不断融入到环境科学的研究中。分子技术、生物技术、信息技术等在环境领域的应用不断拓宽和深入,使环境科研与高技术发展融为一体。在环境监测与信息管理方面,已由常规监测向集多种类型、多种手段监测分析为一体的综合技术方向发展。我国环境与灾害监测预报小卫星星座系统的建立,为环境科学研究搭建了新的平台。

(4)污染防治技术的研究重点从末端治理向全防全控转变

环境科技与各行各业密切相关,需要把绿色技术融入各个领域,从环境问题产生的根源采取措施,寻求可持续的生产和消费方式,从而使环境与发展协调。发达国家普遍加强了绿色制造技术、绿色建筑技术、清洁能源技术、生态农业技术等清洁生产技术的研发。

我国自 20 世纪 90 年代开始,从发达国家引入了清洁生产理念,21 世纪又引入了循环经济理念。当前,全球又兴起了绿色经济、低碳经济的浪潮。

(5)环境应急技术从事后应急向事前预警和事后应急并重转变

目前,多数发达国家已经建立了先进的环境预警体系,欧美各国在其主要河流上都建有完善的水质预警系统,对突发事件造成的环境污染事故起到积极有效的监控作用。近年来,随着突发环境事件的频繁发生,有效预防和处置突发环境事件,提升环境应急能力和预警水平,保障环境安全,已成为我国环境保护工作的重要内容。环境风险识别、评估、预防、应急处置等环境预警和监控技术已成为我国环境科技发展的重点之一。

(6)研究热点向危害人体健康的各类环境风险转变

随着对环境污染与人体健康损害关系认识的逐步深入,在关注以化学需氧量、二氧化硫、氮氧化物等为代表的常规污染物及其控制的同时,国内外越来越关注重金属、持久性有机污染物以及纳米材料等新型化学物质对人体健康的影响,关注环境污染导致的突发性和累积性健康风险。环境健康风险防范已成为国内外环境与健康领域的研究热点。研究环境污染的人体暴露和健康风险评估技术、环境健康基准、标准及法律法规,建立环境健康风险评估、预警和应急体系等是我国环境与健康领域的发展方向。

(三)环境科技发展的重点领域

"十二五"时期乃至更长一段时期,环境科技重点需要在以下领域有所突破:

(1)污染减排与环境质量改善的机理、过程与控制技术模式研究

围绕着改善环境质量,分析污染减排与环境质量改善的机理,综合输入输出响应模型和投入产出分析,建立更加有效的污染减排管理和技术模式。研究建立重点区域、重点流域污染减排与环境质量改善的响应、效应关系,建立中长期污染减排与环境质量改善的战略路线图。在深入控制 COD、二氧化硫的基础上,建立氮、磷、氮氧化物、VOCs 等污染物总量控制的技术、设备和管理政策。

(2)结合绿色发展的全过程减排技术与政策研究

研究经济结构调整、发展方式、发展模式转变的减排驱动机理,研究生产、流通、消费全领域的污染减排政策、技术和管理制度,研究全行业前段准入、清洁生产、过程控制、综合回用、末端治理等全过程的污染减排技术和管理政策。研究将生活源纳入减排控制的技术政策。

(3)跨区域、流域的污染物扩散、复合演变与污染防控

研究污染物跨区域传输、扩散、沉降机理,研究多种污染物在不同气象、水文条件下复合、降解、转化的机理,研究一次污染物、二次污染物分级分区防控的技术方法和管理模式,研究多污染物、跨区域传输与演变的监测、评估和预警技术。突破城市群区域氮氧化物、臭氧、细粒子控制技术模式。

(4)天地一体的环境监测、跟踪、评估系统研究

完善监测业务体系,修改完善现有的空气、地表水、噪声、污染源、生态、固体废物、土壤、生物和辐射等环境要素的环境监测技术路线,研究近岸海域、振动、酸沉降、光污染、热污染和沙尘暴等环境监测技术路线,研究突发性环境污染事件应急监测技术路线、地下水

和农村等环境监测新领域的技术路线,完善环境标准体系,研究利用卫星遥感、定位站、监测站网、移动监测车船等设备,构建天地一体的环境监测体系的技术、设备和管理体系。

(5)环境风险评估、防范机制、体制与技术研究

研究建立环境风险评估的指标体系、技术政策,环境风险调查、评估、区划和管理的技术体系,研究重点区域、重点领域、重点行业和突发重大灾害事件的环境风险防控技术体系。建立环境风险方法处置的评估、赔偿机制。

(6)环境污染与人体健康机理、管理制度研究

研究重点区域、流域环境健康相关特征污染物、优控污染物调查和筛选技术;区域/流域多介质、多途径或复合污染物的人体暴露评价方法;重金属、有毒有害有机污染物、放射性物质等对人体健康的影响机理和剂量-反应关系;研究大气污染对人群健康影响前瞻性队列和风险评估关键技术和方法;研究环境影响评价中的健康风险评估技术、国家环境健康风险区划和分级技术与方法。研究环境健康综合监测、数据采集和数据标准化技术;典型地区环境污染物相关人群生物监测技术;慢性累积性和突发性环境健康事件处理处置方法;环境污染导致健康危害快速识别技术;我国不同地区、不同类型环境健康风险的阻断、控制、防范和预警技术方法等。

(7)结合全球变化的生态保护模式与政策研究

在全球变化的情境下,研究建立不同尺度、不同区域、不同类型生态系统的监测、评估、模拟技术体系,研究建立生态系统服务功能的监测、评价和维护改善技术模式,研究构建碳排放源控制、碳汇、碳捕捉技术体系,研究生态系统监测指标和典型生态系统恢复模式等。

(8)融合自然科学、社会科学的环境管理的理论、方法和政策研究

以积极探索环保新道路为主体,丰富完善环境保护的理论体系。研究构建符合自然科学规律和社会发展规律的环境管理政策体系,完善环境规划体系,建立符合经济规律的环境经济政策,深入开展环境伦理学研究,完善环境法学体系和环境影响评价制度,探索构建符合中国国情和历史发展阶段的环境保护管理体制和制度体系。

参 考 文 献

[1] Liu JF, Jonsson JA, Jiang GB. Application of ionic liquids in analytical chemistry [J], TRAC-Trends Anal. Chem. 2005, 24(1): 20-27.

[2] Liu HX, Zhang QH, Song MY, et al. Method development for the analysis of polybrominated diphenyl ethers, polychlorinated biphenyls, polychlorinated dibenzo-p-dioxins and dibenzo-furans in single extract of sediment samples [J], Talanta, 2006, 70:20-25.

[3] Yan W, Zhao LX, Feng QZ, et al. Simultaneous determination of ten estrogens and their metabolites in waters by improved two-step SPE followed by LC-MS [J], Chromatographia. 2009, 69: 621-628.

[4] Yin YG, Liu JF, He B, et al. Simple Interface of High-Performance Liquid Chromatography-Atomic Fluorescence Spectrometry Hyphenated System for Speciation of Mercury based on Photo-in-

duced Chemical Vapour Generation with Formic Acid in Mobile Phase as Reaction Reagent [J]. J. Chromatogr. A, 2008, 1181(1 - 2):77 - 82.

[5] Kuban P, Pelcova P, Margetinova J, et al. Mercury speciation by CE: An update [J]. Electrophoresis, 2009, 30: 92 - 99.

[6] Guo S J, Wang E K. Synthesis and electrochemical applications of gold nanoparticles [J]. Analytica Chimica Acta, 2007, 598:181 - 192.

[7] Riu J, Maroto A, Rius F X. Nanosensors in environmental analysis [J]. Talanta, 2006, 69: 288 - 301.

[8] Valentini F, Palleschi G. Nanomaterials and analytical chemistry [J]. Analytical Letters, 2008, 41:479 - 520.

[9] Andreescu S, Njagi J, Ispas C, et al. JEM spotlight: applications of advanced nanomaterials for environmental monitoring [J]. Journal of Environmental Monitoring, 2009, 11:27 - 40.

[10] Li J G, Zhang L, Wu Y N, et al. A national survey of polychlorinated dioxins, furans (PCDD/Fs) and dioxin-like polychlorinated biphenyls (dl - PCBs) in human milk in china [J]. Chemosphere, 2009, 75:1236 - 1242.

[11] Liu J Y, Li J G, Zhao Y F, et al. The Occurrence of perfluorinated alkyl compounds in human milk from different regions of China [J]. Environ. Int. , 2010, 36:433 - 438.

[12] Ruan T, Wang Y W, Wang T, et al. Presence and partitioning behavior of polyfluorinated iodine alkanes in environmental matrices around a fluorochemical manufacturing plant: another possible source for perfluorinated carboxylic acids? [J] Environ. Sci. Technol. , 2010, 44:5755 - 5761.

[13] Prevedouros K, Cousins I T, Buck R C, et al. Sources, fate and transport of perfluorocarboxylates [J]. Environ. Sci. Technol. 2006, 40(1):32 - 44.

[14] Chen C L, Lu Y L, Zhang X, et al. A review of spatial and temporal assessment of PFOS and PFOA contamination in China [J]. Chem. Ecol, 2009, 25(3):163 - 177.

[15] Fent K, Weston A A, Caminada D. Ecotoxicology of human pharmaceuticals [J]. Aquatic Toxicology, 2006, 76: 122 - 159.

[16] Khetan S K, Collins T J. Human pharmaceuticals in the aquatic environment: a challenge to green chemistry [J]. Chem. Rev. 2007, 107: 2319 - 2364.

[17] Roco M C, Mirkin C A, Hersam M C. Nanotechnology research directions for societal need in 2020 [R]. U. S. World Technology Evaluation Center, Inc, 2010. http://www. wtec. org/nano2.

[18] Rico C M, Majumdar S, Duarte - Gardea M, et al. Interaction of nanoparticles with edible plants and their possible implications in the food chain [J]. Journal of Agricultural and Food Chemistry, 2011, 59:3485 - 3498.

[18] Nowack. B. Nanosilver revisited downstream [J]. Science, 2010, 330:1054 - 1051.

[19] Kim B, Park C S, Murayama M, et al. Discovery and characterization of silver sulfide nanoparticles in final sewage sludge products [J] Environ. Sci. Technol. 2010, 44: 7509 - 7514.

[20] Yang H G, Sun C H, Qiao S Z, et al. Anatase TiO_2 single crystals with a large percentage of reactive facets [J]. Nature, 2008, 453:638 - 641.

[21] Fang Y F, Huang Y P, Yang J, et al. Unique ability of BiOBr to decarboxylate D-Glu and D-MeAsp in the photocatalytic degradation of microcystin-LR in water [J]. Environmental Science & Technology, 2011, 45:1593 - 1600.

[22] Roesch LF, Fulthorpe RR, Riva A, et al. Pyrosequencing enumerates and contrasts soil microbial

diversity [J]. Isme Journal, 2007, 1(4):283 - 290.

[23] Quail MA, Kozarewa I, Smith F, et al. A large genome center's improvements to the Illumina sequencing system [J]. Nature Methods, 2008, 5(12):1005 - 1010.

[24] He Z, Gentry TJ, Schadt CW, et al. GeoChip: a comprehensive microarray for investigating biogeochemical, ecological and environmental processes [J]. Isme Journal, 2007, 1(1):67 - 77.

[25] Francis CA, Beman JM, Kuypers MMM. New processes and players in the nitrogen cycle: the microbial ecology of anaerobic and archaeal ammonia oxidation [J]. Isme Journal, 2007, 1(1):19 -27.

[26] Canganella F, Wiegel J. Extremophiles: from abyssal to terrestrial ecosystems and possibly beyond [J]. Naturwissenschaften, 2011, 98(4):253 - 279.

[27] Cavicchioli R, Amils R, Wagner D, et al. Life and applications of extremophiles [J]. Environmental Microbiology, 2011, 13(8):1903 - 1907.

[28] Green JL, Bohannan BJM, Whitaker RJ. Microbial biogeography: From taxonomy to traits [J]. Science, 2008, 320(5879):1039 - 1043.

[29] Cermeno P, Falkowski PG. Controls on Diatom Biogeography in the Ocean[J]. Science, 2009,325(5974):1539 - 1541.

[30] Haruta S, Kato S, Yamamoto K, et al. Intertwined interspecies relationships: approaches to untangle the microbial network [J]. Environmental Microbiology, 2009, 11(12):2963 - 2969.

[31] Artursson V, Finlay RD, Jansson JK. Interactions between arbuscular mycorrhizal fungi and bacteria and their potential for stimulating plant growth [J]. Environmental Microbiology, 2006, 8(1):1 - 10.

[32] Kim YC, Leveau ♯, Gardener BBM, et al. The Multifactorial Basis for Plant Health Promotion by Plant-Associated Bacteria [J]. Applied and Environmental Microbiology, 2011, 77(5):1548 - 1555.

[33] Silva-Rocha R, Tamames J, dos Santos VM, et al. The logicome of environmental bacteria: merging catabolic and regulatory events with Boolean formalisms [J]. Environmental Microbiology, 2011, 13(9):2389 - 2402.

[34] Bardgett RD, Freeman C, Ostle NJ. Microbial contributions to climate change through carbon cycle feedbacks [J]. Isme Journal, 2008, 2(8):805 - 814.

[35] He ZL, Xu MY, Deng Y, et al. Metagenomic analysis reveals a marked divergence in the structure of belowground microbial communities at elevated CO_2 [J]. Ecology Letters, 2010, 13(5):564 -575.

[36] McCarty PL, Bae J, Kim J. Domestic Wastewater Treatment as a Net Energy Producer-Can This be Achieved [J]. Environmental Science & Technology, 2011, 45(17):7100 - 7106.

[37] Gao DW, Liu L, Liang H, et al. Aerobic granular sludge: characterization, mechanism of granulation and application to wastewater treatment [J]. Critical Reviews in Biotechnology, 2011, 31(2):137 - 152.

[38] Syron E, Casey E. Membrane-aerated biofilms for high rate biotreatment: Performance appraisal, engineering principles, scale-up, and development requirements [J]. Environmental Science & Technology, 2008, 42(6):1833 - 1844

[39] Kim J, Kim K, Ye H, et al. Anaerobic Fluidized Bed Membrane Bioreactor for Wastewater Treatment [J]. Environmental Science & Technology, 2011, 45(2):576 - 581.

[40] Vymazal J. Constructed Wetlands for Wastewater Treatment: Five Decades of Experience [J]. En-

vi ronmental Science & Technology，2011，45(1):61－69.

[41] Valentine DL，Kessler JD，Redmond MC，et al. Propane Respiration Jump-Starts Microbial Response to a Deep Oil Spill [J]. Science，2010，330(6001):208－211.

[42] Hazen TC，Dubinsky EA，DeSantis TZ，et al. Deep-Sea Oil Plume Enriches Indigenous Oil-Degrading Bacteria [J]. Science，2010，330(6001):204－208.

[43] Camilli R，Reddy CM，Yoerger DR，et al. Tracking Hydrocarbon Plume Transport and Biodegradation at Deepwater Horizon [J]. Science，2010，330(6001):201－204.

[44] Chu C-F，Li Y-Y，Xu K-Q，et al. A pH-and temperature-phased two-stage process for hydrogen and methane production from food waste [J]. International Journal of Hydrogen Energy，2008，33(18):4739－4746.

[45] Chu C-F，Ebie Y，Xu K-Q，et al. Characterization of microbial community in the two-stage process for hydrogen and methane production from food waste [J]. International Journal of Hydrogen Energy，2010，35(15):8253－8261.

[46] Yezza A，Tyagi RD，Valéro JR，et al. Bioconversion of industrial wastewater and wastewater sludge into Bacillus thuringiensis based biopesticides in pilot fermentor [J]. Bioresource Technology，2006，97(15):1850－1857.

[47] 陈雁，陈育如，唐刚，等. 污水处理厂的污泥处置与生物堆肥法的利用 [J]. 环境工程，2008，(01):60－63;4－5.

[48] Steinberg CEW，Stürzenbaum SR，Menzel R. Genes and environment-striking the fine balance between sophisticated biomonitoring and true functional environmental genomics [J]. The Science of The Total Environment，2008，400(1－3):142－161.

[49] Vikesland PJ，Wigginton KR. Nanomaterial Enabled Biosensors for Pathogen Monitoring-A Review [J]. Environmental Science & Technology，2010，44(10):3656－3669.

[50] 王金南，吴悦颖，李云生. 中国重点湖泊水污染防治基本思路[J]. 环境保护，2010，16－19.

[51] 吴丰昌，孟伟，宋永会，等. 中国湖泊水环境基准的研究进展[J]. 环境科学学报，2008，28(12):2385－2393.

[52] 胡小贞，金相灿，卢少勇，等. 湖泊底泥污染控制技术及其适用性探讨[J]. 中国工程科学，2009，11(9): 28－33.

[53] Zhao Songnian,Xiong Xiaoyun,Cai Xiaohong,et al. A new turbulence energy cascade pattern and its scaling law. Euro—phys. Lett. ,2005,69 (1):81～ 87,doi:10.1209/epl/i2004—10300－9.

[54] 程雪玲,胡非.大气边界层剪切湍流统计特性的风洞实验及其层次相似律[J].大气科学,2005,29(4):573－580.

[55] 伍大洲,孙鉴泞,袁仁民等. 对流边界层高度预报方案的改进[J].中国科学技术大学学报,2006,1(10),111－116.

[56] 程雪玲,胡非.大气边界层剪切湍流统计特性的风洞实验及其层次相似律[J].大气科学,2005,29(4):573－580.

[57] 汪新,K. F. McNamara.大涡模拟建筑物对近源大气污染物扩散的影响[J].应用力学学报,2007,24(1):284－289.

[58] 张宁,蒋维楣.建筑物对大气污染物扩散影响的大涡模拟[J].2006,30(2):212－220

[59] 石碧青,洪海波,谢壮宁,等.大气边界层风洞流场特性的模拟[J].空气动力学学报,2007,25(3):376－380.

[60] 袁仁民,吴徐平,罗涛,等.对流边界层水平温度场特征的水槽模拟研究[J].中国科学技术大学学

报,2010,40(1):8－14.

[61] 尹青,何金海,张华.激光雷达在气象和大气环境监测中的应用[J].气象与环境学报,2009,25(5)：48－56.

[62] Zhang Q，Streets D G，Carmichael G R，et al. Asian emissions in 2006 for the NASA INTEX-B mission[J]. Atmospheric Chemistry and Physics，2009，9 (14)：5131－5153.

[63] Zhao Y，Wang S，Nielsen C P，et al. Establishment of a database of emission factors for atmospheric pollutants from Chinese coal-fired power plants[J]. Atmospheric Environment，2010，44 (12)：1515－1523.

[64] Huo H，Zhang Q，He K B.，et al. High-Resolution Vehicular Emission Inventory Using a Link-Based Method：A Case Study of Light-Duty Vehicles in Beijing[J]. Environmental Science & Technology，2009，43 (7)：2394－2399.

[65] Zhang Y. M.，Zhang X. Y.，Sun J. Y.，et al. Characterization of new particle and secondary aerosol formation during summertime in Beijing，China[J]. Tellus Series B-Chemical and Physical Meteorology，2011，63 (3)：382－394.

[66] Yue D. L.，Hu M.，Zhang R. Y.，et al. The roles of sulfuric acid in new particle formation and growth in the mega-city of Beijing[J]. Atmospheric Chemistry and Physics，2010，10 (10)：4953－4960.

[67] Wang Z.，Wang T.，Guo J.，et al. Formation of secondary organic carbon and cloud impact on carbonaceous aerosols at Mount Tai，North China. Atmospheric Environment，2011， doi：10. 1016/j. atmosenv. 2011. 08. 019.

[68] 蒋建国,陈懋喆,张妍,等.城市垃圾焚烧飞灰对 CO_2 的吸收潜能及机理研究[J].清华大学学报(自然科学版).2008,48(12)：2074～2078.

[69] 施惠生,邓恺,郭晓潞,等.处置利用垃圾焚烧飞灰共研制硫铝酸盐水泥[J].同济大学学报(自然科学版).2010,38(6)：407－411.

[70] 杨渤京,王洪涛,陆文静,等.A－O脱氮型生物反应器填埋技术试验研究[J].北京大学学报(自然科学版).2008(6).953－957.

[71] 刘洪涛,马达,郑国砥,等.城市污泥堆肥在园林绿化及相关领域中的应用[J].中国给水排水.2009,25(13)：117－119.

[72] 郑国砥,高定,陈同斌,等.通过分层堆肥提高城市污泥堆肥处理效果的研究[J].中国给水排水.2009,25(11)：114－116.

[73] 马红和,王树众,周璐,等.城市污泥在超临界水中的部分氧化实验研究[J].化学工程.2010,38(12)：44－47.

[74] 闰加旺,李志强,周宗辉.少熟料钢渣/矿渣复合硫铝酸盐水泥的制备研究[J].混凝土.2011,8：88－90.

[75] 柴立元,王云燕,王庆伟.用CH－1菌从铬渣中选择性回收铬[J].中国有色金属学报.2008,18：367－371.

[76] Tian Jing，et al.. Microperforation for Sound Absorption and Noise Reduction，Proceedings of the 37th International Congress on Noise Control Engineering（Inter-Noise'2008），（Plenary Keynote Report）[R]. Shanghai，China，Otc 26－29，2008.

[77] Lu Y D，Tang H D，et al. Some Applications of the Perforated Panel Resonator with Flexible Tube Bundles[R]. Proceedings of JCA 2007，Sendai，Japan，4－6 Jun. 2007.

[78] 张倩,吕亚东,杨军,等.梯形管束穿孔板吸声性能的实验研究[J].噪声与振动控制,2009,S2,

253－256.

［79］张倩,吕亚东,杨军,等. 管束放置方式对管束穿孔板吸声性能的影响［R］.北京：中国声学学会 2009 年青年学术会议论文集(大会优秀论文)，2009.

［80］张荣英,姜根山,王璋奇,等. 声子晶体的研究进展及应用前景［J］. 声学技术，2006,25(1)：35－42.

［81］Bennett M. Brooks. Traditional measurement methods for characterizing soundscapes［J］. J. Acoust. Soc. Am. , 2006，119：3260.

［82］Youngmin Kwon, Pattra Smitthakorn, Gary W. Siebein. Soundscape analysis and acoustical design strategies for an urban village development［J］. J. Acoust. Soc. Am. 2006，119：3261.

［83］Osten Axelsson, Birgitta Berglund, Mats E. Nilsson. Soundscape assessment［J］. J. Acoust. Soc. Am. , 2005，117：2591.

［84］滕鹏晓,陈日林. 声成像测量仪研制及性能分析［J］. 噪声与振动，2010,30(1)，305－307.

［85］滕鹏晓,杨亦春. 基于传声器对的多声源定位跟踪算法［J］. 声学学报，2010,35(2)，230－234.

［86］吴舜泽,等. 中国宏观战略研究第一卷［M］.北京：中国环境科学出版社,2010.

［87］中国工程院,环境保护部. 中国环境宏观战略研究［M］. 北京：中国环境科学出版社,2011.

撰稿人：万　军　王　慧　吕亚东　刘　平　李广贺　李孝宽
吴舜泽　张远航　张建辉　张爱倩　张彭义　武雪芳
易　斌　金相灿　周　琪　胡洪营　高　翔　郭新彪
蒋建国

专题报告

水环境学科发展报告

摘要 "十一五"期间,我国水环境科学发展迅速,随着水环境科学研究观念的更新,环境探测、分析技术的提高,水环境科学研究的理论、方法及学科进展出现了一些新动向。本文拟从水环境科学理论、水环境科学技术、水环境科学成果、水环境科学学科建设、水环境科学存在问题及发展趋势等几个方面系统地阐述我国"十一五"期间水环境研究的进展。以期为"十二五"期间水环境科学的发展提供参考信息。

一、引言

水环境是地球表层系统各圈层水体所处环境的总称,与生物圈、大气圈、岩石圈中的生物等关系密切。水环境科学包括湖泊环境科学、河流环境科学、地下水环境科学和城市水环境科学,涵盖了地理学、地质学、气象气候学、物理学、化学、生物学和生态学等多门学科。近几十年来,随着全球气候变暖和人类活动的加剧,水环境污染加剧、生态与环境日趋恶化、可利用水量减少、灾害频发、经济损失剧增,水环境已成为区域自然环境变化和人与自然相互作用最为敏感、影响最为深刻、治理难度最大的环境问题。

二、我国水环境现状及形势

1. 湖库富营养化严重

我国是一个多湖泊、水库的国家,截止 2010 年,我国大于 1 km² 的天然湖泊有 2300 余个,湖泊总面积达 70988 km²。水库共计 85849 座,30m 以上已建、在建大坝 5191 座,100m 以上 142 座。"十一五"以来,我国湖库富营养化问题日益严重。湖库中的营养物来源广,湖库富营养化进程迅速。从全国范围来看,城市湖泊目前大部分处于重富营养或异常营养状态,绝大部分大中型湖泊均已具备发生富营养化的条件或处于富营养化状态。以太湖梅梁湾等为代表的重污染湖湾,其水污染的程度和范围仍呈加重的趋势;以洱海为代表的富营养化初期湖泊面临着水质继续恶化的危险;白洋淀等草型湖泊面临沼泽化威胁;以巢湖东端湖区等为代表的饮用水源地已经殃及周边居民健康,并带来社会安定问题;鄱阳湖、洞庭湖等大型过水型湖泊水生生态面临严重的生态退化;受南水北调等大型水利工程影响的湖区,其水动力学和水文学发生很大变化,同时受到流域人类活动的影响,导致水量、水质和水生生态系统的巨大变化。另外,城市湖泊,特别是大城市周边湖泊富营养化仍未摆脱逐年加重趋势。随着湖泊富营养化的加剧,水华暴发频繁发生,将成为制约我国社会和国民经济持续发展的重大环境问题。

2. 饮用水水源地生态脆弱

"十一五"期间,我国水污染呈现全面、复杂和严重化的发展趋势,致使我国饮用水水源地面临严重水污染威胁。湖、库是许多周边城市及农村地区居民的饮用水源,其水资源和水环境状况是周边城镇与农村居民生活进步和经济发展的命脉,是社会经济持续发展的重要基础。根据《全国城市饮用水安全保障规划》编制组的调查结果,湖泊型饮用水源地水质最差。根据 200 多个湖泊的调查结果,其中 80% 已经发生富营养化,藻类大量生长,影响饮用水水质,已成为多种疾病发生的重要诱发因素。近年来湖泊水华频发,对野生动物、家畜及人体健康产生严重影响,也给水域生态环境、旅游观光及水产养殖造成了严重危害。如何保障湖泊流域人民喝上安全的水已经成为该区域十分迫切的问题。

3. 水污染防治技术,水生态修复技术有待进一步提高

"十一五"期间,我国水环境防控技术和水生态修复技术取得较大进步。在污染防治技术方面,城市污水处理厂的一级 A 达标处理技术取得了突破,在我国东部经济发达地区逐步推广。城市污水深度处理的膜生物反应器技术已经成熟并得到了迅速的推广应用。这些技术的推广应用为实现国家减排目标提供了重要的技术支撑。应用广泛的水生物强化脱氮技术、河流立体复合生态修复技术、农田氮/磷排放的控制技术、农村生活垃圾的收集与处置技术、农村地表径流的控制技术、环保疏浚技术、原位覆盖技术、原位钝化技术;在水生态修复技术方面,水源涵养林生态修复技术、湖库岸带湿地重建技术、湖荡区的漂浮湿地重建技术、复杂水文条件下的湿地生境修复与植物空间配置技术、湿地植物生存与发展基础及湿地中蓝藻污水团防除技术等前期技术,在"十一五"期间,均得到不同程度的改进或改良,但这些技术在应用过程中也出现一些问题,例如:污染消减量不尽如人意,新材料、新物种无法达到满意效果,以及生物生态多样性降低等。

4. 水环境综合管理体系相对滞后

"十一五"期间,我国水环境综合管理取得一定进步,但总体来说还相对滞后,其具体表现为监测系统及平台不能覆盖整个水体领域,部分湖库及河流缺乏第一手科学资料,严重阻碍水环境科学的创新研究;水质标准体系还不够完善,与国外相比,在标准制定原理、分类、污染物项目选择和水体功能等方面还有较大差距,难以满足未来面向水生态系统保护的总量控制策略的要求;水环境风险识别、评价、监测和预警技术体系不健全;水危机应急处理处置技术导则体系不健全,面对水危机政府和有关机构不能及时科学的处理,致使水危机造成的不良影响逐渐扩大;水环境风险防范法律体系不完善,水危机暴发后,面对水环境风险,管理责任不明确。

5. 经济产业结构与水环境保护矛盾突出

"十一五"期间,我国逐步加大产业结构调整步伐,各地区纷纷加大产业结构调整力度,但是由于产业总体技术水平与企业技术含量低,所以对自然资源的利用水平低、综合利用程度差,不仅造成很大的经济损失,而且引起了相当严重的水环境污染和生态破坏,造成经济产业结构与水环境保护矛盾突出。一方面工业布局和产业结构调整多着眼于区位条件和资源禀赋,而没有考虑水环境容量对经济发展的制约作用,结果是水环境容量资源被超负荷开发利用,造成严重的水环境污染,对经济发展产生了负面影响。而还有一些地区环境容量资源开发利用程度低,未能合理发掘其经济潜力;另一方面,为追求经济的快速发展,水环境生态功能区划分不科学,导致资源开发不合理和经济发展粗放,从而严

重破坏了我国某些地区的生态环境[1]。

三、水环境科学理论研究进展

（一）水体污染防治思路

"十一五"期间,水体污染的防治思路更加强调兼顾"保护与开发、生态与发展、总体与局部、当前与长远"原则,依据不同的水体污染状况,提出不同的防治思路。

1. 湖库流域污染的防治思路

湖库流域污染防治的整体思路为:以污染源系统治理＋流域清水产流机制修复＋湖泊水体生境改善＋流域管理[2]。

对于水体污染严重的湖泊,例如,太湖、滇池等。该类型湖泊的污染防治思路是从污染源头到湖泊水体,依次通过污染源控制、河道综合治理、湖荡调节、河口强化净化、湖泊生态修复等多道防线,有效促使湖泊水环境向良性方向转化。

对于污染较轻但人类活动压力较大的湖泊,例如,鄱阳湖和三峡水库。污染防治重点主要以生态修复和产业结构调整为主,同时兼顾开发与保护并重、强化水土资源管理、发挥湖库调度作用。

对于生态系统健康湖泊的污染防治思路是以流域产业结构与空间布局为核心进行环境保护和经济发展的科学规划,通过流域生态功能保护区的建设,加大湖库流域区内现有植被和自然生态系统的保护,恢复和重建退化的生态功能,遏制重要生态功能区生态环境恶化的趋势。

2. 河流水污染防治思路

针对不同类型和污染特征的典型河流,在流域水平上,从工农业发展、水文条件、生态环境、社会经济等不同角度深入分析河流水体污染的现状、成因和发展趋势。结合水域功能分区和不同功能区水质目标,按照"一河一策"的思路,分类、分期、分区、分级地提出保障措施,建立基于污染源动态变化的污染控制方案,并制定适合不同区域经济发展阶段与水体功能区水质目标需求相适应的污染河流(段)水污染综合整治方案。在河流污染防治方案上,从汇水区的陆源污染控制入手,以河流支流的小流域(如集镇、村落)的污染控制为核心,结合河道和支流水体的自然净化能力提升,河流健康生态系统的构建,形成清水河道。汇水区的陆源污染,以点源和面源污染控制并重,同时重视地表径流的污染控制,以此削减入河的污染负荷[3]。通过生态工程和强化措施增强河道和支流水体的净化能力改善河流的水环境质量,增强河流生物多样性,构建协调发展、可自我恢复、自我维持的支持推动人类社会经济发展和人类健康的河流健康生态系统。

3. 城市水污染防治思路

针对我国城市人口密集、产业类型多样、污染负荷强度大的特点,着眼未来水环境综合整治重大技术需求,紧密结合城市发展和产业结构调整,以城市水体污染综合控制和水环境质量改善为目标,以 COD 和氮磷污染控制为主线,以控源减污、水系结构优化、生态修复与重建、水环境监控等关键技术集成创新和综合管理为核心,通过源头削减、资源回用、水系调控、生态修复、综合监管,实施多层次、多尺度的工程示范和区域性水环境协同管理,形成以市场化、产业化为导向的科技创新体系,为我国城市水环境综合整治提供强有力的技术支撑。

(二)水生态修复理论

1. N、P 及重金属元素循环理论

近年来 N、P 循环研究表明沉积物总磷与其释放的可溶性总磷在春、夏两季显著相关,并且以可溶性有机磷为主;春、夏两季可溶性有机磷与可溶性无机磷的形态间转化较秋、冬两季更为活跃。藻型湖区沉积物的总氮多为夏季减少,而清洁型湖区则为夏季大幅增加;沉积物释放的 $NH_4^+ - N$ 以夏、冬两季居多,夏季达到最大值;沉积物释放的 $NO_3^- - N$ 夏季大幅度增加,冬季较少。清洁型湖区夏季沉积物的 TN 及其释放的 $NH_4^+ - N$、$NO_3^- - N$ 显著高于藻型湖区。而且研究也表明,钝化剂(PAM+聚铝)有显著的抑制沉积物的磷释放和捕捉上覆水中含磷颗粒的效果,扰动可以促进了沉积物的磷释放[4]。

重金属在水相中的分布可反映出污染源和沿途沉积的影响。近年来的研究结果表明:①水相中重金属的含量很低,即使接近污染物排放口,水中重金属的含量也不高,随机性很大,常受排放状况与水力学条件影响,含量分布往往不规则,大部分赋存于悬浮物中。②水体中重金属的检出与水相 pH 值有关。碱性条件下,易受泥沙吸附而沉淀;酸性条件下,底泥中的重金属会向水体释放。③长江口处水质溶解态重金属 Hg、Pb、Cd 和 Cu 的分布变化具有波动性,沿中值水平线上下变化;平面上高值区的分布存在 3 种基本形式即沿岸带高值区、沿岸-离岸带连片高值区、离岸带高值区。离岸带高值区的成因与规模首先取决于河流重金属的供给情况,其次与溶解态-颗粒态转换有关。而河流重金属的供给与排污等有关,溶解态-颗粒态转换与吸附剂、溶解态浓度等相关。④长江口水相中各重金属的浓度是枯水期高于洪水期,底层各重金属的浓度比表层高。⑤河口中重金属间大都有良好的相关性,说明重金属具有相似的行为。对水相中重金属垂向分布研究表明,重金属在表面水中的富集显著;沉积物孔隙水中 Cu、Pb、Zn、Cd 的含量远高于过滤水、原水和上覆水中的浓度。沉积物中的重金属可能按照浓度梯度经孔隙水从沉积物向上覆水中扩散而最终影响上覆水的水质。

2. 蓝藻水华形成理论

近年来研究表明蓝藻水华形成过程可以分为休眠、复苏、生物量增加(生长)、上浮及聚集等 4 个阶段,每个阶段中蓝藻的生理特性及主导环境影响因子有所不同。在冬季,水华蓝藻的休眠主要受低温及黑暗环境所影响;春季的复苏过程主要受湖泊沉积表面的温度和溶解氧控制,而光合作用和细胞分裂所需要的物质与能量则决定了水华蓝藻在春季和夏季的生长状况,一旦有合适的气象与水文条件,已经在水体中积累的大量水华蓝藻群体将上浮到水体表面积聚,形成可见的水华。目前多数观点认同蓝藻水华的形成一般是由蓝藻本身的生理特点以及温度、光照、营养盐、其他生物等诸多环境因素所引发的[5]。

3. 清水产流机制

从湖泊流域径流的水体运行过程来讲,流域的产流、汇流与入湖包括如下几个过程:降雨产流、流域蓄渗、坡面汇流、河网汇流、汇流入湖。即降雨产生的径流,部分由土壤蓄渗,部分由坡面汇流形成地表径流,地表径流由河网汇流或坡面散流最终经由湖滨区进入湖泊水体。在径流入湖过程中,污染物也由径流携带入湖[3]。由此,若径流的整个水体运行过程包括源头产流、坡面汇流、河流汇流,入湖过程中均污染较小、生态保持良好或净化效果较好,则径流最终为"清水"入湖,由径流携带入湖的污染物量会较小;反之,由径流携带入湖的污染量就会较大,若超过湖泊水环境承载力,则加重湖泊水体污染和富营养化。

近年来提出了"流域清水产流机制"的概念,如图 1 所示,即根据不同湖泊流域的自然与社会经济现状特点,在调整流域经济结构、构建绿色流域的基础上,通过流域水源涵养与水土流失的控制保证源头清水产流,通过河流小流域的污染控制与生态修复实现河流汇流的清水养护与清水输送通道,通过湖滨缓冲区构建湖滨带生态修复最终使"清水"入湖。山地水源涵养区、入湖河流区、湖滨区分别作为清水产流机制的源头区、污染物净化与清水养护区(径流通道)和湖滨入湖区,是构成清水产流机制的 3 个关键环节[6]。

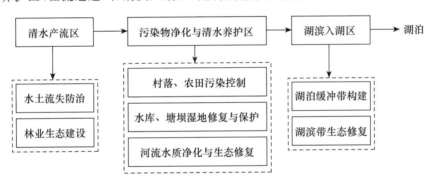

图 1　流域清水产流机制修复思路

4. 水源地涵养林修复理论

近年来我国水源涵养区的整体生态系统比较脆弱,例如,长江、松花江、嫩江流域的洪水,黄河水量的锐减,滇池、太湖、巢湖的水体富营养化,大伙房水库的氮磷污染,三峡、丹江口等库区的水土流失严重等。基于这种情况,近年来水利部在全国范围内开展生态清洁型小流域试点工程建设,对我国重点湖库流域内的水源地涵养林、水土保持等生态修复做了科学的规划。

近年来水源地涵养林的生态修复主要从以下几个方面进行:①进行大规模的退耕还林、荒山造林工程,提高树木的成活率;对牛羊等散养所造成的生态环境破坏,采取舍饲圈养为主的畜牧工程建设;对山区耕地应采取保土耕作措施,使一些配套的水土保持工程趋于完善。②提高水土资源综合利用效率。在不破坏生态环境的前提下,合理开发利用林下空间;在生态农业建设过程中,充分利用水、土、光、热等资源,合理利用空间,发展立体农业,进行间种和套作;加快生态旅游业建设。③建立了较完善的生态补偿机制,水源涵养区涵养水源所需资金、所付代价应由受益者来共同承担[7]。

5. 调水引流理论

调水引流在近年来作为水质保障与生态系统恢复技术,得到充分的运用。2007年5月,为抑制因太湖贡湖湾和梅梁湾蓝藻暴发而引起的水质恶臭,缓解供水危机,望虞河实行大流量调水,同时启动梅梁湖泵站抽水。

调水引流工程对改善水环境的作用主要体现在以下几个方面[8]:

(1)合理调控湖库水位,提高湖库水环境容量,有效抑制蓝藻的形成时间和形成强度。经过调水引流工程,2009年太湖水位比2007年偏高0.2m左右,使太湖蓝藻大面积发生的时间推迟了近1个月,且发生的强度也明显降低。

(2)改善入湖水质,促进湖区水源地以及受益区河网水质持续改善。实施调水引流工程,优化了入湖库水源结构,同时加快了湖库水体置换,改善了水体质量。调水引流后,太湖水位基本维持在3.00~3.25m之间,湖湾内水体流动明显加快,蓝藻生长得到了一定的抑制,贡湖湾锡东水厂的叶绿素a含量由调水前的53μg/L逐步降低到10.5μg/L。

(3)合理引排调度,可有效减少湖体内源污染。通过梅梁湖泵站的排水,直接减少湖体中的内源污染。望虞河引江济太、梅梁湖泵站抽排,使梅梁湖水体得到了有序流动,加快了梅梁湖的水体交换,还可把湖体内源污染物质大量排出。

(4)增加湖库水资源量,保障流域供水安全。引江济太工程增加了流域供水量,缓解了流域旱情,改善了水质、水环境、水生态,保证了重要水源地供水安全及工农业供水需要。至2007年引江济太共调引长江水10516亿m³,大大地提高了太湖流域水资源的承载能力。

6. 生境修复理论

水生态生境修复是我国近年来的研究重点,技术进展主要表现在以下四个方面:①污染源控制技术:研发了缓冲区和水陆交错带生态修复、生态清淤等新技术;②水环境质量改善技术:在微生物技术和水生植物技术的基础上,研发了前置库、稳定塘、生物操纵和水动力循环等新技术;③水资源生态回用技术:在现有污水处理厂处理工艺的基础上,研发了污水处理厂强化脱氮除磷、污水处理厂净化效能提升、污水处理厂尾水深度净化(人工湿地等)和雨水植物缓冲带等新技术;④岸坡和底质修复技术:在河道曝气等技术的基础上,发展了微纳米曝气、河道内栖息地修复、河岸修复和流域内栖息地修复等新技术。

相对于生境修复技术而言,在近年来我国在水生态生物修复理论方面的发展相对滞后,仅在植物修复技术、微生物或微生物促生液技术、固定化微生物技术、人工湿地技术和生态浮床技术等方面取得一些进展[9]。

近年来生境修复技术和工艺正朝着可持续化的方向发展,相关技术也取得了一定突破,主要体现在以下三个方面:①清洁能源利用技术:如太阳能、水能等清洁能源利用技术的研发,并应用于生态修复过程,即强化了修复效果又减少了碳排放;②仿生学技术:如生物飘带的开发,替代沉水植物进行生态修复,克服了沉水植物受生命周期限制的缺点,减少了由水生植物腐败带来的二次污染;③资源化回用技术:如水生植物制作有机肥、藻类制作生物柴油等技术的研发并应用于生态修复中,在修复生态的同时还实现了废弃物的资源化回用,并创造一定经济价值[10,11]。

(三)水环境管理体系

1. 水环境质量目标管理体系

水环境质量目标管理以"分区、分级、分类、分期"理念为指导,以流域水生态功能保护为核心,以水环境质量改善为目标,以容量总量控制为主线的管理技术体系,如图 2 所示,核心部分包括水生态功能分区、水质基准与标准、水生态承载力以及控制单元总量控制等。

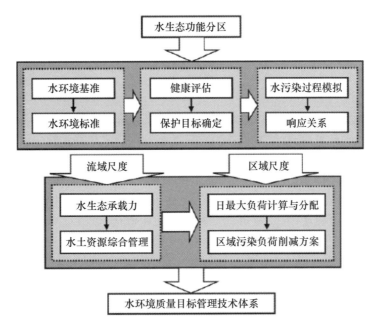

图 2 流域水生态功能分区与水环境质量目标管理技术体系框架图

2. 水环境基准体系

水环境质量基准和标准是确定水环境质量目标的主要依据。环境标准是在环境基准的基础上,考虑自然条件和国家或地区的人文社会、经济水平、技术条件等因素,经过一定的综合分析所制定的,由国家有关管理部门颁布并具有法律效力的管理限值或限度。

近年来我国开展了"湖泊水环境基准('973'项目)"的研究,项目以太湖、巢湖和滇池为重点研究对象,根据水质基准的区域性、基础性和科学性的特点,在研究湖泊水环境质量演变规律和区域差异特征的基础上,系统阐述了污染物的输移演替规律、复合污染机理和毒理效应,进行了饮用水源生态安全评估,构建了适合我国区域特点的、以保护水生态系统和人体健康为目标的湖泊水环境基准理论、技术和方法体系。主要开展了以下 6 个方面的研究工作:太湖湖区域特征研究;湖泊水动力与污染物输移耦合机制研究;沉积物重金属的迁移转化过程及生物毒性研究;富营养化湖泊复合污染特征及生态毒理研究;湖泊饮用水源污染物的生态学特征、暴露途径与水平研究;湖泊水环境基准理论与方法体系研究。阐述了太湖水生态系统的演变规律,揭示了太湖等重点湖泊的物理和化学、生物和生态要素(生物区系)的基本特征。提出并修正了我国沉积物基准模型,获得了沉积物重金属 Pb、Cu、Zn、Cr、As、Hg 等的基准建议值。揭示了有机污染物(激素、PPCPs、二噁英、PBDEs、HHCB 等)在太湖饮用水源水体、沉积物和生物体中污染水平和分布规律;系统地研究了我国湖泊生态分区、湖泊水环境质量基准与水环境质量标准以及湖泊水环境基准、标准与湖泊水体用途之间的内在联系,初步建立了我国湖泊水环境标准的框架体系,形成了我国保护水生生物和保护人体健康的水质基准的技术规范草案;编写了《保护水生生物的水质基准制定技术规范》和《保护人体健康的水质基准制定技术规范》,为我国水质基准的研究与制订工作提供了有力保障;系统总结了当今水质基准的理论和方法学,探求水质基准的历史演变和发展的规律、存在的问题和未来的研究方向;首次得到北美典型有机污染物-硝基苯的水生态基准值,以及具有中国区域特点的硝基苯和重金属镉的水生态基准值[12]。

3. 生态区化理论

水生态区概念源自美国,被认为是具有相对同质的淡水生态系统或生物体及其与环境相互关系的土地单元,生态系统的特征通常表现为相似性和差异性、等级性、不重叠性以及人类干扰的强弱性等。基于对生态系统特征的认识,水生态区划的基本原则主要包括:①区域相关性原则。在区划过程中,应综合考虑区域自然地理和气候条件、流域上下游水资源条件、水生态系统特点等关键要素,充分认识生态区际、区内的差异性与相似性,既要突出不同分区的特点,又要显示其某种程度的相似性,以保证分区工作准确、可行;②协调原则。水生态区的划定要与国家现有的水资源分区、生态功能区划、水功能区划等相关区划成果衔接;③主导功能原则。在具有多种水生态服务功能的地域,以水生态调节功能优先;在具有多种水生态调节功能的地域,以主导调节功能优先;④分级区划原则。全国水生态区划遵循三级分区的原则。其中,一二级分区主要从满足国家经济社会发展和水生态保护工作宏观管理的需要出发,进行大尺度范围划分;三级分区主要从与流域水资源分区、行政区划和水功能区划相协调的角度,进行中、微观尺度范围划分[13,14]。

一级水生态区的划分主要考虑了我国气候特征和地势、地貌等自然条件的空间分布差异。在一级水生态区基础上,依据全国水资源分区和生态功能区划成果划分二级水生态区。分区时,重点考虑区域内的水资源条件、人类活动强度、经济社会布局以及生态结构类型在空间上的分布差异,并参考 50 个全国重要生态功能区划及水资源综合规划分区成果,在二级水生态区基础上,充分考虑区域内的主导水生态功能,并结合流域水资源三级分区和区域地形地貌条件,来划分三级水生态区。三级区的具体划分方法为:首先考虑各二级区内的不同流域单元来分区;其次,按照流域上、中、下游来划分;再次,突出重点区域,如三峡库区、重要湖泊、关键河段等要单独划出;最后,考虑分区内的水生态功能差异,突出主导水生态功能。

近年来我国具体完成了水生态功能一级分区的划分:松花江流域划分为 8 个、海河流域为 6 个、淮河流域为 5 个、东江流域为 3 个、黑河流域为 3 个、滇池流域为 3 个、洱海流域为 4 个、巢湖流域为 4 个、辽河为 3 个、太湖为 2 个、赣江为 3 个,其中太湖和赣江流域完成了二级分区。水生态功能分区将为我国水生态系统保护从水质和水环境控制向水量-水质和水生态功能以及河流健康保护转变,从单纯的污染物排放总量控制向流域综合管理和点源-非点源污染综合治理转变提供有效的管理工具和技术支撑。

4. 水生态承载力

水生态承载力是协调流域尺度水环境保护与社会经济协调关系的主要手段。从生态学角度出发,狭义的水生态承载力概念应该是水资源承载力和水环境承载力概念的综合,表述为水生态系统对水量和水质条件恶化的承受能力。广义的水生态承载力应该是在保证水生态系统健康发展前提下可以承载的人口和社会经济规模的能力。由于广义的生态承载力是一个抽象的概念,受众多因素和不同时空条件制约,直接度量比较困难,目前都是采用狭义的概念进行实践,但是国内外学者们正在发展直接或间接地度量广义生态承载力的方法。

近年来在流域水环境系统模拟与生态承载力计算上面,孟伟等建立了流域水环境系统演变驱动过程解析与多要素耦合的流域水环境演化过程仿真模型、流域水生态承载力评价指标体系以及基于3类数学方法的流域水生态承载力计算方法,并对太湖典型研究区水生态承载力进行了计算和评价;建立了以水生态承载力指数为基础的水生态系统安全状态判别标准,提出太湖流域水生态承载力理论体系和评价技术体系[15]。

5. 控制单元总量控制与日最大污染物负荷(TMDL)

我国从"九五"开始实施目标总量控制技术,来确定允许排放的污染物总量。这种总量控制方案虽然较传统的浓度控制有较大进步,但没有将污染控制与水质目标的对应关系建立起来,导致水环境质量不能得到保障。随着我国环境管理的深入,我国水污染控制正在向容量总量控制方向转变,从化学污染控制向水生态管理方向转变,将宏观目标总量控制管理与基于控制单元水质目标的容量总量控制管理相结合。

容量总量控制是指把允许排放的污染物总量控制在受纳水体设定环境功能所确定的水质标准范围内,即容量总量控制的"总量"系指基于受纳水体中的污染物不超过水质标准所确定允许排放限额。该方法的主要特点是强调水体功能以及与之相对应的水质目标和管理目标的一致性,通过水环境容量计算方法直接确定水体纳污总量。美国 TMDL(日最大污染物负荷)计划与我国的总量控制具有一定的相似性,TMDL 是一种针对目标水体水质,以实现水质达标为最终目的的综合性流域环境管理措施,相当于我国的总量控制。近年来我国研究人员以小流域污染综合治理思路为基本思路,结合 TMDL 计划的污染物分配思路和方法,对南水北调山东段沿线城市污染物总量进行分配,分配结果相对于其水资源量丰富程度的基尼系数为 0.059,分配结果合理、公平,促进了水环境治理工作顺利展开。王彩艳等结合武汉市东湖水体的实际,进行了 TDML 方法的应用初探,针对东湖的富营养化,对其进行 TMDL 研究,根据有关资料和东湖的实际情况,确定以总磷、总氮、COD 为主要污染指标,依照 TMDL 实施的 5 个步骤对监测数据进行分析和计算,确定东湖各子湖泊的污染负荷分配,分别针对不同子湖泊的污染状况提出了侧重点不同的改善措施[15,16]。

6. 水环境监测、预警及应急理论

水环境监测、预警应急的理论主要有流域水环境质量生物化学监测理论;水环境指标的高光谱遥感监测理论;流域环境质量风险评估理论;流域水环境质量预警模型;流域水

环境风险管理理论。

近年来重点完善了现有国家水环境监测技术体系。完成常见污染物、有机污染物和特殊污染物的监测方法 70 个；应急快速分析测试方法 33 个；实验室分析、快速分析技术规范约 40 项；构建大气校正和离水辐射反演、水质遥感监测分析模型、黄色物质参数遥感监测分析模型；优控有机污染物、SCCPs 等在内的标准物质 10～20 类；研发前处理及各种便携式仪器设备 14 种；初步完成水环境监测数据传输网、水环境监测数据中心、水环境监测信息集成、共享与决策支持平台构建。提出流域水环境监测立法建议、水环境监测统一监督管理框架建议、示范区域《环境监测资质管理办法》建议等。

初步建立不同类型流域水环境风险评估与预警技术方法。流域突发性水污染事故风险评估方法、控制阈值方法与应急控制技术体系，针对典型污染事件跟踪验证与应用，直接服务于国家环境管理决策；初步建立流域饮用水源、城市景观水体、河口水环境预警指标体系、预警阈值和预警模型、流域水环境信息同化技术、海量数据处理、风险评估与预警模型库构建技术，在太湖流域、辽河流域和三峡水库环境管理决策中得以应用，对示范流域的重大水环境风险问题提出风险评估预警报告，支撑政府管理决策。分别在太湖流域、辽河流域和三峡水库建成稳定运行的流域水环境预警信息系统及风险应急辅助决策系统。形成一系列国家级流域水环境质量风险评估、流域水污染源风险预警管理、流域水环境预警平台建设相关标准（规范）的建议稿 10 项以上。

《中华人民共和国国民经济和社会发展第十一个五年规划纲要》把主要污染物总量削减 10％的目标纳入约束性指标，对流域水环境污染源的控制提出了具体要求。同时，环境监管能力建设纳入了《国家环境保护"十一五"规划》，因此作为流域水环境管理的重要组成部分，流域水环境监控能力直接影响到流域水污染防治及其综合决策。"十一五"期间，监控预警应急系统得到了完善，计算机系统、3S 技术、数据库等先进技术已逐渐被用于环境污染事故应急救援、应急监测领域，为突发性水污染事故的应急处理提供了强有力的决策支持。

"十一五"期间，孟伟等提出了完善我国流域水环境监控技术体系的建议：完善我国水环境监控方法体系需要从流域水环境监测对象与监测指标筛选、监测布点与采样技术、监测分析方法、监控质量保证、监测网络与监控信息管理等方面进行。根据雨山湖的环境特征和水质状况，在加密监测获取更多的信息的基础上应用多元统计定量分析，选用主成分分析统计模式，用编制计算机程序处理数据，获得了优化点数和确定点位，减少了监测点，但覆盖面积却有所增加，形成了一个更为科学完善的监测网点体系。有关学者针对水环境监测技术体系中监测点位管理存在的问题，提出采用图文一体的工作流程和地理信息技术建立规范化、业务化的水环境监测点位管理系统，解决点位申报业务的过程化管理，将点位布设优化分析功能与地理信息技术集成，并嵌入到申报业务流程中，提高了监测点位管理工作的效率，同时在系统功能上将点位服务功能的定义与点位管理业务相结合，提高了专项监测业务的资源重用率[15]。

7. 水环境管理信息平台构建

2009 年 12 月 17 日，环保部信息中心负责的"全国湖泊（水库）水环境调查数据管理平台"项目通过验收。实现了对湖泊（水库）水环境调查数据和城市集中式饮用水水源地环境调查数据的数据查询、文档管理、数据上报、统计汇总等管理功能,为进一步利用相关数据进行水源地管理提供了信息化支撑。截至目前,调查获得的湖库数量为 6969 个,其中湖泊 3392 个,水库 3577 个;国家级文档库的总容量为 50MB。全国城市集中式饮用水水源地调查的国家级数据库中的存储数据表为 80 个,数据记录共 81185 条,总容量近 80M,数据范围涉及全国 31 个省的 766 个城市。全国城市集中式水源地数量为 1873 个。

近年来国家环保总局对 10 大流域、51 个二级流域、600 多个水系、5737 条河流(区划河流长度总计 29.8 万 km)、980 个湖库(区划湖库面积总计 5.2 万 km²)进行了水环境功能区划,得到了我国水环境功能区划的全息描绘,将我国水环境现状、管理目标以及地表水环境质量标准对应到近 1.3 万个水环境功能区,形成了以地理信息系统(GIS)为工具、以 1:25 万标准电子地图为平台,省市两级、数据表和数据图两种表现形式的工作成果。

目前初步汇总分析结果,全国水环境共划分了 12876 个功能区(不含港、澳、台),其中河流功能区 12482 个,湖泊功能区 394 个,基本覆盖了环境保护管理涉及的水域。各功能区都设置了相应的控制断面,共涉及监测断面 9000 余个。其中,6229 个功能区有常规性的国控、省控、市控监测断面。另外,还对数以千计的取水口、排污口、监测断面进行了定位。通过对近 30 万 km 河长的水域分类区划,我国水环境功能区划得到了全息描绘,形成了功能区划、有效水系、区域信息、环境属性水陆 2 个层次、4 大图层、18 个小图层,初步构成了数字水环境管理工程数据支撑。获得了水环境功能常规监测断面、取水点、排污口的点位分布,并留有与其他水质、污染源数据库相连接的数据接口,搭建了水陆并重、新型环境管理的数字管理平台,已经形成了数字化的全国水环境功能区划系统的基本框架。

8. 水环境管理政策、法规

(1)流域生态补偿机制

流域生态补偿机制设计的总体思路主要包括:①确定流域尺度;②确定流域生态补偿的各利益相关方即责任主体,在上一级环保部门的协调下,按照各流域水环境功能区划的要求,建立流域环境协议,明确流域在各行政交界断面的水质要求,按水质情况确定补偿或赔偿的额度;③按上游生态保护投入和发展机制损失来测算流域生态补偿标准;④选择适宜的生态补偿方式;⑤给出不同流域生态补偿政策。

近年来生态补偿机制得到了迅速的发展,提出的流域水生态补偿机制有水生态保护补偿和跨界水污染补偿两种形式,初步探索了太湖流域水生态补偿机制的政策框架;提出了建立包括流域生态补偿机制的原则、基本框架、实施主体与操作程序等三个方面为内容的流域生态补偿机制建议;在系统总结流域生态补偿中已有的直接成本、机会成本的核算范围、核算方法和分析存在问题的基础上,建立了流域生态补偿直接成本核算的一般性框架与方法,提出了基于分类核算的机会成本计算方法,可有效提高生态补偿标准核算准确性、科学性和可接受性,为流域生态补偿标准的确定提供了新的方法支持。

另外,研究人员还进行了大伙房水库水源涵养与生态补偿机制的探讨,太湖流域水生态补偿机制探讨,基于 GIS 的流域生态补偿机制研究等。还有不少地方政府正在开展流域生态补偿的探索与实践,如云南省大理自治州、广东省东江、贵州省红枫湖、北京密云水库、湖南洞庭湖等地,这些探索给流域生态补偿提供了不同补偿方式和有益的经验[17]。

(2)排污交易制度

排污权交易就是建立合法的污染物排放权,并允许这种权利像商品那样被买入和卖出,以此来进行污染物的排放控制。排污权是对环境资源的使用权,拥有了排污权就拥有了一定量的使用环境净化能力的权利。根据企业追求费用最小化原则,确定一个排污权愿意支付的价格,或以此价格将一个排污权出售给其他污染源。只有当排污权(排污许可证)的市场价格与企业的边际治理成本相等时,企业的费用才会最小。排污权的市场价格能够满足有效控制污染的边际条件,以最低治理费用保证环境质量目标。

2007年10月,浙江省嘉兴市率先在浙江省尝试排污权交易,通过建立排污权储备交易中心,为排污权供求双方牵线搭桥,促进水环境容量资源的合理配置,有助于实现环境保护与区域经济发展的双赢。2008年我国启动了太湖流域排污权有偿使用和交易试点,通过引入环境价格体系,变以往无偿使用排污权为有偿购买。试点内容主要包括:完善排污权定价机制、建立排污权一级市场、建立排污权交易平台和加强排污权交易市场监管。通过改革主要污染物排放指标分配办法和排污权使用方式,建立排污权一级、二级市场和排污交易平台,逐步实现排污权由行政无偿出让转变为市场方式有偿使用,推进建立企业自觉珍惜环境,减少污染排放的激励和约束机制,加快太湖流域污染物排放总量削减目标的实现和水环境质量的好转。

排污权交易制度作为一种以发挥市场机制作用为特点的新型环境经济政策,能够有效地控制环境污染,起到了节省治理费用、保护环境质量的作用。但是,由于排污权交易在我国实施不久,还存在许多亟待解决的问题:①地区总量的认定依据;②企业排污权的核定依据;③参与指标的科学选择;④市场交易的合理推进;⑤法律政策的及时跟进。

环境容量的确定是一项极其复杂而艰巨的基础性研究工作,耗资巨大,而且它还需要大量地确定地域的环境质量追踪检测数据,还必须对特定污染物在该地域的迁移转化规律进行深入的分析。因此必须对环境容量进行科学的评价与计算。国家环境管理部门制定全国污染物排放总量和地区分配规则。针对排污权交易制度将污染受害者排除在外的缺陷,举行听证会听取排污指标购买方所在地的居民意见和建议。对于参与交易的指标除了COD和氨氮外,还应包括不同行业的特征污染物,可以分行业分门别类地选取主要特征污染物。在法律上确立排污权交易中介机构的地位,鼓励专业化、社会化的排污权交易中介机构的设立,其具体的业务包括提供交易信息,进行交易经纪。为排污企业代理评为指标调整,排污许可证的换发,办理排污权的储存、借贷等。使交易主体能够通过接受市场服务寻求信息,尽可能地降低交易。排污权交易的推行,不同于其他指令性工作,必须依靠市场规律办事。市场经济是法治经济,必须要制定与排污权交易制度匹配的相关法律法规[18]。

(3)"区域限批"制度

"区域限批"制度是环境监管手段的重要创新,其终极目的是为了通过它迫使地方政府促进当地污染企业整改以达到环境保护目标。

2005年年底发布《国务院关于落实科学发展观加强环境保护的决定》,在这个决定中首次提到环保部门可以使用"区域限批"手段。2007年1月,原国家环保总局通报查处82个环评和"三同时"违规项目并首次启动"区域限批",将大唐国际等四大电力集团以及河北省唐山市等4个行政区域列入"黑名单"。限批期间,除循环经济类项目之外的其他建设项目全部"停批限批"。同年7月,国家环保总局对长江等四大流域部分水污染严重、环境违法问题突出的6市2县5个工业园区实行"流域限批"。随后其决定,从2008年起,如果各省(自治区、直辖市)没有完成2007年污染物总量减排任务,则对该省(自治区、直辖市)范围内的所有新建项目暂停其环评审批。2008年6月,环保部起草了《建设项目环境影响评价区域限批管理办法(试行)》并开始征求意见。

区域限批目前在法律依据上仅仅有原则性的规定,并无专门的法律、法规或者规章为其提供可供操作的制度框架,这引起了各地在具体操作上的混乱。河北、广西、安徽等省已出台了专门的有关"区域限批"的规范性文件,而一些省市在没有出台相应规定的情况下,却已经对一些区域、流域、行业进行限批。对于实施的范围,环保部意见稿并未对流域限批进行规定,仅仅规定了区域、行业以及企业限批,在实践中,一些地方环保部门规范性文件将流域限批也纳入其中,如《河北省环境保护局环境保护挂牌督办和区域限批试行办法》。对于区域限批的条件,环保部意见稿进行了详细的列举,包括污染物排放超过总量控制指标、未按期完成重点污染物总量削减目标责任书确定的烟气脱硫项目以及其他污染治理重点项目、没有完成淘汰落后生产能力任务、生态破坏严重或者尚未完成生态恢复任务等,而地方规范性文件一般选择性地对限批条件进行规定或者制订出一些条件。如《安徽省环境保护"挂牌督办"和"限批"管理办法(试行)》规定,对造成连片污染且不能按期完成治理的区域、环境质量持续恶化的区域可以实行区域限批。除此之外,对于区域限批的内容、区域限批的时限以及区域限批的主体,各地在规定上也十分混乱。针对以上问题,应当制定完善的程序规定,规范区域限批的适用条件、权限、范围以及时间,尽量克服区域限批所带来的负面效应。从根本上来讲,还是要克服区域限批万能的观念,强调长效、综合的环境法律制度体系。

(4)法律法规及方法标准

2008年新修订的《水污染防治法》有诸多重大进展,在监管制度方面体现了10项创新,更加突出饮用水安全,强化了地方政府的环境责任,把生态补偿机制写进法律,为推进生态补偿机制的建立提供了有力的法律保障,并明确规定禁止超标排污,扩大总量控制的适用范围,增加了排污许可制度等。

《水污染防治法》还规定:对造成一般或者较大水污染事故的,按照所造成的直接损失的20%计算罚款;对造成重大或者特大事故的,按照所造成的直接损失的30%进行罚款。近年来我国加大了对违法企业的处罚标准。2010年10月,福建省环保部门向紫金矿业开出956.313万元的罚单。在此之前,湖南省环保部门对沅江纸业有限公司开出了100万元的巨额罚单。巨额罚单的开出,显示出新修订的威力。

2009年,我国出台了《规划环境影响评价条例》,各地区不仅要对单个项目进行环评,还要对发展规划进行环评,对环境和人群健康产生的长远影响,对经济效益、社会效益与环境效益之间,以及当前利益与长远利益之间的关系进行分析、预测和评估。2010年6月,国务院审议并原则通过了《全国主体功能区规划》,根据不同区域的资源环境承载能力、现有开发密度和发展潜力,统筹谋划未来人口分布、经济布局、国土利用和城镇化格局。这两项制度结合起来,不仅有助于区域生产力布局和产业结构趋于合理,而且有助于从源头上防止环境污染和生态破坏。

近年来《刑法》在制裁环境犯罪方面也进行了新的探索。最高人民法院 2006 年公布了《关于审理环境污染刑事案件具体应用法律若干问题的解释》,对《刑法》中规定的环境犯罪的定罪量刑标准进行了细化。2010 年 8 月 25 日,十一届全国人大常委会分组审议《中华人民共和国刑法修正案(八)(草案)》。本次修正案将"危险废物"改为"有害物质",扩大了犯罪行为类型;不再将财产损失或人身伤亡等作为犯罪要件,只要"严重污染环境"就构成犯罪,降低了重大环境污染事故罪的门槛,对环境犯罪行为形成了威慑。

近 5 年来,各地积极利用法律手段来破解"违法成本低、守法成本高"的难题,取得了显著成效。2007 年,重庆市对环境保护条例进行了修订,引入了"按日累加"的处罚手段。条例实施后,重庆市企业违法排污行为主动改正率大幅提高,从 2007 年前的 4.8% 上升到了 2010 年的 95.9%。2010 年,北京市十三届人大常委会第二十一次会议表决通过《北京市水污染防治条例》,将排污费提升至"按年计算",企业一旦超标排污被查将面临相当于原来标准 12 倍的高额罚款。

在环境政策法规标准制度体系中,标准对产业结构调整可以起到倒逼、引导的作用。近年来我国进一步严格了行业污染物排放标准,2008 年,环境保护部批准了《制浆造纸工业水污染物排放标准》等 11 项标准为国家污染物排放标准,加快了造纸行业落后产能的淘汰步伐。近年来我国还制定、修订了 1000 多项标准,例如,杂环类农药工业水污染物排放标准,制浆造纸工业水污染物排放标准、羽绒工业水污染物排放标准等,拓宽环保标准的覆盖范围,逐步健全环保标准体系。

在地方,严格排放标准已成为推动治污减排、改善环境质量的重要手段。2006 年开始,山东省先后组织编制和发布实施了《山东省南水北调沿线水污染物综合排放标准》等 4 项地方流域性排放标准,率先在全国实行了最严格的水污染物统一排放标准,结束了高污染行业享受排放特权的历史。江苏省 2008 年 1 月 1 日起实施《太湖地区城镇污水处理厂及重点工业行业主要水污染物排放限值》,规定城镇污水处理厂在新标准覆盖范围之内,所有新建污水处理厂的排放标准都要从一级 B 提高到一级 A。

四、水环境科学技术进展

(一)污染源控制技术进展

1. 点源污染控制技术进展

近年来国家继续加大对点源污染的管理和控制力度,在城市污水处理、典型行业水污染控制关键技术以及污泥的处理处置等各方面的研究均取得了一定的进展。污水处理方面主要是加强了对原有工艺的升级改造、工艺优化运行和控制,更加注重污水的深度处理和污水回用,同时对微污染水的治理也进行了一定的研究。在污泥处理处置方面,更加注重污泥的资源化利用,优化了污泥消化工艺,污泥焚烧技术以及污泥堆肥技术等。

（1）城市污水处理

城市污水处理方面近年来的重大技术突破主要包括：城市污水处理的一级 A 提标改造技术、膜生物反应器技术和污水处理厂的优化运行与节能降耗技术。针对一级 A 提标改造的需求，在污水强化脱氮除磷、深度处理与再生利用等方面开展了大量的研究。我国多数大型城市污水处理厂采用传统活性污泥法、氧化沟法、序批式活性污泥法等工艺，其工艺配置和运行技术尚不能保证处理出水的氮磷达标排放，同时还存在着工程造价高、能耗高等问题。近年来重点研究了国内应用最广的 AAO 活性污泥法和氧化沟两大类工艺的一级 A 提标改造技术，在调整工艺设计参数的基础上增设了曝气控制、化学除磷、好氧区投加生物载体和工艺末端设置反硝化滤池等技术措施，形成了城市污水处理一级 A 达标排放的成套技术。该技术在江苏省无锡芦村污水处理厂、无锡太湖新城污水处理厂、昆山污水处理厂等全国数百座大型污水处理厂得到推广应用，保证了处理出水的一级 A 达标排放。这些污水处理厂与改造前相比，COD、总磷和总氮的减排量分别增加 5％、10％和 15％以上。

在多年研究工作的基础上，污水处理膜生物反应器的工程化研究在"十一五"期间得到了迅速发展，围绕污水深度处理和回用的需求，重点开展了大型污水处理厂膜生物反应器的工艺设计技术、国产膜组件的批量生产技术和膜污染防治与清洗技术的研究，形成了污水处理膜生物反应器成套技术。采用污水处理膜生物反应器技术，处理出水可以满足回用于生活杂用水和景观水的标准要求。该技术已在北京市北小河污水处理厂、江苏省硕放污水处理厂、广州市京西污水处理厂等四十余座污水处理厂得到推广应用。正在设计与建设中的北京清河膜生物反应器污水处理工程的日处理能力为 15 万 t，将成为世界上规模最大的膜生物反应器污水处理系统。污水处理膜生物反应器技术为城市污水的深度处理和回用提供了重要的技术支撑。

随着大批城市污水处理厂的投入运行，对城市污水处理厂优化运行和节能降耗的技术需求日益迫切。近年来国家重大水专项、"863"计划和支撑计划都支持了城市污水处理厂的优化运行和节能降耗技术的研发。该技术的研究成果包括：污水处理系统的在线监测技术、精确曝气技术、化学除磷及反硝化碳源的加药控制技术及污水处理工艺优化运行模型。研究成果形成了污水处理厂全流程控制系统，大大提高了我国城市污水处理厂的仪器化和自动化水平。城市污水处理厂的优化运行和节能降耗技术已在江苏省无锡芦村污水处理厂、无锡太湖新城污水处理厂、北京清河污水处理厂和北京小红门污水处理厂等 10 余座污水处理厂推广应用。该集成技术的应用可使污水处理厂的曝气系统节能 10％～15％，减少除磷和反硝化脱氮的药剂用量 10％～20％，在达标排放的基础上实现节能降耗，取得了良好的经济效益与环境效益。

此外，在城市污水处理领域还对反硝化除磷、短程硝化反硝化、厌氧氨氧化、同时硝化反硝化等新技术进行了研究，开发了可提高氧化沟工艺处理效能的回流污泥预浓缩技术，并在此基础上形成了适用于高氮低碳污水处理的高效氧化沟脱氮除磷工艺。该技术应用于巢湖流域采用氧化沟工艺的污水处理厂提高了脱氮除磷的效率[19]。

（2）工业废水治理

在工业废水治理方面，突破了化工、轻工、冶金、纺织印染、制药等重点行业污染控制的关键技术,建成了一批清洁生产与水循环利用示范工程,有效促进了示范区负荷削减和水质改善。对含有毒有机污染物和重金属工业废水处理,由原来的稀释、混合、生物处理为主逐渐转变为以废水分质处理为前提,以预处理为基础,采用新型生物处理工艺强化废水中有毒有机物去除。

针对轻工行业废水排量大、高 COD、水循环利用较差等特征,研发了造纸、皮革、食品加工等轻工行业节水减排和水循环利用关键技术。其中,发酵工程电渗析脱盐、赖氨酸结晶母液发酵造粒直接结晶法、造纸废水磁化-催化缩合深度处理、制革行业废水 A/O 复配脱氮处理等关键技术和清洁生产工艺具有创新性。松花江流域建成的长春大成集团玉米深加工电渗析脱盐生产工艺、赖氨酸结晶母液发酵造粒直接结晶法示范工程,实现源头节水 300 万 t/a,COD 减排 3 万 t/a,显著降低了松花江长春段的环境压力。辽河流域建立啤酒行业清洁生产示范工程,规模达到 10000 m³/d,处理后的污水达标;淮河流域建立味精行业清洁生产示范工程,规模达到 1000m³/d,氨氮消减量 60%;皮革废水示范工程针对制革废水碳源特性,研发复配生物脱氮技术和复合生物过滤等技术,COD 和氨氮的消减率分别达到 95% 和 85%,总运行费用降低至 2.3~2.6 元/吨;果汁行业近零排放示范,工程规模达到废水处理水量 4000m³/d。

针对制药废水浓度高、毒性大、生化处理难等问题,研发了一批化学合成类、发酵类及制剂类制药行业水污染防治技术,优化集成研究了 UASB、UASB+AF、EGSB、吸附生物降解法(AB 法)、生物接触氧化法、生物流化床法、序批式活性污泥法及其变形工艺(CASS、UNITANK)以及制药行业废水改良 IC - A/O - Fenton - BAF 一级 A 达标等适用性关键技术,提出了制药行业典型工艺废水深度处理与减排减毒关键技术。并开展典型工程示范,哈药集团示范工程,废水处理量 6000m³/d,出水水质 COD 小于 100mg/L,有毒有机物去除率 85% 以上;辽河东北制药总厂磷霉素钠高毒性废水处理工程,削减 COD720.9t/a,特征有机磷 154t/a。

针对难降解印染废水,开发了一种新型厌氧与物化相结合的处理技术——内置式厌氧生物零价铁技术,有效缩短厌氧颗粒化时间,控制了酸化的发生。应用此技术对海城海丰污水处理厂印染污水进行了试验研究,COD 和色度去除率分别达到 63% 和 80%,可生化性达到 0.28,大大提高了生物降解性,基本满足了后续生物处理的要求。

高氮处理技术基于氨与水分子相对挥发度的差异,通过精馏脱氨工艺量化设计,设计制造高通量、低阻降、高分离效率、抗结垢新型塔内件,全过程自动化控制,实现了工业高浓氨氮废水的资源化处理。氨氮原始浓度 1~50g/L 的废水经该技术处理后,氨氮浓度可降至 10×10^{-6} 以下,达到国家一级排放标准($< 15 \times 10^{-6}$)。且处理后的氨氮污染物全部实现资源化利用,可制备高纯浓氨水产品,氨氮污染物削减率和利用率均大于 99%,全过程无废水、废气、废渣等二次污染产生。

高盐处理技术工艺方面开发了柱塞流填充床电分解装置、改性纳滤膜资源化处理工艺、耐盐生物载体流化床工艺等,优化了处理工艺参数,为高盐度废水处理提供了解决方案。研发的耐高盐工业废水生化处理高效复合菌种,至少耐 NaCl 溶液 3%~8%,耐 Na_2SO_4 溶液 10%~15% 浓度的有机化工废水;其处理工艺成功运用于对氨基苯酚高浓度水、硝基氯苯硝化废水、香兰素有机废水等较高含盐(Na_2SO_4、NaCl)量的有机化工废水,节约了水资源,减少了 COD 排放总量,处理费用较低;高盐有机化工废水采用高效复合菌,多阶厌氧氧化结合好氧氧化 SBR 池处理,出水达标排放;COD 处理最高浓度:原水进水浓度 13000mg/L,二级生化出水 400mg/L,处理后排放废水 COD 深度≤300mg/L。

难生物降解处理方面,开发了纳米材料三维电极处理难生物降解废水的新技术。纳米粒子电极设计制造的三维电极电化学氧化反应器,具有羟基自由基产生效率高,对有机物分解率高,操作安全、稳定,水处理设施总投资少,废水处理运转费较低,不产生二次污染。研发了 $CuCl_2$ 薄膜处理生物难降解有机废水的方法,采用 $CuCl_2$ 溶液浸泡铜网产生的 $CuCl_2$ 薄膜为催化剂,把 $CuCl_2$ 铜网催化剂置入反应器中,以 $900\sim1200m^2/h$ 的流速通入 pH=5~9 的有机废水,并通入空气进行氧化反应,空气流速为 $0.09m^3/h$,反应 $1\sim9h$,反应后的溶液加入聚合硫酸铁沉降。本发明在常温常压下能将 COD 为 $1500\sim3800mg/L$ 有机助剂废水降到 600mg/L,COD 去除率达到 60%~75%。

重金属的处理方面,研发出了微波化学处理与高聚复配絮凝剂沉淀处理新型工艺技术。微波化学处理技术利用了微波独特的加热方式,提高了膨润土和硅藻土对重金属的处理效果;高聚复配絮凝剂沉淀技术采用二甲基二烯丙基氯化铵与聚合硅酸硫酸铁改性复配形成高聚复合絮凝剂,提高了对重金属的捕集与沉降效果。该成果确定了微波化学和高聚复配絮凝剂沉淀技术的工艺参数,湿法炼锌复合重金属废水经处理后,出水水质 Cd、Zn、Pb、As 指标均低于铅、锌工业污染物排放标准(GB 25466-2010)限值。

(3)污泥处理处置

"十一五"期间我国污泥处理处置工艺多样化和资源化利用得到一定程度的加强,在污泥深度脱水技术、污泥厌氧消化组合技术、污泥干化技术、污泥焚烧技术及污泥堆肥技术上面均取得了一定的进展,一方面进一步完善生物固体的处理技术,另一方面重视污泥的处置与资源化利用。

污泥处理技术方面,研究开发了好氧-厌氧两段消化、酸性发酵-碱性发酵两相消化及中温-高温双重消化等新工艺,还开发了污泥热处理-干化、污泥低温热解、污泥等离子法处理、污泥超声波处理等污泥处理新技术[20]。污泥高效一体化深度脱水技术的研发,采用化学和物理的综合方法对污泥进行改性,加入纳米级的无机药剂,使胶粘状的污泥颗粒成为晶体颗粒状,并呈有序状排列,彻底改变了污泥的胶体结构,使污泥表面的吸附水和毛细孔道中的束缚水成为自由水,并采用 $1.0\sim5.0MPa$ 高压钢制特种压滤机间隔、递增式施压工艺,克服泥饼形成时滤液流出的介质阻力,提高脱水效率,即从改变污泥结构性质和压滤工艺两方面使脱水后污泥的含水率达到 50% 以下。高效污泥脱水剂的研发,使用无机高分子絮凝剂用钢渣、硫铁矿渣及少量催化剂为原料,通过正交试验优化制备而成,具有高效能的架桥作用,来源丰富,生产工艺简单,使用方便、价廉;与有机絮凝剂配伍用于污泥脱水既提高了污泥脱水性能,又极大地降低了成本。

污泥资源化利用方面,研发了如低温热解制油、提取蛋白质、制水泥、改性制吸附剂等新的技术;污泥裂解可制成可燃气、焦油、苯酚、丙酮、甲醇等化工原料。其他处置方法还包括用于建筑材料、制备合成燃料、制备微生物肥料、用作土壤改良剂。利用污泥生产建筑材料除污泥制陶粒、制砖、制生态水泥以外,污泥制纤维板、生产融熔微晶玻璃,对铺路材料也有一些研究[20]。

污泥的低成本资源化技术方面,开发了污泥处理的新型压力脱水设备和新型脱水剂,利用脱水剂的压缩双电层和吸附架桥作用与压力设备的高效配合,对木浆造纸废水处理中产生的剩余污泥,经带式压滤机脱水后(含水率约80%),进一步脱水和资源化利用。将含水率80%以上的污泥脱水到含水率40%~50%,使污泥体积降低2/3,再把深度脱水后的污泥粉碎,充分利用污泥2500kcal/kg左右的热值,和煤掺混燃烧,节约煤炭资源,完成污泥的资源化利用过程[21,22]。

随着科学技术的发展,污泥资源化利用速度明显加快,推广力度正在加强。污泥原位减量技术也得到了大规模应用,可减量到原有污泥产量的10%~50%,持续脱水技术得以应用。

2. 面源污染控制技术

面源污染控制主要指城市面源污染和农村面源污染控制。"十一五"期间,面源污染控制研究主要集中在农村面源污染管理与控制,强调从源头减量,过程控制和生态自然处理。

(1)城市面源污染控制

城市面源污染主要由城市地表径流、生活污水处理的尾水及部分受工业污染的雨水等构成。由于城市面积不断扩大,雨污分流还未完全到位,因此城市面源污染的负荷仍比较大,成为当前不可低估的面源污染来源。在城市面源污染控制方面,在"十五"期间人工湿地处理的基础上,又开发了三相生物膜处理技术,该方法较传统生物膜工艺节能30%以上,在保证相同处理效率的前提下,水力停留时间缩短1/3,且可以削减主要污染物60%以上。针对城市地表径流,开发了初期地表径流收集和汇流技术、湿地处理技术、河流污染物拦截技术等,取得了较好的治理效果。

(2)农田面源污染控制

我国在农田面源污染控制方面起步较晚,但在探索适合国情的控制技术方面取得了不少进展。其核心理念是"低投少排—阻断拦截—循环利用—生态修复",即在源头进行减量、减排,在污染物输移过程中进行阻断和拦截,对部分氮磷等养分资源进行循环利用,最终实现水环境的改善和生态系统的修复。

针对稻田生态系统,在"十五"原有源头减量技术(减施化肥)以及生态拦截沟渠的基础上,系统集成了不同土地利用类型的面源污染控制技术,凝练形成"种植制度调整—施肥优化—径流拦截—养分回收利用"于一体的农田面源污染控制成套方案。通过减量施肥和调整种植制度,使农田化肥用量在"十五"基础上又减少20%以上,如果结合冬季绿肥种植,则稻季化肥用量可减少30%~40%,并获得较高的水稻产量。此外,还充分利用稻田"汇"的功能,对农村生活污水处理后的尾水进行养分再利用,稻季氮肥用量可大大减少,同时减少向环境排放氮25%~30%,经济和环境效益显著[23,24]。

针对集约化菜地,在"十五"减量施肥的基础上,继续实施设施菜地优化施肥技术,通过合理施肥并结合种植结构调整,菜地全年施氮量可减少170~350kg/hm²,并对产量没有影响,蔬菜品质有所提高,可减少向环境排放氮60~182kg/hm²。在此基础上,还重点解决了夏季揭棚期菜地淋洗和径流严重的问题,研发了基于填闲作物的菜地养分盈余回收技术,在高淋洗发生时期(夏季揭棚期)填闲玉米对氮素淋洗拦截率为30%左右,如结合减量施肥,则填闲作物氮淋洗拦截率可达到60%以上[25]。

针对集约化桃园,形成了基于专用控释肥深施—生草截流控害的水蜜桃园综合控污技术,减少桃园的化肥施用量20%以上,同时结合桃园生草覆盖和生态拦截技术,使桃园的氮磷流失量大大减少。在控制桃园氮磷流失的基础上,还实施了生物农药和防虫板技术,桃园的农药用量也有所减少,提高了水蜜桃的品质。

在"十一五"期间,在原有农田面源污染控制技术的基础上,通过精准施肥、清洁生产、水肥耦合调控、多级原位截流等面源污染过程控制关键技术的突破,构建了"源头减量—生态拦截—循环利用—生态修复"四级技术体系,实行了"点(源)-面(源)-线(河道)"的系统防控与工程示范,基本实现一定区域内污染物的全过程、全方位的覆盖以及不同工程之间的无缝链接,确保区域污染物的总体削减效果,同时有效改善水环境质量[26,27]。

(3)农村生活源控制技术

"十一五"期间,农村面源污染控制在单项技术研究的基础上,完成了农村污水处理与控制系统的技术集成研究。在技术集成的理念上突破单一污水处理的概念,把污水处理与农村村落环境生态修复、生态堤岸净化、农田灌溉回用和景观用水需求等进行了有机的结合,根据不同实际条件进行优化组合与系统化,形成适合河网区农村生活污水和初期地表径流的"生物+生态"处理及综合利用技术系统[28]。

目前,农村生活污水处理由不同技术组合而成的工艺形式很多,主要可分为4种类型:"厌氧+生态"工艺、"好氧+生态"工艺、"厌氧+好氧+生态"工艺和"厌氧+好氧"工艺,在具体选择处理工艺时,各个地区需要充分考虑自身实际情况(包括经济水平、地形特征、气候特点、处理要求等),通过综合技术经济分析,合理选择处理工艺形式。农村生活污水处理的主要运行成本是水泵和曝气设备电耗,如能结合当地地形,利用地势高低落差排水和跌水曝气,即可节省此项成本。

"十一五"期间开发的五级跌水充氧生物接触氧化法处理农村污水,为达到持续补氧作用,跌水充氧接触氧化池一般设多级,污水提升进入第一级跌水充氧接触氧化池后,经过出水堰和出水挡板跌落于多孔跌水挡板跌水充氧后,进入下一级跌水充氧接触氧化池,与池内填料附着生物膜接触,吸附与降解污水中的有机物,隔板将每级接触氧化池分成两格,形成下向流和上向流的推流形式。根据污水水质的差异,接触氧化池分三池到五池串联运行,逐级跌水;每池又可以选择不同的跌水高度,在跌水高度上设置一级或多级挡板以提高污水分散程度及与空气的接触时间[29]。

另有"厌氧(缺氧)—跌水充氧接触氧化—水生蔬菜型人工湿地"新型组合工艺("厌氧、缺氧+好氧+生态"),在无锡、昆山、宜兴等地进行了应用,建立了多座农村生活污水处理工程。在污水处理过程中,污水通过厌氧沼气、缺氧反硝化,有效降低了有机物、氮等污染物浓度,减轻好氧阶段的滤、跌水等自然充氧方式负荷,有效去除有机物,且没有人工曝气能耗,节省投资和运行费用;好氧池出水部分回流至厌氧池,可去除部分氮;人工湿地主要功能是去除N、P,并进一步改善处理负担[30];好氧阶段为生物处理单元,主要形式为接触氧化、生物滤池等,通过景观构型改造并引入滴灌效果,确保出水COD、N、P全面达标,并通过水泵抽送至用户用于冲洗马桶等。该污水处理过程低碳节能、效率高、操作管理简单、生态效益显著,适合农村采用。

（4）养殖污染控制技术

在畜禽、水产养殖污染控制技术方面，国内外主要在生态化养殖、环保型饲料的研发、废弃物减量化与生态资源化处理等方面进行了研究，逐步由末端治理向源头污染消减与污染防控相结合发展，单项工艺技术研发向生态养殖污染消减、废弃物高效生态资源化处理、循环利用等集成技术方面发展。在"十一五"期间，重点开发畜禽养殖废弃物高效堆肥技术、复合微生物菌剂及功能有机肥生产技术、畜禽养殖场废水生态处理技术以及水产养殖业的循环经济与区域污染控制技术体系等。在"十五"相关技术的基础上，突出了废弃物的资源化和功能化，使养殖废弃物资源化率达到 90% 以上，养分再利用率达到 80% 以上。

此外，针对规模化养殖场，还开发了大型沼气工程沼液的养分管理及多级削减技术、沼液农田喷、滴与淌灌等使用技术以及削减沼液中氮磷以及重金属的氧化塘系统构建技术。

3. 内源污染控制技术

内源污染主要以湖库内源污染较为严重。湖库内源负荷主要指能够通过释放或者分解维持水体中营养盐含量的湖内污染负荷。湖库内源负荷主要分为藻源型内负荷和泥源型内负荷。藻源型内负荷的控制，目前主要采用打捞、超声波和覆盖等技术；泥源型内负荷主要采用环保疏浚技术、原位覆盖技术、原位钝化技术[31]。

（1）蓝藻水华控制技术

湖泊是一个多物种、环境复杂的开放系统，藻细胞（微囊藻）是我国湖泊形成水华的主体生命。"十五"期间，针对大规模蓝藻的收集与处理处置进行了包括蓝藻的收集、分离、浓缩脱水、干化减容、厌氧发酵等单元技术的研发。在"十一五"期间，对于蓝藻的收集及处理处置技术研发更着重于技术集成的系统性与完整性，如：一体化船载高效蓝藻浓缩脱水收聚设备、蓝藻腐熟水解农田灌溉技术、"富藻水腐熟水解—厌氧—好氧氧化—生态处理技术系统"等资源化利用技术，实现蓝藻有机生物质产沼气、氮磷农业资源化利用的目的[32,33]，处理后尾水可以达到一级排放标准，能有效地解决太湖大规模蓝藻水华的处理处置难题。

在打捞技术上，某研究所进行了船载式的藻水采集技术、船载式的藻水分离技术的研发及设备的研制，创新性地将"磁种"投入藻水中，可一次性将富藻水含水率降至 90% 以下；大型仿生式水面蓝藻清除装置，仿照鲢鱼滤食藻类的原理，并结合巢湖水源地蓝藻灾害防御的特殊用途进行设计，作业宽幅达 10m，以每小时 1000m³ 的流量获取富含蓝藻的表水层并快速完成藻水分离，浓缩成含鲜藻 50% 左右的藻浆后袋装。其特点在于：工作效率高，富集浓缩能力强；可以在任何蓝藻密度情况下工作，环境适应性强，节能环保；全部采用物理方法，不添加任何无机或有机絮凝剂，无二次污染风险，尤其符合水源地要求。

（2）底泥控制技术

"十一五"期间，依托于国家水专项，基于环保疏浚理论与实践，建立了一整套环保疏浚技术方法和标准。有毒有害与高氮磷污染底泥疏浚技术等取得重要进展。

"十一五"期间，底泥环保疏浚的研究进展，主要有以下两个方面：①从传统的氮磷营养盐污染底泥疏浚,逐渐扩展到重金属污染底泥和有毒有害有机污染底泥疏浚。对含有重金属和有毒有害有机物污染底泥,在环保疏浚前进行细致、周密的鉴别和勘测,对污染物进行必要的现场调查、样品分析和室内外的模拟研究,确定污染物的种类、分布及其可能的生态环境效应,从而为底泥的疏浚区域、面积、深度以及疏浚过程中应采取的防污染扩散的保护措施提供详细的科学依据。疏浚时采用先进的低扰动、高固含率的底泥疏浚技术,以避免颗粒物的扩散和底泥中污染物向水相中的大量释放,同时疏浚底泥含水率较低,体积较小。②构建了一套完备的湖泊环保疏浚工程技术体系。针对不同的污染物,形成了一套从底泥勘察、勘测,污染底泥分类、质量评估、疏浚范围、深度的确定,不同污染类型(营养盐、重金属和有毒有害有机物)堆场设计、泥水分离技术、疏浚全过程监测评估以及疏浚后效果评估的技术体系[20-34]。

(二)生态修复技术进展

1. 湖滨带生态修复技术

与"十五"期间相比较,湖滨带的生态修复取得了以下几方面的进展:

(1)湖滨带修复理念的更新——由景观设计转变为生态系统的改善

"十五"期间湖滨带的改善重要侧重于景观的设计,发挥其休闲审美的功能,例如不同景色的搭配、陆生浮床的建设等。"十一五"期间湖滨带的修复已经定位到一个完整生态系统的综合考虑和协调,除了人为景观,更重要的是形成稳定的湖滨带生态体系,各种生态要素的搭建和调控,生态系统和谐发展的自维持效果。

(2)湖滨带示范工程规模的扩展——由湖湾型小规模发展为大湖泊全湖滨带示范

随着对湖滨带生态重要性认识的加深,大范围的湖滨带示范工程在我国许多大的湖泊广泛实施,例如太湖。示范工程由过去的小湖湾的规模,扩展到全湖沿岸湖滨带区域,从湖滨带不同段域的生境、生态的特点,分别制订生态修复方案,进行多自然型的湖滨带生态修复示范工程,因此能取得全面的生态修复效果。

(3)湖滨带生态退化机理的探究——由主观判断转变为驱动因子识别体系

对于湖滨带的生态退化驱动机制,由原来的主观归纳总结,发展为基于湖滨带生态健康评价、多元回归线性方程的拟合、偏系数比较,最终确定其驱动因子的系统的科学的识别体系。驱动因子的正确把握,对于提出有针对性的湖滨带生态修复措施十分必要。

(4)湖滨带修复的联动性增强——由孤立的湖滨带、湖泊修复转变为全流域的综合治理

通过对湖滨带生态退化驱动因子的识别,形成了以围绕湖滨带为中心,涵盖入湖河流、环湖缓冲带、湖泊流域、湖泊大水体的综合整治措施及要求,湖滨带修复与周围大环境有机结合的"点-面-点"的循环综合治理思路。

主要进行了微米气泡在湖滨带近岸水体净化中的增效技术、湖滨带生物多样性恢复技术研究,包括:湖滨带多生境构建技术、湖滨带群落镶嵌技术、珍稀种群恢复技术、湖滨带种子库恢复技术以及大型底栖动物恢复技术等多项关键技术研究。

2. 湖库流域湖荡湿地生态修复技术

重点研发的湖荡区生态修复技术包括:压缩湖荡区围养殖规模;实施湖荡区底泥生态清淤;实施退田(渔)还湖,增加湖荡区水环境容量;在湖荡区建设入湖人工湿地和河口前置库工程;进行湖荡区生态修复,改善湖荡区生态系统健康,提高水体自净能力等。

湖荡区湿地生态修复技术包括:湖荡区的人工湿地净化技术;湖库岸带湿地重建技术;湖荡区的漂浮湿地重建技术;复杂水文条件下的湿地生境修复与植物空间配置技术[9,30];湿地植物生存与发展基础及湿地蓝藻污水团防除技术等[32]。

"十一五"期间,人工湿地技术的进展还在于开发了多级湿地串联技术。例如,为了调整传统潜流湿地内部溶解氧的分布状态,研发了不同结构的好氧/厌氧多级串联潜流人工湿地模型,对传统潜流湿地进行不同区段的划分及功能强化,试验研究好氧/厌氧段比例、位置及人工曝气等因素对脱氮效率的影响,提高了对生活污水水质的净化效率;湿地与其他修复技术的耦合技术,例如与氧化塘等;进行了湿地的基质、植物类型对净化作用的影响比较研究[35,36],例如沸石—页岩湿地与砾石湿地的硝化强度和反硝化强度比较等。

3. 入湖河流生态修复技术

"十一五"期间,入湖河流的生态修复的主要思路是从污染物入河、入湖的输入全过程着眼,以削减入湖污染负荷为目标,以入河污染治理—河道污染削减—河口污染拦截为主线,依托重点工程着力解决入湖河流的污染物削减问题。

针对重污染河流,入湖污染量大、污染严重和蓝藻频发以及河口生态退化问题(例如巢湖流域的南淝河),重建河道旁污染物滞留与净化型多塘系统和河口湿地生态系统,研发多级人工湿地处理重污染河水技术、河口湿地生态系统重建技术,并在河口地区进行工程示范,最大限度地削减南淝河入湖污染物,修复河口区生态系统与自然景观[28,37]。

针对河道低污染水开发了缓释碳源固相反硝化强化生物脱氮技术。该技术以不溶水性可生物降解聚合物作为反硝化菌的碳源,同时作为生物膜载体,实现低污染水的脱氮与有机微污染物的同时去除,对环境条件的变化适应性强,尤其是可以实现富氧水体的有效脱氮,目前已开发出多种固相碳源填料。

针对低污染地表径流、城市污水处理厂达标排放尾水的处理,进行了前期研发,确定了相关低污染水河道水异位处理工艺、城市污水处理厂排放水深度处理工艺以及生态护岸工艺和结构形式。首次借鉴水利工程中丁字坝的设计思路,使之与生态浮床、人工湿地等有机耦合,研发了一种新的河流污染治理技术——生态丁型潜坝技术。集成"十五"研发的生态浮床技术、污染底泥控释技术、边坡生境恢复等技术,形成了河网区地表低污染水的"串式"前置处理技术系统。在污染控制指导思想上进一步提升到系统层面,示范工程布局强调全局性,污染治理效果大大加强。

4. 水源涵养林生态修复技术

针对湖库水源地涵养林森林生态功能衰退,水源涵养能力下降,水土资源利用方式不合理,入库水体污染严重,生态补偿机制不完善,生态环境建设的动力不足等问题,"十一五"期间,水源地涵养林的生态修复主要从以下几个方面进行:进行大规模退耕还林、荒山造林工程;提高水土资源综合利用效率;建立较完善的生态补偿机制等[7,38,39]。

5. 城市水生态生境修复技术

"十一五"期间,城市水生态生境修复技术研发集中在污染源控制、水环境质量改善、水资源生态回用、岸坡和底质修复等4个方面,主要在植物修复技术、微生物或微生物促生液技术[40]、固定化微生物技术、人工湿地技术和生态浮床技术等方面取得一些进展,并且在清洁能源利用技术、仿生学技术、资源化回用技术等"可持续"城市水生态修复技术研发方面取得了一些进展[11]。

(三)水质保障技术进展

1. 调水引流技术

"十一五"期间,调水引流理论取得了积极进展,在调水引流技术方面,由以前的仅考虑调水量向综合考虑调水的水量、水质以及与其他污染源治理工程技术配合实施转变,更加注重整个水生态系统的功能平衡与资源保护[8];新研发了调水引流线路优化与水力调控技术、输水河道水质保障关键技术、大型水库防控支流水华的三峡水库多目标调度技术等。

三峡水库初步建立了不同水量调度条件下的水流水质观测信息平台,开发了一套复杂条件下水质水量联合优化调度的方法体系,建立了复杂条件下三峡水库多目标优化调度决策系统,开展了调度技术综合数据库系统、决策支持及仿真系统的研究。张远鑫等为实现调水工程受水区可持续发展,以二元水循环规律为基础,从受水区生态和环境用水水量和水质两方面对调水的规模进行了研究,并建立了与其水资源开发利用系数、污水排放率和区域外与区域内用水比例相关的生态和环境水安全调水规模的计算模型。针对太湖流域引江济太工程,分别对调水引流在太湖护水控藻中的作用、对水域湖流的影响作了研究,提出冬春季调水对缓解太湖蓝藻生长具有较好作用。

调水引流技术在城市河流水质改善与保障中也起到了重要作用。例如郑州市生态输水工程,引用黄河水为淮河流域贾鲁河干支流补水,以改善贾鲁河干支流水质与景观状况。

2. 生物操纵技术

"十一五"期间,生物操纵技术研究主要集中在优化集成组合、复合食物链筛选配置、生物种类及投放量确定以及生物操纵同其他生物技术相结合等。针对当前生物操纵技术应用中存在的差异性问题,不同湖泊采取了不同的组合技术,并重点采取相应措施,如调节控制鱼食性鱼类、投放滤食性鱼类、投放螺、蚌、贝类等水生动物和人工调控水生植被等;建立了鱼类控藻、水生植被恢复和局部水域生态系统重建相结合的集成技术,实现了不同营养级的生物优化组合配置等[11]。

2005—2006年,在蓄水初期的大房郎水库,采用投放滤食性鱼类鱼种、移植螺、蚌、浅水区移植沉水植物、上游湿地扩大香蒲生长面积、消落区以上范围栽培杨树林和防护带等生物操纵与人工湿地技术相结合的方法,取得了良好的水质改善成效。2008—2010年,在重污染的滇池草海,采取控制底层扰动与草食性鱼类、利用刮食性螺类清除水生植物体表面的碎屑颗粒与附植生物促进沉水植被恢复、优化配置水生植物的种群与生物量等多种组合技术,实现了重污染的滇池草海由浊水态向草型清水态的转变,总氮总磷下降50%以上,水质改善效果明显[41]。

(四)水环境监测、预警及应急技术进展

"十一五"期间,国家水专项提出了工业、城镇生活污染负荷核算与总量核定的技术框架;拟订了典型调查、监测方案与模拟试验的技术方案。在环境风险研究方面,环境保护部组织开展环境风险源调查,并就环境风险的评估、监控、管理等方向设置项目,开展研究,构建了水污染源风险评估指标体系,完成《地表水质评价技术规范》;构建了沉积物、水生生物质量评价技术框架。初步形成基于4～5种生物毒性测试的废水/污水综合毒性分级评价技术;针对事故型环境风险,建立了应急评估技术方法,构建了水环境风险预警技术框架,并开发了一、二、三维水动力学水质模型以及嵌套模型的预警模型;制定了《流域水环境风险评估与预警平台构建共性技术标准体系框架》;制定了《环境信息化标准指南》和《流域水环境数据信息资源共享管理办法》。

"十一五"期间,国家对环境污染事件的发生及其对社会产生的影响日益重视。国家重大水专项和"863"计划都设置了研究项目。其中"863"计划的"重大环境污染事件应急技术系统研究开发与应用示范"项目包括了:重大环境污染事件特征污染物检测方法与技术集成等5项以污染事件监测预警技术为主的研究课题。这些项目的实施研究开发出一大批具有自主知识产权的环境污染事件特征污染物监测仪器与技术。特别是推动了我国环境领域生物监测技术的发展。例如,以鱼类为指示生物的水质安全生物预警系统(BE-Ws)实现了仪器化和小批量生产,已经应用于北京密云水库水源预警、福州自来水厂北区水源地水质预警和深圳笔架山自来水厂的水源地水质预警。研发的多通道环境微量污染物在线监测仪可实时定量监测硝基苯、2,4-D等多种微量有毒污染物的浓度,检出限达到饮用水水质标准的要求。该技术已经实现了产业化,并已在苏州市环保局大运河望亭水质在线监测站和天津临港工业区水质监测站应用。研发的基于免疫检测技术的藻毒素在线监测仪,可用于对水华暴发期水中藻毒素的实时监测,检出限满足饮用水水质标准的要求。该仪器已应用于苏州市金墅港水质在线监测站,以保障饮用水源地的水质安全。研发的浮标式多参数水质自动监测及水华预警系统在巢湖进行示范运行[42],成功实现了巢湖夏秋水质参数及藻类连续在线监测和水华预警。这些研究成果不仅为水环境污染的预警及应急监测提供了技术支撑,而且为"十二五"期间我国进一步发展环境监测新技术和仪器装备奠定了基础。

五、重大成果

(一)论文、专利

"十一五"期间,水环境科学领域发表论文约25.9万篇,其中湖库方面约11.4万篇,

河流流域约为 7.8 万篇,城市水方面约为 6.7 万篇(见图 3)。

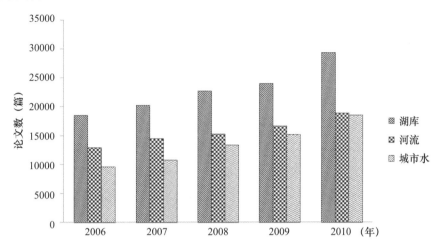

图 3　水环境科学领域文章数量

"十一五"期间,水环境科学领域发布专利约 8.5 千余项,其中湖库方面专利 3.2 千项,河流流域方面专利约为 2.7 千项,城市水方面专利约为 2.6 千项(见图 4)。

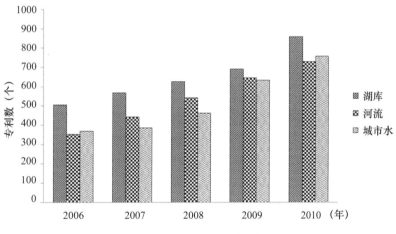

图 4　水环境科学领域专利数量

(二)重大科技成就

1.湖泊藻类生命观测系统

该系统能够监控藻细胞的生长过程,在线监测藻细胞的生理代谢强度,研究水环境变化与藻种变迁、藻细胞生长、暴发的内在联系,预测湖泊是否会发生水华暴发。例如,用该装置或方法测定藻细胞生理代谢强度,进而准备确定藻细胞生长时期,判断藻细胞是否进入生长对数期,或预测藻细胞进入对数生长期(俗称"水华暴发")的时间。另外还可以用来实时计算藻细胞对废气减排的作用等。

2.环境卫星

2008 年 9 月,我国成功发射了环境一号 A、B 卫星。该卫星有助于环保部门大范围、快速、动态地开展生态环境监测及评价,跟踪部分类型的突发环境污染事件的发生和发展,可大大提高我国生态环境宏观监测的能力。其中,环境一号 A 星 CCD 数据空间分辨率为 30m,可准确观测大型水体(如太湖、巢湖等)蓝藻暴发、城镇范围扩展、区域植被覆盖变化等;单幅 A 星影像覆盖范围相当于大约 4 幅美国陆地卫星 Landsat/TM 影像的覆盖范围,有利于大范围监测生态环境现状,弥补了地面环境监测缺乏时空连续性、费用高、监测站点分散,难以全面、及时监测和预警生态环境状况及其发展趋势的不足。

3. MBR 强化脱氮除磷及污水回用工艺

针对城市污水处理,研发了膜-生物反应器(MBR)强化脱氮除磷工艺,该工艺可以使 COD、总氮、氨氮及总磷去除率分别达到 86.5%、69.3%、98.0%及 81.0%,平均出水 COD、总氮、氨氮及总磷质量浓度分别为 26mg·L^{-1}、9.3mg·L^{-1}、0.44mg·L^{-1}、0.44mg·L^{-1},达到国家一级 A 排放标准;内源反硝化、反硝化除磷及同步硝化反硝化现象的共同存在使工艺的脱氮除磷性能得到整体强化。

4. HSBP 污泥水热干化处理系统

针对污泥处理处置的脱水瓶颈,开发了基于水热干化技术的污泥处理系统。该系统采用水热技术,促使微生物细胞破碎、胶体结构破坏,水的束缚势能大幅下降,机械脱水即可将污泥含水率降至 40%。同时,基于水热强化固体基质水解和改善沉降性能等作用,研发了水热污泥高固体厌氧消化技术。本系统以水热技术为核心,构建了包括深度脱水、厌氧消化、消毒稳定化、资源循环利用等在内的高效污泥处理系统,为我国污泥处理处置提供了完整的技术路线。针对水热的高能耗问题,开发了能量回收与循环利用技术。水热反应在一定温度(140~180℃)和压力下进行,水热后高温污泥携带大量热量,这部分能量的回收利用是实现系统节能的重要举措。传统间壁换热技术因污泥黏度较大而易造成结垢、堵塞,不利于系统的连续与稳定。本系统开发了绝热条件下以水蒸汽作为传热介质的梯级闪蒸技术,将一定压力的水热污泥通过控制阀排入压力逐级降低的闪蒸罐,压力突降使水迅速气化形成高温蒸汽,蒸汽返混循环利用。通过降低能耗实现了较低的污泥处理成本,提高了技术的经济性及其推广应用的适用性。本项目实现了污泥的深度机械脱水,开创了"污泥水热改性-机械深度脱水"的干化技术路线,带动了污泥深度脱水行业的发展。水热提高了污泥中生物质能、营养元素等的回收率,实现了污泥的资源化。

5.环境风险特征污染物多指标在线分析仪

风险特征污染物多指标在线分析仪是清华大学研制,该分析仪结合现代生物检测技术及光学传感技术,能够灵敏、快速、定量在线的监测环境水体中的风险特征污染物,并最多可同时测定 8 种环境风险污染物指标,包括有毒化工污染物、农药、POPS、内分泌干扰物、生物毒素、重金属等。该仪器自动化程度高,可对目标水体进行自动连续监测,单个测定周期控制在 15min 内,检测限可达每升微克至纳克数量级,能够满足饮用水及饮用水源水质监控的要求。

6.免化学试剂在线水质监测系统

免化学试剂在线水质监测系统由河北先河环保科技股份有限公司研制,该系统包括UV在线分析仪、硝酸盐氮在线分析仪、叶绿素在线分析仪、紫外可见全波段在线分析仪等免试剂原位分析探头,可实时在线监测水中pH值、电导率、溶解氧、COD、CODMn、TOC、硝酸盐氮、叶绿素、水中油、色度、浊度等污染物,具有原位、快速、无试剂、小型化、传感器化等特点。

六、环境科学研究能力建设进展

(一)实验室、工程中心与平台建设

"十一五"期间,水环境科学领域多个国家实验室通过验收,并建立了多个野外试验基地或观测站。最具有代表性的有:

湖泊与环境国家重点实验室(State Key Laboratory of Lake Science and Environment):在1991年成立的中国科学院湖泊沉积与环境开放实验室的基础上筹建,依托单位为中国科学院南京地理与湖泊研究所。2006年通过科技部评审论证程序,2007年年初批准建设,2009年12月通过验收,2010年9月以良好类成绩通过评估。

环境基准与风险评估国家重点实验室:于2011年10月经科技部批准建设,依托单位为中国环境科学研究院。环境基准与风险评估国家重点实验室以国家环境保护"化学品生态效应与风险评估"和"湖泊污染控制"2个部级重点实验室为主体组建,是我国环保领域的第一个国家重点实验室,对提升中国环境科技创新和支撑能力具有重要意义。实验室科研用房约为3200 m^2,形成了以仪器设备、模拟装置和野外观测研究基地"三位一体"的室内外分析、实验与观测的综合能力,仪器设备总资金约为6000万元。实验室学术委员会由13名相关领域的科学家组成,其中院士8人。实验室瞄准"科学确定基准"的国家目标和国际科学前沿,重点开展环境质量特征与分区、环境基准和环境风险评估研究三方面的基础与应用基础研究,为我国环境质量标准制/修订、保护生态环境与人体健康的重大决策及环境风险管理提供科技支撑,成为我国环境保护科学研究与人才培养基地。

城市水资源与水环境国家重点实验室于2007年开始建设,2010年1月30日通过验收。该实验室依托哈尔滨工业大学相关学科群建设,拥有环境工程、市政工程、流体力学3个国家重点学科,环境科学国家重点培育学科,以及城市水资源工程、环境微生物学、应用化学、化学工艺与工程等在内的8个博士点。实验室面积8000 m^2,拥有固定资产约3900万元。

目前,水科学领域建立的其他基地还有:中国科学院太湖基地、中国科学院巢湖基地、中国科学院鄱阳湖基地、中国科学院滇池基地、中国科学院抚仙湖基地、中国环境科学院太湖创新基地、中国环境科学研究院洞庭湖创新基地(筹)、中国环境科学研究院三峡科研基地等。

（二）人才培养建设

"十一五"期间,建立与我国湖泊大国相适应的科研人才、实验与野外观测技术人才柔性广泛联合共建机制,成立了独立的全国性水环境科学研究学会,以加强学术交流与合作和与国际水环境科学研究组织和机构的联系,加快水环境科学研究人才培养步伐。

"十一五"期间,我国研究生培养取得长足发展,毕业的研究生呈逐年上升趋势,共计为84403人,5年间研究生毕业人数分别为:14459,16420,16582,17699,19243(数据来源中国知网研究生生毕业学位论文数量)(见图5)。

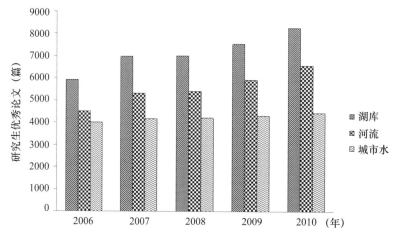

图5 水环境科学领域毕业论文数量

"十一五"期间,水环境科学领域杰出人才层出不穷,其代表如下:

周生贤部长,松花江事故发生后,任环境保护部长;吴晓青副部长,国家重大水专项行政负责人。

孟伟院士,国家水专项技术总师,兼监控预警主题组长,提出水专项要实现两大技术体系的突破:技术体系与管理体系。

金相灿研究员,国家水专项湖泊主题组长,提出湖泊流域水污染与富营养化控制的基本理论、思路和技术体系。

陈吉宁研究员,国家水专项城市主题组长,提出建设环境友好型社会的基本理论及技术体系。

王子建研究员,国家水专项河流主题组组长,提出以河流系统为定义主体的河流健康概念,提出了河流健康评价的内容,并建立了河流健康的诊断指标体系。

王金南研究员,国家水专项政策主题组组长,提出建立绿色GDP和谐体系,促进环境与投资的可持续增长。

（三）学术团体及学术刊物

水环境科学学术活动比较活跃的国内外著名团体:

Aquatic Plant Management Society 水生植物管理协会;

American Society of Limnology & Oceanography(ASLO):美国湖沼海洋学会,成立于 1936 年,编辑出版 *Limnology & Oceanography*；

Association for International Water and Forest Studies (FIVAS) 国际水、森林研究协会；

International Association for Great Lakes Research(IAGLR)国际大湖研究联合会,是全球开展北美五大湖及世界其他大湖研究的科学家组织,主办出版刊物:*Journal of Great Lakes Research*；

International Association of Hydraulic Engineering and Research (IAHR) 国际水力研究协会；

International Association of Hydrogeologists (IAH) 国际水文地质学家协会；

International Association of Hydrological Sciences (IAHS) 国际水文科学协会；

International Association of Limnogeology (IAL) 国际湖泊地质协会；

International Association of Theoretical and Applied Limnology(SIL)国际理论与应用湖沼协会,成立于 1922 年,是目前全球最大的湖沼学研究学术团体 ,主办刊物:*Arthiv für Hydrobiologie*；

International Association on Water Quality (IAWQ) 国际水质协会；

International Lake Environment Committee(ILEC)国际湖泊环境委员会,主办刊物:*Lakes & Reservoirs ：Research and Management*；

International Network of Basin Organizations (INBO) 国际流域组织协作网；

International Phycological Association 国际藻类学会；

International Society for Diatom Research (ISDR) 国际硅藻研究学会；

International Society for Salt Lake Research(ISSLR) 国际盐湖研究协会,成立于 1999 年,每 3 年召开一次国际盐湖会议；

International Water Association (IWA) 国际水协会；

International Water History Association (IWHA) 国际水历史联合会；

International Water Resources Association (IWRA) 国际水资源联合会；

Water Environment Federation (WEF) 水环境协会；

Chinese Society For Oceanology And Limnology 中国湖沼学会；

七、水环境科学技术未来的发展趋势

目前我国水环境科学与国外相关研究存在一定差距。"十一五"期间,我国水污染的防治思路主要是"污染控制";而国外水环境综合治理已由单纯的"污染控制"技术发展为"水生态的修复与恢复",实现由以"水污染控制"为目标向以"流域水生态系统健康保护"为目标的转变。水环境技术方面,国内仍处于起步和探索阶段,整治工作基本处于水质改善和景观建设阶段,缺乏传统水利、生态系统栖息地和景观的有机结合;而国外已经形成了较为成熟的理念及相关技术、标准和规范。监测及预警技术方面,我国初步形成了水环境监测网络,具备了为水环境管理与决策提供了基础数据的能力,建立了国家水环境综合管理与决策、水体污染控制与治理技术研发平台;在国外,美国已经建立了比较完备的流域水环境监测体系,由 USEPA、USGS 等机构实施全国水环境监测。欧盟各国共同参与实施了欧洲尺度的陆地生态系统跨国监测与评价计划,在监测网络构建、环境标志要素、环境质量基准、监测技术、评价方法、数据管理系统和预测模型分析等方面都取得了长足进展。

"十二五"期间,水环境发展应重点关注经济社会发展压力、水资源供需压力、污染物排放压力、水环境监管压力及水环境风险压力等 5 方面压力;着力构建流域统筹的分区防控体系、全面控源的污染减排体系和点面结合的风险防范体系等三大体系,努力实现地表水与地下水统筹,陆域与海域统筹,实现水环境质量持续改善,体现"让江河湖泊休养生息"的理念[43]。

(一)"十二五"水环境保护思路

"十二五"期间水环境保护的总体思路重点包括 3 个方面:①控制污染物排放总量;②改善环境质量;③防范风险。

水环境保护主要以污染治理为主,向污染治理与预防结合的过度;从消减污染物向质量改善的过度。"十五"期间(2000—2005 年)总量控制只是作为一个指导,国家没有考核,效果不是很理想;"十一五"期间(2005—2010 年)总量控制是约束性的,国家要考核,地方政府若是完不成要负责任,在这种形势下,总量控制得到了很好的贯彻落实。"十二五"期间(2010—2015 年),总量控制可能是一个总量约束和质量引导并重的阶段,国家开始关注质量改善,而且消减污染物可以跟质量改善有初步的对应关系。2015 年至 2020 年,总量控制和质量改善同时约束。2025 年至 2030 年则开始重点控制质量改善。

"十二五"期间水环境保护的思路分为三个体系:

(1)流域统筹的分区防控体系

现在我国正在全国建立流域、控制区、控制单元三级水环境管理体系,目的是为了实现从污染源到入河排污口到水利水质之间的响应。现在国家编制的都是重点流域的水环境规划,"十二五"期间计划编制一个全国性的水污染防治规划,目的是为了区分哪些是污染防治的重点,哪些是环境保护的重点,哪些是生态保护的重点,真正体现防治结合的思路。现在我国列入的重点流域,包括"三河三湖"、黄河、松花江、三峡库区流域在"十二五"期间仍是以水污染防治为主,西南、西北、东南 3 个地区的水质相对比较好,作为水生态安全,提升的重点地区,突出水生态保护和水污染防治并重。

(2)全面控源的总量减排体系

全国初步划分为 400 多个控制单元,计划以控制单元为单位,实现污染源到水体水质之间的相应分析。对于水质超标严重的控制单元,要求其排污总量大幅度消减;水质基本可以达标的控制单元,是为了保证水质稳定达标,排污总量是维持性的削减;水质已经达标的单元,为了提升水生态安全,排污总量可以基本维持现状;少部分水质连续稳定达标的单元,而且排污强度相对较低,在符合国家产业政策要求基础上,可以适当增加一部分排污量。

(3)点面结合的风险防范体系

作为点来讲,既包括饮用水源地的环境安全,也包括跨省水体的水体改善。我国目前对饮用水源地的安全是高度重视的,如保护区的划分,封闭式的管理。但一些开放式的水源地如江河,很多污染物质不是保护区内的污染源产生的。现有的管理体系可能无法解决这个问题。这个是"十二五"规划必须要重视的。从面上来讲,要防止突发性的群体性污染事故。重金属等历史遗留问题和新的环境问题要突出防控。

(二)"十二五"水环境保护的主要任务

"十二五"水环境保护的主要任务包括4点:

(1)排放控制

对于点源,要达到工业企业稳定达标排放的深度治理。现在的工业企业处于基本达标状态,深度和稳定性都不够,"十二五"期间要使其在达标的基础上,进一步按照区域总量控制的要求深化治理。"十二五"期间还要继续建设污水处理厂,规模为3000万～5000万t。已建成的污水处理厂要加强运营的监管,包括污水处理厂负荷率的提升,污水收集管网的完善,污泥处理处置设施的建设运行,再生水的利用。对于非点源来讲,重点是畜禽养殖企业的废物综合利用。因为仅仅治理不是一个方向,对这种企业来讲,综合利用才有可能推广。另外一个是农村环境综合整治,现在国家有一项社会主义新农村建设规划,每年会投入一笔资金,这笔资金可用于解决农村综合环境治理。农业面源污染我国施行以政策引导为主,结合一定的工程示范,如何真正解决这个问题还处于探索阶段。

(2)新增污染物的预防

第一是与工业结构调整相结合的产业政策。确定哪些产业需要鼓励,哪些需要限制,哪些需要淘汰,以此来解决污染新增量的问题和产业结构优化问题;第二是与排放标准相结合的环境准入制度。现在很多行业的排放标准都在修订,修订以后能对水环境质量的改善起到一个更大的支持作用。第三是强制性与鼓励性相结合的清洁生产审计。我国出台的《清洁生产促进法》是鼓励性质的,但是对一些重点流域的某些特殊行业可以做强制性的清洁生产审计,这也是为了提高企业的生产水平,降低源头的污染负荷。

(3)区域综合治理

包括人工湿地、生态修复、区域截污等,这是为了在排放达标和总量控制的基础上,使水质进一步得到改善所做的综合性措施。

(4)水环境监管体系建设

现在水质监控和污染源监控都有基础,如何把两者结合起来,也就说从污染源监控到水质监控能够更快,这是"十二五"规划的一个关键。

参考文献

[1] 杨桂山,马荣华,张路,等. 中国湖泊现状及面临的重大问题及保护策略[J]. 湖泊科学,2010,22:799-810.

[2] 王金南,吴悦颖,李云生. 中国重点湖泊水污染防治基本思路[J]. 环境保护,2010,16-19.

[3] 朱松,方沛南,蓝雪春. 降雨径流污染研究综述[J]. 中国农学通报,2009,25(12):240-245.

［4］Wang Hai-jan，Wang Hong-zhu. Eutrophication control should relax the control of nitrogen and phosphorus concentration of governance［J］. Progress in Natual Science，2009，9(6)：599-604.

［5］孔繁翔，马荣华，高俊峰，等. 太湖蓝藻水华的预防、预测和预警的理论与实践［J］. 湖泊科学，2009，21(3)：314-328.

［6］金相灿，胡小贞. 湖泊流域清水产流机制修复方法及其修复策略［J］. 中国环境科学，2010，30(3)：374-379.

［7］何俊仕，李奇珍，王在兴. 水源涵养区水土资源合理利用与管理研究———以大伙房水库水源涵养区为例［J］. 水土保持研究，2006，13(3)：108-110.

［8］展永兴，季轶华，沈利. 调水引流在太湖水环境综合治理中的作用分析［J］. 中国水利，2010，4：53-55.

［9］胡绵好，袁菊红，常会庆，等. 凤眼莲-固定化氮循环细菌联合作用对富营养化水体原位修复的研究［J］. 环境工程学报，2009，3(12)：2163-2169.

［10］李明传. 水环境生态修复国内外研究进展［J］. 中国水利，2007，11：25-27.

［11］杨肖娥，刘娣，李廷强. 污染环境生态修复与生物能源开发［J］. 国际学术动态，2011，3：14-15.

［12］吴丰昌，孟伟，宋永会，等. 中国湖泊水环境基准的研究进展［J］. 环境科学学报，2008，28(12)：2385-2393.

［13］马溪平，周世嘉，张远，等. 流域水生态功能分区方法与指标体系探讨［J］. 环境科学与管理，2010，35(12)：59-64.

［14］黄艺，蔡佳亮，郑维爽，等. 流域水生态功能分区以及区划方法的研究进展［J］. 生态学杂志，2009，28(3)：542-548.

［15］孟伟，张远，郑丙辉. 水环境质量基准、标准与流域水污染总量控制策略［J］. 环境科学研究，2006，19(3)：1-6.

［16］孟伟，张楠，张远，等. 流域水质目标管理技术研究(Ⅳ)——控制单元的总量控制技术［J］. 环境科学研究，2007，20(4)：1-8.

［17］秦艳红，康慕谊. 国内外生态补偿现状及其完善措施［J］. 自然资源学报，2007，22(4)：557-567.

［18］李家兵，郑裕生，张江山. 基于排污权交易制度的流域水质管理体系研究［J］. 环境科学与管理，2009，34(2)：20-23.

［19］祝妍华. 我国城市污水处理事业的现状及发展趋势［J］. 江苏环境科技，2008，21(增1)，118-119.

［20］胡小贞，金相灿，卢少勇，等. 湖泊底泥污染控制技术及其适用性探讨［J］. 中国工程科学，2009，11(9)：28-33.

［21］张贺飞，徐燕，曾正中，等. 国外城市污泥处理处置方式对我国的启示［J］. 环境工程，2010，28：434-438.

［22］傅剑敏，徐江锋，许海芳，等. 污水处理厂污泥处理研究进展［J］. 能源与环境，2009，4：80-81.

［23］黄玉珠，万红友. 污水土地处理技术的优势及其应用前景［J］. 环境科学导刊，2008，27(6)：71-75.

［24］杨文涛，刘春平，文红艳. 浅谈污水土地处理系统［J］. 土壤通报，2007，38(2)：395-398.

［25］许方圆. 生物脱氮除磷研究进展［J］. 安全与环境工程，2008，3(15)：73-77.

［26］第宝锋，崔鹏，艾南山，等. 中国水土保持生态修复分区治理措施［J］. 四川大学学报，2009，41(2)：64-69.

［27］杨育红，阎百兴. 中国东北地区非点源污染研究进展［J］. 应用生态学报，2010，21(3)：777-784.

［28］尹澄清，苏胜利，张荣斌，等. 以河网作为水源的污染问题和湿地净化［J］. 环境科学学报，2010，8：1583-1586.

[29] 詹旭,吉祝美,吕锡武. 五级跌水充氧生物接触氧化法处理农村污水[J]. 净水技术,2007,26(3)：60 - 61,79.

[30] 高镜清,熊治廷,张维昊,等. 常见沉水植物对东湖重度富营养化水体磷的去除效果[J].长江流域资源与环境,2007,16(6)：796 - 800.

[31] 陈荷生.太湖湖内污染控制理念和技术[J]. 中国水利,2006,9:23 - 25.

[32] 徐乐巾,李大鹏. 原位生物膜技术去除水源藻类研究[J].工业用水与废水,2008,39(3):30 - 32.

[33] 黄祥峰,池金萍,何少林. 高效藻类塘处理农村生活污水研究[J].中国给水排水,2006,22(5)：35 - 39.

[34] 姜霞,国家水专项湖泊主题太湖项目底泥环保疏浚课题.太湖有毒有害与高氮磷污染底泥调查、鉴别、生态风险评估与环保疏浚规划方案研究进展报告(2008.9—2010.10)[R].北京:中国环境科学研究院,2011.12.

[35] M. A. Maine,N. Sun,H. Hadad. Removal efficiency of a constructed wetland for wastewater treatment according to vegetation dominance[J]. Chemosphere, 2007, 68：1105 - 1113.

[36] 王文东,张小妮,王晓昌,等. 人工湿地处理农村分散式污水的应用[J].净水技术,2010,29(5)：17 - 21,41.

[37] 董慧峪,强志民,李庭刚,等. 污染河流原位生物修复技术进展[J]. 环境科学学报,2010,8：1577 - 1582.

[38] 张锦娟,叶碎高,徐晓红. 基于水源保护的生态清洁小流域建设措施体系研究[J]. 水土保持通报,2010,30(5):237 - 240.

[39] 魏才健,吴为中,杨逢乐,等. 多级土壤渗滤系统技术研究现状及进展[J].环境科学学报,2009,29(07)：1351 - 1357.

[40] Tunssiper Bilal. Removal of nutrient and bacteria in pilot - scale constructed wetlands[J]. Journal of Environmental Science and Health,2007,42(8)：1117 - 1124.

[41] 姚雁鸿,余来宁. 生物操纵在退化湖泊生态恢复上的应用[J]. 江汉大学学报,2007,35(2)：81 - 84.

[42] 黄佳聪,吴晓东,高俊峰,等. 蓝藻水华预报模型及基于遗传算法的参数优化[J]. 生态学报,2010,30(4)：1003 - 1010.

[43] 李世杰.应重视湖泊科学的建设与发展[J].学科发展,2006,21(5):339 - 405.

撰稿人：王　坤　孔繁翔　卢少勇　叶　春　吕锡武　杨林章
宋立荣　张永生　张毅敏　陈英旭　金相灿　赵以军
施汉昌　姜　霞　秦伯强　黄民生

大气环境学科发展报告

摘要 "十一五"期间,我国逐步开展了大气复合污染机理、控制理论和控制技术的研究,大气环境科学与技术有了长足发展。现代探测手段和模拟技术的综合运用推动了对边界层物理结构及其对污染物输送、扩散影响的研究,进一步发展了湍流理论。围绕大气复合污染的关键科学问题,采用外场观测、实验室研究和数值模拟等手段,开展了复合污染的形成机制和演变规律研究,初步揭示了气态污染物在颗粒物表面的非均相反应机制,探索了大气新粒子成核机制和二次颗粒物的生成机理以及大气环境意义,发现了传统大气光化学反应理论存在的严重缺陷,初步了解了我国云雾化学过程的一些基本特征。我国臭氧和细颗粒物等二次污染十分严峻,然而,大气复合污染引发的公共卫生问题研究却刚刚起步。

在大气环境监测和探测的关键技术方面取得了重要突破,成功开发了大气污染卫星遥感综合监测系统,自主研发和生产了一系列在线监测技术及仪器,实现了对关键气态污染物、大气颗粒物浓度分布和理化性质的连续、高时间分辨率测量。物理模拟技术在提高模拟精度、减少人为干扰误差等方面取得了较大突破。数值模拟技术也取得了快速发展,开发了多个有中国特色的大气环境模式和空气污染与气候变化耦合模式。

大气污染控制技术的研发和推广全面提速,我国火电燃煤烟气控制技术日趋成熟,重点行业工业废气净化与资源化技术研发及产业化有序推进,室内空气净化、温室气体减排与资源化以及区域大气复合污染控制等领域也取得了喜人的成效。

"十一五"期间,国家新立项有关大气环境科学的"973"计划和重大科学研究计划 9项,国家科技支撑计划 5 项,国家"863"计划 50 项,国家自然基金 132 项,有力推动了我国大气环境科学理论与技术研究的发展。此外,针对北京奥运会、上海世博会和广州亚运会等重大活动开展的空气质量保障研究也取得了良好效果。

一、引言

"十一五"以来,我国的大气污染防治工作取得了一定进展,但由于粗放型的经济发展模式和经济总量的持续快速发展,能源消耗超常规增长,煤炭和石油消费量猛增,导致二氧化硫、氮氧化物排放量维持在较高的水平,酸雨和大气污染形势仍十分严峻。至 2010年,全国 471 个县级及以上城市,仅 3.6% 的城市达到空气质量一级标准,仍有 15.5% 的城市空气质量为三级,1.7% 的城市劣于三级;重酸雨区面积扩大,酸雨发生频率增加;二氧化硫和氮氧化物转化形成的细颗粒物污染加重,许多城市和区域呈现复合型大气污染的严峻态势。随着我国经济在"十二五"期间进入工业化的中后期,单纯依靠工程减排的手段将难以为继,而转向结构减排和管理减排难度更大。如何在保持经济持续增长的同时,通过科技创新和科技进步促进大气环境保护的跨越式发展,实现节能减排,改善大气环境质量,已成为我国实现"全面建设小康社会奋斗目标"必须着力解决的重要课题。

"十一五"期间,我国对环境污染和可持续发展问题给予了高度关注,新修订了《中华人民共和国大气污染防治法》,为大气污染防治和解决新时期面临的复杂大气环境问题提供了法律依据;同时国家通过"863"和"973"等科技计划和其他专项基金项目,通过"北京奥运"、"上海世博"和"广州亚运"等重大活动对解决区域大气环境问题的重大实践,逐步开展了大气复合污染机理、控制理论和控制技术的研究,使大气环境学科理论和调控技术得到了创新和长足发展。

针对"十一五"期间大气环境学科所关注的问题和发展历程,本报告主要论述学科基础理论体系建设,学科技术研究,学科技术的重大应用、重大成果和科学技术研究能力建设等四个方面的研究进展和成果。

二、大气环境学科基础理论研究进展

(一)大气物理

大气物理以大气边界层物理、云雾物理和大气辐射为主要研究内容。大气边界层中的动力和热力结构直接关系到污染物的输送和扩散[1],因此,大气边界层湍流和扩散的研究直接推动了大气环境的研究。大气物理以大气边界层物理为主要研究对象,以外场观测试验和模拟技术为研究手段,用以揭示边界层物理结构的演变规律及其对污染物输送扩散的重要影响。"十一五"期间,国内科学家针对早期湍流理论的不足提出了湍流的"同步串级"理论[2,4];通过实验揭示了边界层湍流的团状结构、湍流能量与耗散率偏态分布的新现象,对大气湍流理论的发展作出积极贡献。

近年来,大量的外场综合观测试验和先进的模拟技术在揭示边界层结构的演变规律、预报及其对大气污染物的输送、扩散以及来源解析等方面的研究中发挥了重要作用。伴随着高阶闭合大涡模拟等数值模拟技术、风洞和水槽等物理模拟技术以及声雷达、激光雷达、风廓线雷达和无线电仪等现代探测手段的改进和发展[3-9],开展了非均匀复杂下垫面[10-14]下多尺度边界层研究。大气物理规律的研究同时也促进了对污染物的输送扩散[15,16]的研究并取得了丰硕的成果。

通过北京325m气象观测塔十多年的资料分析,发现近地面夏季平均风速呈现非常明显的逐年递减趋势,证明了该测站所处环境具备了城市粗糙下垫面的流场特征[17],为研究城市边界层对城市环境的影响提供了良好的平台。"十一五"期间,在国内各省市针对不同下垫面环境和天气条件下开展的观测研究揭示了山谷城市、极端干旱荒漠区典型晴天条件夜间[18]、沙尘天气边界层结构特征。快速城市化使得城市热岛现象日益突出,城市地气能量交换加强使得城郊边界层结构差异越来越大[20-23]。对城市边界层结构的研究还为城市大气边界层模式和区域气候模式提供了参数化依据[20]。根据相似理论在室内实验室建立理想化的大气边界层物理模型用以研究边界层结构[8,24-26],室内的水槽实验很好地揭示了对流边界层顶部夹卷层内温度结构常数的规律和混合层在水平和垂直方向上的不同特性[24,25]。风洞模拟揭示了非均匀下垫面下大气边界层的垂直特征[4,7]。

数学模型得到广泛的应用,大涡模拟能够较好地再现对流边界层的夹卷过程[27,28]和对气流绕建筑物下污染物浓度分布的研究[5,6]。后向轨迹模型有助于分析污染气团的来向[29,30],分析不同地区污染源的输送类型,研究发现北京的重污染不仅与局地污染物的积累有关,大尺度输送也能引起北京地区的污染[31];长三角大气污染冬季受内陆影响较大,夏季以偏南气流为主[15];珠江三角洲大气的输送和扩散有明显的季节变化特征,污染过程中的输送类型可分为局地输送、城市间输送和远距离输送三类[29,32,33,34];香港地区的污染约50%来自中国内地,其次是局地污染[29];印痕模式可以揭示实际污染观测信息与潜在污染源之间的关系,可获得定量估算结果,在湍流扩散参数分析中具有实际的应用价值[35,36]。

(二)大气化学

1. 我国大气化学研究概况

我国主要城市群正经历煤烟型污染向复合型污染(以 O_3 和 $PM_{2.5}$ 等二次污染物为主)的转变,光化学烟雾、灰霾天气、酸沉降等多种问题并存,污染成因十分复杂,其核心科学问题是化学过程的耦合。近几年,针对大气复合污染防治的重大科技需求,开展了复合污染条件下污染物变化特征、污染形成机制和多污染物协同控制原理的基础理论研究,我国大气化学学科呈现出快速发展的态势,为丰富和完善国际大气化学理论体系作出了贡献。

大气复合污染是由人类活动和自然过程排放的气态和颗粒态一次污染物及化学反应生成的二次污染物在区域范围内相互作用引起的大气污染现象。在此,复合的含义主要是指煤烟型污染与机动车尾气污染及其他污染相叠加、大气中均相反应和多相反应相耦合以及局地与区域大气污染相互作用。其中的关键机理是化学过程的耦合,主要通过3类过程来描述:①气相光化学反应,导致一次污染物向二次污染物的转化;②由气态污染物向颗粒态的转化;③在颗粒态表面发生的非均相反应,导致颗粒物的增大和改性。这种复杂大气污染体系使得气相的光化学反应、气-固相互作用和颗粒物表面反应等具有不同于传统理论的过程机制,解决中国大气复合污染这一难题,亟须在大气复合污染的基本理论和方法学上取得突破。

科技部、环保部、国家自然科学基金委员会及各地方政府和科研院所先后设立了各类课题,对大气复合污染开展了基础理论的研究。例如"十一五"期间的多项"973"项目、北京和香港针对区域污染的研究项目等,从不同角度和不同层面开展对大气复合污染中化学过程的基础研究。在这些项目的实施过程中,开展了丰富的国际合作,提升了我国大气化学基础研究成果的国际影响。

2. 大气化学基础理论研究进展

围绕大气复合污染的概念模型和关键科学问题,采用外场观测、实验室研究和数值模拟等手段,对大气复合污染的形成机制及演变规律进行了深入研究,理论研究的深度和广度不断拓展,丰富和深化了大气复合污染的基本理论,取得了一系列创新性的研究成果,在高水平国际刊物上发表的文章逐年增加并出版了几期专辑,2009 年和 2010 年分别在 *Science* 杂志发表了关于自由基化学[37]、特大城市环境效应[38]和大气新粒子[39]的论文和展望。一些成果获国家自然科学奖二等奖和国家科技进步奖二等奖。近几年在大气化学基本理论研究的主要进展综述如下：

(1)污染排放特征及源清单

建立了我国大气复杂排放源构成分类编码，编写了源分类标准和源分类的编码体系。开发了包括两级稀释系统和停留室等的固定源排放采样系统，集成了两代车载排放测试系统，解决了源排放采样和测量的技术难题[40,41]。基于大量测试结果建立了基于详细工艺技术信息的排放因子库，排放因子本土化率从 20 世纪 90 年代的 20％提高到了 70％，形成了具有中国特色的污染源清单技术和数据库[42,43]。开展了典型地区天然源排放 VOCs 的测量，初步掌握了生物源排放 VOCs 的特征及排放规律[44,45]。构建了基于卫星遥感的"自上而下"区域排放清单反演方法，使得中国东部地区排放清单的不确定性降低了 20％～30％[46]。

(2)大气氧化性

在过去几年，全国 SO_2、NO_2 和 PM_{10} 浓度呈下降趋势，但大气臭氧浓度则呈上升的趋势，特别是在华北平原、长三角、珠三角等地区[47-50]，研究结果表明区域光化学反应和超区域的长距离输送是导致臭氧浓度升高的主要因素。在典型污染过程中，发现大气亚硝酸 HONO 浓度的日间浓度显著高于其他国家，研究揭示 HONO 存在一个重要性与 NO_2 光解过程高度相关的未知来源，并在污染大气中成为 OH 自由基的主要来源[51,52]。在 2006 年我国珠三角和北京的大型综合观测实验中，采用激光诱导荧光技术对 HO_x 自由基进行了在线测量[37]。研究发现，珠三角和北京大气 OH 自由基日间峰值浓度比模型预期要高 3～5 倍。通过对 OH 生成和去除过程的定量机理分析，确定已知自由基循环缺失了重要的 OH 再生机制，现有空气质量和气候模型可能严重低估了污染物去除速率，这些研究对揭示我国大气氧化能力和应对气候变化有重要意义。

(3)大气新粒子与二次颗粒物

与国外在相对清洁的地区观测到的新粒子生成事件相比，北京在清洁和污染条件下均观测到高频的新粒子生成现象，随后在珠三角、长三角、北京郊区、济南、新疆乌鲁木齐等地[53-59]，以及山东泰山、湖南衡山、黄海海洋大气中也陆续观测到了新粒子生成事件[60]，并且发现新粒子生成事件在大范围内同时暴发的区域性特点。对典型污染过程的综合数据分析并结合粒子核化增长的动力学模型模拟结果初步揭示，北京城市大气新粒子生成事件的主导成核机理可能是水-硫酸-氨三元成核机理，其他可凝结蒸汽(如有机物)也参与了后续的增长过程[61,62]。基于长期和典型过程的野外观测和模型计算，发现了二次 SO_4^{2-} 成因的空间和时间差异，采用多种解析方法确定二次有机气溶胶(SOA)是颗粒有机物的主要来源[61,63,64]。总结全国现有观测数据，在大气复合污染严重的区域和城市，二次颗粒物(硫酸盐、硝酸盐、铵盐和SOA)占颗粒物细粒子浓度的 50％～80％[64,65]。目前，国内多个单位建立了烟雾箱模拟装置，研究二次颗粒物(硫酸盐和SOA)生成的动力学和微观机理，探讨高浓度颗粒物对臭氧和 SOA 形成的影响，发现如 H_2SO_4 和 $(NH_4)_2SO_4$ 的存在对 SOA 的生成有明显的促进作用[66-68]。

(4)颗粒物表面的非均相反应

近年来，我国在大气多相反应机制等方面取得了长足发展。基于我国颗粒物污染特征,对主要污染气体 NO_2、SO_2、O_3 和甲醛等在 $CaCO_3$、高岭石、蒙脱石、NaCl、海盐、Al_2O_3 和 TiO_2 等颗粒物中主要矿物质组分的表面进行了反应动力学和产物形成机理的系统研究,特别是深入研究了 SO_2 等酸性气体在二十余种矿尘气溶胶上的吸收及反应机制,还探索了甲酸、乙酸、丙酸在 Al_2O_3 表面的反应机理[69-72]。在矿尘和海盐与羰基硫多相反应体系中,发现 NaCl 与矿尘混合表现出完全不同于单一颗粒物特性的多相反应机制[73]。在甲基丙烯醛(MAC)和甲基乙烯基酮(MVK)和矿物尘组分颗粒物表面和水相的反应中,发现水相能促进 MAC 和 MVK 的生成,对大气中过氧化物、小分子羰基物、有机酸以及 SOA 具有重要贡献[74]。值得注意的是,在贫氨情况下发现夜晚高浓度的大气硝酸盐粒子,模型研究显示夜间 N_2O_5 和 NO_3 在颗粒物表面的非均相反应是硝酸盐形成的主要方式[75,76]。在 SOA 的组分中发现了一类高分子量的有机胺盐,这一发现打破了 SOA 一般为氧化产物的结论,揭示了形成 SOA 的新途径[77,78]。

(5)云中化学过程

以泰山和衡山作为我国北方和南方代表性站点,对云中化学过程,云雾对气体、气溶胶清除速率进行了系统的研究。与国外高山站点相比,泰山和衡山云雾水酸化严重,离子浓度更高[79,80]。云雾过程中硫酸盐生成的主要控制因素也存在地域差异,南方地区云雾液滴中硫酸盐的生成以 H_2O_2 氧化为主,北方地区 H_2O_2 和 O_3 对于液相硫酸盐的生成均有较大贡献。泰山单次云雾液相氧化过程贡献的硫酸盐量约占云后气溶胶中硫酸盐总量的 30％。研究还探明了我国南北方典型地区云雾过程对气溶胶中无机及有机成分的清除规律[63,81],并发现在云雾过程中 SOA 通过液相反应生成,而其生成速率和浓度显著高于其他国家外场观测和模式模拟结果,说明了特殊的 SOA 液相反应生成途径[63]。这些结果有助于全面了解气体、颗粒物污染物在我国大气中的转化规律。

(三)大气环境污染特征及其健康效应

在传统煤烟型污染依然严重的同时,臭氧和细颗粒物等二次污染问题又接踵而至,呈现区域性、综合性特点,是我国大气环境污染的主要特征。

1. 复合型大气污染的发展态势

(1)传统煤烟型污染逐渐削弱,但依然十分严重

2005 年,我国二氧化硫排放量跃居世界首位[82]。主要是因为火电烟气脱硫的大规模实施,煤烟型污染逐渐减弱。2009 年,31 个省会城市大气可吸入颗粒物和二氧化硫浓度同比 2001 年下降了约 20％和 30％,北京、上海、广州三大城市群中心城市同比 2005 年分别下降了 26％～43％和 8％～20％[83]。然而,总体污染形势依然十分严重,2009 年我国 113 个环境保护重点城市可吸入颗粒物和二氧化硫年日均浓度分别达到 $87g/m^3$ 和 $42g/m^3$,远高于由世界卫生组织制定的全球空气质量标准规定的 $20g/m^3$[84]。

(2)臭氧和细颗粒物等二次污染十分严峻

随着城市机动车保有量的迅速上升,大气氮氧化物、挥发性有机物和一氧化碳等光化学前提物浓度不断攀升,光化学烟雾污染和高浓度臭氧频繁出现在珠江三角洲地区[85]。近年来,长江三角洲地区空气质量背景站臭氧浓度呈现双极(高值和低值)频率增高的态

势[86]。大气挥发性有机物浓度是长江三角洲地区臭氧形成的限制因素,未来臭氧污染可能随汽车保有量的增加而迅速提高[87]。另一方面,随着细颗粒物污染调控措施的实施,臭氧污染可能进一步加剧[88]。中国许多城市 $PM_{2.5}$ 年均、日均浓度远远超过世界卫生组织推荐的空气质量标准,大气细颗粒物污染在京津塘、长三角和珠三角地区表现尤为突出[88,89]。大气复合污染引起细颗粒物大量增加,是造成大气能见度下降的主要原因[90]。大气细颗粒物污染是我国当前灰霾事件频发的根本原因,已经成为许多城市的共同忧患。

（3）酸雨问题未能有效缓解

目前我国酸雨区主要分布在东北地区东南部、华北大部、西南和华南沿海地区及新疆北部地区。在欧、美、亚世界三大酸雨区中,我国的强酸雨区面积最大,我国长江以南地区是全球强酸雨中心。近年来,我国酸雨区总体上呈现年均酸雨日数和酸雨量逐年上升、北方酸雨区继续扩展的趋势[91]。我国降水化学组成仍属硫酸型,但 SO_4^{2-}/NO_3^- 当量比呈现缓慢降低的态势,显示我国酸雨正在向硫酸-硝酸混合型转变[92]。

2. 大气复合污染引发严重的公共健康问题

大气复合污染对城市环境和居民健康构成严重威胁。近地面臭氧浓度升高威胁人体健康,导致呼吸道、肺和眼睛黏膜炎症和疾病。国内研究成果表明,大气臭氧或二氧化硫浓度上升 $10\mu g/m^3$,心血管和呼吸道疾病死亡率将增加约 1%[93,94]。发生在北京、上海、辽宁、广州、重庆等地的病例实证研究均显示,心血管疾病就诊人数和死亡率对可吸入颗粒物、二氧化硫、二氧化氮浓度上升均发生明确的正响应[95-97]。大气细颗粒物是人类活动所释放污染物的主要载体,携带有大量的金属和有机污染物,能够渗透到肺部组织的深处,容易被吸收溶入血液,引起肺功能的改变,最终导致心血管和哮喘疾病的增加,对免疫系统功能较弱的人群（特别是老人和儿童）的危害更大[98,99]。大气细颗粒物浓度上升造成的灰霾天气,还会刺激大脑视觉中枢,让人产生压抑、焦虑等悲观情绪。实际上,大气细颗粒物几乎造成了可吸入颗粒物对人体健康的全部影响[100]。

（四）大气污染控制理论

在"十一五"期间,中国环境保护投入将达同期 GDP 的 1.5% 以上,以实现"十一五"规划中所要求的主要污染物排放总量减少 10% 的目标。而控制污染已成为大势所趋,我国"十一五"规划中明确提出了"十一五"期间单位国内生产总值能源消耗降低 20% 左右、主要污染物排放总量减少 10% 的目标。因此我国以区域大气污染物总量控制为基础,建立区域大气环境质量综合调控方法,确保重点地区和城市大气环境质量的改善。并完善污染物总量控制理论与方法,建立以提高资源利用效率、降低能耗为中心、以绿色设计为引导的循环经济和清洁生产技术体系,确保主要污染物的排放总量得到有效控制,重点行业污染物排放强度明显降低。以下重点介绍大气污染总量控制和排污权交易制度的进展。

1. 大气污染总量控制

大气污染物总量控制是从总体上来控制大气污染的方法,也是改善区域大气环境质量的有效途径。"十一五"期间在区域大气污染物总量控制方法、污染源条件及地形条件和气象条件对大气污染物总量控制结果的影响、大气环境过程分析、大气环境质量模拟以及大气环境容量等方面做了大量研究工作[101]。

大气污染控制主要有3种方法:①A－P值法。基于箱模式的A－P值法以其简便高效,可操作性强得到广泛应用,至今仍是环境保护部门进行城市大气环境管理的基本手段之一;②平权分配法。它是基于城市多源模式的一种总量控制方法。其基本原理是:首先根据多源模式模拟各污染源对控制区域中筛选出来的控制点的污染物浓度贡献率,若控制点处的污染物浓度超标,根据各源贡献率进行削减,使控制点处的污染物浓度满足相应环境标准限值的要求;③优化方法。是指将大气污染控制对策的环境效益和经济费用结合起来的一种方法,它从大气污染总量控制要落实到防治对策和防治经费上这一实际需求出发,运用系统工程的理论和原则,制订出大气环境质量达标而污染物总排放量最大,治理费用较小的大气污染总量控制方案。针对不同控制方法的适用范围和特点,研究将3种方法应用于大气污染控制的三个阶段[102]。

2. 排污权交易

排污权交易是一种基于总量控制,以市场为主要调控手段的环境管理方法。它能够在一定区域内,在污染物排放总量不超过允许排放量的前提下,使各污染源之间通过货币交换的方式相互调剂排污量,从而达到减少排放量、保护环境的目的。与直接管制、补贴、排污收费等其他环境政策相比,排污权交易制度最主要的特点是充分利用了市场机制的调节作用。在交易行为的互惠效用中,排污权交易带来的是环境治理工作的高效率和低成本。因此成为环境治理所应采取的最佳制度[103]。

目前,排污权交易制度主要应用于大气污染控制领域,尤其是对二氧化硫气体排放的防治。在实际操作中,环境部门通过对一个局部地区环境容量或环境对污染物的自净能力(例如大气对二氧化硫气体的容量或自净能力)进行评估,确定污染物的总量控制目标,然后再把该目标分解成一份份的排污权(以排污许可证代表)。按照企业的产值、能耗、生产规模等因素,通过无偿分配、定价出售或拍卖等有效方式,将排污许可证分发给各个企业,每张许可证表示企业可以在一定时期内的排放量。在排污权交易市场上,排污企业从其利益出发,自主决定其污染程度,从而买入或卖出排污权。

三、大气环境科学技术研究进展

(一)监测技术

煤烟型污染与机动车尾气污染及其他污染源化学耦合引起的高浓度臭氧和细颗粒物是我国大气复合污染的主要特征。因此,首先需要围绕大气氧化性和大气细颗粒物,充分利用各种先进监测技术,深入研究大气复合污染的演变规律及其影响因素。

1. 大气氧化性和氧化剂

大气氧化性反映了一次污染物向二次污染物转化的方向和限度,是形成大气复合污染的原动力。在大气中起重要作用的氧化剂包括 OH、HO_2、RO_2、NO_3 自由基和 O_3、

NO_2、PAN 等。

大气自由基的观测和解析一直是阻碍大气科学研究和发展的主要瓶颈之一。所幸的是,近年来对大气自由基的监测已经取得了重要进展。对大气 OH 自由基的测量,国际上已经建立了激光诱导荧光法(LIF)、差分光学吸收(DOAS)、化学离子化质谱(CIMS)等 3 种有效方法,其中,LIF 也是测定大气 HO_2 的可靠方法[104]。在 PRIDE - PRD2006 外场观测中 LIF 法的应用非常成功,发现传统大气光化学机制严重低估了大气中 OH 的浓度水平[105]。"十一五"期间,由我国科学家自主开发的 HO_2 自由基监测设备,成功应用于外场观测实践[106]。

对于大气中其他氧化性相关物种的观测,如 PAN、羰基化合物等,也取得了很大的进展。用涂覆 2,4-二硝基苯肼(DNPH)的硅胶采样管收集羰基化合物,借助高效液相色谱完成样品分析,可检测 32 种羰基化合物[107]。在线气相色谱-电子捕获检测器对 PAN 测量的时间分辨率和检测限都相当高,已经应用于京津塘和珠江三角洲地区的大气观测[108,109]。

DOAS 不仅可以表征 SO_2、NO_2 等各种常规大气污染物,也可以对 NO_3、BrO 和 OH 等各种痕量分子和自由基实现完全非接触在线自动监测。近年来,DOAS 技术不断发展,比较重要的有被动 DOAS 技术的开发[110]和便携式 DOAS 的应用[111]。

2.大气挥发性有机物

大气中痕量挥发性有机物的高灵敏度检测一直是人们特别关注的课题。近年来,低温预浓缩和气相色谱-质谱(GC - MS)联用技术日趋完善,是我国大气挥发性有机物分析的最主要方法[112,113]。在线气相色谱-氢离子火焰检测器(online GC -FID)和 Online GC -FID/GC - MS 联用技术克服了传统 GC - MS 样品采集、浓缩和分离费时费力的局限,可以在线定量分析多种大气挥发性有机物,在 CAREBeijing - 2006 观测研究中已有应用[109]。与传统 GC - MS 相比,近年来发展的质子转移反应质谱(PTR - MS)具有无碎片离子、易于质谱识别等优点,也已经在我国大气观测中逐步推广[114,115]。

3.大气颗粒物的理化性质

近年来,得益于各种新型大气颗粒物监测技术的推广和应用,我国在大气细颗粒物的研究方面取得了很大的进展。

细颗粒物粒径分布:基于不同粒径带电颗粒物在电场中的迁移差异性原理设计的差分电迁移率分析仪(DMA)是粒径分布测量的关键技术。根据 DMA 的类型不同,基于 DMA 技术生产的扫描电迁移率粒径分析仪(SMPS)可以分别在线监测 2~150nm 和 10~1000nm 范围内的颗粒物数浓度分布,已经广泛应用于我国主要城市群空气质量和新颗粒生成机制研究[116,117]。结合 DMA 技术和光散射技术,宽范围粒径谱仪(WPS)的粒径分布监测范围扩大到 $10nm \sim 10\mu m$[118]。

大气细颗粒物的吸湿性测量已经成为区域大气污染和空气质量研究的重要组成部分[119,120]。吸湿性串联电迁移率粒径分析仪(HTDMA)可以在线测量亚微米级颗粒物的吸湿性并获取颗粒物混合态信息,是应用最广泛的吸湿性测量方法。目前,我国已经能够自行搭建 HTDMA,并应用于大气细颗粒物吸湿性的实验室研究和外场观测[121,122]。

与传统膜采样方法相比,近年来发展的颗粒物水溶性离子连续在线观测技术不仅操作简单而且能反映颗粒物水溶性组分的高频变化。气溶胶与气体离子在线监测仪（MARGA）可反映 Cl^-、NO_3^-、SO_4^{2-}、NH_4^+、Na^+、K^+、Ca^{2+}、Mg^{2+} 等离子和各种气体组分的小时变化[123]，在上海世博会空气质量保障项目中发挥了作用。

以快速、灵敏、高时间分辨率实施单颗粒原位检测著称的气溶胶飞行时间质谱（ATOFMS）已经应用到我国大气颗粒物重金属、有机铵分析以及灰霾形成机制研究[124-126]。但是，ATOFMS 存在价格昂贵、到货期长，维护维修困难等问题。昆山禾信质谱技术有限公司依托中科院和国内高校的科研力量，在产学研相结合的道路上迈出了坚实的步伐，成功研制了原理和 ATOFMS 完全相同的在线气溶胶质谱仪（SPAMS）[127]。SPAMS 的横空出世解决了困扰中国用户资金和维护等问题，吸引了中科院、重点高校和环境监测系统的踊跃订购。

通过电喷雾产生的带电液滴及离子直接冲击使颗粒物中的草酸和多环芳烃等有机组分以离子形式解析，电喷雾解析电离技术（DESI）在分析颗粒物有机化学成分方面具有比常规 LC－MS 和 GC－MS 更方便快捷的优势。复旦大学等的研究结果显示，大气颗粒物的 DESI 检测是一种很有发展前景的快速定量方法[128,129]。

（二）探测技术

大气探测技术是支撑大气科学，特别是大气物理和大气环境学科发展的重要基础，其主要任务是发展新的探测和试验手段、原理和方法，认识大气运动以及大气中各种物理、化学和生物过程的基本规律及其与周围环境的相互作用。近年来激光雷达、风廓线仪、无线电声学探测系统（RASS）、GPS 探空、微波辐射计、太阳光度计、协方差脉动仪等新型大气探测设备得到广泛应用。此外，还综合利用激光雷达、风廓线仪、太阳光度计等探测气溶胶粒子和大气化学成分，利用卫星、飞机等平台进行污染物区域输送研究。

风廓线仪可连续获取高空风和高低空急流的活动特征，近地面到对流层顶之间风向、风速的垂直分布；结合无线电声学探测系统（RASS）还可连续获得低层大气的温度廓线，在中小尺度天气监测、预报、边界层结构及风场研究和环境污染监测方面发挥很大作用。我国已初步形成我国风廓线探测业务网[130]。

遥感技术资料分析向多时相、多数据源（包括非遥感资料数据）的信息复合与综合分析过渡；我国已基本实现国家基本站网地面监测自动化、高空探测自动化或半自动化和边界层物理观测[131]。遥感傅里叶 FTIR 技术的快速发展和应用，实现了对多种化合物的同时监测和对远距离输送物种的实时自动监测[132]。新一代的高分辨率雷达和激光雷达的投入使用，增强了对中高层大气的探测能力[133]。

安徽光机所自主研制的车载大气环境监测激光雷达系统填补了国内空白[134]；自主研发的瑞利-拉曼-米氏散射激光雷达实现了对流层和平流层大气温度和密度的探测和夜间大气气溶胶廓线的探测[135]；研制的拉曼-米-瑞利散射多参数大气探测激光雷达系统实现了边界层内 532 nm 上大气气溶胶消光系数、后向散射系数和消光后向散射比的定量测量[136,137]；研制的米散射激光雷达系统实现对垂直剖面的气溶胶消光系数时空分布探测[137,138]。机载大气环境探测激光雷达可获取高时空分辨率的边界层结构、气溶胶时空分布特征及其受天气和地形的影响[139,140]。中国海洋大学研制的车载非相干测风激光雷达系统成功地为 2008 年北京奥运会帆船比赛提供了气象服务[141]。

风廓线雷达能实时提供大气的三维风场信息[142]。将其与无线电-声探测系统相结合，可加深边界层对热对流泡和边界层热对流运动特征的了解，为中尺度模式和降水预报的改进提供重要的参考[143]；与激光雷达的结合探测，可得到污染源向某一区域的输送总量[144]。

安徽光机所自主研发的基于无人机平台大气污染差分吸收光谱探测系统，在河北上空成功获取飞行区域大气污染成分 NO 等的二维时空分布，标志着无人机平台大气污染分布遥感载荷技术的重大突破。地基 GPS 对中性大气层水汽的探测研究，天基 GPS 获取大气参数的垂直分布[145]；中国华云技术开发公司研发的 GPS 电子探空仪和探空技术填补了我国在 GPS 探空方面的空白[146]。将地基微波辐射计反演的湿度廓线进行资料同化成功改进了降水强度的预报[147]。

各种新型大气环境探测技术的应用，也为了解和改善区域大气环境质量提供了重要的技术支持。为保障 2008 年北京奥运会、2010 年上海世博会、2010 年广州亚运会等重大国际活动的空气质量，分别开展过大规模多尺度的三维立体探测。中国环境科学研究院等单位在 2005—2010 年开展的国家"973"项目"中国酸雨沉降机制、输送态势及调控原理"研究过程中，提出我国未来酸雨调控的区域协调和多污染物协同优化控制战略等，为国家环境外交提供了科学的理论指导和技术支持。此外，在国家自然科学基金重点项目等的支持下，南京大学、中国科学院大气物理研究所等单位在不同下垫面地区开展过综合性的大气环境探测研究，并取得显著成果，提升了我国大气环境探测技术。

目前我国对风廓线雷达、激光雷达、微波辐射计等新型大气环境探测设备资料的应用，尤其是二次开发，研究投入还存在明显不足，与国外差距较大。

(三)排放因子与排放清单编制技术

"十一五"期间，在查明我国污染物排放现状的基础上，建立污染物排放清单和环境统计、分析与公布的技术体系，为准确判断环境形势，制定科学的环境保护政策服务。主要开展工业企业大气污染源达标排放及污染物削减控制技术研究，重点研究燃烧过程中 SO_2、NO_x 同步控制与治理技术，工业排放有毒有害有机污染物的控制技术；支持燃煤汞污染、二噁英、VOC 等大气污染物控制技术研究，开展脱硫副产物($CaSO_4$、$CaSO_3$)资源化利用技术及集成示范。以下重点介绍大气颗粒物，燃煤电厂和汞排放清单的进展情况。

1. 大气颗粒物排放清单

大气颗粒物是影响我国区域性复合型污染的重要污染物，准确描述其排放特征是研究区域性复合型污染，并制定控制对策的重要前提。研究学者通过构建我国高分辨率颗粒物排放清单的编制技术方法，建立排放清单，并借助空气质量模型分析我国中长期大气污染物控制政策对我国大气颗粒物排放和环境浓度的影响[162]。

首先，针对 53 种污染源，建立了活动水平数据及模型工具库，并针对不同类别的排放源，归纳了行业和设备技术参数与逐年排放因子间的函数关系，由此构建了我国高分辨率颗粒物排放清单的编制技术方法。利用所建立的技术方法，编制了 3 个粒径段、涵盖 4 种重要化学组分、连续 15 年的全国人为源大气颗粒物排放清单，以及基于设备信息的 2005

年我国电力、水泥、钢铁行业点源排放清单。得出水泥工业和民用部门生物质燃烧是我国 $PM_{2.5}$ 的主要来源;建材生产工业的颗粒物排放超过总量的 50%。颗粒物排放的地区分布及变化趋势极不平衡,山东、河北、江苏、河南、广东和四川是我国 $PM_{2.5}$ 排放最高的省份,其排放约占全国总排放量的 40%。炭黑(BC)和有机碳(OC)的排放总量呈增长趋势;盐基阳离子总排放量在 1996 年后减少,在一定程度上加剧了酸雨污染。

在经验证的 2005 年排放清单基础上,使用 CMAQ 模型模拟不同控制政策情景下我国 2020 年的空气质量,发现现有控制政策和加强控制政策基本能够保证 2020 年全国 PM_{10} 年均浓度达到现行国家二级标准,但是 $PM_{2.5}$ 年均浓度超过世界卫生组织 $PM_{2.5}$ 过渡时期目标的国土面积仍有 13.1%,且全部集中在华北、华中、四川盆地等人口集中的区域。

2. 燃煤电厂大气污染物排放清单

燃煤电厂是我国大气污染和区域酸沉降控制的重点。研究学者建立了燃煤电厂综合排放特征、污染控制情景、空气质量影响和生态风险评价于一体的燃煤电厂污染控制决策方法,对我国燃煤电厂的 SO_2、NO_x 和 PM(颗粒物)排放的时空分布及其对区域空气质量和生态系统酸化的影响进行了全面的分析。

通过现场测试获得典型电厂 SO_2、NO_x 和 PM 的排放因子,重点针对 NO_x 和不同粒径的颗粒物建立我国燃煤电厂分燃料、炉型和控制技术的排放因子库。采用"基于机组"的方法测算得到 2005 年全国燃煤电厂 SO_2、NO_x 和 PM 排放总量分别占全国人为源排放的 53%、36% 和 9%;预计到 2015 年后,NO_x 将成为燃煤电厂首要污染物。

利用区域空气质量模型 CMAQ 模拟分析电厂大气污染排放造成的环境影响。结果表明,电厂的 SO_2 排放对大气硫污染有较大贡献,"十一五"期间对电厂实施烟气脱硫效果明显,大气 SO_2 浓度及硫沉降均有所下降,但我国东部和中南部硫沉降超临界负荷现象依然普遍存在,表明未来我国生态系统酸化风险仍不可忽视。由于缺乏严格的排放控制政策和措施,氮污染将进一步恶化,并在很大程度上抵消因硫排放削减导致的生态系统酸化改善效果,因此电厂的 NO_x 排放控制将成为未来我国区域大气污染治理的重要任务。电厂对 PM 的排放分担率和浓度贡献均低于 SO_2 和 NO_x,仅对电厂实施控制对大气颗粒物污染的改善效果并不显著,因此需在控制电厂排放的同时,加强对其他重要排放源的管理与控制。

3. 汞排放清单

(1)燃煤汞排放

中国是煤炭消费大国,其燃煤汞排放已经引起广泛关注,研究学者首先按经济部门、燃料类型、燃烧方式和污染控制技术对排放源进行分类,然后基于各省生产原煤汞含量和各省间煤炭传输矩阵,确定各省消费煤炭的汞含量,结合各省区内各类排放源的煤炭消费量和排放因子,计算汞排放量,进而给出中国各行业、各省区的汞排放清单[148]。

按经济部门、燃料类型、燃烧方式和污染控制技术对排放源进行分类。经济部门划分为工业、电力、生活消费以及其他(含交通运输、建筑业、商业等)4 大类;燃料类型包括原煤、洗精煤、型煤和焦炭;燃烧方式划分为煤粉炉、层燃炉、流化床、旋风炉、型煤炉等 9 类;

污染控制技术则包括电除尘器、湿式除尘器和机械式除尘器(包括旋风除尘器和重力沉降室等)。

各经济部门中工业燃煤大气汞排放量最高;其次是电力部门和生活消费;其他部门如交通运输、建筑业和商业等的贡献要小得多,这同各部门的煤炭消费和污染控制状况有密切关系。

(2)非燃煤汞排放

针对非燃煤排放的大气汞的排放清单进行研究,主要涉及有色金属冶炼、钢铁冶炼、水泥工业、氯碱工业、生活垃圾焚烧以及石油燃烧 6 种大气汞排放源。在以前的研究中,还把生物质燃烧作为重要的大气汞排放源,但是考虑到生物质内的汞主要来自大气,燃烧后又释放回大气中,故未将其计入中国非燃煤大气汞的排放中[149]。

(四)模拟技术

1. 物理模拟技术

大气环境物理模拟技术主要包括相似理论、实验室仪器设备和模拟技术。相似理论的发展已经比较完善和成熟,而实验室仪器设备和模拟技术则有较大的发展空间。

近年来实验室仪器设备得到不断的改进:引进美国 TSI 公司提供的新型智能流动分析仪 IFA300,速度测量仪具有高的测量精度和响应频率。粒子图像速度场仪 PIV 得以进一步的发展和应用[150-152]。由我国国电环境保护研究院环境风洞实验室自主研发的 48 点自动采样仪是世界上该领域最先进的大气物理实验室采样仪器,实现了全部自动化操作,且 48 个点采样同时完成。

物理模拟技术的发展主要体现在实验室风洞的建设发展[153,154];环境风洞实验在我国得到越来越多的需求[155,156];实验室水槽的发展与应用对物理模拟技术的发展作出一定的贡献[157-161]。

虽然在提高实验模拟精度、减少人为干扰误差等方面取得了较大成就和突破,进一步提高实验仪器、设备精度和实验过程的自动化仍是今后大气环境物理模拟发展重点。

2. 数学模拟技术

(1)大气环境模式

大气环境数值模式能够比较全面细致地描述大气物理、化学和生物等非线性过程,综合考虑不同物种之间的相互影响与转化,多尺度同时进行多种污染过程的模拟。大气环境数学模拟的另一个重要发展趋势是将大气化学模式与气候模式有机结合起来。

近年来,国内科学家一直致力于发展适用于中国地区的大气环境模式。中科院大气物理研究所建立的全球环境大气输送模式 GEATM 能够对大气主要污染气体和颗粒物的输送态势和分布特征进行有效模拟[162,163]。此外,大气所嵌套网格空气质量预报系统 NAQPS[164]、中国气象科学研究院的 GRAPES - CUACE[180] 和南京大学的区域大气环境模拟系统 RegAEMS 对空气污染、沙尘暴和霾天气等具有一定的模拟能力,其中 RegAEMS 在南京气象部门灰霾天气预报中得到应用。

在应对气候变化的科学问题上,发展了空气污染与气候变化耦合模式。中科院大气物理研究所的区域环境集成模拟系统[166-168]RIEMS2.0能够准确地模拟雨带的演变。南京大学发展和完善区域气候-化学在线耦合模拟系统 RegCCMS,能够很好地对东亚地区特别是中国地区人为[169-174]和自然(沙尘)排放的气溶胶的时空分布特征进行模拟;该系统(RegCCMS)实现了对气溶胶直接和间接气候效应的模拟研究,有效评估了近几年中国地区主要污染气溶胶对东亚地区辐射、云、温度和降水的影响。

(2)数值模拟技术

资料同化系统[166,175]和多模式集合预报体系的应用提高了模式系统的预报性能;在源排放清单的修正,污染源反演新方法方面也进行了初步探索[163]。

资料同化技术在大气环境模拟中得到很好的应用。大气所利用最插值方法对上海PM_{10}、SO_2 和 NO_2 进行连续 20 天的同化试验使得模拟的结果较之为同化时的偏差平均值减少 $20\mu g$,为模式提供与实际更加接近的初始场[176]。集合卡尔曼滤波(EnKF)资料同化系统应用到区域沙尘输送模式(NAQPMS)[177]。集合预报则减少了大气化学传输模式的不确定性。多模式的空气质量预报成功地应用于 2008 年北京奥运会、2010 年上海世博会和 2011 年深圳大运会的空气质量预报中。污染源反演方法可以有效地提高排放源的准确性。

随着大气环境数值模式的大型化和复杂化,对算法的设计和优化以及对计算效率的要求越来越高,国内学者分析筛选出了满足计算精度和效率的两种解法:HYBRID 法和MHYBRID 法,为数值模型的方案选取提供了理论依据[178]。查算表的建立和并行计算的应用极大地提高了计算效率[179]。除此之外,遗传算法[180]和概率神经网络[181-183]分别应用到了大气红外辐射传输模式和大气环境质量预测中。

(3)大气环境模式和模拟技术的应用

大气环境数值模式主要应用在空气质量预报、大气环境影响评价、突发性大气污染事件应急响应和大气环境容量的确定上。在北京奥运会、上海世博会、广州亚运会和深圳大运会期间,CMAQ,WRF-CHEM 和 NAQPS 等多种模式被用于城市空气质量预报,并取得了较好的效果。环境保护部于 2008 年发布的《环境影响评价技术导则 大气环境》(HJ2.2-2008)中推荐了 AERMOD、ADMS 和 CALPUFF 等 3 个大气环境评价模式用于环评。数值模拟在突发性大气污染事件应急响应方面得到越来越多的应用,并推动了大气扩散模式与健康风险评估的发展[184-187]。大气环境容量的确定也依赖于大气环境模式。

(五)机动车污染控制技术

1. 机动车的相对重要性

近 20 年来,北京市机动车拥有量持续快速的增长,平均年增长速度超过 10%。根据北京市统计局公布的数据,截至 2010 年年末,北京市机动车总量已达到 480.9 万辆。快速增长的机动车总量不仅给道路交通带来巨大压力,也给进一步改善北京市大气质量和确保城市的可持续发展带来巨大挑战。机动车排污已成为北京市大气污染的主要来源之一。此外,机动车排污高度更接近人体呼吸带,排放的时空特征与受体人群活动吻合程度更高、接触更为密切,因此机动车对于相应人群的健康风险要远高于固定源。

2. 机动车控制措施

自1998年以来,北京市已经先后实施了16个阶段的大气污染控制。在已实施的两百余项控制措施中,机动车排放控制是其中的重点之一。这些措施包括:①不断加严和完善北京市机动车新车污染物排放标准;②与新车排放标准配套,持续提升燃油品质,积极推动车用燃油的无铅化和低硫化;③积极采取措施促进老旧车辆的淘汰和治理;④实行环保标志管理,基于环保标志积极推动高排放车的区域限行,继续强化I/M制度等。

机动车排放控制也是奥运期间保障北京市大气环境质量措施的重点,涉及的临时控制措施主要包括:①黄标车禁行;②单双号行驶;③公车停驶。上述一系列措施的实施成功兑现了我国"绿色奥运"的承诺,圆满实现了"2008年奥运会期间,北京将有良好的空气质量,达到国家标准和世界卫生组织指导值"这一目标。

四、大气复合污染控制技术

各国治理大气污染和改善大气环境的经验表明,先进、有效、实用的大气污染控制技术是保护大气环境的关键和重要保障。目前我国大气污染正经历由燃煤型污染向复合型污染的转变,光化学烟雾、灰霾天气、酸沉降等多种问题并存,环境问题日益复杂化。随着社会进步和人们生活水平的提高,全球变暖和室内空气污染也受到了广泛关注。本章重点介绍我国"十一五"期间针对这些污染源和环境问题的控制技术进展,具体分成火电燃煤烟气控制技术、重点行业工业废气净化与资源化技术、室内空气净化技术、温室气体减排与资源化技术和区域大气复合污染控制技术5个部分。

(一)火电燃煤烟气控制技术

以燃煤为主的火电厂是固定源大气污染物的重要来源,其烟尘、二氧化硫、氮氧化物的排放量均列所有固定源之首。我国历来十分重视火电燃煤烟气的污染控制,几次修改《火电厂大气污染物排放标准》,并大力推广火电燃煤烟气除尘技术、脱硫技术和脱硝技术。在政策引导和技术改进的双重作用之下,"十一五"期间火电除尘产业稳定发展、火电脱硫产业异军突起,而火电脱硝产业已展现出爆发式增长的迹象。

1. 火电厂大气污染物排放标准的执行和更替

大气污染控制和治理的实践经验表明,排放标准决定了污染控制技术的类型,并推动污染控制技术的进步,而污染控制技术的进步又反过来为排放标准的执行提供有力保障。"十一五"是我国火电厂大气污染控制和治理发展历程中具有重要意义的5年,期间我国《火电厂大气污染物排放标准》(GB 13223-2003)全面实施,并逐渐向更为严格的排放标准(GB 13223-2011)过渡。排放标准的执行和更替引发了火电污染控制和治理行业的大繁荣,同时促进了火电污染控制技术的迅速发展。

"十一五"期间,我国火电厂开始全面执行GB 13223-2003,这一排放标准相对于GB 13223-1996更为严格,2010年,我国又发布了GB 13223-2011的征求意见稿,旨在进一步提高火电大气污染物排放标准。

表1统计了上述3个标准中烟尘、二氧化硫和氮氧化物的排放浓度限值,表中仅列出适用于使用最广泛的炉型和煤型的浓度限值。从表1可以看出,GB 13223-2003 相对于GB 13223-1996 而言,烟尘和二氧化硫的排放标准大幅提高,氮氧化物的排放标准提高较小,这也直接促进了脱硫除尘产业在 2005 年左右的飞速发展,而电厂脱硝仅做了少数尝试。脱硫除尘产业的飞速发展,使得电厂烟尘排放得到了有效控制,而电厂二氧化硫的排放控制也初显成效。

表 1　燃煤锅炉大气污染物排放浓度限值　　　　　单位:mg/m³

排放标准		烟尘	二氧化硫	氮氧化物(以 NO₂ 计)
GB 13223-1996		150~2000	2100	液态排渣 1000 固态排渣 650
GB 13223-2003	第 1 时段	2005 年起 300 2010 年起 200	2005 年起 2100 2010 年起 1200	2005 年起 1100~1500
	第 2 时段	2005 年起 200 2010 年起 50	2005 年起 2100 2010 年起 400	2005 年起 650~1300
	第 3 时段	2004 年起 50	2004 年起 400	2004 年起 450~1100
GB 13223-2011	新建锅炉	2012 年起 30	2012 年起 100 少数地区 200	2012 年起 100
	现有锅炉	2014 年中起 30	2014 年中起 200 少数地区 400	2014 年中起 100

随着二氧化硫排放控制效果的显现,对酸雨另一重要来源——氮氧化物的减排呼声越来越高,我国在"十一五"中期便开始酝酿更严格的氮氧化物排放标准,同时在新建电厂大力推广烟气脱硝技术。以 SCR 为主的电厂脱硝技术的成功推广为新的排放标准提供了技术保障。2010 年,我国发布了《火电厂大气污染物排放标准》(GB 13223-2011)的征求意见稿,其中引起广泛关注的是对氮氧化物排放的严格要求,氮氧化物的排放标准直接从宽松跨越至"史上最严厉"的程度。可以预见的是,从"十一五"中后期兴起的脱硝热潮将延续迅猛发展的态势。

另外,GB 13223-2011 首次对汞及其化合物排放限值作出了规定,汞的排放标准拟于 2015 年起执行。

2. 主流火电燃煤烟气控制技术在我国的发展状况

(1)燃煤烟气飘尘的治理

进入 21 世纪以来,除尘技术在我国迅速发展和应用,各种技术改进和新技术不断涌现,但目前我国火电厂仍主要采用电除尘器、袋式除尘器和电袋复合除尘器[188]。

我国目前火电厂采用的除尘器以电除尘为主,国产电除尘器性能指标已经达到国外同类产品的水平。相对于 PM_{10} 和 $PM_{10} \sim PM_{2.5}$,电除尘器对 $PM_{2.5}$ 的去除效率较低。为提高脱除微小颗粒的效率,目前正在研究一种脉冲预荷电直流收尘的复合式除尘系统[189],可大幅提高微小颗粒的脱除效率。

布袋式除尘器除尘效率可达 99.99%,对小粒径烟尘的捕捉效率特别高。近年来随着环保排放要求的提高及布袋除尘器技术的发展,选用袋式除尘器的火电厂也越来越多,从 125MW 到 600MW 机组都有采用袋式除尘器的实例。

国内电袋除尘器应用较晚,2005 年电袋复合除尘器才首次在电力行业应用。目前电袋复合除尘器多用于现有电厂的除尘器改造,以满足更高的排放要求。据不完全统计,2001 年以来,国内 135MW 以上发电机组有 60 多台正在使用电袋复合式除尘器[190]。

(2)燃煤烟气脱硫技术

燃烧后脱硫即烟气脱硫(FGD),是世界上唯一大规模商业化的脱硫技术。过去几年里,我国 FGD 产业取得了较大进展,目前最常用的工业化 FGD 技术有湿法石灰石/石膏法烟气脱硫技术、喷雾干燥法烟气脱硫技术、氨法烟气脱硫技术、电子束烟气脱硫技术和海水烟气脱硫技术[191]。

在多种烟气脱硫技术大规模产业化应用的同时,我国烟气脱硫技术研发也取得了一些新进展,涌现出一批新的脱硫技术,如电石渣石膏法、离子液体吸收法、有机胺吸收法、活性焦干法、脉冲放电催化还原法、膜吸收法等,其中电石渣石膏法[192]和活性焦干法[193]已实现工业化应用。

(3)火电脱硝技术

"十一五"中后期开始,脱硝产业发展迅猛,借政策东风,低氮燃烧技术、SCR 脱硝技术、SNCR 脱硝技术和 SCR-SNCR 脱硝技术在我国获得了较好的推广,特别是低氮燃烧技术、SCR 脱硝技术和 SNCR 脱硝技术[194]。

目前,我国已实现了低氮燃烧器的自行设计、制造和安装调试,具备了生产和装备低氮燃烧设备的能力。国内在开展低氮燃烧技术研发应用的企业有很多,这些企业的努力使我国在发展低氮燃烧技术上迈出了坚实的步伐。

SCR 是我国的主流烟气脱硝技术,国内目前现有和拟建的烟气脱硝工程中 SCR 约占 95%,可见其在国内烟气脱硝领域具有绝对的统治地位。国内企业已基本掌握了火电厂脱硝工程设计、建设、主体设备制造及运行技术,已涌现出一批很有实力的脱硝工程公司。SCR 工程应用的关键是催化剂,国内一些企业已建成多条催化剂生产线,催化剂产能实际为 2 万~3 万 m^3/a,最高产能可达 12 万 m^3 左右,但催化剂生产技术仍以引进为主。

"十一五"期间,SNCR 脱硝技术已在我国某些电厂应用,在氨逃逸量不大于 10×10^{-6} 时,脱硝效率大于 35%。若要获得更高的脱硝效率,则必须与其他脱硝技术联用[199],其中 SCR-SNCR 联用技术在我国已有应用实例。

(4)燃煤电厂汞污染控制技术

烟道活性炭喷射技术是当今最为成熟可行的汞污染控制技术,价格昂贵、经济可行性不高是其主要不足。我国学者对喷射吸附脱汞过程中影响活性炭喷射量的汞浓度、停留时间、温度、除尘设备等因素进行了研究,提出了有效降低活性炭喷射量的方法[195]。

湿法脱硫系统氧化剂注入法是"十一五"期间我国重点攻关的烟气脱汞方法,已取得了一定的技术突破。国家"863"计划对燃煤锅炉烟气汞排放控制技术进行了资助,其中与湿法脱硫系统有良好匹配的氧化剂注入法已在国内成功进行中试。

(5)多种污染物协同去除技术

开发联合脱除多种污染物的方法、实现多种污染物一体化脱除可有效降低设备投资和运行费用、减少设备占地面积、降低设备复杂性。"十一五"期间,我国针对电厂燃煤污染的电子束法同时通硫脱硝、脉冲电晕放电协同脱除多种污染物和半干法协同脱除多种污染物等技术都取得了较大进展。

电子束法同时脱硫脱硝技术是一种物理方法和化学方法结合的高新技术,在我国已建立国产化工业示范工程,不过目前尚未推广[196]。脉冲电晕放电协同脱除多种污染物的方法起源于电子束法,能同时实现脱除烟气中亚微米颗粒、二氧化硫、氮氧化物、元素汞和有机污染物,但该技术尚未进入工业化应用阶段[197]。半干法协同脱除多种污染物这一技术可同时去除二氧化硫、氯化氢、氟化氢、氮氧化物、重金属等污染物,已在多个省份推广使用[198]。

(二)重点行业工业废气净化与资源化技术

我国拥有完整独立的工业体系,这些行业基本都存在排放大气污染物的可能,但是不同行业排污特性各异,在污染物种类和数量上均存在较大差异。在诸多行业中,钢铁工业、有色金属工业、石化工业和建材工业中常需使用锅炉/炉窑,是重点排污行业。

1. 重点行业废气排放特征

重点行业工业烟气中的主要污染物有细粒子、SO_2、NO_x、副产物类持久性有机污染物(UP-POPs)、挥发性有机污染物(VOCs)等,具有排放量大、组成复杂的特点。

钢铁工业产生的大气污染物主要有二氧化硫、氮氧化物、二噁英、粉尘、重金属和氟化物等[199],排放的大气污染物种类繁多,其中烧结烟气排放的污染物所占比重最大、危害最大。

有色金属工业的排放的大气污染物成分复杂,主要污染物包括二氧化硫、氮氧化物、氯气、氟化物、沥青烟、粉尘和重金属等[200],其中轻金属铝冶炼工业和重有色金属冶炼中的炼铜工业、炼锌工业、炼铅工业是主要的污染源。

石化工业废气来源广泛,包括生产和储运的各个环节[201]。石化工业废气中主要污染物包括二氧化硫、氮氧化物、酚类、苯类、粉尘和重金属等,具有排放量大、成分复杂、治理难度大、污染物具有一定毒性等特点,需要引起高度重视。

建材工业行业多、产品繁杂,主要包括水泥、玻璃、陶瓷、砖瓦、石膏、玻璃纤维等。建材工业大气污染非常严重,在我国工业大气污染物总排放中占较大比例。产生的大气污染物主要有二氧化硫、氮氧化物、氟化物、粉尘和重金属等[201],废气排放量巨大,治理难度大。

2. 重点行业工业废气净化与资源化技术现状

针对重点行业工业烟气的排放特征,在"十五"探索研发的基础上,我国在"十一五"期间涌现出一批新的工业烟气净化与资源化技术。在诸多领域,我国的研发应用取得了不少成绩,也解决了许多"十五"的遗留问题。

(1)工业锅炉/炉窑除尘

工业锅炉/炉窑排放的粉尘具有排放量大、易于集中处理的特点,因此我国的工业锅炉/炉窑基本都安装了除尘装置,其中电除尘技术和布袋式除尘技术应用最广。"十一五"期间,我国涌现了一批新的电除尘技术和电除尘器供电电源,开发了一批特种布袋式除尘器滤料[202,203]。

(2)工业锅炉/炉窑脱硫

在工业锅炉/炉窑脱硫方面,石灰石-石膏法仍是主流技术。"十一五"期间,我国涌现出一批新的脱硫技术,如内外双循环流化床烟气脱硫技术[204]、电石渣-石膏法脱硫技术[192]、离子液体吸收脱硫技术[220]和有机胺吸收脱硫技术[206]。新型烧结烟气脱硫技术——内外双循环流化床烟气脱硫技术特别适用于钢铁烧结烟气的治理。电石渣-石膏法脱硫运行成本仅为国内传统石灰石-石膏脱硫工艺的1/2,已在国内多个工业锅炉/炉窑上应用。

(3)工业锅炉/炉窑脱硝

相对于火电厂脱硝的迅猛推进,我国重点行业工业锅炉/炉窑脱硝显得"雷声大雨点小",研发的技术不少,但真正大规模推广的技术寥寥无几。在工业锅炉/炉窑脱硝技术的研发和产业化进程中,低氮燃烧技术[207]、低温SCR脱硝技术[208]和SNCR脱硝技术[209]处于领先地位。

(4)工业锅炉/炉窑同时脱硫脱硝

"十一五"期间,我国在湿法同时脱硫脱硝技术方面有一定研究,氧化-吸收湿法联合脱硫脱硝技术、氨法同时脱硫脱硝技术、尿素添加剂湿法同时脱硫脱硝技术均具有较好前景[210,211],不过大多处于研究探索阶段,推广应用较少。

(5)工业锅炉/炉窑脱汞

我国对废气中重金属的控制起步较晚,目前主要集中在汞的脱除上,而针对砷、铅等其他重金属污染物的研究尚有欠缺。国内开发了与湿法脱硫系统有良好匹配的氧化剂注入法,并在国内成功进行中试,另外对直流电晕自由基簇射烟气中多种污染物脱除同时脱汞、有机催化法多种污染物脱除同时脱汞等也开展了深入研究[212]。

(6)化工/有色等行业工业烟气 SO_2 回收与资源化利用

"十一五"期间,我国涌现出多种 SO_2 回收与资源化利用技术。其中,可资源化活性焦干法脱硫技术和钙基湿法脱硫副产物制备高强度 α-半水石膏资源化技术具有较好的市场前景[213]。

(7)工业挥发性有机污染物VOCs的治理

在控制工业挥发性有机污染物VOCs方面,主要方法有冷凝法、吸收法、吸附法、燃烧法、生物法、非平衡等离子体法和催化氧化法,以及上述方法的组合。"十一五"期间,我国多个单位对各种方法进行了大量研究,在VOCs治理的理论研究和工程应用上都取得了一定进展[214-219]。

(8)副产物类持久性有机污染物(UP-POPs)的治理

目前,国内对UP-POPs的研究主要集中在二噁英方面。我国研究了在循环流化床中使二噁英随除尘过程得到治理,从而减少钢铁工业烧结机二噁英的排放。另外,在循环流化床中添加活性炭吸收二噁英也是治理途径之一。此外,具有自催化功能的除尘同时分解二噁英双功能的过滤材料、湿式共氧化法降解多溴联苯醚(PBDEs)、催化降解邻二氯苯等方面的研究均有一定进展[220]。

(三)室内空气净化技术及设备

"十一五"期间,我国在室内空气净化技术和室内空气净化设备两方面开展了大量工作,开发了一批具有自主知识产权的净化技术和净化设备。

1. 室内空气净化的技术现状

过去几年,国内研究了多种室内空气净化技术,按作用机制不同主要可分为物理法、化学法和生物法。

物理方法包括吸附技术、膜分离法、静电分离法等。我国近年对吸附技术研究较多,而对膜分离法和静电分离法研究较少。我国研究人员围绕吸附剂开展了一些工作,对吸附甲醛的沸石分子筛[221],吸附苯、甲苯、二甲苯混合气体的黏胶基活性炭纤维与颗粒活性炭[222]进行了大量研究。

化学方法中研究最广泛的是低温等离子体技术和光催化技术。我国有多个单位对低温等离子体去除 VOCs 技术进行了研究,进展明显[223-225]。光催化技术的研究主要集中于光催化剂的开发,目前研究的光催化剂主要是一些半导体材料,如 TiO_2、ZnO、Fe_2O_3、ZnS、CdS、WO_3、SnO_2、$SrTiO_3$ 等,其中最有实用意义的为 TiO_2。我国科研工作者开发了大量 TiO_2 基光催化剂,并尝试了光催化与其他技术的联用,如等离子体与光催化耦合技术、吸附与光催化联用技术[226,227]。

常见的生物法室内空气净化技术包括微生物净化技术和植物净化技术。我国对植物净化技术有一定研究,发现吊兰、常春藤、一品红、杜鹃等植物都是良好的"室内空气净化器"[228,229];还有研究人员发现云南秋海棠、蜘蛛抱蛋等多种植物对室内有害微生物的抑制作用十分明显[230]。

2. 室内空气净化的关键设备研制

"十一五"期间,我国在开发室内空气净化设备方面取得了可喜的成果。基于国家"863"计划资源环境技术领域重点项目"室内典型空气污染物净化关键技术与设备"研究成果,我国开发了净化屋全能王、净化屋装修卫士等产品,在净化甲醛等顽固污染物及去除异味方面实现了重大突破。产品可达到"除甲醛 99.36%、除苯 99.74%、除氨 89.37%、除尘 99.9%,除菌 95%,除烟 99.9%"的出色效果。该项目的研究成果标志着我国室内空气净化技术已达到世界先进水平。

此外,国内对等离子体和光催化空气净化设备开发也做了不少尝试,如:将光催化技术用于中央空调中制成有光催化活性的纳米二氧化钛活性炭净化网[231],利用光催化的杀菌、防污、防霉、除臭等功能净化室内空气;利用低温原位二次合成法制备室内空气净化功能织物降解甲醛[232];采取多种净化模块组合技术的 KJFI 型室内空气净化器,重点去除由房屋装饰装修造成的甲醛和挥发性有机物污染,兼顾除尘除菌[233];将 TiO_2/ACF 光催化氧化技术与传统的空气过滤器相结合,提出了新型室内空气净化器的设计方案[234]。

(四)温室气体减排

目前,全球温室气体中影响最显著的为 CO_2,其次为 CH_4、N_2O 等。全球 CO_2 浓度的增加主要是由于化石燃料的使用,而 CH_4 和 N_2O 浓度的变化主要源于农业活动与废弃物处理[235]。

1. 二氧化碳捕集与存储(CCS)技术进展

在诸多温室气体技术中,二氧化碳捕集与存储(Carbon Capture and Storage,CCS)技术用于燃煤发电厂极具潜力,受到国内外关注,研究与应用较多。CCS 技术主要包括捕集、运输、封存 3 个环节[236]。

(1)二氧化碳的捕集技术

二氧化碳的捕集技术是实现 CO_2 回收再利用的第一步,根据捕捉路线,CO_2 的捕集技术分为燃烧后捕集、燃烧前捕捉和富氧燃烧技术,其中燃烧后捕集和燃烧前捕捉进展较大。

CO_2 燃烧后捕集方法主要包括化学溶剂吸收法、吸附法、膜分离、深冷分离和生物固定等,化学溶剂吸收法在我国发展迅速。化学溶剂吸收法的关键在于经济适用吸收剂的选用,我国研究和应有最多的是醇胺法。我国的醇胺化学吸收技术已达到国际先进水平,在华能北京高碑店电厂、华能上海石洞口第二发电厂和中电投重庆合川双槐电厂建立了 3 套醇胺化学吸收法 CO_2 捕集的试验装置,其中华能石洞口第二发电厂的 CO_2 捕集装置能力达到了每年 10 万 t。

燃烧前捕捉技术,即煤气化联合循环发电(IGCC)技术,只能应用在以气化炉为基础的新建发电厂[237]。目前,我国有多家 IGCC 电厂正进行中试试验。

(2)CO_2 的运输与储存

CO_2 运输是 CCS 重要的一个环节,运输可以通过管道、船运、罐车等手段,由于现有天然气的运输技术比较成熟,并且在 EOR(enhanced oil recovery)项目有很成功的 CO_2 运输经验,因此 CO_2 运输难度不大。一般的 CO_2 封存方式主要有海洋封存(将 CO_2 直接释放到海洋水体中或者海底)和地质封存(将 CO_2 注入地质构造中,如油气藏、煤层以及深盐沼池等)。海洋封存技术在理论上潜力最大,但是存在一些重要问题需要研究,目前仍处在试验研究中。CO_2 地质封存在油气藏中应用最多,存在以下优势:已开发的油气藏已被大量的调查研究,熟悉了内部条件地质情况、温度和压力层;利用开采油气现有管道可以节省开支;CO_2 注入油气藏中可以提高石油采收率。中原、大庆、华北、江苏和华东等油田相继开展了 CO_2-EOR 室内研究和矿场试验。

2. 二氧化碳资源化利用

积极深入研究 CO_2 资源化技术也对 CO_2 减排具有深远的意义。目前,CO_2 已被广泛用于制冷、灭火、食品保鲜、金属保护焊接、制造碳酸饮料、液相处理有机废水、提取咖啡因、生产单细胞蛋白等方面。随着化石资源的不断消耗以及社会发展需求,将 CO_2 转变成高附加值的有机化工产品及新型材料依然是这一领域的研究热点。

(五)区域大气复合污染防治技术

我国城市和区域大气复合污染的态势十分严峻,严重威胁人民群众的身心健康和自然生态系统,是未来相当长时期内我国面临的一个重大环境问题,成为制约国家未来发展的关键瓶颈。大气复合污染的恶化和蔓延也对防控技术提出巨大挑战,以往针对单一污染源或污染物的控制技术已不能满足要求,需要整体上注重污染物之间、污染源之间和空间尺度之间的内在联系,形成区域大气复合污染防治技术。

我国从 2006 年开始大力研究大气复合污染控制技术,北京大学、清华大学、广东省环境监测中心、中国科学院、中国环科院等单位做了大量工作,取得了一系列技术突破,特别是:

(1)大气复合污染防治的关键技术取得突破

研制出十余项具有自主知识产权的大气监测设备样机和多项产品,关键监测技术研发取得突破,挥发性有机物测量装置、颗粒物粒径测量仪、拉曼激光雷达等达到国际同类设备先进水平,并已投入应用,具备打破国外对我国市场垄断的潜力;研发了区域污染气体和颗粒物浓度的卫星监测关键技术;构建了污染源清单编制规范和动态数据管理平台,建立了污染源快速评价技术,实时监控空气质量与污染源排放的关系;发展了集合预报技术及观测资料同化技术,研发了具有自主知识产权的区域空气质量模式,构建了世界上首个空气质量多模式集合预报业务系统。这些核心技术的突破,为推动我国区域大气复合污染防治的进程提供了技术保障。

(2)重点敏感污染源控制技术成果显著

燃煤和工业排放是我国大气污染的重要来源,NO_x 和挥发性有机物 VOCs 控制是大气复合污染防治的关键。我国重点开发了适用于中小锅炉 NO_x 控制的 SCR 和 SNCR 脱硝技术及燃烧优化降氮技术,研发了吸附回收、蓄热催化燃烧、强化预处理生物法等关键技术的大气挥发性有机物控制装置,建立了吸附材料、催化材料、生物材料规模生产线及 NO_x 和 VOCs 污染控制示范装置。这些成果与现有除尘脱硫脱硝等技术结合,将为区域重点源和敏感源的控制提供坚实的技术支撑。

需要指出的是,虽然"十一五"期间我国大气复合污染防治技术成果显著,但我国大气复合污染的形势仍不容乐观,我们仍需围绕大气复合污染控制的国家需求,继续研发面向区域大气复合污染防治技术,完善城市群大气复合污染防治的技术体系和区域协调机制,形成具有中国特色世界水平的大气复合污染协同控制体系。

五、大气环境科学的主要成果及其应用

(一)重大项目的学科研究进展

1. 国家"973"计划

(1)"十一五"期间"973"计划概况

"十一五"期间,国家立项和完成的有关大气环境科学的"973"计划和重大科学研究计划共计 11 项,其中新立项 9 项,完成"十五"期间立项项目 2 项。"十一五"期间立项并完

成的项目共3项,研究内容主要集中在区域大气复合污染的特征和形成机制,细颗粒物的源排放特征、化学行为及气候效应,酸沉降过程和污染物输送以及基于生态效应的调控原理等方面。项目详细列表见表2。

表2 "十一五"期间立项和完成大气环境科学"973"计划汇总

项目编号	项目名称	项目首席科学家	项目依托部门（单位）
2002CB211600	燃烧源可吸入颗粒物的形成与控制技术基础研究	姚 强	教育部
2002CB410800	长江、珠江三角洲地区土壤和大气环境质量变化规律与调控原理	骆永明	中国科学院 教育部
2005CB422200	中国酸雨沉降机制、输送态势及调控原理	王 韬	国家环境保护总局
2006CB200300	燃煤污染物干法联合脱除的基础研究	陈昌和	教育部
2006CB403700	中国大气气溶胶及其气候效应的研究	张小曳	中国气象局
2009CB939700	纳米材料与结构在环境气体污染物检测与治理中的应用基础研究	赵修建	教育部
2010CB428600	平流层大气基本过程及其在东亚气候与天气变化中的作用	吕达仁	中国科学院
2010CB950800	多尺度气溶胶综合观测和时空分布规律研究	顾行发	中国科学院
2011CB403400	气溶胶-云-辐射反馈过程及其亚洲季风相互作用的研究	张小曳	中国气象局
2011CB503800	空气颗粒物致健康危害的基础研究	邬堂春	湖北省科技厅 教育部
2011CB707300	二氧化碳减排、储存和资源化利用的基础研究	袁士义	中国石油天然气集团公司

"燃烧源可吸入颗粒物的形成和控制技术基础研究"项目围绕燃烧源可吸入颗粒物的形成机制和在各种外加条件作用下的行为规律等科学问题,对燃烧过程可吸入颗粒物源的形成机理、在不同外部条件下的运动规律、自脱除效应及协同作用与抑制机理进行了研究。

"长江、珠江三角洲地区土壤和大气环境质量变化规律与调控原理"围绕东南沿海典型经济快速发展地区——长江、珠江三角洲地区土壤、大气环境质量演变等重大科学问题,在大气环境方面取得了一些重要成果,包括大气环境质量方法学与数据库的建立、珠江三角洲大气污染现状的观测与污染形成规律、建立了我国第一套大气 O_3 对农作物影响的熏气实验装置、筛选出重金属污染大气沉降的敏感性指示植物等。

"燃煤污染物干法联合脱除的基础研究"项目围绕燃煤产生的 SO_2、NO_x 和重金属等污染物进行干法联合脱除的关键核心问题,在固体添加物表面上污染物脱除的化学反应与热质传递、多组分复杂气氛下污染物脱除反应的强化、污染物联合脱除系统的集成、优化与控制等方面开展了研究,为干法脱除燃煤污染物的技术发展提供理论支撑,并在此基础上形成一种低费用、高效率、少耗水或者不耗水的燃煤污染物的联合脱除的主流技术。

"中国大气气溶胶及其气候效应的研究"项目通过在我国多个关键区域开展连续、大量的气溶胶理化和光学特性的观测及专项研究,结合气溶胶排放源、气溶胶化学数值模式系统及气溶胶化学-辐射-气候模式系统的研究,获得了有关我国大气气溶胶理化、光学特性分布和变化的比较准确与系统的认识,了解了高气溶胶浓度和复杂类型情况下区域性霾的形成机制,提出概念模型,并定量区分出排放源和气象因素对气溶胶形成的贡献。通过观测与数值模拟紧密结合的研究,还取得了系列支持国家气候变化外交的成果。

近年来新立项和正在进行中的"973"计划项目将分别针对气体、气溶胶及气候变化等方面开展进一步深入研究,研究内容包括纳米材料与结构在环境气体污染物检测与治理中的应用,空气中有害物质检测和治理的关键技术和器件研制开发;东亚地区平流层结构特征,平流层-对流层相互作用过程和机理,平流层化学-气候相互作用机制,臭氧层恢复与气候变化;中国及全球重点区域气溶胶微观特性、气溶胶的宏观尺度,气溶胶格局特征和变化及人类影响规律解析,气溶胶对气候影响的模拟和评估;气溶胶理化、光学及云物理特征和三维综合观测,气溶胶与云相互作用的实验观测,珠江三角洲典型季风区气溶胶对亚洲季风的影响,气溶胶、云、辐射数值模拟,全球气溶胶的气候效应;空气颗粒物人群暴露特征与健康效应的关系,空气颗粒物致心肺健康危害中与机体交互作用机制;二氧化碳减排、规模化捕集、储存和资源化利用等。

(2)国家"973"酸雨项目

项目启动于 2005 年 12 月,完成于 2010 年 8 月,历时 5 年。重点研究了目前我国酸雨(沉降)及其前体物排放、分布特征和演变趋势、化学转化和大气输送机制、区域酸沉降与生态系统承载能力关系、酸雨前体物与酸沉降之间的源-受体定量关系以及未来二十年经济高速发展及能源需求增加形势下的酸雨污染发展趋势和控制战略等一系列重大问题。主要研究成果如下:

1)掌握了我国酸雨相关的污染源分布、酸雨污染现状和演变态势以及我国水土酸化和酸雨影响森林植被健康现状。

• 理清了我国酸雨相关的污染源分布及其未来 20 年的趋势;

• 获得了我国近 20 年来酸雨的时空分布特征和长期演变态势;

• 自主建立和发展了新一代酸雨输送和沉降模式;

• 比较全面地认识了我国典型酸雨区地表水酸化状况,并获得了我国酸雨对典型地区森林健康状况影响的重要信息。

2)掌握了我国酸雨形成的化学转化、大气输送以及水土和环境、生态影响机制。

• 项目研究发现我国南方和北方酸雨前提物的 SO_2 液相氧化存在不同途径,表明酸雨控制需要充分考虑大气氧化性并兼顾大气氧化剂的前体物控制措施的影响;

• 项目研究发现南方和北方大气边界层的云下冲刷作用截然不同,指出华北地区近几年酸雨的增强与碱性颗粒物的控制有关;

• 项目发现降水中硫氮比逐渐降低的趋势,酸雨正在由硫酸型逐步向硫酸硝酸混合

型过渡;

• 项目证实了边界层-自由对流层垂直输送等过程对于污染物的长距离输送有重要影响,指出酸雨相关的污染控制必须实施"区域联防-联控"的战略;

• 项目找出了适应我国南方土壤铝活化的机制和模型,发展了阶段酸沉降临界负荷的概念和确定方法,并建立了临界负荷的三维模式;

• 项目系统地揭示了典型植物对酸雨胁迫的生理生态响应机制、损伤特征和基本响应类型,明确了森林植被对酸雨胁迫生理生态响应所表现出的机制复杂、方式多样和非线性的特征。

此外,项目成果已经部分应用到我国《大气污染防治法》的修订中,并为"我国大气环境保护战略研究"提供科学基础,为多个地方政府实现酸雨污染和大气污染控制提供科学建议。项目的一批重要研究论文发表在国际及国内 SCI 刊物,包括本领域一流杂志如 *Science*, *Environmental Science & Technology*; *Journal of Geophysical Research*; *Atmospheric Chemistry and Physics*; *Geophysical Research Letter* 以及《中国科学》、《科学通报》等,SCI 论文总数 139 篇。

2. 国家"863"计划

近年来,国家针对大气污染控制技术的重大需求,主要在资源环境领域设立了 20 余项与大气污染控制技术相关的"863"计划项目。这些"863"计划的设立及大量科研经费的投入,对我国近年的大气学科的发展起到了很好的推动作用。以下简要介绍在产学研领域取得较大进展的几个项目:

国家"十一五""863"重大项目"重点城市群大气复合污染综合防治技术与集成示范",针对我国区域大气复合污染防治的重大技术需求,以"科学研究-技术集成-区域示范-管理决策"为主线,组织研发了大气复合污染监测预警和污染控制等关键技术(设备),构建了城市群大气复合污染防治的技术体系和区域协调机制,为引领清洁空气战略的新兴产业发展方向和推动国家清洁空气行动计划提供了科技支持。

国家"十一五""863"重大项目"工业燃煤锅炉及炉窑烟气脱硫脱硝技术与装备",围绕我国大气污染控制方面的重大需求和国际技术前沿,通过关键技术研发和系统集成,开发了具有自主知识产权的燃煤电站、燃煤工业锅炉、燃煤炉窑等烟气排放污染物控制技术与设备,推动了我国大气环境质量的改善,同时推动了我国脱硫脱硝产业的快速发展。

国家"十一五""863"重大项目"机动车污染控制技术研究",针对汽油车、柴油车、摩托车、替代燃料车等不同车型的排气污染特点,对各种机动车污染净化技术和产品进行了系统研究,开发了具有自主知识产权的、与国际排放标准接轨的机动车排放污染控制集成技术和产品,为我国全面实现城市蓝天工程计划,减缓区域复合污染发展趋势,提高城市大气环境质量作出较大贡献。

针对大型公共场所(如超市、商场、娱乐场所等)室内空气污染控制的重大需求,我国设立了"室内典型空气污染物净化关键技术与设备"重点项目,旨在以治理有机污染物和有害微生物为目的,项目研究了公共场所室内空气污染物的解析与调控技术,开发了具有自主知识产权的新型环境净化材料和技术,研制了新型独立空气净化器和适用于中央空调的空气净化单元样机,形成了室内空气污染净化技术系统,并进行了示范应用,为提升我国室内空气污染净化技术与装备水平、改善公共场所室内空气质量提供了支撑。

3. 国家科技支撑计划课题

近年来,国家在资源和环境领域先后开展众多有关大气环境科学及相关方向的国家科技支撑计划研究项目,包括"重污染城市环境空气质量达标管理关键技术"、"世博会空气质量保障长三角联动方案应用研究"、"燃煤电厂烟气脱硫脱硝脱汞关键技术研究与工程示范"、"道路隧道空气治理关键技术研究及示范工程应用"、"城镇人居环境改善与保障关键技术研究"等,研究内容主要集中在城市空气质量改善和保障、燃煤电厂烟气治理、交通污染排放治理和室内空气污染控制和环境改善等方面。

"燃煤电厂烟气脱硫脱硝脱汞关键技术研究与工程示范"项目针对燃煤电厂烟气净化问题,紧密结合国家大气净化工程和节能减排目标,开发适合我国国情、拥有自主知识产权的燃煤电厂烟气净化关键技术与装备、烟气净化新型催化材料与吸附材料的制备技术、烟气净化控制技术支撑平台,为我国燃煤电厂的持续发展提供技术支撑。项目开发了燃煤电厂双相整流烟气脱硫技术、两级式烟气脱硝技术和烟气脱汞关键技术,项目研究成果在重庆合川双槐电厂示范应用。

"2010年上海世博会空气质量保障长三角区域联动方案应用研究"项目面向世博需求,结合长三角各城市空气质量监测体系,设立了世博期间区域空气质量监测数据共享网络平台,更新了长三角区域的重点大气污染源排放清单,建立了长三角区域空气质量联合预报系统,制定了长三角区域大气污染联合防治区域应急联动方案。课题成果已成功应用于世博会期间的空气质量保障工作。

"道路隧道空气治理关键技术研究及示范工程应用"重点项目开发了多种在常温条件下的整体式 CO 净化催化剂和高效 NO_x 和 THC 的整体式吸附材料;建立了 1 万 m^3/h 风量中试模拟平台,实现了集高效静电除尘 - CO 常温催化 - NO_x 和 THC 吸附净化为一体;研制的隧道污染物净化设备成功在世博园区打浦路隧道 3 号风塔和翔殷路隧道浦东出口处进行了空气污染物排放治理应用工程示范;建立了隧道空气污染物扩散三维 CFD 仿真模型;制定了上海市地方标准(DB31/T519 - 2010)《道路隧道空气污染物净化设备净化效果的评价方法》,已于 2011 年 3 月 15 日颁布。

"城镇人居环境改善与保障关键技术研究"项目中部分课题针对室内污染源检测技术和设备开发、超净大型空气质量测试舱和污染物监测仪器研制、室内化学污染源控制和改善技术、室内空气净化材料的筛选、研发及净化效果评估、化学污染控制与改善效果仿真和评价软件、室内化学污染综合控制和改善技术研究及试点工程等方面进行了研究。

"重污染城市环境空气质量达标管理关键技术"课题在 2007 年至 2010 年针对城市空气污染的分析与诊断技术、排放源管理技术、城市空气质量的综合调控技术、城市空气污染控制的费效分析与评估、城市环境空气质量改善行动方案、城市空气质量改善过程的监控技术和评估方法以及燃煤电厂汞排放特征与排放清单开展了全面的研究。

4. 国家自然科学基金项目

国家自然科学基金委在"十一五"期间,共资助 132 个项目,其中重点基金 15 项,面上基金 117 项,资助项目数是"十五"期间的 2 倍多("十五"期间重点和面上基金项目分别为

7 项和 58 项)。

近年来,国家自然科学基金委加强了对大气复合污染、细颗粒物/气溶胶、汞、PTS、VOCs 等研究的资助。"十一五"期间,国家基金面上项目中有 34 项关注颗粒物/气溶胶,占此期间大气环境科学面上项目总数的 25.8%,16 项关注 VOCs,12 项关注重金属、PAHs、PCBs 等大气 PTS 污染,5 项研究大气汞污染。

近年来,国家自然科学基金委也加强了对应用基础研究和应用型项目的资助。例如"北京大气臭氧削减控制关键技术和方案研究";"生活垃圾焚烧过程中 UP-POPs 的生成机制与控制技术原理"和"区域大气重污染的预测预警与防治研究"。此外,该学部在大气环境科学方面共资助了 27 项面上基金项目,其中 2010 年 11 项,而"十五"期间仅有 5 项。

以下介绍近年来取得重大突破的部分研究成果:

(1)大气复合污染机制研究获重大进展

已有的研究发现,一次排放的大气污染物主要是通过由包含 OH、HO_2 和 RO_2 自由基的链反应完成。其中,OH 自由基是最主要的大气氧化剂。

2006 年 7 月,北京大学与德国于利希研究中心等单位合作在珠三角地区开展了为期一个月的大型国际综合观测实验(PRIDE-PRD2006)。观测期间,在广州市西北部约 60km 的郊区设置了一个超级观测站,对 OH 和 HO_2 自由基及各种大气痕量气体、气溶胶和太阳光化通量等进行了综合测量。研究人员发现,在高挥发性有机物(VOCs)和低氮氧化物(NO_x)浓度的条件下,已知的大气光化学机制缺少了一个主要的反应过程,从而严重低估了大气中 OH 的浓度水平。此外,这种缺失的机制还能在维持大气氧化性的同时显著降低大气臭氧的产生。

北京大学环境科学与工程学院的研究团队与德国于利希研究中心(Forschungszentrum Juelich)Andreas Wahner 教授领导的研究团队在 *Science* 杂志上合作发表了研究论文:*Amplified trace gas removal in the troposphere*。

(2)城市空气质量改善理论和技术研究为奥运会护航

针对北京奥运会对空气质量改善的急切需求,清华大学承担了"特大城市空气质量改善理论与技术及其应用"项目的研究,该项目得到了国家自然科学基金委的大力支持,还紧急启动"科技奥运"重点项目"北京大气臭氧削减控制关键技术和方案研究"。

课题选取代表国际先进水平的 Models-3/CMAQ 空气质量模型,对 52 种典型气象状况下的空气质量进行模拟,提出了针对奥运时段、奥运会赛期和特殊气象条件,两阶段三级逐步加强控制力度的空气质量保障措施。利用模型模拟分析了各种措施采取后不同时段 PM_{10} 和 O_3 超标概率以及可能出现的超标天数。

课题开发的重点源识别与清单编制技术、复合污染成因观测与烟雾箱模拟技术、多污染物协同控制决策技术等成果,成为编制《第 29 届奥运会北京空气质量保障方案》(下文简称《方案》)的关键科学技术依据。该《方案》经国务院批复实施,使奥运会期间北京主要污染物减排 50% 以上,空气质量全部达到国际奥委会要求,且近一半天数达到一级空气质量。

(3)尾气催化净化技术助力环境友好的柴油机系统

利用催化技术来净化汽车尾气,解决严重的城市空气污染已成为汽车排放控制技术中的重要内容。为此,国家自然科学基金委批准设立了重大国际合作项目"利用生物乙醇柴油及其相应的发动机尾气催化净化技术构筑环境友好的柴油机系统"。

项目承担单位经过三年的刻苦攻关,取得了一系列具有我国自主知识产权的成果:开发的助溶剂解决了乙醇和柴油的互溶性问题,配制了乙醇柴油(E-diesel),同时还配制了生物柴油-乙醇-柴油三组分调和燃料(BE-diesel),E-diesel 和 BE-diesel 均降低了柴油机的颗粒物排放;开发的非贵金属柴油机氧化催化剂可以净化 HC 选择性催化还原 NO_x(HC-SCR)过程中产生 CO 和 HC 化合物,还可以净化 NH_3 选择性催化还原 NO_x(NH_3-SCR)过程中残余的 NH_3;实现了 HC-SCR 催化体系和 NH_3-SCR 催化体系在重型柴油卡车上的示范。

(二)重大活动的空气质量保障

1. 2008 年北京奥运会

基于对北京 2008 年奥运会面临的空气质量问题的挑战以及对国内外研究现状的认识,北京市环保局于 2005 年提出了《北京与周边地区大气污染物输送、转化及北京市空气质量目标研究》立项建议,获北京市科学技术委员会立项并资助。

项目主要成果有:

(1)项目收集了北京周边省市大气污染重点污染源分布和源强数据,建立起多种行业大气污染源清单,借助 CAREBEIJING 综合观测资料和模型全面分析了北京及周边省市大气污染的状况与成因。在识别出周边省市影响北京空气质量的重点区域、重点源和重点行业基础上,采用空气质量模型和污染控制影响经济模型评估了各类措施的减排潜力和减排效果。

(2)针对奥运会空气质量保障提出了我国首个跨 5 个省市区域大气污染联合控制行动建议,制定了包括施工和道路扬尘、机动车尾气控制和限行、加油站油气回收、污染企业淘汰和停产、燃煤电厂脱硫除尘减负等一系列奥运前和奥运期间污染控制措施。

(3)奥运村站在奥运会时段一次污染物 $\varphi(NO_2)$,$\varphi(SO_2)$ 和 $\rho(PM_{10})$ 比奥运会前(8月7日前)分别下降 11.2%,46.7% 和 50.0%;二次光化学污染物 $\rho(PM_{2.5})$ 和 $\varphi(O_3)$ 分别降低了 57.0% 和 22.6%。污染源有效控制是北京空气质量得到显著改善的主要原因。

(4)与 2007 年同时段相比,2008 年奥运会时段 $\varphi(NO_2)$,$\varphi(O_3)$,$\rho(PM_{10})$ 和 $\rho(PM_{2.5})$ 分别下降了 38.8%,37.2%,42.1% 和 68.0%;残奥会时段分别下降了 17.8%,27.5%,44.0% 和 64.1%。前体物的有效控制降低了 O_3 的生成量。

2. 2010 年上海世博会

2010 年 5 月 1 日至 10 月 31 日上海世博会期间,上海市启动了长三角联防联控的大气质量保障机制,开展了"2010 年上海世博会空气质量保障长三角区域联动方案应用研究"、"长三角区域机动车污染控制联动方案研究"、"江浙沪空气质量联合日报预报方案及重点大气污染源排放清单的建立研究"。上海世博会联合观测期间,重点研究了世博会期间几次典型大气污染过程的形成原因及机制,并提出了初步分析结论。总体来看,2010年世博会期间的空气质量较 2009 年同期有明显改善,世博空气质量保障效果显著。

（1）API 优良率

根据历年 5～9 月各级别天数和优良率的统计，2010 年 5～9 月优良天数为 151 天，优良率为 98.7％，一级天数 82 天，均为历年同期最佳。其中，一级天数较去年同期增加 21 天，二级天数减少 20 天，三级及以上天数减少 1 天。2010 年 5～9 月最大日 API 值为 113，出现在 5 月 20 日（静稳天气条件下的区域性污染）。

（2）主要污染物（SO_2、NO_2 和 PM_{10}）

历年 5～9 月主要污染物平均浓度统计显示，2010 年 5～9 月 SO_2、NO_2 和 PM_{10} 平均浓度分别为 0.020mg/m³、0.039mg/m³ 和 0.057mg/m³，较 2009 年同期分别下降 25.9％、11.4％和 16.2％，均为历年同期最低值。

（3）与周边主要城市比较

2010 年 5 月 1 日至 9 月 30 日，上海环境空气质量优良率为 98.7％，较去年同期上升 0.7 个百分点，在长三角 9 个主要城市中排名仅次于舟山；一级天数为 82 天，较去年同期增加 21 天，在长三角 9 个主要城市中与舟山并列第一，明显优于其他城市。优良率排名从 2009 年同期的第三位上升为第二位。

（4）降尘

2010 年 5～9 月，全市区域降尘量每月为 7.1t/km²，其中，城区区域降尘量每月为 7.7t/km²，郊区区域降尘量每月为 5.9t/km²；道路降尘量每月为 11.1t/km²。与去年同期相比，全市区域降尘量有所下降，降幅为 9.5％，道路降尘量明显下降，降幅为 44.9％。

（5）控制秸秆燃烧效果

基于秸秆燃烧对空气质量影响较大的问题，出台了《长三角秸秆燃烧地分布周报》，对各个省、市、县燃烧火点及时观察及通报，控制秸秆燃烧对空气质量改善的效果非常明显，保障了上海世博期间的空气质量，也保障了人群健康。

3. 2010 年广州亚运会

2010 年第 16 届广州亚运会是我国"十一五"期间继北京奥运会、上海世博会之后第三次重大国际活动。亚运会、亚残运会在 2010 年 11 - 12 月举办，是珠江三角洲地区历年中大气污染物扩散条件和空气质量最差的月份之一，亚运会空气质量保障面临巨大挑战，亟须科学和技术的强有力支撑。

（1）亚运会空气质量保障方案研究

2009 年初，以"十一五"国家"863"重大项目"重点城市群大气复合污染综合防治技术与集成示范"总体专家组为核心，进行了亚运会空气质量保障措施研究。项目组利用 CMAQ、STEM、NAQPMS 等空气质量模型对各种方案下 SO_2、NO_2、PM_{10}、O_3、$PM_{2.5}$ 的控制效果进行了综合评估，总结形成了《广州市空气质量特征研究报告》、《广州周边城市空气质量特征研究报告》等系列研究成果，编制了《2010 年第 16 届亚运会广州空气质量保障措施方案（广州市措施）》等。

（2）亚运会大气污染联防联控的实践与成效

1）2010 年广州亚运会空气质量保障方案体现了以 O_3 和 $PM_{2.5}$ 为控制核心以及以 PM_{10}、SO_2 和 NO_2 为控制目标的区域空气质量保障的指导思想，确定了以广州市为重点及周边城市互动的多目标多污染物区域联防联控思路,保障方案被广东省及广州市两级政府全面采纳。

2)根据项目研究成果和方案测算,广东省和广州市在亚运前适时加大了电厂和大锅炉脱硝工作,在全国率先推出了针对 VOC 地方排放标准和机动车国Ⅳ新车标准,对珠三角整个区域全面实施油气回收工程,亚运期间对广州市实行机动车单双号限行等一系列措施,大大减少了 NO_x 和 VOCs 排放总量,为空气质量保障提供了措施保障。

3)亚运会期间建立了一套由 55 个空气质量监测站点和多模式空气质量集成预报系统组成的亚运会空气质量实时监控预警平台,并设立了一个大气超级监测站,监测指标达到 200 项,为亚运空气质量保障提供了强大的数据保障;

4)亚运期间,"863"重大项目总体专家组部分成员和项目骨干主导了省市专家联合会商的技术工作,提供每日区域空气质量状况、影响因素、未来演变态势及应对措施的综合分析报告,确保了亚运开幕在蓝天白云的优良环境下圆满成功举行,为亚运会空气质量保障工作提供了智力保障。

5)亚运会期间,珠三角地区空气质量优良率为 100%,高于 2005—2009 年亚运同期 91%~97%的水平;广州市 SO_2、NO_2 和 PM_{10} 浓度水平比 2006—2009 年历史同期平均分别下降了 40%、24%和 13%。

图 1 为 2010 年广州亚运会空气质量实时监控网络,图 2 为 2010 年广州亚运会空气质量保障实景,2010 年广州亚运会空气质量保障研究和大气污染联防联控的实践显示,科学技术在大型国际活动的环境质量保障工作中发挥了基础性和指导性作用,研究方案得到了实际验证并取得了显著实效,珠江三角洲大气污染联防联控的机制初步建立并运行,已成为我国区域大气污染联防联控的一个成功的典型案例。

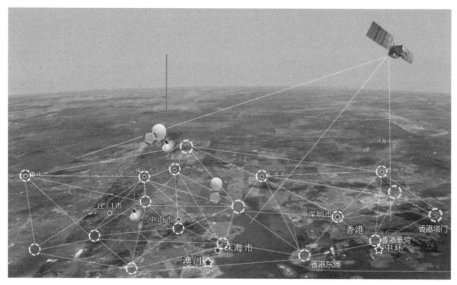

图 1　2010 年广州亚运会空气质量实时监控网络

图 2　2010 年广州亚运会空气质量保障实景

六、大气环境科学技术研究能力建设进展

(一)基础研究平台发展

目前,环保部拥有大气环境学科领域通过验收并命名的重点实验室 3 个。现有重点实验室数量较少,难以覆盖大气学科各个研究领域。为进一步加强对大气污染物的监测与分析,2008 年 7 月,环保部发布通知,批准沈阳市环境监测中心站建设大气有机污染物监测分析重点实验室。

国家重点实验室是学科发展的重要基础研究平台之一,此外,"十一五"期间,各研究院所先后建设了一批烟雾箱实验室,用于研究光化学烟雾形成机制和污染规律。与此同时,野外观测站也已成为我国大气环境监测与研究的基地,并逐步发展成为相关人才培育中心。

基础研究平台的发展将紧跟国际前沿,不断加强平台建设、人才培养和国际合作与交流,促进大气相关学科的持续快速发展。

(二)学术交流

2006—2010 年期间,我国组织了一系列高水平的学术会议。如每年一届的中国大气环境科学与技术大会,得到了全国从事大气环境科学研究工作的专家学者、管理干部、环保产业实业家以及在校师生等各方面人士的积极支持,参加人数逐渐增长。会议为全国大气环境工作者提供了一个便捷的交流平台,为共同研讨大气环境前沿领域的重大科学问题、热点问题,展示我国大气环境科学技术的最新成果,加强与国内外著名专家学者的学术交流与合作,提高我国环境学科的整体学术水平和解决国家重大环境问题的能力起到了重要的推动作用。

（三）学术刊物

在学术期刊方面,国内相关期刊层出不穷。其中,中国环境科学学会主办的《中国环境科学》、中国环境科学研究院主办的《环境科学研究》以及中国科学院大气物理研究所主办的《大气科学》等在大气环境科学研究领域占有相当重要的地位,其影响力及所刊登论文的质量逐年提高,社会效益显著增长。

伴随大气学科的迅猛发展,《中国环境科学》和《环境科学研究》分别于 2008 年和2009 年由双月刊改为月刊,为大气环境研究领域的学者提供了更为宽广的交流平台。

七、大气环境科学技术发展趋势及展望

当前,我国在部分核心技术研发上取得了显著进展,大气污染防治产业初具规模,二氧化硫和颗粒物排放总量呈现下降的趋势,大气污染防治工作正快速向区域化方向推进。

然而,我国大气污染恶化的趋势尚未得到有效遏制,大气复合污染的防治工作刚刚起步,现行技术体系和管理理念与发达国家还有较大差距,控制设备运行成本高,副产物资源化困难,次生污染物增多等因素难以支撑实施以多目标多污染物调控为核心的区域污染联防联控,亟须在大气复合污染防治的基础理论、核心技术和装备产业化上取得突破,紧紧围绕大气复合污染防治开展学科相关管理思路、基础理论、控制技术和监控技术的研究是大气环境科学技术发展的趋势和优先领域。

（一）大气污染防治基础理论与决策支撑技术

围绕控制我国区域大气复合污染的迫切需求,弄清我国大气污染的成因和区域性特征,构建国家层次的区域大气复合污染防治技术体系,创新大气环境管理制度,建立区域大气污染联防联控机制。研发面向区域大气复合污染及其健康与生态风险和气候效应的低成本副产物可资源化新技术,制定大气污染防治产业发展的路线图和相关政策,形成具有中国特色世界水平的空气质量改善行动计划和产业化模式。

（二）区域性大气复合污染关键控制技术体系

围绕当前大气区域复合污染严峻态势,研究开发复合污染前体物控制的关键技术。从环境、经济和性能出发,对现有的大气污染控制支撑技术进行系统评估,筛选出适合于我国国情的最佳可用技术,重点研发多污染物协同控制、重点排放源 VOCs 控制技术等针对大气复合污染控制所亟须的新技术和新方法,研究从源头、过程和末端综合优化控制途径,形成大气复合污染关键控制技术体系。在京津冀、长三角和珠三角地区对上述技术进行综合集成示范,大幅提升上述区域内大气区域性复合污染的控制水平。

（三）潜在/新兴城市群空气质量改善综合技术研究

重点针对我国除"三区"以外九大城市群和重污染城市及经济快速发展地区大气复合污染的现状与发展趋势,以推动重点城市空气质量全面达标、避免城市群效应的发生和蔓延,保障

全国城市环境空气质量持续、稳定改善为目标,建立适合我国国情并可持续发展的城市空气质量达标策略和管理机制。集成现有成果并开发支撑城市空气质量达标的关键新技术,通过示范和推广应用,实施针对不同地区具体污染特点的空气质量标准监控体系、控制技术、大气环境监测与预警及污染源管理等示范,促进新兴与潜在城市群区域大气复合污染的综合控制。

(四)燃煤烟气污染排放控制技术

在我国现有燃煤电站及燃煤工业锅炉污染物控制技术的基础上,重点开发先进高效的燃煤烟气多污染物协同控制、以废治废型、资源回收型污染控制、新兴污染物控制等关键技术和设备。

(五)工业炉窑和工艺过程排放控制技术

针对钢铁、有色、石化、化工、电子,建材等工业炉窑烟气与工艺过程的排放特点,开发粉尘、二氧化硫、氮氧化物、VOC、有毒有害气体等高效控制和以废治废及副产物资源化技术,重点突破多污染物协同控制关键技术和设备,通过技术匹配与集成,提升我国重点行业大气污染治理技术与装备水平。

(六)交通运输源排放污染控制技术

在燃油品质改善的基础上,重点研发满足国 V 以上排放标准的柴油车、汽油车、替代燃料车等排放污染控制技术和关键设备。开发具有自主知识产权的、与国际排放标准接轨的机动车、船舶及飞行器排放污染控制集成技术和产品。

(七)温室气体协同减排及资源化利用技术

围绕常规污染物与温室气体协同减排的国家需求,针对燃煤烟气及重点行业 CO_2、CH_4、N_2O 等温室气体排放问题,开发大气污染控制过程中 CO_2 等温室气体的协同减排技术,非 CO_2 温室气体排放控制与资源化利用等关键技术,建立工业规模示范,为我国制定温室气体减排政策和提升履约能力作出贡献。基于监测与控制大气污染物的机制,针对常规污染物与温室气体排放的重点行业和区域,理清常规污染物与温室气体减排的内在联系和协同理论,重点研发两者减排的协同技术,完善国家重点行业和区域常规污染物与温室气体协同减排的技术体系和协调机制,促进协同监测与控制技术向高集成度、高时效、多平台、智能化和网络化方向发展,制定两者协同减排的路线和相关政策,形成具有中国特色、满足应对气候变化和污染物控制需求的常规污染物和温室气体协同减排行动和战略路线。

(八)室内空气净化技术

针对建筑物室内和特殊空间空气污染的特点,优先突破多污染物净化和污染物实时检测关键技术和设备,重点攻克净化挥发性有机化合物、微生物和颗粒物的新型材料、关键技术和组件,提升我国室内空气污染控制技术与装备水平。

(九)大气环境监测技术

针对系统监测大气复合污染多污染物、温室气体及环境效应的技术需求和目前主要设备过度依赖进口的局面,以研发污染源在线监测、空气质量综合立体监测和大气环境边界层多参数探测关键技术为核心,突破天空地立体监测耦合技术,研发满足我国当前和未来大气环境监测业务和科学研究需求的监测高技术成套设备,技术达到国际同类产品的先进水平。

参考文献

[1] 安兴琴,吕世华. 兰州市冬季大气边界层结构特征的观测和数值模拟研究[J]. 气象科学,2007,27(4):374-380.

[2] Zhao Songnian,Xiong Xiaoyun,Cai Xiaohong,et al. A new turbulence energy cascade pattern and its scaling law[J]. Euro—phys. Lett. ,2005,69(1):81-87,doi:10.1209/epl/i2004—10300-9.

[3] 伍大洲,孙鉴泞,袁仁民,等. 对流边界层高度预报方案的改进[J]. 中国科学技术大学学报,2006,1(10),111-116.

[4] 程雪玲,胡非. 大气边界层剪切湍流统计特性的风洞实验及其层次相似律[J]. 大气科学,2005,29(4):573-580.

[5] 汪新,K. F. McNamara. 大涡模拟建筑物对近源大气污染物扩散的影响[J]. 应用力学学报,2007,24(1):284-289.

[6] 张宁,蒋维楣. 建筑物对大气污染物扩散影响的大涡模拟[J]. 大气科学,2006,30(2):212-220.

[7] 石碧青,洪海波,谢壮宁,等. 大气边界层风洞流场特性的模拟[J]. 空气动力学学报,2007,25(3):376-380.

[8] 袁仁民,吴徐平,罗涛,等. 对流边界层水平温度场特征的水槽模拟研究[J]. 中国科学技术大学学报,2010,40(1):8-14.

[9] 尹青,何金海,张华. 激光雷达在气象和大气环境监测中的应用[J]. 气象与环境学报,2009,25(5):48-56.

[10] 刘熙明,胡非. 大气边界层的研究——从均匀到非均匀[J]. 气象与减灾研究,2007,30(2):44-51.

[11] 邹捍,周立波,马舒坡,等. 珠穆朗玛峰北坡局地环流日变化的观测研究[J]. 高原气象,2007,26(6):1123-1140.

[12] 刘辉志,冯健武,邹捍,等. 青藏高原珠峰绒布河谷地区近地层湍流输送特征[J]. 高原气象,2007,26(6):1151-1161.

[13] 胡非,洪钟祥,陈家宜,等. 白洋淀地区非均匀大气边界层的综合观测研究——实验介绍及近地层微气象特征分析[J]. 大气科学,2006,30(5):883-893.

[14] 夏思佳,王勤耕,金龙山. 海岸地区基于AERMOD的热力内边界层对大气污染物扩散影响的模拟研究[J]. 环境污染与防治,2010,32(2):4-8.

[15] 王艳,柴发合,刘厚风,等. 长江三角洲地区大气污染物水平输送场特征分析[J]. 环境科学研究,2008,21(1):22-29.

[16] 陈燕,蒋维楣,郭文利,等. 珠江三角洲地区城市群发展对局地大气污染扩散的影响[J]. 环境科学学报,2005,25(5):700-710.

[17] 张美根,胡非,邹捍,等. 大气边界层物理与大气环境过程研究进展[J]. 大气科学,2008,32(4):923-934.

[18] 张强,赵映东,王胜,等. 极端干旱荒漠区典型晴天大气热力边界层结构分析[J]. 2007,22(11):

1150 - 1159.

[19] 彭珍,刘熙明,洪钟祥,等. 北京地区一次强沙尘暴过程的大气边界层结构和湍流通量输送特征[J]. 气候与环境研究,2007,12(3):267 - 276.

[20] 徐阳阳,刘树华,胡非,等. 北京城市化发展对大气边界层特性的影响[J]. 大气科学,2009,33(4):859 - 867.

[21] 苗世光,Chen Fei,李青春等. 北京城市化对夏季大气边界层结构及降水的月平均影响[J]. 地球物理学报,2010,53(7):1580 - 1593,DOI:10.3969/j. issn. 0001 5733. 2010. 07. 009.

[22] 陈燕,蒋维楣. 南京城市化进程对大气边界层的影响研究[J]. 地球物理学报,2007,so(1):66 - 73.

[23] 张礼春,朱彬,牛生杰,等. 南京市冬季市区和郊区晴天大气边界层结构对比分析[J]. 南京信息工程大学学报:自然科学版,2009,1(4):329 - 337.

[24] 袁仁民,罗涛,孙鉴泞. 对流边界层顶部光学湍流的室内模拟研究[J]. 光学学报,2006,26(9):1287 -1292.

[25] 罗涛,袁仁民,孙鉴泞. 大气边界层各向异性的室内模拟研究[J]. 强激光与粒子束,2006,18(3):372 - 376.

[26] 李自鑫,孙鉴泞,袁仁民,等. 地表非均匀加热条件下边界层湍流特征的实验研究[J]. 南京大学学报(自然科学),2008,44(6):575 - 582.

[27] 林恒,孙鉴泞,袁仁民. 对流边界层顶部夹卷层厚度特征及其参数化分析[J]. 中国科学技术大学学报,2008,38(1):50 - 56.

[28] 林恒,孙鉴泞,卢伟. 有切边对流边界层夹卷厚度参数化的大涡模拟研究[J]. 南京大学学报(自然科学),2010,46(6):616 - 624.

[29] 赵恒,王体健,江飞,等. 利用后向轨迹模式研究 TRACE - P 期间香港大气污染物的来源. 热带气象学报,2009,25(2):181 - 186.

[30] 石春娥,邱明燕,张爱民,等. 安徽省酸雨分布特征和发展趋势及其影响因子[J]. 2010,31(6):1675 - 1681.

[31] 刘伟东,江玉华,李炬,等. 北京地区一次重污染天气气溶胶分布与传输特征研究[J]. 气候与环境研究,2010,15(2):152 - 160.

[32] 吴兑,廖国莲,邓雪娇,等. 珠江三角洲霾天气的近地层输送条件研究[J]. 2008,应用气象学报,19(1):2 - 9.

[33] 李莉,陈长虹,黄成,等. 长江三角洲地区大气 O_3 和 PM_{10} 的区域污染特征模拟[J]. 环境科学,2008,29(1):237 - 245.

[34] 黄健,刘作挺,黄敏辉,等. 杨永泉珠三角区域大气输送和扩散的季节特征[J]. 应用气象学报,2010,21(6):698 - 708.

[35] 夏兰,陈辉,卞林根. Footprint 方法在湍流扩散分析中的应用[J]. 气候与环境研究,2010,15(3):269 - 278.

[36] 蔡旭晖,丑景垚,宋宇,等. 北京市大气静稳型重污染的印痕分析. 北京大学学报(自然科学版),2008,44(1):135 - 141

[37] Hofzumahaus A. , Rohrer F. , Lu K. , et al. Amplified Trace Gas Removal in the Troposphere[J]. Science,2009,324(5935):1702 - 1704.

[38] Parrish D. D. , Zhu T. Clean Air for Megacities[J]. Science,2009,326(5953):674 - 675.

[39] Zhang R. Getting to the Critical Nucleus of Aerosol Formation[J]. Science,2010,328(5984):1366 - 1367.

[40] Yao Z. L. , Wang Q. D. , He K. B. , Huo H. , Ma Y. L. , Zhang Q. Characteristics of real -

world vehicular emissions in Chinese cities [J]. Journal of the Air & Waste Management Association，2007，57 (11)：1379 - 1386.

[41] Liu H.，He K. B.，Lents J. M.，et al. Characteristics of Diesel Truck Emission in China Based on Portable Emissions Measurement Systems[J]. Environmental Science & Technology，2009，43 (24)：9507 - 9511.

[42] Zhang Q.，Streets D. G.，Carmichael G. R.，et al. Asian emissions in 2006 for the NASA INTEX - Bmission. Atmospheric Chemistry and Physics，2009，9 (14)：5131 - 5153.

[43] Zhao Y.，Wang S.，Nielsen C. P.，et al. Establishment of a database of emission factors for atmospheric pollutants from Chinese coal - fired power plants[J]. Atmospheric Environment，2010，44 (12)：1515 - 1523.

[44] Zheng J. Y.，Shao M.，Che W. W.，et al. Speciated VOC Emission Inventory and Spatial Patterns of Ozone Formation Potential in the Pearl River Delta，China[J]. Environmental Science & Technology，2009，43 (22)：8580 - 8586.

[45] Ran L.，Zhao C. S.，Xu W. Y.，et al. VOC reactivity and its effect on ozone production during the HaChi summer campaign[J]. Atmospheric Chemistry and Physics，2011，11 (10)：4657 - 4667.

[46] Huo H.，Zhang Q.，He K. B.，et al. High - Resolution Vehicular Emission Inventory Using a Link - Based Method：A Case Study of Light - Duty Vehicles in Beijing[J]. Environmental Science & Technology，2009，43 (7)：2394 - 2399.

[47] Ding A. J.，Wang T.，Thouret V.，et al. Tropospheric ozone climatology over Beijing：analysis of aircraft data from the MOZAIC program[J]. Atfmospheric Chemistry and Physics，2008，8 (1)：1 - 13.

[48] Wang T.，Nie W.，Gao J.，et al. Air quality during the 2008 Beijing Olympics：secondary pollutants and regional impact[J]. Atmospheric Chemistry and Physics，2010，10 (16)：7603 - 7615.

[49] Wang T.，Wei X. L.，Ding A. J.，et al. Increasing surface ozone concentrations in the background atmosphere of Southern China，1994 - 2007[J]. Atmospheric Chemistry and Physics，2009，9 (16)：6216 - 6226.

[50] Xu X.，Lin W.，Wang T.，et al. Long - term trend of surface ozone at a regional background station in eastern China 1991 - 2006：enhanced variability[J]. Atmospheric Chemistry and Physics，2008，8 (10)：2595 - 2607.

[51] Su H.，Cheng Y. F.，Shao M.，et al. Nitrous acid (HONO) and its daytime sources at a rural site during the 2004 PRIDE - PRD experiment in China [J]. Journal of Geophysical Research - Atmospheres，2008，113 (D14)：9.

[52] Zhang Y. H.，Su H.，Zhong L. J.，et al. Regional ozone pollution and observation - based approach for analyzing ozone - precursor relationship during the PRIDE - PRD2004 campaign[J]. Atmospheric Environment，2008，42 (25)：6203 - 6218.

[53] Wu Z.，Hu M.，Liu S.，et al. New particle formation in Beijing，China：Statistical analysis of a year data set[J]. Geophys. Res.，2007，112(D9)，doi：10.1029/2006jd007406.

[54] Yue D.，Hu M.，Wu Z.，et al. Characteristics of aerosol size distributions and new particle formation in the summer in Beijing [J]. Geophys. Res.，2009，114 (D2)，doi：10.1029/2008jd010894.

[55] Liu S.，Hu M.，Wu Z. J.，et al. Aerosol number size distribution and new particle formation at a rural/coastal site in Pearl River Delta (PRD) of China[J]. Atmospheric Environment，2008，42

（25）：6275 - 6283.

[56] Gong Y. G. , Hu M. , Cheng Y. F. , et al. Competition of coagulation sink and source rate: New particle formation in the Pearl River Delta of China[J]. Atmospheric Environment, 2010, 44 (27): 3278 - 3285.

[57] Gao J. , Wang T. , Zhou X. H. , et al. Measurement of aerosol number size distributions in the Yangtze River delta in China: Formation and growth of particles under polluted conditions[J]. Atmospheric Environment, 2009, 43 (4): 829 - 836.

[58] Shen X. J. , Sun J. Y. , Zhang Y. M. , et al. First long - term study of particle number size distributions and new particle formation events of regional aerosol in the North China Plain[J]. Atmospheric Chemistry and Physics, 2011, 11 (4): 1565 - 1580.

[59] Xu P. , Wang W. , Yang L. , et al. Aerosol size distributions in urban Jinan: Seasonal characteristics and variations between weekdays and weekends in a heavily polluted atmosphere[J]. Environmental Monitoring and Assessment, 2011, 179 (1): 443 - 456.

[60] Lin P. , Hu M. , Wu Z. , et al. Marine aerosol size distributions in the springtime over China adjacent seas[J]. Atmospheric Environment, 2007, 41 (32): 6784 - 6796.

[61] Zhang Y. M. , Zhang X. Y. , Sun J. Y. , et al. Characterization of new particle and secondary aerosol formation during summertime in Beijing, China[J]. Tellus Series B - Chemical and Physical Meteorology, 2011, 63 (3): 382 - 394.

[62] Yue D. L. , Hu M. , Zhang R. Y. , et al. The roles of sulfuric acid in new particle formation and growth in the mega - city of Beijing[J]. Atmospheric Chemistry and Physics, 2010, 10 (10): 4953 - 4960.

[63] Wang Z. , Wang T. , Guo J. , et al. Formation of secondary organic carbon and cloud impact on carbonaceous aerosols at Mount Tai, North China[J]. Atmospheric Environment, 2011, doi: 10. 1016/j. atmosenv. 2011. 08. 019.

[64] Yang F. , Tan J. , Zhao Q. , et al. Characteristics of PM (2. 5) speciation in representative megacities and across China[J]. Atmospheric Chemistry and Physics, 2011, 11 (11): 5207 - 5219.

[65] He L. Y. , Huang X. F. , Xue L. , et al. Submicron aerosol analysis and organic source apportionment in an urban atmosphere in Pearl River Delta of China using high - resolution aerosol mass spectrometry[J]. Journal of Geophysical Research - Atmospheres, 2011, 116: 15.

[66] Jia L. , Xu Y. F. , Ge M. F. , et al. Smog chamber studies of ozone formation potentials for isopentane[J]. Chinese Science Bulletin, 2009, 54 (24): 4624 - 4632.

[67] Zhao Z. , Hao J. M. , Li J. H. , et al. Second organic aerosol formation by irradiation of alpha - pinene - NO(x) - H(2)O in an indoor smog chamber for atmospheric chemistry and physics[J]. Chinese Science Bulletin, 2008, 53 (21): 3294 - 3300.

[68] Lu Z. F. , Hao J. M. , Li J. H. , et al. Effect of calcium sulfate and ammonium sulfate aerosol on secondary organic aerosol formation[J]. Acta Chimica Sinica, 2008, 66 (4): 419 - 423.

[69] Li L. , Chen Z. M. , Zhang Y. H. , et al. Kinetics and mechanism of heterogeneous oxidation of sulfur dioxide by ozone on surface of calcium carbonate[J]. Atmospheric Chemistry and Physics, 2006, 6: 2453 - 2464.

[70] Ma J. Z. , Liu Y. C. , He H. Heterogeneous reactions between NO_2 and anthracene adsorbed on SO_2 and MgO[J]. Atmospheric Environment, 2011, 45 (4): 917 - 924.

[71] Zhu T. , Shang J. , Zhao D. F. The roles of heterogeneous chemical processes in the formation of an air pollution complex and gray haze[J]. Science China - Chemistry, 2011, 54 (1): 145 - 153.

［72］ Xu B. Y.，Shang J.，Zhu T.，et al. Heterogeneous reaction of formaldehyde on the surface of Y - Al_2O_3. Atmospheric Environment，2011，45 (21)：3569 - 3575.

［73］ Chen H.，Kong L.，Chen J.，et al. Heterogeneous Uptake of Carbonyl Sulfide on Hematite and Hematite - NaCl Mixtures［J］. Environmental Science & Technology，2007，41 (18)：6484 - 6490.

［74］ Chen Z. M.，Wang H. L.，Zhu L. H.，et al. Aqueous - phase ozonolysis of methacrolein and methyl vinyl ketone：a potentially important source of atmospheric aqueous oxidants［J］. Atmospheric Chemistry and Physics，2008，8 (8)：2255 - 2265.

［75］ Pathak R. K.，Wu W. S.，Wang T. Summertime PM(2.5) ionic species in four major cities of China：nitrate formation in an ammonia - deficient atmosphere［J］. Atmospheric Chemistry and Physics，2009，9 (5)：1711 - 1722.

［76］ Pathak R. K.，Wang T.，Ho K. F.，et al. Characteristics of summertime PM2.5 organic and elemental carbon in four major Chinese cities：Implications of high acidity for water - soluble organic carbon (WSOC)［J］. Atmospheric Environment，2011，45 (2)：318 - 325.

［77］ Wang L.，Lal V.，Khalizov A. F.，et al. Heterogeneous Chemistry of Alkylamines with Sulfuric Acid：Implications for Atmospheric Formation of Alkylaminium Sulfates［J］. Environmental Science & Technology，2010，44 (7)：2461 - 2465.

［78］ Yin S.，Ge M.，Wang W.，et al. Uptake of gas - phase alkylamines by sulfuric acid［J］. Chinese Science Bulletin，2011，56 (12)：1241 - 1245.

［79］ Wang Y.，Guo J.，Wang T.，et al. Influence of regional pollution and sandstorms on the chemical composition of cloud/fog at the summit of Mt［J］. Taishan in northern China. Atmospheric Research，2011，99 (3 - 4)：434 - 442.

［80］ Sun M.，Wang Y.，Wang T.，et al. Cloud and the corresponding precipitation chemistry in south China：Water - soluble components and pollution transport［J］. Journal of Geophysical Research - Atmospheres，2010，115.

［81］ Zhou Y.，Wang T.，Gao X.，et al. Continuous observations of water - soluble ions in PM2.5 at Mount Tai (1534 m a. s. l.) in central - eastern China［J］. Journal of Atmospheric Chemistry，2010，64：107 - 127.

［82］ Su, S. S.，et al. Sulfur Dioxide Emissions from Combustion in China：From 1990 to 2007［J］. Environmental Science & Technology，2011. 45(19)：8403 - 8410.

［83］ 国家统计局,环境保护部,中国环境统计年鉴 2010［M］. 北京：中国环境出版社,2010：124.

［84］ 中华人民共和国环境保护部,中国环境状况公报 2009［R］. 北京：中华人民共和国环境保护部.

［85］ Zhang, Y. H.，et al. Regional ozone pollution and observation - based approach for analyzing ozone - precursor relationship during the PRIDE - PRD2004 campaign［J］. Atmospheric Environment，2008. 42(25)：6203 - 6218.

［86］ Xu，X.，et al. Long - term trend of surface ozone at a regional background station in eastern China 1991 - 2006：enhanced variability［J］. Atmospheric Chemistry and Physics，2008. 8(10)：2595 - 2607.

［87］ Geng，F. H.，et al. Characterizations of ozone，NO_x，and VOCs measured in Shanghai, China. Atmospheric Environment，2008. 42(29)：6873 - 6883.

［88］ Xuexi Tie，J. C. Aerosol pollution in China：Present and future impact on environment［J］. Particuology，2009. 7：426 - 431.

［89］ Chan，C. K.，X. Yao，Air pollution in mega cities in China，Review. Atmospheric Environment，

2008. 42：1－42.

[90] 王京丽，刘. 北京市大气细粒子质量浓度与能见度定量关系初探[J]. 气象学报，2006. 64(2)：221－228.

[91] 张新民，柴.，王淑兰，等. 中国酸雨研究现状[J]. 环境科学研究，2010. 23(5)：527－532.

[92] 王文兴，许. 中国大气降水化学研究进展[J]. 化学进展，2009. 21(2/3)：266－281.

[93] Zhang，Y. H.，et al. Ozone and daily mortality in Shanghai，China[J]. Environmental Health Perspectives，2006. 114(8)：1227－1232.

[94] Kan，H. D.，et al. Short－term association between sulfur dioxide and daily mortality：The Public Health and Air Pollution in Asia (PAPA) study[J]. Environmental Research，2010. 110(3)：258－264.

[95] Guo，Y. M.，et al. The short－term effect of air pollution on cardiovascular mortality in Tianjin，China：Comparison of time series and case－crossover analyses [J]. Science of the Total Environment，2010. 409(2)：300－306.

[96] Chen，R. J.，et al. Ambient air pollution and hospital admission in Shanghai，China[J]. Journal of Hazardous Materials，2010. 181(1－3)：234－240.

[97] Cao，J. S.，et al. Association of ambient air pollution with hospital outpatient and emergency room visits in Shanghai，China[J]. Science of the Total Environment，2009. 407(21)：5531－5536.

[98] Pan，G. W.，et al. Air pollution and children's respiratory symptoms in six cities of Northern China [J]. Respiratory Medicine，2010. 104(12)：1903－1911.

[99] Kan，H. D.，et al. Season，sex，age，and education as modifiers of the effects of outdoor air pollution on daily mortality in Shanghai，China：The Public Health and Air Pollution in Asia (PAPA) study[J]. Environmental Health Perspectives，2008. 116(9)：1183－1188.

[100] Kan，H. D.，et al. Differentiating the effects of fine and coarse particles on daily mortality in Shanghai，China[J]. Environment International，2007. 33(3)：376－384.

[101] 王波. 城市大气污染物总量控制规划方案及方法研究——以龙井市为例[D]. 长春：东北师范大学. 2006.

[102] 谭昌岚. 大气污染物总量控制方法研究与应用[D]. 大连：大连理工大学，2005.

[103] 张学平. 排污权交易制度的分析[J]. 长春：吉林大学，2007.

[104] Lu，K. D. and Y. H. Zhang. Observations of HO(x) Radical in Field Studies and the Analysis of Its Chemical Mechanism[J]. Progress in Chemistry，2010. 22(2－3)：500－514.

[105] Lou，S.，et al. Atmospheric OH reactivities in the Pearl River Delta－China in summer 2006：measurement and model results[J]. Atmospheric Chemistry and Physics，2010. 10(22)：11243－11260.

[106] Li，X. Q.，et al. Development and deployment of an instrument for measurement of atmospheric peroxy radical by chemical amplification[J]. Science in China Series D－Earth Sciences，2009. 52(3)：333－340.

[107] Chi，Y. G.，et al. Determination of carbonyl compounds in the atmosphere by DNPH derivatization and LC－ESI－MS/MS detection[J]. Talanta，2007. 72(2)：539－545.

[108] Wang，B.，et al. Ground－based on－line measurements of peroxyacetyl nitrate (PAN) and peroxypropionyl nitrate (PPN) in the Pearl River Delta，China[J]. International Journal of Environmental Analytical Chemistry，2010. 90(7)：548－559.

[109] Shao，M.，et al. Volatile organic compounds measured in summer in Beijing and their role in

ground – level ozone formation[J]. Journal of Geophysical Research – Atmospheres，2009. 114.

[110] Chen，D.，et al. Tropospheric NO（2）column densities deduced from zenith – sky DOAS measurements in Shanghai，China，and their application to satellite validation[J]. Atmospheric Chemistry and Physics，2009. 9(11)：3641 – 3662.

[111] 刘文彬，谢.，司福祺，等. 便携式差分吸收光谱气体监测仪的研究[J]. 光学技术，2008. 34：103 – 105.

[112] Mao，T.，et al. The vertical distributions of VOCs in the atmosphere of Beijing in autumn[J]. Science of the Total Environment，2008. 390(1)：97 – 108.

[113] Cai，C. J.，et al. Characteristics of Ambient Volatile Organic Compounds（VOCs）Measured in Shanghai，China[J]. Sensors，2010. 10(8)：7843 – 7862.

[114] Inomata，S.，et al. PTR – MS measurements of non – methane volatile organic compounds during an intensive field campaign at the summit of Mount Tai，China，in June 2006[J]. Atmospheric Chemistry and Physics，2010. 10(15)：7085 – 7099.

[115] Yuan，B.，et al. Biomass Burning Contributions to Ambient VOCs Species at a Receptor Site in the Pearl River Delta（PRD），China[J]. Environmental Science & Technology，2010. 44(12)：4577 – 4582.

[116] Liu，S.，et al. Aerosol number size distribution and new particle formation at a rural/coastal site in Pearl River Delta（PRD）of China[J]. Atmospheric Environment，2008. 42(25)：6275 – 6283.

[117] Ye，G.，et al. Method for calculating packing density of powder particles in paste with continuous particle size distribution[J]. Powder Technology，2008. 187(1)：88 – 93.

[118] Gao，J.，et al. Measurement of aerosol number size distributions in the Yangtze River delta in China：Formation and growth of particles under polluted conditions［J］. Atmospheric Environment，2009. 43(4)：829 – 836.

[119] Achtert，P.，et al. Hygroscopic growth of tropospheric particle number size distributions over the North China Plain[J]. Journal of Geophysical Research – Atmospheres，2009. 114.

[120] Eichler，H.，et al. Hygroscopic properties and extinction of aerosol particles at ambient relative humidity in South – Eastern China[J]. Atmospheric Environment，2008. 42(25)：6321 – 6334.

[121] Ye，X. N.，et al. A Multifunctional HTDMA System with a Robust Temperature Control[J]. Advances in Atmospheric Sciences，2009. 26(6)：1235 – 1240.

[122] Hu，D. W.，et al. Hygroscopicity of Inorganic Aerosols：Size and Relative Humidity Effects on the Growth Factor[J]. Aerosol and Air Quality Research，2010. 10(3)：255 – 264.

[123] Du，H. H.，et al. Insights into Ammonium Particle – to – Gas Conversion：Non – sulfate Ammonium Coupling with Nitrate and Chloride[J]. Aerosol and Air Quality Research，2010. 10(6)：589 – 595.

[124] Zhang，Y. P.，et al. Source apportionment of lead – containing aerosol particles in Shanghai using single particle mass spectrometry[J]. Chemosphere，2009. 74(4)：501 – 507.

[125] Wang，X. F.，et al. Particulate Nitrate Formation in a Highly Polluted Urban Area：A Case Study by Single – Particle Mass Spectrometry in Shanghai[J]. Environmental Science & Technology，2009. 43(9)：3061 – 3066.

[126] Wang，X. F.，et al. Evidence for High Molecular Weight Nitrogen – Containing Organic Salts in Urban Aerosols[J]. Environmental Science & Technology，2010. 44(12)：4441 – 4446.

[127] 黄正旭，高.，董俊国，等. 实时在线单颗粒气溶胶飞行时间质谱仪的研制[J]. 质谱学报，2010.

31(6)：331 – 336.

[128] Chen，H.，et al. Rapid analysis of SVOC in aerosols by desorption electrospray ionization mass spectrometry. Journal of the American Society for Mass Spectrometry，2008. 19(3)：450 – 454.

[129] Chen，H. W.，et al. Surface desorption atmospheric pressure chemical ionization mass spectrometry for direct ambient sample analysis without toxic chemical contamination[J]. Journal of Mass Spectrometry，2007. 42(8)：1045 – 1056.

[130] 戴前伟,杨震中. 遥感技术在环境监测中的应用[J]. 西部探矿工程,2007,4：209 – 210.

[131] 胡兰萍,李燕,张琳,等. 遥感 FTIR 在大气环境监测中的新发展[J]. 光谱学与光谱分析,2006,26(10):1863 – 1867.

[132] 张晓芳,严卫. 中高层大气探测技术研究进展[J]. 气象科学,2007,27(4):457 – 463.

[133] 李强. 大气探测激光雷达的进展研究[J]. 科技信息,2010,5:106.

[134] 伯广宇,刘博,钟志庆,等. 探测大气温度和气溶胶的瑞利-拉曼-米氏散射激光雷达[J]. 光学学报,2010,30(1):19 – 25.

[135] 伯广宇,谢晨波,刘东,等. 拉曼激光雷达探测合肥地区夏秋季边界层气溶胶的光学性质[J]. 中国激光,2010,37(10),2526 – 2532.

[136] 尹青,何金海,张华. 激光雷达在气象和大气环境监测中的应用[J]. 气象与环境学报,2009,25(5):48 – 56.

[137] 陈敏,孙东松,顾江,等. 激光雷达探测的大气气溶胶空间二维分布[J]. 红外与激光工程,2007,36(3):369 – 372.

[138] 毛敏娟,张寅超,方海涛,等.机载激光雷达对青岛及周边海域的气溶胶探测[J].地球物理学报,2007,50(2):370 – 376.

[139] 毛敏娟,张寅超,方海涛,等. AEDAL 在青岛、渤海及黄海探测的定标反演[J]. 光谱学与光谱分析,2008,28(4):834 – 838.

[140] 华灯鑫,宋小全. 先进激光雷达探测技术研究进展[J]. 红外与激光工程,2008,37(增刊):21 – 27.

[141] 李忱,吴蕾. 风廓线雷达天线性能的限制条件分析[J]. 现代雷达,2010,32(3):18 – 23.

[142] 何平,马颖,阮征,等. 晴空热对流泡的风廓线雷达探测研究[J]. 气象学报,2010,68(2):264 – 269.

[143] 佟彦超,刘文清,张天舒,等. 激光雷达监测工业污染源颗粒物输送通量[J]. 光学技术,2010,36(1):29 – 32.

[144] 郭志梅,李黄,缪启龙. GPS 探测气象参数的技术进展[J]. 2008,13(2):212 – 224.

[145] 邱丽霞,林松,陈汇. 我国传统探空技术与 GPS 探空系统简述[J]. 福建气象,2010,3：37 – 39.

[146] 王叶红,赖安伟,赵玉春.地基微波辐射计资料同化对一次特大暴雨过程影响的数值试验研究[J]. 暴雨灾害,2010,29(3):201—207.

[147] 雷宇.中国人为源颗粒物及关键化学组分的排放与控制研究[D].北京:清华大学,2008.

[148] 蒋靖坤,郝吉明,吴烨,等.中国燃煤汞排放清单的初步建立[J].环境科学.2005,26(2):34 – 39.

[149] 王书肖,刘敏,蒋靖坤,等.中国非燃煤大气汞排放量估算[J].环境科学.2006,27(12):2402 – 2406.

[150] IN Wen，WANG Yuan. Measurement of flowaround a circular cyl inder by Particle Image Velocimetry(PIV)[J]. Journal of Xi'an Univer sity of Engineering Science and Technology，2007，21(4)：529 – 535.

[151] 王丽,王元,王大伟.粗糙元特征对风洞中大气表面层模拟的影响[J]. 西安交通大学学报,2009,43(3):87 – 91.

[152] 胡杰桦,谷正气,何忆斌,等. 汽车尾部流场湍流模型数值分析与实验研究[J]. 系统仿真学报,2010,22(2):321－325.

[153] 庞加斌,林志兴. 边界层风洞主动模拟装置的研制及实验研究[J]. 实验流体力学,2008,22(3):80－85.

[154] 石碧青,洪海波,谢壮宁,等. 大气边界层风洞流场特性的模拟[J]. 空气动力学学报,2007,25(3):376－380.

[155] 林官明,叶文虎,刘宝章. 风洞模拟湍流边界层的子波分析[J]. 中国环境科学,2002,22(5):447－450.

[156] 汪新,McNamam K F. 风洞模拟建筑物对大气污染物扩散影响的若干问题讨论[J]. 实验流体力学,2006,20(3):63－70.

[157] 罗涛,袁仁民,孙鉴泞. 大气边界层各向异性的室内模拟研究[J]. 强激光与粒子束,2006,18(3):372－376.

[158] 罗涛,袁仁民,孙鉴泞. 大气对流边界层发展的模拟研究[J]. 高原气象,2006,25(6):1001－1007.

[159] 袁仁民,吴徐平,罗涛,等. 对流边界层水平温度场特征的水槽模拟研究[J]. 中国科学技术大学学报,2010,40(1):8－13.

[160] 吴徐平,罗涛,袁仁民,等. 非均匀下垫面对流边界层热通量特征的物理模拟研究[J]. 大气与环境光学学报,2009,4(3):190－200.

[161] 袁仁民,罗涛,吴徐平,等. 热力非均匀下垫面对流边界层流场结构特征研究[J]. 大气与环境光学学报,2009,4(6):422－431.

[162] 罗淦,王自发. 全球环境大气输送模式(GEATM)的建立及其验证[J]. 大气科学,2006,30(3):505－518.

[163] 王自发,庞成明,朱江,等. 大气环境数值模拟研究新进展[J]. 大气科学,2008,32(4):987－995.

[164] 王自发,谢付莹,王喜全,等. 嵌套网格空气质量预报模式系统的发展与应用[J]. 大气科学,2006,30(5):778－790.

[165] 白晓平,李红,方栋,等. 资料同化在空气质量预报中的应用[J]. 地球科学进展,2007,22(1):66－73.

[166] 赵鸣. 对RIEMS模式中陆面过程的一个改进[J]. 气象科学,2006,26(2):119－126.

[167] 熊喆,符淙斌. RIEMS中积云对流参数化方案对我国降水的影响[J]. 气候与环境研究,2006,11(3):387－394.

[168] 雍斌,任立良,陈喜,等. 大尺度水文模型TOPX构建及其与区域环境系统集成模式RIEMs的耦合[J]. 地球物理学报,2009,52(8):1954—1965,DOI:10.3969/j.issn.0001－S733.2009.08.002

[169] 王体健,李树,庄炳亮,等. 中国地区硫酸盐气溶胶的第一间接气候效应研究[J]. 气象科学,2010,30(5):730－740.

[170] Li, S. , T. J. W ang, B. L. Zhuang, et al. 2009:Indirect radiative forcing and climatic effect of the anthropogenic nitrate aerosol on regional climate of China[J]. Adv,Atmos. Sci,,26(3),543—552,doi:10.1007/s00376—009—0543—9.

[171] Wang, T. , S. Li, Y. Shen, J. Deng, et al. Investigations on direct and indirect effect of nitrate on temperature and precipitation in China using a regional climate chemistry modeling system[J]. Geophys. Res. , 115, D00K26, doi:10.1029/2009JD013264.

[172] 庄炳亮,王体健,李树. 中国地区黑碳气溶胶的第一间接辐射强迫与气候效应[J]. 高原气象,2009,28(5):1095－1104.

[173] Zhuang, B. L. , L. Liu, F. H. Shen,et al. Semidirect radiative forcing of internal mixed black

carbon cloud droplet and its regional climatic effect over China[J]. Geophys. Res., 115, D00K19, doi:10.1029/2009JD013165.

[174] Zhuang, B. L., Jiang, F., Wang, T. J., et al.: Investigation on the direct radiative effect of fossil fuel black - carbon 849 aerosol over China[J]. Theor. Appl. Climatol., 2011, 104: 301 - 312, doi:10.1007/s00704 - 010 - 0341 - 4.

[175] 朱江,汪萍. 集合卡尔曼平滑和集合卡尔曼滤波在污染源反演中的应用[J]. 大气科学,2006,30 (5),871 - 882.

[176] 崔应杰,王自发,朱江,等. 空气质量数值模式预报中资料同化的初步研究[J]. 气候与环境研究. 2006,11(5):616 - 626.

[177] Lin C,Wang Z,Zhu J. A data assimilation method of the ensemble Kalman filter for use in severe dust storm forecasts over China[J]. Atmos. Chem. Phys. Discuss, 2007, 7 (6):17511 - 17536.

[178] 张欣,王体健,沈凡卉,等. 非线性大气化学动力学方程组数值解法的比较[J]. 气象科学,2010,30 (4):427 - 437.

[179] 李树,王体健,谢旻,等. 无机盐热力学平衡模式的简化及其应用[J]. 应用气象学报,2010,21(1): 89 - 94.

[180] 刘品高,江南,余瑶,等. 基于遗传算法的大气污染总量控制新方法[J]. 环境污染与防治,2007, 29(3):233 - 237.

[181] 易平,杨秀清,何建新. 人工神经网络在大气环境质量评价中的应用[J]. 装备环境工程,2006, 82 - 84.

[182] 吴敏杰,姜小光,唐伯惠. 基于神经网络的超光谱热红外辐射传输模型快速算法[J]. 干旱区地理,2010,33(1):99 - 105.

[183] 张伟,王自发,安俊岭,等.利用 BP 神经网络提高奥运会空气质量实时预报系统预报效果[J].气候与环境研究,2010,l5(5):595 - 601.

[184] 邹旭东,杨洪斌,张云海,等. 突发大气污染事件应急模拟试验[J]. 环境科学与技术,2009,32 (12D):249 - 251.

[185] 邵超峰,鞠美庭,张裕芬,等. 突发性大气污染事件的环境风险评估与管理[J]. 环境科学与技术, 2009,32(6):200 - 205.

[186] 安俊岭,向伟玲,韩志伟,等. 突发性大气污染监测与预报技术集成移动平台[J]. 中国环境科学, 2011,31(8):1241 - 1247.

[187] 蒋自强,张欣,王体健.突发性泄漏事件大气环境与健康风险评估系统研究[J].安全与环境学报, 2010,10(6):127 - 132.

[188] 王飞. 大型火力发电厂除尘技术比较[J]. 能源与环境, 2011 (3): 45 - 49.

[189] 江自生,黄湘. 火电厂污染物全排放分析及综合治理[J]. 华电技术, 2009 (31): 1 - 6.

[190] 连平,朱林,方爱民,等. 燃煤电厂除尘器的应用和选择研究. 电力科学与环保,2011 (27): 18 - 21.

[191] 李静波,樊石磊. 火电厂脱硫技术浅析[J]. 北方环境,2010 (22): 19 - 24.

[192] 禾志强,韩秀峰,祁利明. 电石渣—石膏法烟气脱硫技术[J]. 电站系统工程,2010 (26): 65 - 66.

[193] 梁大明. 活性焦干法烟气脱硫技术[J]. 煤质技术, 2008 (6): 48 - 51.

[194] 燕中凯,刘媛,尚光旭. 火电厂脱硝技术现状及产业与市场发展预测[J]. 中国环保产业,2011 (5): 40 - 49.

[195] 胡长兴,周劲松,骆仲泱,等. 烟气脱汞过程中活性炭喷射量的影响因素[J]. 化工学报,11: 2172 - 2177, 2005.

[196] 胡勇,李秀峰. 火电厂锅炉烟气脱硫脱硝协同控制技术研究进展和建议[J]. 江西化工,2011(2)：27－31.

[197] 骆仲泱,王沈兵,赵磊,等. 脉冲电晕放电多种污染物协同脱除的研究[J]. 太原理工大学学报,2010(41)：627－632.

[198] 高翔,吴祖良,杜振,等. 烟气中多种污染物协同脱除的研究[J]. 环境污染与防治,2009(31)：84－90.

[199] 李光强,朱诚意.钢铁冶金的环保与功能[M]. 北京:冶金工业出版社,2010:27－28.

[200] 唐平,曹先艳,赵有才,等.《冶金过程废气污染控制与资源化》[M]. 北京:冶金工业出版社,2008:12－14.

[201] 熊振湖,费学宁,池勇志,等.《大气污染防治技术及工程应用》[M]. 北京:机械工业出版社,2003:392－393.

[202] 白敏菂,依成武,杨波,等.电除尘技术研究现状及趋势[J]. 环境工程学报,2007(8):15－19.

[203] 耿涛,李格,曹亮,周银贵,等.电除尘器用高频高压脉冲数控电源[J].高电压技术,2009(7):1695－1699.

[204] 彭园园,宋健斐,魏耀东,等.钢铁厂烧结烟气脱硫技术的研究进展[J]. 冶金能源,2008(3):55－58.

[205] 张正敏,安东,董洁,等.离子聚合物和负载化离子液的制备及其 SO_2 吸收/附性能[J].中国科协第143次青年科学家论坛——离子液体与绿色化学:72－75.

[206] 许贤.有机胺溶剂用于烟气中二氧化硫的脱除与回收[J].杭州:浙江大学.

[207] 张磊,杨学民,谢建军,等.粉煤和石灰石加入位置对循环流化床燃煤过程 NO_x 和 N_2O 排放的影响[J].中国电机工程学报,2006(21):192－198.

[208] 唐晓龙,郝吉明,徐文国,等. 新型 MnO_x 催化剂用于低温 NH_3 选择性催化还原 NO_x[J]. 催化学报,2006(10):843－848.

[209] 李可夫,吴少华,李振中,等.以尿素为还原剂的SNCR过程的中试试验研究[J].中国电机工程学报,2006(12):97－101.

[210] 龙湘犁.氮氧化物和二氧化硫可资源化利用技术[R].第二届全国大气污染治理暨脱硫脱硝、汞排放控制、除尘技术创新研讨会:85－95.

[211] 岑超平,古国榜.尿素添加剂湿法烟气同时脱硫脱氮工艺实验研究[J].环境污染与防治,2005(27)：44－46.

[212] 樊小鹏,李彩亭,曾光明,等.CuO－CeO_2/AC吸附燃煤烟气中元素汞的实验研究[R].第五届全国大气污染治理暨脱硫脱硝、汞排放控制、除尘技术创新研讨会:43－49.

[213] 吴济安,刘静,张文辉.可资源化烟气脱硫技术与发展[J].中国科技产业,2006.2:53－56.

[214] 常文明,李季军,赵宁,等.新型SiO2基微/介孔材料的合成及其对集成电路生产中 VOCs 废气的吸附研究[J].化工新型材料,2009(2):26－28.

[215] 伍永刚,赵敏.生物滴滤床去除 VOCs 及恶臭物研究进展[J].污染防治技术,2009(5):71－74.

[216] 李鹏,何炽,程杰,郝郑平.含钯类水滑石衍生复合氧化物 Pd/M_3AlO(M＝Mg,Co,Ni,Cu,Zn)催化剂上氯苯的催化氧化[J].物理化学学报,2009,25(11):2279－2284.

[217] 李鹏,何炽,程杰,等.乙酸乙酯在 Al_2O_3－$Ce_{0.5}Zr_{0.5}O_2$ 负载的金属氧化催化剂上的催化燃烧[J].物理化学学报,2008,24(3):364－368.

[218] 明彩兵,叶代启,易慧.由贵金属取代的钙钛矿催化剂对碳烟的催化性能.中国环境科学[J].2009(9):924－928.

[219] 卢晗锋,黄海凤,刘华彦,等.Au 改性 $La_{0.8}Sr_{0.2}MnO_3$ 催化剂的催化燃烧性能[J]. 化工学报,2008

(4):892 - 897.

[220] 张文睿,唐爱东,等. 新型催化剂 $V_2O_5/VOSO_4$ 催化降解气相对邻二氯苯[J]. 工业催化,2011 (5):59 - 63.

[221] 王国庆,孙剑平,吴锋,等. 沸石分子筛对甲醛气体吸附性能的研究[J]. 北京理工大学学报,2006, 26(7):643 - 646.

[222] 张志红,陈宁,叶翠平,等. 活性炭纤维与颗粒活性炭对三苯混合气的吸脱附性能对比[J]. 环境工程技术学报,2011,1(2):162 - 167.

[223] 梁文俊,李坚,李依丽,等. 低温等离子体法去除苯和甲苯废气性能研究[J]. 环境污染治理技术与设备,2005,6(5):51 - 55.

[224] 蔡慧煊,邓启红,周鑫,等. 低温等离子体技术去除苯的实验研究[J]. 建筑热能通风调,2008,27 (3):78 - 81.

[225] 袁旭东,邢金丽. 脉冲电晕放电法低温等离子体净化室内 VOCs[J]. 建筑热能通风空调. 2005,24 (1):96 - 99.

[226] 鹿院卫,李文彩,王伟,等. 活性炭与 TiO_2 相结合去除室内污染物甲醛的实验研究[J]. 太阳能学报,2008,29(5):550 - 554.

[227] 许太明,陈刚,牛炳晔. 等离子体与光催化复合空气净化技术研究[J]. 环境工程报,2007,1(2): 105 - 107.

[228] 姜磊. 室内空气净化器——吊兰[J]. 河北林业,2007(6):41 - 41.

[229] 王佳佳,施冰,刘晓东,等. 3 种木本植物对室内空气净化能力的研究[J]. 北方园艺,2007(11):142 - 143.

[230] 管开云,Fershalova T. D, Tsybulya N. V.,等. 云南秋海棠挥发物抗微生物活性的研究[J]. 云南植物研究,2005,27(4):437 - 442.

[231] 吴云峰. 中央空调室内空气净化光催化技术研究[J]. 科技资讯,2011(14):3.

[232] 王振华,刘保江,何瑾馨. 低温原位二次合成法制备室内空气净化功能织物[J]. 印染助剂,2011,28 (3):25 - 28.

[233] 戴海夏,钱华,黄海英. KJFI 型室内空气净化器的研制[J]. 上海环境科学,2009,28(3):114 - 119.

[234] 王锡琴,霍海娥. 光催化技术室内空气净化器的研究[J]. 制冷与空调(四川),2006,20(4):50 - 51,37.

[235] IPCC 第 4 次评估报告. 政府间气候变化专门委员会,2007:17.

[236] 王武. CCS—未来 CO_2 减排的重要技术[J]. 中国石油和化工标准与质量,2010,30(12):26 - 30.

[237] 于荣,宋宝华. 二氧化碳捕集技术发展动态研究[J]. 中国环保产业,2009,10:27 - 30.

撰稿人:王人洁　王体健　王　韬　叶兴南　朱利中

朱　彤　庄炳亮　刘　越　吴忠标　张庆竹

张远航　陈义珍　陈建民　陈雄波　范绍佳

赵妤希　郝吉明　钟流举　柴发合

固体废物处理处置学科发展报告

摘要 对于环境污染治理而言,废水、废气、土壤的治理并不是污染治理的终点,固体废物污染防治在很大程度上承担了环境治理的最后压力。固体废物是污染物的"汇"和"源",只有控制了固体废物的环境风险,才能从根本上保护水、气、土壤污染治理的成果,并最终整体上改善环境质量。因此,提升固体废物污染防治水平是整体改善水、大气和土壤环境质量的重要保障。目前,固体废物污染防治问题进入绿色转型发展阶段,面临着严重的挑战和问题。本文对"十一五"期间固体废物利用/处置技术的发展脉络、知识体系总体情况进行介绍,归纳总结了固体废物处理的基础理论建设情况及研究进展,着重介绍了危险废物、电子废物、矿山采选冶炼废物、市政污泥、生活垃圾、焚烧飞灰和生物质等几类典型废物的利用/处置研究在"十一五"期间出现的新兴及前沿技术,对研究过程中取得的重大成果及新兴项目进行了阐述,基于战略需求分析,并对固体废物利用处理行业的发展趋势进行了展望。

一、引言

长期以来,我国粗放式的工业生产模式导致了大量固体废物的产生和堆存,并且在我国今后一段时期内,人们的生产、生活及消费模式若没有大的改变,受技术经济条件所限,工业固体废物的快速增长将难以得到根本遏制,我国固体废物污染防治的压力巨大,形势严峻[1,2]。固体废物是污染物的"汇"和"源",对于环境污染治理而言,废水、废气、土壤的治理并不是污染治理的终点[3]。现有技术条件下,水、气、土壤治理的结果是污染物被转移到污泥、脱硫石膏、废渣等固体废物当中,固体废物中的污染物仍有向水、气、土壤迁移的风险,固体废物特别是危险废物,是造成水体、大气、土壤等环境污染问题的重要因素之一,处理不当会危害人体健康,破坏生态环境。可以说固体废物污染防治在很大程度上承担了环境治理的最后压力。只有控制了固体废物的环境风险,才能从根本上保护水、气、土壤污染治理的成果,并最终整体上改善环境质量。因此,提升固体废物污染防治水平是整体改善水、大气和土壤环境质量的重要保障[4]。目前,固体废物污染防治问题同样进入绿色转型发展阶段,面临着严重的挑战和问题。在"十二五"期间,固体废物领域必须要实施如下几个方面的工作:

1)固体废物污染防治领域要进入国家绿色转型发展的轨道,并要成为实现绿色转型发展的重要领域。这是因为多年来我国自然资源的粗放开采、利用造成了废弃物产生量巨大,资源可利用"品位"不高,回收利用率低,环境污染严重的情况[5],这种情况不仅导致经济社会发展的不可持续问题,而且绿色转型发展也失去了以自然资源的高效利用和废物资源的循环利用为特征的物质基础[6]。

2)固体废物治理应与水、气、土壤治理统筹考虑,同步进行。目前各地日益凸显的重金属、化学品、POPs、危险废物和土壤污染等问题无一不涉及固体废物,是多年来固体废物污染防治遗留下来的欠账,这是环境安全和污染事故的最大隐患。如果没有国家层面上强有力的政策和制度,想从根本上得到解决是不可能的,这就要求我们在绿色转型期间必须实施国家层面上的大型工程。

3)在绿色转型发展时期,必须要构建废物资源循环利用的经济机制和制度,改变以往主要依靠政府行为和强制力的局面,而且为实现这一目标要进一步调整相关法规和政策。这是因为只有使绿色转型发展成为全社会的共同理念和自觉行动,形成了政府,企业,社会多方行动的良性格局,全国上下都树立了废物排放出来是污染物,回收利用是资源的新观念,才能实现资源节约型社会的可持续良性发展。

自从 1996 年我国《固体废物环境污染防治法》颁布实施 15 年以来,固体废物领域逐步形成了相对健全的法律、法规和政策体系,而且围绕着废物资源的回收利用,废物污染防治和环境安全方面取得了积极成果。在过去的 5 年中,随着我国经济的飞速发展,"减量化、再利用、再循环"和"循环经济"的理念已经纳入了固体废物环境管理工作当中,固体废物环境管理体系基本建成、基础理论体系有了更深入的发展、成熟技术有了更大规模应用、处置设施的建设加快,重大成果不断涌现。"十一五"期间,污染控制的技术开发已从传统技术方法向大力发展交叉学科促进技术创新转变,污染防治技术的研究重点从末端治理向全防全控转变,环境应急技术从事后应急向事前预警和事后应急并重转变,研究热点向危害人体健康的各类环境风险防治转变[7]。本报告将对"十一五"期间固体废物污染防治的研究进展进行介绍,在进行共性描述的同时,选取环境危害大、公众敏感度高、产生量大的危险废物、电子废物、矿山采选冶炼废物、市政污泥、生活垃圾、焚烧飞灰和生物质废物进行着重阐述。

二、固体废物利用/处置基础理论研究进展

固体废物无害化处置与资源化利用研究的目的是为实现可持续(最低资源消耗,最大限度控制废物的环境生态危害)的固体废物管理目标提供技术支撑,并通过持续的理论创新和技术发展起到引导固体废物管理实践向可持续化方向发展的作用。为达到这一目的,固体废物无害化处置与资源利用研究的范围包含[8]:固体废物产生特征及其性质的表征分析;固体废物可处理与可利用特性的识别方法;固体废物物理分离、化学与生物转化过程及其产物的资源化利用原理与方法;固体废物通过物理隔离和分离、化学与生物转化,以减轻其环境危害特性和隔断其污染途径的原理与方法;固体废物处理(贮存、输送、分离、转化)过程及其衍生物排放与利用过程的环境安全性评价与控制方法;固体废物无害处置与资源化利用技术过程的环境与生态效应评价方法。

"十一五"期间,我国在固体废物利用/处置的技术理论研究方面取得了较大的进展,为初步构建固体废物利用/处置技术理论体系提供了科技支撑。

(一)传统技术的优化

固体废物无害化处置与资源化利用的传统技术包括:填埋、焚烧、堆肥化、厌氧消化、废物回收利用(金属、玻璃、废纸和塑料等),以及废物制建材等。这些技术的共同特点是,

已经在固体废物管理实践中获得了较广泛的应用,也是现阶段实现固体废物管理目标的基本技术支撑。其技术优化具体体现在以下几个方面:①资源投入与环境负荷减量。即根据可持续发展的要求,增加技术过程的环境负荷减量与资源投入之比,以改善传统技术的资源环境有效性;②微量污染物控制。以传统技术过程中微量污染物释放的分析评价方法的发展及数据积累为基础,对微量污染物进行优化控制;③提高传统技术对新类型废物的相容性。通过分析新类型废物在传统技术过程中的转化途径,调整传统技术的工艺,使之相容于新类型废物的转化要求。

电子废物(e-waste)是近十年增长量最为迅速的固体废物,e-waste独特的材料组分和高复合性的元器件结构对传统的利用与处置技术带来了冲击[9,10]。改善传统利用与处置技术处理 e-waste 的相容性的关键,是根据其废物的特殊性,通过原理研究发展新的工艺途径。"十一五"期间,电子废物利用/处置技术领域的研究工作主要围绕着废 CRT 显示器、废 LCD 显示器、废电路板、废锂电池的利用/处置关键技术的展开[11-13]。

(二)固体废物毒害性与可资源化性的评价方法

固体废物及其处理与资源利用过程中的产物和衍生物的毒害性评价,是固体废物无害化与资源化技术发展及评价的基础,固体废物中微量毒害物质分析和生态毒害性的评价方法是进行此类评价的客观信息工具。固体废物可资源化特性评价一般是建立在现有技术基础之上的,如何使这种评价不依赖于现有技术基础,则是实现技术创新的关键。

对于固体废物中的两类微量毒害性物质,重金属的含量已能够作全量分析,而有机类污染物尚无法实现全量分析,仅能通过挥发或浸取预处理后的气、液相分析获得可迁移性污染物的信息。其中,浸取分析由于可能预测固体废物中污染物环境迁移性,而成为固体废物毒害性分析的标准程序(如 TCLP、EP 等)。对浸取液的进一步分析则完全与废水中污染物的分析相同,近年来这方面的进展主要表现为质谱(MS)联用技术的应用,这些现代物质分析技术为固体废物单项污染物的分析提供了越来越大的可能。

(三)危险废物稳定化与利用方法

危险废物的传统稳定化与利用方法由针对不同类别废物(如有机溶剂类、废油类、含重金属类等)的溶剂回收、燃料利用、高温焚烧和稳定化后安全填埋等技术单元组成。近年来较为明显的进展是:重金属和持久性有机物复合类危险废物的无害化、溶剂回收的优化和应用,以及自增殖反应原理应用于危险废物的利用/处置等。

一般废物的焚烧飞灰和有害(危险)废物的各种焚烧固体残渣,由于含有以二噁英为代表的 POPs 和多种重金属,因此是代表性的复合污染型危险废物。对于此类废物的无害化,单纯的重金属固化后安全填埋仍存在 POPs 扩散的风险。为控制这种风险,目前的技术发展是在其处理中引入热化学处理环节,具体有:熔融玻璃化、煅烧后再化学稳定化和等离子处理。

废有机溶剂是有机类危险废物的主要类别。化学工程的分离技术为其回收提供了技术基础,进一步提高废溶剂可回收率的关键是使其组成特性适合于化工分离过程。针对废溶剂回收过程经常受到其中存在的共沸混合物的影响与阻碍的情况,已经开发了生产过程和废溶剂收集过程的智能化管理程序,以避免这类问题的出现。

有机类危险废物的高温焚烧和重金属类危险废物的稳定化后安全填埋,均是高资源投入型的无害化处置方法,而新发现的自增殖反应处理危险废物原理,为改善其资源效应提供了途径。目前的研究表明,自增殖反应能处理含 Zn、Cd 的电镀污泥等废物,同时对于其他金属亦有普遍适用性。自增殖反应过程在 POPs 类污染型危险废物处理与资源化应用方面也同样具有前景。

(四)易腐有机垃圾生物转化技术

根据可持续发展理论建立的全过程固体废物管理原则,对固体废物处置与利用技术体系产生的重要影响是分类处理。易腐有机垃圾就是这种分类处理管理出现的一类废物流,它占城市生活垃圾量的 50% 以上,是对固体废物管理技术体系的新的挑战和发展机遇。目前在此方面的研究进展,除了已经进入实用化发展阶段的厌氧消化、生物反应器填埋等转化易腐有机物垃圾为能源气体和农肥的技术外,还在其新能源转化、新材料转化和其他生物制剂培养方面出现了一些突破,其共同点是将易腐有机垃圾作为生物培养基质进行梯度利用。

氢气(H_2)与燃料电池技术结合被认为是一种可使能源(尤其是交通用能源)清洁化的主要途径,由此使 H_2 的新能源地位凸现。易腐有机垃圾有多种转化为电能的途径,但燃料电池方法无疑是最为直接和清洁的方法。实用化的易腐有机垃圾燃料电池技术将是一种完全复合的废物处理与资源产生过程。

由化石燃料合成的聚合物在改变人们的生产和生活方式的同时,也留下了许多难以在生态体系中降解转化的持久性聚合物。以生物可降解聚合物(BPs)替代这些持久性聚合物,无疑是建立循环经济的基础,而从易腐有机垃圾中转化生产 BPs 更是一种理想的废物-资源循环途径。目前取得进展的易腐有机废物转化为 BPs 的方法主要有两种:一是易腐有机垃圾控制性发酵产生乳酸,乳酸分离提纯后再体外合成为聚乳酸(PLA)。二是利用纯菌种转化易腐有机物,在体内合成聚羟基烷酸酯。

三、固体废物利用/处置科学技术研究进展

"十一五"期间,根据固体废物利用/处置减量化、无害化和资源化的原则,围绕《国务院关于落实科学发展观加强环境保护的决定》和《国家中长期科学和技术发展规划纲要(2006–2020 年)》确定的发展目标,结合我国固体废物产生状况和污染现状,在国家相关部门的支持和引导下,相关单位和研究人员在固体废物处理、处置和利用技术的研究及示范等方面做了大量工作,主要涵盖了利用/处置技术,资源化利用技术以及突发事故应急救援技术等几个方面。以下按危险废物、电子废物、有色金属工业固体废物、市政污泥、生活垃圾、焚烧飞灰和生物质废物类别,分别对"十一五"期间各类废物利用/处置的基础研究和应用研究进行论述。

(一)危险废物

危险废物利用/处置过程是一个系统工程。"十一五"期间,我国在危险废物收集、贮

存、运输、预处理、焚烧、固化稳定化、安全填埋、综合利用、风险预警等利用/处置专项技术等方面开展了广泛而深入的研究,此外,在切实执行我国环境保护基本方针和政策的基础上,我国在危险废物管理体系建设和完善方面开展了深入细致的研究工作,使得我国的危险废物管理体系得到了不断发展和完善。

1.危险废物利用/处置技术研究进展

在过去的五年中,国家知识产权局受理并授权固体废物(包括危险废物)利用/处置技术相关的发明专利和实用新型专利 300 多项,这些专利技术涵盖了农业、冶金、化工、医疗及人民群众日常生活等各个领域,其中危险废物领域有 100 多项,包括发明专利 21 项。

在危险废物预处理方面,中国环境科学研究院的王琪、黄启飞,清华大学的李金惠、王伟等人对我国危险废物名录鉴别指标体系和危险废物填埋处置的入场条件及预处理技术进行了深入研究,建立了危险废物鉴别技术的方法学,形成了我国独特、完整的危险废物鉴别技术体系,为全面开展危险废物无害化管理提供了有力的技术支持[14-18]。其中,"国家环境管理决策支撑关键技术研究"被列入国家科技支撑计划,"危险废物鉴别技术体系研究"获得环境保护部科技进步奖二等奖(2008 年)。

在危险废物收集、运输、贮存方面,中国环科院、沈阳环科院等单位开展了危险废物收集过程中废物分类登记及分类包装技术的研究;开展了危险废物运输过程中运输路线及运输方式选择、运输作业、运输组织管理及个人安全防护等技术研究;开展了危险废物贮存设施位置选择、污染防治、贮存过程大气污染防治、设施运营等技术研究。

在危险废物焚烧处置方面,当前对危险废物焚烧处置技术的研究主要集中在焚烧温度、危险废物在焚烧炉内的停留时间、二噁英的排放与控制、焚烧过程中重金属的分布等几个方面[19-22]。其中北京机电院高技术股份有限公司承担的"新型危险废物焚烧处置工艺的研究与应用",获得了环境保护部科技进步奖二等奖(2010 年)。

在危险废物固定稳定化和安全填埋方面,近年来研究重点主要集中在重金属的固化机理及存在形体、浸出毒性、防渗等方面[23,24]。在危险废物处置新技术方面,近年来主要发展了危险废物等离子体处置[25,26]、飞灰处置[27,28]及危险废物应急[29-31]等新的发展方向。扬州大学和环境保护部华东环境保护督查中心承担的"重大环境污染事故危险源管理与应急决策支持系统",获得了环境保护部科技进步奖二等奖(2008 年)。

在危险废物资源化方面,开展了含铬及砷废渣资源化利用技术、电镀污泥中各类重金属资源化回收技术、电子废弃物资源化处理技术、焚烧飞灰资源化利用技术等研究。

2.我国危险废物管理体系建设进展

2007 年,我国颁布了关于危险废物鉴别的系列标准,包括通则、腐蚀性鉴别、急性毒性初筛、浸出毒性鉴别、易燃性鉴别、反应性鉴别、毒性物质含量鉴别以及鉴别技术规范。2008 年我国颁布实施了新制定《国家危险废物名录》,新危险废物鉴别体系及名录的颁布,进一步加强了对危险废物的管理。

"十一五"期间,国家环保部及国务院其他部委颁布了关于危险废物的《危险废物出口核准管理办法》和《废弃危险化学品污染环境防治办法》等 2 项管理制度。针对危险废物管理的技术文件,我国陆续颁布了《危险废物(含医疗废物)焚烧处置设施二噁英排放监测技术规范》、《危险废物（含医疗废物）焚烧处置设施性能测试技术规范》、《危险废物集中焚烧处置设施运行监督管理技术规范（试行）》、《医疗废物集中焚烧处置设施运行监督管理技术规范》、《医疗废物化学消毒集中处理工程技术规范（试行）》、《医疗废物微波消毒集中处理工程技术规范（试行）》、《清洁生产标准 废铅酸蓄电池铅回收业》、《废铅酸蓄电池处理污染控制技术规范》、《通信用铅酸蓄电池的回收处理要求》共 9 项标准规范。其中，沈阳环境科学研究院和中国环境科学研究院承担的"国家危险废物收集、贮存、运输、处置技术规范及技术评估体系研究"，获得了环境保护部科技进步二等奖（2007 年）。

（二）电子废物

我国在电子废物利用/处置技术领域的研究工作与发达国家和地区仍存在一定的差距。我国在"十五"、"十一五"期间在废弃电器电子产品的回收体系、废电路板的金属回收、废家电的拆解等方面进行了一些研究和试点工作，通过国家"863"高科技研究发展计划以及其他一些国家科技项目的实施，在有毒有害物质识别、处理技术等方面的研究已经取得了部分进展，主要是电路板的机械物理处理工艺、破碎物料的分离工艺、CRT 显示器湿法屏锥分离等，并且在废电路板的综合处理技术方面也形成了具备自主知识产权的技术。北京工业大学已与摩托罗拉公司合作，研制出电子废物资源化成套技术及关键设备：包括线路板（PCB）、液晶显示器（LCD 显示器）及电解电容等附件的无污染低能耗高效拆解分离技术、有色金属的回收提纯技术、回收塑料等产品的再利用技术等。在废弃电池利用方面，北京矿冶研究总院针对失效锂离子电池的回收利用完成了小型试验研究，提出了火法和湿法相结合的工艺流程，取得了比较满意的结果，铜、钴、铝和锂的回收率均达到 95％以上。清华大学在废家电拆解处理领域，已申请关于电子废物拆解处理领域的发明专利 13 项，同时研制成功了 CRT 显示器含铅玻璃的琉璃产品和工艺品以及回收塑料制备高品质板材，在实验室建立了具有中等规模的电子废弃物处理成套设备，在苏州建立了针对电子废物的拆解和处理成套技术示范工程[10,12]。

然而，我国在一些深层次和具有重要潜在影响力的关键问题，比如非金属材料回收、废 LCD 显示器、发光二极管显示器综合利用、废旧手机的综合回收利用方面仍然缺乏规范化和成熟的技术示范。

（三）有色金属工业固体废物

有色金属工业固体废物是指采矿、选矿、冶炼和加工过程及其环境保护设施中排出的固体或泥状的废弃物。我国大多数有色金属矿产资源贫矿较多，品位低，且目前的生产技术水平不高等原因，使单位产品的固体废弃物产生量大。

我国有色金属工业固体废物利用/处置及资源化技术发展迅速，在过去的五年中，国家知识产权局受理并授权金属工业固体废物利用/处置技术相关的发明专利和实用新型专利 450 多项，其中发明专利 180 多项。主要涉及有色金属工业固体废物的预处理、贮存和固体废物的资源化技术方面。

"十一五"期间，对有色金属工业固体废物预处理及贮存技术的研究主要集中在尾矿和赤泥的堆存工艺与方式；有色金属工业固体废物回收有价金属与矿物方面的研究主要集中在尾矿和冶炼渣中有价组分的回收利用的途径、有价金属的分离工艺、回收工艺等方面;在建材工业应用的研究重点主要集中在利用尾矿、冶金渣生产水泥、制砖、建筑陶瓷等方面;有色金属工业固体废物在充填领域应用主要集中在充填材料的性能、充填机理、充填力学等方面;有色金属工业固体废物的污染防治方面,近年来研究重点主要集中在生态修复、重金属淋溶与分布、环境效应、风险评价等方面[32-36]。

"十一五"期间,相关单位和研究人员有色固体废物领域共获得中国有色金属工业科学技术奖奖励70余项,有色金属矿山尾矿综合利用技术、高炉渣综合开发利用技术、冶炼废渣资源化处理技术与装备、赤泥堆场生态修复技术等10余项。有色固体废物处理技术列入《国家鼓励发展的环境保护技术目录》;含砷及氰化物的尾矿浆无害化、资源化处理技术、冶炼烟尘环保治理并回收有价及稀贵金属技术、砷污染土壤的富集植物-微生物联合修复技术等8项技术列入《国家先进污染防治技术示范名录》。

(四)污水污泥

污泥脱水困难的问题根本上是由污泥细胞质胶体结构特征所决定的,要实现污泥的深度脱水,必须通过预处理手段改变污泥的结构。当前,最受关注的是基于细胞破碎原理的预处理技术,如水热技术、机械破碎、化学溶胞、超声波、微波和电渗透等[37,38]。其中,水热技术是研究基础最好和发展最为成熟的。在国内,水热专利技术已经在青岛污泥中温消化处理上开始应用,北京机电院在呼和浩特进行了水热的中试研究,清华大学在东莞和无锡都分别建设了示范性装置。以水热为预处理耦合不同的消化工艺也得到了尝试,国内在2008年建成了第一个水热强化水解的示范装置,在2010年无锡建设了水热强化水解的装置,200天运行实验的平均有机物转化率达到70%,容积负荷达到8kgCOD/m³·d。以北京城市污泥水热滤液的中温厌氧实验运行550天,容积负荷可以达到18kgCOD/m³·d,平均有机物转化率达到75%。

污泥焚烧在国内应用较少,主要的应用领域也限于小规模、特殊行业。大规模市政污泥焚烧技术的应用开始于2004年建成运行的上海石洞口污水处理厂污泥焚烧系统。目前污泥焚烧成套技术主要由国外几家著名环保公司掌握,主流焚烧技术采用循环流化床焚烧技术,污泥焚烧设备主要以循环硫化床为主,典型的污泥技术有威立雅污泥焚烧技术、安德里茨干化焚烧技术和西格斯焚烧技术。对我国的污泥焚烧技术发展而言,核心问题是投资大、处理费用高、有机物燃烧产生二噁英等剧毒物质。国产化设备所占的比例较低,核心技术与设备来自国外,导致投资和运行成本居高不下,是限制污泥焚烧技术发展的关键所在。

污泥厌氧发酵产甲烷过程的限制步骤为污泥细胞中有机物的水解过程。因此,长期以来,许多研究者一直在尝试用各种人为的方法来破坏污泥细胞的细胞壁,最大限度地释放出有机质,从而达到提高整个污泥消化过程效率的目的。这些污泥预处理方法包括机械法、化学法、热处理法、超声波法、生物酶分解法和冰冻与解冻法等。其中热水解技术分别经过了湿式氧化、低压氧化、催化湿式氧化和水热技术,已经在欧洲得到了广泛的应用,在国内也已经开展相关的中试和示范工程探索。国外采用热水解技术是将热水解后的污泥全部进行消化,以获得更高的甲烷能源,消化脱水的污泥含水率70%左右,进行填埋处置或进行土地利用[39-41]。在我国，首先要保障污泥的处理出路。对此，清华大学开发了一个新的工艺路线，就是对热水解后的污泥进行高干度脱水，含水率低于60％的污泥进行焚烧，填埋也满足了国家标准。离心得到了高浓度上清液进行UASB厌氧消化，在更短的停留时间和更高的转化率下得到甲烷能源。因此，对热水解与厌氧消化的工艺组合，还要因地制宜，根据泥质特征、利用/处置需求和最终处置出口进行综合选择。

污泥填埋有单独填埋、与垃圾混合填埋两种方式。国外有污泥单独填埋场的案例。目前国内主要是与垃圾混合填埋。另外，污泥经过处理后还可作为垃圾填埋场覆盖土。污泥与生活垃圾混合填埋，污泥必须进行稳定化和卫生化处理，并满足垃圾填埋场填埋土力学要求；同济大学赵由才教授的课题组在矿化污泥性质研究基础之上，把矿化污泥作为填料构建生物反应器处理中老龄垃圾渗滤液和污泥渗滤液，通过对一级和两级矿化污泥生物反应器处理垃圾渗滤液运行参数的优化，实现了矿化污泥的二次利用和渗滤液的高效低成本处理[42,43]。

（五）生活垃圾

通过文献检索表明，"十一五"期间，国内外对生活垃圾利用/处置的研究总体呈较为稳定的上升态势，详见图1中a。对该期间国内期刊研究主题的文献计量结果显示，论文数目与我国生活垃圾处理比例变化趋势相近，有关堆肥处理的论文数目所占比例处于缓慢萎缩状态，而焚烧和填埋方向文献则呈波动上升，详见图1中b。

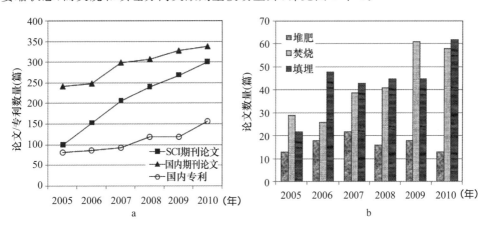

图1　生活垃圾利用/处置研究论文数量

近五年来，我国生活垃圾利用/处置技术的进步主要体现在填埋场防渗工程的建设，渗沥液处理工艺的优化，填埋气的收集与利用，焚烧厂灰渣及烟气处理工艺的研究以及生活垃圾的生物降解等方面，也随之带动了一系列相关产业的发展，但由于传统的填埋、焚烧等工艺技术仍是市场主流，目前国内的研究大多致力于传统工艺的优化，一些新兴的工艺技术有所发展，但仍未成熟，尚不具备在市场竞争中赢利的能力。

填埋依然是我国垃圾处理的主要方式，近年来国家出台了一系列相关的标准和法律法规政策，也投入了大量资金用于填埋场和焚烧厂的建设，尤其是对垃圾渗沥液和填埋气的利用、焚烧工艺的优化和焚烧烟气的处理等方面的研究都取得了较大进展，如珠海中水环保有限公司开发的生活垃圾混合污泥制生物水煤浆工艺,利用城市垃圾填埋场产生的垃圾渗沥液和生活污水处理厂产生的污泥中的有机质热值,辅以一定比例的煤炭和化学添加剂,组成以(煤炭+生活污泥)、垃圾渗沥液(或工业废水)和化学添加剂为主要成分的生物水煤浆。与普通水煤浆相比可节约20%左右的煤炭资源和40%左右的水资源,在燃烧过程中温度达到1200℃以上,能够有效降解二噁英等有害物质,减少对环境的二次污染。厦门东部固体废弃物处理中心开发的垃圾填埋复合材料喷涂覆盖技术,通过特制的喷洒设备加水混合搅拌成浆状,并喷涂到所填埋垃圾的表面,覆盖材料干化后在垃圾表面形成一层均匀覆盖涂层,起到防水、防蝇、抑制臭气等作用。安徽海螺集团和日本川崎重工合作开发出的无需对垃圾进行分类即可处理的新型干法水泥窑城市生活垃圾处理系统,利用垃圾气化处理技术将垃圾气化成可燃气体,引入新型干法水泥窑系统的分解炉中燃烧,燃烧时产生的热能可以替代水泥生产的部分燃料,残渣可以用作水泥配料。

(六)生活垃圾焚烧飞灰

2009年,我国已建城市生活垃圾焚烧设施的处理能力为7.37万t/d,焚烧飞灰产生量巨大,67万~111万t/a。其无害化处理的难点在于同时控制重金属和二噁英类污染物。焚烧飞灰的利用/处置技术已经得到了广泛的研究,目前的研究主要分为常温处理技术和热化学处理技术。常温处理技术主要包括水泥固定稳定化和螯合剂固化。单纯的热化学处理技术依据处理温度的不同可以分为烧结和熔融,依托现有的水泥生产技术又有水泥窑煅烧处理技术。

2000年以来,焚烧飞灰烧结处理的文献开始出现,Managialardi,Polettini等人,Wang等人,Ward等人对焚烧飞灰的烧结先后进行了研究,考察了烧结过程产物的材料特性和烧结过程中的环境特性[44-46]。清华大学在焚烧飞灰烧结技术研究的基础上,研制了由预处理系统、造粒成形系统、烧结炉系统和烟气处理系统组成的成套化设备,建立了处理量5t/d的示范工程。焚烧飞灰的单位处理成本为447.9元/吨。如果考虑同类高强轻骨料的市场价格在100元/吨左右,则焚烧飞灰的单位处理成本为363.9元/吨。该技术的不足之处在于,烧结过程中尾气排放的SO_2浓度较高。自1973年开始,日本针对垃圾焚化飞灰(含反应灰)的高温熔融处理研究,据报道,实厂运转的垃圾焚化灰渣高温熔融炉已有76座,但单独处理垃圾焚化飞灰的高温熔融炉却仅有6座而已。日本和台湾地区后来开展了熔融产物的资源化利用研究,目的是使环保产业技术向零废物的目标发展,并能达到焚烧灰渣无害化、安定化,甚至材料资源化的目标。焚烧飞灰资源化利用的主要方向包括微晶玻璃、熔岩材料、透水砖、道路级配材、艺术品等,并且规划定位于资源化产品开发[47]。清华大学、中国环境科学研究院和沈阳航空航天大学共同开展的焚烧飞灰熔融中试项目,焚烧飞灰熔融中试系统的设计处理量为500kg/d,焚烧飞灰的单位处理成本为992.8元/吨。熔融固化需要的能源和费用都是相当高的[48]。但是相对于其他处理技术,熔融固化的最大优点是可以得到高质量的建筑材料。

水泥窑协同处置焚烧飞灰的技术在国内外得到了广泛的关注,其优势在于:①水泥窑内的高温可以彻底分解二噁英;②窑灰循环使得重金属多次固化,避免了再度扩散;另外还具有投资低、无废渣产生和减排温室气体的优点。Ryunosuke 等,Saikia 等,施惠生和王雷等研究了焚烧飞灰煅烧水泥熟料的可行性,发现焚烧飞灰进行水泥窑协同处置对熟料的品质没有明显影响,而主要问题在于焚烧飞灰中的可溶性盐类(主要为氯盐)含量过高,其对水泥窑的正常运行危害很大,并造成两性重金属的大量挥发[49,50]。去除焚烧飞灰中的氯盐成为其进行水泥窑协同处置必需的预处理措施。

近年来国际上提出采用高效化学稳定化药剂处理飞灰并达到资源化利用的概念,并已成为重金属废物处理领域的研究热点。清华大学叶暾旻[28]等人在国家高技术研究发展计划("863"计划)危险废物利用/处置技术课题的支持下,完成了 DTC 类重金属螯合剂对焚烧飞灰高效稳定化处理的研究,建立了焚烧飞灰的"螯合稳定化-卫生填埋共处置"技术路线,该技术路线已被国家环保总局列入 2007 年度《国家先进污染防治示范技术名录》。王伟,郑蕾等人将土聚反应应用于垃圾焚烧飞灰的稳定化处理,稳定化处理后的产物可以进入生活垃圾填埋场处置[27]。蒋建国等人采用磷灰石对焚烧飞灰的重金属进行稳定化,处理后能达到了危险废物填埋入场控制限值[51,52];

2005—2010 年间,环境领域相关研究广泛关注焚烧飞灰中主要物质的浸出行为以及有害物质的释放规律,近五年,通过中国博士学位论文全文数据库以及中国硕士学位论文全文数据库可以查到近五年有 69 篇以焚烧飞灰为直接研究对象的论文,其中,15 篇以焚烧飞灰中有害物质的释放规律、浸出行为以及污染特性为研究方向。虽然受客观条件限制,上述统计并不全面,但是,我们仍然可以发现,近五年来,处置产物在处置场景的稳定性研究,特别是有害污染物的浸出释放规律研究逐渐兴起,并成为该领域的热点。同时,还应注意到的是,目前的研究多集中于针对重金属等无机污染物的稳定性及浸出行为研究,对于二噁英类有机污染物的研究涉足较浅。

(七)生物质

生物质废物的资源化技术研究在"十一五"期间迎来了前所未有的发展机遇,并得到国家政策的大力扶持。从"十五"末期开始至整个"十一五"期间,环保部、农业部、科技部以及城建部等部委组织启动了一系列的生物质废物回收利用项目,各级地方管理部门和企业也启动了多项生物质废物资源化利用项目。其中比较有代表性的有"863"项目"城市生物质废物高效厌氧消化技术研究",科技支撑计划项目"工业生物质废物气化技术设备研究"等。2007 年 9 月,我国政府发布了《可再生能源中长期发展规划》,将生物能源确立为可再生能源的重要组成部分,明确提出使用沼气、非粮原料燃料乙醇和生物柴油等生物能源来部分替代传统化石能源的目标。在以上政策和经费的支持下,我国生物质废物的利用和处置体系正在向减量化、资源化的方向加速转变。

生物质热解气化是生物质热化学转化的一种形式,目前,在该领域具有领先水平的国家有瑞典、美国、意大利、德国等。除了将生物质气化用于发电、供热之外,欧、美等国还开展了生物质气化制氢或直接合成甲醇、氨的研究工作,但都处在技术研发阶段。发展中国家由于森林覆盖率下降,也开始重视生物质气化技术的研究,如孟加拉国建成下吸式气化装置并投入运行,马来西亚用固定床气化发电,印度以稻壳为原料,研制出 3.7~100kW 多种规格的生物质气化发电装置。国内在生物质制气方面的研究起步较晚,但研究进展较快,已开发出多种固定床和流化床气化炉,以秸秆、木屑、稻壳、树枝等为原料,生产燃料气,热值为 $4\sim10MJ/m^3$。

欧洲各国对生活垃圾厌氧消化技术开展研究的时间最长,到目前为止,已开发出多种实用化技术,并在世界范围内得到应用。干法厌氧消化技术具有较高的有机负荷率,设备体积大大减小,且没有沼液的产生等问题,比较适合含水率较低的生活垃圾的处理,近年来在欧洲受到的比较普遍的重视。目前,欧洲大型沼气工程普遍采用热电联产工艺来保证系统的运行温度,剩余的沼气进行提纯以生产生物燃气。绝大多数的工艺为高浓度湿式厌氧消化(TS=8%~12%),运行温度大多控制在中温35℃,容积产气率大于等于 $1.0Nm^3/m^3 \cdot d$,可实现常年稳定运行。近年来,由于生活垃圾填埋、焚烧和堆肥过程中存在的问题,我国对垃圾厌氧消化技术越来越重视,并开展了一些研究和示范推广工作。目前,厌氧消化技术用于垃圾的处理和能源化转化在我国还处于刚刚起步阶段,还没有真正作为城市垃圾减量化、资源化的处理手段,能够稳定运行的规模化的集中处理设施尚未形成。

我国秸秆人造板起始于20世纪80年代初,经过长期努力,研制成功了国产化秸秆人造板生产工艺,授权了十多项发明专利,形成了自主知识产权。目前,我国已成功开发出稻麦秸秆刨花板、秸秆纤维板、秸秆/塑料复合人造板、轻质秸秆人造板等多种秸秆产品。国内外研究人员都在尝试着对麦秸原料进行各种方法的预处理压制秸秆板,如采用物理(表面活性剂)、化学(酸、碱和热水)的方法对秸秆进行预处理,取得了一些有价值的成果。

四、固体废物利用/处置产业发展中的重大成果及应用

"十一五"期间,我国固体废物废物利用/处置及资源化创新取得较大进展,在城市垃圾资源化、污泥处置、生物质高能利用、废旧金属再生利用等核心技术与装备研发方面取得了一批具有重要影响的成果,如自主研发的500t/d大型垃圾炉排焚烧炉成套装备已实现国产化,市场占有率接近20%。但我国固体废物废物利用/处置及资源化总体技术水平仍滞后于产业发展的需求,专业人才与专业化企业缺乏等问题。下面对固体废物利用/处置领域"十一五"期间的重大成果及重大工程应用进行阐述。

(一)重大成果

"十一五"期间,环境保护科学技术快速发展,固体废物利用/处置技术和管理方面,共有102项基础理论类、软科学类和应用技术类成果获得国家环境保护科技成果登记,其中有39项成果获得环境保护科学技术奖励,有5项成果获得国家科技进步奖励。具体项目如表1所示。

表 1 "十一五"期间固体废物领域获奖成果列表

年度	序号	项目名称	奖项类别及级别
2010 年	1	废弃钴镍材料的循环再造关键技术及产业化应用	国家科学技术进步奖二等奖
	2	新型污泥喷雾干化－回转窑焚烧技术集成及一体化装备开发与应用	环保科学技术奖二等奖
	3	新型膜生化反应器处理垃圾渗滤液技术及示范研究	环保科学技术奖三等奖
	4	电子废弃物有价成分脉动气流分选及应用	
	5	油田用新型水处理剂及废弃物的高值化应用	
	6	含油废弃钻井液资源化利用技术研究	
	7	麦秸机械还田治理环境污染技术集成与应用	
2009 年	8	废印制电路板环保处理及资源回收自动化生产线	环保科学技术奖二等奖
	9	含砷物料处理与资源综合利用新技术	
	10	高浓度黏稠固体废弃物处置洁净储运技术及成套装备的研究与应用	
	11	垃圾焚烧炉尾气、废渣一体化处理系统设备的开发研究	
	12	黄土塬区钻井废弃液处理及土壤修复技术研究	环保科学技术奖三等奖
	13	填埋场防渗层渗漏实时检测技术研究	
	14	糠醛厂工业固体废弃物综合处理的研究	
	15	老垃圾填埋场快速稳定化技术及其在封场工程中的应用	
	16	北方地区畜禽粪便资源化技术研究与工程示范	
	17	首钢焦化有机固体废物综合利用	
	18	污水污泥板框压滤技术与设备	
2008 年	19	农业废弃物气化燃烧能源化利用技术与装置	国家科学技术进步奖二等奖
	20	危险废物鉴别技术体系研究	环保科学技术奖二等奖
	21	震动膜废润滑油再生系统	
	22	煤矿矸石山自燃爆炸机理及综合治理技术研究	
	23	区域循环经济园区模式及指标体系研究	
	24	畜禽养殖废弃物区域循环利用关键技术研究与应用 含硫氰酸盐、氰化物贫液综合治理技术及成套设备研究与应用	环保科学技术奖三等奖
	25	高掺电石渣煅烧水泥熟料新型干法工艺的研究	
	26	白色污染治理技术-以劣质煤为原料的多功能可降解黑色液态地膜的研制与推广应用	

续表

年度	序号	项目名称	奖项类别及级别
2008 年	27	利用蚀刻废液生产环保型饲料添加剂碱式氯化铜的资源化处理新技术	环保科学技术奖三等奖
	28	新型二段式往复垃圾焚烧炉排及烟气处理系统研究与示范应用	
	29	可抛洒绿色钻井液-土壤改良与增肥技术研究	
2007 年	30	含铁渣尘高效利用关键技术开发与工业应用	国家科学技术进步奖二等奖
	31	垃圾填埋气体提纯制作清洁燃料技术及其应用	环保科学技术奖二等奖
	32	重污染水体底泥环保疏浚与生态重建技术	
	33	农用化学品环境安全评价与监控技术研究	
	34	国家危险废物收集、贮存、运输、处置技术规范及技术评估体系研究	
	35	污泥减量化与无害化的微生物沥浸处理技术与工程示范	环保科学技术奖三等奖
	36	煤泥资源分级浮选回收工艺及其关键技术的研究和应用	
	37	湿法炼锌工业挥发窑废渣资源化综合循环利用技术研究	
	38	二氧化碳全降解塑料的催化合成、应用开发及产业化研究	
	39	二段往复式生活垃圾焚烧炉与高温余热锅炉	
2006 年	40	堆肥环境生物与控制关键技术及应用	国家科学技术进步奖二等奖
	41	生活垃圾循环流化床清洁焚烧发电集成技术	
	42	废轮胎综合利用技术及其成套装备	环保科学技术奖三等奖
	43	KM 型快速隔膜压滤机	
	44	工业污染源有机毒物治理技术及资源化	

(二)重要工程应用

2003 年,我国颁布了《全国危险废物和医疗废物处置规划》(以下简称《规划》),随着《规划》的实施,我国的危险废物利用/处置设施建设进入了全速发展时期,危险废物利用/处置能力得到了迅猛的提高。截至 2010 年年底,全国形成危险废物集中处置能力 96.41万 t/a(其中焚烧 32.39 万 t,物化 15.1 万 t,综合利用 5.37 万 t,安全填埋 45.5 万 t),与2003 年《规划》实施前相比,危险废物处置能力增加了 3.2 倍。全国危险废物集中焚烧处置设施投运项目共 5 座;基本建成 12 座;在建项目 12 座;初步设计项目 5 座;仍处在前期的项目 5 座。全国危险废物集中填埋处置设施投运项目共 2 座;基本建成 3 座;在建项目 5 座;初步设计项目 4 座;仍处在前期的项目 3 座。在医疗废物利用/处置方面,全国建成投运的《规划》内医疗废物处理设施达到 273 座,其中采用热解及焚烧的设施为 137 座(包括 7 座回转窑焚烧和 130 座热解焚烧),非焚烧处理设施为 136 座(包括高温蒸汽 131 座、干化学消毒 4 座、微波消毒 1 座)。医疗废物处置能力 1365t/d,与 2003 年《规划》实施前相比,医疗废物处置能力分别增加了 9.9 倍。

我国自实施家电以旧换新政策后,在废旧电器和拆解处理企业之间建立了点到点的定向式回收渠道,回收企业收购的旧家电一律交售给指定企业进行拆解处理,从而保证了拆解处理企业货源。截至 2011 年 4 月底,我国已经拆解废旧家电 3800 万台,商务部数据显示,截至 2011 年 6 月 28 日,全国家电以旧换新共回收旧家电 5760.9 万台。

"十一五"期间,国家知识产权局受理并授权金属工业固体废物利用/处置技术相关的发明专利和实用新型专利 350 多项,其中发明专利 100 多项。有 70 余项成果获得中国有色金属工业科学技术奖奖励,4 项成果获得环境保护科学技术奖励,并且有十余项技术分别列入《国家鼓励发展的环境保护技术目录》和《国家先进污染防治技术示范名录》。而在金属尾矿综合利用技术方面,有 51 项先进适用技术列入工业和信息化部、科学技术部、国家安全生产监督管理总局联合编制的《金属尾矿综合利用先进适用技术目录》,其中有色金属占 38 项。

同济大学赵由才教授课题组通过水热合成和高温焙烧研制出了新型铝酸钙、铝酸钙-水泥复合体以及镁系(M1)污泥固化驱水剂,在添加量为污泥湿重的 5%~10% 时即可实现污泥快速驱水和安全卫生填埋,成功实现污泥的规模化安全处置。无锡金园污泥处理新型燃料有限公司与同济大学赵由才教授课题组合作,采用污泥调理压滤脱水制再生燃料技术路线,建立处理量为 200t/d 的污泥化学调理压榨深度脱水与干化制备生态再生燃料示范工程。2005—2010 年间污泥厌氧消化应用的典型为北京小红门污水处理厂的卵形污泥厌氧消化反应器。为进一步降低污泥处理的能耗和成本,浙江大学翁焕新教授及有关专家还创新提出"以废治废"的方法,利用热电厂的烟气余热来干化污泥。目前,这些技术已经广泛应用于吴江盛泽镇、无锡、江阴等地的污泥处理厂,平均日处理污泥量可达 700t,受到了各地的广泛好评。

截至 2010 年下半年,全国设市城市、县及部分城镇共建成生活垃圾无害化处理设施 849 座,其中卫生填埋场 676 座,堆肥厂 7 座,焚烧厂 90 座,综合处理厂 76 座。目前我国填埋气体的利用方式主要为燃烧发电,截至 2010 年底,我国共有 35 座填埋气体发电厂建成投产,总装机容量超过 80MW。2010 年,全国最大的沼气处理设备在福建思嘉工业生态园正式投入使用。

事实上,到目前为止,国内各种固体废物焚烧厂产生的飞灰基本上没有得到安全处置,有相当数量的飞灰逃避了控制,直接进入环境。在我国现有国情条件下,将飞灰进行固化/稳定化预处理后,进行卫生填埋将是现阶段主要的技术路线。清华大学在"863"课题中对飞灰稳定化药剂进行了开发、筛选,并最终在杭州建成了每天 5t 处理规模的示范工程,本工艺的利用/处置成本分别为 268 元/吨。深圳市焚烧飞灰处理示范工程处理规模 36t/d,项目采用高分子螯合剂药剂稳定化技术处理进场飞灰,实现飞灰无害化填埋;

中山飞灰处理中心处理规模可达 120t/d,项目分两期建设,一期采用水泥固化方法处理养护成型后进行填埋,二期采用无机药剂使重金属稳定,不需要成型即可进填埋场摊铺处理。常州采用化学稳定化处理飞灰,工程日处理飞灰 32t。水泥窑共处置是目前国内焚烧飞灰处置的另一方式。清华大学于 2008 年于苏州金猫水泥厂进行了日焚烧飞灰处理量 30t 的中试实验,北京市琉璃河水泥有限公司即将建成投产的垃圾焚烧飞灰中试线项目可日处理飞灰 30t。

我国在利用包括工业生物质废物在内的富含纤维素生物质资源,通过热解气化生产基于(H_2＋CO)及 CH_4 的生物质燃气已具有较好的基础。在工艺和关键技术研发方面,形成了已经产业化的回转窑高水分生物质脱水干燥、固定床气化、流化床气化以及燃气净化等关键技术,在相关装置与设备方面,固定床及流化床气化炉已形成产业规模的生产技术、能力与企业,还有不少公司专业从事基于热解气化的生物质燃气装备的生产、工程安装与技术应用推广,如山东百川同创能源有限公司、无锡湖光工业炉有限公司、合肥天焱绿色能源开发有限公司等。在农业源废物的厌氧消化方向,规模化秸秆沼气和粪便沼气工程正在全国范围内推广开来。尤其是华北、华东等地势平缓,适合于规模化处理的地区,每年投入运行的 300 户以上的大中型沼气站超过 15 个,增速比"十五"期间翻了两番。由北京化工大学等单位开发的化学预处理技术已被证明为农村秸秆厌氧消化工程最适宜的预处理技术。规模化秸秆沼气技术更被农业部评为"农业和农村节能减排十大技术"之首。河南洛阳、内蒙古赤峰等地采用规模化秸秆沼气技术,建设了运行容积超过 3 万 m³ 的大型沼气工程,并将沼气提纯为甲烷浓度 96％以上的"生物天然气"。重庆市将餐厨垃圾作为湿式厌氧消化的原料,吸收引进瑞典普拉克公司的技术,自主研发关键设备,建设了日处理量 500t 的大型沼气工程,并将沼气提纯作为汽车的燃料;清华大学利用自主的水热预处理技术,协助深圳市建设了日处理量 250t 的生物质垃圾厌氧消化工程;北京市环卫集团在北京化工大学技术支持下,建设了国内首个城市生活垃圾的分选、回收利用和厌氧消化制车用燃气工程。

五、固体废物处置科学技术研究能力建设进展

"十一五"期间,环境科技体制改革不断深化,国家级社会公益非营利性环境保护科研院所得到较快发展,建立了一批科技创新基地。固体废物利用/处置及污染防治领域的科研队伍进一步壮大,涌现出一批学有专长的创新基地首席专家和中青年学术骨干,重大成果不断涌现,支撑决策能力全面提升,为我国固体废物安全无害化处置提供了技术支撑。

(一)研究机构

1. 固体废物处理与环境安全教育部重点实验室

清华大学环境学院固体废物控制研究所是我国最早从事固体废物减量化、资源化、无害化理论和技术研究的单位之一。依托于此,2009 年批准成立了固体废物处理与环境安全教育部重点实验室。实验室主要进行应用基础研究,现有主要有 4 个研究方向:①环境友好型固体废物及有毒有害化学品处理处置;②基于循环经济的废弃物循环再生利用;

③固体废物及有毒有害化学品污染控制系统管理;④固体废物及有毒有害化学品管理的环境安全。

研究内容涉及填埋场降解和产气模拟、填埋垃圾水流参数测定、有机废物高固体厌氧消化、污泥湿热法处理技术、焚烧飞灰烧结及熔融固化、渗滤液蒸发、二噁英超痕量检测、电子废弃物处理利用、污泥处理、生活垃圾填埋及污染控制、焚烧灰渣处理利用、有机垃圾生物处理、有毒有害化学品和危险废物控制、面源固体废物污染控制。

2. 污染控制与资源化研究国家重点实验室

污染控制与资源化研究国家重点实验室依托于同济大学、南京大学环境科学与工程学科群,涵盖环境工程、环境科学和市政工程等3个国家重点学科和7个博士点。实验室主要有4个研究方向:

(1)污染物的环境行为与生态效应;

(2)水体污染控制理论与技术;

(3)固体废物处理与资源化;

(4)环境修复与流域污染控制。

其中固体废物处理与资源化方向着重研究生活垃圾生态填埋与资源化、生活垃圾填埋场气体产生规律与温室气体控制方法;研究废弃物水热转化原理及方法,发展危险废物处理和生活垃圾焚烧技术,为固体废物污染控制与资源化提供理论指导和技术。

3. 浙江大学热能工程研究所

浙江大学热能工程研究所是我国高等学校在能源清洁利用与环境工程领域的重要研究基地之一,研究所下设废弃物资源化综合利用研究室和循环流化床燃烧与气化研究室,近些年来在岑可法院士的带领下,在废弃物资源化利用、能源化方面作出了突出的贡献。

废弃物资源化综合利用研究室研究内容涵盖洗煤泥及洗煤泥与煤矸石混烧流化床技术、污泥和高浓度有机废水流化床焚烧技术、城市生活垃圾焚烧新技术、医疗废弃物无害化热处理技术、燃烧特殊污染物检测和评价、废轮胎热解制取燃油、炭黑技术等方面。

循环流化床燃烧与气化研究室研究内容涵盖循环流化床燃烧与气化技术、生物质能综合利用、生物质热裂解制油技术、生物质直接燃烧技术、生物质中热值气化集中供气技术、煤灰渣综合利用技术等方面。

4. 中国环科院固体废物污染控制技术研究所

中国环境科学研究院固体废物污染控制技术研究所成立于1991年,于2004年6月成为中国环科院建立的首批科技创新基地。中国环境科学研究院固体废物污染控制技术研究所在王琪所长的带领下,目前已经在污染场地的修复治理、水泥窑共处置危险废物技术、准好氧填埋技术、危险废物特性鉴别、焚烧飞灰熔融处理与重金属回收、堆肥以及厌氧发酵处理与能源回收以及固体废物管理技术等领域形成了自己的研究特色和领先优势。

5. 沈阳环境科学研究院

2002年,经原国家环境保护总局批准,由沈阳环境科学研究作为技术依托单位,建设并运营国家环境保护危险废物处置工程技术中心,成为我国固体废物污染防治领域强有力的科技支撑单位。近年来,沈阳环境科学研究院在邵春岩院长的带领下完成了"多氯联苯工业性焚烧技术研究"、"国家危险废物收集、贮存、运输、处置技术规范及技术评估体系研究"等多项国家科技攻关课题,成果曾获多项国家、省部级科技进步奖。同时承担了《危险废物焚烧污染控制标准》、《危险废物贮存污染控制标准》、《危险废物集中焚烧处置工程建设技术规范》等近20项标准、规范的编制修订工作,还承担了我国履行《POPs公约》的履约示范任务。

6. 北京工业大学循环经济研究院

北京工业大学循环经济研究院是致力于资源、环境与循环经济研究的跨学科研究机构,成立于2005年4月。其下设有资源节约与循环利用实验室依托北京工业大学材料学院和环能学院已有实验条件,致力于为循环经济发展提供技术支撑研究。该实验室主要研究方向为:

1)电子废弃物资源化技术研究;

2)废弃矿物有价元素提取技术及经济评价。

7. 北京市高等学校环境污染控制与资源化工程研究中心

北京市高等学校环境污染控制与资源化工程研究中心成立于2010年,是北京市教委批准成立的市级工程研究中心。主要研究方向有固体废物处理处置、资源化与高值利用,水污染控制与再生利用,室内空气质量与废气污染控制,污染控制化学与土壤修复技术。其中固体废物处理处置、资源化与高值利用方向重点研究以下8个方面:①生物质废物厌氧生物转化生产清洁能源;②生物气提纯生产车用生物燃气;③生物气重整制取生物基化学品;④有机废弃物堆肥化技术与设备;⑤生物反应器型卫生填埋技术;⑥CO_2捕集与生态农业应用;⑦城市与农业循环经济与低碳技术;⑧固体废物管理政策与策略研究。

8. 环境保护部固体废物管理中心

2006年,根据《全国危险废物和医疗废物处置设施建设规划》,为加强固体废物管理工作,原国家环境保护总局成立了国家环境保护总局固体废物管理中心,中心职责如下:①拟定固体废物污染防治的法规、规章和管理制度;②开展废物进出口技术审查和相关监督管理工作;③开展国家级危险废物经营许可证的技术审查工作;④监督管理全国危险废物集中处置设施运行工作;⑤建立和管理全国固体废物管理信息系统;⑥建立全国固体废物管理档案及数据库;⑦协助处置突发性危险废物污染事故;⑧指导省级固体废物中心的工作;⑨开展固体废物污染防治技术交流、培训和咨询工作;⑩承办环境保护部交办的其他相关工作。

自中心成立以来,环境保护部固体废物管理中心密切配合国家固体废物环境管理的需求,在固体废物管理技术研究领域作了系列研究工作,"十一五"期间组织实施全国固体废物信息管理系统和废弃电器电子产品处理管理信息系统,2011年并主持编制了《"十二五"危险废物污染防治规划》,为环境保护部危险废物管理工作提供了有力的技术支持。编译出版了《废物焚烧——综合污染预防与控制最佳可行技术》、《废物处理——综合污染预防与控制最佳可行技术》、《综合固体废物管理规划培训手册》和《电子废物综合管理》等书籍。

(二)研究平台

"十一五"期间能力建设方面新建的研究平台有固体废物处理与环境安全教育部重点实验室、二噁英污染控制重点实验室、中国环境科学研究院科技创新基地固体废物污染控制技术研究基地及固体废弃物能实验室、固体废物处理与资源化省部共建教育部重点实验室、斯德哥尔摩公约亚太地区能力建设与技术转让中心、POPs 专业委员会。有关固体废物污染防治方面的国家环保部工程技术中心有 7 个,其中通过验收并已授牌的有 4 个,分别是矿山固体废物处理与处置工程技术中心(2002 年)、清洁煤炭与矿区生态恢复工程技术中心(2007 年)、有色金属工业污染控制工程技术中心(2009 年)和工业资源循环利用工程技术中心(2010 年)。批准建设的有 4 个,分别是危险废物处置工程技术(重庆)中心(2009 年)、污泥处理处置与资源化工程技术中心(2010 年)、危险废物处置工程技术(天津)中心(2011 年)和垃圾焚烧处理与资源化工程技术中心(2011 年)。

(三)固体废物管理信息系统

2008 年 9 月,国家发展改革委批复《关于国家级和省级固体废物管理中心建设项目可行性研究报告》,其中全国固体废物管理信息系统建设是重点内容。全国固体废物管理信息系统设计了 6 个业务子系统来分别支持相关的管理工作:固体废物产生源管理系统、危险废物转移管理系统、危险废物经营许可管理系统、危险废物出口核准管理系统、危险废物事故应急管理系统和废物进口许可证管理系统。全国固体废物管理信息系统基础网络充分利用了现有的国家级、省级环保局的网络资源,依托于国家环境保护电子政务外网,实现了国家级与 31 个省级固体废物管理中心、地市级和县级固体废物管理部门的网络互通,还实现了国家级固体废物管理中心与环境保护部、国家海关总署等相关职能部门的互联。

2009 年国务院颁布《废弃电器电子产品回收处理管理条例》,依据该条例,目前环保部正在建设统一的废弃电器电子产品处理管理信息系统。

全国固体废物信息管理系统和废弃电器电子产品处理管理信息系统将于 2011 年年底建成并投入使用,系统的建成和使用将实现全国固体废物信息获取、传输、处理和共享的功能,满足我国固体废物的信息化管理需求,提高固体废物和电子废物环境管理水平、决策能力和规范化水平,为我国经济与环境的协调发展和环境质量的改善发挥巨大作用。

六、固体废物利用/处置科学技术需求及发展展望

目前,固体废物污染控制的研究手段已从传统技术方法向大力发展交叉学科促进术创新转变,污染防治技术的研究重点从末端治理向全防全控转变,环境应急技术从事后应急向事前预警和事后应急并重转变,研究热点向危害人体健康的各类环境风险防治转变。"十二五"期间,固体废物利用/处置领域的需求主要体现在以下几方面[5,8]:

(一)固体废物利用/处置领域战略需求

1. 固体废物资源化技术体系有待完善

我国固体废物资源化技术标准与再生产品标识体系尚不完善,废弃资源化标准覆盖率不足 10％,迫切需要加强固体废物资源化技术标准研究,制订资源化产品和再制造产品的标识认证标准及办法,为推行固体废物的综合利用技术、避免在综合利用过程中产生二次污染、实现固体废物的资源化提供必要的标准和技术依据。

2. 固体废物污染控制与管理技术研究有待加强

研究不同行业固体废物产生途径、污染特性以及与其相适应的污染控制与管理技术。针对重金属、危险废物、微量有机污染物、持久性有机污染物等影响人体健康的重大环境问题,探索其控制和削减的技术原理。同时针对重点危险废物产生领域的预防与应急、监测与预警、生态修复与恢复等一系列环境应急管理的理论基础研究。

3. 固体废物利用/处置设施运营风险需关注

针对固体废物,结合国外发达国家经验,探索和建立污染防治设施建设和运营市场化、社会化机制与模式,从系统保障固体废物利用/处置设施安全稳定运行和防控环境风险的角度出发,开展固体废物利用/处置设施运行风险管理技术研究工作。

4. 危险废物管理和技术支撑能力有待提高

针对危险废物,积极探索源头减量,推广先进的清洁生产技术,科学合理发展危险废物利用/处置和服务行业,加强典型危险废物利用/处置技术的研发和历史遗留危险废物治理,进行非工业源危险废物管理体系研究,创新监管手段和机制,提高危险废物管理和技术支撑能力。

5. 环境科技创新能力有待加强

形成与国家固体废物环境科技需求相适应的环境科技创新能力,以环境保护基础研究和应用基础研究为主要任务,以培育优秀科研团队,提升环境基础科研能力为目的,建设国家环境保护危险废物重点实验室,进行危险废物全过程控制的基础理论研究。

(二)固体废物利用/处置领域技术发展趋势

遵从固体废物管理"三化"原则和"削减总量、改善质量、防范风险"的环境保护总体思路,结合"十二五"环境保护科技需求以及我国固体废物污染防治领域的战略需求,根据国内外固体废物利用/处置技术的发展趋势,提出如下研究方向和重点领域:

1. 固体废物源头减量和再生利用技术研究

选择化工、有色、钢铁和制药等重点行业,研究一般固体废物和危险废物减量化关键技术,并进行工程示范,提出相关技术经济政策。研究包装废物、低品质塑料、电子废物、废旧轮胎等固体废物的破碎分选和综合利用技术。研究垃圾焚烧飞灰资源化处理技术。开展大宗重金属尾矿渣回收和综合利用示范,深入研究固体废物资源化过程中的污染控制技术。针对含铅废物、无机氰化物废物、石棉废物等产生量大、处置和利用困难的危险废物,开展源头减量、循环利用技术研究。研究以资源消耗、环境安全等评价为核心的固体废物再生利用技术评估方法。针对已经处理的大宗固体废物,研究其长期安全性评估标准以及管理机制。

2. 固体废物无害化、稳定化处理技术研究

开展生活垃圾填埋新工艺研究与工程示范,研发具有自主知识产权的大型垃圾焚烧成套设备、大型炉排生产技术和焚烧工艺控制技术,研发垃圾综合处理及有机物厌氧产沼关键技术与设备,系统研究固体废物焚烧产生的飞灰、持久性有机污染物(POPs)类废物非焚烧利用/处置新技术。研发固体废物工业窑炉共处置关键技术、设备及建筑类废物利用/处置技术。开展污染型尾矿渣无害化、稳定化处理技术研究和示范。研发固体废物填埋场渗漏检测、污染场地探测、堆体稳定化等填埋场安全操作运行技术。

3. 固体废物资源化技术研究

重点选择再生资源、工业固废、垃圾与污泥等量大、面广和污染严重的废物,以清洁化、高值化、规模化为出发点,大力发展废物预处理专用技术与装备,加快废物资源化利用与二次污染控制技术研发,开发一批市场前景好和附加值高的废物资源化产品。选择特色鲜明城市、重点区域,统筹技术研发、创新基地、创新团队、中介服务、公共平台等建设。实施废物资源化技术与示范工程,完善技术标准规范与产品认证体系,优化产业激励政策,健全有利于废物资源化技术研发、成果转化和产业发展的创新环境,为废物资源化提供有力的科技支撑。

4. 危险废物污染控制与管理技术研究

研究不同行业危险废物产生途径、污染特性以及与其相适应的污染控制与管理技术。研发阴极射线管含铅玻璃等危险废物处置和利用技术、疫情期间医疗废物应急处理技术与设备。研发危险废物鉴别分析和标样制备、风险评价等应用技术与配套设施。研究危险废物处置运营、管理技术及技术经济政策。研究危险废物处置设施选址的风险评估技术,突发环境事件中危险废物环境风险评价技术。

参考文献

［1］赵由才,牛冬杰,柴晓利.固体废物处理与资源化［M］.北京:化学工业出版社,2010.

［2］邵立明,何品晶.固体废物管理［M］.北京:高等教育出版社,2004.

［3］李秀金.固体废物处理与资源化［M］.北京:科学出版社,2011.

［4］《"十二五"危险废物污染防治规划》(征求意见稿)

［5］《废物资源化科技工程"十二五"专项规划》(征求意见稿)

［6］D. H. Meadows, D. L. Meadows and J. Ramders. Beyond the limits［M］. Vermont, U. S. A, 1992:15.

［7］《国家环境保护"十二五"科技发展规划》.

［8］国家自然科学基金委员会工程与材料科学部.学科发展战略研究报告-建筑、环境与土木工程Ⅰ(建筑、环境与交通工程卷)［M］.北京:科学出版社,2006:170.

［9］F. Andreola, L. Barbieri, A. Corradi, et al. Glass - ceramics obtained by the recycling of end of life cathode ray tubes glasses[J]. Waste Management 2005(25):183-189

[10] 李金惠，程桂石，等. 电子废物管理理论与实践[M].北京：中国环境科学出版社，2010：2.

[11] F. Andreola, L. Barbieri, A. Corradi, et al. CRT glass state of the art A case study: Recycling in ceramic glazes[J]. Journal of the European Ceramic Society. 2007(27):1623-1629.

[12] 程桂石；李金惠；刘丽丽. 电子废物资源化循环转化过程与代谢规律研究[J]. 中国环境科学，2010，30(5)：658-665.

[13] 王红梅，王琪. 电子废弃物处理处置风险与管理概论[M].北京：中国环境科学出版社，2010：23-30.

[14] 王琪，段华波，黄启飞. 危险废物鉴别体系比较研究[J].环境科学与技术，2005,28(06):16-18.

[15] 段华波，王琪，黄启飞，等. 危险废物浸出毒性试验方法的研究[J].环境监测管理与技术，2006,18(01):8-11.

[16] 黄启飞，段华波，张丽颖，等. 危险废物毒性鉴别指标体系研究[J].能源环境保护，2006,20(01):1-4.

[17] 王伟，叶暾旻，王琪，等. 适用于焚烧飞灰卫生填埋场共处置的浸出毒性鉴别程序研究[J].环境科学，2007，28(12):2867-2872.

[18] 段华波.危险废物浸出毒性鉴别理论和方法研究[D].北京：中国环境科学研究院，2006.

[19] 张清，隋倩，黄俊，等. 中国危险废物焚烧炉的二噁英类减排技术评估[A].持久性有机污染物论坛2007暨第二届持久性有机污染物全国学术研讨会论文集[C]，2007.

[20] 祁国恕，邵春岩，陈曦，等.危险废物焚烧设施性能测试关键技术[A].持久性有机污染物论坛2010暨第五届持久性有机污染物全国学术研讨会论文集[C]，2007.

[21] 邢杨荣. 危险废物焚烧配伍与燃烧反应分析[J].环境工程，2008,(S1).

[22] 郑安桥. 危险废弃物焚烧处置预处理及烟气净化工艺设计[J].环境工程，2010,(5).

[23] 张新艳，王起超，张少庆，等.沸石作稳定化剂固化/稳定化含汞危险废弃物试验[J].环境科学学报，2009,(9)

[24] 苏肇基，刘建国，侯晨晨，等. 含苯酚危险废物水泥/活性炭的固化稳定化[J].清华大学学报（自然科学版），2009,(12).

[25] 李要建. 有害元素在等离子体处理危险废物中的迁移规律研究[D].北京：中国科学院力学研究所，2009.

[26] 黄革，杨华雷，雷金林，等. 等离子体技术在危险废物处理中的运用[J].环境科技，2010,(S1).

[27] 郑蕾. 焚烧飞灰土聚反应固化/稳定化技术研究[D].北京：清华大学，2011.

[28] 叶暾旻.垃圾焚烧飞灰的螯合稳定化技术研究[D].北京：清华大学，2007.

[29] 陈春贻，朱云，黎嘉明，等.危险品运输实时监控及应急救援服务平台构建[J].中国安全科学学报，2009,(6).

[30] 李宇斌，王恩德. 基于3S技术的危险废物污染事故预警系统[J].安全与环境学报，2006,(4).

[31] 徐洋. 危险废物突发污染应急处理实证示范建设探讨[J].化学工程师，2010,(10).

[32] 李博，王华，胡建.从铜渣中回收有价金属技术的研究进展[J].矿冶，2009,1.

[33] 郭振中.复合矿冶金渣中有价组分赋存状态、相界面及分离研究[D].长春：东北大学，2007.

[34] 秦燕.采矿废石中重金属元素在表生条件下的淋滤迁移[D].合肥：合肥工业大学，2007.

[35] 张阳.粗铜精炼废渣中钴的回收研究[D].长沙：中南大学，2010.

[36] 杨文.铅锌矿石中有价金属的综合回收[J].武汉工程大学学报，2010,5.

[37] Pickworth B, Adams J, Panter K. Maximising biogas in anaerobic digestion by using engine waste heat for thermal hydrolysis pre-treatment of sludge[J]. Water Science and Technology,2006,54

(5):101 - 108.

[38] Qiao W，Wang W，Wan X. Improve sludge dewatering performance by hydrothermal treatment[J]. Journal of Residuals Science and Technology，2010，7(1)：7 - 11.

[39] Isabel Beauchesne，Ridha Ben Cheikh，Guy Mercier，et al. Chemical treatment of sludge：In - depth study on toxic metal removal efficiency，dewatering ability and fertilizing property preservation[J]. Water Research，2007，41：2028 - 2038.

[40] D. C. Devlin，S. R. R. Esteves，R. M. Dinsdale，et al. The effect of acid pretreatment on the anaerobic digestion and dewatering of waste activated sludge[J]. Bioresource Technology，2011，102：4076 - 4082.

[41] Yawei Wang，Yuansong Wei，Junxin Liu. Effect of H_2O_2 dosing strategy on sludge pretreatment by microwave - H_2O_2 advanced oxidation process[J]. Journal of Hazardous Materials. 2009，169：680 - 684.

[42] Banu Örmeci. Optimization of a full - scale dewatering operation based on the rheological characteristics of wastewater sludge[J]. Water Research，2007，41：1243 - 1252.

[43] 张华，污泥改性及其在填埋场中的稳定化过程研究[D]，上海：同济大学，2007.

[44] 朱英，卫生填埋场中污泥降解与稳定化过程研究[D]，上海：同济大学，2008.

[45] Mangialardi T. Sintering of MSW fly ash for reuse as a concrete aggregate[J]. Journal of Hazardous Materials，2001，87(1 - 3)：225 - 239.

[46] Polettini A，Pomi R，Trinci L，et al. Engineering and environmental properties of thermally treated mixtures containing MSWI fly ash and low - cost additives[J]. Chemosphere，2004，56(10)：901 - 910.

[47] Wang K S，Sun C J，Yeh C C. The thermotreatment of MSW incinerator fly ash for use as an aggregate：a study of the characteristics of size - fractioning[J]. Resources，Conservation and Recycling，2002，35(3)：177 - 190.

[48] 田书磊，王琪，汪群慧，等. 垃圾焚烧飞灰柴油炉熔融固化过程的特性分析[J]. 燃烧科学与技术，2007，13(3)：253 - 258.

[49] Saikia N，Kato S，Kojima T. Production of cement clinkers from municipal solid waste incineration (MSWI) fly ash[J]. Waste Management，2007，27(9)：1178 - 1189.

[50] 施惠生，吴凯，原峰，等. 利用城市垃圾焚烧飞灰烧制阿利尼特水泥熟料的试验研究[J]. 水泥，2009，8：9 - 13.

[51] Wang L，Jin YY，Nie YF，et al. Recycling of municipal solid waste incineration fly ash for ordinary Portland cement production：A real - scale test[J]. Resources，Conservation and Recycling，2010，54(12)：1428 - 1435.

[52] 张妍，蒋建国，邓舟，等. 焚烧飞灰磷灰石药剂稳定化技术研究[J]. 环境科学，2006，27(1)：189 - 192.

[53] 王军，蒋建国，隋继超，等. 垃圾焚烧飞灰 H_3PO_4 稳定化技术及机理研究[J]. 环境科学，2006，27(8)：1692 - 1696.

撰稿人：王　伟　李秀金　李金惠　李润东　汪群慧　张俊丽

邵春岩　周连碧　郑　蕾　赵由才　胡华龙

环境生物学学科发展报告

摘要 "十一五"期间,随着研究理念的更新和分析技术手段的提高,环境生物科学在基础理论和实践技术方面均得到快速发展,为我国的环境保护事业发展提供了科技支撑。本报告归纳了环境生物技术在生态修复、环境监测、资源保护等方面的应用现状,总结了环境生物科学的理论及技术两方面的研究进展。基础理论建设方面着重介绍了多稳态理论、营养盐浓度限制理论、化感作用的生理和生态机制等;技术创新方面重点介绍了底泥修复、水生植物重建技术、人工湿地增氧、碳源补充及基质选配技术、抑藻水生植物筛选技术、化感物质分离及鉴定技术等。最后,报告阐述了环境生物学实验平台建设状况,并预测了环境生物科学的发展趋势,以期为我国"十二五"期间环境生物科学的发展提供了理论指导。

一、引言

环境生物学是环境科学的一个分支。它研究生物与受人类干预的环境之间相互作用的规律及其机理。它以坦斯利提出的生态系统概念作为主要的理论基础,因而有人认为环境生物学就是生态学。环境生物学研究的对象是受人类干预的生态系统。环境生物学研究的主要内容是环境污染引起的生态效应,生物或生态系统对污染的净化功能,利用生物对环境进行监测、评价的原理和方法以及自然保护等。其目的在于为人类合理地利用自然和自然资源,保护和改善人类的生存环境提供理论基础,促进环境和生物朝有利于人类的方向发展。随着环境生物技术的发展,研究观念的更新,探测、分析技术的提高,在环境生物学学科的研究理论、方法及学科动态上出现了一些新动向。

(一)"十一五"我国环境生物学研究现状及形势

1. 大力发展环境生态修复技术

早在 2002 年联合国环境规划署就发出了警告,全球环境状况在过去 30 年中持续恶化,国际社会如不迅速采取有效措施,人类未来的生存与发展将会面临巨大威胁。"十一五"以来,针对城市环境污染问题,我国积极发展迫切需要解决的城市生态规划及生态修复的关键技术,并结合具有代表意义的国家重大城市建设项目,开展典型示范,为改善城市居住环境提供科学理论基础和应用技术支持。

2. 生物技术在环境治理中的应用

发展环境微生物技术成为焦点。微生物是自然界最重要的污染物分解者,发现新的污染物降解微生物资源、污染物降解途径和代谢过程等,可以有效促进环保产业的发展。利用资源环境微生物技术还可以进行环境友好产品的生产、难降解化合物污染的处理和生物修复等。

"十一五"期间,国家加大对环境微生物研究支持力度。《国家环境保护重点实验室"十一五"专项规划》将典型有毒有害和生物难降解污染物的迁移转化规律及其生物降解性能、生物处理处置技术作为重点领域和优先主题,先后启动了微生物基因资源利用、抗辐射和有机污染物的模式微生物功能基因组、废水生物处理新的共性平台技术等应用基础研究项目,以及石油污染生物治理技术及产品、城市废水的生物治理技术及产品的研发和新型生物脱氮工艺的研究等技术研发项目。

水体富氧氧化是"十一五"水环境重点研究领域,许多学者做了大量研究,表明:重建和恢复以大型水生植物为主导的水生生态系统并保持其良性循环是治理水体富营养化的有效途径,其中水生植物间的化感作用对淡水生态系统中水生植物的可持续管理和湖泊富营养化的生态控制及治理都具有非常重要的意义。深入研究环境生态系统中不同生物体之间及其与环境胁迫间相互应答、相互作用的机制,可为治理环境污染提供简单有效的新思路。

3. 生物技术在环境监测中的应用

随着社会的发展,环境污染日趋严重,常规的环境监测方法已不能全面评价污染对生物群和人类健康的影响,利用生物的基因、结构、种群或群落监测环境污染,分析污染的危害程度,已经成为重要的环境监测手段之一。"十一五"期间,通过双杂交酵母监测环境荷尔蒙技术,利用鱼监测风险物质技术等,在实际环境监测中得到逐步应用。生物传感器是环境生物监测的一个重要领域。生物传感器是利用生物功能对污染物进行快速监测的方法,核心是生物功能的应用开拓和装置成套化。目前,BOD 生物传感器在污水处理,发光菌细胞传感器在芳香族化合物的监测等方面已得到了很好的应用,已有商业化的产品销售。

4. 开发生物新能源

随着常规能源的有限性以及环境问题的日益突出,以环保和可再生为特征的新能源越来越得到各国的重视。生物能源产业的发展既是整个能源供应系统的有效补充手段,也是环境治理和生态保护的重要措施,是满足人类社会可持续发展需要的最终能源选择。"十一五"期间,我国正式颁布实施了《可再生能源法》,并出台了一系列政策和措施,旨在推动以秸秆、甘蔗、玉米等农林产品以及畜牧业生产废弃物等为代表的生物能源发展。2007 年,国家发改委发布的《能源发展"十一五"规划》提出了试点推广燃料乙醇,开发研究生物柴油及氢能源的迫切需要。我国生物能源的开发和利用是从传统的燃烧技术逐步发展到生物质汽化、液化和发电技术。气化以厌氧发酵技术的推广和应用为主,同时发展生物质能源的直接气化技术。早在 2005 年,我国已经建成了南北两大乙醇燃料基地,形成了 100 多万吨的生产能力。近年来,生物质能源发电技术由主要集中在糖厂的热点联产和稻壳发电,发展到能源集团和投资机构开始建设专门的生物质发电站。随着国家对新能源政策支持力度加大,新能源推广力度加强,公众对新能源认可度也随之提高。发展生物新能源正成长为一个新兴产业。

5. 生态资源保护与利用

"十一五"期间,我国环境生态资源保护与利用取得较大进步。围绕《国家中长期科学技术发展规划纲要（2006—2020 年）》环境领域——脆弱生态系统恢复优先主题的重点任务部署,结合中西部地区的重大需求,按照恢复功能,支撑发展的生态保护科技发展思想,选择西藏高原、黄河河套、新疆荒漠化地区等重要生态屏障建设区和退化生态系统恢复区,以及鄱阳湖流域、伊犁河流域等重要经济开发建设区,坚持生态恢复重建与地区经济社会发展紧密结合,开发集成出 60 余具有区域特点、先进适用的生态保护与恢复技术模式,开展了多种生态治理产业化模式的探索,建立生态保护科技综合示范区 100 个,示范辐射面积达 50 万公顷,取得了典型的生态效益、经济效益及社会效益,为地方提升生态文明水平,促进区域可持续发展提供了重要支持。如"鄱阳湖生态保护与资源利用研究"项目,首次查明了鄱阳湖湿地植物区系、植被类型及空间分布,绘制了鄱阳湖湿地植被图,集成了 10 种退化湿地的恢复技术,建立了 3 类综合型湿地修复与重建模式和 6 种资源高效利用技术模式,建立了鄱阳湖水生态安全监测预警指标及模型体系,开发了鄱阳湖水生态监测预警信息在线分析系统和发布系统,实现了湖水生态动态监测,使鄱阳湖体与沿岸生态环境治理大幅改善,成为我国五大淡水湖中最清的一个,并推动江西省启动实施鄱阳湖沿岸生态经济区规划与建设工作。

二、环境生物技术理论研究进展

(一)水生植被恢复/重建理论研究进展

1.水生植被恢复/重建思路

富营养化的水体一般环境条件较为恶劣,高有机质含量、高氮磷负荷、低透明度及底质厌氧环境等,在此条件下进行的水生植被恢复/重建,必须首先要满足水生植物特别是沉水植物生长的条件,如提高水体的透明度、减低水体的氮磷等营养负荷、改善底质等。研究提出了水生植被恢复/重建技术的思路:即生境改善－先锋植物群落构建－植物群落结构优化－顶级群落调控系统稳定等四个阶段,实现植物群落结构优化和系统稳定,最终达到由浊水藻型湖泊向清水草型湖泊的转换。

2.水生植被恢复/重建理论

(1)多稳态理论

在某些生态系统的演替过程中,有可能出现两种或多种不同的稳定状态,而不同的稳定状态系统的结构和功能也是不同的,但它们都能维持系统的稳定,这就是多稳态现象[1]。生态系统的多稳态理论,是指导人类科学管理和促进生态系统恢复的重要理论依据。对于浅水湖泊而言,人们对其多稳态特性早就有所认识,并且自觉或不自觉地在利用它,只是没有上升到理论水平上指导湖泊生态恢复的实践。多稳态理论认为,浅水湖泊有两种稳定状态,即"草型清水状态"和"藻型浊水状态"[2]。处于"草型清水状态"的湖泊,沉水植物覆盖度高,水质清澈;而处于"藻型浊水状态"的湖泊,沉水植物覆盖度低甚至消失,浮游植物占优势,水质混浊甚至夏季有蓝藻水华暴发。这两种状态都是相对稳定的,符合生态系统抵抗变化和保持平衡状态的"稳态"特性。在外界条件完全相同的条件下(气候、水文、污染负荷），两种稳态类型在某一营养阶段都有可能出现，通过适当的生物调控可以实现这两种状态之间的相互转换[2-4]。

（2）营养盐浓度限制理论

营养盐对生物群落的限制与驱动是湖泊多稳态保持和转化的动力。营养盐浓度限制理论是多稳态理论产生的依据，可以用多稳态模型进行说明。根据多稳态理论，营养物浓度处于一定范围内时，浅水湖泊出现清水和浊水两种不同的平衡状态，在营养浓度从低到高的富营养化过程中，水体呈现清水稳态、清水-浊水稳态过渡态到浊水稳态的变化序列[5-7]。稳态转换的灾变现象是由于扰动强度超出了水生植物对湖水的浊度缓冲阈值[8-10]。一方面，水生植物能提高并保持水的清洁程度，另一方面，富营养化刺激藻类增加导致水的浑浊化又能阻碍沉水植物的生长，这两个过程都是自我加强的过程。当水中的营养物浓度降低到一定程度时，湖水只有一种清洁的平衡状态，这时由于沉水植物的作用，可以稳定这种清洁状态。因此，在营养负荷升高到灾变程度以前，在没有其他扰动存在的情况下，湖水可以仍然保持清洁状态。但一旦系统转变为浑浊状态以后，只有在营养负荷大幅度削减后，才能使得水生植物恢复[11]。当营养负荷高过一定程度时，同样只有一种浑浊状态存在。在各自的稳定状态，湖泊都有其缓冲机制以抵制外部的变化[12,13]。湖泊的生态系统恢复就是要实现其浊水稳态到清水稳定态的迁移。

因此，重建或恢复湖泊高等水生植物群落，以促进系统的正常演替，被认为是实现湖泊生态恢复的关键。但在浊水稳态环境下恢复沉水植被，将面临许多生存压力，其中较高氮浓度和较低透明度是沉水植物恢复的两大限制因子。而营养盐中的氮和磷，特别是磷，是浮游植物通过大量增殖形成浊水稳态的主要条件，因此通过降低营养盐，其中通过降磷抑制藻类增殖；通过降氮降低沉水植物的生化胁迫，是恢复沉水植被的基本条件。

3. 水生植被恢复/重建过程管理

从植物生理的角度来看，植物的正常生长需要一定的养分（N、P、K 等）、光照、水分、氧气、CO_2、温度和适宜的 pH 等。对沉水植物来讲，水分不会成为限制因素，而光照、养分（N、P 等）、氧气易成为限制因子。

对于沉水植物恢复初期由于透明度低导致的水下光照不足的问题，可以通过人工湿地、原位水质净化等措施处理[14-19]，如用生态砾石净化、用植物浮床净化水质、用人工水草净化水质、投撒高效净水剂、噬藻微生物、生物菌剂、水下光补偿技术、降低水位等。

对于底质有机物过多导致的厌氧环境，可以通过原地处理和异地处理等措施[14,20,21]，主要包括用膜覆盖后再回填泥沙、基底改造、疏浚等。基底改造，如掺入泥沙、投加底泥改性剂等物质，控制底泥中磷的释放；投加微生物和/或化学药剂，以促进底泥中有机污染物的生物降解；曝气以加快有机物氧化，改变厌氧环境（可通过水下充氧或干塘的方式进行）。

针对被修复水体风浪干扰大等特点设置防浪带，水生植物的恢复从湖汊湖湾开始，逐步推进。对于水生植被恢复过程中草食性鱼、一些螺类等对水生植物有很大的牧食压力特点，可以通过捕获草食性鱼，尽量减少其存量，待植被完全恢复、生物量足够大时，可以放养一定的草食性鱼用于控制植物的过量生长的措施[14,22]。

对上述障碍，沉水植物都会面临，而且它对环境的敏感性也相对最高，所以恢复的难度最大;挺水植物和根生浮叶植物也会遇到上述障碍,但其抗性要大于沉水植物,而且在其生长到一定程度后,不再受透明度的影响,种植时也可以从岸边浅水区开始,逐步推进,所以恢复的难度要远小于沉水植物;漂浮植物除受风浪影响大外,其他因素影响不大,湿生植物一般分布在水陆交错带,可以在岸边种植,困难一般不大,所以湿生和漂浮植物最易恢复。

上述障碍可以是单一的,也可以是多种共存的,对重富营养大型湖泊,往往是共存。所以,在重富营养湖泊中恢复水生植被(尤其是沉水植物)是相当困难的,也是国内外所面临的难题之一。

(二)人工湿地研究

人工湿地主要利用土壤/人工介质、植物、微生物的物理、化学、生物三重协同作用,对污水进行处理的一种技术。其作用机理包括吸附、滞留、过滤、氧化还原、沉淀、微生物分解、转化、植物遮蔽、残留物积累、蒸腾水分和养分吸收及各类动物的作用。

1.人工湿地研究进展

(1)微生物群落结构

各种新颖的分子生物学方法是研究人工湿地的微生物多样性的有力工具。其中最常用的是 DGGE 和 FISH,为了避免每种分子技术的局限性,更好地描述微生物群落的组成和多样性,常常几种方法同时使用。在人工湿地微生物方面,参与氮循环相关的微生物多样性的研究最多。这可能是因为古细菌、硝化菌、反硝化真菌、需氧反硝化菌和异养硝化微生物在人工湿地的氮循环系统中起着非常重要的作用。

(2)气体代谢

"十一五"期间,利用极谱法研究了湿地植物根系气体传导及其与系统净化的关系[23]。结合植物生理学研究,揭示了氧气输导代谢的作用机理,湿度诱导气体浓度差是某些植物氧气输导扩散的主要传导机制;根系氧气扩散速率与根形态、结构及生理状况密切相关;根系输氧作用对湿地植物生存、根系解毒至关重要,是根际特殊生境所存在的微生物生存与净化活动所需氧气的主要供给途径。

(3)水力流场

"十一五"期间,从调查以复合垂直流为代表的多流态复合型垂直流人工湿地的水力学特性入手,掌握污水在湿地系统中的流速、水位变化、水量平衡、水流分布等情况,进一步探讨水流停留时间分布、水流流态等问题[24]。证明多流态复合型垂直流人工湿地系统的出水流量曲线呈现脉冲式特点,且水力负荷对系统的出水流量有影响,当水力负荷提高时,多数多流态复合型垂直流人工湿地小试系统的流量曲线峰值显著下降。多流态复合型垂直流人工湿地系统下行流池基质中的水位的变化趋势与流量的变化规律相同,基质中水位的变化反映了湿地基质表面淹水的状况,若淹水时间越短,则系统基质越快得以复氧,从而有利于系统净化功能的发挥。水力负荷的变化对基质中的水位有影响,当水力负荷增大时,水位复原的时间长,即系统的淹水时间也相应增长。多流态复合型垂直流人工湿地中仍然存在返混现象,但水流流态比以往的其他类型湿地有很大的改善,这也是该系统对污染物去除效果较其他类型湿地有明显提高的原因所在。

2. 人工湿地研究趋势

近年来已在污染物的去除机理、处理污水的效率、影响人工湿地处理效率的因素（包括人工湿地的类型、植物种类、基质类型、环境因子的影响与管理措施）等方面开展了研究。人工湿地处理污水的机理非常复杂，设计的范围也很广。目前，虽然有些机理研究已经得到初步的认可，但仍然存在很多问题需要进一步研究，如污水中的有机污染物、无机污染物、金属污染物的去除过程与机理；根际微生态系统的综合作用；有机物、无机化合物和金属离子在湿地系统内的相互作用及其对植物、微生物和土壤的影响等。另外湿地系统优化运用研究需要加强，包括加强湿地植物的筛选工作；重点研究在提高人工湿地氧化硝化能力的同时如何提高其反硝化能力，解决硝态氮的高效去除问题；加强填料的筛选和如何防止填料堵塞，是今后应该优先考虑的工作。

（三）化感抑藻作用理论研究进展

化感作用指由植物、细菌、病毒和真菌所产生的二次代谢产物，这些产物影响农业和自然生态系统中一切生物的生长和发育作用。化感作用在生态系统中起着动态调控生态系统中种群密度和分布的重要作用。随着水体富营养化和藻华频发问题而兴起的化感抑藻作用研究，已成为环境生物学领域一个重要的研究方向。"十一五"期间，在许多化感活性植株通过野外观察和室内培养实验被筛选出来的基础上，化感抑藻作用研究在其生理生态机制的揭示方面取得了一定的进展。

1. 生理机制

植物化感作用能影响目标藻类的光合作用，导致活性氧的产生引起对目标藻类氧化胁迫，影响细胞器膜透性、一些酶的功能和活性、营养元素吸收及蛋白质表达等。

很多共培养实验也证实了植物对藻类光合作用的影响。一些研究表明水生植物化感作用能对藻类光合系统电子传递产生抑制，降低光能的转化效率，从而减弱甚至完全抑制其光合作用，达到控制其生长繁殖的目的。例如焦性没食子酸和没食子酸均能对铜绿微囊藻 PSII 和整个电子传递链活性具有显著的抑制作用。这两种化感物质对铜绿微囊藻 PSII 和整个电子传递链活性抑制与其对藻类的生长抑制表现出明显相关性[25]。因此，水生植物对藻类光合色素含量影响，色素吸收光谱的改变及光合系统电子传递的抑制，是水生植物对藻类化感抑制的重要机制之一。

水生植物对藻类的化感作用可引发藻类内的氧化胁迫，导致藻体内的活性氧升高及相应的抗氧化系统反应。水生植物分泌的化感物质对目标藻类能产生氧化胁迫，氧化胁迫导致了藻体内氧自由基提高。当氧自由基提高到一定程度后抗氧化酶清除氧自由基能力下降，藻体内氧自由基的含量进一步提高，提高的氧自由基攻击细胞膜上的生物大分子，导致膜结构破坏，藻细胞生理功能降低或丧失[26]。这可能是水生植物化感作用抑制目标藻类生长的主要原因之一。

水生植物的化感作用除了能够影响藻类抗氧化酶活性外，对其他的酶活性也有重要影响，如硝酸还原酶、碱性磷酸酶等[27]。这些酶与生物的磷和氮的营养代谢过程密切，其中胞外酶 APA 有助于水生生物以利用复杂的底物或者利于自身表面群落形成，干扰这些酶的作用会改变生物定居、生物膜形成或者附生生物生长。

蛋白质是基因的直接产物,其性质、组成、功能等可直接反映基因的结构与功能。水生植物化感作用也会影响蛋白质的含量和组成。

2. 生态机制

随着化感作用研究的深入,许多化感物质被分离和鉴定出来,针对化感物质释放到环境中的含量以及对目标藻体的化感作用活性也相继开展了一些研究。然而这些物质在环境中被检测到的浓度与其对目标生物的有效作用浓度间存在较大的差异。"十一五"期间,许多研究证实植物释放的化感物质通过联合作用来达到影响其他植物生长或繁衍的目的。化感物质的联合作用不仅与混合物种数有关,还受到混合物中各物质本身的性质、混合比例等其他因素的影响。

事实上,化感物质的类别很多,即使是一种沉水植物,释放到水环境中的化感物质就有很多。目前对化感物质的联合作用的研究主要集中在对同一类别化感物质的联合作用。对不同类别化感物质的实验显示,酚酸和脂肪酸的联合对抑藻作用有一定的增强作用。如棕榈酸、苯甲酸和乳酸以毒性效应比例二维或三维混合,对铜绿微囊藻的抑制作用均表现出加和效应[28]。

三、环境生物技术进展

(一)水生植被修复/重建技术进展

1. 外源污染消减技术

改善受污染水环境条件的根本措施是控制污染源,也是受污染水体进行以水生植被恢复为核心的生态修复技术的前提。目前,通常将水环境的外源性污染源分为点源和面源两类。

(1)点源污染控制技术

"十一五"以来,国家越来越重视城镇污水处理厂建设,城市水环境的点源污染负荷逐渐得到了控制,点源污染初步得到遏制,为实施水环境生态修复创造了有利的条件。对于污水排放量小而分散、污水收集管网难以达到或由于其他原因而无法修建集中式污水处理厂分散性点源污染,一般采用生物处理技术、膜生物反应器与复合垂直流人工湿地耦合等污水处理技术措施[29,30]。

(2)面源(非点源)污染控制技术

面源对湖泊污染负荷的贡献愈加明显,我国富营养化湖泊中,入湖营养盐氮、磷受非点源污染十分严重,以滇池为例,氮、磷可能占总污染负荷的$40\%\sim80\%$[31]。"十一五"期间,成功应用于面源污染控制的技术有人工湿地技术[24]、土壤净化床技术[32-34]、人工快渗污水处理系统[35-41]、湖滨生态带和水陆交错带外源污染净化技术[42,43]和前置库技术[44-46]等。

2. 内源负荷消减技术

在富营养化浅水湖泊中降低水中营养盐如氨氮、硝态氮以及磷的浓度,减轻其对水生植物胁迫,是成功恢复沉水植物的有效手段之一。"十一五"期间研究表明,通过前置库和人工湿地技术等外源控制手段,有效地改善了水体透明度和进入水体营养盐浓度。人工湿地作为一种有效的内源负荷消减技术也得到了广泛的应用,人工湿地与不同的水处理技术结合,对氮磷有较高的去除效果。

3.底泥改善技术

底泥的性状对水生植物恢复是否成功具有重要决定意义。污染底泥控制技术主要有原位处理技术和异位处理技术两大类。"十一五"期间广泛应用的原位处理技术主要有覆盖(掩蔽)、固化等。异位处理技术主要有疏浚、异位淋洗、玻璃化等。对太湖底泥生态疏浚的效果模拟研究表明[47],底泥中细小颗粒物、较高水温、置水和厌氧条件等是促进底泥中磷释放的主要环境要素。从模拟太湖底泥的淤积现状来看,以平均模拟深度为25cm环境效果最佳,在沉积物颗粒度较小的湖区,可以适当加深疏浚深度;底泥疏浚应在冬季等水温较低的季节进行,这样可以有效地防止营养物质向上覆水体的释放。从短期效果来看,底泥的疏浚可以有效地改善水质,从营养物释放的长期过程来看,不管是好氧还是厌氧条件,疏浚造成的长期释放强度的差异并不明显;相反,深度的疏浚有使氮素保留在水体中的倾向。因此生态疏浚一定根据湖泊的具体条件选择合适的疏浚区和科学的深度。

4.植物种植技术

沉水植物的种植应根据实际情况选择合适的方法。主要应根据拟种植的植物种类和水体特征而定。

(1)扦插法

扦插法是最常用的最简单易行的方法,较适合于水深不大且底质较松软的情况。操作方法是将沉水植物枝条整理成小束,用带叉的竿子将枝条末端轻轻插入底泥中,然后轻轻地拔出竿子。伊乐藻、穗花狐尾藻、五刺金鱼藻等枝条较软的植物很适合这种种植方法。操作时应注意动作柔和,尽量减少枝条损伤;注意将枝条插的稍深一些,防止枝条因浮力或水的流动而脱离底泥上浮到水面;每束枝条数因枝条粗细而定,约5~10条较合适,数目太多易导致枝条腐烂,太少时枝条易断裂而不能植入泥中;枝条较脆的植物(如轮叶黑藻、菹草)不适合这种方法。

(2)沉栽法

沉栽法也简单易行。当不方便实行扦插法时,比如底质较硬或水深较深时,可将枝条整理成小束,末端用黄泥包裹或在近末端用黄泥包裹,露出末端,之后将带泥枝条轻轻放入水中,沉入水底。枝条较脆或较短的植物较适合这种方法,如栽植苦草的根状茎、栽植轮叶黑藻等。此方法应注意黄泥黏度应适中,过黏则植物不易生根,过散则枝条易散开上浮;放入水中时应尽量轻柔,以防黄泥消散而使枝条散开。

(3)播种法

有些植物能产生大量的有性或无性繁殖体,如菹草在夏季产生大量殖芽、轮叶黑藻和五刺金鱼藻在秋季产生冬芽、苦草在秋季产生种子。当这些繁殖体容易被采集时可考虑用播种法。菹草的殖芽比重较大,容易沉降到水底,而且幼苗抗胁迫能力强,可以考虑在秋季撒播;殖芽受低温刺激后萌发,春季可迅速生长。轮叶黑藻的冬芽比重也较大,在水质较好的水域中,可在春季水温回升时撒入水体中,在水质较差的水域中,可在冬芽萌发生长一小段时间后撒入水体中。苦草的种子比重较小,可在其刚萌发出芽时与黏性稍强的黄泥搅拌后撒入水体中。

(4)枝条沉降法

恢复沉水植物时,可辅以枝条沉降法[48]植物种植技术,作为其他恢复方式的有益补充,能加快恢复过程并减小成本。枝条片段是沉水植物的重要无性繁殖体,能在较短时间内沉降到水底,并发展成新植株。

(5)渐沉式沉床移栽技术

该技术较适合透明度低、水深大和底质恶劣的情况[49]。首先在水体表面放置植物浮床净化水体,提高表层水体的透明度;在水体透明度逐步提高后,再在水体中放置沉床,利用升降部件逐步沉降,逐层净化水体,最终把沉床沉降到河湖底部,从而建立起沉水植物群落。渐沉式沉床能够克服水深、污染重、透明度低等水生植物生长的不利因素,逐步创建适宜于水生植物生长繁衍的环境,促进水生植被恢复。但对于沉床的结构设计及沉床植物物种的选择等,还有待进一步研究,以提高渐沉式沉床的使用效率。

(6)种子库法

广义种子库包括种子、芽苞、断枝等各种有性或无性繁殖体。它们的数量与质量决定着将来沉水植物群落的结构。在种植水生植物之前,应仔细调查水域中的现存的种子库,对其数量与质量作出评估[50,51]。如果种子库数量较大,质量较好,在减少人为不利干扰与鱼类牧食后,相应的植物应能生长出来,这样可减少部分费用。在利用种子库恢复的过程中,可以根据实际情况,适当补充某些植物种类。

(二)人工湿地技术进展

"十一五"期间,以垂直流人工湿地技术为代表的多流向复合型的垂直流人工湿地技术为研究重点,在深入研究和广泛应用的基础上,开发了人工湿地净化区间有效增氧技术,功能层靶向碳源补充技术,并对高效净化基质优选与组配等关键环节进行了技术创新,进一步提高人工湿地净化功能和服务年限。

1.人工湿地增氧技术

氧是影响人工湿地净化效果的重要限制因子之一,它不仅影响微生物的种类、数量与活性,还直接影响系统的净化效果。当湿地植物枯萎时,植物根系输氧减少,湿地内溶解氧浓度偏低、有机物去除不彻底。因此,如何调控与优化湿地沿程的溶解氧状态,创造有机物氧化反应所需要的环境条件对湿地去除有机物效果尤为重要。

"十一五"期间,重点对垂直流人工湿地特有的通气管和底部排空管实施改进,进行氧调控以改善湿地内部氧状态[52,53]。主要特征是:在复合垂直流人工湿地的底部设置至少三个并联连接的排空管,排空管的管壁上开有通孔;在下行流池底部排空管内分别布置并联连接的穿孔曝气管,穿孔曝气管的一端封闭,另一端连接导气管,导气管与地表的空气压缩机相连。该技术利用在下行流池底部的排空管内曝气,不易造成穿孔曝气管上的开孔堵塞,且结构简单,制造安装方便。采用最优化的增氧条件进行间歇曝气,创造了有机物去除所需的好氧、厌氧交替变化的环境条件,增强了系统净化功能,提高了湿地去除效率和服务年限。

2.人工湿地碳源补充技术

我国南方污水一般碳氮比较低,影响脱氮效率。为补充碳源多在系统进水端添加。进水端补碳易造成部分碳源在湿地上层发生好氧分解,导致碳源浪费,增加污水处理成本。"十一五"期间研究和开发了靶向增加人工湿地系统内部碳源技术,即在不影响湿地通气与放空设施功能的基础上,利用进水管作为输送通道,定位补充外碳源到湿地反硝化功能区,为反硝化反应提供了足够的电子供体[54]。同时在该技术基础上,试制了一种人工湿地碳源补充装置,将复合垂直流人工湿地通气管与放空管用三通连接,液态碳源通过特有通道传送至反应区。

3.人工湿地基质优选与组配技术

人工湿地基质最初多采用砂、石、土壤等天然材料,由于污水性质千差万别,天然材料基质远不能满足污水净化要求。"十一五"期间,研发了具备高效专属湿地基质及其组合装配方法,为拓展湿地净化空间,提升湿地污水净化能力,拓宽污水处理类型提供了新的研发思路[55,56]。

(三)化感抑藻技术进展

1.不同水生植物组合及重建用于富营养化水体修复

通过对水生植物化感作用研究,筛选出对不同藻类具有特异性抑制作用的水生植物,在水体的水生植被重建中,通过不同水生植物的合理搭配,有效地利用水生植物化感作用对不同藻类作用的特异性,控制水体中的浮游藻类,提高水体水质。研究表明,不同种类的植物分泌的化感物质不同,同一种类不同基因型植物之间的化感特性也存在差别。因此,通过植物品种的筛选、改良和开发以及不同品种的组合,减少水体浮游植物的生物量,提高水体水质。作为水生植被重建和富营养化水体修复的基础研究的组成部分和技术支撑,具有重要的理论和实践意义。"十一五"期间,许多水生态恢复工程都是在营养盐水平比较高的水体,成功恢复水生植物尤其是沉水植物,这就是化感作用以此种方式在抑藻实践中的应用例子。

2.有效化感物质的利用

植物体内提取的化感物质通常具有易降解、毒性低、无残留少、选择性强、对非靶标生物和哺乳动物安全、环境兼容性好、在生态系统中不会积累、作用方式独特、对靶标生物选择性高等特点,具有合成除藻剂无法比拟的优势,将水生植物中提取的高化感活性物质应用于藻类控制具有良好的应用前景。因此,加强抑藻效果显著的水生植物筛选及其化感物质分离、鉴定和应用,对蓝藻水华的控制和治理具有重要意义。从芦苇中提取的高活性化感抑藻物质 2-甲基乙酰乙酸乙酯,从伊乐藻植物体内分离鉴定到豆甾-4-烯-3,6-二酮及其同系物和豆甾-4,22-二烯-3-酮,4-甲基-,其中豆甾-4-烯-3,6-二酮,从马来眼子菜植物浸提物中分离得到的亚麻酸、单质硫、豆甾醇、棕榈酸、二十八碳酸等,从伊乐藻、轮叶黑藻和苦草种植水中检测到抑藻活性较高的 N-苯基-1-萘胺等化感物质都是新型除藻剂的备选物质。

3.人工合成除藻剂技术

由于目前人工合成的除藻剂可能在环境中积累并通过物质转移进入食物链,对环境中的其他生物造成毒害,利用化感物质的活性化学结构特征开发新一代生态安全型除藻剂,为新作用靶点除藻剂开发提供了新思路。

植物对目标生物的化感作用是通过植物化感物质而实现的,对这些化感物质功能和作用机制的研究,可以选择出杀藻剂的开发母体结构,以具有活性的化感物质为先导化合物,不仅可以更快、更经济地发现活性更优的类似物,而且具有对环境无污染、易分解,宜于大量施用等特性。水生生态系统中利用化感作用机制人工合成杀藻剂,对富营养化水体治理具有重要的潜在应用价值。虽然化感物质作为杀藻剂先导物的新活性物质的发现,以及高效杀草剂的开发,需要相当长的研究历程,但是在水体富营养化备受全球关注的今天,它的研究和应用必将具有广阔的前景。

四、重大成果

"十一五"期间,发表环境生物领域论文大约 10.9 万篇,取得专利约 3 千余项。

"受污染水体生态修复关键技术研究与应用"获 2009 年国家科学技术进步奖二等奖。该成果以生态工程为水体污染治理主要措施,在水质改善、水生态系统结构功能优化、水源地保护等方面,通过系统的技术研发、集成和示范,首次提出复合垂直流人工湿地新工艺、以水生植被恢复与重建为核心的湖泊生态修复技术、水力调度与生态修复有机结合的湖网水体修复技术,形成了受污染水体生态修复技术体系,从环境生物学角度为我国水体污染控制与治理提供技术支撑。

"基于不同水质目标的人工湿地生态工程技术研究及应用"获 2011 年湖北省科学技术发明奖。该成果以垂直流人工湿地为基本模式,研发系列生物生态耦合和衍生工艺技术。基于不同水质目标的人工湿地生态工程新技术,能有效去除污染物,生活污水处理后主要指标可以达一级排放标准。为进一步提高该工艺净化功能和服务年限,研发了垂直流人工湿地净化区间有效增氧,功能层靶向碳源补充,高效净化基质优选与组配等技术,实现了二次创新和突破。同时,将该工艺与其他生物处理工艺有机耦合,优势互补,进一步发挥其安全高效长效功能,以适应对复杂多样的应用要求。

五、环境生物学研究能力建设进展

(一)平台建设

环境生物学领域最具代表性的国家实验室有依托于中国科学院水生生物研究所的"淡水生态与生物技术国家重点实验室"(state key laboratory of freshwater ecology and biotechnology)。淡水生态与生物技术国家重点实验室的战略定位和发展目标是:针对日趋恶化的水环境,开展水环境保护和水生生物资源可持续利用研究,为维护和改善水环境、保护淡水资源、发展淡水渔业提供理论依据和技术支撑。围绕近期国际上相关学科的发展和国家对水污染控制与治理以及渔业可持续发展的重大需求,实验室现已设立了湖泊生态学、渔业生态学、水质管理与生态毒理、鱼类基因工程、鱼类发育与细胞工程和藻类生物技术六个研究团队。

湖北省水体生态工程技术研究中心,于 2007 年由湖北省科学技术厅批准成立。以中科院水生所为依托单位,并联合武汉中科水生环境工程有限公司、武汉大学、中国科学院测量与地球物理研究所等单位共同组建而成。中心的宗旨是贯彻"创新、产业化"的科技工作方针,面向水环境改善这一国家战略需求和水污染治理科学技术发展的实际需要,持续不断地开展污水净化与资源化生态工程技术、富营养化湖泊生态系统修复、湖泊蓝藻水华控制技术以及可持续利用水质管理等技术的系统化、配套化和工程化研究开发,实现科技成果的市场化和产业化,推动相关领域高新技术产业的发展。

淮安研究中心暨江苏省洪泽湖渔业资源与环境科学研究站,于 2010 年由中国科学院水生生物研究所与淮安市高教园区、科技局、江苏省洪泽湖渔管办、淮阴师范学院共建。研究中心针对地区特点和发展需求,进行关键、共性技术攻关和应用推广工作,开展淡水渔业和湖泊水环境污染控制与生态建设研究。

目前,环境生物学领域建立的其他基地还有:中国科学院环境生物技术重点实验室(筹)等。

(二)人才培养

"十一五"期间,国家加大对科研人才培养和科研队伍建设的投入,环境生物学领域形成了多个优势学科群。其中有:吴振斌(国家杰出青年科学基金获得者、中国科学院"百人计划"入选者、"863"计划首席科学家)、刘永定(国家级突出贡献专家,"973"、"863"计划首席科学家)、谢平(国家杰出青年基金获得者、中国科学院"百人计划"入选者、新世纪百千万人才工程国家级人选)、宋立荣("973"、"863"计划首席科学家)。

他们以及他们的团队在湖泊蓝藻水华控制、利用湿地生态系统进行污水处理、蓝藻的生物学以及藻毒素、湖泊渔业放养模式与结构调整、淡水生态系统研究等方面都取得了突出的研究成绩。

(三)学术交流学术刊物

"十一五"期间,我国组织了一系列环境生物学领域的国际学术会议。如海峡两岸人工湿地研讨会,由中国科学院水生生物研究所、台湾中山大学主办。大会得到两岸多位知名环境生物学专家学者、管理干部、环保产业实业家以及在校师生等各方面人士的积极支持。从 2008 年已连续举办三届,标志着两岸人工湿地等生态工程技术交流平台已经正式形成,会议内容更加丰富深入,交流层次有较大提高。这种交流方式日益得到两岸人工湿地研究者、工程技术人员和有关单位的认可与肯定。

学术比较活跃的国外著名期刊如下:

Environmental Science & Technology（EST,环境科学与技术）:由 American Chemical Society（ACS）美国化学协会出版的环境科学与技术领域的著名期刊,2007 年 IF

(Impact Factor) 为 4.363。

Applied and Environmental Microbiology（AEM，应用与环境微生物）：由 American Society for Microbiology（ASM）美国微生物学会出版 。在应用微生物学、微生物生态学、跨领域微生物学等方面发表具有重要意义的科研成果和学术文章。2008 年 IF（Impact Factor）为 3.801。

Bioresource Technology（BT，生物资源技术）：在生物能源、生物过程及副产物、生物资源利用、生物污染物处理技术、环境保护等应用领域，是具有国际影响力的著名期刊。2010 年 IF（Impact Factor）为 4.365。

《水生生物学报》：由中国科学院水生生物研究所、中国海洋湖沼学会主办的水生生物学领域的综合性学术刊物，代表了中国淡水生物学的最高学术水平，是该领域对外交流的一个窗口，在国内外具有较大的影响。

《应用与环境生物学报》：是我国应用生物学和环境生物学的核心刊物。主要交流国内外生物学及相关学科领域的新成果、新技术、新方法和新进展，以加强生物科学研究为国民经济建设、提高人民生活水平服务的功能。

六、环境生物学学科发展面临的问题与发展趋势

环境生物技术发展迅速，已成为解决环境污染问题的最有效手段之一。目前环境生物技术最有应用前景的领域包括：高效的废物生物处理技术、污染场地的现场修复技术以及环境友好材料和清洁能源的生物生产技术。总体上环境生物技术有如下发展趋势：

（1）微观化

以生物反应器为对象的微观解析，对于深入理解环境生物技术的本质、提高处理系统的性能具有重要的意义。一方面，以核酸杂交技术为主的分子生物学技术的应用和代谢组学及基因组学的发展，为筛选、发现和利用各种功能微生物、监测和调控生物反应器提供了新的方法和手段，并为在分子水平上阐述分子适应等生态问题的机制提供了可靠的理论依据。另一方面，纳米技术、微探针、化学芯片、原子力显微镜、激光共聚焦显微镜等先进工具和手段的迅速发展和应用，为从微观角度上深入探索环境生物技术的过程、本质和机制带来了极大的便利。

（2）集成化

环境中污染物极其复杂，往往单靠一种生物技术难以奏效。虽然目前实际应用中已经将各种单元技术按照一定的工艺流程联合起来，但其组合的合理性与综合效率的提高有待于深入研究。因此，根据污染物的性质、组成、状态以及对环境质量的要求，研究基于不同原理的单元生物技术及其他技术的集成耦合是一个必然的选择。环境生物技术的集成化包括单元生物处理技术的集成、生物-物化处理技术的集成，以及生物-生态处理技术的集成。

（3）资源化

常规的环境生物技术不仅在污染物的生物氧化，而且向资源再利用的方向发展。以废物为原料生产氢气和沼气等清洁能源，以及生物可降解塑料、生物农药、生物絮凝剂和

生物吸附剂等环境友好材料是利用环境生物技术实现废物资源化的两个重要方向。近年来微生物燃料电池由于具备同时实现污染控制和电能生产的优点，而成为环境生物技术领域的新热点。

（4）系统化

近年来环境内分泌干扰素的生物降解技术已日益受到关注，如何提高生物对分泌干扰素的降解效率，保证系统的生态安全性是环境生物技术领域值得深入研究的课题。另一方面，现有的环境生物技术未考虑产生温室气体排放的问题，随着污染控制标准的提高和对污染控制过程的深入认识，人们开始认识到必须用系统的观点研究和应用环境生物技术，在实现环境污染物有效去除的同时，尽可能减少系统中 N_2O 和 CO_2 等温室气体的排放。

（5）智能化

环境生物技术过程具有很大的时变性，需要较多地考虑其动态行为和运行特性。相对于其他工业过程，目前对环境生物技术过程的控制方法和手段都比较落后，过程控制的智能化是环境生物技术的一个重要发展方向。智能化控制，一是使用新型测量技术（如在线光谱技术），改进在线连续测量仪表，或者采用软性测量技术，即将化学传感器、免疫传感器、生物传感器等于反映处理过程内在规律的计算方法结合在一起，通过有线参数的测定来获知系统关键的控制参数；二是运用模糊控制、神经网络控制、学习控制和专家控制等手段实现环境生物技术过程的智能控制。

参考文献

［1］May R M. Thresholds and breakpoints in ecosystems with a multiplicity of stable states[J]. Nature, 1977, 269：471 – 477.

［2］Scheffer M. Multiplicity of stable states in freshwater systems[J]. Hydrobiologia, 1990, 200/201：475 – 486.

［3］Hoobs R J, Norton D A. 1996. Towards a conceptual framework for restoration ecology. Restoration Ecology, 4(2)：93 – 100.

［4］李文朝. 浅水湖泊生态系统的多稳态理论及其应用[J]. 湖泊科学, 1997, 9(2)：97 – 104.

［5］Mitchell S F. Primary production in a shallow eutrophic lake dominated alternately by phytoplankton and by submerged macrophytes[J]. Aquatic Botany, 1989, 33：101 – 110.

［6］Scheffer M, Hosper S H, Meijer M L, et al. Alternative equilibria in shallow lakes[J]. Trends in Ecology and Evolution, 1993, 8：275 – 279.

［7］Scheffer M, Straile D, Van Nes E H. Climatic waming causes regime shifts in lake food webs[J]. Limnology and Oceanography, 2001, 46：1780 – 1783.

［8］Blindow I, Andersson G, Hargeby A, et al. Long – term pattern of alternative stable states in two shallow eutrophic lakes[J]. Freshwater Biology, 1993, 30：159 –167.

［9］Canfield D E, Shireman J V, Colle D E, et al. Prediction of chlorophyll a concentrations in Florida Lakes：Importance of aquatic macrophytes[J]. Canadian Journal of Fisheries and Aquatic Science,

2011,41：497－501.

[10] Jeppesen E，Lauridsen T L，Kairesalo T，et al. Impact of submerged macrophytes on fish－zooplankton relationships in lakes. In Jeppesen E，Søndergaard Ma，Søndergaard Mo，Christoffersen K，The Structuring Role of Submerge Macrophytes in Lakes[J]. Ecological Studies，1997,131. New York：Springer－Verlag，91－115.

[11] Bachmann R W，Hoyer M V，Canfield Jr D E. The restoration of Lake Apopka in relation to alternative stable states[J]. Hydrobiologia，1999,394：219－232.

[12] Carvalho L，Kirika A. Changes in lake functioning：response to climate change and nutrient reduction[J]. Hydrobiologia，2003,506/509：789－796.

[13] Mazzeo N，Rodríguez－Gallego L，Kruk C，et al. Effect of *Egeria densa* Planch. Beds on a shallow lake without piscivorous fish[J]. Hydrobiologia，2003,506－509：591－602.

[14] 马剑敏，成水平，贺锋，等. 武汉月湖水生植被重建的实践与启示[J]. 水生生物学报，2009,33(2)：222－229.

[15] 陈静，赵祥华，和丽萍，等. 应用于滇池草海生态修复工程的植物浮岛制备技术[J]. 四川环境，2006,25(6)：32－34.

[16] 陈永喜. 阿科蔓生态基在大金钟湖治理中的应用[J]. 广东水利水电，2007,(5)：1-7.

[17] 吴永红，刘剑彤，丘昌强. 两种改善富营养化湖泊水质的生物膜技术比较[J]. 水处理技术，2005,31(5)：34－37.

[18] 林武，陈敏，罗建中，等. 生态工程技术治理污染水体的研究进展[J]. 广东化工，2008,35(4)：42－46.

[19] 屠清瑛，章永泰，杨贤智. 北京什刹海生态修复试验工程[J]. 湖泊科学，2004,16(1)：61－66.

[20] 孙从军，张明旭. 河道曝气技术在河流污染治理中的应用[J]. 环境保护，2001,(4)：12－14.

[21] 颜昌宙，范成新，杨建华，等. 湖泊底泥环保疏浚技术研究展望[J]. 环境污染与防治 2004,26(3)：189－192.

[22] 马剑敏，贺锋，成水平，等. 武汉莲花湖水生植被重建的实践与启示[J]. 武汉植物学研究，2007,25(5)：473－478.

[23] 吴振斌，贺锋，程旺元，等. 极谱法测定无氧介质中根系氧气疏导[J]. 植物生理学报，2000,26(3)：177－180.

[24] 吴振斌. 复合垂直流人工湿地[M]. 北京：科学出版社，2008.

[25] Zhu JY，Liu BY，Wang J，et al. Study on the mechanism of allelopathic influence on cyanobacteria and chlorophytes by submerged macrophyte（*Myriophyllum spicatum*）and its secretion[J]. Aquat. Toxicol，2010,98，196－203.

[26] Wang J，Zhu J Y，Liu S P，et al. Generation of reactive oxygen species in cyanobacteria and green algae induced by allelochemicals of submerged macrophytes[J]. Chemosphere，2011,85：977－982.

[27] 邓平. 三种沉水植物对浮游植物的化感效应研究[D]. 北京：中国科学院水生生物研究所，2007.

[28] Wang H Q，Wu Z B，Zhang S H，et al. Relationship between the allelopathic activity and molecular structure of hydroxyl derivatives of benzoic acid and their effects on cyanobacterium *Microcystis aeruginosa*[J]. Allelopathy Journal，2008,22(1)：205－212.

[29] 肖恩荣. 膜生物反应器-人工湿地复合系统净化工艺研究[D]. 北京：中国科学院水生生物研究所，2007.

[30] 杜诚，肖恩荣，周巧红，等. 膜生物反应器活性污泥酶活与磷脂脂肪酸分析[J]. 中国环境科学，2008,28(7)：608－613.

[31] 周怀东,彭文启. 水污染与水环境修复[M]. 北京:化学工业出版社,2005.

[32] 姜凌,秦耀民. 利用土壤层净化雨水补给地下水的试验研究[J]. 水土保持学报,2005,19(6):94-96.

[33] 郑艳侠,冯绍元,蔡金宝,等. 用土壤含水层处理系统去除水库微污染有机物的试验研究[J]. 水利学报,2005,36(9):1083-1087.

[34] 姜必亮,王伯荪,蓝崇钰,等. 不同质地土壤对填埋场渗滤液的吸收净化效能[J]. 环境科学,2000,5:32-37.

[35] 张金炳,汤鸣皋,陈鸿汉,等. 人工快渗系统处理洗浴污水的试验研究[J]. 岩石矿物学杂志,2001,20(4):539-543.

[36] 朱夕珍,肖乡,刘怡,等. 植物在城市生活污水人工土快渗处理床的作用[J]. 农业环境科学学报,2003,22(5):71-73.

[37] 潘彩萍,王小奇,钟佐燊,等. 人工快渗处理牛湖河水的实践[J]. 中国给水排水,2004,20(9):71-72.

[38] 郭劲松,王春燕,方芳,等. 湿干比对人工快渗系统除污性能的影响[J]. 中国给水排水,2006,22(17):86-89.

[39] 刘家宝,杨小毛,王波,等. 改进型人工快渗系统处理污染河水中试[J]. 中国给水排水,2006,22(13):14-17.

[40] 李丽,陆兆华,王昊,等. 新型混合填料人工快渗系统处理污染河水的试验研究[J]. 中国给水排水,2007,23(11):86-89.

[41] 李冰,崔康平,彭书传,等. 沸石床快速渗滤工艺性能研究[J]. 合肥工业大学学报,2008,31(1):109-111.

[42] 赵果元,李文杰,李默然,等. 洱海湖滨带的生态现状与修复措施[J]. 安徽农学通报,2008,14(17):89-92.

[43] 李英杰,金相灿,胡社荣,等. 湖滨带类型划分研究[J]. 环境科学与技术,2008,31(7):21-24.

[44] 李瑞玲,张永春,颜润润,等. 中国湖泊富营养化治理对策研究及思考[J]. 环境污染与防治,2009,3(网络版).

[45] 张毅敏,张永春,左玉辉,等. 前置库技术在太湖流域面源污染控制中的应用探讨[J]. 环境污染与防治,2003,25(6):342-344.

[46] 张永春,张毅敏,胡孟春,等. 平原河网地区面源污染控制的前置库技术研究[J]. 中国水利,2006,(17):14-18.

[47] 刘德启,李敏,朱成文,等. 模拟太湖底泥数据对氮磷营养物释放过程的影响研究[J]. 农业环境科学学报,2005,24(3):521-525.

[48] Wu Z B, Zuo J C, Ma J M, et al. Establishing submersed macrophytes via sinking and colonization of shoot fragments clipped off manually[J]. Wuhan University Journal of Natural Sciences,2007,12(3):553-557.

[49] 程南宁,朱伟,张俊,等. 重污染水体中沉水植物的繁殖及移栽技术探讨[J]. 水资源保护,2004,20(6):8-11.

[50] 陈中义,雷泽湘,周进,等. 梁子湖优势沉水植物冬季种子库的初步研究[J]. 水生生物学报,2001,25(2):152-158.

[51] 叶春,刘杰,于海婵,等. 东太湖3种沉水植物群落区底泥种子库与幼苗库[J]. 生态环境,2008,17(3):1091-1095.

[52] 陶敏,贺锋,徐栋,等. 氧调控下复合垂直流人工湿地脱氮研究[J]. 环境科学,2011,32(3):717-

722.

[53] Tao M，He F，Xu D，et al. How Artificial Aeration Improved Sewage Treatment of an Integrated Vertical – Flow Constructed Wetland[J]. Polish Journal of Environmental Studies，2010，19(1)：183 – 191.

[54] 余丽华，贺锋，徐栋，等. 碳源调控下复合垂直流人工湿地脱氮研究[J]. 环境科学，2009，30(11)：3300 – 3305.

[55] 武俊梅，张翔凌，王荣，等. 垂直流人工湿地系统基质优化级配研究[J]. 环境科学，2010，31(5)：1227 – 1232.

[56] Wu J M，He F，Xu D，et al. Phosphorus removal by laboratory – scale unvegetated vertical – flow constructed wetland systems using anthracite，steel slag and related blends as substrate[J]. Water Science and Technology，2011，63(11)：2719 – 2724.

撰稿人：王亚芬　代嫣然　刘碧云　吴振斌　何小芳　张　婷
武俊梅　周巧红　高云霓　梁　威　梁　雪　葛芳杰

环境声学学科发展报告

摘要 环境声学是研究声环境及其同人类活动的相互作用,包括声音的产生、传播、接收和效应,是环境科学研究的一种重要组成部分。"十一五"期间,我国环境声学研究取得了巨大进步,在环境噪声的法律和标准体系、有源噪声控制、微穿孔板吸声材料、声二极管等方面仍然处于国际先进水平,然而基础研究仍投入不足,声学仿真计算、噪声主观评价、噪声地图、分布式网络声学监测系统等方面相对薄弱,急需在未来学科布局中重视相关学科交叉并加大支持力度。本文就"十一五"期间环境声学基础理论体系、研究能力建设进展和科学技术发展状况进行总结,并展望我国环境声学学科发展战略需求和相关科学技术发展趋势。

一、引言

环境声学是环境物理学的一个分支学科,研究声环境及其与人类活动的相互作用。人类生活的环境中有各种声波,其中有用来传递信息和进行社会交流及其他活动所需要的声音,也有会对人类的生活与工作产生影响,甚至危害人类健康的噪声[1]。

随着经济社会和城市化的快速发展,噪声污染源种类越来越多,污染强度越来越高,人类生活和工作环境受噪声的污染影响日益严重。2009年度,环保部对全国500个城市,逾30万户开展入户调查:全国对城市噪声状况满意率为68.56%,远低于对空气质量状况和对水环境的满意率;全国城市的区域环境噪声平均值为53.33dB(A),比2008年上升了0.18 dB(A),城市区域声环境质量有所下降[2]。随着乡村的经济快速发展和生活水平的不断提升,乡村的噪声污染也日趋严重。环境噪声问题已发展成为城乡人民生活质量提高的社会问题。

环境声学研究的内容主要是声音的产生、传播和接收,及其对人体产生的生理、心理效应;研究改善和控制声环境质量的技术和管理措施。具体包括:噪声控制,音质设计、噪声的影响和噪声标准。核心内容在于噪声及其控制。在面临环境噪声污染的问题时,需要提供甄别和测试噪声污染特征的测试技术和方法,进而从分析噪声的传播特性和效应作用机制出发,需要提供控制和改善声环境质量的技术手段和管理措施。解决环境噪声污染问题的全过程需要环境声学的参与并提供坚实的理论依据和有力的技术支撑,其理论和方法是环境科学研究与发展不可或缺的基石和工具。

近年来,环境物理学研究热点迭出,应用技术日新,不仅学科自身得到较快发展,而且引起了社会各方面的广泛关注[3-7]。从2006年到2010年国际噪声控制工程大会的大会报告和技术分会的讨论内容可以看出[3-7],声学材料、噪声地图、分布式声学监测技术、声学数值计算方法、声品质和声景观、全球噪声政策等方面的研究进展,成为目前国际同行关注的主要热点。与此同时,环境声学在与其他学科交叉融合中得以迅速发展并日益成熟。我国环境声学一些高水平的研究工作不仅在学术领域产生了重要影响,获得了国际同行的肯定,丰富了学科内涵,而且对我国环境噪声技术创新及相关管理政策修订发挥了积极作用。然而,严峻的污染现状、不断涌现的新现象和研究热点给环境声学提出了新的挑战。

二、环境声学基础及应用研究进展

环境声学的发展可以追溯到 20 世纪初,为了改善人类的声学环境,保证语音的清晰可懂,音乐的优美动听,人们开始关注和研究建筑物内的音质问题,形成并发展了建筑声学。建筑声学从研究房间内的混响为开端,以赛宾公式的提出为标志,之后涉及室内的音质评价和音质设计,同时,噪声控制从建筑声学中分离出来,作为一个独立的研究方向得到迅速发展。

20 世纪 50 年代以来,现代工业生产和交通运输的迅猛发展,城市人口急剧增长,保证建筑物内外的声环境能够满足人们的生活、学习和工作需要,减少噪声对人类的危害,成为环境声学的主要研究内容[8]。直到 1974 年,第 8 届国际声学会议才正式提出使用"环境声学"这一术语。1978 年,中国声学学会建立了环境声学分会,其内容涵盖了建筑声学、环境噪声和噪声控制等多领域的问题。此后,包括环境声学、环境光学、环境热力学、环境电磁学、环境空气动力学、环境放射学等在内的环境物理学科作为一个独立的学科分支得到迅速发展,环境声学的研究重点集中在与声学相关的环境问题上,也就是声环境问题[9]。

我国环境声学研究起步并不晚,以马大猷院士为首的我国声学工作者在 20 世纪初的建筑声学研究中就作出了举世公认的贡献,并且在 50 年代中国的代表性建筑如人民大会堂的音质设计中得到成功应用。自 60 年代起,马先生又领导开展了环境噪声的调查评价、声学标准制定、气动声学及声学材料的研究,形成了完整的环境声学评价及测试标准体系,发展了一系列的噪声控制技术及手段,并且于 1996 年 10 月促成了我国第一部环境噪声污染防治法的制定和颁布实施[10]。

与此同时,环境声学在与其他学科交叉融合中得以迅速发展,逐渐形成环境噪声监测技术、声学结构与材料、声学预估和计算方法、环境噪声的主观评价、有源噪声控制、环境噪声评价、隔振技术等学科方向和理论体系。

近几年来,结合国际研究最新趋势,我国环境声学学科取得了长足的发展,环境声学的研究对象日益扩大,在噪声控制领域里,新的研究热点不断涌现[11],诸如新型声学材料、噪声预测技术新发展、噪声地图、分布式网络声学监测技术、声学数值计算方法、声品质和声景观、全球噪声政策等。各个传统学科和新兴学科几乎无一例外地向环境领域渗透,对环境声学内容的极大丰富与发展起到了促进作用。学科内涵不断地丰富,理论系统不断被完善。

(一)声学材料、声子晶体与声二极管

声学材料研究是目前一热点领域,研究的焦点,在于微穿孔板吸声材料、声子晶体材料、低频薄层声学材料和声学智能材料。

微穿孔板吸声技术是由我国声学家马大猷院士在 20 世纪 70 年代提出的[12]。近些年来,由于其广泛应用,微穿孔板吸声材料和技术再一次得到国内外同行的高度重视,目前在吸声机理、声涡转换与微流结构声吸收、扩散场内声吸收、高声强条件下吸声特性等方面的研究中又得到了一些新的结果,同时马先生也亲自给出了微孔板吸声特性的精确算法等新的研究结果[13]。图 1 为微缝吸声结构的吸声特性。另外,在微孔板的制造工艺方面,各种生产厂家也根据材料和生产工艺的发展,提出了机械钻孔法、泡沫铝法、激光打孔法、电腐蚀法等多种微孔形式。

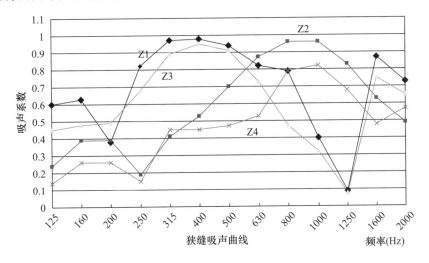

Z1(板厚 1.2mm,缝宽 0.035mm,后腔 135mm)

Z2(板厚 1.2mm,缝宽 0.035mm,后腔 50 mm)

Z3(板厚 0.5mm,缝宽 0.05mm,后腔 135mm)

Z3(板厚 0.5mm,缝宽 0.05mm,后腔 50mm)

图 1 微缝吸声结构的吸声特性

中科院声学所还首次提出了一种新型共振吸声结构-柔性管束穿孔板共振吸声结构[14],即通过柔性管束提高往复振荡的空气柱长度,增大了管束穿孔板共振吸声结构的声阻和声质量,较传统穿孔板吸声结构其吸声系数更大且共振吸声频率向低频移动;管腔耦合共振使吸声频谱出现两个以上较为明显的共振吸收峰,拓宽了其吸声频带。该吸声结构克服了传统穿孔板吸声结构的空间限制和吸声频带窄的弱点。并揭示了该结构及其衍生结构的吸声机理和特性[15,16],如柔性管束微缝穿孔板共振吸声结构、树状管束穿孔板吸声结构、梯形管束穿孔板吸声结构、束腔复合共振吸声结构,实现了管束穿孔板共振吸声结构的拓展优化设计,并达到了“强化低频,兼顾中高频,实现宽带吸声”的设计目标。随着高铁和高速公路的发展,大量声屏障的建设,对非金属的吸声材料需求量也大大增加。除了传统的珍珠岩多孔吸声材料外,也在不断开发新的材料。如中科院过程工程研究所研发了多孔水泥基复合吸声材料,具有良好的吸声特性,并在轨道交通降噪的应用中取得良好效果[17]。

声子晶体材料是近 10 年来提出的概念声学材料,主要是指周期性多元嵌入结构材料,通过 Bragg 散射、局部共振等机理产生通带和阻带特性,提高非线性损耗,可望用于中低频段的吸声和隔声。

声子晶体在隔声隔振和声波控制材料方面有应用潜力[18]。当存在点缺陷时,声子晶体具有声波的局域性,根据这一性质,可以设计出一类新型声学器件,如声学滤波器和声波换能器等。另外,根据声子晶体中存在线缺陷时声波的局域性,可以设计出一种新型声波波导管。声子晶体可以用于声呐、深度探测系统及医学超声成像等领域,以发射和接收各种信号。其他的潜在应用有:噪声屏蔽、无吸收反射镜、高品质单模谐振器、调制器、声频扬声器、吸收器和偏导器等。所有这些声学功能器件在民用和军事上将会有广阔的应用前景。

2009年,南京大学声学研究所首次提出了有效的声二极管理论模型,引起物理学界的广泛关注[19]。*Physical Review Focus* 和 *Nature News* 相继对其进行了专题评述,高度肯定该理论模型意义,认为其打破常规思维,利用医学超声造影剂微泡与超晶格结构的有机组合,成功构建了第一个结构简单却效率极高的声二极管器件,在实验中观测到的最高整流比接近1万倍。随后又巧妙地组合了超晶格结构与强声学非线性媒质,首次提出了可实现声整流效应的"声二极管"理论模型,并实验制造出了第一个真正的声二极管器件[20]。

电二极管及相关器件的产生,对现代电子科技的技术革命具有里程碑式的意义。而声波是比电更为常见的能量载体,若能实现类似电子二极管的整流效应,无论在学术上还是在应用价值上都将具有重大意义。但由于线性条件下互易原理的限制,声整流的实现一直是物理学界的一大难题。该成果是复杂媒质中声能量控制研究领域的重大突破,可应用于各种需对声能量实现特殊控制的重要场合,更有望对医学超声治疗等关键领域产生革命性影响。*Nature Materials* 审稿人对这一研究成果作出了高度肯定,认为该工作与电二极管一样具有重大影响力,将引起物理学界尤其是声学领域的高度兴趣。

另外,最近的研究表明利用低声速的强色散或强非线性材料,或促使纵波能量向横波的转移,可望用于发展低频薄层声学材料。使用智能材料,实现声能向电能的转变,也是实现低频材料的一种可能选择,伴随着有源控制技术的发展可望在近期实现突破,关键在于机电转换效率与换能材料的形式。

总体来说,声学材料的多样化给建筑声学和噪声控制设计带来更多的选择和可能,而声学材料发展的方向主要包括4个方面,即:薄——材料厚度;轻——材料质量;宽——声学频带;强——结构强度。

(二)环境噪声的主观评价

人对于环境噪声的社会反应是环境声学关注的一个中心议题[21,22]。主要目的是针对特定人群,通过社会调查、实验室研究等方法得到噪声暴露和反应关系,通过数学手段建立确定的数学模型,将其应用于改善声环境和制定科学合理的噪声政策。近些年,声品质和声景观成为这方面的研究热点。

当噪声降低到一定程度,声压级的高低已经不能很好地反映人们对于噪声信号的主观评价,因此传统意义上的以A计权声压级和频带声压级作为噪声评价标准的观念受到了越来越多的挑战[23]。相对于单纯地追求噪声声级的降低,人们更希望提高产品的声品质、改善居住声环境的品质,以满足人们期望从声音获得愉悦感和舒适感的主观需要。这时声品质和声景观的研究就受到重视[24]。

国内同济大学、中科院声学研究所和西北工业大学等针对不同研究对象开展了声品质主观评价研究和客观评价研究[25,26],集中于汉语背景下响度曲线和等噪度曲线测定,车内噪声声品质的研究,视觉和听觉相互作用,组合声源烦恼度等[27]。在应用方面,汽车、电子等企业近几年投入了大量的资金进行了 NVH 的基础设备建设。

声景观研究亦称为声景学或者声生态学,主要研究作为自然或人工环境的一部分的声音,包括音乐、语言、噪声与静寂状态等,及其对人类健康、认知和文化的作用,也就是研究建立声音、自然和社会之间的相互关系[28,29]。声景观研究将整个声环境作为一个整体来进行考虑并对其进行规划设计,与单纯的降低噪声声级比较,声景观这一概念显得更为合理有效。声景观的研究使得环境声学和噪声控制逐渐走出了"先污染后治理"的阶段,开始转向积极主动地创建舒适的声环境[30-32]。国内目前开展了不同空间的声景观研究,如开放式办公室、地下商业空间、公园声景观设计等。

近些年国内的研究单位和厂家越来越多的人表现出对于声品质和声景观研究的关注。在国际上相关研究仍不够成熟的今天,也提供了大量的有益补充。目前需要进一步加强心理声学基础研究;关注环境中低频噪声评价研究;分析噪声声品质的人类特征;视觉和听觉交感作用研究;加强声音数据库建立;收集研究不同区域的特征声音和特征景观,调查不同爱好的人群对应的特征,以及与区域对应的受人喜爱的不同的声景观;声景观图的研究等。

(三)噪声预估和计算方法研究

随着科学技术的进步以及计算机软硬件技术的迅猛发展,数值计算与仿真技术已成为理论分析和实验研究之外的第三种有效的科研手段。在环境物理领域,除了在声学环境预测和评价中大量应用数值技术以外,在噪声控制领域,数值计算与仿真也广泛用于噪声源分析、声场或结构响应分析、控制效果预报与优化等许多方面[33]。

早期的声学数值计算与仿真技术主要基于有限元(及边界元)分析和统计能量的方法,限于计算机的处理能力和计算量,前者原先主要用于低频响应和模态分析。但是随着计算机和计算方法的发展,目前的有限元计算也在向中频扩展;后者主要用于中高频分析。当前在这两种方法的基础上,又在声学领域发展了应用于声场计算的有限差分方法、无限元方法、射线追踪方法和用于中频段的阻抗分析方法等。目前声学数值计算与仿真技术已经广泛用于各种复杂的声学计算问题,如复杂消声器中的声传播、消声器的传声损失计算、车辆/船舶/飞机噪声与振动分析、结构振动与声辐射分析计算、流固耦合问题中的声波产生与传播等[34,35]。

声学仿真技术虽然已能解决声学领域的大部分仿真计算问题,但对一些复杂声源如飞机发动机、各种流体机械声学特性的准确仿真还有待深入研究。另外,对声学领域的反向设计问题(即从研究对象已确定的声学特性去反推其边界条件和物性参数),还没有成熟的仿真计算方法。从实际的工程应用需要来看,复杂声源特性仿真及声学反向仿真技术将成为今后一段时期的急需解决的问题。

在复杂声源特性预估方面,需要将日渐成熟的计算流体力学(CFD)技术与声学仿真技术相结合,以解决飞机发动机、各种流体机械等复杂声源的声学特性预估问题,其关键是如何建立 CFD 与声学仿真计算的桥梁,将非定常 CFD 计算结果转化为声学仿真计算的边界条件,包括计算网格转化和计算结果的转化两个方面的问题。在声学反向仿真技术方面,有 3 个方面的问题需要深入研究:①理论及算法研究,包括敏感度分析及优化分析等内容;②相关软件的开发,目前各主流软件在其最新版本中部分增加了反向声学仿真计算的相关模块,如敏感度分析及优化分析环节,但离全面综合反向声学仿真平台的建立还有很大距离;③声学仿真与结构动力学仿真和 CFD 相结合的反向仿真技术。

(四)环境声学预测与评价技术及其应用

在城市建设和管理过程中,需要对噪声污染情况做出预测评价,以确定未来规划的实施,会不会造成环境噪声超过国家标准所规定的限值,或者评估它所产生的社会经济效益是否足以高出噪声或其他环境因素所产生的影响。实施噪声控制措施时,也需要对其效果进行预估[36,37]。

环境噪声预测已逐渐软件化了。在大面积环境噪声预测软件方面,人们基于大量的基础研究,建立了一套较完整的计算方法并形成了技术规范,这些规范不仅考虑了声波扩散产生的传播衰减,而且加入了地面及气候等条件的影响。目前还集中在如何评价噪声预测软件的质量上,系统地探讨了噪声预测软件产生偏差的可能机制,提出了一些评价噪声预测软件质量的方法,及改进预测软件偏差的途径[38,39]。

国内也开始了这一工作,北京市劳保所等单位最近绘制了北京、深圳等部分地区二维和三维噪声地图能够反映了各噪声源对城市整体的影响[40],比较和分析城市噪声污染发展的趋势,从而为噪声污染治理制定更具有针对性的措施和指导方针。最近最主要的突破是对国外的噪声预测模型进行了修正,并在此基础上,绘制出了能够反映北京市特点的噪声地图。同时,鉴于噪声地图的广泛功用,在噪声地图的基础上,研究并开发了一套城市环境噪声管理平台,从而充分发挥噪声地图对城市噪声治理的快速高效的指导作用。

2008 年,深圳市福田南区域绘制了二维噪声地图,该地图覆盖范围包括深圳河(香港与深圳市界河)以北,滨河路以南区域。该区域为商贸、工业、文教、居住综合区,区内分布广深高速公路、滨河路等多条繁忙交通干道,福田保税区等工业区,以及政府安居小区(如益田村)、大型高密度高层住宅(如万科金域蓝湾、金海湾花园等)、原居民城中村(上沙村、沙嘴村)等。据初步估计,受环境噪声影响的人口超过 20 万人。

但是,我国在噪声地图方面的工作,无论在深度和广度方面与国际仍有很大差距[41]。关键问题是要建立自己的噪声预测基本噪声源数据库,特别是一些新兴的交通工具,如地铁、轻轨和航空噪声等尚缺乏准确预测模型,健全完善自己的适用的有效的噪声预测软件。同时应尽快扩大预测模型的研究范围,以更实用和更精确为主要研究目标,建立起可应用于其他声源类型(如工业噪声、施工噪声等)的准确预测模型。最终在学习吸收现有噪声预测软件优点的基础上,利用新发展的环境噪声预测技术,开发出适合我国实际情况的环境噪声预测软件系统。

三、环境声学技术研究进展

(一)有源噪声控制

有源噪声与振动控制是指使用电子控制系统人为产生的次级声场或振动降低原有的噪声或振动的方法和技术。其核心技术涉及传感器、激励器、控制器与各种控制算法,同时对声场与结构振动的传播及其与控制系统的耦合响应的认识也是有源控制系统成败的关键[42]。与传统的控制手段相比,有源控制技术具有低频效果好,对原来设备或装置的性能影响小,体积和重量代价一般较小等优势[43,44]。

近几年的研究工作主要在于技术的可靠性和实用性,同时有针对性地解决了一系列的应用实例。系统的稳定性和鲁棒性是目前对控制系统和控制算法研究的重点,前者是为了保证系统在任何情况下都能够保持良好的降噪效果,而后者则是为了保证系统适用于任何可能的响应或环境状态,包括非常迅速的声场变化。对驱动器(振动激励器)或次级声源的研究则具有恒久的意义,随着材料和换能器技术的发展,人们发明了各种低频宽带高灵敏度的驱动器并用于有源噪声与振动控制,同时根据需要解决了高温、高压、共形等类型的换能器形式。研究工作从有源控制渐渐发展到智能结构、智能材料。

国内紧密跟踪世界前沿,南京大学、中国科学院声学研究所等单位先后在声学机理、指向性声源控制、声场简正方式控制、稳定性控制、鲁棒性控制等方向取得了很好的结果,有些认识还领先于国外同行[45,46]。同时在应用系统中,研制完成的有源护耳器、电子抗噪声送、受话器等已经实现商品化应用,管道有源消声器、有源减振器等也已接近应用。随着多种压电、电磁、磁致或电致伸缩、电流变、磁流变等振动激振器的发展,有源阻尼器、有源隔振器、有源减振器也越来越多地接近实用。

(二)阻尼钢弹簧浮置道床隔振技术研究开发

浮置道床隔振是控制轨道交通噪声必要的手段。到目前为止,我国对具有特殊要求的路段大部分依靠引进国外的技术和产品。基于我国城市轨道建设快速发展的需求,为满足特殊振动敏感地段对高等级减振的需要,北京市劳动保护科学研究所系统地开发了阻尼弹簧浮置道床减振系统,并形成自主、完整的减振技术理论体系,对地铁减振技术的国产化应用形成理论支撑[47]。如图2,阻尼弹簧浮置道床减振系统主要由混凝土浮置质量板,钢弹簧弹性支撑部分,振动衰减阻尼部分和附件构成。

此国产阻尼弹簧浮置板隔振道床具有如下的特点:①浮置道床系统自振频率控制在7.00~7.50Hz范围内,可以有效地降低10Hz以上的振动向周边环境传播;②浮置道床的阻尼设计,既可以有效地控制道床自振峰值,又可以使得道床的整体减振性能改变不大;③浮置道床的水平向刚度设计在2820N/mm以上,充分满足地铁列车的运行安全。

采用典型设计的浮置道床样板,进行浮置道床样板的静、动态试验和抗疲劳测试,验证了理论分析的正确性和可靠性,以及工程应用的可行性。现场测试表明[48]:①国产阻尼弹簧浮置道床的垂向插入损失大于20dB,且水平稳定性好,且轨道稳定性和道床稳定

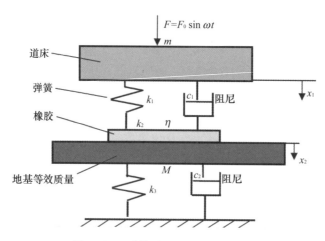

图 2　阻尼弹簧浮置板道床的示意图

性均较高;②不同振级激励作用下,垂直插入损失则不能很好地评价道床的减振作用;但同类道床可以用振动传递损失来评价;③相比于轻载列车运行的减振效果,减振道床在重载列车运行时,减振量增大,共振频率下降,可以达到更高的隔振效果。实现了阻尼弹簧浮置道床隔振示范应用、减振降噪设备产业化,技术成果直接应用于北京市地铁 4 号线和多项国家大型电厂减振和降噪工程。

(三)环境噪声测试技术的新发展

作为一种具有分布性和即时性的信号形式,噪声的测量必须在噪声事件发生时在噪声源的附近实现,而现代环境噪声的声源各式各样,有些稍瞬即逝,有些时开时关,有些时强时弱,给噪声的测量或监测技术都带来了挑战与机遇。随着网络化信息技术和物联网概念的发展,作为噪声监测和测量领域最为激动人心的技术进步,测试技术的发展日益繁荣:结合微机电技术的硅微传声器与微芯片集成技术,网络传声器的内涵也渐渐向着微型化、集成化、低功耗、低成本的声场网络监测节点扩展。分布式永久性的噪声监测系统具有很强的用于状态评估、响应分析的数据库,结合 GIS 可以很快数字化地给出人口噪声暴露的数据。同时伴随着阵列化测量发展起来的相关技术包括近场声全息(NAH),波束形成(beamforming),统计优化近场声全息(SONAH)、声强测量、传递路径分析技术等。

针对强噪声背景环境和多声源条件下的噪声源分离和精确定位问题,中科院声学研究所重点研究了传声器阵列声成像测量技术的理论和先进算法,形成了噪声源分离检测和成像技术,并集成阵型结构优化设计、噪声源分离技术、递归搜索快速成像算法、微型前置放大器技术成功研制了多款高精度的声成像测量仪——声相仪产品[49,50],填补了国内空白。

通过网络化、阵列化声学监测器件和系统的研发和应用,推动建设先进完善的城市环境噪声监测体系,推进监测站标准化建设,优化完善噪声监测网络,建设城市噪声动态监控网,为城市规划和建设提供声环境质量的依据,对噪声污染源进行实时监测。这些技术在国内正迅猛发展,给环境声学监测技术注入了许多新的内涵和活力。

（四）法规和标准，环境噪声管理，城市规划和土地利用

环境声学标准可以根据应用目的和针对的污染源的不同，分为声学环境质量标准、环境噪声控制标准和环境噪声发射标准。质量标准是保障人体健康、环境安宁的必要限值，是衡量声环境是否受到污染的判据。它是人们希望达到的理想声环境。排放标准是针对噪声源制订的管制标准，而控制标准则是在采取噪声控制措施后仍达不到质量标准的情况下，允许的噪声值，是对噪声进行监督管理的依据。

"十一五"期间一个重要的进展就是，环境保护部和国家质量监督检验检疫总局2008年联合发布《声环境质量标准》[51]、《社会生活环境噪声排放标准》[52]和《工业企业厂界环境噪声排放标准》[53]3项标准。

《声环境质量标准》是对《城市区域环境噪声标准》和《城市区域环境噪声测量方法》的修订。这两项标准于1982年首次发布，1993年第一次修订，此次是第二次修订。《工业企业厂界环境噪声排放标准》是对《工业企业厂界噪声标准》和《工业企业厂界噪声测量方法》的修订，原标准于1990年首次发布，此次为第一次修订。《社会生活环境噪声排放标准》是首次制订。

新标准的发布，完善了国家环境噪声标准体系；扩大了标准适用范围，解决了低频噪声和城市以外区域噪声控制要求缺失的问题；明确了标准适用对象，理顺了相关标准之间的关系，同时对相关噪声监测方法进行了优化与完善。

在《环境噪声污染防治法》等法规指导下，我国在声环境质量标准、环境噪声排放标准、相关监测规范、方法标准的基础上，已基本形成由声学基础标准、噪声标准、建筑声学标准提供支持的，构成较为完备的环境声学标准体系和框架[54]。自1980年全国声学标准化技术委员会（简称声标委）成立至2010年底，经过全国声学领域历届委员和专家的共同努力，共制、修订声学方面国家标准172项次，声标委历年发布标准数量见图3，形成了目前归口声标委管理的137项现行有效的国家标准，建立了涵盖声学基础、噪声、建筑声学、超水声4大类标准的国家声学基础测量方法标准体系。"十一五"期间，声标委共制订修订国家标准41项。

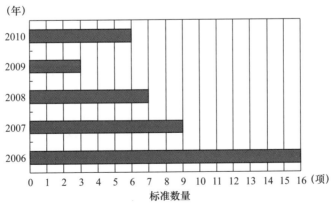

图3 "十一五"期间声标委历年制订修订并被发布实施的国家标准数量

可以看出,最近五年,我国的环境声学标准得到了长足的进步,已经在完备性、先进性等方面接近国际水平。也应注意到,现有的环境噪声体系还不够完善,主要体现在标准覆盖的地域范围及噪声源的类别不够。我国现行的交通噪声控制标准大多偏于严格。从环境管理、标准执行的情况来看,亟须制定、完善交通噪声排放标准,包括城市道路、高速公路、城市轻轨、高速铁路等。

四、环境声学重大应用成果

"十一五"期间环境声学和噪声控制工程学的发展,大大地促进了噪声控制产业化,学科相关技术在产业发展中得到重大应用。

应用自主知识产权专利技术——柔性管束穿孔板共振吸声结构,对奥运会"鸟巢"和"水立方"主场馆重点配套输变电工程——慧祥110kV变电站排烟风机通风管道消声器和进回风通道消声墙壁等进行了系统的声学设计和针对中低频噪声的重点降噪处理,中低频噪声得到了有效控制。竣工后的变电站周围环境噪声平均声压级为41.5dBA,变电站周围环境噪声完全达到了1类区环境噪声要求,标志着长期困扰我国电力行业的城区变电站噪声扰民问题得到了根本解决。该工程得到了北京市"2008"奥运工程指挥部办公室的好评,多家新闻媒体予以报道。其声学设计已成为中国科学院为2008北京奥运会作出突出贡献的宣传报道项目之一。应用柔性管束穿孔板共振吸声结构,完成了北京市朝阳区三里屯SOHO通盈110kVA变电站、INTEL公司强吸声室声学设计、国务院事务管理局广源住宅小区噪声治理、载人航天空间站机柜噪声控制、长沙卷烟厂卷接包车间单台套卷接机组和辅联设备本体噪声治理的项目,实现了显著的整体噪声控制效果。上述项目已形成直接经济效益1000多万元。

自主研发的阻尼弹簧浮置道床隔振器国产化成果,突破国外专利技术壁垒,实现了拥有自主知识产权的多项创新,变简单的"中国制造"为更高层面的"中国创造";初步形成了适合中国国情的浮置道床隔振器产品批量生产能力和设计、生产、安装、测试一体化服务体系,填补了我国自主研发轨道交通浮置道床隔振技术和产业、工程服务的空白。为大规模产业化并尽快在实际工程中推广应用,全面替代同类进口产品,奠定了坚实基础。在多个城市地铁项目中取得可喜的工程业绩,2011年合同总额将超过亿元。

利用自主研发的声相仪在大亚湾核电站、国家电网总公司的变电站等多家企业的强背景噪声环境下,准确定位了主要噪声源并实现了量化排序;对国内多家汽车发动机、压缩机、程控交换机等多种设备进行了噪声检测,准确地找出了设备的故障源,为企业设备噪声治理提供了依据,形成直接经济效益500多万。

2010年我国声学专家和工程师参加了上海世博会多个场馆,如世博中心、世博演艺中心、世博新闻发布中心、美国国家馆、上汽-通用汽车馆、信息通信馆、主题馆——城市生命馆、城市星球馆、世博轴电视转播间等声学设计。国内外专家一致认为声环境舒适和语言清晰度高、视听效果俱佳,也显示了我国声学设计技术的新进展新成果。

通用噪声控制设备产业取得了很大的发展,已形成一批系列化和标准化的通用噪声控制设备和声学测量仪器生产基地,专业从事噪声与振动控制产品生产制造和工程技术服务的企业已超过 500 家[55]。从业人数数万名。特别是与汽车及一些机械设备配套的消声器、已经实现规模化生产,例如有的汽车消声器企业年生产能力已达 10 万套以上,年产值达到数亿元。目前全国汽车消声器年产值已达 10 亿元以上。2007 年至 2010 年,噪声与振动污染防治行业保持较快发展,工业总产值的复合增长率达到 41%。其中噪声控制工程与装备子行业的增长是主要贡献[56],见图 4:2007 年至 2010 年,噪声控制工程与装备子行业的占比不断攀升,噪声控制工程与装备的比重由 2007 年的 41.75% 上升至57.69%,考虑到未来高铁等行业的高速发展,未来噪声控制工程与装备所占的比重将会继续提升;2007 年至 2010 年,噪声控制工程与装备行业的增长率高于行业平均增长率,噪声控制工程与装备的平均增长率为 65%,噪声与振动污染防治行业的平均增长率为36%,噪声控制工程与装备的复合增长率高出行业平均的复合增长率。

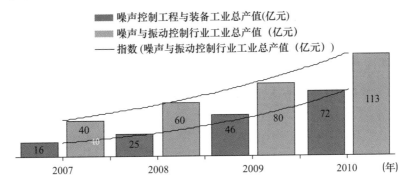

图 4　2007—2010 年噪声控制工程与装备业总产值暨行业总产值变化

五、环境声学研究能力建设进展

(一)学术团体、机构及学术刊物建设进展

环境声学研究人员主要来自中国科学院各相关研究所、各大高校、国家环保部和卫生部相关研究单位。在众多研究人员的共同努力下,学科的相关学术团体及学术刊物发展迅猛。不仅中国环境科学学会成立了环境物理分会,而且中国声学学会也专门成立了环境声学专业委员会,而环境声学分支学科则在不同学术团体获得认可,例如中国声学学会的物理声学分会,全国声学标准化技术委员会委员的噪声分会、声学基础分会等。

随着学科的发展,《声学学报》、《应用声学》、《声学技术》、《噪声与振动控制》等国内相关专业期刊为环境声学领域学者的交流提供了新平台。《噪声与振动控制》和《声学技术》等收录了 6 本与环境声学相关学术论文专集。2008 年中国声学学会设立了两年一次的马大猷声学奖,以奖励有突出贡献的声学工作者。

2006—2010 年间,国内环境声学工作者与国际同行广泛开展科研合作与学术交流,组织了一系列高水平的国际国内会议。2008 年 10 月我国承办的第 37 届国际噪声控制工程大会(Internoise 2008)是噪声控制研究和应用领域影响最大系列最大的国际学术会议。来自 42 个国家和地区的共计 970 名代表以及 36 个展商参加了会议和展览,共计发表学术论文 636 篇。I-INCE 主席 Hediki Tachibana 教授在大会闭幕式和会后 I-INCE 理事会上以"伟大成功(great success)"和"很好地组织(well organized)"高度评价会议的组织工作。本次大会在中国的成功举行也为我国噪声控制工程领域专家、学者充分展示最新研究成果和技术产品,进一步推动我国工业企业、环境噪声治理,以及促进我国有关降噪技术与产品走向世界提供了一个难得的机遇和交流平台。

积极参与国际学术交流活动,组织了 2006 年和 2009 年西太平洋国际声学会议、2007 年和 2010 年中日联合声学会议以及 2010 年首届中欧噪声与振动研讨会等国际会议,并在"世界范围内的噪声源"论坛中,组织主持了以"中国低噪声产品设计面临的挑战"为主题的分会。同时,在国内还组织了两年一次的全国环境声学学术会议、全国噪声与振动控制工程学术会议,会议议题涵盖了当前环境声学研究中的最新研究成果与研究进展。这些学术交流活动增强了我国环境声学的国际学术影响,为我国环境声学领域专业经验与研究成果交流提供了很好的平台。

(二)人才培养进展

经过多年的发展,我国从事环境声学的科研队伍不断充实,研究人员素质也不断提升。"十一五"期间,1 人次当选中国科学院院士,1 人次当选由国家人事部等 7 部委联合举办的"新世纪百千万人才工程"首批国家级人选,5 人次获国务院年度政府特殊津贴,3 人次入选中国科学院"百人计划"、1 人次教育部"长江学者特聘教授"、3 人次海外及港澳学者合作研究基金,3 人次获得马大献声学奖等荣誉。

我国优秀学术人才在国际学术工作中发挥重要作用,多人次担任国际会议主席、技术委员会主席、秘书长,国际著名杂志副主编等,增强了我国环境声学的国际学术影响。其中,田静研究员当选国际噪声控制工程学会理事、国际声学与振动学会荣誉会士、理事,第 37 届国际噪声控制工程大会主席。

还应当注意的是,杰出人才培养仍满足不了日益增长的需求,环境声学仍需要培养、储备与引进更多优秀青年人才。

(三)基础研究平台进展

国家重点实验室是学科发展的重要基础研究平台之一。"十一五"以前的振动、冲击、噪声国家重点实验室和近代声学国家重点实验室等我国现有的开展环境声学研究的国家重点实验室数目有限,且其研究方向未能全面覆盖学科各主要分支。"十一五"期间已经增加了中国科学院噪声与振动重点实验室作为科研为主的机构,另外环保部批准组建了"国家环境保护城市噪声与振动控制工程技术中心"和"国家环境保护道路噪声与振动控制工程技术中心"作为我国噪声与振动控制技术的产业化及成套装备和制造基地。

同时面向国家需求和地方科技发展需求,注重国内外该领域研究的著名学术结构、研究所、大学和跨国公司等之间进行了广泛、深入、实质性的学术交流与合作。与国外多个著名声学研究机构签署了合作研究和人员交流协议,例如开展外籍特聘研究员计划项目特聘瑞典、德国的环境声学国际知名专家,与法国里昂中央理工大学、德国弗劳恩霍夫建筑物理研究所(IBP)、英国曼彻斯特大学、英国谢菲尔德大学、瑞典皇家工学院、新加坡南洋理工大学等开展多项国际合作项目。在国内,成立了北京市环境噪声与振动控制技术中心、首都辐射技术与新材料研究中心、中科歌尔通信声学联合实验室以及中国科学院声学研究所青岛研发及产业化基地、中科院声学研究所声学技术转移工程中心,在环境声学与噪声控制技术、减振降噪、语音和音频信号处理、智能城市物联网等领域,建立技术转移研发基地,面向产业化开展应用与转移转化研究,和具有重要影响力和显示度的研发及产业化示范基地。

六、环境声学研究发展趋势及展望

经过几十年的发展,我国环境声学研究已经取得了巨大的进步,学科基础研究体系渐趋成熟,学科队伍得到了充分锤炼,同时相关控制技术在我国的环境噪声保护和社会、经济可持续性发展中发挥了应有的作用。

目前,我国在环境噪声的法律和标准体系、有源噪声控制、微穿孔板吸声材料、声二极管等方面仍然处于国际先进水平。近年来,国家科技投入总体提高很快,同时面临着中长期科技发展规划等重大的发展机遇和巨大的技术及市场需求,但是由于对环境物理的基础研究投入不足,在技术的应用中又鱼目混杂,在声学仿真计算、新型声学材料、声品质、噪声地图、分布式网络声学监测系统等方面均与国际水平拉开了一定的差距[57]。虽然,近年来国家在噪声治理方面加大了投入力度,但环境噪声污染防治方面的基础研究工作还存在许多问题,在管理方面也存在不少难点,最大的问题是大多数的噪声污染问题事先没有采用预防噪声污染措施,同时也没有良好的管理措施和顺畅的解决途径。现阶段噪声污染防治工作的精力基本上用在"治"的方面,"防"的工作还未能有效地开展,无法摆脱噪声先污染、后治理的窘境,无法满足我国高速发展形势下,人们对高质量健康生活环境的迫切需求,因此需要在城市环境噪声管理、噪声源控制、噪声治理理念与方法上有所突破[58]。

我们应该准确认识国家社会发展和人民生活质量日益提高的需求,把握世界相关领域的发展前沿,一方面解决适合于我们国家和民族特点的声学环境问题,另一方面也在相关的产业发展和市场竞争中立于不败之地。在未来的5年内,应及时部署和安排相关的研究与开发工作[59]:

建立国家级的环境噪声源数据库,建立国家级的噪声控制技术数据库,建立国家级的噪声控制工程数据库,从声源到控制技术、控制工程实现数据化、标准化、权威化,以指导全国噪声评价、监测、控制和管理。

自主开发我国的噪声环境影响预测及环评软件,结合环境噪声源数据库,针对环境噪声源特点,开展新型噪声源(如风电场噪声、高铁噪声等)噪声影响预测模式研究,研发适合我国国情的各类噪声环境影响预测软件,并大量推广应用,以彻底改变噪声先污染、后治理的被动局面。

抓住网络传声器技术发展的机遇,加快网络化、阵列化声学监测器件和系统的研发和应用,尽早占领这一战略制高点,不仅解决我们自身的环境监测问题,占领相关技术市场,保护我们国家的环境信息安全,而且在新一轮的技术竞争中争取主动。

建设先进完善的城市环境噪声监测体系,推进监测站标准化建设,优化完善噪声监测网络,建设城市噪声动态监控网,为城市规划和建设提供声环境质量的依据,对噪声污染源进行实时监测,建立突发噪声事件响应应急机制。

结合国际合作交流,加强环境声品质和产品声品质的跨文化研究,考虑不同文化背景下受噪声影响的差异性,为声学设计、噪声处理的应用及人居环境的改善等方面提供依据。对于重大建设项目,一定要充分关注声学景观和声学环境的研究和设计。

积极利用我国制造业的高速发展的机遇,发展先进的噪声控制技术,包括低频宽带声学材料、有源噪声与振动控制、声源设计控制等,使我们的噪声控制水平符合我们国家的制造产业发展水平,提供更多在声学上具有国际市场竞争力的先进产品。

加快研究制定和完善我国环境声学基础标准体系,做好《噪声法》的修订,以当前国家的环境噪声标准体系为现实基础,通过合理划分层次,协调相互关系,明确适用对象,增订修订或废止一些标准,使环境噪声标准体系更加科学完善,更好地为环境噪声监督管理服务,逐步形成符合我国特点特色的基础性标准,以便在市场准入和产品竞争中争取主动。

大力推进城镇人居声环境质量改善技术研究和工程示范,选定多个城市或城市区域,开展"宁静城市或区域"示范。有计划有步骤地向全国推广。

噪声防治是一个系统工程,既有管理体制的问题,又有重视经济不重视噪声污染的问题,既有法规和标准的问题,又有技术措施和管理手段的问题。总的原则应该是以立法为主导,以规划为先行,以环境友好为导向,以执法和技术为手段,以改善城市声环境为目的。随着经济的发展及环境保护力度的进一步加强,可以预期未来在"以人为本、和谐社会"的大背景下,在"高度关注民生"的执政理念下,环境声学学科和噪声与振动污染防治行业将迎来一个高速发展的时期。

参考文献

[1] 马大猷. 环境物理学[M]. 北京:中国大百科全书出版社,1982:1-2.

[2] 2009年度全国城市环境管理与综合整治年度报告[R]. 国家环保部,2010.

[3] Proceedings of the 35th International Congress on Noise Control Engineering (Inter-Noise'2006)[R]. HONOLULU, HAWAII, USA, Dec 3-6, 2006.

[4] Proceedings of the 36th International Congress on Noise Control Engineering (Inter-Noise'2007)[R]. Istanbul, Turkey, Aug 28-31, 2007.

[5] Proceedings of the 37th International Congress on Noise Control Engineering (Inter-Noise'2008)[R]. Shanghai, China, Otc 26-29, 2008.

[6] Proceedings of the 38th International Congress on Noise Control Engineering (Inter-Noise'2009)[R]. Ottawa, Canada, Aug 23-26, 2009.

[7] Proceedings of the 39th International Congress on Noise Control Engineering (Inter-Noise'2008)[R]. Lisbon, Portugal, June 14-16, 2010.

[8] Jing Tian. Noise emission control for vehicles and transportation in China. Proceedings of the 39th International Congress on Noise Control Engineering (Inter-Noise'2008), (invited report)[R]. Lisbon, Portugal, June 14-16, 2010.

［9］ Jing Tian. Current noise policies in China. Proceedings of the 36th International Congress on Noise Control Engineering（Inter – Noise'2007），（Invited report），Istanbul，Turkey，August 28 – 31，2007.

［10］中华人民共和国环境噪声污染防治法［M］，1996.

［11］田静. 创新与和谐-环境声学研究及应用进展［M］. 北京:科学出版社，2008:539 – 561.

［12］刘克，田静，焦风雷，等. 微穿孔板吸声体的研究进展［J］. 声学学报，2005，V.30(6)：498 – 505.

［13］Tian Jing. Microperforation for Sound Absorption and Noise Reduction，Proceedings of the 37th International Congress on Noise Control Engineering（Inter – Noise'2008），（Plenary Keynote Report)［R］. Shanghai，China，Otc 26 – 29，2008.

［14］Lu Y D，Tang H D. Some applications of the perforated panel resonator with flexible tube bundles ［J］. Proceedings of JCA 2007，Sendai，Japan，4 – 6 Jun. 2007.

［15］张倩，吕亚东，杨军，等. 梯型管束穿孔板吸声性能的实验研究［J］. 噪声与振动控制，2009，S2，253 – 256.

［16］张倩，吕亚东，杨军，等. 管束放置方式对管束穿孔板吸声性能的影响［C］. 中国声学学会 2009 年青年学术会议论文集(大会优秀论文)，北京:2009:223 – 224.

［17］李兆军. 多孔水泥基复合吸声材料的工程应用［J］. 噪声与振动控制，2010，V.30 增刊:268 – 270.

［18］张荣英，姜根山，王璋奇，等. 声子晶体的研究进展及应用前景［J］. 声学技术，2006，V.25(1)：35 – 42.

［19］Liang，B.，Yuan，B.，Cheng，J. C. Acoustic diode：rectification of acoustic energy flux in One – Dimensional Systems［J］. Phys. Rev. Lett. 2009，103，Art. No. 104301.

［20］Liang，B.，Guo，X. S.，Tu，J.，et al. An acoustic rectifier［J］. Nature Materials，2010，9(12)：989 – 992.

［21］H. Fastl. The psychoacoustics of sound – quality evaluation［J］. Acta Acustica united with Acustica，1997；83(5)：754 – 764.

［22］Bennett M. Brooks. Traditional measurement methods for characterizing soundscapes［J］. Acoust. Soc. Am. 2006，V. 119：3260.

［23］Jong Kwan Ryu，Jin Yong Jeon. The development of a noise annoyance scale for rating residential noises［J］. Acoust. Soc. Am. 2005，V.118(3)：1921.

［24］C. Yu，J. Kang. Acoustic comfort in urban residential areas：A cross – cultural comparison between the UK and Taiwan［C］. The 9th West Pacific Acoustics Conference. Korea，2006.

［25］焦风雷，刘克，毛东兴. 基于非度量多维尺度分析的噪声声品质主观评价研究［J］. 声学学报，2005，30(6)：521 – 529.

［26］孙艳，焦风雷，周国柱，等. 低频噪声的频谱特征与声品质关系的研究［J］. 北京工业大学学报，2009，35(增):67 – 73(EI).

［27］毛东兴. 声品质研究与应用进展［J］. 声学技术，2007，V26(1)：159 – 164.

［28］秦佑国. 声景学的范畴［J］. 建筑技术，2005，1.

［29］张玫，康健. 宁静的欧洲初探［J］. 绿叶，2005，2：32 – 33.

［30］Bennett M. Brooks. Traditional measurement methods for characterizing soundscapes［J］. Acoust. Soc. Am.，2006，V. 119：3260.

［31］Youngmin Kwon，Pattra Smitthakorn，Gary W. Siebein. Soundscape analysis and acoustical design strategies for an urban village development［J］. Acoust. Soc. Am. 2006，V. 119：3261.

［32］Osten Axelsson，Birgitta Berglund，Mats E. Nilsson. Soundscape assessment［J］. Acoust. Soc.

Am. ，2005，117：2591.

[33] B. K. Gardner，P. J. Shorter，P. G. Bremner. An application of the resound mid – frequency method to structural – acoustic radiation[C]. Proc. of ICSV 9（Orlando，2002）.

[34] Zhao X. ，Vlahopoulos N. . Mid – frequency vibration analysis of systems containing one type of energy based on a hybrid finite element formulation[C]. Proc. of the SAE – Noise and Vibration Conference（Traverse City，2001），SAE paper 2001 – 01 – 1620.

[35] Langley R. S. ，Bremner P. G. . A hybrid method for the vibration analysis of complex tructural – acoustic systems[J]. Acoust. Soc. Am. ，1999，105：1657 – 1671.

[36] 刘韬. 欧洲城市环境噪声地图与治理措施[J]. 市政技术. 2007,21:44 – 46.

[37] Edmund N. M. Chua，P. S. Ngb，C. K. Leec，et al. Tange use of GIS and interactive 3D technology to enhance visualization of acoustical environment[C]. The 2005 congress and exposition on noise control engineering.

[38] J. L. Bento Coelho. Noise mapping and noise reduction plan as urban noise management tools[J]. Acta Acustica united with Acustica，2005，Suppl. 1：65.

[39] Aschenbrenner. D，Kranz，H. – G. The influence of relevant noise sources on the reliability of automated PD defect identification in GIS using UHF measurement techniques［C］. 2005 International Symposium on Electrical Insulating Materials，ISEIM 2005：687 – 690.

[40] 张斌，户文成，李孝宽. 噪声地图开发及应用研究[J]. 噪声与振动控制，2009，29（增刊）：18 – 22.

[41] 谢森辉，陈志远. 基于GIS城市道路交通噪声环境管理系统的构架与实现[J]. 环境污染与防治，2006,28(3).

[42] Massimo Viscardi，Stefano Ferraiuolo，Domenico Melchiorre et al. Active skin for noise control of an electrical motor for railway applications［C］. The 12th International Congress on Sound and Vibration，Lisbon，Portugal，July 11 – 14，2005，Paper 841.

[43] Roshun Paurobally，Jie Pan. Practical active noise control – results and difficulties. The 12th International Congress on Sound and Vibration，Lisbon，Portugal，July 11 – 14，2005，Paper 738.

[44] BOTTO M. Ayala，SOUSA J. M. C. ，SA DA COSTA J. M. G. . Intelligent active noise control applied to a laboratory railway coach model[J]. Control Engineering Practice，2005，13(4)：473 – 484.

[45] 赵剑，徐健，李晓东，等. 基于多模型的自适应有源噪声控制算法研究[J]. 振动工程学报，2007，20(6):649 – 555.

[46] 安峰岩，孙红灵，肖椽生，等. 基于磁悬浮作动器的自适应有源振动控制研究[J]. 声学学报，2010,35(2):146 – 153.

[47] 丁树奎，张斌，佟小朋，等. 国产阻尼弹簧浮置道床减振性能的研究[J]. 噪声与振动控制，2009，增刊：272 – 278.

[48] 佟小朋，孙京建，邵斌，等. 北京地铁四号线国产阻尼弹簧浮置道床减振效果测试分析[J]. 噪声与振动控制，2009,6，增刊(S2)：337 – 341.

[49] 滕鹏晓，陈日林. 声成像测量仪研制及性能分析[J]. 噪声与振动，2010，30(1)，305 – 307.

[50] 滕鹏晓，杨亦春. 基于传声器对的多声源定位跟踪算法[J]. 声学学报，2010，35(2)，230 – 234.

[51] GB 3096—2008,声环境质量标准[S].

[52] GB 22337—2008,社会生活环境噪声排放标准[S].

[53] GB 12348—2008,工业企业厂界环境噪声排放标准[S].

[54] 吕亚东，田静. 全国声学标准化技术委员会的发展与国家声学基础测量方法标准体系建设[J]. 声

学学报，2010,35(2)：101－106.

［55］噪声与振动控制委员会. 我国噪声污染防治行业发展现状与趋势［C］，2011.

［56］姜鹏明，郭宇春. 中国噪声与振动防治市场分析暨"十二五"期间行业发展预测［C］. 2010 年全国
噪声与振动控制工程学术会议论文集.

［57］程明昆，徐欣. 环境噪声的发展动向［J］. 噪声与振动控制，2009.6,增刊：18－22.

［58］国家环境保护部、国家发改委、科技部等 11 个部委. 关于加强环境噪声污染防治工作改善城乡声
环境质量的指导意见. 2010.

［59］方丹群，田静. 关于在国家环境保护"十二五"规划中加强环境噪声管理和控制的建议和呼吁
［J］. 2010.

撰稿人：田　静　吕亚东　杨　军　张　斌　辜小安　焦风雷　翟国庆

环境化学学科发展报告

　　摘要　环境化学是一门研究有害化学物质在环境介质中存在形态、化学特性、行为特征、生物效应及其削减控制化学原理和方法的科学,环境化学的理论和方法是环境科学研究与发展不可或缺的基石和工具。"十一五"期间,我国环境化学研究取得了巨大进步,完备的学科体系得以建立。然而各分支学科的发展呈现不均衡态势,污染生态化学方向发展略显迟缓,而环境污染过程和理论环境化学领域更是相对薄弱,亟须在未来学科布局中重视相关学科交叉并加大支持力度。本文就"十一五"期间环境化学基础理论体系、研究能力建设进展和科学技术发展状况进行了总结,并展望了我国环境化学学科发展战略需求和相关科学技术发展趋势。

一、引言

　　环境化学是一门研究有害化学物质在环境介质中存在形态、化学特性、行为特征、生物效应及其削减控制化学原理和方法的科学。在面对实际环境问题时既需要环境化学提供甄别和测试化学污染物种类和数量的测试方法,从而进一步从分子和细胞水平上挖掘污染物与生物大分子作用乃至导致环境毒性的化学机制,又需要环境化学为污染的阻断、削减和去除提供必要的化学原理和手段。可见,解决污染问题的全过程均需要环境化学的参与,环境化学既是环境科学的眼睛,同时又为认识和解决化学污染引起的环境问题提供了坚实的理论依据和有力的技术支撑,其理论和方法是环境科学研究与发展不可或缺的基石和工具。

　　进入 21 世纪之后,科学技术的迅猛发展使得化学污染物种类急剧增加,不同污染在各种环境介质中以各种形式共同存在,而其环境形态、界面行为和生物有效性、低剂量长期暴露诱发的环境毒理分子机制和可行的污染削减与污染控制化学原理等成为环境化学学科亟待解决的关键科学问题。与此同时,环境化学在与其他学科交叉融合中得以迅速发展,逐渐形成环境分析化学、环境污染化学、污染生态化学、污染控制化学和理论环境化学等五大基本学科分支并日益成熟。近年来,我国环境化学学科取得了长足的发展,环境化学的研究对象日益扩大,从重金属、常规有机物到持久性有毒物质、新型污染物乃至体内代谢物及与生物大分子结合的各种化学形态。从检测手段看,现代环境分析方法和仪器水平的发展提高了环境化学检测化学污染物的能力,新的环境行为和污染物致毒模式不断发现;研究体系由单一介质向多介质微界面环境转移;研究目标从高浓度暴露的短期生态效应向低剂量环境暴露的分子毒理深化;研究方式由定性描述和实验测试向定量表征和理论预测发展;研究尺度则从微观分子水平逐步向局部地区乃至全球范围延伸。环境化学一些高水平的研究工作不仅在学术领域产生了重要影响,获得了国际同行的肯定,丰富了学科内涵,而且对我国环保技术创新及相关政策抉择发挥了积极作用。然而,严峻的污染现状、不断发现的新型化学污染物以及健康危害背后隐藏的污染阴影又给环境化学提出了新的挑战。

二、环境化学基础理论体系建设进展

(一)国际环境化学基础理论体系建设历程

环境化学学科是在环境问题的认识过程中发展起来的。回顾环境化学的发展历程,大致可以分为 1970 年以前的孕育阶段、1970—1980 年间的形成阶段、1980—1990 年间的发展阶段和 1990 年至今的成熟阶段 4 个阶段。随着 8 大公害等环境问题的出现,化学原理与方法被越来越多地运用于环境污染的分析鉴别与末端治理中。但是,作为环境科学中一门独立的学科分支,环境化学的形成始于 20 世纪 70 年代初期。从某种意义上讲,1971 年出版的《全球环境监测》是第一部与化学有关的环境科学专著,它与其后 70 年代陆续出版的一系列环境科学专著初步确定了环境化学学科的研究对象、范围和内容。20世纪 80 年代至今是环境化学的全面发展与成熟阶段,各个传统学科和新兴学科几乎无一例外地向环境领域渗透,对环境化学内容的极大丰富与发展起到了促进作用。随着化学原理与方法在化学污染物环境分析、环境污染过程了解、环境生态效应探究、污染控制机制解析和污染环境预测等方面的应用逐步深入,环境化学各个分支学科的研究目标与特色亦在这一时期得以确立,环境分析化学、环境污染化学、污染生态化学、污染控制化学和理论环境化学等成为环境化学的主要基本分支学科,而从 1998 年开始,美国《化学文摘》在环境主题词下设置了环境分析、环境模拟、环境污染治理、环境生态毒理、环境污染迁移和环境标准等次主题词。这一阶段的里程碑是 1995 年美国科学家 Sherwood Rowland和 Mario Molina 以及德国科学家 Paul Crutzen 由于在判定 CFCs 损耗平流层臭氧的作用方面所作的重大贡献被授予诺贝尔化学奖。如果说环境工程在环境学科中的地位是处于应用学科领域的话,那么环境化学在环境学科中的地位则是处于基础学科的领域。进入21 世纪后美国《化学文摘》所收录有关环境化学方面文献数量激增。

(二)我国环境化学基础理论体系建设进展

我国环境化学起步较晚,自 20 世纪 70 年代政府提出的建设项目"三同时"口号开始,在环境保护的道路上进行了艰辛的探索与学科建设。早期的工作集中于环境容量和环境背景值调查、污染源普查以及废气、废水、废渣等工业三废治理,1979 年中国环境科学学会成立环境化学专业委员会。20 世纪 80、90 年代开始随着湖泊富营养化问题等的出现,污染物在环境中的表征、迁移转化规律、生物效应等的研究引起关注。随着学科逐步发展,1982 年专业期刊《环境化学》创刊,1988 年基金委化学部设立"环境化学学科组",1992年分析化学学科更名为分析化学与环境化学学科,环境化学开始独立受理基金项目。1996 年我国提出科教兴国和可持续发展为国家发展的基本战略,此后一系列重大的生态环境治理工程和若干环境科研攻关项目得以组织实施,极大地推动了我国环境化学的基础和应用基础研究。经过 40 多年的发展,我国环境化学学科已经成为环境科学的核心分支学科之一。在此期间,国家自然科学基金委员会编辑出版了我国第一个环境化学学科发展战略研究报告,提出环境分析化学、各圈层环境化学、环境生态化学与污染控制化学(环境工程化学)是我国环境化学的最基本分支学科,其中环境分析化学为识别环境中化学污染物的种类和数量提供分析测试手段,各圈层环境化学致力于剖析化学污染物在水、气和土壤介质中的迁移转化规律,环境生态化学则是从化学的角度诠释污染物的生态效应和环境毒理,污染控制化学(环境工程化学)则是采用化学的原理和方法削减与去除环境中的污染物。在这一时期,环境化学的理论体系尚未完全形成[1]。

随着污染问题的发展,环境化学的研究领域不断扩展,研究对象日益丰富。一方面环境化学移植、借鉴与发展地学、化学、生物学、计算科学等交叉学科的基本原理与方法,使之用于解决环境污染实际,同时又在此过程中提出与建立具有自身学科特点的理论与方法,作为一个独立环境科学学科分支而日渐成熟。2002年环境化学成为基金委化学部的独立学科,2004年国家自然科学基金委员会化学科学部组编了《21世纪的环境化学》一书,明确了我国环境化学学科的主要基本分支学科为环境分析化学、环境污染化学、污染生态化学、污染控制化学和理论环境化学,其中环境化学与生物科学的交叉融合趋于深入,污染生态化学研究向分子与细胞水平延伸,而环境化学与理论化学、计算机科学等的交叉使研究由定性描述和实验测试向定量表征和理论预测发展,理论环境化学作为独立学科分支最终获得承认[2]。近5年,污染化学形式日趋多样,同时受我国承担的《关于持久性有机污染物的斯德哥尔摩公约》等各种环境保护国际履约责任驱使,环境化学各个分支学科得以进一步发展完善,研究特色也随之确立。污染控制化学稳步提高,环境分析化学关注的化学污染不仅停留在重金属、优先控制污染物等常规化学品上,不断地有溴代阻燃剂、全氟化合物等新型环境污染物出现,研究体系也由单一污染单一介质向真实的复合污染多介质复杂系统扩展。在分析方法方面,化学鉴定手段与材料表征、生物分析等技术交互融合,取长补短,环境化学检测复杂环境化学污染物的能力大大提高。环境污染化学研究则在注重污染界面行为等微观机制的同时,其研究尺度亦由实验室模拟发展到实际环境体系,且逐步向局部地区乃至全球传输拓展。污染生态化学研究中,环境化学与环境生物学、环境医学的交叉渐趋深化,从认识高浓度暴露的短期生态效应转向揭示低剂量环境暴露的分子毒理。近期环境污染的健康危害及相关风险削减与阻断研究成为新的学科生长点,污染生态化学的重点由生态毒性的化学机制向健康效应的分子机理转移,而环境毒理中基因组学、代谢组学、蛋白组学、金属组学等各种组学技术的应用为污染物毒性作用模式与健康危害通路的了解提供了便捷途径。理论环境化学作为新的分支学科,涉及环境系统热力学、动力学、非线性理论、结构与活性相关理论以及化学污染物环境行为预测模型等,其主旨是应用物理化学、系统科学和数学的基本原理和方法以及计算机仿真技术,定量描述和研究预测化学污染物环境介质中的热力学和动力学行为,这一分支的形成与发展标志着我国环境化学研究由经验分析与实验测试向理论研究和规律解析过渡。早期理论环境化学研究集中于有机污染物定量构效关系和稳态系统多介质模型方面,2006—2010年间,随着计算化学、材料物理、生物信息学乃至非线性系统数值模拟等的发展,理论环境化学不仅致力于从分子水平上揭示污染物环境过程化学机制,而且工作目标还包括从区域尺度预测污染物非稳态体系时空分布[3]。

我国环境化学学科基础理论体系渐趋完善,近年来学术成果在 *Proc. Natl. Acad.*

Sci. USA 等国际知名期刊上发表,突破性的研究工作在国际学术界产生了重要影响。*Environmental Science and Technology*(EST)、*Environmental Health Perspectives*(EHP)与 *Environmental Toxicology and Chemistry*(ETC)等均为环境科学领域公认的权威杂志,其中 EST 稿件内容覆盖环境化学研究的各个方面,我国环境化学工作者在 EST 上发表的研究论文 2006—2010 年 5 年间增加了两倍多,从 59 篇增加到 163 篇,文章发表数量仅次于美国(图1),中国环境化学工作者的学术水平和研究能力可见一斑。而有关污染生态化学的研究论文也为 EHP 和 ETC 所接受,然而相对环境化学其他分支而言,污染生态毒理与健康危害研究有待进一步深化(图1)。同时,一些高水平的中国学者担任了 EST、*Water Research*、*Chemical Research in Toxicology* 等重要环境科学刊物的副主编、编辑或编委,而 EST 的 Asian Office 设在北京,成为美国化学会在我国大陆设立的第一个办公室。可见,环境化学已经成为环境科学学科攻坚的利器。

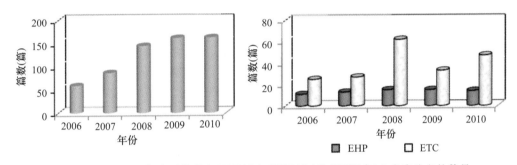

图 1　2006—2010 年中国学者在 EST(左)、EHP(右)和 ETC(右)上发表论文的数量

(三)我国环境化学发展战略需求

通过多年努力,我国环境化学学科确立了自己的学科地位,在我国社会、经济可持续性发展中发挥了应有的作用。然而,目前我国环境化学各分支学科发展水平并不均衡,总体仍与发达国家存在一定差距,无法满足国家日益增长的环境保护工作需求。正如图1显示,我国在污染生态化学方向的研究亟待深化,而环境污染过程和理论环境化学领域的研究更是需要加强,2001—2005 年间理论环境化学方向获得国家自然科学基金资助的项目为 7 项,而 2006—2010 年间仅增加到 28 项,亟须在未来学科布局中重视相关学科交叉并加大支持力度。这既对学科发展提出了挑战,学科交叉和观念更新又为学科发展提供了难得的机遇。同步辐射等先进手段的引入可使得污染物界面行为和环境污染过程机制研究日趋深入,环境化学与地学等的交叉则有助于区域环境过程规律的解析、模拟与预测。关注环境化学与毒理学和医学等相关学科的交叉,将最新的分子生物学的理论和方法应用于污染生态化学和污染与健康关系研究中,可大大提高环境毒理的研究水平,真正达到保障人民健康的宗旨。而将环境化学研究与材料科学及环境工程实际相结合与交叉,有望解决新型污染物环境行为与致毒机制这一难题。与此同时,我国日益严峻的环境污染高发态势也对环境风险管理手段提出了更高要求。可以预见,理论环境化学是环境化学未来研究重点之一,而基于高性能计算的理论模拟与数据挖掘则是实现快速预测与准确决策的理论基础与技术保障。所有这些研究需要越来越多具有不同学科背景与技术

专长的专家加入到环境化学研究中,进一步优化学科知识结构,满足学科进一步发展的需要。

三、环境化学科学技术研究进展

近年来,随着研究方法和表征手段的不断进步,科学上对污染物环境行为与毒性机制的认识不断深入,经典的污染物风险评价理论与方法面临着重要变革,环境化学研究恰逢创新良机。环境科学工作者共获得国家自然科学奖 10 项,国家技术发明奖 9 项,科技进步奖 44 项,获奖内容涉及环境化学各学科分支。例如涵盖环境污染化学、污染生态化学和理论环境化学领域的研究成果"典型化学污染物环境过程机制及生态效应"2005 年获得国家自然科学奖二等奖,而环境污染化学与污染控制化学领域的工作"土壤-植物系统典型污染物迁移转化机制与控制原理"2009 年获得国家自然科学奖二等奖。此外,环境化学工作者在应用基础和技术研发方面将最先进的环境化学理论和方法快速转化为相关仪器与技术,满足国家日益增长的环境污染治理需要。例如自行设计并研制出了第一代光电化学微孔板检测仪 PEC-1;将环境样品前处理与分析技术与毒性高通量筛查方法进行联用,开发了成组毒性分析仪器,实现了环境样品分离、分析、毒性测试的一体化;提出阻滞焚烧过程二噁英类生成的技术获得国际发明专利(PCT/CN03/00297),并在山东泰安 800 t/d 垃圾焚烧发电厂实现了二噁英类减排的工程示范。可见,环境化学基础研究成果已经逐渐转化为生产力,在解决国家重大环境需求方面起到重要作用。本报告仅从"十一五"期间环境化学各分支学科研究出发,兼顾相关科学技术发展动态,一览环境化学学科技术发展的主要成果,难免挂一漏万。

(一)我国的污染物环境化学分析表征技术

快速、灵敏、准确的检测技术是环境科学研究的基础,可以毫不夸张地说,没有环境分析化学的研究和参与,许多环境问题是很难搞清楚的,而环境保护也会成为空中楼阁。随着对环境污染认识的不断深入,人们对环境污染检测技术的要求也越来越高。在过去的几年中,我国环境化学工作者在污染物分析新技术和新仪器研发方面取得了一系列创新成果。譬如提出将离子液体用于污染物富集的新思路,拓展了液相微萃取在环境分析中的应用,为"按目标设计"高选择性和广谱萃取溶剂提供了新途径[4];建立了一次净化完成二噁英、多氯联苯和多溴联苯醚三大类污染物同时分析的方法,在灵敏度、回收率、准确度、精密度等方面均达到了国际上通行的二噁英类污染物检测方法要求,在多次参加的国际比对实验中取得优异成绩,在国内外多家实验室得到推广使用[5,6];在国际上首先提出了光电化学检测核酸损伤的新思路,继而设计和组装了多层次、多组分的光电化学核酸传感膜,为化合物潜在基因毒性的检测提供了一种新型传感技术,在此基础上采用生物技术中通用的微孔板制式设计和研制了高通量光电化学检测仪(图 2)[7-10];鉴于元素在环境介质中可以不同形态存在,用传统单一的分析方法很难实现物质所有形态与含量的同时分析,我国环境化学工作者将不同功能的仪器进行联用,发展不同的联用和接口技术,并与北京瑞利公司合作研制 AF-610D2 型色谱-原子荧光联用仪,该仪器获 2007 年北京分析测试学术报告会及展览会(BCEIA)金奖并实现产业化推广应用(图2)[11-14]。

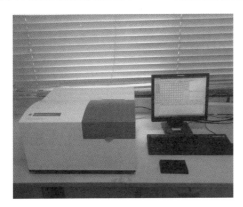

图2　光电化学检测仪(左)和液相色谱-原子荧光联用仪(右)实物照片

在建立污染物新型检测原理并发展分析新方法的基础上,我国环境化学工作者全面展开了典型污染物释放因子、污染特征及演变趋势的研究[15-17],2009年我国完成了1200份母乳样品多溴联苯醚和全氟化合物以及四溴双酚A和六溴环十二烷的背景值调查。与此同时,我国科学工作者在方法改进和创新的基础上,利用元素质量平衡和吸附热解析-气相色谱-高分辨质谱联用,首次在氟化工厂环境中发现并报道了新型持久性有机污染物全氟碘烷的存在,该工作的完成标志着我国在污染物的研究方面已经开始从全面跟踪国外研究到部分引领方向转化[18-20]。

(二)我国的环境污染化学研究

化学污染物的环境过程是环境科学的基础前沿研究领域,而其与环境界面的相互作用是整个环境过程的核心问题。近来的研究证明,污染物的环境效应与演变趋势在很大程度上取决于微界面-污染物分子的微观作用机制,建立分子水平上的污染物与复杂环境界面反应机理是当前环境化学研究的前沿与难点。由于同步辐射技术和其他波谱技术的发展,使得原位测定污染物的微观吸附结构,从而揭示界面反应机理成为可能。譬如利用X-射线吸收光谱进行研究表明,土壤微界面砷(V)主要以 $H_2AsO_4^-$ 的形式存在,其与土壤中铁铝形成键长约为3.17Å 和3.28Å 的双齿双核,而植物根中的镧是通过羧基和水分子与11个氧原子配位的;多种表面分析手段表明金属离子可通过改变土壤有机碳的物理构象和化学特征,使其逐渐向玻璃态有机碳转变,从而增强菲在土壤中的非线性特征,导致表观吸附容量提高;研究发现过渡金属离子可以与细菌、磷脂、炭黑等发生表面络合,改变表面的化学或结构特性,从而影响有机污染物的吸附;在水稻根际铁膜与污染物植物吸收关系研究中发现铁膜形成的多少对铅的水稻吸收有重要影响,只有少量被吸收的铅富集在根表铁膜中,大部分铅结合于根组织中;液泡是植物隔离并储藏重金属的场所,研究发现五价砷会被植物砷酸盐还原酶催化还原为三价砷而与植物体内谷胱甘肽或植物络合素螯合形成复合物,这些复合物可以穿过液泡膜被隔离储藏于液泡中,进一步研究提出了砷污染植物修复可能涉及的关键基因控制节点;提出了基于根际过程的土壤中重金属污染物生物有效性的预测方法,预测结果不受土壤性质变量的影响,适用于不同性质的土壤中重金属污染物生物有效性的评价;开展了污染物在碳纳米管等人工纳米材料表面吸附等行为及其环境影响研究等[21-29]。与此同时,与灰霾形成有关的气溶胶化学反应机制研究亦是当前环境污染化学的研究热点之一,其中涉及二次污染物形成的复杂界面过程机制是关注的焦点[30-32]。由于扫描透射 X-射线显微技术等先进研究技术的独特优越性,使得其在污染物的环境微界面过程研究中具有不可替代的作用,代表未来环境界面研究的一个重要趋势。

由于许多污染物具有长距离传输的特性,阐明其典型区域分布特征和演变趋势,并揭示其全球传输规律是环境污染化学的关键科学问题之一,同时这一问题的解决有利于我国在相关国际履约中的角色转变。近年来我国环境化学工作者针对我国青藏高原、北京、天津、山西、武汉、广东贵屿、浙江台州以及环渤海地区等典型区域污染物的时空分布以及迁移转化进行了系统性的研究,并对不同地区污染的生态风险进行了评估,获得这些地区污染特征及演变趋势的关键数据,为科学评估我国典型污染物的排放特征、履行各种国际公约对我国社会经济的影响奠定了坚实的基础,同时也为我国参加公约谈判提供了重要的建议和意见[33-35]。继基于分析青藏高原土壤、松针、酥油以及裸鲤等样品中的二噁英、PCBs、PBDEs、PFOS、有机氯和有机汞等典型 PTS,发现随着海拔的增加,土壤中 PBDEs、PCBs 浓度呈现先下降后增加的趋势,而高海拔鱼体内有机氯、有机汞、PCBs、PBDEs 和 PFOS 的含量高于低海拔地区,有力地证明青藏高原存在着 POPs 的冷捕集效应之后,2009 年和 2010 年我国环境化学工作者分别到达南极和北极进行典型持久性有毒物质全球传输机制研究,这对诠释持久性有毒物质大气长距离输送规律和山地冷凝沉降效应等化学机制具有重要理论意义。

(三)我国的污染生态化学研究

污染的低剂量和混合暴露已经成为环境污染的常态,具有普遍性。一方面,在自然环境中绝对意义的单一污染是不存在的,排放进入各种环境介质或者进入生物体的污染物总是以与内源或外源物质共存的形式实现其环境暴露。尤其是工业产品中多氯联苯、多溴二苯醚、短链氯化石蜡等均以多组分、混合物形式存在,这意味着其对生物的危害大都是以联合毒性效应的形式进行作用。另一方面,除了突发性环境污染事故导致高剂量环境暴露的情况,污染物的低剂量环境暴露是污染的惯例而非特例,由低剂量联合暴露导致的早期复合生物学效应的分子毒理机制研究日益引起广泛关注,对污染生态化学提出了严峻挑战,而这一领域的许多工作处于发散状态,欠缺系统研究。

在污染物种类繁多的致毒作用模式中,其 DNA 损伤机制和通过干扰受体介导过程产生的内分泌干扰效应在近 5 年引起关注。一些污染物能对生命遗传分子 DNA 造成无法及时修复的损伤,这些损伤会在基因、染色体甚至基因组水平产生突变,最终可能诱发癌症。目前较为明确的污染物 DNA 损伤机制,有过渡金属介导的自由基对核酸的氧化损伤和多环芳烃与核酸共价反应形成的加合损伤。国内外的工作集中在多环芳烃-DNA加合物的表征和高灵敏检测,对加合物产生后的生物修复研究甚少,而且五氯酚等其他环境致癌物的致癌机制不明确。在过去的 5 年中,我国环境化学工作者以卤代苯酚和多环芳烃为研究对象,针对有机化合物致癌机制的关键环节,在有机物致核酸氧化损伤的新机制和 DNA 加合物的生物修复等方面取得了一系列创新成果。譬如首次发现 H_2O_2 对五氯酚的代谢物四氯苯醌(TCBQ)进行亲核攻击,形成一种 TrCBQ - OOH 中间产物,这种中间产物能均裂产生 •OH 和苯醌自由基 TrCBQ - O⁻,后者随后歧化形成苯醌的离子形式 TrCBQ - O⁻。这一反应不依赖于金属离子的存在,也不依赖于半醌自由基的浓度,但可以产生被公认是生物系统中最具活性的活性氧物质 •OH 能导致生物体内 DNA、蛋白质和脂质氧化损伤;同时形成的以碳为中心的醌酮自由基能直接与重要的生物大分子如 DNA、蛋白质和脂类交联而产生毒性。这一全新的有机污染物致核酸氧化损伤的新机制可适用于氯代苯酚、橙色剂和溴代阻燃剂等可通过体内代谢或化学脱卤生成多卤取代醌的许多环境污染物,相关工作于 2007—2010 年连续在国际著名综合性学术期刊 *Proc. Natl. Acad. Sci.* 上发表论文 4 篇,在国际著名的 Gordon Research Conference 上以 50 分钟大会报告的形式向国际同行介绍,还被美国化学会主办的著名毒理学学术期刊 *Chem. Res. Toxicol.* 在其 *Spotlight* 栏目中作了专门介绍[36-39]。而在损伤修复研究中,我国学者利用高效毛细管电泳分离、高灵敏的激光诱导荧光检测与荧光偏振三者相结合的先进技术(CE - LIFP),监测到 DNA - 蛋白质作用过程中 DNA 构象的动态变化,即 DNA 缠绕现象。研究发现在修复早期,一种蛋白可将损伤的 DNA 缠绕于另一种重要的蛋白之上,而这种缠绕可局部融解 DNA 的双螺旋结构,使 DNA 损伤部位与其修复酶有效接触,从而提出 DNA 缠绕-双链局部融解模型(图 3)。这一模型揭示了修复蛋白识别、修复多种不同化学结构 DNA 加合物的共同修复机制,工作发表于 2009 年的 *Proc. Natl. Acad. Sci.* 上[40,41]。我国学者在基于受体介导与组分相互作用的污染物低剂量混合暴露生物效应的分子毒理机制研究中亦获得突破,提出木制品防腐剂五氯酚(PCP)与铜(II)- 1,10 -二氮杂菲[Cu(OP)₂]可能通过形成亲脂的三元复合物而具有协同的细菌细胞毒性,基于 HepG2 和 HL - 7702 细胞证实了二者对于人类细胞具有相似的协同毒性。研究发现 PCP 与 Cu(OP)₂ 的共暴露会导致人类细胞线粒体膜电位下降、抗凋亡蛋白表达、天冬氨酸特异性半胱氨酸蛋白酶 3,9 活化和细胞色素 C 释放。此外,MARK/AKT 介导的 X -染色体连锁的凋亡抑制子在其中亦扮演了重要角色。可见,氧化应激所致的细胞凋亡是协同毒性的主要原因。而在磺胺类药和其增效剂混合物对发光菌毒性研究中发现急性和慢性毒性的关键靶点存在差异,分析指出荧光素酶是磺胺类药急性毒性的靶蛋白,而慢性毒性中起关键作用的生物靶是二氢叶酸还原酶[42-44]。然而污染物的致癌/内分泌干扰机制和复合效应毒理研究仍存在一些关键问题亟待回答,诸如:①复合污染不同组分对于其生物有效性的影响与干扰,包括吸收、转运与富集;②污染物的生物靶点选择机制及共存组分与生物大分子作用的竞争机制;③混合物组分间毒性作用机制等。

在应用基础研究方面,已有研究者建立基于微流控的环境污染物复合效应高通量研究平台,成功研发了成组毒理学仪器,并基于效应分析从混合污染暴露中成功甄别了一种具有神经毒性的新型溴代阻燃剂[45](图 4)。在此基础上,进一步研究建立基于特定终点且整合了组学技术的污染物混合暴露复合效应的系统毒理高通量筛选测试方法,发展适应于环境实际评价需求的污染物复合效应多终点系统毒性测试技术,既能解决困扰复合毒性效应发展的核心学科难题,又可为化学品安全评价提供方法基础与技术支持。

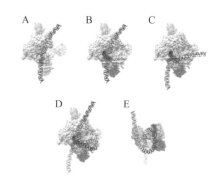

图3　CE－LIFP装置(左)和新DNA损伤修复模型(右;引自 *Proc. Natl. Acad. Sci. USA*，2009)

(四)我国的污染控制研究和技术推广应用

随着2004年11月斯德哥尔摩公约对我国正式生效,我国面临履约及削减持久性有机污染物的巨大挑战,我国环境化学工作者在污染源调查、生成机制、削减技术以及履约对策技术支持等方面开展了大量的工作。譬如:炼焦过程中 UP－POPs 排放水平和排放特征的系统研究国际上尚属空白,中国学者选取了具有代表性的11家企业进行炼焦过程 UP－POPs 的排放水平和特征的研究,从中提出了炼焦过程 UP－POPs 的排放因子,估算炼焦行业 UP－POPs 排放量,相关结果在2009年 *Environ. Sci. Technol.* 上发表。而在污染阻断和降解技术研发方面,我国学者根据焚烧过程二噁英类的生成机制,提出采用金属氧化物阻滞剂切断氯酚、氯苯等前驱物反应形成二噁英类的阻滞机理,而基于此自主研发的废弃物焚烧二噁英类阻滞技术已在山东泰安800t/d 的垃圾焚烧炉上开展示范应用(图4与图5)[46-48]。

图4　成组毒理学仪器(左)和二噁英类减排工程示范(右)

又如环境化学工作者对我国60多个与产生二噁英类相关的工业行业开展了行业工艺现状、污染控制设施效率,生产能力与产量等基础信息的深入调研,提出了符合中国实际情况的二噁英排放清单,估算中国年排放二噁英类10.2kg TEQ。2007年4月14日国务院批准通过的"国家履约行动计划(NIP)"全面引用这一结论,并基于二噁英类清单调查报告,提出了未来10年投入340亿元治理二噁英类等POPs污染的国家战略。在有关新增列POPs方面,有关专家利用已有的技术积累,在国家对策及公约走向上,提出了

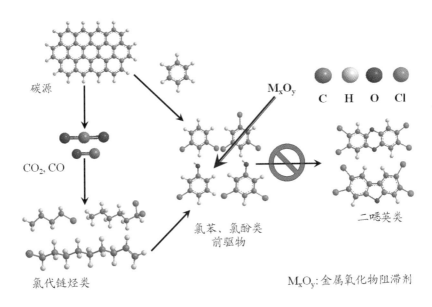

图 5　焚烧过程二噁英类生成与阻滞机理示意图

鲜明的科学观点,2009 年在 *Environ. Sci. Technol.* 发表题为"Perspectives on the Inclusion of Perfluorooctane Sulfonate into the Stockholm Convention on Persistent Organic Pollutants"的 Viewpoint Article,根据中国国情深入探讨了将 PFCs 列入斯德哥尔摩公约的影响,为政府决策提供了重要参考。由于在履约技术支持方面的突出贡献,中国学者 2007 年被亚太区域国家代表推选为亚太区域 POPs 监测组委会(ROG)主席,同年当选斯德哥尔摩公约全球 POPs 监测协调委员会委员(全球共 15 人),2009 年 2 月领导 ROG 完成了首次成效评估亚太区域 POPs 监测报告并与 2009 年 5 月在缔约国大会上获得顺利通过,2009 年继续当选新一届全球 POPs 监测技术导则修订版编写工作(全球共 10 名专家)。

(五)我国的理论环境化学研究

环境化学在实验研究方法迅速发展的同时,量子化学、分子力学、分子动力学、生物信息学乃至非线性系统数值模拟方法和计算机技术等研究方法也在扮演着越来越重要的角色。随着化学、生命科学、材料科学及其他与环境化学交叉的自然科学研究趋向微观化,理论模拟作为研究分子和分子间相互作用的方法正展现其独特魅力。目前我国的理论环境化学主要在污染物环境过程机制的理论模拟和毒性效应分子机制研究方面形成了一个极具活力的学科生长点,正在污染物环境与健康风险评价和管理等方面发挥愈加重要的作用。在环境化学研究领域,实验与理论相结合有助于更深入地揭示和验证相关重要的化学反应机理和区域预测模型。譬如氯酚是垃圾焚烧过程中形成二噁英类的重要前体物,Altarawneh 等以 2 -氯酚为模型化合物,应用密度泛函方法解析了在低前体物浓度、高温条件下氯代二苯并二噁英和 1 - MCDD 是主产物的化学机制,但无法解释在高前体物浓度或高温氧化条件下氯代二苯并呋喃 4,6 - DCDF 为主产物的实验现象。我国学者研究了气相及 CuO 表面催化条件下二噁英的形成机理，合理地剖析了高前体物浓度或高温氧化条件下主产物发生变化的原因，并进一步阐明了氯酚中 Cl 原子取代数目和位置的不同对二噁英形成过程机制的影响。再如采用正则变分过渡态理论加小曲率隧道效应校正方法计算调聚醇与・OH、NO_3 反应的速率常数，估算调聚醇在大气环境中的寿命约为 11d，从而对北极地区的全氟羧酸是否主要来自于调聚醇的大气传输氧化做出合理评估[49]。而在建立构效关系预测模型时，注重分析表征整个环境过程的 3 个关键环节，即有机污染物分配至生物细胞内的能力、细胞内的有机污染物吸收光的能力和吸收光子后的激发态物质生成活性自由基的能力，成功构建有机污染物光敏化毒性 QSAR 模型[50]。又如采用生物大分子结合模拟和定量结构活性相关（QSAR）分析，发现多环芳烃代谢物与 DNA 的非共价结合中，嵌入的结合能力一般比沟槽结合方式要高出至少 2～4 个数量级，且 CpG 嵌入模式证实氢键和疏水堆积在 PAH 代谢物–CpG 非共价复合物稳定性上起到重要作用；而羟基多溴联苯醚与甲状腺素结合球蛋白、甲状腺素转运蛋白以及甲状腺素受体的作用模式亦经同样方法获得证实[51-53]。不可否认，混合物毒性效应的预测一直是环境化学研究中的难点。最近，我国学者不仅基于适用于同一毒性作用模式假设的浓度加和模型，成功建立了离子液体混合物荧光素酶活性兴奋效应的预测模型；还发展构建了仅仅依赖于混合物信息（MIM）的混合物毒性预测方法[54,55]。

四、环境化学研究能力建设进展

（一）科技投入与基金支持

改善生态和环境在《国家中长期科学和技术发展规划纲要》中被列为重点领域和优先主题，我国环境保护投入不断增加，从资金层面保障了环境化学学科的高速发展。2007 年全国环境污染治理投资总额占 GDP 的 1.36%，是 1981 年投资额度的 135 倍。近年来，"973"、"863"、国家支撑计划项目和国家自然科学基金项目资助了多项环境化学相关研究课题。以国家自然科学基金资助为例，近 5 年环境化学学科基金资助规模大幅提高，资助的面上、青年、重点和杰出青年基金项目总数从 2006 年的 151 项增加到 2010 年的 240 项，资助金额则由 4662 万元上升到 8033 万元（图 6）。其中，5 年中面上项目数目稳步增长，而青年基金数目呈线性增长（$R^2=0.9913$），重点基金数目维持每年 4 个（除 2007 年 3 个），而杰出青年基金从 2006—2008 年每年 1 个增加到每年 2 个（图 7）。在过去 5 年中，重大基金项目"典型持久性有机污染物的环境工程与毒理效应"获得资助。

（二）人才培养与平台建设

经过 40 年的发展，我国从事环境化学的科研队伍不断充实。目前，我国环境科学学士学位、硕士学位和博士学位授予点分别达到 186、156 和 42 个，其中我国部分高等院校还在专业门类上单独设置了环境化学专业。譬如南京大学环境学院环境科学系明确设置环境化学专业招收本科生。随着国内环境化学专业人才需求的快速增长，在该方向上毕业的硕士和博士生亦逐年增加，而研究人员素质也不断提升。近 10 年来，数十名环境化

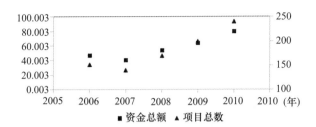

图 6 2006—2010 年环境化学学科基金资助项目数与资助金额的增长

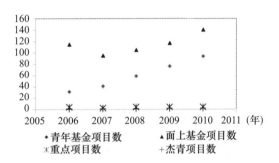

图 7 2006—2010 年环境化学学科不同类别基金资助项目数的变化趋势

学青年学者入选中国科学院"百人计划"、教育部"长江学者特聘教授"或获得国家杰出青年基金资助。然而,杰出人才培养仍满足不了日益增长的需求,环境化学需要培养、储备与引进更多优秀青年人才。

国家重点实验室是学科发展的重要基础研究平台之一,然而"环境模拟与污染控制国家重点联合实验室"、"有机地球化学国家重点实验室"、"污染控制与资源化研究国家重点实验室"、"环境地球化学国家重点实验室"等我国现有的开展环境化学研究的国家重点实验室数目有限,且其研究方向未能全面覆盖学科各主要分支。2004 年组建 2007 年通过验收并于 2010 年通过评估的"环境化学与生态毒理学国家重点实验室"与 2007 年组建 2010 年通过验收和评估的"城市水资源与水环境国家重点实验室"填补了我国环境化学基础研究平台缺失的部分研究内容。

(三)学术团体与学术交流

高等院校是我国环境化学教学的主要机构,而环境化学研究人员主要来自中国科学院各相关研究所、各大高校、国家环保部和卫生部相关研究单位。在广大环境化学研究人员的共同努力下,环境化学学科与相关研究工作发展迅猛。不仅中国环境科学学会成立了环境化学分会,而且中国化学学会也专门成立了环境化学专业委员会,而环境化学分支学科则在不同学术团体获得认可,例如中国环境科学学会的环境标准与基准专业委员会、中国毒理学会的分析毒理专业委员会和环境与生态毒理专业委员会等。随着学科的发展,国内相关专业期刊《环境化学》2011 年 1 月由双月刊改为月刊以适应稿件数量的飞速增长,而 2006 年创刊的《生态毒理学报》则为污染生态化学领域学者的交流提供了新平台。

2006—2010 年间,国内环境化学工作者与国际同行广泛开展科研合作与学术交流,组织了一系列高水平的国际国内会议。如 2009 年中方承办的"第 29 届国际二噁英大会"(29th International Symposium on Halogenated Persistent Organic Pollutants)是国际上有关持久性有机污染物研究领域影响最大的学术会议,也是该大会近 30 年历史上首次在发展中国家举行,来自世界上 44 个国家和地区的近 1100 名代表参加了大会。而 2007 年、2009 年和 2011 年分别于南京、大连和上海组织召开了第四、第五和第六届全国环境化学大会,参加人数分别超过了 500、900 和 1500 人,会议议题涵盖了当前环境化学研究中的最新研究成果与研究进展。这些学术交流活动增强了我国环境化学的国际学术影响,为我国环境化学领域专业经验与研究成果交流提供了很好的平台。

五、环境化学发展趋势及展望

经过近 40 年的发展,我国环境化学研究已经取得了巨大的进步,学科基础理论体系已渐趋成熟,学科队伍得到了充分锤炼,同时环境化学科学技术在我国社会、经济可持续性发展中发挥了应有的作用。然而,环境中的化学污染种类繁多,又往往存在于复杂的体系里,并处于不断地迁移、转化的动态中,环境科学的发展不断为环境分析化学提出新课题。提出新原理和新方法,建立发展复杂基体超痕量污染物及代谢转化相关物质形态、含量和毒性的技术,研制大型科学装置是未来环境分析化学努力发展的目标。而其中纳米材料的环境形态和暴露浓度分析始终是一个难题,污染物自身转化产物及其影响波及的体内代谢物、生物大分子的鉴定也是一个新的研究领域。对于环境污染化学而言,污染物界面反应机制一直是困扰其研究的瓶颈问题,这既出现于大气灰霾污染形成和控制机制的探索中,又是土壤污染治理亟待解决的关键。加强大气污染迁移转化过程机制研究,研发具有自主知识产权的污染物前驱物削减和控制技术是当务之急;而发展以毒性削减为目的的有毒废水处理新技术,保障饮用水安全,大力提倡中水回用等则对解决我国日益严重的水污染问题具有极其重要的实际意义。鉴于土壤污染危及农产品安全等公众关注的热点问题,研发污染土壤修复与污染缓解技术,改善区域土壤质量,在此基础上提出土壤-植物污染间污染迁移转化阻断机制,确保农产品质量是土壤污染化学当前重要的研究方向。在污染物生态毒理与健康风险研究领域,非典型剂量效应关系的确定、复合污染体系的毒性评估、低剂量长周期效应的确定及相关致毒重要通路解析、外源化学物质对生物体损伤的微观机制等研究是目前关注的焦点,而这些都将依赖于合理生物标志物的筛选及基因组学、蛋白组学及其他分子生物学研究中最新成果的合理运用与发展,必须认识到环境污染物毒理学研究将是今后环境化学学科技术创新能力和取得原创性成果的一个重要源泉。在理论环境化学研究方面,今后应重点开展气溶胶和土壤颗粒等表面吸附和催化转化机制的理论模拟;回答环境污染物生物转化与毒性效应的分子机制与靶点选择性的结构基础;提出适用于典型化学品混合物的毒性评价新思路和新方法,建立基于机理的混合物毒性构效关系预测方法;进行非均匀相、非稳态、非线性环境系统的多介质模型研究,为区域尺度污染物时空分布和归趋预测提供理论模型与方法。同时,应面向国家需求,开展环境理论计算化学方法与模型在污染物风险评价中的应用研究,为理论环境化学研究成果应用于环境管理实践提供方法储备与技术支持。

参考文献

[1] 国家自然科学基金委员会. 自然科学学科发展战略调研报告:环境化学[M]. 北京:科学出版社,1996.

[2] 叶常明,王春霞,金龙珠. 21 世纪的环境化学[M]. 北京:科学出版社,2004.

[3] 王春霞,朱利中,江桂斌. 环境化学学科前沿与展望[M]. 北京:科学出版社,2011.

[4] Liu JF, Jonsson JA, Jiang GB. Application of ionic liquids in analytical chemistry[J]. *TRAC - Trends Anal. Chem.*, 2005, 24(1): 20 - 27.

[5] Liu HX, Zhang QH, Song MY, et al. Method development for the analysis of polybrominated diphenyl ethers, polychlorinated biphenyls, polychlorinated dibenzo - p - dioxins and dibenzo - furans in single extract of sediment samples[J]. *Talanta*, 2006, 70: 20 - 25.

[6] Yan W, Zhao LX, Feng QZ, et al. Simultaneous determination of ten estrogens and their metabolites in waters by improved two - step SPE followed by LC - MS[J]. *Chromatographia.*, 2009, 69: 621 - 628.

[7] Liang MM, Liu SL, Wei MY, et al. Photoelectrochemical oxidation of DNA by ruthenium tris (bipyridine) on a tin oxide nanoparticle electrode[J]. *Anal. Chem.*, 2006, 78(2): 621 - 623.

[8] Liang MM, Guo LH. Photoelectrochemical DNA sensor for the rapid detection of DNA damage induced by styrene oxide and the fenton reaction[J]. *Environ. Sci. Technol.*, 2007, 41(2): 658 - 664.

[9] Liang MM, Jia SP, Guo LH. Photoelectrochemical sensor for the rapid detection of in situ DNA damage induced by enzyme - catalyzed fenton reaction[J]. *Environ. Sci. Technol.*, 2008, 42: 635 - 639.

[10] 郭良宏,梁敏敏. 一种光电化学检测核酸的方法:中国,ZL200510011991[P]. 2009 - 12 - 30.

[11] Li Y, Yan XP, Dong LM, et al. Development of an ambient temperature post - column oxidation system for high - performance liquid chromatography on - line coupled with cold vapor atomic fluorescence spectrometry for mercury specation in seafood[J]. *J. Anal. At. Spectrom.*, 2005, 20: 467 - 472.

[12] Yin YG, Liu JF, He B, et al. Simple interface of high - performance liquid chromatography - atomic fluorescence spectrometry hyphenated system for speciation of mercury based on photo - induced chemical vapour generation with formic acid in mobile phase as reaction reagent[J]. *J. Chromatogr. A*, 2008, 1181(1 - 2): 77 - 82.

[13] Yin YG, Liu JF, He B, et al. Mercury speciation by a high performance liquid chromatography - atomic fluorescence spectrometry hyphenated system with photo - induced chemical vapor generation reagent in the mobile phase[J]. *Microchim. Acta*, 2009, 167(3 - 4): 289 - 295.

[14] Kuban P, Pelcova P, Margetinova J, et al. Mercury speciation by CE: An update. *Electrophoresis*, 2009, 30: 92 - 99.

[15] Liu JY, Li JG, Luan Y, et al. Geographical distribution of perfluorinated compounds in human

blood from Liaoning Province, China[J]. *Environ. Sci. Technol.*, 2009, 43: 4044 - 4048.

[16] Chen LG, Mai BX, Bi XH, et al. Concentration levels, compositional profiles, and gas - particle partitioning of polybrominated diphenyl ethers in the atmosphere of an urban city in South China [J]. *Environ. Sci. Technol.*, 2006, 40: 1190 - 1196.

[17] Hu GC, Luo XJ, Dai JY, et al. Brominated flame retardants, polychlorinated biphenyls, and organochlorine pesticides in captive giant panda (*Ailuropoda melanoleuca*) and red panda (*Ailurus fulgens*) from China[J]. *Environ. Sci. Technol.*, 2008, 42: 4704 - 4709.

[18] Li JG, Zhang L, Wu YN, et al. A national survey of polychlorinated dioxins, furans (PCDD/Fs) and dioxin - like polychlorinated biphenyls (dl - PCBs) in human milk in China[J]. *Chemosphere*, 2009, 75: 1236 - 1242.

[19] Liu JY, Li JG, Zhao YF, et al. The Occurrence of perfluorinated alkyl compounds in human milk from different regions of China[J]. *Environ. Int.*, 2010, 36: 433 - 438.

[20] Ruan T, Wang YW, Wang T, et al. Presence and partitioning behavior of polyfluorinated iodine alkanes in environmental matrices around a fluorochemical manufacturing plant: another possible source for perfluorinated carboxylic acids[J]. *Environ. Sci. Technol.*, 2010, 44: 5755 - 5761.

[21] Luo L, Zhang SZ, Shan XQ, et al. Arsenate sorption on two Chinese red soils evaluated with macroscopic measurements and extended x - ray absorption fine - structure spectroscopy[J]. *Environ. Toxicol. Chem.*, 2006, 25, 12: 3118 - 3124.

[22] Luo L, Zhang SZ, Ma YB, et al. Facilitating effects of metal cations on phenanthrene sorption in soils[J]. *Environ. Sci. Technol.*, 2008, 47(2): 2414 - 2419.

[23] Qu XL, Wang XR, Zhu DQ. The partitioning of PAHs to egg phospholipids facilitated by copper and proton binding via cation - π interactions[J]. *Environ. Sci. Technol.*, 2007, 41: 8321 - 8327.

[24] Liu YJ, Zhu YG, Ding H, et al. The effect of root surface iron plaque on Pb uptake by rice (*Oryze Satival*) roots[J]. *Environ. Chem.*, 2007, 26(3): 327 - 330.

[25] Zhu YG, Pilon - Smits EAH, Zhao FJ, et al. Selenium in higher plants: understanding mechanisms for biofortification and phytoremediation[J]. *Trends. Plant Sci.*, 2009, 14(8): 436 - 442.

[26] Zhang M, Zhu LZ. Sorption of polycyclic aromatic hydrocarbons to carbohydrates and lipids of ryegrass root and implications for a sorption prediction model[J]. *Environ. Sci. Technol.*, 2009, 43: 2740 - 2745.

[27] Yang K, Jing QF, Wu WH, et al. Adsorption and conformation of a cationic surfactant on single - walled carbon nanotubes and their influence on naphthalene sorption[J]. *Environ. Sci. Technol.*, 2010, 44: 681 - 687.

[28] Qi Y, Chen W. Comparison of earthworm bioaccumulation between readily - desorbable and desorption - resistant naphthalene: implications for bio - uptake routes [J]. *Environ. Sci. Technol.*, 2010, 44: 323 - 328.

[29] Luo L, Zhang SZ; Christie P. New insights into the influence of heavy metals on phenanthrene sorption in soils[J]. *Environ. Sci. Technol.*, 2010, 44: 7846 - 7851.

[30] Zhang ZF, Zhu T, Zhao DF, et al. Heterogeneous reaction of NO_2 on the surface of mineral dust particles[J]. *Progress in Chemistry*, 2009, 21: 282 - 287.

[31] Wang XF, Zhang YP, Chen H, et al. Particulate nitrate formation in a highly polluted urban area: a case study by single - particle mass spectrometry in Shanghai[J]. *Environ. Sci. Technol.*, 2009, 43: 3061 - 3066.

［32］ Du HH，Kong LD，Cheng TD，et al. Insight into ammonium particle－to－gas conversion：non－sulfate ammonium coupling with nitrate and chloride［J］. *Aerosol Air Qual. Res.*，2010，10：589－595.

［33］ Wang T，Wang YW，Laio CY，et al. Perspectives on the inclusion of perfluorooctane sulfonate into the Stockholm convention on persistent organic pollutants［J］. *Environ. Sci. Technol.*，2009，43：5171－5175.

［34］ Li YM，Zhang QH，Ji DS，et al. Levels and vertical distributions of PCBs，PBDEs，and OCPs in the atmospheric boundary layer：observation from the Beijing 325m meteorological tower［J］. *Environ. Sci. Technol.*，2009，43(4)：1030－1035.

［35］ Jiang GB，Shi JB，Feng XB. Mercury pollution in china［J］. *Environ. Sci. Technol.*，2006，40：3673－3678.

［36］ Zhu BZ，Zhao HT，Kalyanaraman B，et al. Mechanism of metal－independent decomposition of organic hydroperoxides and formation of alkoxyl radicals by halogenated quinines［J］. *Proc. Natl. Acad. Soc. USA*，2007，104(10)：3698－3702.

［37］ Zhu BZ，Kalyanaraman B，Jiang GB. Molecular mechanism for metal－independent production of hydroxyl radicals by hydrogen peroxide and halogenated quinines［J］. *Proc. Natl. Acad. Soc. USA*，2007，104(45)：17575－17578.

［38］ Zhu BZ，Shan GQ，Huang CH，et al. Metal－independent decomposition of hydroperoxides by halogenated quinones：detection and identification of a quinone ketoxy radical［J］. *Proc. Natl. Acad. Soc. USA*，2009，106(28)：11466－11471.

［39］ Zhu BZ，Zhu JG，Mao L，et al. Detoxifying carcinogenic polyhalogenated quinones by hydroxamic acids via an unusual double Lossen rearrangement mechanism［J］. *Proc. Natl. Acad. Soc. USA*，2010 107 (48)：20686－20690.

［40］ Wang HL，Lu ML，Tang MS，et al. DNA wrapping is required for DNA damage recognition in the Escherichia coli DNA nucleotide excision repair pathway［J］. *Proc. Natl. Acad. Soc. USA*，2009，106(31)：12849－12854.

［41］ Wang XL，Song YL，Song MY，et al. Fluorescence polarization combined capillary electrophoresis immunoassay for the sensitive detection of genomic DNA methylation［J］. *Anal. Chem.*，2009，81(19)：7885－7891.

［42］ Zhu BZ，Sheng ZG. Molecular mechanism of the synergistic cytotoxicity between pentachlorophenol and copper complex in human liver cells［J］. doi：10.1016/j. freeradbiomed. 2010.10.281.

［43］ Shi G，Chen D，Zhai G，et al. Proteasome is a molecular target of environmental toxic organotins［J］. *Environ. Health Perspect.*，2009，117(3)：379－386.

［44］ Zou XM，Lin ZF，Deng ZQ，et al. The joint effects of sulfonamides and their potentiator on *Photobacterium phosphoreum*：Differences between the acute and chronic mixture toxicity mechanisms［J］. *Chemosphere*，2011，doi：10.1016/j. chemosphere. 2011.08.46.

［45］ Qu GB，Shi JB，Wang T，et al. Identification of Tetrabromobisphenol A Diallyl Ether as An Emerging Neuronal Toxicant in Environmental Samples by Bioassay Directed Fractionation and HPLC－APCI－MS/MS［J］. *Environ. Sci. Technol.*，2011，45 (11)：5009－5016.

［46］ Liu GR，Zheng MH，Liu WB，et al. Atmospheric emission of PCDD/Fs，PCBs，hexachlorobenzene，and pentachlorobenzene from the coking industry［J］. *Environ. Sci. Technol.*，2009，43：9196－9201.

［47］Liu J，Zhao Z，Jiang G. Coating Fe_3O_4 Magnetic nanoparticles with humic acid for high efficient removal of heavy metals in water［J］. *Environ. Sci. Technol.*，2008，42：6949－6954.

［48］郑明辉，马小东，刘文彬，等. 一种脱氯剂及其制备方法：中国，ZL200410088724.2［P］.

［49］Qu X，Zhang Q，Wang H，et al. Mechanistic and kinetic studies on the homogeneous gas－phase formation of PCDD/Fs from 2,4,5－trichlorophenol［J］. *Environ. Sci. Technol.*，2009，43（11）：4068.

［50］Wang Y，Chen J，Li F，et al. Modeling photoinduced toxicity of PAHs based on DFT－calculated descriptors［J］. *Chemosphere*，2009，76(7)：999－1005.

［51］Cao J，Lin Y，Guo LH，et al. Structure－based investigation on the binding interaction of hydroxylated polybrominated diphenyl ethers with thyroxine transport proteins［J］. *Toxicology*，2010，277：20－28.

［52］Mu YS，Peng SF，Zhang AQ，et al，Role of pocket flexibility in the modulation of estrogen receptor alpha by key residue Arginine 394［J］. *Environ. Toxicol. Chem.*，2011,30(2)：330－336.

［53］Li F，Xie Q，Li XH，et al. Hormone activity of hydroxylated polybrominated diphenyl ethers to human thyroid receptors β：*in vitro* and *in silico* investigations［J］. *Environ. Health Perspect.*，2010，118：602－606.

［54］Ge HL，Liu SS，Zhu XW，et al. Predicting hormetic effects of ionic liquid mixtures on luciferase activity using the concentration addition model［J］. *Environ. Sci. Technol.*，2011，45：1623－1629.

［55］Zhang J，Liu SS，Liu HL，et al. A novel method dependent only on the mixture information（MIM）for evaluating the toxicity of mixture［J］. *Environ. Pollut.*，2011，159(7)：1941－1947.

撰稿人：张爱茜　郑明辉

环境地学学科发展报告

摘要 环境地学是以不同时空尺度下的人-地系统为对象,研究其结构和功能、调节和控制、利用和管理机理的科学。现代环境地学研究内容更强调人类活动对地球环境与气候的影响和反馈,以及人与自然关系的协调机制。高新技术在分析测试、监测、计算机模拟中得到了日益广泛的应用,为环境地学发展提供了强有力的技术支撑。2006—2010年,环境地学研究取得很大进步,学科发展更加完善。本文就环境地学的研究内容、发展动态、研究方法与技术发展状况进行了总结,针对宏观尺度下复合环境问题,阐述了不同空间尺度的学科前沿问题:全球环境变化、流域环境风险及城市生态系统模拟,探讨了环境地学亟待解决的科学问题及学科发展展望。

一、引言

环境地学是环境科学的一个分支学科,它是以人-地系统为对象,研究其结构和功能、调节和控制、利用和管理机理的科学。人-地系统就是由人类和地理环境构成的复合生态系统。随着科技的发展,人类下进入地壳深处,上进入近地空间,人-地系统在不同的空间尺度下具有多样性,大可以到地球、国家、区域和流域,小到一个生态系统或人居单元。因此,环境地学尤其关注宏观尺度下人类活动和环境污染等复合因素对地球等各级环境系统的影响。

地球环境系统具有统一性、整体性和时空性。环境地学随着环境问题的深入研究,逐渐发展成为一门系统性强、空间尺度大和复杂程度高的交叉学科。环境地学主要研究内容如下[1]:

1)人类活动和地理环境的相互关系,包括由地质因素引起的环境问题,以及因地壳表面化学元素分布不均引起的地方病;由人类活动引起的环境问题,包括化学污染引起的环境地质问题,大型工程和资源开发引起的环境问题,以及城市化引起的环境问题等。

2)环境中天然和人为释放的化学物质的迁移转化规律及其与环境质量和生态系统健康的关系等。研究现代环境化学组成的变化同生命体、人体化学组成和人类健康的联系,重点关注人为胁迫下生态和环境变化过程和耦合等环境问题。

3)人类活动对地理环境结构、功能和演化的影响及其对人类生产发展的反馈作用。20世纪下半叶以来,工业化、城市化以及现代科学技术的发展给地理环境带来广泛而深刻的影响。

4)研究不同宏观尺度下气候、环境与人类活动的相互关系以及气候环境的改善与调控等。

环境地学是在对环境问题的认识过程中发展起来的。回顾环境地学的形成和发展,大致可分为三个阶段[1]:20世纪50年代之前的孕育探索阶段,20世纪50-70年代形成阶段,70年代后快速发展阶段。19世纪下半叶,随着经济社会的发展,环境问题已开始受到社会重视,地学、生物学等学科的学者分别从本学科角度对环境问题进行探索和研究。美国学者 G. P. 马什在 1864 年出版的《人和自然》一书中,从全球观点出发论述人类活动对地理环境的影响,特别是对森林、水、土壤和野生动植物的影响。20 世纪 50 年代后,环境问题日益突出,地理学家、物理学家、化学家等对环境问题共同进行调查研究,通过这种研究,逐渐出现了一些新的分支学科,如环境地学。20 世纪 80 年代以来,人类社会面临着生存、环境和发展的严峻挑战,在欧洲,环境地学成为热门研究课题,环境地学被定义为环境问题的地理研究。在日本,广岛大学首先建立了环境地理系,出版了《环境地理》一书。

有别于传统地学以学科分化研究为主,当代地学的宏观发展趋势更强调系统论思想,学科交叉研究,研究内容特别强调人类活动对地球环境与气候的影响和反馈,以及人与自然关系(人地关系)的协调,高新技术在分析测试、观测监测、计算机模拟中得到了日益广泛的应用。环境地学在整体化研究的过程中,逐渐发展成为一个独立的环境科学分支。与此同时,环境地学各个分支学科得以进一步发展完善,研究特色也随之确立。

近几年来,许多科学家将视角转向地学及相关领域研究发展的国际前沿,也有一批学者继续将重点置于国内新的重大领域的研究。这期间,中国地学发展方向和研究工作出现多元化的态势。在地学的区域性方面,研究的区域尺度表现为微观的更"微",宏观的即为全球尺度。2006—2010 年,我国环境地学工作者共获得国家自然科学奖 10 项,国家技术发明奖 9 项,科技进步奖 44 项,获奖内容涉及环境地学各学科分支。可以看出有关全球环境变化、区域/流域环境污染调控和城市环境管理等内容不同空间尺度的研究已经成为热点环境问题和学科前沿。

同时,研究方法和技术的创新为环境地学基础科学理论研究提供了强有力的技术支撑,例如,我国地学工作者自主开发了 IMAGIS Classic(三维可视地理信息系统)、数字摄影测量系统 VirtuoZo NT 等技术,它结合了三维可视与虚拟现实技术,真正实现"所见即所得",并已在环境地学的理论研究中获得广泛应用。

二、研究方法及技术进展

(一)经典研究方法

环境地学的研究方法是指通过实地观测和模拟实验获得第一手数据,然后运用合适的数理统计方法、或数学模型、或结合 5S 技术对获得的数据进行分析,揭示数据背后的机制,回答相应的科学问题。常用的环境地学研究方法主要包括两类:野外观测与室内实验;数理统计和模型模拟[1]。

1. 野外观测与室内实验

环境地学调查是指对区域人-地系统的自然状况、社会经济结构及特征、人口构成与人群健康状况等方面进行深入细致的调查观测和资料收集。野外调查的目的为获取区域环境系统的组成、结构、功能信息和必要的样品。环境地学研究的野外调查工作中,地形图是不可缺少的工具和参考资料,应用遥感资料可以节省大量的时间和费用。遥感资料主要指航天遥感和航空遥感所获取的图像和数字资料。另外,样品采样点的布设、样品采集及质量控制也是非常重要的[1]。

室内实验是现代分析测试手段之一,即在实验室对野外采集的各种环境样品进行物理、化学、生物、微生物等方面的化验分析,定量地获取有关环境物质组成、形态结构、化学性状、微生物区系及数量等方面的信息。为获得准确数据,进行分析方法的质量保证和质量控制。室内实验包含模拟实验和分析测试[1]。

2.数理统计和模型模拟

统计分析是整个统计工作的一个重要组成部分,是在大量数字资料的基础上,运用数学公式、模型,对基础数据进行数理统计、分析,从而认识和揭示事物的内在关系、变化规律和发展趋势的工作。如果说原始统计数据是反映人们对客观事物的感性认识,那么,统计分析就是运用科学的方法,将这些感性认识上升到理论的阶段。

环境数理模型与常规统计模型不同,是根据环境中污染物迁移转化的物理化学机制,从理论模型入手,基于一定的假设,先建立概念模型,然后利用实测数据构建模型,获得模型参数,再进行验证并用于环境模拟。

(二)技术和创新

1.“5S”技术

“5S”技术即:地理信息系统(geographical information system,GIS)、遥感技术(remote sensing,RS)、全球定位系统(global positioning system,GPS)、专家系统(expert system,ES)和决策支持系统(decisions support system,DSS)的合称。它们是当今信息时代的尖端技术。GIS 主要用于对空间环境数据进行管理、查询、分析,还可以利用 GIS 的统计制图功能,将大量抽象的环境数据变成直观的环境专题地图或统计地图,形象地展示出各种环境专题内容、环境数据空间分布与数量统计规律[2]。RS 主要用于提供信息源、获取信息。GPS 主要用于实时定位,为遥感实况数据提供空间坐标,用于建立实况环境数据库及同时对遥感环境数据发挥校正、检核的作用。ES 主要是根据环境领域一些专家的知识,特别是经验知识,利用模型,进行推理,可根据用户提供的信息,进行环境分析、模拟、预测。DSS 主要是帮助决策者构造模型,检验、反复修改并发展模型。“5S”技术各具特色,只有把“5S”技术相互结合,取长补短,相辅相成,才能为环境地学研究提供比较完善的技术支持[3]。“5S”技术可应用于环保应急反应,环境规划、评价与管理,水资源保护等环境研究之中[4]。

2.模型与数学方法

模型和数学方法已成为环境地学分析的重要工具。已经涌现出大量的环境变化模型,部分影响较大的模型包括 Ehrlich 的“I = PAT”公式,国际应用系统分析研究所建立的世界粮食与农业系统全球模型,IMAGE2.0(integrated model to assess the greenhouse effect)模型,特别是类似 CLUE(the conversion of land use and its effects)、元胞自动机模型等以 GIS 技术为支撑,进行空间格局模拟的模型,在环境地学中得到广泛应用[5,6]。

各种数学方法用于地理评价和规划,如小波分析、遗传算法、多目标线性规划、主成分分析法、灰色评价、聚类分析等[7]。另外,ArcGis 3D及空间分析技术、DEM分析技术、生态足迹法、能值法等也得到应用,使研究结果更科学、更准确。

3.环境空间变化研究技术

当前的环境地学研究以定量观测与监测为基础,所使用的测量技术有了显著的发展(表1)。同时,地学研究还力图测量更多的参数和在多个尺度上进行测量,努力获取更多的综合数据,以便将测量结果与地方、区域、大陆和全球水平的空间尺度关联起来,或者在某个时间关联域中将各种结果联系起来。并且将过程研究获得的认识与过程建模紧密联系。

表1 促进地学研究的测量技术举例

问题	技术	研究举例
地点特征和位置	电子距离测量(EDM)	构建数字高程模型(DEM)
	近范围数字工作站(CDW)	
	数码相机,数字地图	海岸地形变化
	地下渗透雷达	沉积物变化
	空载雷达和无线电回声	基部冰状况,冰盖湖泊水量
过程测量、遥测	数字自动测定	水质监测,混浊度监测
空间监测	声学多普勒速度计	河流的3D速率
示踪	磁技术	海滩沉积源
	磁共振成像	土壤渗透物,土壤污染物运移
	^{18}O,重氢	水位曲线分割
实验室分析技术	自动分析	进行更多数量和类型的采样,分析更多的特征
模拟:地点测量	电子扫描显微镜	指示搬运状况的沉积物颗粒特征
^{137}Cs和^{210}Pb测年	侵蚀测量	不同土地利用覆被的评价
沉积分析	沉积累进测年	土壤侵蚀速率,洪积平原沉积作用
模拟	多重分拣器	小样本,例如风成样本
	普通线性模拟	冰川进退,滑坡敏感性

4.环境时间变化研究方法和技术

环境变化研究从时间维认识自然地理环境,测年技术和获取各种环境变化代用信息的实验分析技术的快速发展是环境演变研究的技术支撑。地貌景观演化的研究技术有3个主要趋势:自然信息测年方法;借助不断改进的实验室和沉积物分析技术,增强对地貌形成过程的认识;GIS、数字化高程数据和分形数学的应用[8]。

在年代测定方面,同位素方法如^{14}C测年,核铀素^{238}U和^{235}U衰变测量,^{137}C和^{210}Pb测年,SED技术测年,可用于地质年代测定,补充了泥纹、树木年代学或古地磁学证据。在环境变化研究中广泛采用的具体分析手段如:深海柱芯采样及其详细分析、用以指示年度或季节韵律的湖泊沉积物纹泥分析、树木年轮分析、孢粉学和包括非海洋软体动物类的其他微化石分析、矿物磁性分析等。从泥炭沉积物、湖泊沉积物、冰芯、树木年轮、石笋(钟乳石)等取得的地球化学数据,可以提取古生态学证据以反映环境变化,对阐述过去气候变化及生态系统变化有着重要作用。电子扫描显微镜可以详细检查颗粒表面,研究包括有机物、冰碛和土壤在内的其他物质,阴极释光和高压电子显微镜提供了更为详细的细节[9]。

5. 全球环境变化研究方法和技术

全球环境是从全球尺度对环境地学进行研究。全球环境的发展有赖于研究技术的极大发展,这些技术的进步大大扩展了环境地学研究的时空尺度。主要包括全球数据库、"5S"集成、地统计学和地理计算等,以及学科间联系和实时分析(real-time analysis)。尺度耦合的方法受到极大重视,包括尺度上联(升尺度,upscaling)和尺度下联(降尺度,downscaling)。

(三)GIS 技术发展动态

GIS(地理信息系统)是在计算机软硬件支持下,对具有空间位置和拓扑关系的空间数据及其相关属性进行输入、存储、查询、运算、分析和表达的综合性技术系统。它的基本特性为:所有的相关信息均按特定的坐标系统进行严格的坐标定位,对空间数据和属性数据进行统一的存储和管理,将多源的空间数据和统计数据进行分级分类、规范化和标准化,并进行标准化编码,使其适应计算机输入输出的要求,便于进行社会经济和自然资源、环境要素之间的对比和相关分析,具有图形与数据双向查询检索的基本功能。GIS 是为解决资源与环境等全球性问题而发展起来的技术。20 世纪 60 年代中期,加拿大开始研究建立世界上第一个地理信息系统(CGIS),随后又出现了美国哈佛大学的 SYMAP 和GRID 等系统。我国 GIS 起步于 20 世纪 70 年代的初期,但它的发展非常迅猛[10-12]。

从 1988 年武汉测绘科技大学设立信息工程专业以来,我国已经建立了世界上最大的GIS 教育体系。1990 年武汉测绘科技大学最早建立了测绘遥感信息工程国家重点实验室。北京大学于 1994 年成立了北京大学 GIS 中心。至 2007 年,全国已有 200 多所高校建立了 GIS 实验室。在"九五"期间,发展国产 GIS 软件首次被列为国家科技攻关重点项目。目前,国产中小型地理信息系统平台软件产品的技术水平已经赶上国外同类软件。它们已经完成了组件化的体系结构改造,实现了空间数据、属性数据一体化存储与管理,建立了初步的分布式网络计算模式,形成了初步的元数据支持机制,完整地实现了平台软件的支持功能。我国涌现出来的优秀基础软件平台有:武汉吉奥信息工程公司开发的GIS 软件 GeoStar,该系列软件最独特的特征在于矢量数据、属性数据、影像数据、DEM数据高度集成;武汉中地信息工程有限公司开发的大型工具型 GIS 软件 MapGIS,MapGIS 是一个面向服务分布式超大型 GIS 软件,它充分展现了国际最新第四代 GIS 技术;北京超图公司开发的 SuperMap,该软件是在科技部"863"课题和中国科学院知识创新工程支持下,形成的完全自主知识产权的大型地理信息系统平台,SuperMap 软件已经在环境地学研究中获得应用。随着技术的发展,GIS 发展的趋势是:数据标准化,系统集成化,平台网络化。

(四)地球环境系统及其子系统

1.地球环境系统

地球环境系统是指围绕人类的地球上的各种自然要素及其相互关系的整体。依据地球环境系统的物质组成、圈层结构及其相互作用,可以划分为:地球内部环境子系统、地球表层环境子系统和日地空间环境子系统。地球内部环境子系统包括固体地球的地核、地幔和岩石圈组成的系统。地球表层环境子系统主要是指由大气圈、水圈、生物圈、土壤圈、岩石圈等组成的地球表层系统。日地空间环境系统则是指由太阳、行星际空间以及包括磁层、电离层和中上层大气在内的地球空间组成的系统。一般认为,地球表层环境子系统由大气、水、生物、土壤和岩石五大圈组成,人类本身属于自然界,二球已成为全球环境变化的重要驱动力,所以人类圈(又称智慧圈)也被看做地球表层环境子系统的一部分[13]。

2.子系统研究进展

地球内部环境子系统侧重于对固体地球较长时间尺度的历史演化过程的研究,强调地球内部能量激发、圈层相互作用的自然驱动力以及地球内部物理化学的物质组成和性质不同而导致的界面反应。如地球内核弹性各向异性研究,为了解释地球内核的各向异性,而目前的实验室还不具备条件建成与地球内核一样的实验环境,Belonoshko 等[14]借助分子动力学模拟的方法进行研究,他们建立 3 个模型,分别是 bcc 结构的和 hcp 结构的单晶 Fe 以及多晶。结果表明,地球内核 Fe 以 bcc 态存在能够解释地球内核的各向异性。而 bcc 态的 Fe 与 hcp 态的 Fe 共同存在,可以解释 Beghein 等提出的地球内核稍弱的弹性各向异性。而 Fe 的 hcp 态则可以解释地球内核上部的各向同性。近 20 年来,针对华北和华南陆块碰撞及大陆深俯冲过程有关的时代、地球化学和构造演化等问题,李曙光课题组对东秦岭和大别-苏鲁超高压变质带开展了同位素年代学和地球化学等方面研究,首次发现榴辉岩中多硅白云母存在过剩氩,发现了高压变质矿物与退变质矿物存在 Sr、Nd 同位素不平衡及对同位素定年的影响;在国际上首次取得了榴辉岩金红石的精确 U-Pb 定年等一系列成果,并获得 2010 年度国家自然科学奖二等奖。

空间环境研究的内容包括空间环境模式研究、空间环境效应研究和空间环境实验研究。当前国外空间环境研究注重对大型软件组织多学科多单位长期合作研究,模式研究与实验研究紧密结合,注意开发对工程适用的模式,工作重点是太阳帆板带电和低轨卫星表面带电。航天器表面充电研究已经历了 3 个阶段:第一阶段为 1957—1965 年。在卫星和火箭上进行了直接测量,提出了半自治的理论模式,考虑了次级发射和光电流。第二阶段为 1965—1980 年。1973 年美国军事卫星 DSCS-9431 因静电放电而失效;1979 年,美国执行 SCATHA(Spacecraft Charging AT)计划,目的是准确地了解带电现象,建立数字模式(NASCAP),同时也测试并确定了主要材料的特性,1980 年,NASA 制定了航天器充电问题的设计指南。第三阶段为 1980 年至今。目前关注的问题包括低轨道航天器的表面充电和地球同步轨道太阳电池板高压充电。当前航天器充电研究已经由定性描述转为定量计算,并考虑更复杂的几何构型[15]。

地球表层环境子系统侧重于对地球近代自然历史演化过程和较短时间尺度的动态变

化以及区域性演变过程的研究,强调太阳辐射能是引起地球表层环境子系统整体和区域性变化的主要自然驱动力,而人类活动也已成为地球表层环境子系统变化的重要驱动力和胁迫因子。由于地球表层环境子系统是多要素、多类型的复杂系统,具有明显的空间分异规律,在对其进行时间动态分析时,要重视对其空间结构和分异的研究。按照环境地学空间划分原则,不同空间尺度的环境问题主要有:全球环境变化、区域/流域尺度环境问题和人口密集区城市环境问题。

三、学科前沿及研究进展

(一)全球环境变化

全球环境变化是 20 世纪 80 年代以来国际学术界关注的热点问题之一。全球变化和人为活动对陆地生态系统格局、重要生态过程及其功能产生重大影响,特别是化石燃料燃烧以及工业生产过程向大气圈排放化学物质,改变着大气的化学组分,而如何通过技术创新、产业转型和新能源开发等多种手段,尽可能地减少煤炭、石油等高碳能源消耗以及温室气体排放,以实现适应全球变化的经济社会协调发展,已成为重大的科学挑战[16]。

全球环境变化的核心问题是人类面临的日趋严重的资源、环境和发展问题。针对上述问题,国际上成立了地球系统科学联盟(ESSP),由 4 大全球环境变化科学计划构成,即:世界气候研究计划(WCRP)、国际地圈生物圈计划(IGBP)、国际全球变化人文因素计划(IHDP)、生物多样性计划(DIVERSITAS)。所以,全球环境变化科学是大科学,被喻为"可与 19 世纪的进化论和 20 世纪的板块理论并称的地球科学第三次革命"。

全球变化科学(global change science)目标在于描述和理解人类赖以生存的地球环境系统的运转机制、变化规律以及人类活动对地球环境的影响,从而提高对未来环境变化及其对人类社会发展影响的预测和评估能力,为全球环境问题的宏观决策提供科学依据。这一科学领域是与地球系统中三大相互作用过程:地球系统各组成部分(大气、海洋、陆地和生物圈等)之间的相互作用,物理、化学和生物过程的相互作用以及人类与地球环境之间的相互作用,有着密切联系的基础学科,同时又是对人类社会可持续发展的科学投资[17]。

1. 学科前沿

全球变化科学这一新兴学科领域的多学科交叉达到了前所未有的深度,其中包括地学的各个分支学科、宏观生物学、计算数学、空间技术等领域的科学家以及社会科学家之间的合作,同时国际合作也达到了前所未有的广度。ESSP 将来自不同领域、不同地区的研究者集合在一起进行综合的地球系统科学研究。综合区域研究的目的是在区域尺度上为可持续发展提供科学认识的帮助,同时增进对地球系统动力学中全球-区域相互关联的认识。ESSP 的第一个综合区域研究计划是由我国科学家领导的季风亚洲集成研究(MAIRS)。

现阶段全球变化学的主要研究内容,包括:

1)全球大气化学与生物圈的相互作用;

2)全球海洋通量研究；

3)全球水文循环过程的生物学特征；

4)全球变化对陆地生态系统的影响；

5)全球环境变化史的研究。

我国《国家中长期科学和技术发展规划纲要(2006—2020 年)》提出[18]，把发展能源、水资源和环境保护技术放在优先位置，下决心解决制约经济社会发展的重大瓶颈问题；加强基础科学和前沿技术研究，特别是交叉学科的研究。该纲要提出的科学前沿问题和面向国家重大战略需求的基础研究中，与环境地学有关的有：地球系统过程与资源、环境和灾害效应、人类活动对地球系统的影响机制、全球变化与区域响应。

国家自然科学基金"十二五"规划第九章重点领域(十四)科学部优先发展领域——地球科学部中指出，全球环境变化与地球圈层相互作用核心科学问题有[19]：亚洲季风-干旱环境系统的变化特点与趋势；区域水系统(含冰冻圈)循环及其对气候变化的影响与响应；海平面与海陆过渡带变化的动力学机制及趋势；生态系统对气候变化的适应过程、机制和预测；全球变暖的自然和人类因素以及地球系统管理；地球系统模拟的关键技术及科学问题。

2. 研究进展

20 多年来，数以万计的科学家投入了环境地学这一领域的研究，并取得了重大进展。这些进展主要包括：对地球系统进行了空前的多学科交叉研究，取得了大量高质量的科学数据，发现了一些新的现象，如海洋中的高营养盐低生产力区和铁在初级生产力中的重要作用等；提出了地球系统中的几个关键性问题，如全球碳循环、水循环、食物系统等，将全球变化研究推进到集成研究阶段；对地球系统的碳循环有了深入认识，初步找到了所谓丢失的"碳汇"；热带海洋观测系统(GOOS)的建立，特别是在太平洋赤道地区建立了比较完整的 El Nino 监测系统，同时建立了可以提前半年至一年预报 ElNino 发生的数值模式；过去全球变化研究(PAGES)在认识气候的自然变率、工业化前的全球大气成分、全球温室气体的自然变化及其与气候的关系、陆地生态系统对过去气候变化的响应、过去气候系统的突发性变化等方面做出了重要贡献[20-26]。

Whitehead PG 等[27](2011)提出人类活动影响了氮和磷的全球尺度的循环，而氮和磷浓度的升高，降低了土壤、淡水以及海洋等生态系统服务功能，导致生物多样性的丧失。在流域尺度上将氮和磷的通量量化，明确在气候变化背景下的营养循环转化并讨论其对碳循环的影响，考虑多种营养素周期之间的关联，将有助于最大限度地减少对生物多样性、生态系统动力学、公共供水和人类健康等产生的负面影响，有益于改善管理和制定更好的有针对性的政策。

M. Muz - Rojas 等[28](2011)认为土地利用方式的变化也是全球变化的重要方面，土地利用方式的变化将会带来碳的损失和土壤植被的碳存储能力下降，从而影响全球尺度的碳循环。

3. 创新成果

作为全球变化研究的积极倡导者和参加者，中国科学家从 20 世纪 80 年代初就开始参加全球变化科学重大国际计划的可行性研究。近年来,中国政府投入巨资实施了一系列全球变化研究项目,中国科学家在全球变化领域作出了具有中国特色的国际性贡献,完成了一批具有国际影响的研究成果:①中国科学家提出东亚季风系统和季风区域的概念,并利用黄土古土壤序列、第三纪风尘堆积、湖泊、海洋、石笋记录、冰芯及历史文献等,建立了季风区域环境演化序列,在国际全球变化研究领域具有重要学术地位;②青藏高原的气候环境变化研究成为国际关注的学术热点,特别是高原冰芯研究以及高原上空夏季臭氧异常低值中心的发现等研究居国际先进水平,在国际上有重要影响;③在全国范围的气候植被分类,区域蒸散模式与自然植被 NPP 与碳储量的空间格局,土壤有机碳库的储量,生态系统的碳密度与收支等方面,特别是对湿地生态系统的 CH_4 及相关痕量气体的通量观测、发生和排放问题有了一定的探索,取得了重要研究成果;④在大气水循环、流域水循环、水循环的生物过程、社会经济与水循环、农业与水承载力等与农业有关的诸多水问题方面取得了重大进展,特别是对西部流域水循环中的水与生态问题做出了突破性进展,为西部大开发乃至全国经济的发展作出了巨大贡献;⑤我国科学家已从积极参与国际计划逐步转向由我国主持在世界上开展的一系列大型全国性科学实验,为国际全球变化研究作出了显著贡献。中国被誉为世界上对国际"海洋-大气耦合响应实验"(TOGA - COARE) 贡献最大的两个国家之一,而且一批以中国科学家为主导的、在我国特殊区域开展的陆地样带——中国东北样带(NECT)、国际全球环境大断面(PEP - II)、南海季风试验(SC2SMEX)、淮海流域能量和水分循环试验(HUBEX)、第 2 次青藏高原试验(TIPEX) 等大型科学实验和国际上第 1 个陆架海洋通量项目——东海陆架边缘海洋通量实验与近海海洋生态系统动力学研究,中国环境科学青海湖钻探项目受到国际学术界的极大重视[29]。

"十一五"国家科技支撑计划重点项目"综合风险防范关键技术研究与示范"课题"综合全球环境变化与全球化风险防范关键技术研究与示范(2006BAD20B05)"取得了重要研究进展,① 构建了全球环境变化风险识别技术,实现了全球环境变化风险类型的识别与分类;② 建立了全球环境变化风险评价指标体系和模型,完成了中国综合气候变化风险评估与制图;③ 提出了我国应对综合全球环境变化风险的分级防范与预警技术。

(二)流域环境风险

流域是由不同生态系统组成的异质性区域和巨型复合生态系统,包括河流、湖泊、沼泽、森林、草原和城市等子系统,具有综合性、动态性、周期性、人为干预性和不平衡性等特点。随着流域人口的快速增长、社会经济迅猛发展以及人类活动剧烈,使得流域水环境质量日趋恶化,资源短缺矛盾加剧,水生态系统结构和功能严重受损,从而导致水环境问题的影响因素众多且极其复杂,水环境系统所面临的风险形势日益加剧。

1.学科前沿

目前,流域尺度上的风险评价已成为国内外研究的热点,逐渐成为发达国家制定流域管理决策的科学基础和重要依据。流域水环境风险评价的目的是为流域水资源可持续发展和水环境安全管理提供依据。与单一地点的风险评价相比,流域风险评价涉及的风险源以及评价受体等都具有空间异质性,即存在空间分异现象,这就使其更具复杂性。

由于风险的复杂性和监测数据不足,大多数评价只局限于定性分析,在大尺度上的定量化研究基本还处于探讨阶段。由于流域水环境问题的不确定性,应用风险量化、风险评价及风险管理技术,对水质、水量和水生态的有效管理具有重要的指导意义。因此,有待对流域水环境评价理论和模型深入研究,并在实践中不断创新和完善。

2.研究进展

(1)水环境风险评价类型

目前,国内外有关水环境风险评价的研究类型主要包括:水环境健康风险评价、水生态风险评价和水质风险评价。评价单元多为河流、湖泊、水源地、港口等水体单元,评价对象多为一种或多种污染物质。

1)水环境健康风险评价研究。目前,国内外研究最多的是利用经典的健康风险评价模型对单一或几种复合的污染物对人体健康所产生的风险进行评价,基本上都是从确定性的角度,针对不同水体单元中单一或多种污染物质,基于毒理数据,利用成熟的评价模型进行评价研究,还没有从流域水环境整体角度出发,无法考虑多风险源和多胁迫因子及其相互关系。

2)水生态风险评价。通过生态风险评价,能够预测环境污染可能产生的对人及其他有机生命体的损害程度。ORNL研究组对美国田纳西州Clinch River流域的生态风险评价研究说明流域和大尺度风险研究是可能的。此后,Valiela等[30]对Waquoit Bay Massachusetts流域进行了氮的风险评价,说明单个因子也可以导致对整个生态系统的影响。Schipper等[31]对荷兰海港开放水体中磷酸三丁酯对Littorina littorea物种变异指的生态风险做了评价。

在我国,关于水环境生态风险评价还处于起步阶段,从理论到技术都需要广泛和深入的研究。目前已开展的一些研究一般是基于生态风险评价的理论和框架,针对具体的污染物从水生态毒理的角度进行研究,大多还仅处于理论方法的探讨阶段。

3)水质风险评价研究。国内对水质风险问题的研究较多,研究对象多为典型河段或重要水体单元,研究内容多为突发性事故。对水质风险的定义、风险的识别、风险的度量等都还没有统一的理论模式可循。由于河流水体大多数都还缺乏足够的水文、水质和水力实测数据,这就给随机理论的运用带来困难。因此,针对河流水质风险研究现状和有限的水文、水质和水力数据资料,寻求新的水质风险评价理论方法将是今后水环境科学研究的一项重要内容。

(2)环境风险评价方法

1)综合指数法。目前,许多研究均采用风险指数法来对风险进行分析和评价,该方法的不足是缺乏系统的、理论的指导,不便于推广。

2)指标体系法。指标体系法在一定程度上可以满足大尺度的风险评价,但指标的选取是关键问题,如何全面选取表达信息的指标有待进一步研究。

3)统计模型法。分为三个模型,如:①概念模型:随着风险评价尺度的扩大,传统的概念模型已经不能满足景观水平的涉及多风险源、多胁迫因子、多种风险影响的评价要求。②数学模型:目前,大尺度的生态风险评价中应用最多的是基于因子权重法的相对风险评价方法。因子权重法被用于主观评价、定性评价和定量评价中,但多用于定性评价,定量评价较少。

纵观国内外研究进展,针对流域尺度水环境风险评价的研究尚没有统一的定义和方法,尚未建立适用于不同流域尺度的水环境风险评价模型,真正关注流域水环境风险的影响因素、风险组分之间的关系及其评价模型的研究还有待进一步深入。

3.创新成果

由于近几年突发性污染事件频发,我国关于突发性环境风险管理方面的研究取得了一定的成果。胡二邦等[32]概况了突发性水污染事件的概念,并对河流突发性污染事件的风险评价理论作了一定的梳理和归纳,提出了对突发性水污染事件进行风险评价的设想;汪立忠等[33]从风险管理的角度综述了国内外突发性污染事件研究进展,提出应对包括突发性水污染在内的突发性环境污染事件进行风险管理,制定有针对性的风险管理体系和有组织的风险管理设想。

流域环境风险评价方面,水质模型的优化提高了评价的准确性。石剑荣[34]在各种水质模型基础上,在多种水体扩散模型基础上,通过数学推导,得出一整套适用于鉴别与评估水环境突发事故危害后果的定量估算公式,包括:危险源鉴别、特征等浓度线确定、事故特征危害区与危害期估算、事故下游各处危害期估算等。

在我国,关于水环境生态风险评价还处于起步阶段,从理论到技术都还要进行广泛和深入的研究。目前已开展的一些研究一般是基于生态风险评价的理论和框架,针对具体的污染物从水生态毒理的角度进行研究,大多还仅处于理论方法的探讨阶段。王有乐等(2006)[35]采用对数正态分布理论为指导的随机计算模式,对黄河兰州段的水环境风险容量进行了计算。刘永兵等(2006)[36]利用 TM 遥感数据研究了不同年份的土地利用类型特征。在此基础上构造一个综合性生态风险指数,划分出不同风险等级区域,并提出生态风险管理措施。李绍飞等[37](2007)根据海河流域地下水特征,构建了地下水环境水量和水质风险评价指标体系,并将其应用于流域内天津、沧州、衡水、石家庄和唐山等 5 个典型区域的地下水环境风险评价中。贡璐等[38](2007)结合遥感和地理信息系统技术对新疆博斯腾湖进行了系统的景观生态风险评价,建立了风险源主要为洪涝、干旱、水体矿化度和富营养化的生态风险。Schipper 等[31](2008)对荷兰海港开放水体中磷酸三丁酯对 Littorina littorea 物种变异的生态风险做了评价。Zhifeng Yang 等[39-43](2006,2008,2010)以流域生态系统与水资源关系为核心内容,建立了生态环境需水阈值理论,提出了生态环境需水标准的确定方法、分区分类以及水质水量联合评价技术,构建了综合考虑水量、水质及生态环境需水等要素的流域综合管理模式,该成果获得国家科学技术进步二等奖。刘爱霞等[44](2009)通过对黄河口表层沉积物中 16 种多环芳烃的浓度解析,评估了其生态风险。Conder 等[45](2009)采用鸟类作为风险受体,对美国新泽西州 Lower Hackensack 河河口 Cr 矿开采区的生态风险进行了评价。Yamamoto 等[46](2009)采用暴露界限法对日本伊势湾三丁基锡的生态风险进行了评价,得出底泥中风险大于水体中的风险。刘静玲,曾维华等[47]对海河流域城市水系的生态健康进行诊断的基础上,进行了城市水资源联合调度方法优化,构建了水质、水量和水生态联合调度模型。Jingling Liu 等[48,49](2010)研究了滦河流域中重金属与多环芳烃时空分布并进行了健康风险评价,为可持续管理提供了更多选择。

(三)城市生态系统模拟

生态模拟基于系统生态学和系统动力学理论,采用数学建模、热力学分析和计算机技术,量化生态系统动态过程,为生态系统管理和决策提供服务。城市生态系统是一个动态平衡的系统,也是一个与周围市郊及有关区域紧密联系的开放系统,它不仅涉及城市的自然生态系统,也涉及城市的人工环境系统,是一个以人的行为为主导,自然环境为依托,资源流动为命脉,社会体制为经络的社会-经济-自然的复合系统。城市生态系统的发展归根结底是基于众多因子间相互作用关系的驱动,这使得城市发展趋势和表现行为很难预测。作为有机统一整体,城市生态系统内在的任何因子变动都会引起相关因子的变化,并自适应地找到新的平衡点。

1. 学科前沿

目前国内外用于城市生态系统动力学演化模型的主要方法有:基于数理模型的方法、生态控制论和灵敏度模型、系统动力学模型、多目标规划法等。已经开发的用于城市生态系统的动力学模拟的软件可以划分为两类:基于土地利用和交通规划的专业模型和基于系统动力学和灵敏度模型的一般软件[50]。主要的研究方向为:系统生态模拟;城市生态系统诊断与评估;城市物质代谢;城市生态规划与调控等。

向宏观和微观两极化发展是城市生态系统动力学演化模型的发展趋势之一,城市生态系统是一个复杂巨系统,一方面,研究者要系统完整地体现它的动力学特征,就必须使模型不断地宏观化,通过对模型持续的完整化、完备化,使模型能够兼容足够多的子系统,并且能够充分地体现和预测各个子系统内部、子系统之间的联系、反馈作用。另一方面,对城市生态动力学模型的一些变化剧烈、对总体影响较大的子系统,需要展开微观化的研究,可以有针对性地开发系统的部分子系统模型,尤其是城市生态规划需要的动力学模型。

城市生态系统动力学演化模型的开发前景在于对不确定性问题的定性、定量分析,城市生态系统对于人类发展可能存在承载能力的极限,但承载的极限不是一个点,而是一个不确定的范围,如何定性、定量地分析系统承载能力的不确定度,往往成为城市生态系统管理的约束前提,具体分析其不确定度的方法还有待进一步发展。

多模型的耦合和集成是发展的必然趋势。多模型的耦合和集成,不仅指数理模型也包括数理模型与专业软件的嵌套。此外,由于连接端口的不一致或者数据结构的不同,以往的模型连接往往是松散的连接,而如何开发不同模型之间的自动化端口,实现多个模型的有机耦合和集成,是未来的发展方向之一[51]。

2. 研究进展

由于城市生态系统本身的非线性和复杂性,关于城市生态系统的动力学演化模型研究丰富多彩,多个领域的专家学者都参与其中形成了一系列的成果。Jorgensen曾指出,生态系统不可拆分,整体性和动态性是其最基本的特征。因为任何一个部分都会通过迭代和反馈彼此不断相互包容而成为了城市生态系统的整体,系统的每一个细节的实施、改变都有可能对整个城市产生难以估量的影响。

由德国著名生态控制论专家 F. Vester 和 A. V. Hesler 教授提出的"灵敏度模型"方法将系统科学思想、生态控制论方法及城市规划融为一体,解释、模拟、评价和规划城市复杂的系统关系,是模拟城市生态系统的有效方法。灵敏度模型将生物控制论观点引入城市与区域规划中。它要求人们用生态系统的观点来看待、分析和研究一个城市区域,使生态学的基本原理渗透到决策规划过程之中,确实是城市生态系统研究的创新与突破。但它同许多新生事物一样也有其不尽完善之处。

在理论研究与实践的过程中出现了各种规划模型,如灵敏度模型、多目标规划模型、泛目标规划模型、系统动力学方法等,对于处理复杂系统内部要素之间的变动关系及在决策中预测系统的发展趋势有较好的辅助作用。随着辅助研究手段的改进,城市生态系统动力学模型逐渐呈现出综合化、集成化、大尺度、复杂化的趋势。

3. 创新成果

支持向量机(support vector machine,SVM)作为数据挖掘中的新方法,是一种功能模拟技术,它跳出了系统内部结构和过程的束缚,直接着眼于系统的输入和输出,建立变量之间的非线性映射关系,从系统的整体性、动态性和非线性角度实现了复杂系统的建模,为类似生态系统的复杂系统模拟提供了有效的解决方案。面向我国快速城市化阶段亟待解决的生态环境问题,在城市生态核算、模拟、辨识和评价与管理等方面取得系列创新成果。

Yan Zhang,Zhifeng Yang[52](2006)应用一种平衡模型,一种代谢模型和一种和谐发展模型测量并评价了复杂城市生态系统中各种参数之间的作用关系,开发了一系列评价城市生态系统的指数,构建了城市代谢模型与城市和谐发展模型。Kampeng Lei,Zhishi Wang 等[53](2007)对澳门进行整体能值分析,通过扩展 Odum 和 Brown 的网络能值过剩概念,发展了两个基于能值的指数:网络能值(NE)和网络能值比(NER),更准确地反映了城市发展状况。Xiaocui Zhou,Zhifeng Yang[54](2010)建立了一套生态安全指数系统,应用压力-状态-响应模型(P-S-R)选取常用指数,为北京生态科技区建设和发展的动力学生态安全管理提供依据。

Yan Zhang,Zhifeng Yang 等[55](2006)运用平衡模型、代谢模型及和谐发展模型,诊断并评估城市复杂生态系统中各变量之间的相互联系,对北京、上海、广州、天津、重庆和深圳的评估表明,城市可持续发展的关键因素是降低社会经济发展的压力、提高对自然资源的保护,增加城市代谢功能。

Yan Zhang,Zhifeng Yang 等[56](2010)以北京为例,分析水代谢系统的网络结构和生态联系,建立生态网络模型,为城市水资源优化提供依据。

4. 亟待解决的科学问题

我国面临着人口、资源、环境与发展的巨大压力。可持续发展面临的严峻挑战使我国成为国际社会非常关注的地区。《国家中长期科学和技术发展规划纲要(2006—2020年)》指出[18]:改善生态与环境是事关经济社会可持续发展和人民生活质量提高的重大问题。该纲要列出的重点领域及其优先主题有:水资源优化配置与综合开发利用、综合资源区划、生态脆弱区域生态系统功能的恢复重建、全球环境变化监测与对策、城镇区域规划与动态监测、城市生态居住环境质量保障、重大自然灾害监测与防御。

《国家自然科学基金十二五发展规划》指出[19]，未来 5 年，充分发挥我国的地域特色和优势，针对我国社会发展面临的资源、环境和减轻自然灾害等方面的需求，推动各学科的创新型研究和新兴领域的发展。保持我国优势学科和领域的国际地位，促进我国相对薄弱但属国际主流的领域，鼓励学科之间的交叉集成和渗透融合，加强前沿性、基础性分支学科的发展，扶持与实验、观测、数据集成和模拟密切相关的分支学科的发展。

地学部中与环境地学相关的优先发展领域有：天气、气候与大气环境变化的过程与机制；全球环境变化与地球圈层相互作用；人类活动对环境影响的机理；陆地表层系统变化过程与机理；水土资源演变与调控；海洋过程及其资源和环境效应；日地空间环境和空间天气；地球观测与信息提取的新途径和新技术；我国典型地区区域圈层相互作用与资源环境效应。

5. 学科展望

展望未来，环境地学将会得到更加突飞猛进的发展，将更加关注全球变化与地球各圈层相互作用及其变化，以及人类活动引发的重大环境变化研究；关注全球、区域、流域和城镇不同空间尺度的环境管理与调控机理的研究，在探明大尺度环境问题的本质与时空变化机制的基础上，面向国家环境管理和生态恢复等重大需求，关注全球环境变化、大尺度环境保护治理、资源合理开发利用以及碳循环、水资源、食物与纤维、绿色能源战略等问题；关注跨学科研究进展与方法和技术创新，以及高新技术在地学中的应用。随着环境地学在深度和广度上的发展，理论研究、方法优化和技术创新与开发将成为地学工作者的重要责任与任务。

近年来我国环境地学已取得了面向学科发展和国家需求两个方面有积极意义的系列创新成果。但还应该看到，在全球气候变化和经济一体化大背景下，与可持续发展战略和国家环保"十二五"规划的实现还有一定的差距，宏观尺度复合生态环境问题和绿色能源战略相关的复杂系统问题还有巨大的发展空间。我国是世界上人口最多的国家，众多的人口给环境以巨大压力和冲击，中国人口和经济高速发展，对环境产生冲击和压力加剧，不仅出现了新的复合环境问题，而且还与自然环境的生态过程如生物多样性减少等相耦合，同时环境社会学也将成为一个新的发展趋势，这就要求环境地学不断开拓创新，在参加这些综合性和大尺度环境项目中进一步发挥环境地学特色并提供科学与技术支撑。

环境科学的综合性很强，环境科学各分支学科之间的联系十分密切。环境地学还需要加强与其他环境科学分支学科的合作，把握住自己的学科特点和重点，共同推进环境科学与工程一级学科的发展与创新人才的培养。

参考文献

［1］李天杰. 环境地学原理［M］. 北京：化学工业出版社，2004.

［2］G. Taylor, G. Blewitt. GIS：An Overview, Intelligent Positioning：GIS‑GPS Unification［J］. John

Wiley & Sons,Ltd,2006.

［ 3 ］张曦."5S"技术与环境保护[J].信息技术,2001,12:41－42.

［ 4 ］樊文艳,吴国元.水资源可持续发展中"5S"技术的应用[J],水系污染与保护,2001,2:2－5.

［ 5 ］Hyun－Joo O,Biswajeet P. Application of a neuro－fuzzy model to landslide－susceptibility mapping for shallow landslides in a tropical hilly area[J]. Computers & Geosciences,2011,37: 1264－1276.

［ 6 ］Carrera－Hernandez J,Gaskin S, The groundwater modeling tool for GRASS (GMTG):Open source groundwater flow modeling[J]. Computers & Geosciences,2006,32:339－351.

［ 7 ］H. G. Gyllenberg,M. Gyllenberg. An Assessment of Cumulative Classification[J]. Quantitative Microbiology,1999,1(1):7－28.

［ 8 ］Mohammad V,Ali A,Abbas A,et al. A GIS－based neuro－fuzzy procedure for integrating knowledge and data in landslide susceptibility mapping[J]. Computers & Geosciences,2010,36: 1101－1114.

［ 9 ］孙成权,曲建升.国际地球科学发展态势[J].地球科学进展,2002,17(3):344－347.

[10]Michael G. Scale in GIS:An overview[J]. Geomorphology,2011,130:5－9.

[11]储征伟,杨娅丽.地理信息系统应用现状及发展趋势[J].现代测绘,2011,34(1):19－22.

[12]G. Taylor and G. Blewitt,GIS:An Overview,Intelligent Positioning:GIS－GPS Unification[J]. John Wiley & Sons,Ltd,2006.

[13]孙立广.地球环境科学导论[M].合肥:中国科学技术大学出版社,2009.

[14]Belonoshko,A B,Arapan,S,Rosengren,A. An abinitio molecular dynamics study of iron phases at high pressure and temperature. Journal of physics[J]. Condensed matter：an Institute of Physics journal,2011,23(48):485.

[15]焦维新,田天.空间环境研究的现状与展望[J].航天器环境工程,2007,24(6):337－340.

[16]Terrence Iverson,Charles Perrings. Precaution and proportionality in the management of global environmental change. Global Environmental Change,In Press,Corrected Proof,Available online 12 Octover 2011.

[17]张平宇,全球环境变化研究与人文地理学的参与问题[J],世界地理研究,2007,16(4):76－81.

[18]《国家中长期科学和技术发展规划纲要(2006—2020 年)》. http//:www. gov. cn/jrzg/2006－02/09/ content_183787. htm.

[19]地球科学发展战略研究组. 21 世纪中国地球科学发展战略报告[M].北京:科学出版社,2009.

[20] Evan G. R. Davies,Slobodan P. Simonovic. Global water resources modeling with an integrated model of the social－economic－environmental system[J]. Advances in Water Resources. 2011.34: 684－700.

[21]Anna Augustsson,Monika Filipsson,Tomasöberg,et al. Climate change — An uncertainty factor in risk analysis of contaminated land[J]. Science of the Total Environment ,2011,409:4693－4700.

[22]Stuart M E,Gooddy D C,Bloomfield J P,et al. A review of the impact of climate change on future nitrate concentrations in groundwater of the UK[J]. Science of the Total Environment,2011,409: 2859－2873.

[23]Moss B. Cogs in the endless machine:Lakes,climate change and nutrient cycles:A review. Science of the Total Environment,doi:10.1016/j. scitotenv,2011,07:069.

[24]Detlef P. van Vuuren,Paul L. Lucas. Downscaling drivers of global environmental change:Enabling use of global SRES scenarios at the national and grid levels[J]. Global Environmental

Change,2007,17:114 – 130.

[25]Gorka Merino, Manuel Barange, et al. Impacts of global environmental change and aquaculture expansion on marine ecosystems[J]. Global Environmental Change . 2010,20:586 – 596.

[26]Juergen Weichselgartner, Roger Kasperson. Barriers in the science-policy-practice interface: Toward a knowledge-action system in global environmental change research[J]. Global Environmental Change,2010,20: 266 – 277.

[27]Whitehead PG, Crossman J. Macronutrient cycles and climate change: Key science areas and an international perspective, Sci Total Environ . 2011, doi:10. 1016/j. scitotenv,2011,08:046

[28]M. Muz – Rojas ,D. De la Rosa, L. M. Zavala, et al. Changes in land cover and vegetation carbon stocks in Andalusia, Southern Spain (1956 – 2007)[J]. Science of the Total Environment ,2011, 409:2796 – 2806.

[29]陆大道.中国地理学的发展与全球变化研究[J],地理学报,2011,66(2):147 – 156.

[30]Valieiai, Foreman K, Lamontagne M. Couplings of watersheds and coastal waters – sources and consequences of nutrient enrichment in Waquoit bay, Massachusetts[J]. Estuaries,1992,15(4): 443 –457

[31]Schipper, Cor A,Smit, et al. A weight-of-evidence approach to assessing the ecological impact of organotin pollution in Dutch marine and brackish waters: combining risk prognosis and field monitoring using common periwinkles (Littorina littorea)[J]. Marine Environmental Research, 2008,66:231 – 239.

[32]胡二邦,姚仁太,任智强,等.环境风险评价浅论[J].辐射防护通讯,2004(1).

[33]汪立忠,陈正夫,陆雍森.突发性环境污染事故风险管理进展[J].环境污染治理技术与设备,1998(3).

[34]石剑荣.水体扩散衍生公式在环境风险评价中的应用[J].水科学进展,2005(1).

[35]王有乐,周智芳,王立京,等.黄河兰州段水环境风险容量研究[J].环境科学与技术,2006(6)

[36]刘永兵,王衍臻,李海龙,等.松嫩草原西部土地利用与生态风险评价——以杜蒙县为例[J].水土保持学报,2006(5).

[37]李绍飞,冯平,林超. 地下水环境风险评价指标体系的探讨与应用[J].干旱区资源与环境,2007(1).

[38]贡璐,鞠强,潘晓玲.博斯腾湖区域景观生态风险评价研究[J].干旱区资源与环境,2007(1).

[39]Shenghui Cui, Zhifeng Yang, Luoping Zhang, et al. A method of coastal ecological security management and its application. Marine environmental science[J]. 2006,25(2):84 – 87.

[40]Wei Yang, Dezhi Sun, Zhifeng Yang. A simulation framework for water allocation to meet the environmental requirements of urban rivers: model development and a case study for the Liming River in Daqing City[J]. China. Environ Fluid Mech,2008,8:333 – 347.

[41]Baoshan Cui, Qichun Yang, Zhifeng Yang. Evaluating the ecological performance of wetland restoration in the Yellow River Delta, China[J]. Ecological Engineering ,2009, 35:1090 – 1103.

[42]Wei Yang, Zhifeng Yang. An Interactive Fuzzy Satisfying Approach for Sustainable Water Management in the Yellow River Delta, China[J]. Water Resour Manage,2010,24:1273 – 1284.

[43]杨志峰,刘静玲,孙涛,等.流域生态需水规律[J]. 2006,北京:科学出版社.

[44]刘爱霞,郎印海,薛荔栋,等.黄河口表层沉积物中多环芳烃(PAHs)的生态风险分析[J].生态环境学报,2009(2).

[45]Conder J. M. , Sorensen M. T. , Leitman P. et al. Avian ecological risk potential in an urbanized estuary: Lower Hackensack River, New Jersey, U. S. A[J]. Science of the Total Environment,

2009,407:1035 - 1047.

[46]Yamamoto J., Yonezawa Y., Nakata K., et al. Ecological risk assessment of TBT in Ise Bay[J]. Journal of Environmental Management,2009, 90:41 - 50.

[47]刘静玲,曾维华,曾勇,等.海河流域城市水系优化调度[M].北京:科学出版社,2008.

[48]Yongli Li, Jingling Liu, Chao Lin, et al. Spatial distribution and health risk of heavy metals and polycyclic aromatic hydrocarbon（PAHs）in the water of Luanhe River Basin, China[J]. Environmental Monitoring and Assessment,2010,163(1 - 4):1 - 13.

[49] Zhiguo Cao, Jingling Liu, Yun Luan. Distribution and ecosystem risk assessment of polycyclic aromatic hydrocarbons in the Luan River, China[J]. Ecotoxicology,2010,19:827 - 837.

[50]郁亚娟,郭怀成,刘永,等.城市生态系统的动力学演化模型研究进展[J].生态学报.2007,7(6):2603 - 2614.

[51]赵强.城市模型研究的发展趋势及展望[J].地域研究与开发,2006,25(5):29 - 31

[52]Yan Zhang,Zhifeng Yang,Xiangyi Yu,Measurement and evaluation of interactions in complex urban ecosystem[J],Ecological Modelling,2006,196(1 - 2):77 - 89.

[53]Kampeng Lei, Zhishi Wang, ShanShin Ton. Holistic emergy analysis of Macao[J]. Ecological Engineering,2008,32(1):30 - 43.

[54] Xiaocui Zhou, Zhifeng Yang, Linyu Xu. Eco-security Monitoring Index System for Urban Development Zone[J]. Procedia Environmental Sciences,2010,2:1199 - 1205.

[55] Yan Zhang,Zhifeng Yanga,Xiangyi Yu. Measurement and evaluation of interactions in complex urban ecosystem[J]. Ecological Modeling,2006,196:77 - 89.

[56] Yan Zhang,Zhifeng Yang,Brian D. Fath. Ecological network analysis of an urban water metabolic system:Model development, and a case study for Beijing[J]. Science of the Total Environment, 2010, 408:4702 - 4711.

撰稿人:刘静玲　闫金霞　杨志峰　李　毅　张　珺　徐　蕾

环境法学科发展报告

摘要 "十一五"期间是环境法学科发展中承前启后的五年,环境法学者继续在环境法学基础理论、污染防治以及自然资源保护等领域开展研究,取得了丰硕的理论研究成果;研究主题基本覆盖了环境法学研究的所有重要议题,并且在发展之中不断提高学科理论水平、不断扩展学科研究视域、不断完善学科研究方法、不断加强与其他学科的交流,整个学科呈现出蓬勃发展的面貌。

"十一五"期间环境法学基础理论研究的进展可以概括为百花齐放和百家争鸣:一方面,环境法学者在环境法的理念、法律体系、原则、基本制度、权利体系、法律责任等基础理论领域投入了极大的学术热情,另一方面对现行环境法理论的反思和争鸣成为不可忽视的研究风气。

"十一五"期间环境法律制度与实践的研究主要是围绕国家的重大环境立法活动展开的。其中《物权法》的制定、《侵权责任法》的制定、《水污染防治法》的修订、《能源法》的制定、《可再生能源法》的实施及其修订是环境法学研究的重点与热点问题。同时,生态保护的立法研究在国内迅速成为一个新的研究热点,其中又以生物安全、生态补偿和自然保护区立法研究为重点。此外,国际环境法学的基础理论研究进一步深化,在国际环境法的指导理念、基本原则、实施机制等领域取得了一定的共识。

"十一五"期间环境法学发展存在的问题包括:基础理论研究薄弱,没有形成统一的研究范式;研究过程缺少连续性,重复性研究多,开创性成果少;整合性研究较少,研究成果较为零散;与其他法学学科之间的对话少,跨学科研究水平有待提高。

"十二五"期间围绕国家的重大环境立法、执法与司法活动,环境法学研究的发展趋势包括:基础理论研究将得到加强,形成学科独有的研究范式;学科体系化程度提升,形成新的学科知识结构;研究拓展,填补空白,立法对策研究增多;以热点问题为纽带,增强与其他学科的互动与交流。

一、引言

环境法学是我国法学体系中的新兴学科,是以环境法的理论与实践及其发展规律为研究对象的法学学科。尽管环境法学属于法学的分支学科,但由于它需要围绕"人类-环境-社会"的关系展开研究,因此环境法学也属于具有多元性学科特点的环境科学学科的范畴。

环境法学研究的主要目的是通过对环境法演变与形成的历史考察,研究环境法的内容和本质,探讨人类在经济、社会发展过程中因环境利用行为导致既定社会关系发生改变而出现的一系列新的法律问题及其对策措施,归纳和总结有关环境保护的法律思想和学说,确立和阐明环境法基本原则以及环境保护法律制度的构建原理和方法。

我国环境法学创建于 20 世纪 70 年代末,它与中国环境保护事业的开展和环境立法的发展密切相关。伴随我国环境立法的不断完善和法学界对环境法学教学研究的不断重视,从 1984 年开始环境法学课程纳入教育部颁发的综合大学法学院校法律专业的教学计划。1997 年在对我国法学学科进行重新分类和调整的基础上,教育部将环境法学和自然资源法学两个法学新兴学科合并整合为"环境与资源保护法学"作为法学二级学科。2007年教育部高校法学学科教学指导委员会决定新增《环境与资源保护法学》为法学核心课程。

"十一五"期间我国环境法学者继续在环境法学基础理论、污染防治以及自然资源保护等领域开展研究,取得了丰硕的理论研究成果。从数量上看,"十一五"期间环境法学科发表在各类期刊上的论文共计 774 篇,出版的环境法著作共计 159 部,国家社科基金、教育部和司法部立项的环境法课题共计 306 项。从内容上看,学者们日益关注理论热点问题,不断尝试运用环境法学的相关理论对现有的立法社会热点问题进行研究,为立法实践提供理论上的支持和指导。此外,更为重要的是,学者们也在不断拓展环境法学的学科视野,关注环境法学和其他学科的交流和相互借鉴,重视引进国外先进的环境法学理论,这些都为环境法学的发展奠定了坚实的基础。

二、环境法学基础理论研究进展

"十一五"期间,环境法学基础理论研究的进展可以概括为百花齐放和百家争鸣:一方面,环境法学者在环境法的理念、法律体系、原则、基本制度、权利体系、法律责任等基础理论领域投入了极大的学术热情,另一方面对现行环境法理论的反思和争鸣成为不可忽视的研究风气。

(一)环境法理念研究进展

"十一五"期间,环境法学者主要从公平、正义理念在环境保护领域的具体适用角度出发,进一步廓清了环境法理念的应有之义,并且开始探索环境法理念的实现方式和路径。

刘长兴[1]认为,环境法上的代际公平理念可以通过环境资源保留原则来实现,所谓保留原则应当包括两重含义:一是环境资源的有限利用,即对环境资源的保留,二是环境资源的开发利用而导致的消耗需要其他财富的增加来弥补,即财富总量的保留。在保留原则的框架下,针对具体的实际情况,环境法在具体制度设计上应遵循包括风险预防、保持资源再生能力、公民和企业权利义务的配置等具体的原则。

刘敏认为[2],传统法律建立在以人为主体、以人类利益为中心的理念之上,而环境始终处于客体地位。这一传统观念必须加以改变,把人和环境并列作为法律的终极关怀,实现人与环境的同构。实现同构的途径主要是两个,第一是扩展法律上的主体范围,把环境也作为法律主体之一;第二是完善诉讼参加人制度,把环境作为诉讼当事人或参加人。

龚瑜认为[3],环境法上的公正包括区域公正、国际公正、社会公正和代际公正。区域公正是指在相关区域环境权利与义务的分配是否恰当平衡;国际公正涉及国与国之间享有环境的权利和国际环境义务的分担;社会公正要求将环境行为置于社会背景下认识和解决;代际公正要求现实环境问题的解决方案要考虑到后代人的利益。

刘波认为[4]，人类要与自然界重新缔结契约，坚持能维持人类社会经济与环境可持续协调发展的基本理念，使人类需求的动态与环境法律稳定性、连贯性和可操作性相统一，以解决环境容量、资源总量与人类需求的动态相对平衡；

欧阳恩钱认为[5]，第二代环境法运用综合调整机制，重视全过程治理，从利益限制演变为利益增进是环境法功能进化的基础层次；重整环境责任机制，从利益衡量演变为倾斜保护是环境法功能进化的递进层次；在增长基础上实现再分配正义，从利益分享发展到利益普惠是环境法功能进化的至善层次。

从总体上，目前环境法学界对环境法理念的研究，仍主要停留在抽象论述的层面。虽然有一些学者在考虑将基础理念具体化成为一些环境法上的制度安排，但这种具体化的理论和实践意义仍有待进一步的论证。

（二）环境法体系研究进展

随着单项环境保护法律的修订、完善和数量的增加，我国的环境法体系已经基本形成，这也成为了"十一五"期间环境法学研究的热点之一。

吕忠梅[6]采用系统论的研究方法，分析了环境法、行政法、民法、刑法、诉讼法五大规范系统，归纳了环境影响评价、环境许可、清洁生产、环境税费、环境物权、生态补偿、环境合同等主要制度，推动了环境法体系研究的进展。蔡守秋教授认为[7]，应当将《环境保护法》修改为体现可持续发展观和综合生态系统方法的《环境基本法》，促进中国环境法律体系向可持续发展和生态法的方向发展。徐祥民、巩固认为[8]，环境法体系是法律体系意义上的概念，不是立法体系意义上概念。环境法是独立的法律部门，应区别环境法概念的广义与狭义。从狭义环境法的角度来看，环境民法、环境刑法不属于环境法。环境法体系可分为基本法与具体法，其中具体法又可分为事务法和手段法。张梓太认为[9]，我国应当跨越基本法发展模式，直接进入法典化发展阶段，实行渐进式、阶段式的法典化。

自然资源法的体系定位问题，也引发了相当的争议。杨熹认为[10]，我国现行偏重于公法调整的自然资源立法已不能解决经济发展中出现的新问题，在自然资源领域引入物权法调整是必然的和可行的，其中涉及的问题包括自然资源物权的分类及权利流转中应有的限制等等。廖斌、崔金星[11]论证了"开放"的用益物权类型体系的合理性和必要性，并从物权法发展的生态化趋势出发论述了自然资源权利物权化的理论优势和自然资源物权在物权法类型体系中的应有地位。

"十一五"期间，环境习惯法也是环境法体系研究的热点之一。李可认为[12]，环境习惯法的渊源主要有民族禁忌、民族习惯法、村寨规条、习惯狩猎法和习惯宗教法等。环境习惯法的心理基础在于人们对自然万物的原始崇拜，物质基础在于当地资源的匮乏，规范基础在于人们对环境习惯法的内心认同。田红星认为[13]，环境习惯与民间环境法作为一种"活法"，具有维护环境公共利益的重要社会功能，构成了我国环境治理的重要本土资源。但由于人的有限理性，环境习惯法也有内在的局限性。余贵忠[14]以贵州苗族侗族风俗习惯为例，说明了尽管有许多生态环境保护性法律法规，但从保持生态环境的原始性和社会经济发展的地域性、人类社会的人本性以及人的意识无限性和认识能力的有限性来看，充满现代元素的国家制定法无法完全达到使这些地区的生态环境持续发展的目的，但是习惯法却能发挥功效。

(三)环境权利理论研究进展

环境权的概念自从 20 世纪 80 年代开始进入我国环境法学论域,获得了相当程度的进展。环境权利仍然是"十一五"期间环境法理论研究的热点问题,很多学者从多角度来对环境权理论进行思考和讨论,研究更趋深入,但并未形成基本共识。

叶文虎、李萱认为[15],有必要以现有资源为起点,拓清环境权的理论依托,厘定环境权的基本性质,澄清环境权的适用范围。吕忠梅、刘超[16]运用阿列克西法律论证理论对环境权的基本属性进行了分析论证,认为环境权是以公民环境权为核心的复合性权利,环境权发展不能否认公民环境权。谷德近认为[17],应然意义上的环境权是公民基本权利,具有防御权和请求权的双重性质。王梅认为[18],保护农民环境权,是建设社会主义新农村,促进农村和谐发展和可持续发展的需要。必须加强农村环境立法,建立农村环境管理体制,提高农民环境意识,充分农村集体组织的职能,保障和促进农民环境权的实现。吴卫星认为[19],环境权的可司法性研究,是我国环境权理论研究中的一个瓶颈问题。考诸各国法制实践,环境权的司法救济有直接救济和间接救济两条路径,而其司法哲学基础则为司法能动主义。

基于以往研究成果中存在着套用权利本位的理论预设所导致的环境权研究出现的逻辑断裂,徐祥民、刘卫先[20]在分析了权利的逻辑基础后,得出环境权与权利大相径庭的结论,主张环境义务是环境法学研究立场体现,是对环境损害这一环境法学研究逻辑起点的理性延伸,进而实现对环境权研究的批判性反思。王蓉认为[21],应当从社会法与公法共治的视角研究环境法,将社会予以法律人格化,以意志与权能的统一构造法律人格化的权利体系。

(四)环境法基本原则研究进展

"十一五"期间,对环境法基本原则的研究继续深化,除了对污染者负担原则、协调发展原则等已经形成共识的原则进行细化研究之外,学者们还归纳出了环境优先原则、激励原则等新的基本原则。

柯坚认为[22],污染者负担原则经历了由经济原则到具有政策倡导性的环境原则,再到一项国内、国际环境法所共同接受的环境法原则的发展历程,具有了规范和引导环境立法、弥补法律漏洞、帮助法律解释和解决国际贸易和环境争端等方面的法律实践意义,通过环境责任主体归属的确定和责任范围的划定,污染者负担原则已成为当代社会环境法律和政策实践的重要法理基础。

王宏巍认为[23],环境民主原则的实质是指社会公众在环境管理及其相关事务中享有广泛参与的权利和义务,并结合环境民主原则在我国的实施情况,提出了贯彻落实环境民主原则的具体途径,从而实现环境资源法的民主化,环境民主手段的法律制度化。

唐双娥、吴胜亮认为[24],协调发展原则的使命就对环境利益与其他利益进行平衡,但环境利益与其他利益的冲突,有对抗性和非对抗性之分。目前有关环境法协调发展原则的论述并没有涉及环境利益与其他利益的对抗性冲突,从而使得协调发展原则存在缺陷,也没有反映出我国环境立法发展的动态。在环境时代,在第二代环境法已经发展的时代,应当确定环境利益的优先序位,以实现可持续发展的目标。

陈泉生、宋婧[25]将环境法的国家干预原则与经济法的国家干预进行了比较,深入分析了国家干预原则作为环境法的一项基本原则存在的必然性以及在我国现行的环境法中贯彻实施的可行性,认为国家干预的手段主要包括行政、经济、法律三个方面的措施。

徐祥民、时军认为[26],激励手段在国内外的环境保护实践中已普遍存在,激励在环境法中的体现不是等价交换,而是唤起人们的自我牺牲。环境管理中实行的命令控制机制效用的有限性使环境法确立激励原则成为必要;环境保护的价值正当性成为环境法确立激励原则的基本依据。随着环境法的不断进步,激励原则应当确立为环境法的基本原则。

杨群芳认为[27],确立环境优先的基本原则是当今环境法的发展趋势,环境优先原则源于人类在环境伦理上的成熟,它是人类在环境危机前的必然选择。环境法确立环境优先的基本原则,符合环境法自身发展规律的要求,对预防和减少环境损害的发生,具有重要的意义。

从总体上看,尽管提出了几项新的环境法基本原则,但对这些基本原则的内涵外延以及它们与原有基本原则之间关系的研究尚未形成共识,需要进一步深入。

(五)环境法基本制度研究进展

"十一五"期间,围绕环境保护实践中的热点、难点问题,对环境法基本制度的研究日趋细化,并逐渐回归了法学的正统,其中环评制度是环境法基本制度研究的重点。

汪劲[28]从以往中国政府的重大决策行为和争议的个案入手,对中外环境影响评价制度展开具体的分析和讨论,特别对环境影响评价的一般程序、环境影响评价的对象与内容、公众参与等重大问题展开了较为深入的比较研究。汪劲[29]还以构建北京市地方立法可持续发展影响评估制度为中心,分别就实施可持续发展战略对法律变革的需求、战略环境评价制度的适用以及地方立法可持续发展影响评估的指导原则、构建地方立法可持续发展影响评估的指标体系与地方立法可持续发展影响评估制度的运行机制和程序方法等理论和实践问题进行了分析。

针对环评限批这一新型执法手段,朱谦认为[30],对特定企业集团的环评限批,不但在程序上与现行的《行政许可法》存在冲突,而且在实体上也脱离了环境法上环评许可的条件,其撇开环境质量因素的考量而实施的株连行为,缺乏最基本的法律正当性,使得对特定企业集团的环评限批行为可能难以经受住司法审查。王社坤认为[31],环评限批不是行政处罚,而是环保部门行使行政自由裁量权、细化环评审批条件的行政行为。环评限批的规范化需从两方面着手,一方面法律、法规或规章明确环评限批的适用条件,为具体的环评限批决定提供法律依据,另一方面应紧紧围绕"预防因建设项目实施后对环境造成不良影响"这一裁量目的,设置环评限批的适用条件。

陈勇、于彦梅、冯哲认为[32],公众参与环境影响评价是公民的宪法权利,也是公民环境权实现的重要方式,应当转变政府观念,提高公众环境参与和维权意识,完善环境公众参与权的救济机制。其次,排污收费制度中的排污权的性质。

(六)环境法律责任

"十一五"期间,《侵权责任法》的颁布实施和民事诉讼法、行政诉讼法立法修订程序的启动,大大激发了学者们对环境法律责任的研究热情,内容集中于环境侵权的构成、环境损害赔偿、环境公益诉讼、环境刑事责任等方面。研究的内容更趋于精细和实证,环境侵权的损害范围认定扩展至生态损害的评估和司法鉴定,环境诉讼的司法鉴定、证明标准、诉讼主体资格、审判程序等关涉环境司法运作的重要问题得到深入研究,为司法实践提供了有益的理论指导。

徐祥民、邓一峰认为[33],学界对环境侵权的具体内容、受害主体、侵犯客体等问题上的理解存有明显差异,并与传统侵权行为理论相矛盾,实际上环境侵权仅仅是环境侵害的一个小部分。罗丽认为[34],环境侵权民事责任,是指因产业活动或其他人为的活动,致使污染环境和其他破坏环境的行为发生,行为人对因此而造成或可能造成他人生命、身体健康、财产乃至环境权益等损害所应当承担的民事责任。我国侵权责任立法应以此概念定位为基础,科学构建我国环境侵权责任制度。竺效认为[35],《侵权责任法》(草案)二审稿第 68 条的规定稀释了第 67 条的先进性,并可能无法在实践中实现对潜在污染行为人遵守污染物排放标准达标排放的有效引导,甚至将导致环境侵权责任无法通过环境责任保险制度进行加害人赔偿责任的社会化分担,从而最终降低受害人及时、充分地获得赔偿救济可能性,并建议对超标排放的侵权行为所造成损害采用惩罚赔偿,并以此区别达标排放的损害赔偿。

吕忠梅认为[36],从性质上看,我们不能再陷入传统诉讼制度理论的窠臼,环境民事公益诉讼与环境行政公益诉讼的二分法必然产生法理逻辑上的矛盾、遭遇现实的困境,环境公益诉讼应是一种特别诉讼,是现代社会中公民共同行为的有机组成部分;从原告主体看,检察机关并不是提起环境公益诉讼的最佳主体;从客体看,环境公益诉讼需要应对的是行为"对环境的损害",不宜将"对人的损害"纳入环境公益诉讼的范畴。严厚福[37]回顾了西方国家历史和当前的理论学说和司法实践,指出解决环境公益诉讼的原告资格问题有两条不同的进路,一是扩大合法权益的范围使得更多的人享有原告资格,二是在立法上确立自然物尤其是濒危物种的原告资格,并指出在设计未来中国环境公益诉讼的原告资格制度时,这两条进路各有所长,具体选择哪一条进路,还有待历史的检验。

三、环境法律制度与实践研究进展

"十一五"期间,我国修订了《水污染防治法》,制定了《循环经济促进法》;在物权法、刑法修正案及其他有关法律中也针对环境保护作出了新的规定;国务院颁布了《规划环境影响评价条例》、《废弃电器电子产品回收处理管理条例》等 8 项环境保护行政法规。结合上述国家的重大环境保护立法活动与环境保护执法、司法实践,环境法学者在污染防治法、生态保护法、自然资源法、能源法、国际环境法等环境法律制度与实践领域展开了相关研究。

（一）污染防治法律制度与实践的研究进展

"十一五"期间，污染防治法领域的主要立法活动是对《水污染防治法》进行了修订，与之相应《水污染防治法》的修订也成为了环境法学研究的重点与热点问题。

汪劲、严厚福认为[38]，建立"按日连续处罚制"是弥补"违法成本低，守法成本高"我国环保法律这个致命缺陷的有效手段。目前存在着两种模式的按日连续处罚制，即作为行政处罚的英美法模式和作为执行罚的大陆法模式，它们各有其优势和不足。孙佑海认为[39]，《水污染防治法》修订之后的有八大亮点，有力地支持了新法的推行。王灿发和冯嘉[40]则对水污染防治的制度和措施方面的许多新的规定进行了相应的评析。

针对土壤污染防治立法这一热点问题，王树义认为[41]，《土壤污染防治法》应以"法律"为表现形式，以土壤污染防治领域的"基本法律"为基本定位，全面调整土壤污染防治活动中所形成的主要社会关系。

通过法律规定对污染源的污染物排放量进行监督和控制也一直是环境法研究的重点。冷罗生认为[42]，必须从政策法律的层面上来探讨非点源污染的控制。常纪文认为[43]虽然我国没有减排二氧化碳的国际义务，但是可通过强化激励性的政策措施来节能减排。邓海峰认为[44]，排污权应当定性为准物权的一种类型，这为将排污权引入我国法律体系并适用物权法的相关规则创造了现实可行性。而王明远[45]则将有关排污权的制度理念引入了温室气体排放控制领域，提出了碳排放权的概念，并认为碳排放权是在以《联合国气候变化框架公约》和《京都议定书》为核心的国际法律体系下产生的新型权利，碳排放权具有准物权属性和发展权属性，这两种属性之间存在辩证统一关系。

（二）生态保护法律制度和实践的研究进展

"十一五"期间，生态保护的立法研究在国内迅速成为一个新的研究热点，其中又以生物安全、生态补偿和自然保护区立法研究为重点。

王明远[46]阐释了转基因生物安全法律调整的必要性、利益机制以及转基因生物安全法的基本内容、调整手段、历史沿革和主要特点；系统梳理和探讨了我国转基因技术研发和产业发展现状、转基因生物安全立法的历史沿革、转基因生物安全法律体系、管理体制、基本政策和基本制度、转基因生物安全立法及其实施中存在的主要问题，提出了完善我国转基因生物安全立法的基本立场以及转基因生物安全法律的基本框架等。

于文轩[47]全面考察了生物安全立法的现实基础，系统总结了国际社会和典型国家的生物安全立法实践，对生物安全立法的价值定位进行了研究。在此基础上构建了生物安全立法的目的体系，认为生物安全法的制度体系由预防控制性制度、支持保障性制度和恢复补救性制度构成。

吕忠梅、陈虹认为[48]，《物权法》的准物权制度可以将生物资源纳入物权制度框架，对生物多样性保护具有一定的积极意义。汪劲、王社坤、严厚福[49]则详细介绍了欧、美、日、澳等国家防治外来物种入侵的立法，对其立法模式、管理体制、管理制度等内容进行了比较分析，进而提出了我国应对外来物种入侵的立法选择。

史玉成认为[50]，在不同学科的研究视野中，生态补偿有着不同的理论蕴涵。生态学理论所探究的生态效益补偿为法律制度中的生态效益补偿指出应遵循的一般规律；经济学上的生态效益补偿则从成本效益的角度揭示了法律制度中的生态效益补偿的障碍根源和应当解决好的问题；生态补偿法律制度的应然逻辑构成要素应当包括生态补偿的主体、补偿的标准和补偿的方式等。

肖建华、胡美灵[51]界定了自然保护区的概念、自然保护区的立法模式、立法名称及调整范围，为有关自然保护区的法律问题研究奠定了研究基础。王欢欢[52]提出了对特殊地域的生态保护的法律对策。陈阳、赵晶晶[53]提出通过对海洋区域环境管理立法来解决渤海区域环境问题。

(三)自然资源法律制度和实践的研究进展

在自然资源法律制度研究方面，自然资源权属制度仍然是关注的热点。才惠莲、杨鹭认为[54]，水权具有物权的基本属性，但水权属于用益物权，水权的法律性质决定了水权转让的范围。王利明认为[55]，海域使用权属于准用益物权，与养殖权属于不同性质的准用益物权，与采矿权也有一定的联系，未来海域立法需要处理好这些关系。周珂[56]认为，需要及时建立以海域物权为中心、市场交易规则和相关管理规范为主干的海域法律制度。

由于传统法律文化存在消极影响、社会经济体制转型尚存不足、现行自然资源立法质量并不高，因此这也导致自然资源法律制度存在更多的讨论余地。谭柏平认为[57]，准物权与物权的概念不存在任何包含关系，对自然资源物权或物权化这一提法应该持谨慎的态度。金海统认为[58]，自然资源使用权是我国民法和环境资源法在自然资源利用的权利建构上所采用的制度解决方案，但也存在着建构逻辑矛盾、权利性质背离、制度理念虚无、名称内涵模糊、民事救济缺失、立法体系错位等理论局限和实践困境。李显冬、刘志强认为[59]，矿业权作为一种特殊的物权，其在法律属性上更加接近于用益物权，故可以准用《物权法》中关于用益物权的相关规定。

(四)能源法律制度和实践的研究进展

"十一五"期间，能源法律制度和实践的研究重点是围绕《能源法》的制定和《可再生能源法》的实施及其修订展开的。

马俊驹、龚向前认为[60]，要逐步促进能源法的生态化，既需要限制或扩展财产权，也需要赋予公众参与能源开发利用的权利。李艳芳[61]对我国《能源法》制定的立法背景、立法模式和定位、立法目标以及框架和内容进行了深入的探讨和分析，为立法提供了非常有价值的参考。肖国兴[62]对能源法律制度结构的功能、成因、形成以及形态等能源法律制度基本理论问题进行了理论分析和研究，具有较强的理论意义。莫神星认为[63]，能源立法应遵循的基本原则应该包括：能源国有原则、能源安全原则或能源可持续利用原则、节能高效原则、能源代际公平原则、清洁利用能源原则或开发利用能源与环境保护相结合原则。柯坚[64]对我国能源法的安全价值进行了分析和探讨，分别提出了能源供给安全、能源可持续安全和能源环境安全的理念，并结合我国能源基本法的制订进行了具体的探讨。

宋彪认为[65]，我国应通过出台高层政策、编制产业发展路线图、推崇地方制度创新等方式逐步完善强制性规则。

(五)国际环境法律制度和实践的研究进展

"十一五"期间,国际环境法学的基础理论研究进一步深化,在国际环境法的指导理念、基本原则、实施机制等领域取得了一定的共识。

秦天宝认为[66],与传统国际法相比,国际环境法具有公益性、科技性、综合性、早期性、超前性以及区域性的特点。高晓露[67]对国际条约遵约机制进行了研究,具有较大的理论价值。那力认为[68],在对全球化的法律回应和全球化引起的法律变迁问题上,国际环境法反应最明显而深刻。全球生态环境保护观念正在成为整个人类的普遍化,理性化的观念,是全球法秩序的重要基础。在国际环境法的推动和影响下,公众参与,环境影响评价,公益诉讼,重视非政府组织在环境保护中的作用,适当引进风险预防原则等,成为几乎每个国家环境法的基本原则和重要制度。王明远[69]以奥尔森第一定律和第二定律为依据对全球性环境问题的应对措施进行了分析后认为,应对全球性环境危机的根本性出路在于建立并完善以主权国家为基础、环境条约管理机构和其他有关环境保护的政府间组织为关键、非政府国际组织等非国家参与者为补充、自治与他治相结合的国际环境法律机制。

"十一五"期间,气候变化的法律应对是学者们研究的热点前沿问题,形成了丰硕的研究成果。李艳芳认为[70],是否制定专门的气候变化法与一国所处的不同阵营、现有立法状况等没有直接的关系,而主要与其承担的国际义务、受气候变化影响的大小、应对气候变化的态度有关。我国尚未制定专门的气候变化法,但借鉴已经有专门性气候变化法的国家的经验,结合中国国情,制定有中国特色的气候变化法应当成为中国的选择。曹明德认为[71],国际社会为因应气候变化进行了旷日持久的谈判,缔结了相关公约和议定书,从法律上对气候系统的保护进行了回应。中国在气候保护方面应坚持共同但有区别的责任原则,制定和修改相关法律来减缓和适应气候变化,并采取切实可行的措施。

四、环境法学科发展的问题与展望

"十一五"期间是环境法学科发展中承前启后的五年,环境法学科的发展从数量上说收获丰硕,而且表现形式多样,环境法研究的各领域、各环节全面开花,全国、地方性的研究齐进。研究主题基本覆盖了环境法学研究的所有重要议题,并且在发展之中不断提高学科理论水平、不断扩展学科研究视域、不断完善学科研究方法、不断加强与其他学科的交流,整个学科呈现出蓬勃发展的面貌。但是环境法学科发展依然存在较多的问题需要进一步解决。

(一)环境法学发展存在的问题

1. 基础理论研究薄弱,没有形成统一的研究范式

环境法学研究的生态化方法是构建环境法学基础理论的重要突破点,但这方面系统的研究成果较少,即使有也是简单套用生态学中的生态系统管理方法或者是进行大而空的研究,缺少对现实环境法律制度统一的理论解释力。不少基础理论内容在学界内部尚

存在较大争议,特别是环境法的基本原则研究较为薄弱,直接影响环境法律的制定和有效实施。如何为生态文明的法治化提供有说服力的基础理论框架,回应生态主义对环境法律内部和外部造成的矛盾冲突,使得生态主义方法真正地融入到环境法学理论体系,统领环境法学研究学术脉络,形成有共同话语的学术共同体,是摆在环境法学研究者面前的现实挑战。

2. 研究过程缺少连续性,重复性研究多,开创性成果少

环境法学研究中的政策性倾向较为明显,热衷于炒作学术新概念的现象较为突出。政策的时效性较强,缺少足够的理论内涵,学术研究重在对现实进行批判反思,确立稳定独立的研究风范,不能依附于官方政策。否则,就使得原有的概念还未研究透彻,新的概念又闪亮登场,从而使得学术话语和学术进路难以保持研究的系统性和连续性。从环境正义到环境权、环境侵权到公益诉讼,不少研究者对某一热点问题蜂拥而上,其中的知识增量却十分有限,研究内容套路千篇一律,重复性成果过多过滥。诸如环境刑法这样需要扎实连贯的研究定力方能产出有创新价值的开创性研究领域,却鲜有研究者对其进行理论原创性的学术开拓。

3. 整合性研究较少,研究成果较为零散

由于环境法的研究领域十分广泛,涉及各个法律法规,比如涉及水资源保护的法律法规就有《环境保护法》、《水法》、《水污染防治法》、《水土保持法》、《防洪法》以及有关流域管理方面的法律法规。这些法律法规在规范调整有关水资源利用和保护的社会关系时,是从不同方面发挥调整功能的,但各法之间又存在相互依存的内在联系。有关成果研究思路狭窄,就事论事,缺少从整个法律体系的协调性和系统性视角来分析把握生态、资源、环境三者统一不可割裂的现实问题意识,使得研究成果与实践脱节。此外,环境法研究与传统法学学科和其他环境相关学科的对话尚未深入,未完成对相关知识的缜密分析、吸收与整合,环境法的创新成果很难得到其他学科的认同。

4. 与其他法学学科之间的对话少,跨学科研究水平有待提高

环境法学是法学的新兴学科,有学者精辟指出环境法学学者是巨人肩上的舞者。其优势在于能够发现并回应日益严重的环境问题,而这些环境问题是传统法学各学科所无法解决的,甚至是传统法学在一定程度上纵容了环境破坏行为的出现。包括民法学、刑法学、行政法学、诉讼法学在内的法学学者却认为自身学科在可持续发展背景下所出现的问题是可以通过学科内部的自我修正和纠偏来调适的。环境法学自身基础理论的积贫积弱更是加深了法学界对于环境法学研究的学科偏见。另外,环境法学与生态学、环境经济学、环境社会学、环境科学的对话和交流仍显不足。

(二)环境法学研究展望

"十二五"期间,《环境保护法》、《大气污染防治法》、《环境噪声污染防治法》、《固体废物污染环境防治法》、《环境影响评价法》的修订,环境公共财政、绿色金融、环境税费改革、绿色贸易政策、生态补偿、排污权有偿使用和交易、环境价格政策、环保综合名录等环境经济政策的法制化,环境行政执法与司法的相互配合机制、环境污染损害评估鉴定的办法以

及污染损害纠纷调处的程序规定、环境公益诉讼,将成为我国环保法治建设的主要任务。与这种实践状况相适应,我国环境法学研究也存在以下发展趋势。

1. 基础理论研究将得到加强,形成学科独有的研究范式

基础理论研究的突破和创新,离不开具体法律制度的全面、系统的研究积淀。环境质量的改善维持、环境风险的防范化解、生态利益的增进保护、公众参与的现实拓展,促使环境法调整机制的深层变革,进而影响环境法基础理论的研究。法律生态化方法和传统法学方法的碰撞组合,会催生独有的生态法律研究范式。在批判性研究的基础上,加强构建性研究,做到有破有立。

2. 学科体系化程度提升,形成新的学科知识结构

环境法学的学科知识结构将更趋完善,由环境法总论和环境法分论组成。前者由环境问题现象论、环境法本体论、环境法认识论、环境法运行论、环境法关联论组成。后者具体包括污染防治法、生态保护法、自然资源法、能源与气候变化法和国际环境法五大具体分支领域。

3. 研究拓展,填补空白,立法对策研究较多

随着环境问题的全球化和趋同化,与环境法治化程度发达的国家交流将逐年增加,环境法研究的范围将进一步拓展,气候变化、生态补偿、生态恢复和重建、生物物种多样性保护等问题便是例证。农村环境保护、土壤污染防治等领域的环境立法空白将得到填补,未来几年环境保护法的修改、自然保护法的制定将加快环境立法的模式整合,向环境法典化模式演进。

4. 以热点问题为纽带,增强与其他学科的互动与交流

跨学科的对话、交流和互相借鉴是学科发展的动力。可以预见,我国环境法学研究将有更多其他学科的学者加入进来,为环境法学带来新思维、新成果,使得环境法学理论之树常青。

参考文献

[1]刘长兴. 论环境法上的代际公平——从理念到基本原则的论证[J]. 武汉理工大学学报(社会科学版),2006(19):50-54.

[2]刘敏. 人与环境同构法初探[J]. 法学论坛,2006,(2):22-27.

[3]龚瑜. 环境法上的公正[J]. 政法论坛,2006,(5):92-97.

[4]刘波. 武汉大学学报:哲学社会科学版,2009,(3):320-323.

[5]欧阳恩钱. 环境法功能进化的层次与展开——兼论我国第二代环境法之发展[J]. 中州学刊,2010,(1):92-94.

[6]吕忠梅. 环境法原理[M]. 上海:复旦大学出版社,2007.

[7]蔡守秋. 完善我国环境法律体系的战略构想[J]. 广东社会科学,2008,(2):184-189.

[8]徐祥民,巩固. 关于环境法体系问题的几点思考[J]. 法学论坛,2009,(2):21-28.

[9]张梓太. 论我国环境法法典化的基本路径与模式[J]. 现代法学,2008,(4):27-35.

[10]杨熹. 论自然资源的物权法调整. 资源节约型、环境友好型社会建设与环境资源法的热点问题研究——2006年全国环境资源法学研讨会(年会)论文集,2006,280-284.

[11]廖斌,崔金星. 自然资源物权及其在物权法类型体系中的应有地位[R]. 资源节约型、环境友好型社会建设与环境资源法的热点问题研究——2006年全国环境资源法学研讨会(年会)论文集,2006:105-110.

[12]李可. 论环境习惯法[J]. 环境资源法论丛(第6卷),2006:27-40.

[13]田红星. 环境习惯与民间环境法初探[J]. 贵州社会科学,2006,(3):84-87.

[14]余贵忠. 少数民族习惯法在森林环境保护中的作用——以贵州苗族侗族风俗习惯为例[J]. 贵州大学学报(社会科学版),2006,(5):35-41.

[15]叶文虎,李萱. 环境权理论研究向何处去[J]. 中国人口资源与环境,2009,(3):37-40.

[16]吕忠梅,刘超. 环境权的法律论证——从阿列克西法律论证理论对环境权基本属性的考察[J]. 法学评论,2008,(2):66-73.

[17]谷德近. 再论环境权的性质[J]. 社会科学,2009,(11):99-104.

[18]王梅. 新时期农民环境权的保障机制研究[J]. 生态经济,2009,(11):187-189.

[19]吴卫星. 环境权可司法性的法理与实证[J]. 法律科学:西北政法学院学报,2007,(6):23-31.

[20]徐祥民,刘卫先. 环境损害——环境法学的逻辑起点[J]. 现代法学,2010,(4):41-49.

[21]王蓉. 环境法总论:社会法与公法共治[M]. 北京:法律出版社,2010.

[22]柯坚. 论污染者负担原则的嬗变[J]. 法学评论,2010,(6):82-89.

[23]王宏巍. 环境民主原则简论[J]. 环境保护,2008,(9):21-24.

[24]唐双娥,吴胜亮. 协调发展原则:一个新颖性的界定与阐述——环境利益优先的协调发展原则[J]. 社会科学家,2007,(6):65-69.

[25]陈泉生,宋婧. 论环境法的国家干预原则[C]. 资源节约型、环境友好型社会建设与环境资源法的热点问题研究——2006年全国环境资源法学研讨会(年会)论文集,2006:1034-1038.

[26]徐祥民,时军. 论环境法的激励原则[J]. 郑州大学学报(哲学社会科学版),2008,(4):42-46.

[27]杨群芳. 论环境法的基本原则之环境优先原则[J]. 中国海洋大学学报:社会科学版,2009,(2):62-65.

[28]汪劲. 中外环境影响评价制度比较研究——环境与开发决策的正当法律程序[M]. 北京:北京大学出版社,2006.

[29]汪劲. 地方立法的可持续发展评估:原则、制度与方法——以北京市地方立法评估制度的构建为中心[M]. 北京:北京大学出版社,2006.

[30]朱谦. 对特定企业集团的环评限批应谨慎实施——从华能集团、华电集团的环评限批说起[J]. 法学,2009,(8):145-152.

[31]王社坤. 环评限批的行政法解读[J]. 环境保护,2010,(21):28-30.

[32]陈勇,于彦梅,冯哲. 论公众参与环境影响评价听证制度的构建与完善[J]. 河北学刊,2009,(1):158-160.

[33]徐祥民,邓一峰. 环境侵权与环境侵害——兼论环境法的使命[J]. 法学论坛,2006,(2):9-16.

[34]罗丽. 环境侵权民事责任概念定位[J]. 政治与法律,2009,(12):2-10.

[35]竺效. 论环境污染赔偿责任的特殊要件——兼评《侵权责任法》(草案)二审稿第68条[J]. 政治与法律,2009,(12):11-18.

[36]吕忠梅. 环境公益诉讼辨析[J]. 法商研究,2008,(6):22-25.

[37]严厚福. 北大法律评论(第8卷第1辑)[M]. 北京:北京大学出版社,2007.

[38]汪劲,严厚福. 构建我国环境立法中的按日连续处罚制——以《水污染防治法》的修改为例[J]. 法学,2007,(12):18-27.

[39]孙佑海. 新《水污染防治法》的新变化[J]. 环境保护,2008,(3):36-39.

[40]王灿发,冯嘉. 论我国水污染防治立法的新发展[J]. 北京林业大学学报:社会科学版,2009,(1).

[41]王树义. 关于制定《中华人民共和国土壤污染防治法》的几点思考[J]. 法学杂志,2008,(3):73-78.

[42]冷罗生. 非点源污染控制的现状及其立法原则[J]. 环境科学与管理,2009,(1):30-33.

[43]常纪文. 二氧化碳的排放控制与《大气污染防治法》的修订[J]. 法学杂志,2009,(5):74-76.

[44]邓海峰. 排污权:一种基于私法语境下的解读[M]. 北京:北京大学出版社,2008.

[45]王明远. 论碳排放权的准物权和发展权属性[J]. 中国法学,2010,(6):92-99.

[46]王明远. 转基因生物安全法研究[M]. 北京:北京大学出版社,2010.

[47]于文轩. 生物安全立法研究[M]. 北京:清华大学出版社,2010.

[48]吕忠梅,陈虹. 论物权法的生物多样性保护制度功能[J]. 法学杂志,2008,(3):7-10.

[49]汪劲,王社坤,严厚福. 抵御外来物种入侵:法律规制模式的比较与选择[M]. 北京:北京大学出版社,2009.

[50]史玉成. 生态补偿的理论蕴涵与制度安排[J]. 法学家,2008,(4):94-100.

[51]肖建华,胡美灵. 国内自然保护区的立法争议与重构[J]. 法学杂志,2009,(10):67-69.

[52]王欢欢. 三江并流多种保护区重叠的法律对策[J]. 河海大学学报:哲学社会科学版,2009,(2):63-67.

[53]陈阳,赵晶晶. 海洋区域环境管理立法研究——以渤海区域环境管理立法为例[J]. 东岳论丛,2009,(4):159-161.

[54]才惠莲,杨鹭. 关于水权性质及转让范围的探讨[J]. 中国地质大学学报(社会科学版),2008,(1):56-60.

[55]王利明. 试论《物权法》中海域使用权的性质和特点[J]. 社会科学研究,2008,(4):94-100.

[56]周珂. 海域物权法理浅析[J]. 法学杂志,2008,(3):2-6.

[57]谭柏平. 自然资源物权质疑[J]. 首都师范大学学报:社会科学版,2009,(3):59-63.

[58]金海统. 自然资源使用权:一个反思性的检讨[J]. 法律科学:西北政法学院学报,2009,(2):110-117.

[59]李显冬,刘志强. 论矿业权的法律属性[J]. 当代法学,2009,(2):104-109.

[60]马俊驹,龚向前. 论能源法的变革[J]. 中国法学,2007,(3):147-155.

[61]李艳芳. 论我国《能源法》的制定——兼评《中华人民共和国能源法》(征求意见稿)[J]. 法学家,2008,(2):92-100.

[62]肖国兴. 能源法律制度结构的功能与成因[J]. 中州学刊,2008,(4):66-68.

[63]莫神星. 探讨我国能源法的基本原则[R]. 资源节约型、环境友好型社会建设与环境资源法的热点问题研究——2006年全国环境资源法学研讨会(年会)论文集,2006:507-514.

[64]柯坚. 我国能源法安全价值刍议[R]. 资源节约型、环境友好型社会建设与环境资源法的热点问题研究——2006年全国环境资源法学研讨会(年会)论文集,2006:443-447.

[65]宋彪. 论可再生能源法的强制性规则[J]. 江海学刊,2009,(3):149-154.

[66]秦天宝. 国际环境法的特点初探[J]. 中国地质大学学报(社会科学版),2008,(3):16-19.

[67]高晓露. 国际环境条约遵约机制研究——以《卡塔赫纳生物安全议定书》为例[J]. 当代法学,2008,(2):104-109.

[68]那力. 从国际环境法看国际法及国际法学的新发展[J]. 法学评论,2009,(6):65-71.

[69]王明远.应对全球性环境问题的困境与出路:自治还是他治?//清华法治论衡(第13辑)[M].北京:清华大学出版社,2010.

[70]李艳芳.各国应对气候变化立法比较及其对中国的启示[J].中国人民大学学报,2010,(4):58-66.

[71]曹明德.气候变化的法律应对[J].政法论坛:中国政法大学学报,2009,(4):158-167.

撰稿人:王灿发　王明远　刘艳萍　王社坤　李艳芳　汪　劲　竺　效
胡　静　侯佳儒　袁　巍　傅学良　董　岩　潘　庆　曹　炜

环境规划学科发展报告

摘要 "十一五"时期,支撑国家环境保护五年规划及各专项规划编制实施的多项课题研究成果相继发表,环境规划学科发展建设处于加速上升期,学科各领域都取得了长足进展。

五年间,环境规划发展呈现以下特征:

1)环境规划的思想理念发生较大变革。"十一五"期间,环境规划在可持续发展理论、循环经济理念、人地系统理论、生态学原理、环境承载力、区域科学、环境经济与政策学等基础理论研究上,环境规划思想方法发生了较大改变,开始由静态的目标型向动态的过程控制性转变,更加注重过程的控制;由政府指令性向经济导向性转变,注重利用综合性的手段;由刚性控制向弹性调整转变,考虑多情景的规划目标;促进了规划与社会经济发展实际情况的紧密结合。

2)环境规划的体系趋于完整。"十一五"期间,环境规划的范围覆盖了水、大气、土壤、生态等所有传统环境要素,并开始向环境风险、有毒有害物质等非传统领域延伸;规划的行政层级在国家、省、市、县四级规划的基础上,向乡镇、乡村延伸,并逐步拓展到园区和企业等微观规划单元;在区域和流域等综合性和跨尺度的环境规划领域不断创新。

3)环境规划的"编制-实施-评估-反馈"全过程控制体系进一步完善。"十一五"期间,从国家到地方,在各层次均有针对性地建立了环境规划实施的评估考核机制,尤其是《国家环境保护"十一五"规划中期评估报告》通过国务院常务会议审议,年度开展的污染物排放总量核查以及重点流域规划考核,促进了规划的实施,提高了规划的科学性与可操作性。

4)环境规划更加注重与社会经济发展的融合与协调。"十一五"期间,通过严格落实主要污染物(COD、SO_2)排放的约束性指标,将经济发展调控与环境保护紧密结合起来;有针对性地对污染减排贡献较大的产业、行业实施污染控制并结合经济政策,环境规划学科的交叉性、边缘性及应用性学科特征更加突出。

5)环境规划更加注重空间引导与落地控制。"十一五"期间,以环境空间优化区域发展空间的概念越来越受到重视;生态功能区划、环境功能区划不断发展,分区管理政策开始出台。

环境规划学术研究活跃,学科快速发展,体现在:①学科建设,"十一五"时期规划院所建设、学科设置及硕士、博士人才培养等环境规划能力建设取得了长足进展。②研究质量,"十一五"时期国内学者发表的环境规划文献超过了过去10年的文献数量。③研究方法,"十一五"时期环境规划的技术方法不断完善,地理信息系统、计算机系统、数理及经济模型等各种模型、技术方法成为环境规划学主要研究工具等。

环境规划学科发展也面临一些突出问题:①环境规划交叉性、应用性强,基础理论研究薄弱,技术方法体系亟待完善并广泛应用。②环境规划与经济发展、社会发展紧密相关,规划体系与规划的管理、编制、实施机制仍不完善,技术方法不能支撑环境规划发展的需求。③技术方法侧重微观尺度研究,宏观尺度上与社会经济的协调、与产业部门的衔接不够紧密,规划区域特征的研究不够,政策机制的成本效益定量分析薄弱。④环境规划人才培养形势不容乐观,环境规划专业论文发表存在先天劣势,硕士、博士培养数量有限等。

"十二五"期间,国家环境保护规划提出深化减排促进绿色发展、改善环境质量保障民生、防范环境风险保障环境安全、推进环境基本公共服务促进均衡发展等四大战略任务,环境规划的领域将进一步拓展,规划的战略性、系统性、科学性、可操作性要求进一步提升。对于环境规划学科发展,未来应突出以下重点:①适应新时期对环境保护与环境规划新的要求,加强基础理论与技术方法体系的研究,完善环境规划理论方法与技术体系。②加强社会经济发展紧密结合的环境影响、环境效应、环境经济形势分析、定量评估预测等技术方法的研究。③与区域和空间相结合,加强环境规划空间控制、分区分类、污染减排与环境质量改善机理、效益等技术方法的研究。④加强环境风险控制、环境安全管理、环境基本公共服务等领域的研究。⑤加强环境规划专业建设、环境规划院所等能力建设,加大对环境规划基础性和应用性科研课题的支持等。

一、引言

环境规划学科是环境科学的重要分支学科之一,也是环境科学与规划学、系统学、经济学、社会学、统计学、数学及计算机科学等多种学科相结合的交叉性、边缘性学科,更是一门具有较强的应用性、指导性及实践性的学科。目前,"规划先行"以及"以规划为龙头"已经成为中国社会经济发展与环境保护等各个领域发展的基本趋势之一,在统筹发展、促进和谐、合理配置资源等方面发挥了越来越重要的作用。

环境规划作为环境保护管理领域的基本制度之一,是支撑环境目标管理的基本依据和途径,是综合体现环境保护战略和政策并具有引导性和前瞻性的总体框架,也是国民经济和社会发展规划体系的重要组成部分;科学、系统、合理和严格地对环境规划的编制-实施-评估-反馈全过程进行控制,对于协调人与环境、经济与环境的关系,提高环境保护管理水平具有决定性的作用。

随着国家对环境保护重视程度日益加强,对环境规划编制的系统性、科学性、可操作性的要求也在逐步提升,进一步促进了环境规划学科新方法、新技术和新领域的探索与实践。"十一五"期间,广大科研工作者、环境保护管理部门、社会团体、企业和一线环保工作者进行了大量的探索实践,环境保护规划研究取得丰富的成果。为清晰地展示"十一五"时期环境规划学科在基础理论、规划方法、规划应用等方面的发展成就,总结学科发展规律,提出学科存在的问题及未来发展趋势,环境规划专业委员会试图对"十一五"时期以来环境规划专业学科各领域新方法、新技术、新成果及学科能力建设进行全面梳理,把握好环境规划学科未来发展方向及力图突破的重点,为环境规划、环境科学及其他领域学科发展提供一定的借鉴参考作用。

二、环境规划学理论与技术体系研究进展

(一)基础理论研究进展

我国环境规划近几十年的发展过程中,绝大多数是对规划方法的研究和探讨,真正理论层面的成果并不多,理论体系尚未形成。"十一五"期间,部分学者开始着手我国环境规划理论体系的构建[1-3],认为环境规划的基础理论可以分为 3 个层次:①环境规划理念,包括生态价值观、环境伦理观、系统生态观、资源价值观、可持续发展观;②基本理论,包括人地系统理论、生态学原理及其分支、环境承载力理论;③分支理论,包括循环经济理论、区域科学理论、环境经济学理论、环境政策学理论。

1. 环境规划的理念

关于环境规划概念理论界争议不大,普遍将环境科学大辞典中对环境规划定义作为基础进行论述,认为环境规划是为使环境与社会经济协调发展,把"社会-经济-环境"作为一个复合生态系统,依据社会经济发展规律、生态学原理和地学原理,对其发展变化趋势进行控制而对人类自身活动和环境所做出的时间和空间上的合理安排[4,5]。环境规划的理念研究普遍将环境伦理观和生态价值观作为基础,进而延伸出系统生态观、资源价值观和新发展观——可持续发展。"十一五"时期,环境规划的战略思想、理念都发生了重要的转变[6]。

环境伦理观。在对传统的自然观、伦理观反思的基础上,人们开始发现,人只是自然的一个物种而已,他们的存在和发展,要受制于自然界的普遍规律。人与非人类存在物是一个密不可分的整体,人的生存离不开一个稳定的生态环境,离不开生物多样性[7]。

生态价值观。有机整体论的自然观与后工业文明的整体论、生态学有先天的亲和性,在实践中提出对自然资源要"取之有时,用之有节"、"强本节用"的要求。古朴的生态价值观与哲学观成为环境规划的基础理论之一。2007 年,党的"十七大"提出"建设生态文明,基本形成节约能源资源和保护生态环境的产业结构、增长方式、消费模式……生态文明观念在全社会牢固树立。"把生态文明理念作为经济、社会、文化、环境等领域共同的指导思想,丰富了生态价值观的理论内容,成为环境规划的重要基础理念。

系统生态观。系统生态观认为,我们生存的世界是一个有机的整体,自然界之中的所有生物相互作用构成了立体的生态网络,每一物种都是网络中的有机环节,并且环环相扣、彼此关联。而在人类社会或自然界中普遍存在的一系列不稳定的序列中,要素间会产生彼此合作或协同的作用,从而使无须向有序转变,并可产生新的系统结构和功能。协同作用的大小决定了系统整体功能的强弱。

资源价值观。资源价值观认为由于稀缺性的存在,自然资源是有价值的,其价值不仅体现在能服务于社会发展的经济价值上,也体现在支持生命系统的存在价值上,主要包括直接使用价值、间接使用价值、选择价值和存在价值。为了全面反映自然资源的价值,应修改和完善现代的价值评价体系,"绿化"传统的国民经济账户。对自然资源的社会再生产要进行核算,确定自然资源的价格和价值,科学计算自然资源的存量和流量,从而把环

境成本或盈余计入其中,以真实地反映发展是否持续。

可持续发展观。1987 年世界环境与发展委员会在《我们共同的未来》报告中,提出"可持续发展"的概念——既满足当代人的需求,又不危及后代人满足其需求能力的发展。1992 年联合国环境与发展大会通过《21 世纪议程》,可持续发展成为世界共同追求的发展战略目标。从可持续发展的理念来看,环境资源是稀缺的,环境的纳污能力是有限的,环境质量以及自然环境对人类所能提供的服务功效,比过去人们在发展规划和经济管理中所假定的重要得多,因此它成为环境规划应遵循和追求的基础性战略思想之一。"十一五"时期,可持续发展理论在可持续发展指标、预期效益理论、生物物理可持续指数等方面都进行了理论创新,并在区域环境规划、资源型城市转型、环境指标体系构建、绿色 GDP 核算等方面给予了理论支持[8]。

2. 环境规划的基本理论

人地系统理论。人地系统是一个开放、复杂、远离平衡态、具有耗散结构的自组织系统。环境系统内部各要素间与系统内外要素间都存在大量的自组织现象和非线性相关现象,也是一个开放的复杂巨系统。因此,实现环境与社会、经济的可持续发展,实现人与自然的和谐发展,人地系统理论就成为环境规划的基础理论之一。"十一五"时期,人地系统理论中的系统学、耗散理论、自组织理论等为环境规划中的环境容量控制、自然资源循环利用及调整产业结构等论述与实践提供了重要的理论支撑[9,10]。

生态学原理及其分支。以生态学原理为基础,衍生出多种生态学理论分支,一般应用在城市、区域生态规划等领域[11]。随着国家对生态保护和生态补偿等制度的推广,由生态学理论衍生出的生态补偿、生态系统性理论、生态服务功能价值理论及生态资本理论等[12],已用于我国生态补偿机制与政策框架等的研究之中,并在不同层次的环境规划实践中得到落实。"十一五"时期,越来越多的生态规划综合运用生态学原理与生态经济学知识调控复合系统"社会–经济–环境"中各亚系统及其组分间的生态关系,以实现城市、农村及区域社会经济的可持续发展[13]。

环境承载力理论。环境系统对人类活动的支持能力存在阈值,环境承载力的本质就是环境系统的结构和功能的外在表现。因此,做好环境规划的前提就是要在环境容量允许的条件下进行合理规划与布局,环境承载力作为环境规划的基本理论很好地支撑着环境规划的发展。"十一五"时期,环境承载力理论在环境规划研究中得到了广泛应用,尤其是在流域、区域等综合性环境规划中[14];同时,基于环境承载力和环境容量价值理论,用于研究环境资源有偿使用政策与框架,为资源环境容量有偿使用提供理论依据[15]。

3. 环境规划的分支理论

循环经济理论。循环经济是对物质闭环流动型经济的简称,本质上是一种生态经济[16]。"十一五"期间,循环经济及其相关的绿色经济、低碳经济等理论,开始在环境规划中得到逐步的应用;除了编制专门的循环经济规划外,其理念也被引入到环境规划中,通过循环经济理论的规律来指导环境规划的编制与实施,以保证环境规划作为环境管理手段的有效性。同时,循环经济理论在城市、中小城镇环境规划中得到拓展,成为建设可持续发展城市的重要内容[17]。

区域科学理论。环境问题的区域性特征十分明显,各个地区在环境及其污染控制系统的结构、主要污染物的特征、社会经济发展方向及发展速度、控制方案评价指标体系的构成及指标权重、各类模型中参数及系数的实时修正以及技术条件和基础数据等方面均存在不同。区域科学理论是当代新发展起来的学科门类,它以区域为研究对象,综合处理区域的社会、人口、资源环境和生态问题。

环境经济学理论。环境经济学作为一门独立的学科,研究环境与经济的协调发展理论、方法和政策,主要涉及环境经济理论、环境价值核算、环境经济政策等内容。它以经济制度与环境问题、环境问题外部性、环境质量公共物品经济学、经济发展与环境保护及环境政策公平与效率为基本理论,为环境规划提供了解决环境问题的经济手段,是环境规划能在我国市场经济发展中得以实施的根本,是环境规划的重要理论基础。近5年来,环境经济学在环境经济理论、评价方法、环境价值核算、环境经济政策、环境投融资及流域环境经济研究等方面取得了较多进展[18]。

环境政策学理论。环境政策是可持续发展战略和环境保护战略的延伸和具体化,是诱导、协调环境政策调控对象的观念和行为的准则,是实现可持续发展战略目标的定向管理手段。其中环境经济政策、技术政策、管理政策对环境规划执行效力产生巨大影响,环境政策的诱导、约束与协调的功能促进环境规划的执行效力。近年来,吴舜泽、王金南等对中国环境政策研究进展进行了详细的论述,为国家环境规划编制、环境政策制定和重大环境工程决策提供科学技术支持[19]。

(二)环境规划方法研究进展

在环境规划的"编制-实施-评估-反馈"体系中,常用的技术步骤通常包括:规划目标与指标体系建立、环境趋势预测、方案优选、环境与经济协调分析等。对环境规划的一般步骤中的主要技术过程提炼之后,将整个环境规划相关的技术方法体系分为环境质量评价方法、环境容量计算和总量分配方法、模拟预测、决策优化和规划实施后评估这几块,另外还有新开发的"评价-模拟-优化"的集成技术以及对环境规划起决策支持作用的辅助技术。

"十一五"期间,起到了关键的规划支撑作用的技术方法有:环境扩散与容量总量模型(水、大气)、线性规划法、复合不确定性单/多目标环境系统优化调控技术、灰色系统目标规划法、动态规划法、多属性决策、情景分析法、时间序列分析、投入产出规划法和模糊数学规划法等,此外还有辅助性的技术方法,如 GIS 技术[18]。随着环境规划体系的拓展以及对定量环境规划决策支撑的需求,在技术方法的研究中,逐步完善了在环境规划的"评价-模拟-优化-集成"技术框架,通过自主研发、引进后再开发以及技术集成等开展关键规划技术研究,并得到了较多的应用。

下面对环境规划技术方法体系在"十一五"期间的进展按照前面所提到的进行分块介绍。

1. 评价与评估方法

对所分析的环境系统开展综合的调查、分析、评价,准确定量的诊断所研究环境要素与系统存在的问题,是科学和合理地制定环境规划目标与方案的基础。"十一五"期间对水、大气环境质量评价应用较为广泛的方法有指数法、模糊综合评判法、层次分析法、灰色理论法和物元分析法、GIS、神经网络等;除以上方法外对于生态环境质量的评价应用较多的还有压力-状态-响应(PSR)模型、德尔菲法以及情景分析方法等,用于环境规划目标与指标的确定[20],并结合基于环境承载力分析、生态适宜度评价等方法,应用于环境规划的方案筛选、规划预测及生态、土壤等专项规划等方面[21];"十一五"期间对于土壤环境质量评价的研究增加,主要是针对土壤中的重金属,采用较多的方法包括单因子、综合、内梅罗指数等在内的指数法[22]、熵权系数法,还有上述提到过的模糊综合评价法、GIS、神经网络法等。

2. 容量计算及分配方法

"十一五"以来,我国的水环境管理的目标从目标总量控制向容量总量控制转变,使得我国对于环境容量的计算和分配研究进一步深化,而环境容量的分配直接影响到环境规划目标的确定。"十一五"期间,有关水环境容量的计算,以一维或多维的水质模型为基础进行估算仍然是较为常见的方法[23],针对研究中存在的问题,学者们提出一些新的解决思路,如基于盲数理论或结合三角模糊数理论对水环境容量进行计算[24];在对环境容量的分配中,在重点流域的水污染防治规划中,主要采用了环境基尼系数法,如有研究者用环境基尼系数法对水污染物排放总量进行分配[25],另外有研究者发现将基尼系数密度指数引入环境基尼系数法并进行改进后的基尼系数法更加有效。

3. 模拟和预测技术

"十一五"期间,在环境规划的模拟预测的研究方面,主要还是对于水质研究较多,所采用的方法也多为以前已经出现的方法,如水质模型法、神经网络、遗传算法等,以及粒子群优化与支持向量机[26]。另外,"系统动力学—情景分析法"在"十一五"期间被延伸应用于区域(流域)社会经济与环境的趋势预测、规划方案选择和污染控制。系统动力学能全面、系统地描述社会-经济-环境系统的多重反馈回路、复杂时变、非线性等特征,能动态地展现系统发展过程中关注因子的变化,提高环境规划的质量[27];而情景分析法充分考虑了未来可能发生的态势及其相互影响,相对于模型预测等传统方法更加客观、公正[28]。

4. 决策优化技术

在环境规划方案的决策优化中,在"十一五"期间确定性优化技术进一步发展,如赵微等针对研究区的水资源情况建立了大系统递阶水资源协调优化配置模型[29];吕一兵等建立了双层规划模型来描述水资源优化配置问题,并给出了相应的求解办法[30]。但不确定性优化技术因其更符合实际情况而得到更多的重视和研究,如逐步完善了复合不确定性单目标、多目标环境系统优化调控技术,包括区间模糊多目标规划、强化区间线性规划和基于显性风险区间线性规划等技术,并在流域、区域环境规划的实践中得到具体应用[31]。

5. 规划实施评估技术

"十一五"期间规划体系完善的一大突破在于建立了不同层次的规划实施评估机制。为适应国家环境规划实施的评估需求,开发了逻辑框架法(logic framework approach,LFA),为规划实施评估提供了一种层次分明、结构清晰、逻辑合理的分析框架,尤其适宜区域大尺度宏观规划的评估。在实际的研究中,"十一五"期间对于土地规划实施的评估研究较多,如有学者基于可持续度[32]、满意度等构建了土地利用规划实施评价体系,做了一些实例研究,对于落实规划、强化实施具有重要意义,而对于其他要素规划的研究则较少。

6.耦合集成技术

随着"十一五"期间环境规划内容的延伸与环境规划方法的改进,在环境规划的研究与实践中,越来越多地遇到一些需要综合集成规划技术方法来分析和生成规划方案的问题,由此,将评估、模拟、优化等规划方法集成应用,就成为环境规划学发展的新方向。"十一五"期间开发了多个3类间接式"模拟-优化"耦合模型,包括基于贝叶斯统计的不确定性非线性系统"模拟-优化"耦合技术[33]、基于非线性区间映射算法的"模拟-优化"耦合技术、流域环境规划的"模拟-评估-优化"集成技术,并在流域环境规划中得到实际应用[34]。

7.辅助技术

辅助技术主要是指为环境规划提供决策依据的决策支持系统的开发技术。"十一五"期间,我国建立了多个适用于城市区域、经济开发区等不同范围环境规划的决策支持系统,但相关研究主要还是水环境管理方面,如对合肥市[35]、云南省松华坝流域的水环境管理决策信息系统的研究[36]等,另外还有学者对海洋污染控制决策支持系统进行了建模研究[37]。3S(GIS、GPS、RS)和VR技术等现代技术的迅速发展,提高了环境信息的真实性、可靠性、广泛性[38];Matlab、Surfer、Access数据库等技术在环境规划中的应用也使规划数据分析更加全面和准确。

从总的环境规划技术方法体系来看,"十一五"期间对于前面几部分:环境质量评价方法、容量计算及总量分配方法和模拟预测方法的研究相对较多,因为这几部分方法在之前阶段的研究中已经有较为成熟的基础,研究多是对于已有方法的直接应用或改进后再应用,或者是将不同要素规划领域的方法引进利用,很少有全新方法出现。对于环境规划辅助技术,主要是指决策支持系统的开发,虽然早在20世纪90年代就有人提出要开发环境决策支持系统,但是它是依托于GIS等软件以及数据库的发展而发展的,在"十一五"期间随着相关科学技术的继续快速发展,使得对于决策支持系统开发的理论研究得以发展,下一步应该增加针对实际应用的案例研究。

三、环境规划学科成果的重大应用

(一)环境规划体系更加完善

经过多年的发展,我国环境规划的体系日趋完整,从不同角度对环境规划进行了详细的划分。按区域范围和层次可分为国家环境规划、区域环境规划、部门环境规划等;按环境规划的性质可分为污染综合防治规划、生态规划及专题规划等;按环境要素可将环境规划分为水污染控制规划、大气污染控制规划、固体废物处理与处置规划、噪声控制规划等。环境规划按时段划分可分为长期环境规划、中期环境规划以及短期环境规划(年度环境保护计划)。各种规划组成了我国现阶段的环境规划体系,是整个国家总体发展规划中的一部分,相对于国家总的规划体系来说,是一个多层次、多要素、多时段的专项规划体系,整个环境规划体系指导着我国的环境保护工作的当前任务及发展方向。

目前,环境规划科研工作者普遍认同以行政管理层级或空间尺度和以各要素为基础来构建环境规划体系。基于行政管理层级或者空间尺度来进行划分的,包括宏观层级国家级环境规划研究,中观层级区域、流域环境规划研究及微观层级城市、农村等环境规划研究。基于环境要素、领域角度划分,包括水、大气、生态、固体废物、噪声环境规划等;生态规划还可细分为重点生态功能区规划、生物多样性规划、土壤及重金属污染防治等规划研究。

"十一五"期间,环境规划的范围除了覆盖传统的环境要素,开始向环境风险、有毒有害物质等非传统领域延伸;规划的行政层级开始向乡镇、乡村延伸,并逐步拓展到园区和企业等微观规划层次;综合性和跨尺度的区域和流域环境规划在规划理念和规划方法等方面不断创新。

(二)空间尺度上环境规划研究进展

1. 宏观层面环境规划研究新进展

"十一五"时期,环境规划学科研究层面从微观向宏观转变特征明显,更加关注对环境规划体系、规划衔接、规划实施评估和绩效考核体系及对环境规划宏观战略体系等领域探索。《国家环境保护"十一五"规划》列入国家专项规划之一,为做好环保总规划的编制、执行、实施和考核,开展了大量研究工作,多项关于环境规划宏观研究成果相继发表。宏观层面环境规划研究的进展主要表现在:

环境规划体系结构更加清晰。在理论方面,"十一五"的研究提出,环境规划理论体系不仅应包括技术性原理,还应包括哲学和伦理性原理[39]。在规划体系方面,形成了以不同行政级别和不同环境要素领域为基础的规划体系[40];主动引导经济社会发展的环境规划体系至少应包括综合环境功能区划、环境与发展规划、环境保护规划和污染控制工程规划4类,每一类型的规划又需按照环境要素、环境区域或范围、实施管理部门等来制定其子规划[41]。

环境规划的整体思想及编制思路得到拓展。"十一五"期间,提出了环境规划的整体思想应当坚持"预防、调控、治理"的基本思路和"预防为主"的原则[42];并基于此提出了环境规划的编制思路,也即应从环境形势、总体思路、三大着力点、重点地区和分类指导、规划总则、规划目标、重点任务等方面进行研究[43]。

环境规划编制更加关注与经济、社会、土地、水利等多要素的协调。提出环境保护规划与国民经济社会发展系列规划、城市总体规划以及专项规划是互为补充的,对于一些特殊的规划具有刚性和底线约束;环保规划的编制更多地把握经济社会发展的环境与特征,与国民经济社会发展规划思路进行衔接[44];并构建了上下衔接、公众参与、技术平台搭建等环境规划编制衔接机制[45]。

环境规划实施评估、绩效考核机制等研究取得较大突破。"十一五"时期,建立起一整套较为完备的规划实施中期评估、终期考核机制与方法[46];并在污染总量排放实施的评估与考核、"十一五"环保十大工程评估、规划实施绩效与社会经济成本等方面进行研究[47,48]。

宏观环境规划思想体系更加清晰。吴舜泽在对中国环境宏观战略的 5 个基本认识基础上，提出了未来 10～20 年中国环境宏观战略思想体系[49]；牛红义以生态学、循环经济和区域科学理论为基本理论，提出以预防-调控-治理为思路的环境规划思想体系[50]。

在环境规划取得的成果方面，"十一五"时期，《国家环境保护"十一五"规划》把 SO_2、COD 总量削减 10% 作为"十一五"时期发展的两项约束性指标，通过对环境容量及环境总量合理分配等方法的研究，为制定各省、市更科学合理的总量、质量目标提供了前提；研究提出结构减排、工程减排及管理减排 3 大手段，实现了化学需氧量和二氧化硫排放总量分别下降 12.45% 和 14.29%，均超额完成 10% 的减排任务，为经济发展提供了更大的环境空间。《国家环境保护"十一五"科技发展规划》、《国家环境保护"十一五"环境保护标准规划》等促进了环保产业等战略性新兴产业的不断发展壮大，实现了产业的提标升级，促进产业结构调整。

2. 中观层面区域环境规划研究新进展

"十一五"时期，区域环境规划研究数量及研究内容具有较大进展，其关注的内容主要在环境区划体系、环境功能区划分类及与环境区划异同点、单要素环境功能区划等方面。

在环境区划与环境功能区划研究中，提出环境区划是区划的一个分支，由环境功能区划、环境目标分区和环境管理分区 3 大子体系组成。从空间尺度上，把环境区划分为国家综合环境功能区划、区域(流域、海洋)环境功能区划、城市(农村)环境功能区划等；从环境要素上，分为水环境功能区划、大气环境功能区划、土壤环境功能区划、噪声环境功能区划、生态环境功能区划等。并根据国家宏观环境管理的需要，将国家综合环境功能区划划分为环境功能一级、二级和三级区；将环境功能一级区划分为调节功能区、利用功能区、保障功能区共 3 类[51,52]。

在区域环境与经济规划关系分析上，主要研究进展有系统梳理了区域规划的格局，并针对东、中、西、东北地区不同经济和环境特征，提出分类指导及差别化的经济发展与环境保护政策[53]。

在环境要素分区分类指导上，提出辨识环境问题的空间分异特征是环境政策分区与环保重点区选择、区域环境管理分类指导的基础，并从社会经济因素、产业结构及能源、资源区域分布格局对区域环境影响进行分类，研究提出了水、大气环境的分区管理政策[54]。

"十一五"以来，区域性、复合性的环境污染特征凸显，伴随着区域性环境保护规划研究得到快速发展。自"十五"期间广东省委省政府与环境保护部(原国家环保总局)联合编制了《珠江三角洲环境保护规划(2004—2020 年)》后，"十一五"期间，长江三角洲、京津冀地区环境分区保护方案等研究相继开展。重点提出跨界水环境协调管理机制，建立长江三角洲地区环境保护联席会议制度及京津冀地区环境分区保护方案，区域生态体系构建等区域环境规划研究取得实质性进展。在复合性污染的控制方面，制定了国家酸雨和二氧化硫污染防治"十一五"规划，从国家层面上解决了区域性酸雨污染问题，具有重要意义。

2006 年以来，区域环境保护规划呈现新的特征。随着国家主体功能区规划的研究编制、多个区域性规划批复实施及国家发展委出台了一系列省域、区域发展的指导意见，都将区域性环境保护的要求作为重要组成部分。在主体功能区规划的基本框架下,区域性的生态环境保护规划也相继出台,2007年国家发改委批复了《甘南黄河重要水源补给生态功能区生态保护与建设规划》,从维护生态功能的角度,制定了跨区域的保护方案。

《关于推进大气污染联防联控工作改善区域空气质量的指导意见》由国务院印发出台,推进区域大气污染联防联控工作。为保障2008年奥运会、2010年上海世博会和广州亚运会环境质量,尤其是环境空气质量安全,从环境质量目标保障入手,研究提出影响区域内污染源排放、环境监控、应急预警等多个环节的环境控制措施,圆满地完成了空气质量保障任务。随着区域经济一体化在中国加速发展,环境保护一体化也开始提到决策层面。2010年颁布实施了《珠江三角洲地区环境保护一体化规划(2009—2020年)》,是我国首个区域环境保护一体化规划,是区域环境保护规划的重大突破,并获得了2005年环境科学技术奖项,出版了《珠江三角洲环境保护一体化战略研究》一书。2011年,《青藏高原环境保护综合规划》由国务院批复实施,是我国首个以自然地理单元为基础的区域环境保护规划,从国家战略角度对青藏高原地区的环境保护与生态建设进行了统筹安排,具有重大政治、社会和生态意义。

3. 微观层面城市、农村环境规划研究新进展

城市环境规划一直是研究的热点,“十一五”时期,城市环境规划研究集中在对城市环境规划价值观定位、规划体系框架建立及城市规划生态空间控制等研究领域。主要研究进展有:系统分析了经济发展不同阶段的城市生态系统思想,提出明确“生态规划”和“规划环评”的合理定位,建立“双重约束”下的城市规划体系[55]。以城市规划与生态城市规划内容、城市规划标准与生态城市规划内容、城市规划标准与生态城市指标体系为基础,建立了生态型城市规划标准矩阵,为生态城市规划编制提供依据[56]。“十一五”期间,初步建立了城市大气污染引起的人体健康危险度评价方法,在城市环境规划中进行具体应用,并在此基础上提出人体健康危险度评价的不足和发展趋势[57]。

村镇环境规划研究多以新农村建设、优美乡镇、小城镇空间环境规划为研究热点,研究热点集中在编制方法及内容、评价指标体系、规划成本-费用分析及水、气等单要素的环境规划上。“十一五”时期主要开展了编制程序、规划目标以及实践应用等研究。在进行小城镇生态环境保护规划远景目标研究时,应根据自然生态与社会经济等条件及工商业、交通等发展规划,对人口增长进行预测,以确定小城镇的近期和远期发展规模[58]。并以临界分析论为基础,分析乡镇区位优势、门槛限制条件等,提出建设优美乡镇环境规划的手段与措施[59]。分析中国新农村环境规划与农村基础设施的内在联系,提出要编制与中国新农村基础设施需求相匹配的环境规划[60],并以武汉地区建设新农村为例,探索了新农村水环境规划设计方法,促进新农村水资源循环利用[61]。

(三)要素领域环境规划进展

“十一五”时期,关于水、气、生态及土壤等环境规划研究均取得了一定的进展,研究仍集中在水、气环境规划的研究上,伴随着土壤、危险化学品等有毒有害物质等环境污染的重视程度不断加大,开始向环境风险、有毒有害物质等非传统领域延伸。

1. 水环境规划研究新进展

在水环境规划学科研究中,研究重点及热点既延续了前期关于水污染物总量控制目

标分配、水污染防治规划目标指标体系建立、水环境容量、水环境质量、重点流域水环境管理等,取得了一些新的进展,TMDL被实际引入并在局部流域得到应用;同时又出现了新的研究视角,如大量以流域为尺度的水污染防治规划研究、水环境控制单元划分、河流健康评价、水环境规划新的技术方法等。主要研究进展有:

1)在淮河、海河、辽河、松花江、黄河中上游、三峡库区及其上游、太湖、巢湖、滇池等重点流域都编制了水污染防治规划,并实现了环境指标管理向综合指标管理、目标总量控制向目标与容量总量控制相结合、具体项目管理向流域治理方向宏观指导、政府主导向政府主导与公众监督并重的转变[62]。

2)提出水环境规划的三大体系建设,即流域统筹的分区防控体系、全面控源的污染减排体系和点面结合的风险防范体系,并以公平性为基础,研究水环境总量分配方法[63]。

3)从我国湖泊污染现状和治理历程出发进行分析,提出了我国湖泊治理的战略步骤[64]及基于流域分析思想的环境思路[65]。

4)基于多数城市水源缺乏、污染严重的现状,水环境规划成为城市环境规划最重要的组成部分之一。

5)水环境规划战略更多地吸收借鉴了国外先进经验[66]。

6)四湖流域景观生态规划是在为了减少流域洪涝灾害、水体污染和血吸虫病等严重的生态环境问题情况下开展的,可作为相似流域规划的参考;初步提出了构建河流健康评价体系的方法及其用于水环境管理的对策建议[67]。

7)除了在国家重点河流、湖泊水系水环境规划外,一些小的河流和湖泊流域也开始编制水环境规划,覆盖面越来越广。

8)随着GIS等信息技术的引进,流域水体污染控制规划数据库信息越来越丰富,可以支持越来越多先进模型技术的应用。

"十一五"时期,多个重点流域水污染防治规划等水环境规划的批复实施,使我国"十一五"时期水环境质量得到明显改善,全国地表水国控断面高锰酸盐指数年均浓度为4.9mg/L,比上年下降3.9%,比2005年下降31.9%。国家水专项选择环太湖河网地区、海河流域典型城市、三峡库区城市和巢湖流域城市4类综合示范区,并在辽河、滇池等重点流域,开展技术的集成创新与综合示范,促进流域水质的整体改善。

2. 大气环境规划研究新进展

在大气污染防治规划研究方面,省级及区域性大气污染防治规划研究较多,研究热点集中在相关的理论基础、实施框架以及容量预测、总量控制、区域分配及目标、指标体系建立研究等方面。

"十一五"期间,由于我国举办的重大国际性活动的增多,区域跨界大气环境规划与污染控制也取得重要突破。2008年北京奥运会期间,为控制空气污染,除北京外,河北、内蒙古、山西、天津等地都采取了火电厂停工、汽车限行等措施,此后,上海世博会和广州亚运会也分别启动了华东地区和华南地区的污染防治联防联控机制;此外,天津市、山西、江苏、辽宁、陕西、广西等省份也准备启动大气污染联防联控机制。

已有的区域和城市大气污染联防联控实践对相关的理论基础、实施框架以及要点预测模式有了一些研究,但是与国外相比在立法、理论研究等方面都存在很大的差距,要大范围的实行还有很多待完善的地方。总的来说,大气环境规划作为环境规划的重要组成部分,重视程度加大,特别是在大中型城市及区域之间,地方性的规划课题越来越多。

3. 生态环境规划研究新进展

对区域复合生态系统、生态经济功能区划的研究都是生态环境规划的基础。近年来我国对生态环境规划体系建设的专门研究不多,而对区域复合生态系统评价方法以及生态经济功能区划方法的研究相对较多,如有学者针对复合生态系统评价模型多是对现状评价的情况,用灰色模型对其进行了预测;不少学者运用 3S 技术对生态经济功能区进行划分,取得了较好的效果。在"建设生态文明"、"生态省"、"生态城市"及"优美乡镇"建设等促进下,生态环境规划"十一五"期间呈现升温的趋势,除了温州、广州等城市进行了生态环境规划以外,还出现了像武汉城市圈生态环境规划和乡镇生态环境规划,并且国家鼓励在一些湖泊、流域等地区开展生态环境规划。

4. 土壤及重金属等环境规划研究新进展

"十一五"期间国家开始着手编制《土壤污染防治规划》和《重金属污染防治规划》,随后多个省份和地区开始准备编制省市级土壤及重金属污染防治规划。近年来对于土壤及重金属污染防治规划研究的进展主要是对复合污染土壤环境安全预测预警的研究。有学者在国内率先建立了基于土壤环境质量评价、生态风险评估和人体健康风险评估基础上的单项预警与综合预警相结合的污染场地土壤环境安全预警体系,并且开发了具有数据存储、查询、污染物浓度时间预测、生态风险评估、人体健康风险评估、环境安全预警和信息发布等功能的系统软件包。

四、环境规划学技术研究能力建设进展

(一)有影响力的科研团队与学科带头人

近年来,在一些核心专家的带领下,国内形成了一些非常有特色的环境规划研究团队,比较著名的机构有:环境保护部环境规划院、中国环境科学研究院、清华大学环境科学与工程系、同济大学环境科学与工程学院、浙江大学环境与资源学院、哈尔滨工业大学市政环境工程学院、西安建筑科技大学环境与市政工程学院、大连理工大学环境学院、湖南大学环境科学与工程学院、北京大学环境科学与工程学院、南京大学环境学院、华中科技大学环境与市政工程学院、北京师范大学环境学院等。这些团队推动着环境规划学科的发展与壮大。

(二)环境规划院所发展情况

"十一五"时期环境规划院所处于快速发展期,据统计,目前在 31 个省、自治区、直辖市中,设立规划院的有 3 家,其中,独立法人机构 1 家,非独立法人机构 2 家,本省环保系统科研机构内部设立的环境规划所 23 家,另外还有 5 省(自治区)在本省(自治区)环保系

统内部未设专门环境规划院(所),图 1 所示。

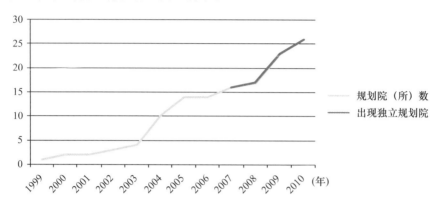

图 1　环境规划院(所)数量发展情况

在项目申请及研究方面,环境规划院(所)开展课题项目共计 747 项,其中综合类环保规划 120 项,专项环保规划 214 项,规划环评 77 项,政策研究 242 项,工程科研类研究 23 项,其他规划类项目 71 项,其中环境规划类和环境政策类项目占 77.11%,其他类型项目占不到 30%,如图 2 所示。

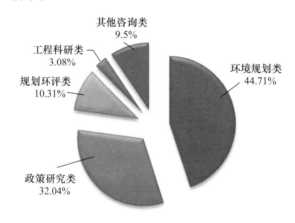

图 2　环境规划院所项目类别比例分布

(三)环境规划专业学科发展情况

截至 2010 年 6 月,全国拥有环境规划研究方向的博士生授权点 27 个,有环境规划方向的博士点院校数量占设置环境相关专业院校总量的 67%,研究方向主要是环境规划与管理,环境规划与评价等。拥有环境规划研究方向的硕士授权单位 102 个,研究方向主要是环境规划与管理。学士点建设情况主要以全国高考的招生简章为依据,统计结果如表 1 所示,中国有环境规划方向的高校有 314 所,且全部设有环境规划相关课程。学士学位授予点的环境规划方向主要包含在环境科学等专业中,绝大多数的环境类专业都有环境规划的相关课程设置。

表1　设置环境规划方向的高校学科分布状况

学科名称	一本院校	二本院校	三本院校	合计
环境科学	34	31	3	68
环境工程	35	63	6	104
环境科学＋环境工程	40	30	2	72
资源环境与城乡规划管理等	6	20	4	30
环境科学＋资源	3	11	2	16
环境科学＋环境工程＋资源环境与城乡规划管理	6	4	0	10
环境工程＋资源环境与城乡规划管理	3	8	1	12
环境工程＋环境科学＋城市规划	0	1	0	1
环境工程＋环境监测与治理	0	1	0	1
合计	127	169	18	314

从环境规划专业教材编著来看,"十一五"期间,共有环境规划教材10余部,占1992年以来教材总数的50％以上,其中,郭怀成、姚建、尚金城、张承中等主编的教材进入了"普通高等教育'十一五'国家级规划教材"系列,郭怀成主编的教材进入了"面向21世纪课程教材"系列(表2)。

表2　中国学者编著的《环境规划》教材目录(2006—2009年)

序号	作者	题名	出版社	时间(年)
1	尚金城	环境规划与管理-第二版	科学出版社	2009
2	姚建	环境规划与管理	化学工业出版社	2009
3	郭怀成等	环境规划学-第二版	高等教育出版社	2009
4	尚金城	城市环境规划	高等教育出版社	2008
5	金腊华	环境评价与规划	化学工业出版社	2008
6	张承中	环境规划与管理	高等教育出版社	2007
7	刘建秋	环境规划	中国环境科学出版社	2007
8	丁忠浩	环境规划与管理	机械工业出版社	2007
9	海热提	环境规划与管理	机械工业出版社	2007
10	刘利等	环境规划与管理	化学工业出版社	2006

对中国国内环境规划学科的硕士、博士论文发表情况的时间序列动态分析,中国环境规划学科研究与培养教育逐年受到重视,硕士和博士论文总量呈增加态势,硕士论文从2000年检索到的6篇增加到2009年的253篇,增加了41倍,年平均增长率为58％;博士论文从2000年检索到的1篇增加到2009年的30篇,增加了29倍,年平均增长率为75％(图3和图4所示),其中,土地利用规划、生态规划、环境容量、环境评价、环境影响评价、污染控制等领域的论文数量较多,其他领域的论文产出较少。近10年来博士论文产出总

量为 211 篇,硕士论文则达到 1481 篇,博士论文数量仅为硕士论文数量的 14.2%。图 3 和图 4 还反映出,"十一五"时期,环境规划领域文献数量增长率逐年降低,2008 年、2009 年论文发表数量出现负增长,与文献量基数增大、近 3 年论文还没有完全上传有一定关系,再有就是与学科对博士毕业的论文要求更为严格有关。

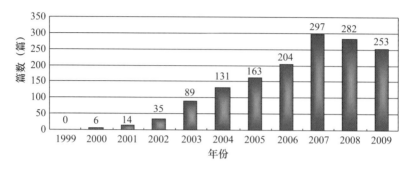

图 3　硕士论文产出数量变化

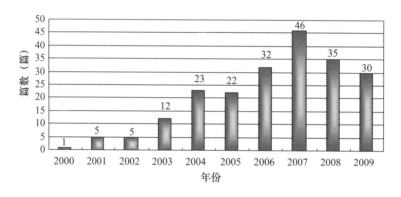

图 4　博士论文产出数量变化

(四)环境规划文献发表情况

在文献发表方面,选取了期刊覆盖范围最广、最具权威性的 CNKI 中国期刊网数据库(包括中国学术期刊网络出版总库、中国重要会议全文数据库、中国博士学位论文数据库和中国优秀硕士学位论文数据库)、ISI 科学引文索引数据库(含会议论文版)和 EI 工程索引数据库作为主要的检索数据库,选取与环境规划密切相关的 15~20 个关键词进行文献检索。并通过文献的作者、研究机构、期刊来源、被引用次数、资助基金等项目进行计量分析。

国内发表的研究成果分布特点计量分析表明,2006—2010 年间,环境规划领域作者数量已达到 3987 人,代表性作者如郭怀成、王华东、包存宽、曹磊等。资助基金大部分来自国家部委基金,各省市地方政府基金稍逊于国家部委,而高校基金、科研院所基金和国际基金所占比例较低。其中国际基金于 2006 年以后才开始出现。领域内现有期刊数量为 875 种,趋势表现为逐年增长,平均每年每种期刊刊登环境规划文献数量为 2~3 篇。

环境规划学科发表在国际期刊上的论文数量持续增加,截至 2010 年,刊登中国学者环境规划文献的国际期刊共有 136 种,其中刊文较多的期刊如 *International Journal of Sustainable Development and World Ecology*、*Water Resources Management*、*Journal of Environmental Management*、*Landscape and Urban Planning*、*Energy Policy* 等。

环境规划研究重点发生变化。根据文献资料(图 5),"十一五"时期,我国环境规划学研究与前阶段研究重点发生了较大的转变:①更加注重区域尺度环境规划的研究,即更加关注以区域、流域及城市群为特征的环境规划技术方法的研究;②研究对象由水环境要素逐渐向土地、景观等多领域扩展;③在环境规划研究方法上,地理信息系统模型、计算机系统模型、数理模型及经济模型等各种模型方法成为主要的研究工具;④以实现环境经济社会效益最优化、规划执行、评估、考核等为主的环境规划宏观战略成为研究的热点。

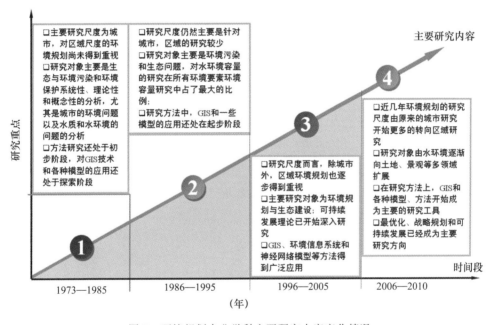

图 5　环境规划专业学科主要研究内容变化情况

环境规划研究的质量也取得显著提升。根据 2006—2010 年环境规划文献初步统计结果(图 6 和图 7)可知,"十一五"期间,国内学者发表的环境规划文献数量已经达到 3529 篇,超过了过去 10 年的文献数量,环境规划学科仍处于快速发展时期。同时国内学者在国际上发表文献数量的增速较快,表明中国环境规划的理论、方法和实践研究受到国际认同度日益提高。

"十一五"期间,环境规划的研究已趋于成熟,最优化、战略规划和可持续发展已经成为主要研究方向,研究对象依然是水资源(水质)和土地利用-数学模型已成为主要的研究工具。就方法而言,已经由最开始的比较单一笼统的水质模型、数学模型发展到越来越多的具体方法和技术,其中地理信息系统、遥感等技术得到越来越多的应用,神经网络等模型和层次分析法、系统动力学模型、遗传算法(GA)等也应用的越来越多。

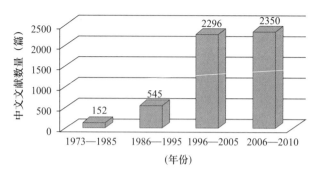

图 6　中国作者环境规划学领域中文文献发表数量

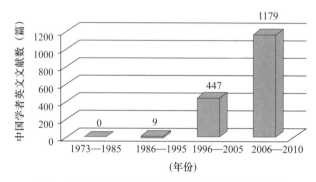

图 7　中国作者环境规划学领域英文文献发表数量

五、环境规划学技术发展趋势及展望

(一)环境规划学学科发展的基本趋势

根据国内外环境规划研究现状和我国环境规划学科建设需求,预计今后 5~10 年环境规划学科发展将呈现 4 大发展趋势:

1)环境规划学科基础性、导向性作用进一步加强,加深了环境规划学理论研究深度。环境规划学科经过近些年的发展,其理论发展不断强化,对经济发展规划、环境保护规划的基础性、指导性作用进一步加强。体现在环境规划学的学科体系建设不断完善,微观要素层、中观空间层、宏观战略层 3 个层级的环境规划理论研究及应用。未来 5~10 年,环境保护规划对区域规划、城市规划、产业规划、土地规划等基础性作用将进一步凸显。

2)区域性规划、分区分类指导等领域发展,拓宽了环境规划学科的研究广度。区域性环境规划是实现国家主体功能区规划和环境功能区域的重要途径,随着环境污染的区域性、复合性等特征的凸显及区域环境保护的科学有效性,未来对区域性的环保一体化规划研究将被更加关注。

3)环境规划从编制型向过程型、政策型方向转变,提高了环境规划学的科学性与适用性。未来,环境规划将从编制型向过程型转变,环境规划学的研究将更加关注环境与经济关系,更加注重宏观环境政策的研究。

4)新模型、新技术等方法应用,丰富了环境规划学的研究成果。环境规划学科发展积极探索环境规划与环境保护的新技术模式,提高环境规划绩效。

(二)环境规划学科发展存在的问题

目前,我国环境规划仍存在一些问题,主要包括:

1)环境规划交叉性、应用性强,基础理论研究薄弱,技术方法体系亟待建立。当前,环境规划技术方法研究是环境规划研究领域最活跃的部分,但对于理论体系的研究较少。目前虽然有不少专家从不同领域提出不同的理论,但缺乏统一的理论框架,各种环境规划的理论与理论之间、方法与方法之间、理论与方法之间的衔接性与兼容性差,缺乏对环境规划全过程的认知、分析和解释。

2)环境规划与经济发展、社会发展紧密相关,规划体系与规划的管理、编制、实施机制仍不完善,技术方法不能支撑环境规划发展的需求。虽然我国明确了可持续发展思想在环境规划中的地位,但由于人们对经济的传统重视程度等原因,目前协调发展型的环境规划还不是主流,大部分环境规划属于经济制约型。完整的规划应包括从制定到实施的全过程。现在环境规划的研究范围,只局限在规划的制定上,至于怎样促使规划实施、用什么手段实施,则很少有这方面的研究。对规划制定过程的研究也多是偏重于局部内容的研究,对规划系统性的研究较少,在规划的理论基础研究、规划方法和规划内容的有机结合等方面研究尤其不足。

3)技术方法侧重微观尺度研究,宏观尺度上与社会经济的协调、与产业部门的衔接不够紧密,规划区域特征的研究不够,政策机制的成本效益定量分析薄弱。

4)环境规划人才培养形势不容乐观,硕士、博士培养数量有限,其主要原因在于受研究生毕业对文章发表数量及层次的硬性要求,硕士、博士培养更多关注文献发表的数量,易于发表文章的科研技术及基础理论等学科领域发展较快,而环境规划学是综合性、应用性较强的学科,环境规划专业论文发表及人才培养存在先天劣势。

(三)环境规划学科未来发展重点领域

基于上述分析研究,本文提出环境规划规划学科未来5个发展重点领域:

1)适应新时期对环境保护与环境规划新的要求,加强基础理论与技术方法体系的研究,构建环境规划理论方法与技术体系。

2)加强社会经济发展紧密结合的环境影响、环境效应、环境经济形势分析、定量评估预测等技术方法的研究。主要侧重于战略层面研究,充分协调环境、社会、经济之间的矛盾,从战略规划视角研究环境总体规划。定量评估的研究方法如非线性规划模型、系统动力学、面板数据等方法的应用还相对薄弱,一些新的软件开发技术在分区分类控制中有待更新,新的方法论仍是未来研究的重点。

3)与区域和空间的结合,加强环境规划空间控制、分区分类、污染减排与环境质量改善机理效益等技术方法的研究。

4)加强环境风险控制、环境安全管理、环境基本公共服务等领域的研究。

5)加强环境专业建设、环境规划院所等能力建设,加大对环境规划科研课题的支持。

参考文献

［1］牛红义,张宝春,江东鹏.我国环境规划思想体系初探[J].环境与可持续发展,2008,(02):53-55.

［2］罗丹.我国环境规划理论体系初探[J].中国水运(理论版),2006,(05):141-142.

［3］曹勇宏,尚金城.论我国现代环境规划理论体系的构建[J].环境科学动态,2005,(04):3-5.

［4］《环境科学大辞典》编辑委员会.环境科学大辞典[M].北京:中国环境科学出版社,1991.295-305.

［5］尚金成,包存宽,赵彦伟,等.环境规划与管理(第二版)[M].北京:科学出版社,2009.

［6］吴舜泽.中国宏观战略研究第一卷[M].北京:中国环境科学出版社,2010.

［7］曹勇宏,尚金城.区域环境规划的价值观和自然观[J].长春:东北师大学报(自然科学版),2000,(03):89-93.

［8］王金南.绿色 GDP 项目初战告捷,核算结果发人深省[J].重要环境信息参考,2006,2(11).

［9］方创琳.区域人地系统的优化调控与可持续发展[J].地学前缘,2003,10(4):630-635.

［10］王晓霞,杨在军.基于人地系统视角的小城镇可持续发展[J].生态经济(学术版),324.

［11］郭怀成,尚金城,张天柱.环境规划学[M].北京:高等教育出版社,2009.

［12］王金南,张惠远,万军.关于中国生态补偿机制与政策框架的思考[J].中国环境政策,2007,8(2).

［13］葛大兵.生态县建设规划理论与方法研究[D].长沙:湖南农业大学,2008.6.

［14］刘仁志,汪诚文,郝吉明,等.环境承载力量化模型研究[J].应用基础与工程科学学报,2009.

［15］王金南,蒋洪强,杨金田,等.关于实行环境资源有偿使用政策框架的思考[J].中国环境政策,2006,7(5).

［16］诸大建.从可持续发展到循环经济[J].世界经济,2000(3);6-12.

［17］刘小琴.循环经济理念与城市总体规划的思考[J].环境科学导刊,2008,27(1):24-25.

［18］王金南,逯元堂,曹东.环境经济学:中国的进展与展望[J].中国地质大学学报(社会科学版),2006,6(3):7-9.

［19］王金南,陆军,吴舜泽,等.中国环境政策(第7卷)[M].北京:中国环境科学出版社,2010.

［20］李崧,邱微,赵庆良,等.层次分析法应用于黑龙江省生态环境质量评价研究[J].环境科学,2006,27(5):1031-1034.

［21］吴舜泽."十一五"规划中期考核研究[M].北京:中国环境科学出版社,2009.

［22］张欣,尹国勋.土壤环境质量指数评价模式探讨[J].广东农业科学,2010,(04):232-234.

［23］陈丁江,吕军,金树权,等.非点源污染河流的水环境容量估算和分配[J].环境科学,2007,28(7):1416-1424.

［24］李如忠,范传勇.基于盲数理论的河流水环境容量计算[J].哈尔滨工业大学学报,2009,41(10):232-234.

［25］吴悦颖.基尼系数法在水污染物排放总量分配中的应用[J].中国环境政策,2006,6(3):2.

［26］申莉.粒子群优化与支持向量机在河流水质模拟预测中的应用[D].杭州:浙江师范大学,2008.

［27］臧鸿晓.系统仿真方法在环境规划预测中的应用[J].污染防治技术,2006,19(4):29-31.

［28］刘永,郭怀成,王丽.环境规划中情景分析方法及应用研究[J].环境科学研究,2005,18(3):82-87.

［29］赵微,黄介生,姜海,等.面向生态的水资源协调优化配置模型[J].水电能源科学,2006,24(3):11-13.

［30］吕一兵,万仲平,胡铁松,等.水资源优化配置的双层规划模型[J].系统工程理论与实践,2009,29

(6):115 - 120.

[31]Liu，Y.，Guo，et al.（2007）An optimization method based on scenario analysis for watershed management under uncertainty[J]．Environmental Management 39(5)，678 - 690.

[32]任奎,周生路,廖富强,等.基于可持续度的连云港市土地利用总体规划实施评价[J].资源科学, 2008,30(2):241 - 246.

[33]周丰,郭怀成.不确定性非线性系统"模拟-优化"耦合模型研究[M].北京:科学出版社,2010.

[34]刘永,郭怀成.湖泊—流域生态系统管理研究[M].北京:科学出版社,2008.

[35]冯雅倩.合肥市水环境管理决策支持系统研究[D].合肥:安徽农业大学,2009.

[36]刘婷婷.基于GIS的流域水环境管理决策信息系统研究[D].北京:北京林业大学,2008.

[37]殷倩.海洋污染模拟与控制决策支持系统建模研究[D].青岛:中国海洋大学,2010.

[38]高志宏,梁勇,林祥国.基于3S技术的现代城市规划应用研究[J].测绘科学,2007,32(6).

[39]环境规划院.我国环境规划编制实施与规划体系创新研究.环境保护"十二五"前期研究对外委托课题.

[40]吴舜泽,周劲松,余向勇,等.关于国家环境保护"十二五"规划的若干建议[J].重要环境信息参考, 2008,4(10).

[41]环境规划院."十二五"环境规划思路、理念与规划体系创新研究[M].国家环境保护"十二五"规划对外委托课题,2009.

[42]环境规划院.我国环境规划思想体系初探[J].环境与可持续发展,2008,(2):53 - 55.

[43]吴舜泽.国家环境保护"十二五"规划基本思路研究报告[M].北京:中国环境科学出版社,2011.

[44]环境规划院,国务院发展研究中心.环保规划与国民经济与社会发展规划思路衔接研究[M].环保"十二五"对外委托课题,2010.

[45]吴舜泽,周劲松,等.关于国家环境保护"十二五"规划的若干建议[J].重要环境信息参考,2008,4 (10).

[46]吴舜泽,周劲松."十一五"规划中期评估[M].北京:中国环境科学出版社,2008.

[47]环境保护部环境规划院,轻工业环境保护研究所.规划实施绩效与社会经济成本案例分析[M].国家环境保护"十二五"规划对外委托课题.2010.

[48]环境保护部环境规划院,中国国际咨询公司."十一五"环保十大工程评估与"十二五"环保工程设计[M].国家环境保护"十二五"规划对外委托课题.2010.

[49]吴舜泽,等.环境宏观战略思想、目标、任务和措施[M].2010

[50]牛红义,张宝春,江东鹏.我国环境规划思想体系初探[J].环境与可持续发展,2008.2.

[51]王金南,张惠远,蒋洪强.科学构建环境区划体系,实行环境分区分类管理.重要信息参考,2010,6, (8).

[52]卢亚灵.关于环境功能区划与主体功能区划关系的思考[J].环境规划与政策,2010,11(6).

[53]张伟.新格局下统筹区域经济发展与环境保护的战略思考[J].环境规划与政策,2010.

[54]环境规划院,发改委宏观经济研究所.区域分类指导的环境保护规划任务与对策措施[M].国家环境保护"十二五"规划对外委托课题.2010.

[55]张惠远,邹首民.城市"生态化"及其规划对策探讨[J].中国环境政策,2005,5(8).

[56]沈清基,吴斐琼.生态型城市规划标准研究[J].城市规划,2008,32(4).

[57]董险峰,于娜.城市大气污染健康危险度评价及其在环境规划中的应用[J].环境保护,2007.4B.

[58]任志涛.新农村基础设施建设环境规划战略思考[J].沈阳农业大学学报(社会科学版),2008,10 (6):658 - 660.

[59]于小俸,覃永晖.基于临界分析论环境优美乡镇的环境规划——以常德市石门县子良乡为例[J].

安徽农业科学,2009 ,37（13）:6283 - 6285.

[60]邱妍,李军,黄毅.关于小城镇生态环境规划的研究[J].水土保持应用技术,2009,2.

[61]李传志,李爱红.新农村居住区水环境规划研究[J].给水排水,2010,36.

[62]赵越,王东,等.重点流域水污染防治专项规划 2009 年度评估报告[J].重要环境信息参考,2011,7(6).

[63]吴悦颖,李云生,刘伟江.基于公平性的水污染物总量分配评估方法研究[J].环境科学研究,2006(02)：66 - 70.

[64]王金南,吴悦颖,李云生.中国重点湖泊水污染防治战略思考[J].环境规划与政策,2009,10(9).

[65]刘永,郭怀成,周丰,等.基于流域分析方法的湖泊水污染综合防治研究[J].环境科学学报,2006,26(2):337 - 344.

[66]田仁生.美国水环境保护战略计划(2006 - 2012)清洁安全的水[J].中国环境政策,2007,8(6).

[67]张晶,董哲仁.衡量河流水环境的新手段:健康评价[J].环境规划与政策,2010,11(12).

撰稿人:万　军　刘　永　李　新　吴舜泽

环境经济学学科发展报告

摘要 2006—2010 年期间,中国在环境经济学的理论、方法研究以及在管理实践中的政策应用均取得了一定进展。理论研究方面,公共物品、产权理论和污染者付费原则等基础理论有所拓展,成为制订新环境经济政策的指导思想和原则;关于环境、经济、能源增长模型研究较为丰富,其目的是探索经济可持续增长的规律和发展路径的理论依据;对环境库兹涅茨假说的实证研究较多,但是对随着经济发展环境质量是否会好转的结论并不一致,绿色经济和低碳经济成为新的热点词汇。方法研究方面,环境经济学的规范研究方法没有明显进展,但实证研究方法取得了较为丰硕的成果;定量分析方法应用的日益广泛,已经成为环境经济学技术方法发展的一个基本特征。实践应用方面,资源价格政策、环境税费政策、生态补偿政策等环境经济政策的实践进入了快车道,地方层面的试点工作也广泛开展。

环境经济学科建设近 5 年有很大发展,目前全国已有 28 个博士点和 76 个硕士点,6个重点二级学科院校,同时,还有 40 支具有影响力的环境经济科研团队,设置在全国重点高等院校和环保部、国家发改委等的部委直属研究机构中。

展望未来,环境经济学理论体系仍需吸取多学科的精髓,不断加以完善;定量的技术手段将在环境经济政策的制定和实施中发挥更大作用;环境经济政策将在我国环境管理手段中占据越来越重要的地位;"十二五"期间,环境经济政策将突出"四个领域",建立"两种机制",即完善税费、价格、金融和贸易领域的环境经济政策,建立生态补偿机制和排污权交易机制;环境经济学在提升学科地位以及提高人才创新能力方面仍有很大进步空间。

一、引言

20 世纪 50、60 年代,西方发达国家严重的环境污染引发了巨大的社会问题,许多经济学家和生态学家重新思考传统经济学的局限性,从而把环境和生态科学的内容引入到经济学中,环境经济学应运而生。环境经济学是在运用经济学的基本理论和方法揭示、分析经济过程以及自然资源和环境的基本规律和辩证关系的基础上,探讨如何充分利用经济杠杆来解决环境污染问题,使环境的价值体现得更为具体,并将环境的价值纳入生产和生活的成本中去,从而阻断无偿使用和污染环境的通路。

我国环境经济学研究工作始于 1978 年制订环境经济学和环境保护技术经济八年发展规划(1978—1985 年)(王金南,2006)。1980 年,中国环境管理、经济与法学学会的成立,进一步推动了环境经济学的研究。之后几十年伴随着经济的高速增长,资源、环境问题日益严峻,为实现我国的经济发展模式由粗放型向集约型转变,需要出台大量的环境保护、经济激励和可持续发展政策,而环境经济学正是这些政策的理论基础。现实的需求为环境经济学在我国的不断发展提供了持久的推动力。

2006 年,第六次全国环保大会进一步强调"从主要用行政办法保护环境转变为综合运用法律、经济、技术和必要的行政办法解决环境问题,自觉遵循经济规律和自然规律,提高环境保护工作水平",极大促进了环境经济学在社会实践中的应用。与环境经济学的发展需求相适应,越来越多的大专院校相继增设了环境经济学专业,培养了大批环境经济学领域的人才。与此同时,各学术研究机构开展了多项环境经济研究工作,相继发布、出版了一批环境经济学研究成果和专著。环境经济学在中国30多年的发展历史,不仅在理论方面继承、发展与创新,更在实践方面有效地指导了我国环境经济政策的制定和执行。

为系统总结环境经济学近几年的研究成果,使环境经济学研究更好地促进经济与环境的协调、可持续发展,本文回顾了环境经济学近5年(2006—2010)的发展概况;总结了近5年我国环境经济学发展的主要成就、重大进展和重要成果;展望了环境经济学发展趋势和未来研究方向,以期更好地促进环境经济学研究。

二、环境经济学基础理论研究进展

环境经济学基础经典理论有2个:外部性理论和公共物品理论[1]。由此发展出克服环境问题外部性的环境外部成本内部化的理论和方法,包括征收环境税费、给自然资源定价等,以及克服环境的公共物品属性产生的"搭便车"、"公地悲剧"等问题的理论和方法,如产权私有化、排放权的配额和交易、生态补偿等。

环境经济研究的核心问题有两类:①环境保护与经济发展的关系,其主要内容有两方面:一方面是环境(广义环境包括生态、资源、能源等)可承载的经济增长的极限,近10年来,对经济发展阶段与环境质量之间是否必然存在"倒U"形关系(库兹涅兹曲线)的实证和讨论依然是国内外许多研究的话题;另一方面是经济与环境协调发展所需要的条件,包括经济结构、规模和社会环境、制度安排等。另外,从可持续发展理论演绎出循环经济、绿色经济、低碳经济等新概念,探讨经济发展与环境污染、能源消耗脱钩的新发展理念和路径。②环境政策的公平和效率问题,包括代际、代内、国际、国内以及大小区域、流域、局地等各种尺度的制度安排的公平和效率。

上述新理论、新概念最先由国外学者提出来,我国学者在跟踪、引进这些新理念、新名词的同时也对其做了思考和讨论。本章阐述目前我国对环境经济学两大基础理论和两大核心问题研究的主要进展。

(一)基础理论进展

1.公共物品理论

关于公共物品的定义和分类,以及哪些环境要素属于公共物品的问题仍然在讨论之中,由于环境的公共物品属性导致市场失灵,通过政府干预和制度安排实现环境资源合理配置理论仍然是环境经济的重点研究领域之一。

沈满洪等(2009)总结了国外公共物品理论的进展,指出把可交易公共物品理论应用于生态公共物品的交易将是生态经济学与福利经济学交叉性研究的重要方向。碳交易、排污权交易和生态补偿等实践的理论渊源之一便是区域性公共物品的交易理论。[2]环境因素常被学者笼统地称为"准公共物品"即非纯公共物品,该文虽未对环境因素做具体分类,但是对其分类提供了清晰的依据,并提出可交易的公共物品理论可以作为研究思路之一。

余英(2008)在总结了有益品①理论和特征的基础上,认为有益品理论比公共物品理论能够对政府干预的合理性做出更准确的解释和对现实做出更准确的预测。[3]该文献虽然以教育、食品为例,但是对探索公共环境服务的政府供给、政策干预和财政支出比例等探索也有同样的理论支持作用。

2.资源环境产权理论

张世秋[4](2007)指出了中国经济转型时期存在着环境资源配置低效率和自然资本富聚现象,其根源之一是产权缺位,强调需要对环境资源的权益主体的权利、责任和利益进行有效的界定和实施,通过"赋权于民"、"还权于民"的过程实现环境管理制度的根本转变。胡胜国[5](2010)从权能和权力性质对资源环境产权进行了剖析,认为资源环境产权既是物权与特许权的复合体,也是经济权与社会权的复合体,还是公权与私权的复合体,并对中国的资源环境权被垄断和滥用提出了建议。上述分析对中国未来环境管理制度的改革提供了理论依据。

(二)经济与环境发展关系的研究

1.环境与经济增长关系模型

经济与环境发展关系定量研究模型从20世纪70年代的投入产出、20世纪80年代可计算的一般均衡模型(CGE模型)、新古典经济模型和内生经济增长模型,到20世纪90年代的环境库兹涅茨曲线假说,这些方法和模型并没有被否定和抛弃,而是在不断的实践过程中完善。投入产出和CGE模型的主要进步在于参数和研究案例的不断丰富,相比单纯计算生产要素的投入产出模型,CGE能够模拟和评估政策对环境的影响,对环境管理有更强的指导作用。环境库兹涅茨曲线假说的验证需要依靠新古典经济理论或内生经济增长模型作为理论依据和实际数据来验证,而新古典或内生经济增长模型将人力、资本和技术作为经济增长影响因素来分析,但是并未对制度等作用进行考察分析。本节侧重经济与环境增长关系模型的理念发展。

国内理论研究内容包括两个方面:一是从多个方面对经济与环境协调发展进行定性的研究;二是考虑环境因素的经济增长模型研究,包括新古典增长和内生增长两类模型。

经济与环境协调发展定性研究。主要运用系统动力学、博弈论方法以及经济学中的资源配置理论等方法。岳利萍[6]等人(2006)从社会福利最大化角度出发,通过设定物品

---

① 有益品(Merit Goods)理论最初是由马斯格雷夫在1957年的《预算决定的多重理论》(*A multiple theory of budget determination*)中提出来的,他将有益品定义为"通过制定干预个人偏好的政策而提高生产的物品",这意味着有益品主要是由国家提供的。马斯格雷夫举例说,有时候,老百姓宁愿购买第二辆汽车和第三个冰箱,也不愿意让其孩子接受足够的教育。相对有益品而言,有害品(demerit goods)是那些政府为了降低消费而征税或禁止的物品,例如烟、酒和毒品。

消费偏好指数,建立两物品模型,推导出区域环境最佳投资水平,得出环境质量演化过程曲线取决于社会经济发展状况,而非仅仅与经济增长状况有关。

考虑环境因素的经济增长模型研究。彭水军[7]等(2006)提出了基于新古典增长模型下、内生人力资本模型下以及内生技术进步模型下的环境污染与经济增长模型;陈祖海[8]等(2006)《基于环境与经济协调发展的环境容量分析》中构建一个内生环境容量的经济增长模型,讨论环境自净率对经济系统的影响。

受到减缓气候变化国际责任、节能减排强制指标的影响,在环境与经济增长理论模型中加入能源要素的研究文献比例近年来不断增加。关于能源、环境和经济关系的研究基本上是围绕以下两个问题展开的:一是如何通过环境政策来纠正能源消耗产生的污染问题;二是如何通过节能技术进步和可再生能源开发来突破能源约束和增长极限[9]。

于渤(2006)[10]等人建立了同时考虑能源资源耗竭、环境阈值限制与环境治理成本的内生增长模型。张彬和左晖(2007)[11]建立了一个在能源和环境双重约束下的内生增长模型,讨论环保投入在环境保护和经济增长中的作用。彭水军(2007)[12]扩展了基于水平创新的四部门增长模型,探讨人口增长、资源耗竭、技术进步与经济增长的关系。三者共同的结论都是强调人力资本积累、技术创新和替代能源开发的重要影响。邵帅(2009)[13]将一个被动接受技术外溢的劳动密集型的自然资源开采部门引入增长模型,认为资源开发对技术创新具有挤出效应。陶磊等(2008)[14]认为,可持续增长不能单方面强调技术进步,对可再生资源的合理利用也是实现可持续增长的有效途径。后勇等(2008)[15]在内生增长模型框架下考察了能源需求、温室气体(GHG)排放、可再生能源在能源结构中所占比例等因素对经济发展的影响。

考虑环境因素的经济增长模型研究。从生态-经济系统模型维度,张效莉、王成璋等(2007)[16]运用超边际分析理论,分别建立了经济系统-生态环境系统最优决策模型;从新兴古典经济学角度出发,运用超边际分析理论,分别建立了经济系统、生态环境系统最优决策模型;从两模型最优解中推导出经济效益与其外生交易费用正向相关、环境效益与其外生交易费用正向相关的数理关系;最后得到结论:增加外生交易费用是提高经济系统和环境系统效益,进而达到两大系统的双赢与可持续发展的有效途径。

2.环境库兹涅茨曲线验证

环境与经济协调发展的实证研究很大一部分是围绕着环境库兹涅茨曲线[①]假说进行的。"倒 U 形曲线"关系是否必然存在,拐点出现的时机是否能够改变以及如何改变以更快地实现环境质量改善的讨论,从 20 世纪 90 年代提出到现在仍然是讨论的话题。对于它的验证也始终存在不一致的结果。

相关研究主要包括两个方面的内容:一是实证不同国家或地区的经济增长与环境质量间演进是否存在 EKC 假设;二是对 EKC 从不同角度进行理论或政策解释[17]。国内研

---

① 库兹涅茨曲线源于美国著名经济学家库兹涅茨 1955 年所提出来的收入分配状况随经济发展过程而变化的曲线,是发展经济学中重要的概念,又称作"倒 U 形曲线"(Kuznets curve)。Panayotou 1993 年首次提出人均收入与环境关系之间存在同样的关系,随着经济发展,环境呈先恶化而后逐步改善的趋势,被称为环境库兹涅兹曲线,经常简写 EKC。

究具有以下特点：①研究方法上都是采用国外类似的研究方法和简化型模型，如刘燕等人(2006)[18]借鉴 Grossman 和 Krueger(1994)的模型；不过个别学者采用较复杂的分析方法，如彭水军和包群(2006)采用基于向量自回归系统的分析，来考察中国经济是否存在理论模型上所表明的增长——环境的双向作用。②研究对象是全国或省市的经济与环境关系。③研究结果不统一，有的研究结果验证了环境库兹涅茨曲线假设，而有的研究结果反映经济与环境的关系比较复杂，不存在倒 U 形曲线，而是如 S、正 U 等形状，如刘小琴(2006)[19]研究结果发现环境综合指标与收入间呈 S 形，刘燕等人研究发现工业废气与收入间呈正 U 形等。④选用环境指标基本上都是以单个指标为主，很少采用环境综合指标，如刘小琴分别采用了环境综合指标和单个环境指标。⑤部分学者不仅仅只考虑经济增长(人均 GDP)与环境质量间的关系，还考虑到开放条件下的贸易、直接投资对环境质量的影响，如刘燕等人和刘荣茂等人(2006)等[20]。

我国学者还对实证研究结果分别进行相应的理论解释，主要有以下两种类型：一是经济发展阶段解释，因不同发展阶段有不同的产业结构、经济规模和技术水平，这三方面将对环境质量造成影响，如刘燕等人认为，我国目前还处在工业化初期，工业生产结构仍然以产品的初级加工为主，且绝大部分工业企业的生产技术也处于相对低位的水平，这就将导致我国经济发展与环境质量中工业废水呈倒 N 形，而与工业废气间又呈现 N 形；刘荣茂等人(2006)研究认为，工业化比重对这三种污染物的排放均有正的影响，即随着工业比重的增加，会排放更多的污染物。二是环境政策，这方面包括环境规制程度和环境治理投资水平，也将会影响环境质量的变化，如苏伟和刘景双(2007)[21]认为，吉林环境质量整体呈现变好的趋势是由于加强了环境质量治理，环境治理投入大。

我国学者先后用北京[22]、上海[23]、陕西[24]、浙江[25]、江苏[26,27]、安徽[28]等省市级数据做了验证。近 5 年有：彭水军、包群[29](2006)利用中国省际面板数据对我国经济增长与 6 类环境污染指标之间的关系进行了实证检验。张捷和张玉媚[30](2006)选取了广东省经济发展与环境数据，验证存在库兹涅茨曲线关系。上述研究对管理政策有一定借鉴作用，但是也存在不足：①研究环境问题仅局限在一个国家或地方，没有研究跨界区域的环境与经济的协调发展问题；②实证研究方面，也很少考虑区域空间因素以及区域跨界环境问题。不论是否存在"倒 U 形曲线"关系，新兴经济体不能走西方工业国家"先发展，后治理"的老路，必须实现跨越式发展，走一条"资源节约型与环境友好型"的新型的工业化道路是毋庸置疑的[31]。

3. 可持续发展理论

循环经济、绿色经济(生态经济)和低碳经济是环境危机、能源危机产生后相继出现的新发展理念，旨在解决经济增长和资源环境之间矛盾。它们产生的背景相同、内容有交叉、观点主张相似，极易产生混淆，却又在研究重点、人文关怀、系统衔接点和研究任务上有着各自的侧重和理论渊源[32]。这些概念有的尚未形成完整的理论体系，甚至连定义本身也没有达成一致。如以下定义：

循环经济：循环经济一词是美国经济学家波尔丁在 20 世纪 60 年代提出的，它以"3R""减量化(reduce)、再使用(reuse)、再循环(recycle)"为原则，后被为增加为 4R、5R、6R 原则。我国学者对循环经济的内涵、理论、方法做了许多探讨，基本形成以生态学或生态经济学为理论基础,借助一些交叉学科的研究方法和分析工具,构建循环经济的理论框架,运用系统分析、能值分析、物质流分析以及价值分析等方法,研究生态经济系统的生态流和经济流的范式[33]。作为实现循环经济理念的有益尝试,近十年在全国各地也做了许多工业园区试点规划。

绿色经济(生态经济):绿色经济是由经济学家皮尔斯于 1989 首先提出来的,也称为生态经济。UNEP 认为绿色经济主要包含环保和生态系统的基础设施建设、清洁技术、可再生能源、废物管理、生物多样性、绿色建筑和可持续交通等 8 个领域。王金南等(2009)[34]提出,绿色经济可分为狭义和广义两个层面。狭义的绿色经济,仅指环保产业,而广义的绿色经济,还包括诸如绿色消费与政府采购、绿色贸易与金融、绿色税收与财政、绿色会计与审计等除生产领域外的其他一些绿色的制度和行为。

低碳经济:低碳经济概念于 2003 年的英国能源白皮书最早提出的。齐晔等(2010)[35]认为低碳经济的内涵应该包括四个层面:技术、产业、制度和观念。冯之浚(2009)认为低碳经济实质在于提升能源的高效利用、推行区域的清洁发展、促进产品的低碳开发和维持全球的生态平衡,是从高碳能源时代向低碳能源时代演化的一种经济发展模式[36]。除了对低碳经济内涵与特征的分析外,对发展低碳经济重要性、发展低碳经济的路径和策略、低碳技术及碳金融(碳市场)、低碳经济的制度建设和模式、低碳城市、低碳农业、低碳农村、低碳乡村等理论探讨也十分活跃[37]。

作为新发展理念,"绿色经济"和"低碳经济"逐渐替代"循环经济"成为热点词汇,对其内涵、外延和实现途径的探讨方兴未艾,但其理念并未超越可持续发展的理论框架,更多被视为可持续发展体系分支的细化、尚未形成独立、完整的理论体系。

(三)环境经济政策理论

环境经济政策研究是环境经济学研究的重点和热点。环境经济政策的理论多是通过长期研究和实践总结提炼出来,其中,公平和效率是政策制定的基本原则。王金南等[38]在多年中国环境经济政策设计的探索中,根据中国的环境保护特点,在原有的国际通用的"污染者付费"原则(polluter pays principle,PPP)和"使用者付费"原则(user pays principle,UPP)政策基石上,进一步发展衍生出两个政策原则:"受益者付费(补偿)"原则(beneficiary pays principle,BPP)和"破坏者付费(赔偿)"原则(destroyer pays principle,DPP)。BPP 原则主要应用于生态服务付费和生态补偿领域,旨在强调个人或区域要为其他人和区域为保护特定生态环境或者环境质量放弃发展机会的行为予以补偿;DPP 原则要求对破坏生境和自然资源行为造成的损失给予补偿,以遏制生态环境破坏行为。PPP、UPP、BPP 和 DPP 构成了一个相对完成的环境经济政策原则体系,其中后两者是对中国环境经济政策研究和实践的原理性提炼。

环境税的"双重红利"①理论是 David W. Pearce(1991)首先提出的,作为征收碳税的理论依据,对该理论学术界尚存争议:许广月等[39](2008)从内生经济增长角度对环境税

---

① 其含义是第一重红利是:实施环境税可以改善环境质量;第二重红利是:将环境税带来的收入增加部分用于降低其他税率,可以导致就业增加、投资增加或者使经济更加有效率。

宏观经济效应进行研究表明,环境税是通过环境税率的增长率实现长期经济可持续发展、节能减排和社会福利三重"红利"。苏明等[40](2009)在2005年的投入产出表数据的基础上进行了可计算一般均衡(CGE)模型的分析,分析了不同的碳税税率方案对宏观经济、二氧化碳排放以及各行业的产出及价格、进出口等的影响效果,从静态和动态的视角对征收碳税做出预测与评价,研究表明"双重红利"并不存在,开征碳税会带来GDP和通货膨胀率的双下降,碳税对GDP的负面影响随时间而增加。兰相洁等[41](2010)从我国经济发展的现状和现行税制结构来看,"双重红利"面临局限,必须对整体税制进行改革。

三、环境经济学技术方法研究进展

环境经济学的技术方法包括规范研究方法和实证研究方法。近5年来,环境经济学的规范研究方法没有明显进展,但实证研究方法取得了较为丰硕的成果。在实证研究过程中,目前开始有更多学者开始进行多层次、不同研究领域的定量化研究,以期通过定量化的研究,给政策制定者以更多实际工作的指导,从而使科学研究可以与现实相结合,促进环境经济系统健康和良性发展。可以说,数学和定量化方法应用的日益广泛,已经成为环境经济学技术方法发展的一个基本特征。本章介绍最主要的5种环境经济定量方法的进展。

(一)环境价值评估相关方法

环境价值评估既包括生态价值的定量评估,也包括环境破坏的定量评估,具体有市场价值法、机会成本法、人力资本法、意愿调查法、影子工程法等。近5年来,在方法原理方面并没有出现显著突破,但已经开始应用于我国目前的生态保护和管理的实际工作中,在我国生态功能区划、生态保护与建设、生态补偿,尤其是区域规划环境影响评价方面获得广泛应用,为生态保护和管理提供了有力支持。2007年,唐弢等研究了基于生态系统服务功能价值评估的土地利用总体规划环境影响评价,并提出生态系统服务功能价值可以作为规划环评的一项量化指标。生态系统服务功能价值评估也已经逐步用于土地利用总体规划环评的评价指标体系,白晓飞对土地利用的生态服务价值进行了探讨;冉圣宏等针对基于生态服务价值的全国土地利用变化环境影响评价进行了有关的探索;但他们只是从规划对生态效益影响的角度来考察,仍然没有形成一个完整的体系。

环境核算与环境价值评估密切相关。传统的国民核算体系有许多缺陷,它忽略了自然资源的稀缺性和环境质量的退化,以及它们对人类健康和经济福利的负面影响。而且,它把保持环境质量的支出核算为国民收入和国民产出的增加,从环境经济学的角度看,这也很不合理。近年来,我国学者也致力于研究环境核算的理论和方法研究,并进行绿色GDP核算(详见专栏1)。

专栏 1:绿色 GDP 核算研究

从 2004 年开始,环境规划院①就着手开展绿色国民经济核算(俗称"绿色 GDP")相关研究,采用环境价值核算的定量方法,对全国 31 个省(自治区、直辖市)和各产业部门的水污染、大气污染和固体废物污染的实物量进行核算,分别从虚拟治理成本和环境污染损失的角度对环境污染的价值量进行核算,并得出"经环境污染调整的 GDP 核算"结果。这一研究可以说是环境经济核算基本方法应用领域的一个重大探索和创新。完全意义的绿色 GDP 核算是一项繁杂的系统工程,涉及国土资源、水利、林业、环境、海洋、农业、卫生、建设、统计等多个部门。由于它对统计数据和指标的要求难以达到,因此至今没有一个国家和地区建立了完整的绿色国民经济核算体系。中国的现有的绿色 GDP 核算虽然仅提出两个主要指标并未包括生态破坏损失、地下水污染损失、土壤污染损失等内容,但它仍然在反应经济活动的资源和环境代价方面发挥着重要作用,绿色核算结果的发布对整个社会触动很大。该成果获得 2008 年度环境保护科学技术二等奖,项目主要成员王金南、高敏雪、於方、曹东、蒋洪强等 9 人获得"2006 绿色中国年度人物"特别奖。

在环保部、统计局等部委支持、10 个试点省市核算人员帮助、世界银行等组织的高度关注、国内外专家关怀下,环境规划院技术组先后完成了《中国资源环境经济核算体系框架》、《中国环境经济核算体系框架》、《中国环境经济核算技术指南》、《中国绿色国民经济核算研究报告》、《中国环境经济核算软件系统》、《中国绿色国民经济核算报告(2004)》、《中国绿色国民经济核算报告(2005)》、《中国绿色国民经济核算报告(2006)》《中国绿色国民经济核算报告(2007)》等一系列重要成果。

(二)费用-效益分析方法

费用效益分析可应用在环境政策的评估、排序和优化中,是环境政策效率和效果定量化的方法,是环境经济学的核心内容。但目前研究仍不够深入,政策的设计、分析和评估停留在较低水平;过于追求单一的货币化计量,导致研究过程中出现了比定性描述更大的误差,难以对政策效果做出真实、恰当的评价,更难以对政策制定提供具有借鉴意义的建议。

基于费用效益研究中的这一缺陷,宋国军等提出了基于干系人的费用效益方法。他们认为,理想的公共政策应该是使每个干系人都受益,也就是对每个干系人而言都是费用有效的,这样才能促进形成一个良性的政策作用机制。实际上,任何完美的初始设计都不可避免政策的失效或低效,但这些失效或低效并不是存在于政策的全过程,可能仅存在于某些细微环节。因此,若将发生在不同干系人身上的费用效益分析清楚了,也就很容易找出环境政策改进的具体环节了。

---

① 国家环境保护总局环境规划院,2008 年更名为环境保护部环境规划院,简称"环境规划院",下同。

基于干系人的费用效益分析,既能实现对政策总体费用有效性做出判断,按照效率对不同环境政策进行优先性排序;又能关注受政策影响的个体,看其所支付的费用与享受的效益是否对等,关注弱势群体,实现社会公平。基于干系人的费用效益分析的重要意义就在于能够首先从整个政策过程中费用效益最差的环节进行改进,所提高的福利归原本福利最差的人拥有,可以说,这种改进是"边际"概念(效率)和公平原则的完美统一和实现。

(三)环境经济损益分析方法

环境经济损益分析方法是一种综合方法,是费用效益分析和环境价值评估方法的综合运用,费用与效益的计算范围更广,除直接能用货币计量计算的环境费用与效益,还包括难以直接用货币计量计算的生态变化引起的环境费用与效益。基于上述特点,环境经济损益分析不仅可以应用于建设项目自身的经济损益分析,更重要的是可以应用于多方案的选择和比较之中。目前,这种方法已经在环境影响评价中获得一定应用。马俊杰等通过研究在理论上深化了环境损益的内涵及对应空间解析,将环境损益解析为环境产益、环境受益、环境致损与环境受损以及与其对应的环境产益区、环境受益区、环境致损区与环境受损区,通过深化区域之间环境损益空间关系研究,促进区域生态补偿和可持续发展,这也为环境损益分析提供了一种新的思路。

(四)投入产出模型与方法

投入产出方法是来研究绿色GDP核算以及资源、经济和环境相互关系的一种理论方法。基于此理论构建的绿色投入产出模型和绿色投入产出表可以对国民经济部门资源环境等相关政策的制定提供一定的参考。我国在环境经济投入产出模型的研究与应用方面起步比国外略晚,在研究过程中,一方面追踪学习国际绿色GDP理论研究的发展趋势,另一方面结合本国实际也做出了具有中国特点的探索,较早地进行了区域性和全国性范围内环境污染损失的测算、初步建立中国的绿色投入产出核算体系等。

陈铁华、白晓云在江苏省2005年投入产出表的基础上,构造出一张新的绿色投入产出表,并对各行业的资源动用率、资源恢复贡献、污染排放量和对污染治理贡献进行比较和分析。刘兆顺编制了吉林省的绿色投入产出表,并分析对比了各行业的资源治理情况。Wu Yuying基于2007中国统计年鉴数据编制了我国绿色投入产出表。雷明等在编制了2007年的中国绿色投入产出表的基础上,进一步对国民经济的连锁效应、FDI诱发效应、进出口贸易能环效应进行了初步分析。此外,"中国2007年投入产出表分析应用"课题组在综合考虑未来国内外影响经济增长的因素及其变化的基础上,采用可计算一般均衡模型模拟了中国经济增长的三种情景。

(五)可计算一般均衡模型与方法(CGE)

环境一般均衡方法与模型,之前更多地被应用于政策分析,如资源税改革中的税率选择、节能减排约束下的区域产业结构优化、环境税、碳税与二氧化碳减排跨国跨地区的污染排放问题、污染物危害的长期性与潜伏性问题、能源的长期使用和规划等方面,在区域层面该种方法的应用比较缺乏。

近年来,也有学者开始将一般均衡方法应用于区域环境问题的研究。刘艳应用 CGE 模型的相关理论和研究成果,结合环境资源价值核算的方法,对如何构建环境资源 CGE(environmental and resource CGE,ERCGE)模型进行了探讨。在此基础上,以海南省的数据为基础,运用所构建的 ERCGE 模型,模拟分析和定量估计了一定的环境政策对海南省经济总量和不同产业、部门的潜在影响与冲击效应。金艳鸣等基于 2002 年全国、广东和贵州的三区域绿色社会核算矩阵(GSAM),构建了区域资源-经济-环境可计算一般均衡模型(CGE),利用此模型分析了征收碳税和能源税对各地区经济环境的不同影响效果。刘家悦等建立一个湖北省 12 个部门静态的 CGE 模型,构建了一个包含资源、贸易与环境的 SAM 矩阵,采用 4 套模拟方案,对贸易保护条件下,关税税率提高对湖北省经济、贸易与环境进行了政策模拟。吴锋等基于我国 2007 年投入产出表和引力模型假设条件下的中国多区域社会经济核算矩阵(SAM)数据库,构建了可计算一般均衡理论和数学优化求解思想的环境 CGE(ECGE)模型;并以鄱阳湖流域为研究案例区,设计了两种水质目标下的四种氮、磷营养盐排放调控方案,分别探讨并综合比对了其对江西省及全国其他地区经济增长的影响,为寻求实现鄱阳湖流域经济增长与入湖氮、磷营养盐减排达标的双重目标提供了决策参考信息。

但是通过对近几年文献检索可以看出。目前可计算一般均衡方法仍然很少应用于分析重大社会事件或活动的影响。这也是今后应当重点关注的方面。

四、环境经济学在管理中的重大应用成果

环境经济学在管理中的最重大应用是环境经济政策的制定和实施。环境经济政策是指根据环境经济理论和市场经济原理,运用财政、税收、价格、信贷、投资、市场等经济杠杆,调整和影响当事人产生和消除污染及生态破坏行为,实现经济社会可持续发展的机制和制度。与传统行政手段的"外部约束"相比,环境经济政策是一种"内在约束"机制,具有促进环保技术创新、增强市场竞争力、降低环境治理成本与行政监控成本等优点。[42]环境经济政策的分类有很多种,本节根据我国的环境经济政策实践将其简化分为:环境价格政策、环境税费政策、环境市场创建政策、生态补偿政策、绿色金融政策、绿色贸易政策六类。

我国最早的环境经济政策实践始于 1982 年《征收排污费暂行办法》的实施,此后我国又在污水处理费、生活垃圾处理费、水资源费,以及与林业、矿产资源相关的生态补偿费、矿产资源税等环境经济政策领域开展了一系列的实践探索。特别是自 2006 年温家宝总理提出"三个转变"以来,我国的环境经济政策实践更是进入快车道,国家层面出台了一系列环境经济政策法律法规,地方层面也开始了一系列的环境经济政策试点示范。

(一)环境价格政策

1.电价政策

电价政策的实践主要集中在脱硫电价、高耗能行业差别电价和阶梯电价政策。2007年 5 月 29 日,国家发改委和原国家环保总局联合制定了《燃煤发电机组脱硫电价及脱硫

设施运行管理办法（试行）》，规定脱硫燃煤电厂电价加价 0.015 元/千瓦时；2010 年 5 月 12 日，国家发改委、国家电监会和国家能源局联合下发《关于清理对高耗能企业优惠电价等问题的通知》，决定取消对高耗能企业的优惠电价措施，加大差别电价政策实施力度，对超能耗产品实行惩罚性电价，并坚决制止各地区自行出台优惠电价措施（详见专栏 2）。

专栏 2：脱硫电价在二氧化硫减排方面发挥了积极作用

为加快燃煤机组烟气脱硫设施建设，提高脱硫效率，减少二氧化硫排放，2007 年 5 月 29 日，国家发改委和原国家环保总局以发改价格〔2007〕1176 号联合下发了《燃煤发电机组脱硫电价及脱硫设施运行管理办法（试行）》。规定"现有燃煤机组应按照国家发展改革委、国家环保总局印发的《现有燃煤电厂二氧化硫治理"十一五"规划》要求完成脱硫改造。安装脱硫设施后，其上网电量执行在现行上网电价基础上每千瓦时加价 1.5 分钱的脱硫加价政策"。脱硫电价政策对促进电厂上马脱硫设施起到了积极的促进作用。截至 2010 年年底，全国累计建成运行 5.78 亿 kW 燃煤电厂脱硫设施，火电脱硫机组比例从 2005 年的 12% 提高到 82.6%。在很大程度上保证了二氧化硫减排目标的实现，2010 年，中国二氧化硫排放总量 2185.1 万 t，与 2005 年相比下降 14.29%，超额完成 10% 的减排任务。

但在脱硫电价执行过程中仍然存在一些问题。包括：部分已安装脱硫设施电厂的脱硫电价补偿不能及时到位；对脱硫设施投运率未达标的电厂未严格按要求扣减脱硫电价；脱硫电价政策难以解决高硫煤机组脱硫、老电厂脱硫技改、30 万 kW 以下小机组以及供热机组脱硫的成本。部分发电企业脱硫设施未经国家或省级环保部门验收合格和价格主管部门批准，擅自提前执行脱硫电价政策；发电企业享受国家脱硫电价政策却不按规定运行脱硫装置，脱硫装置时开时停，甚至根本不运行；电网企业拒绝执行或未及时执行脱硫电价，或者采取少结算上网电量等手段变相降低脱硫电价标准，甚至越权擅自扣减发电企业脱硫电价[43]。

---

2. 水价政策

水价政策改革主要集中在推行居民生活用水阶梯水价和非居民用水超定额用水加价以及规范城市供水定价成本等方面。2009 年 7 月 6 日，国家发改委、住房城乡建设部联合发布《关于做好城市供水价格管理工作的通知》，进一步提出积极推行居民生活用水阶梯式水价和非居民用水超定额用水加价制度。2010 年 12 月，国家发改委出台《城市供水定价成本监审办法（试行）》和《关于做好城市供水价格调整成本公开试点工作的指导意见》，对如何规范水价做出相应规定。

3. 补贴政策

补贴政策主要集中在推广节能环保产品、资源再利用的补贴政策。如 2010 年 1 月 4 日，财政部和商务部联合下发《关于允许汽车以旧换新补贴与车辆购置税减征政策同时享受的通知》，允许符合条件的车主同时享受汽车以旧换新补贴和 1.6 升及以下乘用车车辆购置税减征政策；2010 年 3 月 17 日，财政部和环保部联合下发《家电以旧换新拆解补贴办法》,根据拆解企业实际拆解处理完成的以旧换新旧家电数量给予定额补贴。2009年5月18日和2010年4月30日,财政部和国家发改委分别联合下发《关于开展节能产品惠民工程的通知》《关于调整高效节能空调推广财政补贴政策的通知》,采取财政补贴方式,支持高效节能产品的推广使用。

(二)环境税费政策

1.排污收费政策

排污收费政策的实践主要集中在地方政府提高了部分污染物的排污收费标准。我国的排污收费政策从1982年发布《征收排污费暂行办法》,到2003年7月国务院正式颁布实施《排污费征收使用管理条例》一直在不断改革完善。2006年后,部分地方政府根据节能减排形势的需要提高了部分污染物的排污收费标准。如江苏省2007年将水体排放污染物每一污染当量征收标准由0.7元提升到0.9元/污染当量,2010年又进一步提高到1.4元/污染当量[44]。

2.独立型环境税

独立型环境税政策还处于研究阶段,我国目前没有开征专门以环保为目的的税种。自2007年开始,原国家环保总局、财政部和国家税总开始着手开展环境税制改革研究和试点。湖北省是环境税改革的较早试点单位,2007年9月11日,湖北省政府颁布了《湖北省排污费征收使用管理暂行办法》,实施"环保核查、税务征收"的征管模式改革。

3.与环境相关税种的"绿色化"

除了独立型环境税以外,其他与环保密切相关的所得税、增值税、消费税、资源税等税收政策的绿色化也是环境经济政策的重要方面。2008年1月1日起实施的新企业所得税法对企业从事符合条件规定的环境保护、节能节水、安全生产等专用设备的都给予减免所得税。2008年8月1日,财政部联合国家税务总局下发《关于调整消费税政策的通知》鼓励小排量汽车的生产消费,抑制大排量汽车的生产和消费;2008年12月9日,财政部和国家税务总局联合发布《关于再生资源增值税政策的通知》,进一步通过税收手段促进再生资源的合理回收利用以及再生资源回收行业的健康发展。2008年12月18日国务院印发了《关于实施成品油价格和税费改革的通知》,取消原在成品油价外征收的公路养路费、航道养护费、公路运输管理费、公路客货运附加费、水路运输管理费、水运客货运附加费等六项收费,将价内征收的汽油消费税单位税额每升提高0.8元,柴油消费税单位税额每升提高0.7元。2011年2月25日出台的《中华人民共和国车船税法》规定,乘用车的计税依据,按排气量大小分挡计征。

(三)环境市场创建政策

2006年以来,随着主要污染物总量控制政策的深入持续执行,排污权有偿使用和排污交易政策开始在我国大面积铺开。环保部先后选择江苏、浙江、天津、湖北、湖南、山西、内蒙古7省(自治区、直辖市)作为国家排污权交易试点省市,与此同时,重庆、上海、山东、贵州、辽宁、黑龙江、河北、河南、陕西、四川、云南等地也自发开展了排污权交易的试点探索,并且出台了相关政策文件。同时,许多地区为了方便本地的排污交易工作的开展也纷纷成立了排污交易机构。具体内容详见专栏3。

专栏3:排污交易试点在全国遍地开花

国家推动与地方自主结合开展了大范围的排污交易试点。国家层面上,环保部先后选择江苏、浙江、天津、湖北、湖南、山西、内蒙古7省(自治区、直辖市)作为全国排污权交易的试点省市。地方层面上,重庆、上海、山东、贵州、辽宁、黑龙江、河北、河南、陕西、四川、云南等地自发地开展了排污交易的试点探索并出台了一系列相关政策文件,如:《江苏省太湖流域主要水污染物排污权交易管理暂行办法》《浙江省排污权有偿使用和交易试点工作暂行办法的通知》《湖北省主要污染物排污权交易试行办法》等。排污交易已经取得了初步成效,重庆、江苏、山西、河北、陕西等发生了较大交易额的典型案例。如江苏太湖流域列入排污权有偿使用范围的排污单位达到1357家(年排COD100t以上),COD指标申购量达到了4.97万t/a,排污权有偿使用费达到了1.75亿元。

建立了部分服务于排污交易的专门机构。这些机构有的服务于全国性的排污交易,包括北京环境交易所、上海环境能源交易所、天津排污权交易所、亚洲排放权交易所(AEX),有的服务于区域性的排污交易,包括湖南省环境资源交易所、湖北环境资源交易所、重庆主要污染物排放权交易管理中心、陕西省环境权交易所、昆明环境能源交易所等。但是目前各交易所的业务量还十分有限,交易的标的物也局限于SO_2、COD等传统污染物。

目前排污交易还面临很多困境与障碍。包括:缺乏国家层面的法律法规支持,没有专门的排污交易法律法规颁布;关键技术支撑体系尚需完善,如排污权初始价格形成机制、企业排放配额分配方法等;排污交易市场尚未完全建立,企业间自主的排污交易机制未形成,仅有的排污交易案例大多是环保部门干预下进行的;排污交易的配套保障机制尚需完善,如准确计量和监督污染源的排放以及强有力的监督执法体系等[45]。

(四)生态补偿政策

2006年以来,生态补偿政策的出台和实施一直受到各方的重视。2007年8月,原国家环保总局发布《关于开展生态补偿试点工作的指导意见》,着手在自然保护区、重要生态功能区、矿产资源开发和流域四个领域开展生态补偿试点;2008年5月7日,环境保护部印发了《关于确定首批开展生态环境补偿试点地区的通知》,选取山西、辽宁东部、福建闽江和九龙江、江西、甘肃省甘南黄河重要水源补给区等开展生态补偿试点;2009年环保部又批准河北开展全省流域生态补偿试点。自2008年始,中央财政开始对国家重要生态功能区实施财政转移支付试点。2010年初,国务院将生态环境补偿列入立法计划。2010年10月12日,温家宝总理主持召开国务院常务会议,决定建立草原生态保护补助奖励机制促进草原生态安全和牧民增收。

在国家层面大力推进生态补偿的同时,各地也开展了丰富多样的生态补偿试点实践。

山西省推行煤炭开发生态补偿;陕西、青海、西藏、宁夏、内蒙古等西部和西北部地区推行有关草地和水土保持的生态补偿试点;江西、上海等地出台了水源地生态环境补偿的政策文件,山东省出台了全国第一个海洋污染补偿政策文件;江苏省出台了第一个风景名胜区生态环境补偿政策文件。江苏、辽宁、河南、河北、湖南、福建、浙江、山西、山东、江西、海南、广东等10余个省份开展流域生态环境补偿试点和实践,出台了相关政策。

(五)绿色金融政策

1.绿色信贷

2006年以来,绿色信贷政策开始受到有关部门重视,先后出台了一系列相关政策文件来推动绿色信贷发展,福建、山西等20多个省市也开始了绿色信贷实践,详细内容详见专栏4。

专栏4:生态补偿多领域全面推进

国家层面开展了自然保护区、重要生态功能区、矿产资源开发和流域四个领域的生态补偿试点。发布了《关于开展生态补偿试点工作的指导意见》和《关于确定首批开展生态环境补偿试点地区的通知》,确定了山西、辽宁东部、福建闽江和九龙江、江西、甘肃省甘南黄河重要水源补给区、河北省全流域6个国家生态补偿试点区。发布《国家重点生态功能区转移支付(试点)办法》,对国家重要生态功能区实施财政转移支付试点。发布《矿山地质环境保护规定》,缴存矿山地质环境治理恢复保证金。发布《吉林松花江三湖等16处新建国家级自然保护区名单的通知》,在吉林松花江三湖等16处新建国家级自然保护区要研究建立生态补偿机制;建立草原生态保护补助奖励机制,中央财政每年安排134亿元在内蒙古、新疆(含新疆生产建设兵团)、西藏、青海、四川、甘肃、宁夏和云南8个主要草原牧区省(自治区)。

流域生态补偿逐步成为生态补偿研究的热点领域之一。国家层面上,确定了河北省作为全流域生态补偿的试点,新安江作为全国首个跨省流域水环境补偿试点。此外,江苏、辽宁、河南、河北、湖南、福建、浙江、山西、山东、江西、海南、广东等10余个省份也开展了形式不一的流域生态补偿试点。从流域生态补偿试点实践来看,目前基本形成了以江苏、贵州为代表的基于流域跨界水质监测断面水质目标考核的生态补偿和污染赔偿模式,以河北、福建、辽宁、河南等为代表的基于跨界上下游污染物通量计量的生态补偿和污染赔偿模式,以浙江、福建、海南、江西等为代表的专门面向水源地的生态补偿模式。

但生态补偿在推进过程中还存在很多问题亟须解决。包括:生态补偿法律基础不足,缺乏全国层次的生态补偿立法;部门协调机制不健全,鉴于生态补偿工作的系统性和综合性亟待建立横向的部门间合作、协调机制;部分关键技术性问题急需突破,如与流域生态补偿配套的财政制度建设问题、生态补偿的标准如何合理设计问题等[46]。

2.环境责任保险

随着我国进入环境风险高发期,环境责任保险制度在我国开始受到重视。发布了《关于环境污染责任保险工作的指导意见》,湖南、湖北等9个省开展环境污染责任保险试点,详细内容见专栏5。

专栏5:绿色金融开始发挥积极作用

绿色信贷快速发展。2006年以来为了推动绿色信贷的实施,国家先后发布了《关于共享企业环境违法信息有关问题的通知》、《关于落实环保政策法规防范信贷风险的意见》、《节能减排授信工作指导意见》、《关于进一步做好金融服务支持重点产业调整振兴和抑制部分行业产能过剩的指导意见》等政策文件。此外,福建、山西、江苏、浙江、河南、河北、江西、辽宁、黑龙江、四川、陕西、青海、广东、辽宁、北京、重庆、深圳、沈阳、宁波和西安等20多个省市的环保部门与所在地的金融监管机构,联合出台了有关绿色信贷的实施方案和具体细则。但是目前绿色信贷在实施过程中还面临着很多困境,如:现有的"绿色信贷"政策多为综合性、原则性的规定,缺乏可操作性;缺乏激励机制,商业银行出于盈利动机实施绿色信贷的动力不足[47];银行部门过度依赖环保部门的企业环境信息,同时环保部门本身的信息管理能力不足以及与银行间的数据交换机制不畅造成绿色信贷难以执行。

绿色保险日益受到重视。发布了《关于环境污染责任保险工作的指导意见》,湖南、湖北、江苏、浙江、辽宁、上海、重庆、云南、广东9个省在全省或部分地区开展环境污染责任保险试点,并发生了环境险案例。湖南省共有中石化巴陵石化等240家(次)企业投保环境污染责任险,保险保障金额达2.8亿元;苏州66家企业投保总额达1.32亿元;江苏无锡完成承保报批企业75家,累计收取保费246万元,保险责任限额1.77亿元。总体来看,环境责任险仍然处于试点摸索阶段,环境责任险机制建设还面临以下问题:法制建设较为滞后,缺少污染赔偿方面的法律规定,也没有关于环境污染责任险的法律法规;制度环境不够完备,地方政府对一些违法企业"纵容"的制度环境,企业缺乏忧患意识,环境污染责任保险缺乏内在推动力;政策支持尚未到位,保险公司缺乏积极性;关键技术支撑不足,保险费率的确定缺乏科学性,保险赔付率过低,保险经营技术不够成熟[48]。

(六)绿色贸易政策

绿色贸易政策的探索进展主要体现在双高产品名录制定和出口退税政策调整方面。自2006年国务院批示同意发展改革委、财政部、国土资源部、海关总署、税务总局、原国家环保总局6部门联合向国务院上报的《关于进一步控制高耗能、高污染、资源性产品出口有关措施的请示》后,原国家环保总局积极联合行业协会等单位制定高污染、高环境风险产品的名录(以下简称"双高"产品名录),先后完成了四批名录制定工作。"双高"产品名录已经发布四批共计349种"双高"产品,涵盖17个行业。

五、环境经济学科学技术研究能力建设进展[①]

(一)研究生培养

我国环境经济学的研究生培养主要依托于"人口、资源与环境经济学"学科。1997年,教育部首次在"理论经济学"一级学科下增列"人口、资源与环境经济学"二级学科,中国人民大学成为我国该专业第一批博士学位授予单位[②],经过十几年发展,截至2008年年底,全国设有环境经济学博士点的单位有中国人民大学、北京师范大学、南开大学等28个[③],还有76个硕士点。2007年北京大学、中国人民大学、南开大学、复旦大学、厦门大学、武汉大学等6所大学被定为国家重点学科。遗憾的是我国尚未设立环境经济学本科学位。

由于环境经济学科的交叉性、边缘性和综合性特征,在上述高等院校中,博士学科点90％主要分布在经济管理类学院,此外还有西方经济学、政治经济学、国民经济学、产业经济学、区域经济学等专业也招收和培养环境经济学研究生。

(二)研究团队

据统计,国内目前至少有40个较有影响力的、各具特色的环境经济研究院所(中心或室),其中27个设在高等院校,13个设在各部委直属研究机构。他们对共建学术交流平台、共同推动环境经济学学科建设和发展以及环境经济政策的实践和应用起到了重要的作用。高校重点关注理论与方法研究,公共政策研究机构,主要从事环境经济政策的设计、制定和模拟评估,其中环境规划院等单位开展的许多研究,对中国环境经济政策实践作出了独特的贡献。近几年,一些经济综合部门的研究机构,如财政部财政科学研究所、国家税务总局税收科学研究所、国务院发展研究中心、国家发展和改革委员会宏观经济研究院等公共政策研究单位也积极地加入到环境经济政策的研究队伍中,有力地推动了环境经济政策的实践与发展。

六、环境经济学发展趋势及展望

(一)环境经济学理论和方法研究展望

经过三十多年的发展,环境经济理论和方法体系已经初步建立。但是,建立在西方经

[①] 根据2009年环境规划院和南京大学合作的中国环境经济学学科评估报告摘录。

[②] 根据国务院学位委员会和国家教育部颁布的《授予博士、硕士学位和培养研究生的学科、专业目录》。

[③] 具有人口、资源与环境经济学授予权单位为26个,自主设立资源与环境经济学博士点的单位2个。

济学体系上的环境经济理论远远不能满足我国环境保护与经济发展的需要之间的矛盾相比,环境经济学的理论仍然不够完善,定量技术方法的应用程度与范围仍然远远不够。

(1)环境经济学理论体系仍需吸取多学科的精髓,不断加以完善

从目前环境经济学的理论研究来看,我们仍主要沿用西方环境经济学的理论体系与框架,创新性、本土化的理论研究成果极其缺乏。环境经济学涉及人口经济学、资源经济学、环境经济学、生态经济学、可持续发展理论等多个学科领域,是多种学科的渗透与综合,具有综合学科的性质与特点。同时,我国经济发展与环境保护的矛盾日益突出,迫切需要创新环境经济理论来指导政策的制定以解决经济发展过程中的环境问题,这既为环境经济学的理论发展与创新提出了迫切需求,同时也为它提供了良好契机。在今后的发展中,环境经济学的理论研究需要在吸收其他相关学科,包括数学、生态学、人口学、资源经济学、系统论和控制论等学科的研究精髓与创新点的过程中,结合我国环境与经济发展的主要问题与矛盾,争取实现理论研究的突破与创新,使得环境经济理论能够更好地为我国的可持续发展服务。

(2)环境经济定量分析技术手段将在环境经济政策的制定和实施中发挥更大作用

我国的环境经济学者从具体国情出发,已经继承、开发了多项定量研究方法,为我国制定环境经济政策提供了有价值的决策依据。但是目前定量化研究仍然处于探索的阶段。同时,环境问题日益复杂,环境与经济发展过程中的不确定因素日益增多,解决环境问题需要涉及越来越复杂的领域交叉。诸如对气候变化问题的环境政策研究就涉及了全球视角条件下的生物能源、食品安全、环境污染、技术创新、移民政策等一系列综合因素的考虑和制度设计。而这种综合性和复杂性特点对环境经济学的研究方法提出了更新、更高的挑战。因此,已有的环境经济学技术方法需要不断完善、整合与创新,体现以下几个方面:

1)环境价值核算理论和方法虽然取得了一些成绩和进展,但总体来看环境价值评估技术还相当粗糙,评估的科学性和准确性仍然有待提高。随着环境损害事故日渐增多,新环境标准的制订、老环境标准的修订,改变环境立法、引入新环境政策的需求日益旺盛,迫切需要对环境价值评估方法进行完善,提高评估的实用性与准确性。另外,将环境价值评估纳入国民核算体系的绿色账户研究也应加快步伐,从当前的学术研究阶段尽快进入国家层面的应用阶段。

2)环境政策制订的有效性直接决定了环境管理的有效性。在政策制定之初,需要对政策效果进行预测模拟。由于环境问题之间的相互影响、相互关联,需要环境问题进行全面综合考虑,在解决如何配置各种政策工具以达到最优环境效果等问题上,一般均衡分析方法将会发挥着越来越重要的作用。

3)对环境政策制定、实施后的效果、功能作用以及存在的问题进行综合评估能够有助于提高环境政策的质量、效率和水平。目前,环境政策后评估仅仅应用于少数极其重大的环境政策,如"十二五"总量控制政策,而大量的环境政策尚未开展这种评估,从国际经验与趋势来看,环境政策后评估也将在我国得到越来越多的应用。评估过程中,定性分析必不可少,定量评价更是能够直观地体现政策绩效。因此,费用效益分析方法也必将会获得更加广泛的应用。

(二)环境经济学实践应用展望

"十一五"时期,国家将主要污染物减排作为国民经济和社会发展规划的约束性指标,着力解决影响可持续发展和损害群众健康的突出环境问题,因此,环境经济政策以公共财政、污染减排价格、排污权有偿使用、生态补偿等为主导。

"十二五"时期,中国仍处于能源资源消耗高增长期和环境污染高风险期,污染减排是一个长期而艰巨的任务。我国经济体制改革将加快推进,破解资源环境约束将成为改革重点,环境保护与经济社会发展的融合将进一步加强,对环境经济政策的要求也将进一步提高。同时,发达国家加快推进"绿色新政",抢占经济发展新的制高点,并试图通过"碳关税"等绿色贸易壁垒,挤压我国和其他发展中国家的经济发展空间。面对国内外新形势,环境经济政策工作需要从国家宏观战略层面入手,并结合"十二五"环境保护重点,统筹规划"十二五"环境经济政策体系。环境经济政策工作将突出"四个领域",建立"两种机制",即完善税费、价格、金融和贸易领域的环境经济政策,建立生态补偿机制和排污权交易机制[①]。

一些重点环境经济政策预计将实现重大突破。国家层面的排污交易管理政策有望出台,如:"关于加快推进排污权有偿使用和排污交易工作的指导意见"、"火电行业二氧化硫排污交易管理办法"、"主要水污染物排污权有偿使用与排污交易技术指南"、"推进生态补偿实践的指导意见"等政策有望出台,同时《生态补偿条例》的立法也有望实现突破。财政部、税务总局和环保部三部门联合研究的独立型环境税也将在"十二五"取得重大进展。

(三)人才培养

学科地位亟待提升。目前在多数院校环境经济仅为理论经济学下设的二级学科,90%研究生学位设立在经济管理学院内而非环境学院,学位名称为"人口、资源与环境经济学",没有独立的"环境经济学"学位,这对培养环境经济专业人才有一定的阻碍。环境经济学是跨领域、交叉性较强的学科,既需要研究人员具有良好的经济学理论功底,也需要对环境问题的深刻理解。因此学者对未来设立"环境经济学"独立学位呼声很高。

科研团队和人才数量有待增加。经过10年的发展,环境经济领域已经涌现了一大批科研院所和研究团队,为环境经济学科发展做出了巨大贡献。但是仍处于起步阶段,与国际水平相比,无论从人才队伍整体数量还是科研创新能力上看都有很大的差距。随着中国对创新环境经济理念和管理手段的需求增加,环境经济人才的就业岗位应有所增加。

科研创新能力有极大的发展空间。随着国际环境问题热点的不断出现,中国被作为新环境经济政策广阔的"试验田"引起全球学者的极大兴趣,我国学者不能仅满足于引进消化新理念、新方法,而应利用好中国经济转型期的大舞台、在环境经济学创新方面有所作为。

---

① 王金南.探索环境经济政策的新里程[N].中国环境报,2011－10－17(2).

参考文献

［1］王金南. 环境经济学理论方法政策［M］. 北京：清华大学出版社，1994.

［2］沈满洪，谢慧明. 公共物品问题及其解决思路公共物品理论文献综述［J］. 浙江大学学报（人文社会科学版），2009，（10）：45 - 54.

［3］余英. 有益品理论：回顾和思考［J］. 财经科学，2008，（12）：58 - 65.

［4］张世秋. 环境资源配置低效率及自然资本"富聚"现象剖析［J］. 中国人口·资源与环境，2007（6）：6 -12.

［5］胡胜国. 资源环境产权制度研究［J］. 中国矿业，2010（19 增刊）：79 - 83.

［6］岳利萍，白永秀，曹明明. 区域经济增长与环境质量演进关系模型研究［J］. 太原理工大学学报（社会科学版），2006，（6）.

［7］彭水军，赖明勇，包群. 环境、贸易与经济增长——理论、模型与实证［M］. 上海：上海三联书店，2006，（9）.

［8］陈祖海，等. 基于环境与经济协调发展的环境容量分析［J］. 中南民族大学学报（自然科学版），2006，（6）.

［9］曹玉书，尤卓雅. 环境保护、能源替代和经济增长——国内外理论研究综述［J］. 经济理论与经济管理，2010，（6）：30 - 35.

［10］于渤，黎永亮，迟春洁. 考虑能源耗竭，污染治理的经济持续增长内生模型［J］. 管理科学学报，2006，（4）.

［11］张彬，左晖. 能源持续利用、环境治理和内生经济增长［J］. 中国人口·资源与环境，2007，（5）.

［12］彭水军. 自然资源耗竭与经济可持续增长：基于四部门内生增长模型分析［J］. 管理工程学报，2007，（4）.

［13］邵帅. 资源输出型地区的技术创新与经济增长——对"资源诅咒"现象的解释［J］. 管理科学学报，2009，（2）.

［14］陶磊，刘朝明，陈燕. 可再生资源约束下的内生增长模型研究［J］. 中南财经政法大学学报，2008，（1）.

［15］后勇，徐福缘，程纬. 可再生能源替代的整体最优动态投资策略［J］. 商业研究，2008，（5）.

［16］张效莉，王成璋，王野. 经济与生态环境系统协调的超边际分析［J］. 科技进步与对策，2007（1）.

［17］游德才. 国内外对经济环境协调发展研究进展：文献综述［J］. 上海经济研究，2008，（6）：3 - 14.

［18］刘燕，潘杨，陈刚. 经济开放条件下的经济增长与环境质量——基于中国省级面板数据的经验分析［J］. 上海财经大学学报，2006，（12）.

［19］刘小琴. 辽宁环境质量与经济增长关系的实证研究［D］. 大连：大连理工大学，2006.

［20］刘荣茂，张莉侠，孟令杰. 经济增长与环境质量：来自中国省际面板数据的证据［J］. 经济地理，2006，（5）.

［21］苏伟，刘景双. 吉林省经济增长与环境污染关系研究［J］. 干旱区资源与环境，2007，（2）.

［22］张云，申玉铭，徐谦. 北京市工业废气排放的环境库兹涅茨特征及因素分析［J］. 首都师范大学学报，2005（3）：113 - 116.

［23］杨凯，叶茂，徐启新. 上海城市废弃物增长的环境库兹涅茨特征研究［J］. 地理研究，2003，（1）：61 -66.

[24]李义,王建荣.陕西省生态环境与经济发展相关性分析[J].统计与决策,2002,(6):35-40.

[25]沈满红,许云华.一种新型的环境库兹涅茨曲线[J].浙江社会科学,2000,(4):53-57.

[26]邹长新,缪旭波,高振宁.江苏省环境库兹涅茨特征分析[J].农村生态环境,2004,(20):41-43.

[27]田立.经济增长条件下环境库兹涅茨曲线方案的改进[J].江苏大学学报(社会科学版),2004,(5):75-79.

[28]谢贤政.经济增长与工业环境污染之间关系计量分析[J].安徽大学学报,2003,(9):144-153.

[29]包群,彭水军.经济增长与环境污染:基于面板数据的联立方程估计[J].世界经济,2006,(11).

[30]张捷,张玉媚.广东省的库兹涅茨环境曲线及其决定因素[J].广东社会科学,2006,(3).

[31]高志刚.经济与环境协调发展研究综述[J].经济学动态,2009(3):89-91.

[32]袁丽静.循环经济、绿色经济和生态经济[J].环境科学与管理,2008,(6).

[33]杨雪峰.近期循环经济研究[J].经济研究,2006,(3):27-29.

[34]王金南,李晓亮,葛察忠.中国绿色经济发展现状与展望[J].环境保护,2009,(6).

[35]齐晔,蔡琴.可持续发展理论三项进展[J].中国人口资源与环境,2010,(4):110-116.

[36]冯之浚,周荣,张倩.低碳经济的若干思考[J].中国软科学,2009,(12):18-23.

[37]杜涛.国内低碳经济研究的理论综述[J].内蒙古财经学院学报,2010,(3):26-28.

[38]王金南.新时期下中国环境经济的研究和探索//环境经济政策改革与框架[M].北京:中国环境科学出版社,2010,9.

[39]许广月,宋德勇.环境税双重红利理论的动态扩展——基于内生增长理论的初步分析框架[J].广东商学院学报,2008(4):4-9.

[40]苏明,傅志华,许文,等.中国开征碳税的效果预测和影响评价[J].经济参考研究,2009,(72):24-29.

[41]兰相洁.环境税"双重红利"论及其启示[J].当代财经,2010,(9):29-33.

[42]王金南.探索环境经济政策的新里程[N].中国环境报,2011-10-17(2).

[43]许昆林.在全国节能减排电力价格大检查部署动员大会上的讲话[EB/OL].http://www.anhuinews.com/zhuyeguanli/system/2010/06/02/003049596.shtml,2010-06-02

[44]江苏省环保厅.江苏排污收费三十年[EB/OL].http://www.jshb.gov.cn/jshbw/szdc/zxdt/200909/t20090924_135043.html,2010-12-15

[45]杨朝飞,王金南,等.环境经济政策改革与框架[M].北京:中国环境科学出版社,2011:179-180.

[46]董战峰,石广明,王金南,等.中国流域生态补偿实践模式探析[C].中国水污染控制战略与政策研讨会暨环境经济学分会2010年学术年会.2010,12.

[47]俞俏萍.论绿色信贷机制的构建[EB/OL].http://www.cuew.com/zz/news.asp?id=313,2010-10-11

[48]董战峰,王金南,葛察忠,等.中国环境责任险实践评析和政策路径//中国环境政策(第六卷)[M].北京:中国环境科学出版社,2009:196-212.

撰稿人:李红祥　李　娜　曹　颖

环境管理学科发展报告

摘要 "十一五"期间,我国环境管理相关领域,特别是在环境行政管理方面的政策、手段以及相关理论研究上取得了较大进展。本文梳理与回顾了环保行政管理体制研究领域、污染减排政策措施的实践与相关研究以及城市环境管理研究领域的进展。主要内容包括:

1)在环保行政管理体制方面,2008年国务院组建环境保护部,强化了参与国民经济和社会发展决策及宏观调控的职责,环保体制机制和能力不断健全和加强。同时,环境管理体制存在的主要问题得到了较为广泛与深入的研究,地方环保行政管理体制的改革与创新措施层出不穷。

2)在污染减排研究领域,围绕污染减排重点,国家及地方污染减排政策理论研究取得进展,为建立健全污染减排政策体系提供了重要基础和依据。

3)在城市环境管理领域,在国家节能减排及总量控制工作不断深化,加强城市环境基础设施建设和运营管理,实施分类指导和城乡一体化的城市环境管理思路,继续深化"城考"和"创模"等方面,进一步促进了城市环境管理理论、新方法和新技术的探索与实践。

本文总结上述环境管理相关领域的研究进展,并提出了其未来研究重点与战略需求。

一、引言

环境管理是指国家运用行政、法律、经济、教育和科学技术等手段,以达到环境保护目的的措施。环境管理是国家环境保护部门的基本职能,其任务在于协调社会经济发展与环境保护之间的关系。在"十一五"期间,党中央、国务院把环境保护摆上更加重要的战略位置,提出了建设生态文明、推进环境保护历史性转变等一系列新理念新举措,为环境保护提供了政治和制度保障。

《国民经济和社会发展第十一个五年规划纲要》提出了"十一五"期间主要污染物排放总量减少10%的约束性指标,即到2010年,全国化学需氧量由2005年的1414.2万t减少到1272.8万t,二氧化硫排放量由2549.4万t减少到2294.4万t。为实现污染减排约束性目标,2007年国务院印发《节能减排综合性工作方案》,提出了45条具体工作安排,污染减排成为"十一五"环境管理工作的重中之重。2008年,国务院组建环境保护部,强化了环保部门参与国民经济和社会发展决策及宏观调控的职责。环保体制机制和能力的不断健全和加强,环保部门地位的不断提升,全面推动了环保工作的不断开展,进入了经济和社会发展的主干线、主战场和大舞台。

"十一五"时期是扎实推进历史性转变的重要时期。环境保护在转变经济发展方式、推动产业结构调整、实现科学发展和可持续发展中发挥了基础性、导向性和关键性作用,环境管理的政策与手段在这一过程中得到了发展与完善,其中,特别是城市环境管理、污染减排措施发挥了重要作用。目前,我国已经建立了环境保护目标责任制、城市环境综合整治与定量考核制度、创建国家环境保护模范城市制度、城市空气质量报告制度等多项城市环境管理制度,这种独具中国特色的城市环境管理模式经过"十一五"期间的不断创新和完善,进一步趋于科学和合理,在防治城市工业和生活污染、加强城市环境基础设施建设、改善城市环境方面起到了积极的推进作用。随着国家节能减排及总量控制工作的不断深化,对环境管理的系统性、科学性、可操作性的要求也在逐步提升,进一步促进了环境管理新理论、新方法和新技术的探索与实践。在此阶段,与污染减排相关的环境政策领域进入了重要发展阶段,相关政策研究也取得重要成果,为不断健全和完善环境污染减排政策提供了重要基础,在污染减排中发挥了重要作用,成为我国环境保护政策体系中不可缺少的重要内容。

在上述环境管理政策与手段不断创新的同时,我国的环保行政体制改革也不断深入,特别是地方环保行政体制的改革与创新层出不穷,传统的环保分级管理体制、环保部门统一监督管理职能的实现等方面都进行了不同程度上的改革与创新。

环境管理所涉及的范围比较宽泛,本报告主要阐述环境管理中有关城市环境管理、污染物减排管理、环境行政管理体制等相关领域的研究进展,并提出了上述有关方面的战略需求与未来研究重点。

二、环境管理体制研究进展

在严格的学科意义上,环境管理体制并非一个独立学科,而是综合了环境科学与管理学等相关内容的综合性研究范畴。近年来,我国环境管理体制的研究在数量上持续增长,以在中国期刊网上的检索结果为参考,将"环境管理体制"作为关键词在中国期刊网进行主题检索,1989 年为 3 篇,1999 年为 9 篇,2009 年为 73 篇。在文献数量持续增长的基础上,其研究内容上涉及环境政策、公共管理与环境法等多个研究领域。环境管理体制研究趋热的现象主要源于环境管理实践中管理难题日益凸显。近年来我国环境问题日益突出,环境形势日益严峻。特别是经历了"十一五"时期的保持经济平稳较快发展,环境保护与经济增长的深层次矛盾日益凸显,环保行政管理的体制机制性障碍已经成为制约环境行政管理能力的重要因素。环保部环境与经济政策研究中心于 2010 年针对我国地方环保干部的问卷调查显示,受访人员在对环保部门监管影响最大的因素认识上,将行政体制因素排在第一位。环境管理体制虽然不是一个独立的学科,但是作为一个综合性的研究范畴,环境管理体制已经成为我国环境管理不可或缺的重要研究内容之一,对于我国环境科学的学科发展愈加重要。基于上述考虑,本报告将环境管理体制作为学科发展报告的内容之一。环境管理体制有多种不同称谓,比如环境监管体制、环境保护管理体制、环境保护行政管理体制等。根据现有研究对环境管理体制概念的界定,对环境管理体制的研究有广义与狭义之分,广义的环境管理体制是指国家环境行政管理组织结构的设置、管理权限的分配、各机构职权范围的划分以及职权运行方式和机制。其核心是环境管理机构的设置、各机构职权范围的划分与协调、职权运行的方式[1]。广义的环境管理体制研究包括立法机构、司法机构与相关的环境与资源管理机构的体制机制问题。为了全面反映环境管理体制研究领域的研究进展,本报告将广义与狭义的环境管理体制研究均纳入本报告范围之内。

(一)主要研究进展

1. 地方环境管理体制的相关研究

2008 年国务院机构改革设置环境保护部以来,地方环境管理体制的有关问题得到较多关注,讨论的问题主要为在地方政府层面存在的环保监督执法较为薄弱现象,环境监管权威弱化、监督执法不力等问题。研究从外部性、组织行为、利益博弈或一般性的制度分析等不同角度对于地方政府与环保部门的关系、中央与地方在环保事务上的关系以及地方政府之间的关系进行剖析。

曾贤刚等详细分析了影响地方政府环境与经济综合决策的主要因素,论述了建立保障地方政府环境与经济综合决策制度的体系和方法[2]。吴舜泽等指出我国县级环境监管存在编制不足、执法经费不足等现实问题,并提出应当明确县级环境监测、监察机构定位,加强县级环境监管能力建设、人才培养与经费保障等应对措施[3]。张凌云与齐晔将地方政府视为理性人,指出现有的政治激励和财政约束往往导致地方政府在环境监管中出现无动力和无能力局面,并提出改革建议,包括优化政绩考核机制,实行环境监测统一管理以及建立财政专项预算保证环境管理资金[4]。曹葵等通过对地方政府效用目标函数的建立,认为地方保护主义是造成我国环境污染严重的重要因素,提出改革现行地方政府干部考核制度等建议[5]。环保部环境与经济政策研究中心提出,现行的绩效考核体系与分级管理的组织结构相结合,形成了牢固的政策执行阻滞机制,从而影响中央环保政策法规在地方的贯彻执行。

2. 环境管理体制改革的相关研究

2008 年国务院机构改革组建环境保护部,我国环保行政主管机构的机构地位得到较大提升,管理职能得到明确加强,编制得到相应增加,这些改革措施在一定时期内对我国环境管理发挥了较为明显的促进作用。但是,随着我国经济社会的不断发展,环境形势日益严峻,现行的环境管理体制仍然存在诸多问题,难以满足环境管理的现实需求,环境管理体制改革是环境管理体制研究的重要内容之一。

近年来的环境管理体制改革研究一般是从较为宏观的层面回顾我国环境管理体制建立发展的历史阶段,分析我国环境管理体制存在的主要问题,并提出环境管理体制改革的政策建议。齐晔等提出地方政府监管体制中的问题主要为环境监管无动力、无能力、无压力,提出尝试监测体系直管、环境信息公开,财政专项预算、保证环境管理资金和简化环境指标、严肃政绩考核机制的政策建议[6]。宋国君等提出"三级两层"的中国环境管理体制框架,并提出要建立中央政府负更多责任的环境管理体制[7,8]。夏光指出应该在环保部内部增强综合决策所需的机构安排和资源配置,形成一支先进的环境保护谋略力量,增强环保部参与国家综合决策的能力[9]。马中等提出要加强国家环境保护决策的权威性,统一环保监管的效率,明确各相关部门环保职责,强化各级地方政府环保责任[10]。环保部环境与经济政策研究中心总结了我国地方环保垂直管理体制改革与地方环保大部门体制改革的基本情况,并提出在体制纵向结构上强化中央环保监管权威,在体制横向结构上探索大部门体制改革路径等政策建议。中国环境宏观战略研究中的体制保障部分从更为广泛的立法、司法与行政管理方面分析我国环境管理体系中存在的主要问题,提出我国环境管理体制改革的战略目标与改革路径。沈晓悦等分析我国环保行政体制的问题与改革存在的主要障碍,提出建立强而善治的环保行政体制[11]。曹国栋基于组织结构设计的基本原理,剖析 2008 年机构改革后我国环境行政组织设置状况,提出以职能有机统一和权力合理运行为核心的环境管理体制改革路径[12]。此外,地方环保垂直管理的利弊因素也在一定程度上得到讨论[13-15]。

其次,有研究对环境事权划分做出了初步研究。苏明提出我国环境事权划分的基本原则以及政府间环境事权划分框架[16]。刘军民在研究我国市场经济体制下不同主体间的水环境保护事权分类属性、责任主体与承担机制的基础上,提出多级政府间水环境保护事权划分框架[17]。

3.流域与区域环境管理体制相关研究

流域与区域环境管理体制的研究一般从建立协作机制的角度出发,认为应当在制度上吸纳多个部门和社会力量参与,并引入不同的政策手段和调控机制。世界银行《解决中国水稀缺:关于水资源管理若干问题的建议》认为中国水管理体制薄弱,建议中国设立国家水资源管理委员会和重组各流域管理委员会[18]。施祖麟等通过对江浙边界水污染治理的实证研究,提出解决跨行政区水污染治理较为可行的方案[19]。王灿发基于淮河治理的经验和教训,提出专门立法、建立良好工作机制、流域管理和区域管理相结合等建议[20]。王资峰对我国流域水环境管理中的中央与地方关系、地方政府间关系进行分析,提出流域水环境管理体制改革应当提高中央权威链条强度,并推进目标导向的组织结构重塑等[21]。杨妍与孙涛分析地方政府环境治理合作机制的特点,并提出完善法制体系,建立合作行政,达成政府间横向合作等[22]。万薇与张世秋等在总结我国区域与流域环境管理与合作现状的基础上,提出应当从合理划分区域、合理制定环保目标、明确责任协调利益等方面构建区域环境管理与合作机制[23]。此外,对于建立在流域环境经济复合系统基础上的流域综合管理与差别化管理中涉及的体制机制问题也得到了一定探讨[24]。

4.农村环境管理体制相关研究

我国的农村环境管理体制非常薄弱,在经济较为发达的地区,农村的面源污染问题较为严重,为了解决农村环境管理问题,地方政府开展了多种多样的管理体制上的探索与创新。比如,浙江省人民政府结合县乡机构改革,通过县级环保部门向乡镇集中或分片设立派出机构,建立起乡镇环保监管制度。江苏、山东等地在试点县级环保部门向乡镇分片设立派出机构的同时,又进一步在乡镇政府中设立了专职环保机构或专职人员。在环境管理实践创新的同时,农村环境管理体制近年来成为研究的重要内容之一,研究内容主要为乡镇环保机构的建设及其运行机制。刘侃等运用社会网络理论中的结构洞概念,指出我国现有环境管理体系在乡镇一级存在结构真空,导致农村环境管理效率低下,并提出应当加强乡镇政府人力财力配备,完善农村环境信息自下而上申报体系等结论建议[25]。宋国君等指出农村水环境管理机构基本空白,根据政府干预程度的差异,提出农村水环境管理体制的分类[26]。

(二)环境管理体制研究的主要结论及对策建议

近年来的相关研究普遍认为,我国环境管理体制存在的主要问题为,国家环保决策的权威性较为薄弱,环保部门统一监管职能难以有效实现。特别是现行的以 GDP 为主要指标的绩效考核体系以及环保分级管理的组织结构是地方环保执法监督不力的主要原因,并从明确职责划分、完善政府绩效考核体系、改进有关地方政府环保责任的法律规范、加强基层环保机构监管能力建设等方面提出相关政策建议。

研究提出的对策建议可从宏观与微观层面理解。在宏观层面上,对于环境管理体制改革的建议主要为建立环境管理部门的协作机制以及强化地方政府环境保护责任等。在微观层面上,主要包括,应当明确基层环境监测、监察执法机构定位,加强基层环境监管能力建设等。

(三)环境管理体制研究的战略需求以及未来重点研究方向

环境管理体制的研究源于实践,并指导实践。就近年来我国环境管理体制的研究进展看,无论是地方环境管理体制的研究,抑或宏观性的体制改革研究以及区域、流域、农村环境管理体制的研究等,基本上都与我国当前环境形势对于环境管理体制提出的现实需求密切相关。环境管理体制的现实需求,来源于环境保护与经济发展之间所具有的天然内在张力暗中推动。我国未来一段时期环境管理体制研究的重点应当以当前以及未来一段时期内环境管理面临的突出现实问题为基本依托。基于近年来的研究进展情况、环境管理体制改革的实践需求以及未来一段时期内环境管理面临的现实问题,环境管理体制研究需要着重以下方面。

1.环保事权划分研究

环境管理体制的现有研究主要通过政府行为分析、利益博弈分析等呈现部门间、政府层级之间的关系,侧重于从机构的动态运行方面分析现有体制存在的主要问题。但是,对于环境管理部门以及不同层级政府的环境管理职能与具体环境管理事权划分方面的研究较为薄弱。环保事权划分是明确中央与地方环保职责、环境管理部门间职责划分、财权归属的基本依据。目前我国对省以下各级政府的环保事权划分尚未有明确界定。国务院《关于实行分税制财政管理体制的决定》(国发 1993 第 85 号)对中央与地方政府事权划分做了具体规定,并未对省以下各级政府的事权做出明确界定。这易于造成未来地方环境管理体制改革过程中缺乏规范性的现象,影响改革效果。没有清晰的事权划分框架将会较为严重地影响到我国未来地方政府层面的环境管理体制改革的规范性,降低改革措施的针对性,影响改革效果。以环保垂直管理改革为例,据不完全统计,目前全国已有约 200 个基层(市以下)环保行政机构开展了环保垂直管理改革。改革过程中出现的一个突出问题是,由于欠缺统一的中央与地方环保事权划分,改革缺乏规范性。垂直管理改革之后如何重新构建基层环保部门与地方政府之间的关系,环保干部双重管理的现行规定与垂直管理改革中干部管理权上收的关系应如何处理;在目前分级管理、分灶吃饭的财政体制下,中央与地方的环保行政管理的财权、环保专项资金的分配等如何划分等,这些问题都有待规范。

2.环境管理体制绩效评估研究

近年来的环境管理体制研究较为关注当前我国环境管理体制暴露的突出问题,一般通过对现行管理体制的描述,分析其中的问题,从政策研究的角度提出改进建议和对策。较少有研究运用特定分析工具对环境管理体制现状进行系统总结与分析,对于环保行政体制改革实践的现实归纳与理论总结均显不足。应当注重对改革实践的理论总结,开展环境管理体制绩效评估研究,明确我国环境管理体制在职能履行、编制总额、体制结构上的绩效情况,以"统筹协调,宏观管理,监督执法,公共服务"四项环保行政管理职能为重点,评估现行环保行政管理职能在决策、执行、技术支持和公共服务等方面的作用,识别存在的问题,找到未来改革的重点方面和突破口。

3.环保行政组织结构研究

结构是行政组织系统的基本框架[27],其最基本的问题是,公共服务是如何组织起来执行它所赋予的任务的[28]。我国的环保行政组织结构主要包括两方面内容,第一,环境行政管理职能的组织方式,即环保行政主管机构与其他有关管理部门之间的分工协作方式、职权职能划分等,其核心是部门间关系问题,此为体制的横向结构。第二,环保行政管理机构职权责任的分配方式,是纵向分工形成的行政组织的层级制,主要包括环保行政主管机构内部上下级之间、环保行政主管机构与同级人民政府之间的权责关系等,其核心是中央与地方的关系问题,此为体制的纵向结构。改革进程绝大多数的改革措施基本上没有涉及决策、执行与监督的权力关系的构建,改革效果存在较大局限,进一步探索环境管理体制中决策、监督与执行的关系是未来环境管理体制研究的重点内容之一。

三、污染减排政策研究进展

污染减排政策包括以行政手段为主的环境管理性政策,也涉及以市场机制为主的环境经济政策。本部分以"十一五"污染减排管理政策相关研究及应用为重点进行评估。

(一)污染减排管理政策研究进展

"十一五"期间实现污染减排目标是环境管理工作的重中之重。围绕污染减排重点,国家及地方污染减排政策理论研究取得进展,为建立健全污染减排政策体系,成为污染减排工作的重要基础和依据。

1.主要研究项目进展

(1)综合性研究

国家层面:2007年国务院印发《节能减排综合性工作方案》,提出了45条具体工作安排。2006年中国环境与发展国际合作委员会支持设立了《实现"十一五"环境目标政策机制研究》课题组,并于2008年完成。该课题对中国污染减排形势进行了诊断分析,对污染减排政策进行比较系统的分析与评估,提出了"十二五"污染减排的战略建议。该课题是污染减排政策研究中最为全面、系统的研究之一。

2008—2009年,环保部环境与经济政策研究中心开展了《污染物总量减排政策研究》

项目,对污染物减排政策进行了梳理和实效评价,提出推动"十二五"污染减排工作的建议。

中国农业科学院农业经济与发展研究所黄德林博士完成的《农业环境污染减排及其政策导向》项目,立足于农业环境污染减排及其政策导向,模拟了我国农业环境污染发展的趋势特征,系统比较了国内外农业环境污染减排技术及其政策导向,测算了我国农业化肥、农药不同模式下的减排环境成本,由此提出我国农业环境污染减排的政策导向。

地方层面:山东省环境保护科学研究设计院谢刚,沈浩松等完成的《山东省环境形势预测与污染减排对策研究》(2006年),预测分析了山东省"十一五"期间的环境形势,提出8项污染减排对策,并设计相应的量化考核指标。此外,该项目提出了采用"环境基尼系数法"进行修正的主要污染物总量分配方案,并设置十类环保重点项目和五大保障措施,确保了污染减排对策的可行性和指标的可达性,为山东省"十一五"期间环境政策决策奠定了技术基础。

(2)重点专题研究

1)环保绩效考核。关于领导干部或地方政府环保绩效考核制度,有许多研究成果,主要如表1:

表1 关于领导干部或地方政府环保绩效考核制度的研究成果

序号	题名	作者	作者单位	发表时间
1	地方政府环保绩效考核制度研究	薛冰	中国海洋大学	2009-12-01
2	地方政府环保绩效考核制度研究	金栋	上海交通大学	2008-06-05
3	建立健全我国政府环保绩效考核机制的路径分析	王佳纬;屠瑾	上海师范大学上海法政学院	2007-01-30
4	政府环境绩效评价研究	刘琳	华东师范大学	2008-05-01

信息来源:中国知网

2)区域限批。区域限批是"十一五"污染减排的重要制度之一,就此制度有不少研究成果,具体如表2:

表2 关于区域限批制度的研究成果

序号	题名	作者	作者单位	发表时间
1	区域限批制度研究	吴治兵	中国地质大学	2010-05-01
2	探究"区域限批制度"存在的法律问题	李金森	福州大学法学院	2008-03-05
3	区域限批制度探析	张顼	华东政法大学	2010-04-26
4	区域限批制度的法律解读	曹树青	安徽省社科院法学所;武汉大学中国中部发展研究院	2009-04-24
5	区域限批制度研究	吴治兵	中国地质大学	2009-09-10

续表

序号	题名	作者	作者单位	发表时间
6	我国水污染防治法的制度创新及对环境保护法修改之启示	夏少敏;张卉聪	浙江林学院人文学院	2010 - 01 - 10
7	江苏省太湖污染防治法律适用的若干问题——以法律规范冲突为中心	朱谦	苏州大学法学院	2008 - 10 - 01
8	节能减排目标责任制法律问题研究	曹炜	华东政法大学	2011 - 04 - 20
9	农村工业污染法律问题研究	王龙生	江西理工大学	2009 - 12 - 01

信息来源:中国知网

2. 主要政策成果概述

综述以上污染减排政策研究,重点分析了污染减排政策的成效、难点、问题和障碍,相关主要研究结论如下:

污染减排已成为转变经济发展方式的突破口和重要抓手。环境问题是经济社会问题的综合表现,环境问题必须放在社会经济大系统中予以解决,必须从整个社会经济的层面讨论减排指标的内涵,采取综合手段,着力解决社会经济与环境系统之间的系统性、协调性、平衡性、持续性问题,而不是"头痛医头、脚痛医脚"。污染物排放指标直接反映经济运行的质量,因此,污染减排目标实现必须以经济发展模式转变为前提。[29]

污染减排工作已成为调整经济结构、转变经济发展方式的突破口和重要抓手,从而进一步提高经济发展的稳定性、协调性和可持续性。也就是以污染减排为重点和突破口,通过主要污染物排放总量的控制和下降,缓解随着经济社会发展不断增大的环境压力,进而以环境质量的不断改善扩大环境容量,增强环境承载能力,推动经济发展方式的转变。

(1)明确污染减排考核的责任主体

研究项目普遍认为,要构建包含污染减排、环境质量改善等各项指标的科学、良性、绿色地方官员政绩考核指标体系,把节能减排指标放在第一位,完不成节能减排指标的,应切实控制经济增速和增量。在污染严重地区严格实行污染减排"一票否决"制度,对于国家确定的限制开发和禁止开发地区,取消 GDP 考核的硬性要求。国资委管理的国有企业应带头实施节能减排优先评价体系。

(2)减排政策执行力不足以支持持续的污染减排

实现"十一五"环境目标政策机制研究课题组从以下方面提出了减排政策执行力不足,不能有力支持持续污染减排的观点。

1)污染物排放总量控制法规缺失。实行污染物总量控制、排放申报和许可证是发达国家比较常见的环境管理制度,法律要求企业和个人诚信申报。然而,长期以来,我国许多企业不能如实申报污染,企业污染物排放状况变数颇多。我国污染物排放总量控制已经实施十多年,但到目前还没有综合的污染物排放总量控制管理和排污许可证管理法规。

2)污染物排放标准制订和实施体系存在明显的制度缺陷。长期以来,地方性排放标准发展不足,全国性排放标准难以满足各地的特殊要求,部分行业排放标准没有及时修改,难以适应不断提高的环境要求,往往出现项目竣工之时就是改造淘汰之日的现象。

3)部分国家政策导向与污染减排要求相冲突。虽然国家节能降耗信号释放清楚,但由于人为扭曲,能源环境压力没有完全转变为价格信号和更严格的执法。一方面强调转变经济发展方式,另一方面又习惯于通过行政干预维持资源依赖型增长,抑制市场机制作用。

4)管理政策需要根据污染减排要求重构。虽然目前污染减排控制目标是总量控制,但是,因为对总量目标没有约束性对策,对污染物的控制实际上还是深度控制,造成了建设工程竣工验收时不管总量,只管浓度。限期治理制度还是基于浓度标准而不是区域性的总量削减要求。新建项目环境影响评价中,总量控制也与区域污染减排指标脱钩。

(3)以末端治理为主的污染减排政策调控作用有限

《污染物总量减排政策研究》项目提出,污染减排政策尚以末端治理为主,对于经济增长方式转变的作用未能根本体现。从"十一五"减排的措施来看,大多数实行的末端治理手段,虽然清洁生产在一定范围内也得到了应用,但其离促进经济发展方式的转变要求还相差甚远。《大气污染防治法》尚未根据污染物减排需要进行修订。《排污许可证条例》等污染减排的配套法规尚未制订出台,使总量控制指标的分配缺乏法律依据,对企业完不成减排任务缺乏约束和制裁。

(4)加快污染减排配套政策体系建设

多项研究提出,应建立和完善污染减排指标体系,应考虑地方环境质量改善情况,将其他污染防治指标、环境质量指标等总量减排响应指标进一步分解、统计、考核;应加强污染减排监测和统计能力及相关制度建设,明确统计核算制度,加强监督管理制度建设。

(二)污染减排政策研究成果应用情况

污染减排是一项涉及面广、技术性强的综合性、系统性工作,对政策层面的支持有很高的要求。总体上看,我国在污染减排政策方面开展的相关研究,找准了污染减排工作的热点和难点问题,对推动我国污染减排工作发挥了一定的基础作用。成果应用主要体现在以下方面:

1.明确并落实污染减排责任

环保工作是否有成效,关键在于明确责任抓落实。主要政策做法包括:

1)层层分解减排指标,落实减排责任。首先,国务院与环境保护部门签署污染减排责任书。其次,经国务院授权,自2006年5月始,原国家环保总局代表国务院与各省级政府陆续签订了"十一五"二氧化硫总量削减目标责任书、化学需氧量总量削减目标责任书、节能目标责任书、关闭小火电目标责任书和淘汰落后钢铁产能目标责任书。各省(自治区、直辖市)又将减排指标分解落实到地市和重点排污单位。

2)落实严格的问责制和"一票否决制"。对未实现年度减排目标或未按照要求完成减排工程建设任务的或三大体系建设和运行情况较差的地方或企业,采取"区域限批"、停止安排中央排污费补助资金、撤销环境保护或环境治理方面的荣誉称号、扣减电价款、追缴排污费等行政、经济处罚手段,并按照有关规定实行责任追究和"一票否决制"。

2.健全和完善污染减排配套政策

1)完善有关法律法规,使污染减排工作不断沿着法制化、规范化的方向推进。把污染减排工作中实施的不少政策措施上升为有关法律条款,如修订后的《水污染防治法》在更高立法层次上,明确了重点水污染物排放实施总量控制的有关规定。《规划环境影响评价条例》明确主要污染物超总量排放施行"区域限批"的处罚规定。河北省颁布了《河北省减少污染物排放条例》,将污染减排上升到了地方性法规层面,在全国尚属首创。

2)积极探索一套科学、可量化的评价考核体系,保证了污染减排不落空。《主要污染物总量减排统计办法》、《主要污染物总量减排监测办法》、《主要污染物总量减排考核办法》和《主要污染物总量减排核算细则(试行)》、《主要污染物总量减排监察系数核算办法(试行)》、《关于加强城镇污水处理厂污染减排核查核算工作的通知》和《关于加强燃煤脱硫设施二氧化硫减排核查核算工作的通知》等制度办法构成了一个科学、可量化、逻辑严密的评价污染减排工作的考核体系,使污染减排走上了可判断、可预见、可操作的规范化道路。

3)完善环境经济政策,建立污染减排的长效机制。环保部会同有关部门,颁布实施了一系列财政、价格、金融、税收、贸易等环境经济政策措施,有力地推动了减排工作。

4)建立了大气污染区域联防联控机制。借鉴保障北京奥运会空气质量成功经验,完善推广污染减排联防联控工作机制,协调解决区域和城市污染减排的重大问题。把污染减排置于跨部门、跨领域、跨行业的视野中来对待,有利于污染减排措施的落实,有助于减排目标的实现。

(三)污染减排政策研究及应用中的突出问题

"十一五"污染减排工作得到国家和地方各级政府和全社会的高度关注,取得突破性成效,但从推动污染减排的政策和长效机制方面看,还存在诸多问题。

1.污染减排基础理论和政策研究严重不足

污染减排是以总量控制和区域资源环境承载力为基础的,与地区经济社会发展密切相关,然而,由于缺乏经济社会发展与环境承载力和总量控制目标间关系的基础性研究,缺乏以此为依据的政策分析,污染减排目标、不同地区的任务分解目标等缺乏科学依据,有时不得不采取"一刀切"式的管理目标和政策规定,忽视了区域差异和行业特征。特别是全国很多地区在"工业污染源的治理"、"区域限批"以及基于环境容量的环境治理等方面进行了大胆的尝试,但其薄弱的工作基础与减排压力、环境治理的复杂性、艰巨性相比仍极不匹配。

2.污染减排管理体制与配套政策研究不足

"十二五"期间污染减排将进入新的发展时期,建立污染减排的长效机制是"十二五"期间推进减排工作的重点。"十一五"期间污染减排在建设长效机制上还存在不足之处:一是污染减排政府管理体制不够清晰,职能存在交叉,一些政府部门认为污染减排就是环保部门的责任;二是社会各界参与污染减排的途径与政策尚未建立;三是污染减排较多依靠行政手段,市场手段作用发挥不够。以上方面均缺乏统的研究,决策科学依据不足。

(四)污染减排政策发展趋势及展望

"十二五"是我国全面实现小康社会目标的关键时期,也是我国经济实现战略转型的重要时期,在这期间,将污染减排工作作为一项战略任务继续推进和不断深化,对实现国家环境保护目标,全面改善环境质量具有举足轻重的作用。为此,应进一步强化污染减排政策研究,为全面实现"十二五"污染减排目标发挥作用。

1. 研究制订国家层面污染减排法规,明确政府在污染减排中的法定责任

在国家层面,应以《环境保护法》、《水污染防治法》和《大气污染防治法》上位法为依据,抓紧制定《污染物总量控制和减排条例》,进一步细化和强化各级政府污染减排的责任,明确企业、社会团体和公众在污染减排中的责任,建立责任追究制度;将一批污染减排中行之有效的一些政策措施上升为法律制度,使污染减排有法可依。此外,还应对与污染减排密切相关的法律制度进一步完善,促进法律间的协调与配合。

2. 开展"十二五"污染减排重点政策模拟与评估支持研究

建立一套以经济学分析方法为基础的政策分析技术系统,针对"十二五"污染减排等重点环境政策进行预测、模拟和诊断,将过去定性的政策研究方式转变为宏观研究与微观研究结合、经济分析与社会分析结合、定性与定量研究结合,具有可重复、可调整、可计量等特点的环境政策研究方式;通过建立一套环境政策分析与评估系统,全面提高我国环境政策和决策支持能力。

3. 开展污染减排的政府管理体制与社会参与机制研究

污染减排涉及全社会,应通过相关研究,建立和完善污染减排的部门分工负责体制和协调机制,进一步明确各级政府部门以及政府各相关部门在污染减排中的职能与作用,减少因定位不清,职责不明导致的相互推诿、扯皮现象,形成上下协调、左右配合、综合决策的格局;开展污染减排社会参与机制研究,研究政府、企业和公众参与污染减排的责任与机制。

四、城市环境管理领域研究进展

城市环境管理是环境管理学的重要研究范畴之一,也是现代城市管理的重要内容。城市环境管理是对城市环境复杂巨系统的综合管理,在管理方式上是专业管理与行政区管理的互补,在管理手段上是政府宏观调控与微观市场调节的有效融合。

本部分重点阐述了我国城市环境管理研究与制度建设的进展,并给出中国未来城市环境管理研究的发展战略需求及制度创新的对策性建议。

(一)城市环境管理领域主要研究进展

1. 城市环境管理经济手段研究

夏龙河运用定量分析的方法,为环境监管部门运用经济模型分析采用何种经济手段

进行城市环境管理提出了有益的建议[30]。

刘新斌阐述了在城市环境管理中运用经济手段的必要性和重要性,并提供了城市环境管理中一些具体可操作的经济手段类型[31]。

苏美蓉等将一些经济方法与法律、行政、技术、教育等手段相结合,建立了一套完整的生态城市环境管理经济方法,并以厦门市九龙江流域生态补偿为案例,简要分析了该方法体系实施后的效益[32]。

2. 城市环境管理技术手段研究

张毓等将基于 GIS 的空间决策支持概念引入到城市环境管理研究,为城市环境保护信息化系统的建设提供了一条新思路[33]。

邱木清的研究指出将"3S"(遥感、地理信息系统、全球定位系统)技术运用于城市环境管理过程,可以实现数据的快速获取、运算及处理、高精度目标定位、空间与瞬时模拟和区域发展规划决策,有利于城市管理和决策的科学化和现代化[34]。

孙贻超等指出地理信息系统(GIS)技术可用于城市环境规划与决策、环境监测、环境评价、环境模拟与预测等方面的环境管理工作,是实现城市可持续发展有力的技术支持[35]。

李琛分析了地理信息系统(GIS)在蚌埠市环境管理与环境决策等方面的应用现状、目前存在的问题以及未来的应对策略,为其他中小城市的环境管理信息化工作提供了一定借鉴[36]。

张璐等从矿业城市环境污染的特点出发,在 GIS 和 RS 技术的支持下,对建立矿业城市环境管理信息系统的理论进行了初步的探讨和研究[37]。

3. 城市环境管理公众参与研究

李泽楼指出我国现行的政府单一主导的城市环境管理体制存在缺陷,应当向社会多重角色的合作治理转变,重新界定政府职能,提高政府环境管理事务的效率,同时发展非政府组织和其他社会团体,从而构建城市环境管理多重角色的参与与合作体制[38]。

郝慧通过分析公众参与环境保护的内涵与理论依据,说明了环境保护中公众参与的必要性[39]。

黄文芳以上海杨浦区为例,对当前城市环保工作中公众参与现状进行梳理,剖析了公众参与机制运行中存在的瓶颈及其原因,并提出推进公众参与机制不断完善的可能空间及其相应的外部制度环境建设[40]。

4. 城市环境管理体系及环境管理典型模式研究

李蕾指出"城考"与"创模"是推进我国城市环境管理的有效举措,为有效、整体地推动全国城市环境保护工作,必须继续完善城市环境管理的约束机制和激励机制,以"城考"和"创模"为抓手,按照"抓两头,带中间"的基本原则,分级管理,全面推进[41,42]。

李颖明等指出城市环境管理运行系统包括专业管理子系统、监督检查子系统、综合协调子系统,并进一步研究了三个子系统在横向管理与纵向管理的框架体系中形成的运行机制,为我国城市环境管理系统的构建及运行提供了借鉴[43]。

冯东方等指出了新时期城市环境存在的主要问题,并提出一些城市环境管理对策和建议[44]。孙浩轩等分析了城市环境污染的主要原因,并提出加强城市环境管理的建议[45]。

佘雁翱等探讨了在城市化过程中,城市新区面临的生态环境问题和环境管理的不足,并构建了以社会调控机制为推动力、以 PDCA 循环为持续改进模式的城市新区环境管理模式[46]。

(二)城市环境管理制度建设进展

经过近 40 年的探索和实践,我国在防治城市环境污染,改善城市环境质量方面,已经建立了环境保护目标责任制、城市环境综合整治与定量考核制度、创建国家环境保护模范城市制度、城市空气质量报告制度等多项城市环境管理制度。"十一五"期间,这种独具中国特色的城市环境管理模式经过不断地创新和完善,进一步趋于科学和合理。

1.环境保护目标责任制

环境保护目标责任制是以法律形式确立的环境保护制度。我国《环境保护法》明确规定:"地方各级人民政府,应当对本辖区的环境质量负责,采取措施改善环境质量。"环境保护目标责任制以签订责任书的形式,规定省长、市长、县长在任期内的环境目标和任务,同时,省长、市长、县长等再以责任书的形式,把有关环境目标和任务分解到政府的各个部门,并作为对其进行政绩考核的内容之一。

"十一五"时期环境保护目标责任制制度得到进一步完善。2007 年发布了《国务院关于印发国家环境保护"十一五"规划的通知》,指出"建立环境保护目标责任制,加强评估和考核",将"实行环境目标责任制"列为"着重落实三项环境管理制度"之一。《通知》进一步明确了对实行环境保护目标责任制的要求:一是通过实行环境目标责任制,把"十一五"环保目标和任务分解到各级政府,层层抓落实;二是建立环境管理绩效考核机制,把环境保护纳入经济社会发展评价体系;三是制定科学的评价指标,纳入党政干部政绩综合评价体系;四是建立环境保护问责和奖惩制度,严格执行《环境保护违法违纪行为处分暂行规定》,夯实了环境保护目标责任制在环境管理制度体制中的突出地位[47]。

2.城市环境综合整治与城市环境综合整治定量考核

城市环境综合整治是指在城市政府的统一领导下,通过法制、经济、行政和技术等手段,达到保护和改善城市环境的目的。"十一五"期间,随着我国经济社会的快速发展、城市化水平的不断提高以及环保工作在全国范围内的不断推进和深入,"城考"制度也在不断改革完善。2006 年,原国家环保总局发布《关于印发〈"十一五"城市环境综合整治定量考核指标实施细则〉和〈全国城市环境综合整治定量考核管理工作规定〉的通知》,不但解决了"十五""城考"工作在方式方法和指标考核设置等方面存在的一些问题,还进一步规范了基础性工作,加强了审核和抽查,从而强化了"城考"的制度化建设[48]。另外,"城考"中首次增加了"公众对城市环境保护的满意率"指标,使"城考"与老百姓的日常生活更加贴近。

3.创建国家环境保护模范城市

"十一五"期间,环境保护部(原国家环境保护总局)分别于 2006 年和 2008 年印发

《"十一五"国家环境保护模范城市考核指标及其实施细则》、《国家环境保护模范城市创建与管理工作规定》(环办[2006]40号)和《"十一五"国家环境保护模范城市考核指标及其实施细则(修订)》的通知(环办[2008]71号)。新指标体系涵盖了城市的经济、社会、资源、人口及环境容量、污染控制、环境建设和环境管理等各方面内容,更加注重环境质量,突出污染减排等工作重点,在指标限值、考核要求与考核范围方面都有较大调整,对地表水和空气环境质量、城市环境基础设施建设、集中式饮用水水源地、工业企业稳定达标等方面提出了更高要求[49],从而保证了模范城市的先进性和示范性,体现了"创模"活动的与时俱进。

4.城市空气质量报告制度

"十一五"期间,实施环境空气质量日报制度的城市数量得到较大扩展,目前,全国113个国家环境保护重点城市全部实施了环境空气质量报告制度,并有部分城市开展了空气质量预报工作。2008年,环境保护部办公厅发布"关于征求国家环境保护标准《城市空气质量日报和预报技术规定》(征求意见稿)意见的函"(环办函[2008]672号),对城市空气质量日报和预报作了详细技术规定,并进一步为防治城市空气污染、改善环境质量、提高城市环境管理水平提供了技术保障。

(三)城市环境管理研究的发展战略需求

随着城市化水平的快速提高和城乡一体化进程的逐步加快,我国城市环境问题日益复杂,使得与之相适应的城市环境管理研究无论从研究手段、管理模式到制度建设都要进行相应的创新与完善。但纵观"十一五"时期的相关文献资料,具体针对城市环境管理的研究不是很多,特别是对城市环境管理制度的研究还不多,内容也不完善。而且虽然现有理论研究认识到环境管理制度需要创新,但对这一问题的研究还停留在表层。今后我国的城市环境管理研究应从以下几个方面进行完善和发展:

1.推进现行城市环境管理制度创新

环境管理作为城市环境建设和保护的重要策略,指导着城市经济、社会、资源与环境的协调发展。现行的城市环境管理制度必须进行相应的调整和创新,才能适应时代的发展和国情的需要。推进现行城市环境管理制度创新,需要进一步探索现行城市环境管理各项制度的科学含义、运行规律、保障机制和考核程序,使之更加科学化和规范化;进一步完善各制度之间的协调配合,保证各项制度顺利运行并有效发挥作用。

2.加强区域环境管理模式研究

我国长期以来实行的以行政区域为单元的环境管理模式从历史上看对环境保护发挥了一定的作用,但在经济一体化高度发展的今天,面临酸雨、灰霾和光化学烟雾等区域整体性环境问题时却力不从心。另外,"退二进三"战略的实施又增加了城市周边地区的环境风险,城市周边地区更多地承担着来自中心城区生产、生活所产生的污水、垃圾、工业废气等污染,城市环境污染边缘化问题日益凸显。探索一种新型的区域环境管理模式已经成为一个迫切需要研究的现实问题。未来我国城市环境管理模式要在适应城市化加速发展的形势下,强调区域的观点、全局的观点,走区域共同发展与城市化相结合的道路。并加强与之相配套的区域环境管理主体以及相关法律法规政策制定等一系列政策或措施的研究工作。

3.完善城市环境管理的公众参与制度

目前我国公众参与环境管理的研究主要集中在提高公众的环境意识、加强环境信息的公开和促进公众参与环境监察等方面。未来我国城市环境管理中公众参与机制研究应从加强环境教育,提高公众的环境素养;完善信息公开制度,保障公众的知情权;优化参与渠道,降低公众参与的成本;加强支持与引导,充分发挥环保非政府组织的功能;提高公众参与积极性的激励措施等方面进行完善。

4.强化城市环境管理的配套技术支撑研究

一项好的制度的推行是否可行,是否能取得应取得的成效,很大程度上取决于配套基础工作的完善程度。强化城市环境管理的配套技术支撑研究,需要在继续完善相关的法律、行政、技术和宣传教育等手段方面进一步加强。

(四)城市环境管理制度创新的对策建议

目前我国已进入城市化高速发展阶段。城市环境保护已经不再是单纯的"治理污染",而是要为城市的可持续发展服务。在认真落实科学发展观,构建社会主义和谐社会的实践中,需要我们不断创新城市环境管理的理念、战略思想和制度保障,适应时代的发展和国情的需要。针对未来城市环境管理的制度创新主要有以下几个方面的对策建议:

1.实行城乡一体化的城市环境管理

我国城市环境管理的思路要向城乡一体化方向发展,利用城市资金、技术和人才等优势,实施城市反哺农村的战略;统筹城乡的污染防治工作,防止将城区内污染转嫁到城市周边地区;要把城市及周边地区的生态建设放到更加突出的位置,走城市建设与生态建设相统一、城市发展与生态环境容量相协调的城市化道路;同时,要制订有针对性的管理手段和考核指标,提高城乡污水和垃圾处理水平,改善城市周边地区环境质量。

2.实施城市环境管理的分类指导

我国的城市环境问题复杂多样,城市中心地区与城市周边地区的环境问题差异显著,不同规模的城市环境问题也存在显著差异,南、北方城市在自然条件上有显著的差异,东中西部城市在经济发展水平和城市化发展阶段上也存在较大的差距。因此,城市环境管理必须体现分类指导。

中西部城市要在保护环境的前提下给城市发展留出一定的环境空间;对东部发达地区的城市在环境保护上要高标准要求,逐步实施环境优先发展的战略,严格环境准入;大城市的环境保护工作重点要突出机动车污染、城市环境基础设施建设、城市生态功能恢复等城市生态环境问题,强调城市合理规划和布局,发展综合城市交通系统。城市周边地区则要加大工业污染控制和集约农业污染控制,加快城乡地区环境基础设施建设,加快城乡环境保护一体化建设。中小城镇要加大工业污染治理力度,加快城市基础设施建设步伐,促进城乡协调发展。

3.构建城市环境管理多重角色参与与合作机制

城市环境管理是一项浩大而又异常艰巨的长期工程,要努力探索一套政府主导、市场推进、环保监管、公众参与的多重角色参与和合作的行之有效的城市环境管理体制。

新的环境管理体制的主体应当包括政府、媒体、非政府组织和市民。政府是环境管理的领导者,制定各项环境管理政策和法令条例,构建良好的城市环境管理体系,使管理工作有法可依、有章可循,并能采取有效措施解决处理实际环境管理中出现的各种环境问题以及及时总结实际情况,完善和调整各项环境管理法规条例;媒体是信息的传播者和环境管理的监督者,可以充分发挥其信息宣传和舆论引导优势,加强对城市环境保护工作情况的报道和宣传,引导和加强社会舆论对各级城市政府履行环境保护职责的监督;非政府组织和社会团体不仅能对城市政府环境管理的执行过程和效果进行监督,而且能通过与政府形成环境管理和保护的伙伴关系,在政府力所不能及的地方起到补充作用,发挥其社会动员力量,在全社会形成爱护环境的良好氛围;市民则是城市环境最直接的利害相关者,是行动的执行者和配合者。政府、媒体、非政府组织和市民要分工协调、各挥其能、紧密配合建立城市环境管理新秩序,开创城市环境管理新局面。

4.建立城市全过程环境管理体系

目前我国城市环境质量恶化的趋势在一定范围内得到初步遏制,但是问题依然严重,必须建立起全过程城市环境管理体系。

城市环境全过程管理体系,主要应包括"源头控制、过程管理和后期跟踪管理"三个阶段。"源头控制"主要是制定城市发展规划,并在规划制定的全过程进行规划环评,保证规划本身具有可持续性;"过程管理"主要指现有环境管理的"八项制度",主要包括:建设项目环境影响评价制度、"三同时"制度、排污收费制度、环境保护目标责任制、城市环境综合整治定量考核制度、排污许可证制度、污染集中控制制度、限期治理制度;"后期跟踪管理"主要指对项目或规划实施后,定期进行跟踪管理,切实发挥环境管理手段和制度的作用,有助于提高环境管理有效性,比较能够有效地预防人类活动对环境的污染和破坏,从而确保城市发展走上可持续发展的道路。

五、我国环境管理相关领域研究展望

"十二五"是我国经济发展转型的重要战略机遇期,是进一步扎实推进节能减排的关键时期。环境管理学科建设和发展要以科学发展观为指导,紧紧围绕加快转变经济发展方式的主线和提高生态文明水平的新要求,按照积极探索中国环境保护新道路的要求,以着力解决影响科学发展和损害群众健康的突出环境问题,确保实现"十二五"污染减排目标为重点,准确把握学科发展方向和重点,全面推动环境管理学科建设和发展,不断创新环境政策理念和思路,探索环境管理新途径和新方法,在重点研究领域取得成果,为实现"十二五"污染减排目标,促进环境与经济发展相融合提供有力支持和保障。

为此,"十二五"环境管理学科相关领域发展重点应从以下几个方面入手:

(1)开展环境管理政策创新研究,为建立健全环境保护管理政策体系,不断探索环保新道路提供有力理论和技术支持。

1)加快形成全社会共同参与的环境管理体系。建立健全环境保护的责任制和问责制,把地方政府对环境质量负责真正落到实处;要加强环境综合管理,积极探索大部门环境管理体制。

2)实施有效污染物排放总量控制制度。通过控制污染"增量",削减污染"存量",使污染"总量"保持在环境容量允许的范围内。总量控制的关键是要有科学的污染物总量测算方法和合理的指标分配方法。要根据各地的环境容量、经济社会发展水平、产业结构及排污状况等综合因素,科学确定总量控制指标。

3)实行分区分类管理。科学生态区划,为国家四大主体功能区划夯实基础、提供支撑。同时对全国主要流域生态功能进行"分区、分级、分类、分期"管理;编制体现分区分类管理,具有法律效力的中长期环境规划,落实主体功能区环境要求,为制订经济社会发展规划提供依据。

4)严格环境准入。严格控制"两高一资"项目和产能过剩行业的过快增长。配合有关部门,完善和出台限制发展"两高一资"和产能过剩项目目录,加强宏观引导。

(2)全面提升环境管理研究能力,加强环境管理政策研究国家队建设。国家要加大对环境管理政策研究的资金支持力度,要通过水专项、环保公益项目等重大专项就环境管理政策进行创新性、前瞻性研究,特别要围绕当前一些新出现的环境问题以及与人民群众切身利益密切相关的环境问题,如土壤污染、重金属污染、环境与健康风险管理等,有针对性地开展政策和制度创新。

要注重研究队伍和高水平研究人才的培养,发挥包括管理学科、社会学科、经济学科等不同学科和专业领域人才之间相互合作、相互衔接的联合作用。特别要结合事业单位机构改革,在国家层面通过资金机制、用人制度等改革创新,培育锻炼一支有专业知识、能贴近和服务于国家环境管理和决策的高水平研究团队,在国家环保决策中发挥智库和支撑保障作用。

(3)全面提升环境管理政策研究的科学性、预见性和准确性。要依托环保部相关研究机构,建设环境管理政策预测、模拟和试验平台和系统,改变长期以来环境管理政策研究偏软、偏虚、偏弱、偏后的局面,尽快建立以科学定量评估为基础的环境管理政策研究能力,特别是在污染减排政策评估与模拟、区域流域环境政策仿真等方面进行研究探索,从而提高环境管理政策的科学性、创新性、预见性和准确性,为环境管理决策提供依据。

参考文献

[1]王树义.俄罗斯生态法[M].武汉:武汉大学出版社,2001:521.

[2]曾贤刚,易龙生,吴卉婷.地方政府环境与经济综合决策的保障制度[J].中国环保产业,2008,(04):17-20.

[3]吴舜泽,逯元堂,金坦.县级环境监管能力建设主要问题与应对措施[J].环境保护,2010,(07):14-16.

[4]张凌云,齐晔. 地方环境监管困境解释——政治激励与财政约束假说[J]. 中国行政管理,2010,(03):93-97.

[5]曹葵,王玉振,曹凤中. 地方政府环境行为的经济学分析及建议[J]. 环境经济,2010,(10):35-38.

[6]齐晔等. 中国环境监管体制研究[M]. 上海:上海三联书店,2008.

[7]宋国君,金书秦,傅毅明. 基于外部性理论的中国环境管理体制设计[J]. 中国人口·资源与环境,2008,(02):154-159.

[8]宋国君,韩冬梅,王军霞. 完善基层环境监管体制机制的思路[J]. 环境保护,2010,(13):17-19.

[9]夏光. 增强环境保护部参与国家综合决策的能力[J]. 环境保护,2008,(07):21-22.

[10]马中,石磊. 新形势下改革和加强环境保护管理体制的思考[J]. 环境保护,2009,(12):18-21.

[11]沈晓悦,赵艳雪,马煜姗. 环保行政管理体制改革路在何方[J]. 环境保护,2011,(06):31-39.

[12]曹国栋. 大部制视域下我国环境行政组织结构设计研究[D]. 北京:中国政法大学,2011.

[13]刘洋,万玉秋,缪旭波,等. 关于我国环境保护垂直管理问题的探讨[J]. 环境科学与技术,2010,(11):201-204.

[14]李杏果. 我国环境执法垂直管理的模式分析[J]. 工业安全与环保,2011,(03):19-20.

[15]曾贤刚. 地方政府环境管理体制分析[J]. 教学与研究,2009,(01):34-39.

[16]苏明,刘军民. 科学合理划分政府间环境事权与财权[J]. 环境经济,2010,(7):16-25.

[17]刘军民. 水环境保护事权划分框架研究[A]. 中国水污染控制战略与政策创新研讨会会议论文集[C]. 北京:中国环境科学学会环境经济学分会,2010:90-105.

[18]The World Bank. Addressing China's Water Scarcity:Recommendations for Selected Water Resource Management Issues[M]. Washington DC,2009.

[19]施祖麟,毕亮亮. 我国跨行政区河流域水污染治理管理机制的研究——以江浙边界水污染治理为例[J]. 中国人口·资源与环境,2007,(03):3-9.

[20]王灿发. 从淮河治污看我国跨行政区水污染防治的经验和教训[J]. 环境保护,2007,(14):30-35.

[21]王资峰. 中国流域水环境管理体制研究[D]. 北京:中国人民大学,2010:245.

[22]杨研,孙涛. 跨区域环境治理与地方政府合作机制研究[J]. 中国行政管理,2009,(01):66-69.

[23]万薇,张世秋,邹文博. 中国区域环境管理机制探讨[J]. 北京大学学报(自然科学版),2010,(05):449-456.

[24]罗宏,冯慧娟. 流域差别化环境管理研究[J]. 环境科学研究,2011,(01):118-124.

[25]刘侃,栾胜基. 论中国农村环境管理体系的结构真空[J]. 生态经济,2011,(07):23-37.

[26]宋国君,冯时,王资峰. 中国农村水环境管理体制建设[J]. 环境保护,2009,(09):26-29.

[27]夏书章. 行政管理学[M]. 广州:中山大学出版社,2008:78.

[28]B·盖伊·彼得斯. 官僚政治[M]. 北京:中国人民大学出版社,2006:154.

[29]中国污染减排:战略与政策[M]. 北京:中国环境科学出版社,2008.

[30]夏龙河. 城市环境管理手段的经济分析模型[J]. 中国海洋大学学报(社会科学版),2006,(2):47-50.

[31]刘新斌. 试论城市环境管理的经济手段[J]. 江西化工,2006,(4):95-97.

[32]苏美蓉,徐琳瑜,杨志峰. 生态城市环境管理经济方法体系研究[J]. 安全与环境学报,2006,6(4):42-45.

[33]张毓,疏靖. 基于GIS的空间决策支持系统在城市环境管理中的应用研究[J]. 中国科技纵横,2010,(14):137-138.

[34]邱木清. 3S技术在城市环境管理中的应用[J]. 农业网络信息,2008,(1):111-113.

[35]孙贻超,周滨,李莉,等. 地理信息系统在城市环境管理中的应用[J]. 北方环境,2011,(5):

157,161.

[36]李琛. GIS 在中小城市环境管理中的应用科技创新导报[J]. 科技创新导报,2008,(24):86-87.

[37]张璐,马云东. 矿业城市环境管理信息系统研究[J]. 中国矿业,2006,15(1):82-84.

[38]李泽楼. 构建城市环境管理多重角色的参与与合作机制[J]. 现代城市研究,2006,(5):59-62.

[39]郝慧. 公众参与环境保护制度探析[J]. 环境保护科学,2006,(5):69-72.

[40]黄文芳. 我国城市公众参与环保的瓶颈与对策分析——以上海市杨浦区为例[J]. 资源与人居环境,2008,(12):50-52.

[41]李蕾. "城考"与"创模"——推进我国城市环境管理的有效举措[J]. 环境经济,2007,(5):27-30.

[42]李蕾. 抓两头带中间以四两拨千斤——我国城市环境管理的约束机制和激励机制[J]. 环境保护,2007,(7):48-51.

[43]李颖明,李晓娟,宋建新. 城市环境管理系统及运行机制研究[J].生态经济,2011,(6):152-155.

[44]冯东方,高彤. 新时期的城市环境问题[J]. 专家视,2006,(5):42-45.

[45]孙浩轩,罗钰. 浅谈加强城市环境管理[J].中国水运(理论版),2007,5(1):157-158.

[46]佘雁翎,万玉秋,秦海旭. 城市新区的环境管理模式创新与可持续发展研究[J]. 环境保护科学,2009,15(1):95-98.

[47]国务院关于印发国家环境保护"十一五"规划的通知,国发[2007]37号.

[48]国家环境保护总局污染控制司编. 创建国家环境保护模范城市实践与指南,2007年.

[49]环境保护部副部长 张力军. 积极开拓创新 巩固提高工作水平 努力开创国家环保模范城市创建工作新局面——在全国创建国家环境保护模范城市工作现场会上的讲话,2010年4月8日.

撰稿人:文秋霞　田春秀　李　萱　沈晓悦　宋旭娜　夏　光

生态与自然保护科学发展报告

摘要 进入 21 世纪以来,生态与自然保护研究取得了重要进展,在国际上形成了一系列的研究热点,包括生物多样性与生态系统功能、生态系统管理、生态风险与生态安全、全球变化的生态响应与效应等,表现出向着机理深化、多尺度系统监测与模拟、社会经济自然综合评价与管理对策等多维方向发展的总体趋势。中国的资源环境问题已经成为经济社会发展所面临的重要挑战。为应对挑战,我国已经开展了大规模生态保护、生态恢复重建等方面的生态工程,从而对生态与自然保护研究提出了一系列亟待解决的科学问题。在综合分析中国国情和国际学术研究前沿领域与发展趋势的基础上,本报告提出了我国未来生态与自然保护研究的优先领域和重点方向。

一、引言

中国是世界上生态多样性最丰富的国家之一,拥有着地球上最集中的生物多样性。这些自然资本孕育了古老的文明,并支撑着中国现代政治和经济体系的快速发展。但是历经过去对自然资本的摄取、当前出口驱动型的经济模式和满足 13 亿人口需求的现实,生态压力日益凸显。近期中国发生了一系列自然灾害,包括西部地区的山体滑坡、渤海的赤潮、云南的干旱和 2010 年的洪水,其中部分灾害暴露出生态系统的脆弱性。尽管付出了巨大的努力,投入了大量的资金,但有迹象表明,土壤、湖泊、河流和湿地、草原、海洋和沿海地区的生态环境在持续恶化。

目前,中国正处于经济与社会发展的转型期,正向更加平衡的出口和国内需求关系转变,鼓励高效率和高附加值的发展模式,促进农村和第三产业发展,改善全体国民的生活质量。环境和生态因素在所有这些目标中都占有重要地位,因此,中国正在探索一条与经济和社会目标相协调的环境保护新道路。这一道路是在树立科学发展观、实现减贫目标以及建设全面小康社会的过程中不断发展的。中国还提出了与自然和谐共处的"生态文明"的远大目标。2010 年 10 月召开的中国共产党十七届五中全会强调了"坚持把建设资源节约型、环境友好型社会作为加快转变经济发展方式的重要着力点"。

本报告回顾总结了生态与自然保护领域近 5 年来的国内外科学前沿发展状况、技术进步及应用情况,探讨了我国生态与自然保护领域近期发展的优先领域、重要方向及关键问题。本报告可为各级政府和有关领导及相关企事业单位广大科技工作者提供参考,并将为我国实现与自然和谐共处的"生态文明"远大目标发挥积极作用。

二、生态与自然保护基础理论体系建设进展

人类活动已经对生态系统产生了广泛而深远的影响。全球尺度上,这种影响主要表现在:大面积的陆地自然生态系统被开垦为农田,水资源开发利用造成水生生境破碎化或

丧失,过度利用及环境污染使得水域和湿地生态系统生物多样性及功能受损。大规模的资源耗竭、生态退化和全球变化对人类的可持续发展构成了严峻挑战。生态系统变化有着复杂的驱动机制,主要的驱动因素可以概括为人口、经济、社会政治、文化和宗教、科学技术以及自然和生物的多种类别。

就国情而言,中国人口众多,自然环境复杂,自然资源相对缺乏,在全球变化的背景下,快速的经济社会发展和巨大的资源消费需求使得中国主要生态系统已经不堪重负,表现出结构失衡、功能退化的趋势。

国内外的生态系统变化态势表明,人类活动相关驱动要素的调控和管理将成为生态系统保护、恢复和管理所面临的关键问题。因此,当今生态系统的研究已经超越了传统经典生态学的范畴,愈加重视通过自然-社会经济-人类活动的综合视角,探讨生态格局、过程、功能和服务相关的科学机制。

生态系统研究对象涵盖了自然、半自然和人工生态系统的各种类型,跨越了从基因、生物个体、种群、群落、生态系统、景观、区域和全球的多种尺度,涉及分子生态学、生理生态学、种群生态学、群落生态学、生态系统生态学、景观和区域生态学、全球生态学、生态遥感、生态经济学、管理科学等众多学科。生态系统研究主要关注生态系统的格局、动态、过程、服务和可持续管理等相关科学问题,服务于生态保护与恢复、生态评价和生态系统管理,是连接生态科学、地理科学及区域发展决策的桥梁和纽带。

可见,生态系统研究具有鲜明的交叉学科特性,构成地球表层复杂系统研究的一个重要组成部分。生态系统研究能够为增进人类对地球表层复杂系统的认知以及提高人类在地球上的可持续发展能力做出巨大贡献。

进入 21 世纪以来,随着生态系统研究的不断深入,逐渐形成了一些研究热点,主要包括生物多样性与生态系统功能、生态系统管理、生态风险与生态安全、全球变化的生态响应与效应、生态系统服务等方面。

(一)生物多样性与生态系统功能

生物多样性与生态系统功能的关系及其内在机制是当前生态学领域的重大科学问题。Loreau 总结了生物多样性与生态系统功能方面的一些理论进展,围绕两个问题展开[1]:①生物多样性如何影响生态系统过程的幅度(生物多样性的短期效应);②生物多样性如何在面临干扰的条件下维系生态系统过程的稳定性(生物多样性的长期效应)。功能生态位互补和取样效应已经被作为两种主要类型的机制来解释物种多样性对生态系统过程的短期正效应,比如初级生产和养分滞留。在跨越不同立地条件的比较中,环境参量的变化会在一定程度上掩盖多样性对生态系统过程的局地效应。经典的确定性、平衡范式在解释生态系统稳定性方面有一定局限,而随机、非平衡范式能够揭示不稳定环境下生物多样性对生态系统生产力的缓冲效应和功能增强效应。相关理论进展表明,将群落和生态系统生态学联系起来,能够为生态学的创新性、集成性研究铺垫富有成效的道路。

物种多样性和生态系统过程关系方面的主要进展体现在重要功能物种识别及其内在机制方面,而实验研究结果在向景观和区域水平进行尺度上推以及不同生态系统类型和过程之间的转换方面还存在很大不确定性,在确定生物多样性动态、生态系统过程和非生物因子交互作用方面是未来研究的一大挑战,空间尺度、多营养级、变异性、环境随机性和代表性物种组合的选择在探讨生物多样性与生态系统功能关系上也是颇具挑战的因素[2]。

为了减少不确定性,需要进一步深化和加强对一些重点科学问题的研究,例如:分类学多样性、功能多样性、生态系统结构之间的关系对于识别生物多样性效应机制,营养级多样性在生物多样性与生态系统功能研究中的作用,生态系统稳定性及干扰响应的长期生态学实验,生物多样性与生态系统特征之间的反馈关系及尺度推绎等。因此,当前的生物多样性与生态系统功能关系理论还难以对管理者决策实践提供强有力的支撑,生物多样性管理当前仍需采取谨慎的、预防为主的方法。生物多样性与生态系统功能的研究也需要进一步面向管理需求,开展创新性探索。例如,在实验设计中考虑生态系统功能的物种特异性贡献、丰富度、冗余度、灭绝倾向、生态系统的组成和结构[3]。

(二)生态系统管理

提出生态系统管理的概念是科学家对全球规模的生态、环境和资源危机的一种响应,作为生态学、环境科学和资源科学的复合领域,自然科学、人文科学和技术科学的新型交叉学科,不仅具有丰富科学内涵而且具有迫切的社会需求和广阔的应用前景。生态系统管理也是自然资源管理的一种整体性途径,它将生态相互关系的科学认知、复杂社会经济和政治价值框架进行整合,对解决保护和发展的问题具有可达性和社会可接受性,以实现生态系统和区域的可持续发展。

生态系统管理的决策支持需要将生态学的专业知识与空间相关的监测数据进行综合,在这一方面,Adriaenssens 等发展了基于规则的模糊数学模型,以处理高度变异的、语言的、模糊的和不确定的数据和知识,从而实现从数据收集到决策应用的逻辑严谨、可靠和明晰的信息流[4]。从欧洲森林生态系统管理的角度,Pretzsch 等总结了多用途、主导用途、环境敏感的多用途、整体生态系统途径和生态区域视角等五种基本范式,提出从不同时空尺度和不同学科集成系统性知识,是当前欧洲森林生态系统管理的一大挑战,因此,与开发能够覆盖生态、生产和景观问题方面均有良好功能的整体模型相比,用一系列具有不同重点的模型组建一个能够适应于特定需求的模型工具箱是更有前途的策略[5]。

生态系统管理的理论和方法也已经应用到了陆地水域和海洋生态系统,例如将海鸟作为渔业和生态系统管理的指标[6]。生态系统管理的生态系统方法逐步完善,并在资源利用与保护、环境保护、渔业、森林、流域管理等方面获得了应用与发展[7]。

总体上看,生态系统管理作为一种正迅速发展的自然资源管理理念和思路,其研究和应用领域越来越广;资源管理由数量管理、质量管理走向生态系统管理,更加重视资源开发与环境协调发展、学科的综合、多部门的协作和区域集成。

(三)生态风险

"生态风险"(ecological risk)是生态系统及其组分所承受的风险,主要关注一定区域内具有不确定性的事故或灾害对生态系统及其组分可能产生的不利作用,具有不确定性、危害性、客观性、复杂性和动态性等特点[8]。

生态风险的研究主要集中于评价和管理两大方面。生态风险评价是根据有限的已知资料预测未知后果的过程,其关键是调查生态系统及其组分的风险源,预测风险出现的概率及其可能的负面效果,并据此提出响应对策。

生态风险评价的内容通常是基于风险受体界定风险源、风险作用过程、风险危害与结果的分析与评价。针对单一风险源的评价已经开发了物理方法(商值法和暴露-反应法)、数学模型法和计算机模拟法;而针对多风险源、多受体的区域生态风险评价,也已经有了PETAR(复合生态系统生态风险评价)方法和相对生态风险评价模型。然而,在评价阈值的确定、暴露与危害分析、定量表征和不确定性处理等方面还需要很多改进和完善,主要趋势和需求表现在:开发区域生态风险评价的指标体系,建立风险评价标准,发展各种定量评价方法和技术是区域生态风险评价的难题和方向;多风险源对不同层次生命系统的生态效应如何表征和评价,仍需积极探索。

生态风险管理是从整体角度考虑政治、经济、社会和法律等多种因素,在生态风险识别和评价的基础上,根据不同的风险源和风险等级,生态风险管理者针对风险未发生时的预防、风险来临前的预警、应对和风险过后的恢复与重建等 4 个方面所采取的规避风险、减轻风险、抑制风险和转移风险的防范措施和管理对策[9]。

国际上对生态风险管理的研究内容主要包括风险管理的原则、内容与框架机制的研究和在具体风险管理活动中的应用研究。在原则和机制研究方面关注生态风险管理措施的成本及其对后续管理措施的影响,重视多种决策方案的权衡,强调风险各方的参与和沟通,提倡综合应对,而在具体的风险管理中重视对相关模型的研究。建立有效的风险监测、风险预警和风险决策机制,将会成为生态风险管理研究的重点;加强区域间、部门间的交流与技术合作,共建信息共享平台也将成为风险管理研究的重要环节。同时,使区域生态风险管理与该地区的经济效益相结合,充分调动利益相关方的积极性,优化生态风险管理效益也会成为生态风险管理研究的重要方向。

(四)生态安全

生态安全概念具有不同层面的理解。在生态系统尺度上,生态安全是指生态系统的结构不受到破坏,生态功能不受到损害的状态。在国家尺度上,生态安全是指一个国家的生态环境不受到威胁,从而能为整个经济社会的可持续发展提供保障,防止生态难民的产生和社会动荡。生态安全的提出有其深厚的历史背景,其最早是以"环境安全"的概念出现的。伴随着冷战的结束,核威胁的消失,人类对自身安全威胁的认识有了很大的改变。随着环境污染的日趋加重,人类开始反思现代工业文明在带来巨大财富的同时导致的巨大经济增长负效应对人类命运的影响。认识到以石化燃料作为能量来源的现代工业体系是造成当代环境问题的根源之一,工业发展进程越快,环境问题就越严重,对各类生态系统的威胁也就越严重。因此,关于生态环境安全的研究应运而生。

目前,国际上对生态安全主要集中在微观和宏观两个层面,前者注重基因工程、环境毒理、化学物质使用的生态风险评价等;后者更多关注生态系统管理、健康诊断、安全性评价和规划修复等方面的研究,并已形成以自然保护区为主体的国家生态安全格局框架。如德国政府在各级空间规划中,生态和环境规划目标的优先地位体现在各个层次,并且把环境承载力评价作为生态和环境规划的一个重要手段或组成部分，在所有项目中加以研究。美国、日本等发达国家为防止资源开发对生态环境产生重大影响，除进行严格的设计、论证外，还制订详细的政策法规、技术标准、技术规范和技术导则，并将环境影响评价从具体的建设项目扩展到规划本身。

（五）全球变化的生态响应与效应

全球变化与陆地生态系统相互关系的研究是国际地圈-生物圈计划（IGBP）的关键内容，也是整个全球变化研究的核心领域之一。气候变化在从局部到全球的众多尺度上已经是不争的事实，然而，其生态影响目前尚难于理解和预测，大陆范围的监测网络以及模拟模型对于研究大气、水文等连接不同空间尺度的传输向量的变化非常必要。不同尺度上 CO_2 的释放与固定及 C、N 循环的关系是全球变化生态学研究的重点和热点领域。森林和草地生态系统根系生产力和周转对大气 CO_2 浓度、气温升高、降水变化、氮沉降的响应可能是植物响应与土壤有机质和生态系统碳平衡之间的关键联系，深入研究根系动态对于描述生态系统的全球变化响应至关重要。植物的其他与个体大小和生长率相关的特征也非常重要，因为它们能够决定植被的生产能力及分解和氮矿化速率，而植物特性的改变会对生物地化循环造成影响，并且通过水分、能量的交换以及干扰而产生景观和区域效应。不同物种间相互作用关系的研究和全球变化背景下物种分布变化预测对于全球变化风险评估也很重要。

（六）生态系统服务

生态系统服务是人类从生态系统获得的各种惠益，是人类赖以生存和发展的基础，包括供给服务、支持服务、调节服务和文化服务。生态系统服务评价是 MEA 的核心内容之一，MEA 的工作极大地推进了生态系统服务研究在世界范围内的开展。美国生态学会在 2004 年提出的"21 世纪美国生态学会行动计划"中，将生态系统服务科学作为生态学面对拥挤地球的首个生态学重点问题。2006 年英国生态学会组织科学家与政府决策者一起提出了 100 个与政策制定相关的生态学问题（共 14 个主题），其中第一个主题就是生态系统服务研究。生态系统服务的研究已成为当前国际上生态学研究的前沿和热点领域。

生态系统服务研究正由类型识别、经济价值评估向机理分析方向发展。近年来国际上围绕生态系统服务内涵、分类、物质量及价值量评估等方面开展了大量研究。与此同时，人们也深刻意识到：人类活动在不断改变生态系统组成、结构和功能过程中严重削弱了生态系统服务。但是，如何保育和管理生态系统，改善生态系统服务，进而保障区域生态安全，生态学家和管理者却感到力不从心。其原因在于：对生态系统的大部分服务还缺乏深入的生态学理解，能够为决策提供依据的生态学信息非常少，如：生态系统结构—过程—服务的定量关系，生态系统管理的关键组分、管理的边界和范围的确定、不同管理方式下生态系统服务的变化、生态系统服务与人类活动的关系等，生态学均难以提供明确的答案。揭示生态系统结构—过程—服务的相互关系、明确生态系统服务形成和供给机制，为生态系统服务的评估和生态系统管理提供科学基础，是当前生态系统服务研究的关键问题。

生态系统服务的尺度特征与多尺度关联是生态系统服务研究的重点和难点。生态系统服务取决于一定时间和空间上的生态系统结构和过程,人类从生态系统获得利益的大小与生态系统的时空尺度有着密切的关系。任何特定生态系统的管理都要与特定的生态系统特点相一致,全球性的评估不能满足国家和亚区域尺度决策者的需要。同时,一些生态过程是全球性的,地区级的产品、服务、物质、能量经常是跨区域输送的,仅强调某一个特定生态系统或者特定国家的评估不能反映生态系统在更高尺度上的特征。每一个尺度上的评估都可以从目前更大和更小尺度上的评估中受益。确定自然生态系统生态服务的提供机制,必须有明确的测度方法并了解相应尺度生态系统服务的动力学机制。

近年来,对生态系统服务的尺度效应的研究引起越来越多的关注。一方面,生态系统过程和服务只有在特定的时空尺度上才能充分表达其主导作用和效果,而且最容易观测,即生态系统过程和服务常常具有一个特征尺度,即典型的空间范围和持续时间。明确生态系统服务的空间尺度对于景观和区域层次的保护和土地管理规划具有重要意义;另一方面,同一生态系统服务的不同提供者能够在一系列时空尺度范围内表征。另外,生态系统服务的评估结果还依赖于观测尺度,从而一定程度上揭示大尺度生态系统服务经常被低估的可能原因。因此,尺度关联和尺度转换是生态系统服务研究的重点和难点。

生物多样性与生态系统服务的关系是生态系统服务研究的重要内容。生物多样性对生态系统服务的影响,一直是国际上生态学研究的一个焦点。Balvanera 等分析了 2006 年以前 50 年的研究工作来寻找生物多样性影响生态系统功能和服务的定量证据,通过分析 446 个典型案例,认为生物多样性对生态系统服务有积极影响[10]。Worm 等研究了生物多样性丧失对海洋生态系统服务的影响,也发现:海洋生物多样性的丧失极大削弱了海洋提供食物、净化水质和抗干扰的能力[11]。但也有研究表明,生物多样性影响生态系统服务尚缺乏有力证据,尤其是在热带环境条件下,通过生物多样性管理来调控生态系统服务尚需谨慎[12]。

尽管国内外学者围绕生物多样性与生态系统功能开展了大量研究,但由于生物多样性与生态系统服务的关系非常复杂,明确生态系统服务之间的依存关系,有利于促进人们对生态系统服务科学机制的理解,以便为自然资源的保护和可持续利用提供管理和决策支持。可见,加强生物多样性与生态系统服务的长期研究与观测、区域性研究及其集成是阐明生物多样性与生态系统服务关系的必然途径。

(七)植物回归

植物的回归(再引种,reintroduction)是基于迁地保护的基础上,通过人工繁殖把植物引入到其原来分布的自然或半自然的生境中,以建立具有足够的遗传资源来适应进化改变、可自然维持和更新的新种群。这样的保护策略首先在一些濒危动物上获得成功实践,并逐渐在珍稀濒危植物的保护上得到了应用,证明回归是物种保护及种群恢复的重要策略之一[13]。

从理论上说,通过回归完全有可能使濒危植物种群得到恢复,但实践上,植物的回归是一项高风险和高花费的项目工程,不同植物的回归也面临着各不相同的具体困难。近年来,国内也不断有珍稀濒危植物回归的报道,如国际植物园保护联盟(Botanic Gardens Conservation International, BGCI)和云南省环境科学研究院在云南省屏边县大围山国家级自然保护区合作开展的"珍稀濒危植物云南金钱槭、馨香玉兰和香木莲保护及引种回归试验示范"项目;BGCI与湖北民族学院在星斗山国家自然保护区佛宝山实验区开展的我国特有珍稀濒危植物珙桐(*Davidia involucrata*)的回归和保护;由中国科学院华南植物园开展的极危种虎颜花(*Tigridiopalma magnifica*)的回归及相关研究;对三峡库区疏花水柏枝(*Myricaria laxiflora*)的回归引种和种群重建等等。但大多数回归工作缺乏后续报道,对已回归种群仍需要进行长期的监测和后续的研究,包括回归的理论基础、回归的方法论、回归过程中存在的风险和问题等。

(八)生物入侵基因组学

目前,对外来种入侵的生态遗传学基础、种群爆发和扩张的机制,以及入侵种快速进化等核心问题的系统研究十分匮乏,导致虽投入大量人力、财力,但在外来种入侵风险评估和对入侵种进行有效管理与控制方面收效甚微。随着基因组数据的积累和新一代高通量测序技术的发展,从基因组层面探讨植物入侵性相关的分子基础、认识入侵性表达的分子调控机制、揭示外来种成功入侵的机理和"后适应"进化机制已成为可能,并由此促进了"入侵植物基因组学"(invasive plant genomics)的发展,对此,Stewart[14]在其所主编的专著《杂草性和入侵性植物的基因组学》(*Weedy and Invasive Plant Genomics*)中对该领域的一些基本问题作了阐述,并提供了大量研究案例。入侵植物基因组学关注的科学问题包括:①哪些基因或基因型与植物的入侵性及对环境的适应性密切相关? ②这些基因或基因型通过怎样的表达、调控途径增强植物的入侵性,并响应环境变化,最终实现对不同环境的快速适应而形成入侵? ③入侵性(特征)如何实现进化? 入侵植物基因组学研究不仅在理论上有助于阐明植物入侵性表达的分子遗传学基础,发现遗传变异和表观遗传变异与植物入侵性之间的联系,揭示外来种入侵性产生和进化的分子机制,而且在应用研究方面,能通过对基因或基因型的检测,实现对杂草入侵性的预测,并根据特殊位点的功能或作用方式发现新的除草剂作用靶点,开发出有针对性的、环境友好的新型除草剂,或针对不同外来入侵种设计最佳预防与管理策略,提高生态修复和管理的水平和效率。

从研究现状看,植物入侵性研究的基因组学方法可归为三种:比较基因组学、功能基因组学和表观基因组学。

三、生态与自然保护科学技术研究进展

(一)生态系统服务

对生态系统服务价值化的评估有利于人们认识自然生态系统对人类福利的极端重要性,并在决策中充分考虑它对人类社会可持续发展的长远影响,是生态学、地理学等自然科学利用经济学方法进一步影响社会决策的尝试。尽管目前为止已有替代市场法、模拟市场法、假想价值法等多种价值化评估方法,但要对各类生态系统服务功能进行准确的价

值计算还存在较大困难。事实上，以上研究争论到目前也并未停止，其原因可以归纳为两个方面：生态系统自身的复杂性；经济系统对生态系统服务功能反映的模糊性。

1. 生态系统的复杂性

生态系统的复杂性包括生态过程的时空动态异质性、非线性和生态功能的多样性等一系列复杂特征。生态系统服务价值的空间异质性源于生物生产力和生物多样性分布格局的异质性。并且，由于某些生态服务功能的价值可能在域内产生，而通过能流、物流等方式在域外得到实现，因而明晰生态服务功能的区域差异与空间流转十分重要。生态系统服务的价值化评估还应该重视生态系统在时间上的动态变化。由于生态系统的长期变化过程常常隐含于"不可见的现在"；而在几十年或上百年的尺度上，人们又常常认为自然生态系统的变化过程是静止的而低估了这些变化。

因此，对于特定时间尺度的生态系统研究不能揭示其长期的动态变化趋势，这就要求价值评估必须基于不同时间尺度的生态服务研究。由于在特定生态系统外总有一系列环境因素影响生态系统功能，并且由于外界驱动因子的不断变化，简单的时空尺度扩展会造成对生态过程理解的迟滞效应。生态系统的时空异质性决定了对其服务功能的价值评估必须清醒认识生态系统过程的时效性与空间性，对此，多时空尺度的融合转换研究尤其重要。

生态系统的复杂性还取决于其组成结构和作用机制的多样性与过程的非线性。生物多样性、环境系统的随机扰动和生态反馈使生态系统的物质循环、能量和信息流动的关系错综复杂，系统内部及其与环境之间的作用和反馈多表现为非线性和非平衡的复杂关系。生态系统的复杂性导致人们对其价值认识的有限性，而人类对生态系统功能要求的多样性和动态变化更是加剧了对生态服务价值认识的不确定性。

2. 难以准确捕捉生态系统服务信息

对生态系统服务价值准确评估的困难还表现在经济系统往往不能准确捕捉与适应生态服务功能的复杂变化信息。绝大多数生态系统服务功能具有天然的公共品或准公共品属性，由众多微观个体构成的社会群体共同拥有和享用。对于个体成员，或者由于并未充分认识生态系统服务功能的重要性和稀缺性，或者由于相关权益分割、交换的代价远远超过能够带来的收益，人们更乐于充当"免费搭车者"而非交易者。这就造成社会群体即使同时具备供给和需求的意愿和能力，也仍然不会在实际市场中进行交易，导致生态系统所提供的产品和服务的物质稀缺性不能由经济稀缺性表现出来。

同时，生态系统的复杂非线性使其价值化表达变得更加困难，生态系统服务功能的时空异质性决定不能使用相同的价值系数进行计量。动态流转使供给方与受益方在时空上分离，供需的交易不能在特定市场环境中完成。而非线性的生态过程以及系统演进的不可逆使人们难以真实认识生态服务的价值。产权制度调整和转移支付等政府行为，在一定程度上能够实现生态服务功能的静态价值，而对其边际价值的评估则更困难。对支付意愿（或补偿意愿）进行广泛调查并形成民主决策可能解决这一问题，前提是被调查者对生态系统及其服务功能的复杂性具有充分认知，并具有平等的参与决策权。这两者的实现都需要高效的激励制度加以保障。

在合理的制度环境下,决策者、当地民众和科学家通过相互交流形成对自然生态系统的真实认知,能够获得区域生态系统服务功能的真实价值,从而为生态系统管理决策提供科学依据。

(二)濒危动物物种保育与扩繁技术

在濒危动物的综合鉴别技术方面,应用微卫星标记来做法庭举证的亲子鉴定和个体识别技术已经相当成熟。在人类(法医学)、家畜(牛、马、狗)上也已经建立了相应的微卫星数据库。这些数据库和技术标准(如 ISFG)可用于校对分型错误,纠正不同实验室间的系统误差。在濒危野生动物上,大熊猫、小熊猫、华南虎、丹顶鹤、黄腹角雉等众多物种都已经陆续获得了一些微卫星标记。但是,尚无规范的微卫星数据库和技术标准,为了准确实施濒危动物的谱系推断,必须尽快建立这些物种的微卫星数据库。而基于线粒体 CO Ⅰ Barcode 序列进行种鉴别的 DNA 条形码快速检测与分类技术已经在昆虫、两栖爬行类、鱼类、鸟类和哺乳动物上进行了广泛的研究,是一种比较成熟的方法。在大熊猫、小熊猫、华南虎、金丝猴等我国特有濒危物种上,线粒体全基因组测序工作也已经完成,但尚未形成 10 个个体以上的 CO Ⅰ Barcode 序列数据库。为准确了解种间的差异,非常有必要通过一定数量的群体数据库支撑,探寻各个种特异的识别位点,建立准确鉴别种的技术标准。

在大熊猫生殖激素和行为的研究方面,美国华盛顿动物园开创了用大熊猫粪便进行 ELISA 检测的方法以及抗体水平检测方法。该实验技术非常成熟,已广泛运用于国内外多家大熊猫饲养管理机构。而外激素主要利用来自于大熊猫尿液和肛周腺分泌物来进行研究。这些气味成分能够编码有关个体身份、性别、年龄以及性能力的信息。美国圣地亚哥动物园的 Swaisgood 等通过行为学实验证明,雌性大熊猫尿液具有"繁殖广告(reproductive advertisement)"的功能。因此,利用大熊猫尿液和粪便中的化学成分的分析可以从本质上揭示大熊猫激素水平的变化,以及发情、排卵、应激、行为变化的基本规律。经过长期的繁育实践,成都大熊猫繁育研究基地的技术人员还具备熟练的大熊猫精液质量评估技能、人工受精技术和人工育幼技术,可结合上述研究和生产实践总结出可供推广应用的大熊猫繁育技术规程。

在大熊猫营养研究方面,Julie A. Sims 对孟菲斯动物园两只大熊猫用"所有事件取样法"和"连续记录法",观测摄食过程、时间及频次等数据,对散养条件下大熊猫进行摄食过程和时间预算进行分析,揭示觅食行为规律,食物性质及可利用性、日活动量对取食时间的分配的影响,并结合行为时间分配,计算大熊猫能量摄取率,以明确大熊猫觅食行为的投资和收益。何礼和魏辅文等也成功运用该方法进行了相关的研究,并取得了较好的效果。在统计上则采用析因实验设计,分析采用 Forage Ratio 选择指数,这种统计方法较好地解决了试验样品不等量的问题。这些方法技术对于大熊猫仿野生营养策略的研究提供了技术基础。大熊猫食性转变和代谢也是众多科学家非常关注的问题。龙玉和何礼等发现,大熊猫确实能够消化纤维素、半纤维素。但是,李瑞强等通过大熊猫全基因组分析,却揭示大熊猫本身不会产生消化纤维素和半纤维素的酶。那么大熊猫就只能靠肠道微生物来消化纤维素、半纤维素。荣华等认为,用常规方法从大熊猫肠道中筛选纤维素菌的效率很低,并不能在大熊猫肠道中发现常见的纤维素菌,魏辅文等的研究也证实了这一点。新一代测序技术已经成功应用于牛的瘤胃菌群功能的研究和部分哺乳动物的肠道功能菌研究。因此采用新一代测序技术来筛选大熊猫肠道功能菌已成为必然。通过阐释大熊猫肠道菌群与其营养代谢的作用机制,对于维持大熊猫健康水平,建立科学的饲养管理模式至关重要。

(三)珍稀植物繁育技术研究

对于一些原产地环境容纳量严重降低或净繁殖力下降的野生植物,可以在其原产地(自然分布区)之外,通过人工繁育方式创造适宜于珍稀植物生存和繁衍的条件,在人工可控条件下育成具有相当规模的、健康的人工种群,保存濒危物种的基因。在条件适宜的情况下,向种群数量已经十分稀少的地区进行"补充(supplementation)"以及向曾经有分布、现已绝迹的原产地进行"再引入(reintroduction)",称为易地保护(ex situ conservation)。作为物种保护的重要途径之一,易地保护正在发挥着越来越重要的作用。

保育生物学中的一个实际问题是建立濒危物种保护和种群恢复的技术途径和措施,这是国际上关注的热点问题之一。作为挽救珍稀濒危物种的重要举措,许多国家依据珍稀濒危植物形成的环境背景,有针对性地研发人工繁育、原地复壮以及再引入的相关配套技术。2001年,国家发改委批准执行《全国野生动植物保护及自然保护区建设工程总体规划(2001—2050)》。根据规划,我国重点实施了兰科及苏铁植物等15类珍稀濒危物种的拯救和繁育工程。经过多年的建设,铁皮石斛、桃儿七等珍稀物种已经建成完全可以自我维系的易地保护种群,已经得到国内外保护生物学界的广泛认可。此外,以兰科植物为代表的珍稀植物已经成功地实施了再引入工程。

尽管在野生植物人工繁育方面我国已取得了一些突破性进展,但有关濒危物种繁育研究的成果不多,所涉及的物种还十分有限,而且存在的问题还很多。大多数珍稀植物对环境条件要求高、自身的繁殖力低,或者在其生长的天然群落中受到其他植物的排挤,自我更新的能力较弱,或者由于原有植被受到人为破坏而失去了适于生长的生境,从而导致种群数量和种群内个体的锐减。对珍稀植物而言,迁地保护的主要目的是保存物种的遗传品质,而自然种群的恢复可通过将迁地保护(主要是各种类型的植物园)中人工培育的个体重新引种到其原产地中,因此称之为"回归"。珍稀植物的繁育技术是实现各种保育策略的基础。通过人工授粉、嫁接、分株、扦插、组织培养,或对一些种子休眠期很长的物种通过人工调控等措施,解决它们的繁殖困难。到目前为止,我国已经成功地繁育了珙桐、金花茶、银杉、秃杉、天目铁木等100多种珍稀植物,有些物种已拥有较大的人工种群,并得到广泛引种栽培。

在观赏植物资源保护与利用领域,我国是世界上植物起源中心,很多世界名贵花卉起源于我国,如兰花、月季、杜鹃、山茶、牡丹等都有中国种参加选育。我国的观赏植物种质资源具有种类繁多、变异丰富、分布集中、特点突出、遗传性好等特点,此外有些植物种类还具有特殊的抗逆性,是育种的珍稀原始材料和关键亲本。国外非常重视花卉种质资源的保存和研究,并且在月季、菊花、百合等方面取得了很大的成绩;每年推出数以千计的花卉优良品种,种类繁多,花色丰富,花形美观,抗逆性强。如荷兰每年培育出数百个室内观叶植物和球根花卉新品种,法国的梅昂月季中心培育出的月季新品种占世界的1/3。利用生物技术大量繁殖珍稀物种,获得了显著的经济效益。我国虽然已经开始野生植物资源的收集保存和可持续利用研究,但与世界的差距明显,急需加强珍稀物种的保护和高价值物种的挖掘利用的研究。

中国科学院植物研究所成功地建立了铁皮石斛种子无菌播种快繁技术,并申请了国家发明专利。应用该专利技术,种苗生产效率高,培育的铁皮石斛试管苗不需经过开瓶强光炼苗就可直接出瓶移栽,两个月的成活率达到95%以上。浙江大学优化了八角莲离体快速繁殖体系(ZD1体系),建立了人工繁育示范基地以及重复性良好的离体快繁技术体系,构建了快繁与人工栽培规范操作体系(SOP)。

(四)生态记忆

生态系统是一个多尺度相互作用的复杂动态系统,在人类干扰下会增加生态事件的突发性和不确定性。工业革命以来,全球范围内的气候和环境变化使资源短缺等问题日益凸显,传统的自然资源利用方式和管理手段面临着新挑战。生态记忆为研究生态系统结构和功能提供了一个崭新的视角。生态记忆在生态系统中普遍存在,并对群落演替、生物入侵、生态恢复和自然资源管理等过程具有重要意义。但总体来说,生态记忆的研究仍处于起步阶段,概念不够完善、机理不够清晰,且缺少量化指标,也鲜见案例报道。

群落过去的状态或经验影响其目前或未来生态响应的能力,被称为生态记忆。在空间尺度上,生态记忆贯穿于群落、生态系统、景观和社会生态系统等层面;在时间尺度上,它强调系统过去对现在和未来的影响;在研究手段上,则强调残存物的作用。

生态记忆的组成有两种理论。一种理论认为,生态记忆至少由生态遗留(legacies)、流动链(mobile link)和支持区域(support area)三部分组成。其中,生态遗留包括生物遗留和结构遗留。生物遗留指干扰过后,干扰区内所残留的物种及其组合形式;结构遗留指非生命的环境要素,如土壤养分和光照条件等。系统的结构构建者是生态遗留中最重要的部分。流动链有正负之分,正流动链指有利于系统稳定的物质和能量流动,包括动植物的迁徙和扩散等;负流动链指具有副作用的流动,如害虫幼虫的传播等。支持区域指与干扰区相邻的区域,可为流动链提供。

另一种理论认为,生态记忆由内部记忆(internal or within-patch memory)和外部记忆(external memory)两部分构成。其中,内部记忆由帮助物种定居和更新的生物结构组成,存在于斑块内部,常被称为"生物遗迹"(biological legacies)。外部记忆存在于干扰区周边的生境中,受到干扰后,干扰区可用来为物种更新提供资源和支持区域。内部记忆与外部记忆在一定条件下可相互转化,但需跨越两道阈值。斑块间物理距离涉及物种传播范围和传播媒介等因素,决定了干扰后的物种有效性,在景观尺度上形成了第一道过滤网。在斑块内部,存在着养分有效性以及互利共生和竞争等种间关系,这些因素组成斑块尺度的第二道过滤网,决定着干扰后可在干扰区内定居的种类。

生态记忆为自然资源保护提供了思路。目前,建立保护区和国家公园是自然资源保护的主要手段,而仅凭不到地球表面积3%的保护区域很难满足长期多样性保护的目标。生态记忆与生态系统动力密切相关,是形成斑块联合和防止生境破碎化的基。一旦干扰后保护区的生态记忆丧失殆尽,该生态系统将无法恢复,甚至可能形成新生生态系统。因此,将生态系统动力和干扰体系考虑在内,在保护区内建立最小动力区(minimum dynamic area)并将周边的人类活动区域纳入保护区管理很有必要。构建一个与演替过程相符并在时间和空间上连续的新型动态保护区序列,可以有效缓冲大尺度的外部干扰。

生态记忆为防御生物入侵提供了新方法。生态系统与人体免疫系统有诸多相似之处。生态记忆是抵抗力和恢复力的载体,它的存在增强了系统的免疫能力。相反,生态记忆的丢失会方便外来种入侵,使其最终创造出以自身生态记忆和恢复力为特征的一块领域,当其成为系统中生态记忆的主要部分时,就会造成原有系统的功能失衡和入侵种的大面积爆发。因此,防止生物入侵需要将系统内、外部记忆一并考虑。Scheafer[29]指出,入侵种的迅速扩张很可能是因为群落中缺少相应的生态记忆(如天敌等) ,过多丧失生态记忆的系统则会由入侵种驱动,转化为新生生态系统。

生态记忆为理解演替过程提供了新角度。群落演替具有一定的方向和规律,并且往往能预见或可测定。而生态记忆驱动着适应性循环(adaptive cycle) 周而复始的进行,它不仅记录了一个生态系统的成长史,同时也为其他年轻的生态系统提供了可参考的发展轨迹。一般情况下,回顾性生态记忆有利于系统稳定,阻碍演替发生;前瞻性生态记忆则是演替的内部驱动力。演替序列两个阶段之间的生态记忆犹如弹簧一般,当生态系统处于正常波动范围时,会表现出拉伸式弹簧的性质,维持原有系统的稳定;当外部干扰使生态记忆跨越阈值发生质变,表现为压缩式弹簧的性质时,会促使系统结构和功能发生变化,而这一阈值一旦跨越后便很难回头。

生态记忆还为生态恢复提供了参考。生态记忆是恢复力的重要组成部分,一个生态系统的生态记忆越多,遭到破坏后的恢复能力就越强,回到稳定状态所需的时间就越少[15]。生态记忆作为恢复力的载体,它为群落中已消失的物种重回群落提供了可能。生态恢复中的参照生态系统(reference ecosystem) 很难选择,尤其是在全球气候和环境因子剧烈变化的条件下,需要更广泛地考虑生态系统的功能和过程,而生态记忆为此提供了线索。对生态记忆的分析可以帮助确立生态恢复的阈值体系,为探讨生态系统在什么情况下可以自行恢复、什么情况下需要修复工程介入、什么情况下必须构建新生生态系统等问题提供了有效的参考。

(五)稳定同位素生态学

稳定同位素技术因具有示踪(tracers)、整合(integration)和指示(indicators)等多项功能,以及检测快速、结果准确等特点,在生态学研究中日益显示出广阔的应用前景。近年来,由于生态学研究问题更趋复杂化和全球化,多学科的交叉综合研究已成为本学科发展中新的生长点。以稳定同位素作为示踪剂研究生态系统中生物要素的循环及其与环境的关系、利用稳定同位素技术的时空整合能力研究不同时间和空间尺度生态过程与机制,以及利用稳定同位素技术的指示功能揭示生态系统功能的变化规律,已成为解生态系统功能动态变化的重要研究手段之一。稳定同位素技术逐渐成为进一步了解生物与其生存环境相互关系的强有力的工具,使现代生态学家能够解决用其他方法难以解决的生态学问题。例如,在植物生理生态学方面,稳定同位素技术使我们能从新的角度探讨植物光合途径、植物对生源元素吸收、水分来源、水分平衡和利用效率等问题。生态系统生态学家则利用稳定同位素技术研究生态系统的气体交换机制、生态系统功能动态变化及其对全球变化的响应模式等。在动物生态学方面,稳定同位素也已广泛地应用于区分动物的食物来源、食物链、食物网和群落结构,以及动物的迁移活动等方面的研究。总之,稳定同位素技术在生态学中的应用已引起了生态学家广泛的注意,逐渐成为现代生态和环境科学研究中最有效的研究方法之一。

与分子生物学技术对现代基因、生化和进化生物学领域的发展所产生的重大影响一样,稳定性同位素技术已对现代生态学的发展产生积极的影响。稳定同位素信息使我们能够洞悉不同空间尺度上(从细胞到植物群落、生态系统或某一区域)和时间尺度上(从数秒到几个世纪)的生态学过程及其对全球变化的响应。由于众多同位素化学家和地球化学家前期的开拓性研究工作,我们已经对稳定性同位素在生态系统和生物地球化学循环中的特性有了深入的了解。随着同位素研究技术与方法的日趋完善,稳定同位素技术在那些需要深入研究的现代生态学领域中的应用前景将更加广阔。例如,通过稳定同位素的分析,不仅可以追踪重要元素如碳、氮和水等的地球化学循环过程,还可诊断病人的代谢变化及其原因,估测农作物施肥的最佳配方和时间,研究动植物对环境胁迫的反应及相互关系,追踪污染物的来源与去向,推断古气候和古生态过程,甚至还可用来了解农、林产品的组成成分、原产地及掺假可能性等。总之,稳定同位素技术的应用所提供的信息,大大加深了我们对自然环境下生物及其生态系统对全球变化的响应与反馈作用等方面的认识,拓展了生态学研究和应用的发展空间。

美国 Brian Fry 专著 *Stable Isotope Ecology* 在 2007 年的正式出版,标志着稳定同位素生态学作为生态学的一门新分支学科正式诞生[16],是继遥感技术导致景观生态学迅速发展后又一门技术进步与生态学交叉产生的新兴学科,显示出良好的发展前景。

虽然,由于资金和设备的限制,稳定同位素技术在我国生态学研究中的应用起步较晚,但近十几年通过国际交流与合作以及我国科学家的不懈努力,该技术已取得了重要的突破和进展,逐渐成为我国生态学研究常用的一种技术。尽管我国生态研究人员发表了一系列总结国外研究的综述文章,但原创的研究工作为数不多。值得一提的是,2005 年中国农业大学陆雅海教授课题组采用现代分子生态技术和稳定同位素示踪技术相结合的手段,研究了水稻(*Oryza sativa*)根际碳循环的关键微生物种群和功能,用稳定同位素技术在水稻根系发现了一组新古菌的产甲烷功能,在 *Science* 发表了题为 *In situ stable isotope probing of rhizosphere* 的研究论文[17]。Sun 等[18]、Wang 等[19]利用稳定同位素技术研究了三峡水位升高对库区动植物可能产生的生态效应。张鹏等[20]以分布于祁连山北麓中段的两种优势乔木祁连圆柏(*Sabina przewalskii*)和青海云杉(*Picea crassifolia*)为研究对象,分析了高山乔木叶片 $\delta13C$ 值对海拔、土壤含水量和叶片含水量、叶片碳氮含量的响应及其机理,发现海拔变化引起的水热条件的改变,尤其是温度变化对高山乔木叶片碳同位素的分馏起主要作用。

从近几年我国众多生态研究单位投入巨资购买同位素比率质谱仪和其他相关仪器设备,以及不断增加的各类基金项目资助使用稳定同位素技术研究生态学问题可以看出,稳定同位素技术将在很大程度上提高我国生态学研究的深度和广度,为稳定同位素生态学的发展做出更大的贡献。

虽然稳定硫同位素分析在国外已经进行了大量的研究,但是目前在国内能够进行稳定硫同位素含量分析的研究单位还很少,而且分析费用较高,限制了稳定硫同位素技术的应用,需要在今后的研究资助计划中给予特别的重视。

近几年稳定同位素技术在我国生态学研究中的普及应用,在生态学和相关领域如环境科学、林学、农学等掀起一股稳定同位素的热潮。加上过去十几年来稳定同位素分析仪器品种的增多、自动化程度的提高、方法的不断完善和分析费用的降低,会有更多的生态学科研人员投入到稳定同位素生态学的学科建设和完善中,促进这一新学科的进一步发展。然而,应该强调的是,我们不应一味地模仿国外过去 20 年里开展过的研究,而是应该在稳定同位素生态学的学科理论框架、相关分析技术研发和仪器改进,以及如何利用稳定同位素技术解决我国特殊生态学问题等方面下足工夫,为本学科的进一步发展做出贡献。

四、生态与自然保护科学技术在产业发展中的重大应用、重大成果

(一)生物多样性监测体系建设

已有研究表明,与人口增长、文化变迁、政治和经济有关的因素均会导致生物生境的减小和重组,也会导致物种的分布和丰富度的变化。最终影响生物地球化学循环中土壤、水和大气的化学组成,进而影响生态系统功能和服务的变化,而这些变化又具有长期、复杂、后果滞后和难以预测的特点。

而对生物多样性进行长期动态的网络监测研究,不仅有助于科研人员认知生物多样性变化的驱动因子并对其进行量化研究,而且还有助于认识生物多样性变化的主导过程及其对生态系统功能和人类的影响。

目前,全球性的生物多样性观测网络已在建设之中,区域性的、国家性的生物多样性监测网络、长期生态系统监测网络也正在蓬勃发展。

1.全球生物多样性观测系统

全球生物多样性观测系统(Group on Earth Observations Biodiversity Observation Network,以下简称 GEO·BON)是在 2008 年 4 月形成的收集、管理、共享和分析世界生物多样性现状和趋势的新机构。它由 DIVERSITAS、NSSA 领导,发起成员有 BIOTA - AFRICA(由德国建立的对非洲生物多样性进行研究的计划)、DIVERSITAS、国际长期生态网络(ILTER)、联合国环境规划署——世界保护监测中心(UNEP - WCMC)、NSSA 等。

GEO·BON 的关键设想是把不同类型和众多来源的数据收集到一起,以便向用户提供所需信息需求的共享和互操作系统。它所收集的数据不仅包括植物标本馆和博物馆中标本集的历史和未来记录,而且也包括通过研究者、保护和自然资源管理机构、专家实地观察的数据。

GEO·BON 将促进自上而下测量与自下而上测量的结合,自上而下测量来自于卫

星观测,测量生态系统的完整性,而自下而上的测量,出现在最新领域和基于分子调查的方法,以测量生态系统过程、关键生物种群发展趋势、生物多样性遗传基础为主。

2. 欧盟的生物多样性监测网络

欧盟近年来也在积极努力发展其有关生物多样性的监测网络。如欧盟第六框架计划卓越网络项目资助了对生态系统、生物多样性和社会之间的复杂关系进行研究的"长期生物多样性、生态系统和认识研究网络"(A Long-Term Biodiversity, Ecosystem and Awareness Research Network, ALTER-Net)项目,该项目由欧洲 17 个国家的 24 个伙伴机构参与,经费是 1000 万欧元,主要针对欧洲陆地和淡水的生物多样性。

有关海洋生物多样性的研究由卓越网络的另一个项目"海洋生物多样性和生态系统功能"(Marine Biodiversity and Ecosystem Functioning, MarBEF)实施。

3. 美国国家生态观测网络

美国国家生态观测站网络(NEON)是由美国国家科学基金会(NSF)于 2000 年提出建立研究区域至大陆尺度重要环境问题的国家网络。NEON 准备通过对过程、相互作用和反应的研究,包括对那些通过传输进行调解以及连通性的研究,来解决尺度多样化的问题。建立该观测网的原因主要是因为美国大多数环境监测网站都只是关注过程和结果,而不对其中的相互作用和反馈作用进行联系。NEON 关注生物圈多尺度这一本质。NEON 基础监测从有机体、有机体种群和有机体群落尺度开始直接地观察其生物学的过程。

4. 中国森林生物多样性监测网络

中国森林生物多样性监测网络是在 2003 年成立的,旨在监测中国森林的变化,综合研究物种资源与生态环境,发展资源科学与保育生物学。该研究网络计划由 9 个森林生态系统定位样地组成。目前,已建成其中的 5 个。其中,吉林长白山、浙江古田山、广东鼎湖山和云南西双版纳 4 个大型样地,面积均达 20 公顷,代表中国不同地带性森林植被类型。该监测网络设立了领导小组(办公室)、科学指导委员会和科学委员会(秘书处)等组织机构,全面负责网络的运行和管理,以及组织重大科学研究计划的实施,开展生物多样性变化监测、数据集成和对外服务等业务。该网络是我国森林生态系统物种多样性变化的监测基地,也是世界热带森林研究中心(CTFS)监测网络的重要组成部分。

(二)气候变化与生物多样性

陆地生态系统通过光合生产与呼吸分解过程将大气中的 CO_2 固定下来,从而成为稳定大气 CO_2 浓度增加、减缓全球温度上升的重要因素,也是人类应对全球气候变化的有效途径。因此,世界各国对这一被称为生态系统碳收支的研究极为重视。2011 年 7 月 14 日,国际著名刊物 *Science* 杂志以特快方式(science express),以 Research Article 的形式在线发表了一个国际研究小组对全球森林碳收支的重要研究结果,将对气候变化研究和国际气候变化政策产生重大影响。

北京大学城市与环境学院教授、方精云院士作为该文的领衔作者(lead author)之一,参与领导实施了该研究。早在 2007 年,他就联合美国森林调查局、普林斯顿大学、杜克大学等机构的专家，发起了该项研究；并于 2009 年和 2010 年，分别在北京大学和普林斯顿大学组织两次国际研讨会，以推动该项目的进一步实施。

　　该研究是至今为止对全球森林碳收支最为全面系统的一次评估。研究小组利用全球各地的森林调查资料、生态系统野外长期观测资料，并辅以生态模型和遥感技术等手段，从全球不同气候带，分析了森林生态系统碳收支各要素（生物量、枯死量、凋落物、土壤有机质）的碳储量及其变化。该研究揭示，在过去的近 20 年里，全球森林每年固定约 40 亿 t 碳（折合 147 亿 tCO_2），相当于同期化石燃料碳排放的一半，但由于热带毁林等人为活动导致约 29 亿 t 碳的排放，因此，全球森林每年实际净固定约 11 亿 t 碳。

　　研究还表明，全球变化等因素显著加速了热带原始森林的生长，从而吸收了更多的 CO_2，加之毁林后的森林快速恢复，基本抵消了热带毁林导致的碳排放，因而该研究扭转了"热带森林是巨大的碳释放源"的早期观点，认为热带森林由早期的净排放已经转变为"碳固定与碳排放基本达到平衡"的碳中性状态。从这个意义上讲，全球森林的 CO_2 净吸收主要由北方森林和温带森林所产生。

　　研究还显示，中国森林是一个重要的碳汇（即碳的净固定量），年平均碳汇量由 20 世纪 90 年代的 1.3 亿 t，增加到近期的 1.8 亿 t；平均单位面积的碳汇量由每年每公顷的 0.96t 增加到 1.22t。这些数字表明，中国的生态建设在减缓大气 CO_2 浓度上升方面起到了重要作用。

（三）生态功能区区划

　　2008 年 7 月，根据国务院《全国生态环境保护纲要》和《关于落实科学发展观 加强环境保护的决定》的要求，环境保护部和中国科学院联合编制和发布了《全国生态功能区划纲要》。《全国生态功能区划纲要》对于中国生态功能区的建设与保护具有里程碑意义，是促进区域经济、社会和环境协调发展和贯彻落实科学发展观的有效途径。《全国生态功能区划纲要》的发布标志着中国生态保护工作正由经验型管理向科学型管理、由定性型管理向定量型管理、由传统型管理向现代型管理转变，是科学开展生态功能区建设与保护的重要依据。按照全国生态功能区划，中国生态功能区被划分为生态调节功能区、产品提供功能区与人居保障功能区三个类型的一级区，一级区共有 31 个。根据生态系统结构、过程与生态服务功能的关系，分析生态服务功能特征，对生态功能区进行生态系统服务功能重要性评价，根据其对全国生态安全和区域生态安全的重要程度分为极重要生态功能区、重要生态功能区、中等重要和一般重要生态功能区 4 个等级。生态功能二级区包括水源涵养、土壤保持、防风固沙、生物多样性保护、洪水调蓄等生态调节功能区，农产品与林产品等产品提供功能区，以及大都市群和重点城镇群人居保障功能区，共有 9 类 67 个区。在生态功能二级区的基础上，按照生态系统与生态功能的空间分异特征、地形差异、土地利用的组合划分 216 个生态功能三级区。生态功能三级区主要包括水源涵养功能区、土壤保持功能区、防风固沙功能区、生物多样性保护生态功能区、洪水调蓄生态功能区、农产品提供、林产品提供生态功能区以及大都市群和重点城镇群等功能区。

（四）国家重大生态工程

　　中国的生态保护与建设工程及政策的实施投入巨大，涉及面广。来自国家发改委的信息表明,近 10 年来中国在森林、草地和湿地等方面的重大生态工程上投资已经超过了7000 亿元。

总体上,中国重大生态工程的实施取得了一定成效。在森林方面,我国营造林事业和林业生态建设得到了长足的发展。据国家林业局数据,2001—2007 年间,全国累计完成造林面积 4257.25 万公顷,中国人工林已占到世界人工林面积的近 1/3,年均增量占世界的 53.2%,成为森林资源增长最快的国家。1999—2008 年,全国累计实施退耕还林任务2686.7 万公顷,中央已累计投入 1918 亿元,项目区森林覆盖率平均提高超过 3 个百分点。生物多样性保护取得新进展,2008 年年底,中国已建立 2538 个自然保护区,覆盖了国土面积的 15.5%,约有 49.6% 的自然湿地得到保护,一批生态地位重要的退化湿地生态状况正在逐步得到改善。为 85% 野生动物种群、65% 的高等植物群落以及 300 多种国家重点保护的珍稀濒危野生动物、130 多种珍贵树木提供了良好的栖息环境,大熊猫、朱鹮、金丝猴、苏铁、红豆杉等一大批濒危物种野外种群、数量稳中有升,一大批珍贵风景资源和自然文化遗产得到有效保护。在草原生态建设与保护方面,到 2008 年年底,全国人工种草累计保留面积达到 2867 万公顷,草原围栏面积超过 6200 万公顷,禁牧休牧轮牧草原面积累计达到 9867 万公顷。通过保护和建设,项目建设区生态环境明显改善,草原植被得到初步恢复,防风固沙和水土保持能力显著增强。

国家重大生态工程在实施过程中也暴露出了一些值得关注的共性问题,影响了工程的综合效率:①前期论证和规划不足;②工程实施过程中面临着很多难题亟待解决,具体表现在生态治理难、成果巩固难、后续产业难、资金保障难、综合评价难等问题;③缺乏长效的监督管理机制。这些问题影响着工程的有效性和可持续性,因此,需要建立面向国家重大生态工程的科学决策、综合评价和监管机制。另外,在生态移民安置政策中,也存在监管不力的问题。譬如,由于移民规划及建设的监督审核机制不健全,大部分移民工程的设计规划和实施方案不够合理,移民新村选址及建设缺乏长远性和科学性,移民生计问题突出。

(五)中国生物入侵的现状调查

2008 年 6 月至 2010 年 8 月,20 多名来自全国环境保护、农业、林业、海洋等领域从事入侵生物学研究的专家参加了调查。调查对象是原产地在国外,已经在中国国内自然或半自然生态系统建立自然种群,威胁或者破坏当地经济和生态环境的物种、亚种或更低的分类类群。以全国省级行政区域为调查单元,包括香港特别行政区、澳门特别行政区和台湾地区,涉及森林、湿地、草原、荒漠、内陆水域和海洋等生态系统。调查组在前期文献调研和实地调查的基础上提出一份初步的外来入侵物种名录,并查阅大量文献考证每个物种的各项信息,去除不能确定的种类,增加一些新的种类,形成了正式名录,该名录引用文献达 2000 多篇。利用 The Integrated Taxonomic Information System(ITIS, http://www.itis.gov/)核实学名,最后由中国科学院植物研究所、西北农林科技大学、国家海洋局第二海洋研究所等单位的咨询专家审定名录、学名和分类地位等信息。该次调查指标与第一次调查指标相同,包括外来入侵物种的 20 项生物学和生态学信息。

调查表明,488 种外来入侵物种中,植物 265 种,占外来入侵物种总种数的 54.30%;

动物 171 种,占 35.04%;菌物 26 种,占 5.33%;病毒 12 种,占 2.46%;原核生物 11 种,占 2.25%;原生生物 3 种,占 0.62%。

265 种外来入侵植物中,单子叶植物纲 38 种,双子叶植物纲 221 种,褐藻纲 4 种,真蕨纲和红藻纲各 1 种。它们隶属 56 个科,菊科种类数最多,达 59 种,禾本科 36 种,豆科 35 种,苋科 15 种,柳叶菜科 12 种,茄科 11 种。

171 种外来入侵动物中,昆虫纲 93 种,鱼纲 31 种,腹足纲 9 种,线虫纲 8 种,爬行纲 5 种,哺乳纲 5 种,甲壳纲 5 种,双壳纲 4 种,两栖纲 3 种,蛛形纲、鸟纲和瓣鳃纲各 2 种,海鞘纲和海胆纲各 1 种。鞘翅目物种最多,达 39 种,半翅目 18 种,双翅目 12 种,鳞翅目 11 种,鲈形目 9 种,滑刃目 8 种。

陆生植物是中国外来入侵物种中最大的生态类群,达 252 种,占外来入侵物种总数的 51.64%;其次是陆生无脊椎动物,为 104 种,占 21.31%;其他类型有 49 种,占 10.04%。草本植物占外来入侵植物种数的 80% 以上,木本植物(包括灌木和乔木)和水生植物仅占 10%。

对有较明确记载的 392 种外来物种入侵年代的分析结果表明,1850 年前,仅出现 31 种外来入侵物种,自 1850 年起,新出现的外来入侵物种种数总体呈逐步上升趋势,1950 年后的 60 年间,新出现 209 种外来入侵物种,占外来入侵物种总数的 42.83%。

外来入侵物种首次发现的省份集中在沿海地区。其中,台湾达 75 种,大大高于其他省份,山东 33 种、香港 32 种、广东 31 种、辽宁 29 种、江苏 22 种、海南 13 种、福建 12 种、广西 12 种。南方省份的外来入侵物种种数多于北方省份。除了沿海省份,云南(27 种)和新疆(12 种)这两个一南一北的边疆省份种数较多。

五、生态与自然保护科学技术发展趋势与展望

傅伯杰[21] 在综合分析中国国情和国际学术研究前沿领域与发展趋势的基础上,提出了我国未来生态系统研究的优先领域和重点方向。

(一)优先领域

1. 生态系统监测、评价与模拟

生态系统监测是生态系统研究的基础。生态系统监测在整合现有资源条件的基础上,进一步优化监测布局、拓展监测内容及时空尺度。把典型生态系统的过程监测与遥感技术相结合,提高监测的效率。生态系统评价涉及生态系统的结构、过程、功能等多个方面,评价内容包括脆弱性、稳定性、完整性、生态系统健康等。生态系统模拟能够弥补监测时空尺度有限性的不足,为理解多尺度生态系统的变化及其机制提供科学依据。生态系统监测、评价和模拟在生态系统过程和服务研究中具有基础性地位,能够提供数据支持、阐明不同尺度生态系统过程和服务的动态特征和尺度变异性。

2. 全球及环境变化生态学

全球及环境变化不仅蕴含着丰富的科学问题,还明确国家需求。全球及环境变化构

成生态系统变化的驱动要素,生态系统变化也是全球及环境变化的组成部分,对全球及环境变化有一定的调节作用。生态系统过程和服务的研究是全球及环境变化生态学的重要基础,直接服务于全球及环境变化生态系统响应、适应和管理对策的研究,为国家应对全球变化、处理相关国际事务提供科学依据,同时也为土地利用和城市化、环境污染防治和环境管理提供决策支持,具有基础和应用研究的双重意义。

3. 生态系统恢复与恢复生态学

恢复生态学提供指导管理干预的概念和操作性框架,从而对环境破坏进行修复。生态恢复活动的类型多种多样,从局地到区域、从社区自发的行为到多部门的联合行动,恢复模式上从单纯依靠自然力的自然修复到旨在加速或者改变生态系统恢复的过程和方向的生物和非生物干预。对生态系统过程、人与生态系统协同进化关系、环境变化的科学认知都会影响生态恢复策略选择。生态恢复的目标包括恢复退化生态系统的结构、功能、动态和服务,其长期目标是通过恢复与保护相结合,实现生态系统的可持续发展。因此,生态系统恢复与恢复生态学超越了纯粹的自然科学和技术层面,具有很强的综合性和应用性。生态系统研究能够为生态系统恢复和恢复生态学提供科学依据。

4. 生物多样性保护

现代社会中的重大环境热点问题研究,推动了保护生物学的发展,学科融合使得保护生物学正在发展成为保护科学(conservation science)[70]。保护科学直接面向生物多样性保护,在生物多样性保护实践的推动下丰富和发展,同时也为生物多样性保护实践提供科学依据。生物多样性与生态系统过程和功能的研究是保护科学的核心领域之一,生物多样性与生态系统服务的研究为生物多样性保护社会经济支持系统的建立提供基础。因此,可以通过生物多样性保护这一理论和应用领域对生态系统过程和服务的研究进行整合,推动生物多样性科学、保护科学的发展。

5. 生态系统服务综合评估

生态系统服务的研究是当今国际生态学研究的热点,也是迄今为止生态学研究中综合性最强的研究方向。生态系统服务的形成机制研究,实际上对经典生态学中关于生物多样性与生态系统功能,生态系统结构、过程与功能等科学问题进行了整合,而生态系统服务的评估又进一步将生态系统与人类社会的需求和福利相关联,从而为生态系统的保护、恢复和可持续利用提供逻辑的、伦理的和社会经济的依据。在生态系统过程和服务学科领域主要关注生态系统服务分类及权衡关系、形成和提供机制、定量分析与评估方法、尺度效应与区域集成、生态系统服务的优化调控等。

6. 生态系统可持续管理

生态系统管理作为生态系统研究的一个重要方向,重点在于关注实现生态系统保护、恢复和可持续利用背后的生态学理论、方法、社会人文机制等科学问题,来源于生态系统管理的实践,为生态系统可持续管理的实践提供理论基础和方法支持。研究对象包括森林、草地、湿地、农田、城市和乡村聚落以及区域生态系统综合体。研究目标是建立和发展生态系统综合与可持续管理的理论框架、方法与技术体系以及决策支持工具。

(二)重要方向

1.生态系统监测与数据同化

生态系统的地面监测能够比较全面地了解生态系统的结构、过程和功能状况及其变化。但是这种观测需要长期持续的投入,所能达到的空间尺度也有一定局限性。因此,为了提高生态系统监测的效率,就需要采用综合监测的策略,即将定位的结构、过程和功能的观测与对地观测技术、空间分析技术等相结合,将长期定位观测数据、遥感数据、地理空间数据进行集成和同化,发展生态系统综合监测的方法,为生态系统过程和服务研究中的尺度效应和尺度转换、空间异质性和区域综合集成提供数据和方法支持。具体包括以下方面:

1)不同类型生态系统长期定位观测的要素、指标、标准和方法体系;

2)区域生态系统过程和功能指标及遥感动态监测的理论与方法;

3)生态系统定位观测与对地观测数据融合和区域生态系统综合监测方法与模型。

2.生态系统对全球及环境变化的响应与适应

全球及环境变化涉及环境外交和国计民生,因此成为国家的一项紧迫需求。通过生态系统过程和服务的研究,可在不同尺度上揭示全球及环境变化对中国生态系统过程、功能和服务的压力和影响,同时,阐明中国生态系统恢复重建、生态保护等积极干预和管理措施对解决全球及环境变化问题的贡献。为推动关于全球变化国际谈判、环境污染防治和区域环境管理的国家政策、法律和标准的制订提供科学基础,发展全球及环境变化生态学。具体包括以下方面:

1)全球变化、经济全球化和环境污染对中国主要生态系统过程和服务的影响与机理;

2)中国不同类型和尺度的生态恢复与重建、环境污染的生态防治等对生态系统过程和服务的影响及其对全球及环境变化响应与适应的贡献;

3)不同全球变化及环境质量情景下,生态系统保护、恢复和重建的数量与质量标准、时空分布格局和生态系统综合管理对策与决策方法。

3.生态系统恢复的可持续性

随着经济社会发展、生态环境形势的变化和环境意识的逐步提高,我国已在不同尺度上针对不同类型的生态系统或典型区域开展了大量的生态恢复和重建方面的实践,例如水土保持、退耕还林还草、天然林保护、各种防护林体系建设、退牧还草、退田还湖、生态农业等。但是,有关各种生态恢复重建工程的生态环境效应如何、综合效益如何、投入产出效率如何、在不同的社会经济和政策环境下是否具有稳定性和可持续性等问题,都亟待开展深入的综合研究。生态系统过程和服务的研究可以为上述问题的解决提供科学依据。具体包括以下方面:

1)不同类型和尺度生态系统过程和服务退化的机理及生态恢复与重建目标、指标与标准体系;

2)生态系统恢复与重建的技术、方法与优化、规划;

3)生态系统恢复与重建的综合评价与可持续管理。

4. 生物多样性与生态系统功能

生态系统服务的研究表现出了向过程机理和区域综合两大方向发展的趋势。生物多样性和生态系统功能构成了生态系统服务研究的核心组成部分之一,因此成为生态系统过程和服务研究的一大优先领域。生物多样性与生态系统功能领域的研究不仅要注重生物因素,还要关注非生物环境因素以及生物-非生物因素的关联和协同效应。具体包括以下方面:

1)生态系统多样性和景观异质性对生态系统功能与服务的影响;

2)土地利用/覆被变化及人类活动对生态系统多样性及生态系统功能和服务的影响;

3)城乡区域发展及其规划设计的生态学基础;

4)生物多样性与生态系统功能的保育和恢复。

5. 区域生态系统服务的耦合关系及定量评估

在区域尺度上,区域生态系统服务变得非常复杂,充满了变异性和不确定性。生态系统各种服务的关系、区域尺度各种生态系统服务的耦合与集成效应都需要进行量化的评估。这就对生态系统结构-过程-功能-服务的研究提出了更高的要求,必须发展基于过程、机理的,能够解决空间异质性、尺度变异性、非线性问题的区域生态系统服务定量评估的理论和方法。具体包括以下方面:

1)生态系统服务分类及不同类型之间的关联关系;

2)生态系统服务的形成与消费机理;

3)生态系统服务的时空尺度效应、尺度转换与区域集成;

4)土地利用/覆被变化及人类活动对生态系统服务的影响。

6. 区域生态系统综合模型

国内在生态系统及其区域综合模型上一直缺乏开创性的进展,在国际学术舞台上的影响力不高。生态系统模型是生态系统结构、过程、功能与服务方面科学认知的一种高度概括和定量化的总结,是相关研究的重要产出形式,一定程度上代表了生态系统研究的水平。发展区域生态系统综合模型的研究,主要包括以下方面:

1)不同类型和尺度上生态系统过程模型的研发和集成;

2)生态系统空间异质性和景观动态模型的研发与集成;

3)耦合格局与过程的区域生态系统综合模型的研制与系统开发。

参考文献

[1]Loreau M. Biodiversity and ecosystem functioning:recent t heoretical advances. Oikos ,2000,91(1):3-171.

[2]Bulling M T,White P C L,Raffaelli D G,et al. Using model systems to address the biodiversity ecosystem functioning process. Marine Ecology Progress Series,2006,311:295-309.

［3］Lewis O T. Biodiversity change and ecosystem function in tropical forests［J］. Basic and Applied Ecology，2009，10(2)：97－1021.

［4］Adriaenssens V，De Baets B，Goethals P L M，et al. Fuzzy rule based models management. Science of the Total Environment，2004，319(123)：1－121.

［5］Pretzsch H，Grote R，Reineking B，et al. Models for forest ecosystem management：A European perspective［J］. Annals of Botany，2008，101(8)：1065－1087.

［6］Einoder L D. A review of the use of seabirds as indicators in fisheries and ecosystem management［J］. Fisheries Research，2009，95(1)：6－131.

［7］周杨明，于秀波，于贵瑞. 自然资源和生态系统管理的生态系统方法：概念、原则与应用［J］. 地球科学进展，2007，22(2)：171－1781.

［8］周婷，蒙吉军. 区域生态风险评价方法研究进展［J］. 生态学杂志，2009，28(4)：762－767.

［9］周平，蒙吉军. 区域生态风险管理研究进展［J］. 生态学报，2009，29(4)：2097－2106.

［10］Balvanera P，Pfisterer A B，Buchmann N，et al. Quantifying the evidence for biodiversity effects on ecosystem functioning and services. Ecology Letters，2006，9(10)：1146－1156.

［11］Worm B，Barbier E B，Beaumout N，et al. Impacts of biodiversity loss on ocean ecosystem services. Science，2006，314(787)：787－790.

［12］Mertz O，Ravnborg H M，Lvei G L，et，al. Ecosystem services and biodiversity in developing countries［J］. Biodiversity Conservation，2007，16：2729－2737.

［13］Seddon P J，Armstrong D P，Maloney R F. Developing the science of reintroduction biology［J］. Conservation Biology，2007，21，303－312.

［14］Stewart CN. Weedy and Invasive Plant Genomics［J］. Wiley－Blackwell，Ames，2009.

［15］Schaefer V. Alien invasions，ecological restoration in cities and the loss of ecological memory［J］. Restoration Ecology，2009，17：171－176.

［16］Fry B. *Stable Isotope Ecology*. Springer，New York，2007.

［17］Lu Y H，Conrad R. In situ stable isotope probing of methanogenic archaea in the rice rhizosphere［J］. *Science*，2005，309，1088－1090.

［18］Sun S F，Huang J H，Han X G，Lin GH. Comparisons in water relations of plants between newly formed riparian and non－riparian habitats along the bank of Three Gorges Reservoir，China［J］. *Trees*，2008，22，717－728.

［19］Wang J，Huang J，Wu J，et al. Ecological consequences of the Three Gorges Dam：insularization affects foraging behavior and dynamics of rodent populations［J］. Frontiers in Ecology and the Environment，2010，8：13－19.

［20］张鹏，王刚，张涛，陈年来. 祁连山两种优势乔木叶片 δ～(13)C 的海拔响应及其机理［J］. 植物生态学报，2010，34，125－133.

［21］傅伯杰. 我国生态系统研究的发展趋势与优先领域［J］. 地理研究，2010，92(3)：383－396.

撰稿人：武建勇　周可新　赵富伟　高吉喜　薛达元

农业生态环境学学科发展报告

摘要 "十一五"期间,农业生态环境学科的研究主要集中在农业生态环境数字信息系统研究、农业生态环境监测、农业生态环境保护方法以及农业生态环境保护政策保障等方面。随着科技的迅猛发展,GIS模型等更多的现代手段在农业生态环境研究中得到应用。中国农业环保已在农业环境科学基础理论创新、农业环保技术革新及其产业化、农业环保政策保障机制等方面取得较大的进展,农业环保已经逐渐发展并开始走向强盛。

全球气候变化是由于多种因素造成的,其对农业环境造成了一定的影响,不管从有利还是不利方面来看,都有一个与变化环境相适应调整的问题。伴随全球气候变化影响的日趋突显,研究气候变化与农业生态环境的关系是时代发展的要求和趋势。

2010年,中华人民共和国环境保护部、中华人民共和国国家统计局、中华人民共和国农业部联合发布《第一次全国污染源普查公报》。公报显示农业污染量占全国总污染量的1/3~1/2,已成为水体、土壤、大气污染的重要来源。如何实现节能减排,有效控制农业源污染,保障农产品食品安全和实现农业可持续发展是摆在我国农业生态环境科研工作者面前亟待解决的问题。

一、引言

农业生态环境是一个相对独立又开放的环境。它一方面受到农业生产过程中生产方式、生产投入品等内部因素的影响,同时又同外界的气候条件(降水、温度、太阳辐射等)、环境质量(大气质量等)等有着密切的联系。

目前,伴随经济腾飞、科技发达,人们对农业生态环境的认识也在逐步深入。这在一定程度上有利于优化农业生态环境,保障农产品供应和食品安全。但另一方面由于工业污染以及不合理的农业生产方式,农业生态环境的质量也受到来自外界和其内部因素的双重威胁。

外界条件对农业造成的威胁主要表现在两个方面。一是工业引起的大气污染以酸雨、沉降等方式影响农业生态环境。另一方面工业生产引起的水污染进入农业生态环境对其造成威胁。另外,全球变化也通过对温度、降水、虫害的影响而直接或者间接对农业生态环境产生影响。内部的威胁主要是由于不合理的农业生产方式和生产投入品在数量和质量上的不合理而引起的一系列农业生态环境问题。

2008年,十一届全国人大一次会议中,温家宝总理提出要"加快发展高产优质高效生态安全农业"。大力发展高产、优质、高效、生态、安全的农业,已成为我们今后一段时间农业改革发展的目标。

二、农业生态环境学基础理论体系建设进展

(一)农业生态环境的概念

《农业大辞典》关于农业生态环境的定义为:农业生态环境又称农业生境、农业环境,是指农业生物赖以生存繁衍和农业生产赖以发展的环境,即直接作用于农业生物生命活动过程的各种生态环境因素的综合。通常包括:气候因素、土壤因素、地形因素、生物因素等自然因素和人为的社会环境因素[1]。这一定义确定了农业生态环境中农业生物的中心地位,是当今学术界普遍接受的一个概念。

陈英旭等主编的《农业环境保护》一书对农业生态环境的定义为:农业环境是以农业生物(包括各种栽培植物、林木植物、牲畜、家禽和鱼类等)为主体,围绕主体的一切客观物质条件(如水、空气、阳光和土壤以及与农业生物并存的生物和微生物等),以及社会条件(如生产关系、生产力水平、经营管理方式、农业政策、社会安定程度等)的总和。其中,农业客观物质条件叫农业自然环境,社会条件叫农业社会环境。通常所说的农业环境主要指农业的自然环境[2]。这一概念实际上是对《农业大辞典》上农业生态环境的进一步解释和说明,也是被学术界所接受的一个概念。

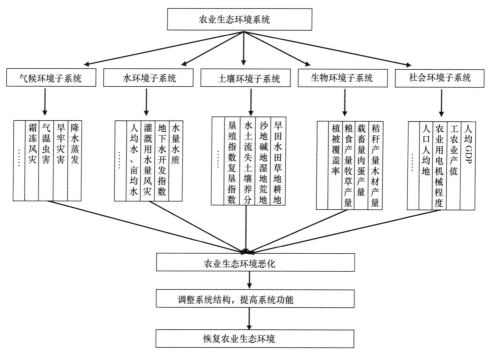

图 1 农业生态环境系统概念模型

另有学者基于系统概念模型分析和农业生态环境系统的特点建立了农业生态环境系统的概念模型[20,27]。气候环境子系统、水环境子系统、土地环境子系统、生物环境子

系统和社会环境子系统的结构和功能共同决定了农业生态环境系统的特征和运动变化规律。每一子系统均具有一定的变化规律和相对独立的体系,同时,子系统间又具有一定的物质-能量转换关系和过程,每个子系统对其他子系统也产生作用,表现为非线性关系。

这实际上提出了农业生态内部环境和农业生态外部环境的概念模型。简单地说,农业生态内部环境就是指与农业生产直接有关的环境,在该环境中出现的各种问题主要是通过灌溉、施肥、土壤改良和防治病虫害等措施来加以改善和解决,以促使作物增产。从专业分工来看,它属于传统农业的范畴,其工作主要由农业和水利部门来进行。农业生态外部环境包括地质、地貌、土壤、气候、水文等自然环境,从宏观的角度来看,它涉及大气圈、水圈、岩石圈、生物圈和智慧圈五大圈层。以往有大农业环境的说法,与此概念也有相似之处。

实际上,农业生态环境系统概念模型中的外部环境和内部环境的概念是原农业生态环境概念基础上的拓展和完善。

(二)农业环境和农村环境

虽然早在 2000 年的时候就有学者撰文论述了"农业环境"和"农村环境"之间的关系[22]。但是,从现有文献中发现,仍有不少学者对"农业环境"和"农村环境"存在认识上的不足,使用的时候容易将二者混淆,因此有必要分析二者的关系。

按照传统的主体分类原则,农业环境的参照主体是农业生物,而农村环境的参照主体是农村居民。换句话说,农业生物是整个农业环境的核心,在农村环境中,农村居民是核心。我们将其概括为农业生物中心说与农村居民中心说。依照这一分类原则,农业环境带有更多的自然属性,而农村环境带有更多的社会属性。

概括起来说,农业环境更侧重于人类的生产环境,而农村环境更侧重于人类的生活环境。但二者之间没有一个截然的界线,在很多时候、很多方面二者存在大量的交叉重复。因为广义的农业环境不仅包括通常意义上的种植业环境,还涉及林、牧、副、渔等多个领域,范围较为宽泛。由于人类是农业生产、生活中最活跃、最积极的因素,人类活动涉及极其广阔的领域,所以农业环境与农村环境不可避免地存在很大程度的交叉重复。如农药污染问题,由于农药污染既对农业生物(如水稻、小麦等)造成危害,导致粮食减产和品质下降,同时也给群众身体健康带来不良影响,那么农药污染就涉及农业环境和农村环境两个领域,既属农业环境问题又属农村环境问题。

三、农业生态环境科学技术研究进展

(一)我国农业生态环境评价指标体系研究进展

生态环境质量评价研究由来已久,从传统地理学对区域自然、社会经济的描述性评价,发展到今天涉及各生态要素、不同尺度的综合性评价。我国环境质量评价始于 20世纪 60 年代,直到 20 世纪 80 年代,生态环境质量评价在国内才开始引起人们的重视[27,28]。

农业生态环境质量评价一般在系统学的角度上,按照压力-状态-响应的概念框架,进行指标的选取。一般将评价对象划分为自然环境、生物状况、人类影响 3 个子系统或是自然生态环境、社会经济环境、环境污染、农副产品 4 个子系统来进行评价。区域农业生态质量评价涉及范围广、层次多,环境要素之间的关系复杂,选取的评价指标不仅需要提供事物变化的定量信息,而且要能反映农业政策问题;不仅立足于当地农业生产的实际情况,以复杂的统计数据以及其他形式的专题数据来提供信息,而且注重不同层次、不同空间环境要素的相互比较和内在影响机制之间的关系。目前研究中选取得指标主要有:大于等于 10℃ 的活动积温、年平均气温、森林覆盖率、草地覆盖率、人均耕地面积、水土流失面积、土地三化(沙漠化、盐碱化、荒漠化)面积、土壤有机质含量、单位面积化肥用量、单位面积农药用量、大气环境质量指标、土壤质量指标、水体质量指标等。与农村生态环境相比,农业生态系统的自然生产力状况、系统的稳定性、农业投入-产出的经济性等经济指标不会直接影响农业生态环境,且很难确定其对农业生态环境是正面还是负面影响。因此,农业生态环境质量指标中一般不含有经济和人口指标。如何体现经济、人口等社会经济指标对农业的影响将是一个亟须探讨的问题。

农业环境质量生态评价指标体系常分为一级和多级指标体系。一级指标体系中每项指标权重常过小,赋值较复杂,误差较大,诊断较困难,不能清晰反映多层次状况。而农业生态环境的子系统多,子系统间相互作用及程度直接影响整个环境生态质量,多级指标体系能清晰反映各子系统间差异及生态环境不同层次,故常用该体系,多为二级指标体系。二级指标下还能分出更细化指标,形成多级完善指标体系。实际评价对象不同,指标可完全不同,侧重点也不一样。有些研究常把描述系统可持续性特征时必须考虑的公平性,如人均收入、收入差距等也纳入生态环境评价指标体系,但有学者认为这些经济指标对农业生态环境优劣并无必然影响,只间接地通过人为活动改变用地结构、土地投入产出比,因此设定指标体系时常不考虑这几方面因素。

目前,权重确定主要有经验权数法、专家咨询法、灰色关联法、层次分析法等[27]。数学方法由于较客观准确,结果易检验,可减少主观随意性,因而应用广泛。但数学方法也有一定的局限性,虽然其评价过程比较客观,但原始数据的应用很大程度上也受到人为主观因素的制约;另外数学方法以公式和模型为基础,缺乏灵活性。目前比较流行的做法是首先由研究人员紧扣农业生态环境的概念、内涵、目标和作用,以层次分析法为基础,在实地充分调查的基础上初步拟订评价的因子体系,然后邀请有关专家采用定性分析法,再结合当地实际情况最终确定其权重。

近几年,亦有学者把生态环境指标和社会经济指标进行有机结合建立了一套指标体系,全面反映农业生态系统的状态。表 1 是部分学者对农业生产环境评价指标和相应权重的确定。

表1 农业生态环境评价指标（部分）

一级系统	序号	指标	分级阈值				
			一级（90）	二级（70）	三级（50）	四级（30）	五级（10）
农业生产自然环境系统（0.4）	1	年日照时数（0.15）	3000	2500	2000	1500	1000
	2	年降水量（0.15）	1600	1200	800	400	200
	3	>10℃活动积温（0.15）	6000	5000	3500	2000	1500
	4	全年无霜期（d）（0.1）	300	250	200	150	120
	5	林网化率（%）（0.1）	98	95	90	85	80
	6	海拔（m）	2	1.5	1.3	1	0.8
	7	土壤有机质含量（%）（0.06）	3.5	3	2.5	2	1.5
	8	土壤速效N含量（$\times 10^{-6}$）（0.07）	150	120	90	60	30
	9	土壤速效P含量（$\times 10^{-6}$）（0.07）	20	15	10	5	2.5
	10	土壤速效K含量（$\times 10^{-6}$）（0.07）	150	100	75	50	25
农业生产投入系统（0.3）	11	产量与光温潜力比（0.25）	0.88	0.81	0.74	0.66	0.58
	12	灌溉保证率（0.2）	90	80	70	60	40
	13	化肥用量（kg/hm²）（0.2）	300	400	500	600	700
	14	农药用量（kg/hm²）（0.2）	30	50	80	100	120
	15	人均耕地（hm²/人）（0.15）	0.33	0.27	0.2	0.07	0.05
环境影响系统（0.3）	16	土壤环境质量（0.4）	1	1.5	2	3.5	3
	17	水质量（0.3）	100	95	90	85	80
	18	大气环境质量（0.3）	100	95	90	85	

但由于不同作物不同家畜对环境要求的异质性等原因,很难用一套指标体系涵盖全国的农业生态环境指标。所以,应该在建立一套指导性指标体系基础上,在全国范围内分区、分类建立相应的指标体系和权重。其根本目的是一致的,即实现农业可持续发展,保障食品安全。

(二)我国农业生态环境信息化研究进展

从环境信息科学的角度出发,在农业生态环境系统的基础上,建立由多目标、多层次、多因子的各种信息所支持的农业生态环境信息系统(图2)。该信息系统由气候、水、土地、生物和社会环境信息子系统所组成,在每一个子系统中又包括若干个环境因子,形成一个多层次、多变量的信息系统[32]。农业生态环境信息系统中任何要素的变化都可通过信息反映出来。

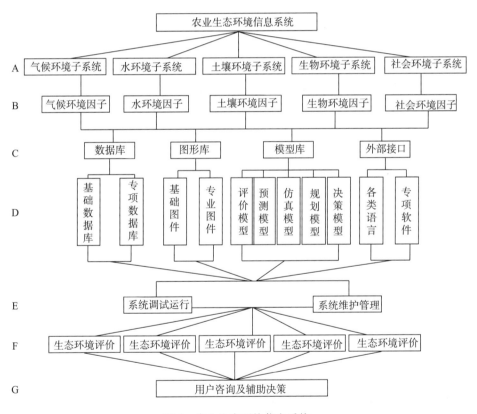

图 2　农业生态环境信息系统

目前有学者建立的农业生态环境信息系统由数据库、图形库所控制的信息系统和由模型库所控制的环境模拟系统构成。然而,在它们之间缺乏数据传输和信息共享的功能。使用 VB 语言和组件 GIS 编程软件进行 GIS - EIS 之间的数据连接(耦合),使模拟结果可视化。这一研究方法较以往跨了一大步。

农业生态环境系统是一个由多目标、多层次、多因素所组成的巨大的信息系统,通常可依托"3S"技术、环境模拟技术等开展局部和个别问题的研究,但如果要对整个系统进行评价、监测和调控等研究,采用传统的技术和方法是不可能实现的,这是由于其无法保障巨量信息数据处理的高效性和正确性[32]。因此,对于一个由庞大的信息数据组成的系统,若要实现高效的信息收集、处理、查询和更新的功能,就必须建立相应的数据库、属性库、图形库、模型库以及各种辅助的信息库,并能保障各库之间的信息联系和数据转换,这样才能实现生态环境研究的数字化、信息化、模型化和可视化,并最终实现农业生态环境的评价、预测、优化和决策。因此,为了进一步开发和应用农业生态环境系统,必须建立农业生态环境信息管理系统。学者们建立了农业生态环境信息管理系统(agriculture ecological environment management information system,AEMIS)。

AEMIS是在计算机软件和硬件的支持下,以生态环境模拟为基础,综合应用生态环境科学和系统工程的理论知识,输入、存贮、处理、管理、分析和输出农业生态环境原始资料、中间数据和最终结果,以提供系统调控、优化决策所需信息,并可实现农业生态环境信息管理一体化的技术系统。简言之,该信息管理系统就是利用计算机来处理和管理生态环境信息的技术系统。AEMIS的核心在于建立农业生态环境信息的数据库、模型库、指标库和图形库,以此为基础对研究区域的生态环境总体状况的演变进行动态综合研究,并解决生态环境和社会经济协调发展的问题。可见,农业生态环境系统是AEMIS建立的基础和服务的对象,而AEMIS则是农业生态环境系统研究实现信息化、模型化以及可视化的途径。

AEMIS通过对计算机技术、GIS二次开发技术、EIS-GIS耦合技术、系统接口技术、数据库技术和信息管理技术的综合集成,实现了农业生态环境各子系统之间,数据库、属性库、指标库、图形库和模型库之间的数据共享,为进行农业生态环境评价、预测、规划及优化决策提供了数据和信息反馈的通道。

AEMIS是一个新开发的专业计算机系统,它具有资源共享、组合统计分析、多功能查询、过程可视化、可扩充性强等优点。但是,由于农业生态环境系统是多目标、多层次、多因子的庞大的信息系统,AEMIS的开发和完善将会涉及许多的学科、知识和技术,而且,用户的需求也在不断变化和提高,因此,建立这样一个新型的信息管理系统有较大的难度。在系统的设计和功能的实现方面还存在着某些不足,有待进一步开发和扩容。

(三)全球变化对农业生态环境的影响研究进展

全球气候变化虽然是由于多种因素造成的,但是也对农业环境造成了一定的影响,不管从有利影响来看,还是不利影响来看,都有一个与变化环境相适应调整的问题。伴随着全球气候变化影响的日趋突显,农业方面的学者也注意到了全球变化对农业生态环境的影响[18,19]。农业生态环境受全球变化的影响主要表现在其对全球变化的敏感性和脆弱性上。

敏感性是指某个系统受到与气候有关的刺激因素影响的程度。所谓刺激因素是指气候变化因素,包括平均气候状况、气候变率和极端事件的频率与强度,这些影响可能是直接的影响,也可能是间接的影响[23,33]。

气候变化将对我国农作物种植制度及农业生产的布局发生较大影响。气候变暖将使我国长江以北地区,尤其是中纬度和高原地区农作物生长季开始的日期提早、终止的日期延后,潜在的生长季延长;还将使多熟种植的北界向北推移。麦、稻两熟区、双季稻种植区和一年三熟制的水稻产区,在水分条件满足的情况下,种植北界均可向北推移。如果年平均气温上升 2℃,大部分两熟制地区将会被不同组合的三熟制取代,三熟制的北界将北移 500km 之多,三熟制面积可能扩大 1.5 倍,从长江流域移至黄河流域。而两熟制地区将北移至目前一熟制地区的中部,一熟制地区的南界将北移 250～500km,一熟制地区的面积将减少 23%。这些敏感区域将会面临种植制度、产业结构和作物品种的重大改变。

农业应对气候变化的脆弱性则是指农业系统容易受到气候变化(包括气候变率和极端气候事件)的不利影响。其无法应对不利影响的程度,是农业系统经受的气候变异特征、程度、速率以及系统自身敏感性和适应能力的反应。农业对气候变化的脆弱性往往和极端天气气候事件有关,当生物遭遇到所能承受的阈值时呈现出脆弱性,导致一个系统从某一主要状态转变为另一个主要状态。未来全球气温和降雨形态的急剧变化,可能使许多地区的农业和自然生态系统无法适应或不能很快适应这种变化,造成大范围的植被破坏和农业灾害,产生破坏性影响。脆弱性往往仅针对一个或少数几个指标,并可能存在一个阈值。当温度低于 6℃时,喜温作物停止生长,当温度低于 0℃时,则可能产生冻害;而当温度超过 44℃时,作物生长明显受到影响。0℃与 44℃这两个温度敏感临界点表明了喜温作物所能承受的温度最低阈值与最高阈值,当温度一旦突破阈值时,作物就会停止生长甚至死亡。

(四)农业生态环境保护科技发展进展

农业生态环境学科归根结底是为了保护农业生态环境而产生的应用类学科。因此,农业生态环境学科的发展在很大程度上是农业生态环境保护科技的发展。"十一五"期间,我国在农业生态环境保护方面有了较大的进展。

1.农业生态环境监测技术方法研究

生态环境监测有 3 种监测手段:地面监测、空中监测和卫星监测[11]。地面监测是传统的监测技术,此项技术尽管耗资巨大,但很重要,它可以详细提供生态系统的状况,其监测结果还可以解释飞机和卫星的大部分遥感数据。另外,对降水量、土壤有机质含量、土壤养分含量以及其他一些环境要素的监测,只有地面监测才有准确的监测结果。

地面监测即是在监测区域内,选择具有代表性的生态系统,在其内设置若干监测点进行长期的系统监测。根据所监测的不同要素,依据规范化和标准化的方法,对系统进行较准确的测量,并把系列性的数据储存于计算机中。通过这种形式从系统中取得有关信息和数据,并通过对该系统的长期观察,了解演替趋向,给出评价和预测。布点采样原则有两点要求:一是采样点所采集的样品要对整个生态系统的某项指标或多项指标有较好的代表性;二是在保证达到必要的精度和满足统计学样品数的前提下,布设的点位应尽量少,以减少投入。

目前生态环境的评价方法尚处于探索发展阶段,一般的评价方法有类比分析法、列表清单法、生态图法、指数法与综合指数法、景观生态学法等等,其中指数法与综合指数法的特点为简明扼要。由反映农业生态环境质量各评价指标的实测值和评价标准值,确定各指标对生态环境质量的影响水平,即确定单因子指数,将其加权综合为生态环境质量体系综合指数。用1-0表示优劣("1"表示最佳的、原始的或人类干预甚少的生态环境状况,"0"表示最差的、极度破坏的几乎非生物性的生态环境状况)。

"十一五"期间,农业生态环境数字信息系统和农业生态环境信息管理系统的创建为农业生态环境监测的遥感监测提供了强有力的现代技术支撑。

2.农业环境保护的主要措施

农业环境是自然整体环境的重要组成部分,是农业生产的基本物质条件,具有广泛性、整体性、区域性的特点。农业环境遭受污染,制约农业由数量型向质量效益型转变,对农业可持续发展和人体健康构成了威胁。因此,应当采取措施,积极预防农业环境被污染和破坏,对于已经污染的农田,应当尽快恢复其原有的良好的生态环境和地力水平,促进农业可持续发展。农业环境保护就是利用法律、经济、技术的各种手段,使农业环境质量和生态状况维持良好的状态,防止其遭受污染和生态破坏,是合理利用农业自然资源、防止环境污染和保护农业生态平衡的综合措施[3,6,9]。

防治农药污染,积极推广综合防治病虫害技术,在农药污染防治方面,除在生产过程中严格执行国家有关标准和规定外,还应采取多种措施。一是调查研究各种病虫害的发生规律和特点,及时预报,在关键时期适时用药,减少用药次数。二是研究推广先进的喷雾技术,改进农药剂型,开发使用生物农药或高效、低毒、低残留、易分解的农药,提高防治效果。三是推广采用生物防治、人工防治、生态防治、营养防治、农业防治、物理防治措施,大大降低农药的污染。四是对农药残留超标的农田,改制种田或改种经济作物、花卉、苗木,减少对粮食、蔬菜的危害,保护人体健康。

"十一五"期间,绿色、循环、生态农业等农业发展模式的大力推广为保护我国农业生态环境做出了很大的贡献。

(五)农业面源污染控制技术研究进展

2010年,由中华人民共和国环境保护部、中华人民共和国国家统计局、中华人民共和国农业部联合发布《第一次全国污染源普查公报》。公报显示农业污染量占全国总污染量的1/3~1/2,已成为水体、土壤、大气污染的重要来源。农业面源污染在"十一五"期间引起广泛关注。国家的支持加之地方上的积极配合,面源污染防治工作在这些地区有很大进展。同时,在其他地区,例如大理治理滇池面源污染,也根据自身特点形成了较为成熟的面源污染防控措施体系,见表2。示范区内长期不懈推行综合防治,促进了农业面源污染的治理,为全国面源污染防治工作积累了宝贵的经验,促进农业的可持续发展,净化农村环境,防治化学农药的残留和肥料的流失,促进农业生态环境的改善。

表2　国内农业面源污染防治经验(部分)

控制方式		具体技术	举例
源头控制技术	种植业	改进施肥技术	丹江口库区橘园通过改进施肥技术;丹江口库区小麦、水稻控施尿素技术;化肥控施技术;平衡施肥技术
		化肥减量技术	康乃馨3个品种氮磷减施技术 双季稻田连续减氮磷研究
		农药减量技术	环洞庭湖双季稻区农药减量使用研究
		土壤改良剂	滇池设施农业土壤施用土壤改良剂控制磷素流失
		秸秆覆盖技术	巢湖流域秸秆覆盖技术
		农药改进	白洋淀蝗区防治蝗虫替代药剂;巢湖设施番茄防治蚜虫药剂
		化肥改进	纳米技术在化肥生产中的应用
		种植制度优化	洞庭湖区双季稻田种植优化制度
		友好型栽培技术	玉米新品种堰玉18环境友好型栽培技术
	养殖业	改善养殖条件	节水型猪舍的设计
		立体养殖	立体水产养殖
		粪便处理	利用沼气池处理畜禽粪便 猪粪蝇蛆养殖堆肥化
径流拦截		耕种模式改进	红壤坡耕地花生不同耕种模式截流保肥技术
		生态沟渠	巢湖地区生态沟渠研究
		人工湿地	厌氧-人工湿地农村生活污水处理
		水生生态	食藻虫控藻引导土著植物的立体生态修复技术
		生态护坡板	稻草基生态护坡的研究
生态农业		山地"鸡茶共生"高效农业模式	
		东江源"猪-沼-果-鱼"生态农业模式 农业文化遗产保护推广[*]	

*注:农业文化遗产保护推广工作见专栏1。

(六)全球重要农业文化遗产研究

2006年6月,中国科学院地理科学与资源研究所自然与文化遗产研究中心成立以来,结合全球重要农业文化遗产(GIAHS)项目成功完成了浙江青田稻田共生系统、云南红河哈尼稻作梯田系统、江西万年稻作文化系统等全球重要农业文化遗产的申报,并在保护试点进行了农业文化遗产保护与适应性管理的探索。通过现代科技与传统农业生产智慧结合,为农业生态环境保护工作开辟了新道路。

专栏1:全球重要农业文化遗产

联合国粮农组织(FAO)于2002年发起一项全球性计划,即全球重要农业文化遗产(GIAHS)。并将其定义为:"农村与其所处环境长期协同进化和动态适应下所形成的独特的土地利用系统和农业景观,这些系统与景观具有丰富的生物多样性,而且可以满足当地社会经济与文化发展的需要,有利于促进区域可持续发展。"

在过去的几十年中,人们主要是通过使用现代化的农业工具、农业化学品来提高粮食产量,对自然资源和生态环境造成了极大的破坏。而环境和气候恶化又会威胁到人类的粮食安全问题,从而影响到发展中国家贫困地区的数十亿人的生活。为解决这些问题,人们需要从传统农业中寻求破解之策。

经世世代代人民所积累的宝贵农耕经验、精美绝伦的农业"文化"体系,是人类与大自然和谐相处的结晶。它们不仅具有"突出的美学价值",也是对土地、景观和生物多样性的最佳利用方式,维系了人们赖以生存的农业生物多样性,承载了宝贵的文化遗产,更重要的是,还为数百万的贫困人口不断地提供着多种多样的产品和服务,保障了他们的食品安全和生计安全。

2006年6月,中国科学院地理科学与资源研究所自然与文化遗产研究中心成立以来,成功完成了浙江青田稻田共生系统、云南红河哈尼稻作梯田系统、江西万年稻作文化系统等全球重要农业文化遗产的申报,并在保护试点进行了农业文化遗产保护与适应性管理的探索;以农业文化遗产为平台,围绕传统农业地区的农业生物多样性与适应气候变化,生态环境效应,生态系统服务功能与可持续性评价等方面开展了较为系统的研究。

四、农业生态环境科学技术的研究能力建设进展

在经历"十五"、"十一五"的10年发展之后,中国农业环保已在农业环境科学基础理论创新、农业环保技术革新及其产业化、农业环保政策保障机制等方面取得较大的进展,农业环保已经逐渐发展并开始走向强盛。从理论层面看,一些新兴的基础与应用基础理论课题被一一攻克,并成功实现与传统的或现代的学科交叉融合,孵化出许多新的技术,如农业面源污染综合防控技术、CO_2诱导植物富集重金属修复技术、利用硅肥、海泡石、赤泥等功能材料阻隔农作物吸收重金属的生态修复技术等;从技术层面看,随着"十五"、"十一五"期间研出的各项单一技术的成熟度提高,人们开始从集成度低、配套性差和展示度低等角度攻克相关集成技术的核心关键技术,并在此基础上研发形成相关的农业环保集成技术,以解决我国农业环保的实际问题;从产业层面看,农业环保产业呈现快速发展的

态势,并在一定程度上支撑着我国高产、高效、现代化农业生产,为我国农业持续、稳定发展和生态环境良性循环提供了技术支撑,已逐步成为国家经济的基础产业之一[25,34]。

(一)"十一五"期间农业环境相关规范、标准发布

国家农业环境相关规范、标准的发布不仅代表了国家对农业生态环境保护的重视,也从另一个侧面反映了我国农业生态环境技术研究能力的进展。"十一五"期间各种农业环境相关的规范、导则等的出现,为我国更好的保护农业环境提供了强有力的技术支撑。"十一五"期间发布的主要农业环境相关规范、标准发布有:

《畜禽养殖业污染治理工程技术规范》(HJ497 - 2009);

《畜禽养殖产地环境评价规范》(HJ568 - 2010);

《农药使用环境安全技术导则》(HJ556 - 2010);

《农业固体废物污染控制技术导则》(HJ588 - 2010);

《农业环境污染事故等级划分规范》(NY/T1262 - 2007)。

另外,国家环保部 2010 年 6 月印发了《国家级生态乡镇申报及管理规定(试行)》的通知。这在一定程度上有助于农业生态环境的保护。

(二)农业生态环境学相关学术研究进展

分别以"农业生态环境"和"农业环境"为关键词,在中国知网搜索"十一五"期间发表的学术文章,分别搜索到 1155 篇和 1095 篇。

《农业环境科学学报》是国内唯一报道农业环境学科领域最新研究及其进展的学术期刊,其指导思想是充分发挥《农业环境科学学报》在国内农业环境科学领域的导向性、权威性和科学性,逐步扩大期刊在国外的影响力。

2006 年 6 月,中国科学院地理科学与资源研究所自然与文化遗产研究中心成立。该研究中心从研究传统农业中积累的宝贵经验为出发点,结合现代科技,研究农业生产环境保护,在国内外学术期刊发表研究论文 50 余篇。

"十一五"期间,一大批农业生态环境保护相关的书籍大量出版,其中包括《农业环境保护》、《中国农田生态系统养分循环与平衡及其管理》、《中国农业面源污染控制对策》和《农业面源污染综合防控技术研究进展》等。这些书籍的出版集中了中国以及世界农业生态环境相关研究的工作者的智慧。

五、农业生态环境科学发展趋势和展望

在满足 13 亿人口吃饭的数量型农业发展模式驱动下,我国的农业环保一直呈不稳定的发展态势。我国管理制机上的行业条块分割和研发经费投入的相对不足,导致我国农业环保的基础薄弱,呈现后劲不足的严重态势。再加上日益尖锐的人多、地少的矛盾,日趋恶化的生态环境以及长期过多的历史欠账,推测我国农业环保未来十年的发展道路也不平坦。然而,构建社会主义和谐社会、加强环境污染治理、推进社会主义新农村建设和促进城乡协调发展的时代需求,客观上要求我国农业环保必须回答从传统的常规农业向

高产、优质、高效、生态的现代农业转型过程中提出的许多关键的科学与技术问题,并通过创建适合中国特色的农业环境科学基础理论与应用基础理论,培育相关的农业环保产业为其保驾护航。

从"十一五"及之前我国农业生态环境学科的发展情况看,我国农业生态农业学科的发展还应有以下的战略需求。

(一)加大农业生态环境监测的资金扶持

农业资源环境监测工作是开展农产品产地环境是否安全的基本方法和手段,是农产品质量安全的重要保障;农业资源环境信息是服务"三农",支持管理、决策,发展现代农业,促进农业和农村经济发展的一项重要任务。农业生态环境的监测是农业环境保护的基础。由于我国在这方面的工作刚刚起步,在监测技术、监测设施等方面还很欠缺。因此有必要加大农业生态环境监测的资金扶持[15,29]。

(二)健全完善农业生态环境保护体制机制

健全完善农业生态环境保护体制机制是发展农业现代化的必然要求。当前,我国农业生态环境保护管理体制机制与农村经济社会发展还存在着许多不相适应的地方[10]。要解决这一问题,最终还是要靠健全完善体制机制来实现。首先,要健全完善农业生态环境保护体制机制,不断丰富农业生态环境保护内容。进一步明确各级、各部门在农业生态环境保护中的职能职责,切实落实有关人员的工作责任,实行目标绩效考核管理,真正推动农业生态环境保护进村入户,家喻户晓。其次,要健全完善相关工作机制,诸如健全农业生态环境保护管理制度、督促检查制度、考核评价制度、服务管理制度等,确保有序推进农业生态环境保护工作。

(三)继续推进可持续农业发展步伐

大力发展生态农业,是全面实施农业可持续发展战略的客观需要,也是发展农业现代化的客观需要[3]。因此,各级、各部门要结合各地的具体实际,按照因地制宜的原则,科学、合理对农业生态环境保护进行规划,合理布局,坚持种养结合,推进农业生态环境保护多层次、全方位地开展,使农业生态与经济社会发展呈现良性循环,进而达到农村发展、农业增效、农民增收的目的。大力推广生态农业综合利用技术,如推广使用沼气,这样既有效解决农村居民生活燃料的困难,达到了对人畜粪便的综合利用,改变农村卫生环境,还节约农民购买化肥的成本,也提高了农产品的多重利用的效益,达到保护与发展的双赢。

推进生态示范村镇建设工作。在保证粮食供应的前提下积极倡导和引导地方政府开展生态乡镇建设。将农业生态环境的保护纳入政府工作的考核范围内。

(四)增加农业生态环境科研支撑力度

科学技术是实现生态农业以及农业生态环境监测的保障。提倡实用性,尤其是可操作、易操作的农业科学技术在广大农村的普遍使用也是保护农业生产环境最有力的手段。因此,应不遗余力地增加农业生态环境科研支撑力度[8]。重点支持农业生态环境监测技术;高效、实用、无害的农业投入品的研发;秸秆、畜禽粪便等综合利用技术;农业面源污染治理技术等。

(五)健全农业生态环境法律体系

改革开放以来,我国环境保护法律体系的框架已基本形成,环境保护有法可依。但是面对日益严重的生态危机,仍需要加大健全和完善的力度[14]。其一,应加强生态环境资源保护法的立法工作,改变过去环境立法滞后于环境污染、环境法规操作性不强等问题,并且根据各地的实际情况,各级政府和部门要制定和颁布相关的法规和条例,使人们在行动中有章可循。目前亟须制定《土壤污染防治法》和《农业环境保护法》以及一系列农业环保标准,努力构建一个适应社会主义市场经济体制的多层次,内容丰富且协调性强的环境法律体系。其二,加大执法力度,避免一些行政执法部门权限划分不清,在执法中相互扯皮、争权、执法不力,甚至形成管理真空。因此,应当建设一支素质高、作风过硬的执法队伍,提高执法水平,强化监督管理,坚决查处破坏农业生态环境的违法行为,形成一个强有力的生态环境监管体系。

参考文献

[1]农业大词典编辑委员会.农业大词典[M].北京:中国农业出版社,1998.

[2]陈英旭.农业环境保护[M].北京:化学工业出版社,2007.

[3]刘连馥.绿色农业发展论[M].北京:人民出版社,2008.

[4]尹昌斌,等.循环农业发展理论与模式[M].北京:中国农业出版社,2008.

[5]阿怀念.农业环境污染的途径及治理措施[J].甘肃农业科技,2002,(8):44-45.

[6]郭昌芬.农业环境污染的现状及综合治理对策[J].现代农业科技,2009,(22):225-226.

[7]李好琢.我国农业环境现状及保护措施[J].现代农业科技,2011,(12):226-268.

[8]程默.中国农业生态环境治理制度创新路径分析[J].北京航空航天大学学报(社会科学版),2007,(02):1-5.

[9]曲凌夫.论我国农业生态环境的现状和保护[J].农村经济,2009,(04):106-110.

[10]叶尚忠.探讨中国农业环境保护问题与农业有效发展途径[J].吉林农业,2011,(06):26-27.

[11]李武杰,王文滨,等.农业生态环境监测技术方法研究[J].黑龙江生态工程职业学院学报,2009,(02):3-4.

[12]徐震.农业生态环境对民居建筑形态的影响[J].安徽农业科学,2010,(33):19011-19012.

[13]吕晓英,吕胜利.农业生态环境改善的利益驱动机制[J].甘肃社会科学,2010,(01):244-247.

[14]刘淑娜.我国农业生态环境补偿制度的法律思考[J].商品与质量,2010,(03):64.

[15]郑晔.我国农业生态环境的现实困境及对策[J].成都大学学报(社科版),2010,(03):17-21.

[16]李锦顺.城乡社会断裂和农村生态环境问题研究[J].生态经济,2005,(2):28-32.

[17]曾希柏,杨正礼.中国农业环境质量状况与保护对策[J].应用生态学报,2006,17(1):131-136.

[18]潘根兴,高民.气候变化对中国农业生产的影响[J].农业环境科学学报,2011,30(9):1698-1706.

[19]潘根兴,高民,等.应对气候变化对未来中国农业生产影响的问题和挑战[J].农业环境科学学报,2011,30(9):1707-1712.

[20]张文红,陈森发.农业生态环境灰色综合评价及其支持系统[J].系统工程理论与实践,2003,(11): 119-134.

[21]高怀友,郎林杰,等.生态农业县农业生态环境监测指标体系探讨[J].四川农业大学学报,1998, 2(16):222-226.

[22]高怀友,郎林杰.浅论"农业环境"与"农村环境"[J].农业环境与发展,2000,(01):34-36.

[23]陶生才,许吟隆,等.农业对气候变化的脆弱性[J].气候变化研究进展,2011,2(7):143-148.

[24]王守中,张统.我国农村的水污染特征及防治对策[J].中国给水排水,2008,24(18):1-4.

[25]江南.农作物重金属污染胁迫信息遥感提起方法研究[D].北京:中国地质大学,2009.

[26]仲晓明.江苏省农业生态环境可持续发展的研究[D].南京:南京林业大学,2007.

[27]孙平安.吉林西部农业生态环境数字信息系统研究[D].吉林:吉林大学,2006.

[28]李超.基于GIS与模型的农业生态环境与生态经济评价[D].南京:南京农业大学,2008.

[29]詹雷.保护湖南农业生态环境的财政政策研究[D].长沙:湖南大学,2008.

[30]孙离凤.科技对皖北农业生态环境的负面影响和改善对策[D].合肥:合肥工业大学,2009.

[31]王国庆.美国的农业环境问题及其治理(1950—2000)[D].苏州:苏州大学,2010.

[32]林年丰,杨洁,等.农业生态环境的数字化研究[J].地学前缘,2008,2(15):280-290.

[33]高浩.气候变化对宁夏农业的影响及其适应对策[C].//中国气象学会2007年年会气候变化分会场论文集.广州.2007.

[34]唐世荣,赵士杰,等.回顾我国农业环保"十五"、"十一五"的发展,构想未来的黄金十年[C].//第四届全国农业环境科学学术研讨会论文集.北京.2011.

撰稿人:冯朝阳　张林波　尚洪磊　韩永伟　舒俭民

海洋环境学学科发展报告

摘要 近5年来,针对近海环境状况日益恶化的趋势以及气候变化对海洋生态与环境的潜在效应,我国开展了多项以国家重点基础研究规划项目("973"项目)和国家自然科学基金重大/重点项目为代表的海洋环境问题研究。初步揭示了东海大规模赤潮形成的生态学和海洋学机制,建立了我国近海生态系统动力学理论体系的基本框架,进一步推进了海洋环境演变过程与机制的研究,深化了对海洋界面过程(河海界面、海气界面、沉积物-水界面、生物体-水界面)在海洋环境问题形成与发展中作用的认识,深入研究了近海及海湾的水交换能力与典型污染物的环境容量。

在学科建设方面,围绕国家创新体系建设,推进了有关高校的涉海学科建设及科技创新平台,成立了海岸带研究的国立科研机构。在研究平台建设方面,青岛海洋科学与技术国家实验室建设取得了实质性进展,多个以海洋环境为主要研究对象或相关领域研究的国家重点实验室通过验收或立项建设。

一、引言

海洋环境学科是海洋科学与环境科学的交叉学科,是一门研究人类活动与海洋生态和环境状态演化间的相互作用规律、寻求人类社会发展与海洋环境质量持续维持的途径与方法的科学。其目的是通过认识海洋环境的演变规律、调控人类的社会行为,从而为保护海洋环境、维护人与海洋环境的和谐关系,使海洋为人类社会的持续、协调、健康发展提供良好的资源支持和环境保障。

20世纪70年代,海洋环境学科开始起步。通过参与大规模的海域污染调查,海洋水文学、海洋气象学、海洋化学、海洋生物学等方面的相关研究者开始应用原有分支学科的理论和方法,研究相应的海洋环境问题。随着研究的深入和环境问题的不断出现,学科经过分化、重组形成了新的分支学科。目前,从基础学科角度,海洋环境学科可大致划分为:海洋环境物理学、海洋环境化学、海洋环境生物学。除上述基础性较强的分支学科外,还包括若干技术学科和社会科学范畴的学科。属前者的有海洋环境工程、海洋环境监测、海洋环境质量评价、海洋污染防治技术等;属后者的有海洋环境管理学、海洋环境经济学和海洋环境法学等。近年来,基于解决实际环境问题的需求导向,以及海洋环境的特殊属性,海洋环境学科逐步向多学科相互交叉渗透的综合性学科体系发展。同时,也出现了一些新的分支,如区域战略性环境影响评价、海洋生态服务的定量评价等新的研究方向。

伴随着沿海区域经济和海洋经济的发展,老的海洋环境问题,如富营养化、赤潮、海洋油污染及有毒有机污染,并未得到有效遏制。同时,海洋酸化、水母旺发、绿潮大面积连续出现等现象又成为新的海洋环境问题。这些问题以及未来海洋经济发展带来的潜在环境压力给海洋环境学科的发展带来空前的挑战和发展机遇。

二、海洋环境基础研究和应用研究

近年来,针对近海环境状况日益恶化的趋势以及气候变化对海洋生态与环境的潜在效应,我国开展了多项以国家重点基础研究规划项目("973"项目)和国家自然科学基金重大/重点项目为代表的海洋环境问题研究,初步揭示了东海大规模赤潮形成的生态学和海洋学机制,建立了我国近海生态系统动力学理论体系的基本框架,进一步推进了海洋环境演变过程与机制的研究,深化了对海洋界面过程(河海界面、海气界面、沉积物-水界面、生物体-水界面)在海洋环境问题形成与发展中作用的认识,深入研究了近海及海湾的水交换能力与典型污染物的环境容量。这些研究不仅为我国海洋环境污染的综合治理及海洋生态的修复奠定了科学基础,也进一步提升了我国学者在国际海洋环境领域的学术地位。

(一)河口

河口是位于陆地与海洋交界处的半封闭水体,它是流域汇入海洋的淡水、沉积物和营养物质的通道,具有高生物多样性和高初级生产力的特征。由河口进入海洋的过程,影响到海洋乃至全球的物质循环与平衡,海洋通过河口也影响到流域的发育过程。河口是陆海相互作用的重要场所,河口系统的演变可以直接反映出陆海相互作用的效应。

河口科学的研究可分为五个方面:

(1)流域的综合研究

依据流域的特性,估算由流域进入河口的淡水、沉积物、营养物质和污染物质通量,并对其趋势进行评估和预测。

(2)物理过程与生态过程的耦合研究

研究海平面异常对河口过程的影响;探讨物理过程、生物地球化学过程和生态过程的耦合作用,以及物理环境变化对河口生态系统的初级生产力、生物多样性及物种空间分布的影响。

(3)生物地球化学过程与生态系统结构关系的研究

研究河口生态系统对入海淡水流量和营养物质负荷的响应;小尺度的观测结果(如反硝化作用)如何应用于大尺度的研究(如全球尺度);生物地球化学过程对高营养级生物过程的影响和控制作用,如渔业捕获量。

(4)河口生境演化的控制因素、机制及其生态与环境效应

研究各种时空尺度的河口海岸(及海洋海岸)动力沉积和动力地貌过程及人类活动对自然环境与过程的影响,揭示河口海岸各地区自然要素和界面的相互作用与变化规律;重要人类活动,特别是重大水利工程对主要河口的自然环境影响及生态系统的响应机制与生态后果观测与预测研究;河口生境结构、河口生产与食物链过程的联系机制。

(5)河口管理的综合研究

将河口视为自然-社会-经济复合生态系统,基于生态系统管理的理念,将经济因素作为生态环境变化的主要驱动力,探讨环境系统变化的临界阈值,开展预测预警研究,提出人类活动的调控对策。

这些内容不仅是国际河口科学的主流研究方向,也涵盖了近年来国家重大科学研究规划项目的主要研究内容,同时也是国内海洋环境学科有关国家级与省部级重点实验室的主要研究方向,只是在不同区域(如长江口、黄河口、珠江口、辽河口等)研究和关注的问题有所差异。

(二)海湾

海湾是"被陆地环绕且面积不小于以口门宽度为直径的半圆面积的海域"(GB/T58190-2000)。由于独特的区位和资源优势,海湾在社会经济发展中占有非常重要的地位。近年来,随着港口、造船、电力、石油化工以及钢铁等临海工业的建设,特别是海洋经济的快速发展,向海洋要空间成为许多地方土地利用的战略取向。围填海需求激增,海洋环境保护压力空前加大,海湾受害首当其冲。

围填海的环境和生态影响是多方面的:围填缩小海湾面积,会造成海湾水交换能力下降,产生淤积,可能导致港口功能萎缩;海湾面积减小还会减弱海水自净能力,加剧海湾的污染物积累;围填海后新的开发活动将大量污染物排入海湾,致使环境质量下降;围填海破坏生物资源,损坏渔业资源的补充途径;围填海导致地方特有物种(特别珍稀濒危物种)丧失栖息地,海湾生态系统退化。

近年来,海洋环境学科关于海湾的研究主要表现在以下方面:

1)港湾工程对海湾沉积环境的累积影响效应;

2)区域围填海规划的战略环境影响评价研究;

3)受损海湾生态系统的生物治理和生态修复研究;

4)典型海湾生态与环境状态的长期监测与环境质量预测研究等。

(三)近海

近海,主要指我国的边缘陆架海(即渤海、黄海、东海、南海)。近年来,以"国家重点基础研究发展计划"("973")项目为代表的科研项目对该海域的环境问题给予了特别的关注,先后设置了多个项目开展研究,举例如下:

1.东部陆架边缘海的海洋物理环境演变及其生物资源环境效应

研究区域为朝鲜半岛、九州岛、琉球岛链、台湾岛以内的渤黄东海,主要研究内容包括:①大气强迫变化、黑潮变异和黄河、长江入海物质通量变化驱动下海洋物理环境的演变及趋势预测;②边缘海物质"源-汇"效应对物理环境演变的响应;③典型水域海洋环境演变对生物资源的环境效应及生物资源动态趋势预测;④信息集成与海洋生物资源可持续利用对策。

2.中国近海碳收支、调控机理及生态效应研究

以东海和南海陆架区为重点研究海域,开展中国近海碳通量、过程与机制、海洋酸化历史及生态效应、变化趋势的模拟与预测分析等4个方面的研究:①中国近海的海-气界面碳通量的定量研究;②控制中国近海碳源汇格局的关键物理、生物地球化学过程和机理,包括初级生产、有机碳储量及固碳能力,碳的微生物再循环,碳沉降输出与埋藏,陆源

碳输入(河流、地下水)的影响,边缘海向深海大洋的碳输送等内容;③海洋酸化历史及生态效应,包括海洋酸化历史、海洋酸化对初级生产过程和典型钙化生物钙化生理的影响;④碳通量及其调控过程模拟与变化趋势预测分析。

3.我国陆架海生态环境演变过程、机制及未来变化趋势预测

针对生态环境脆弱的东海和黄海,以"生态环境演变规律重建、揭示→生态环境演变过程和机制综合分析、模型量化→生态环境未来趋势预测"为主线,系统研究我国陆架海生态环境演变过程、机制和未来变化趋势。主要研究内容包括:①我国陆架海生态环境年代际变化的沉积记录重建;②我国陆架海生态环境年际变化的沉积记录重建;③我国陆架海生态环境现场调查和历史资料分析;④我国陆架海生态环境模型改进和演变过程反演;⑤我国陆架海生态环境未来变化趋势预测。

4.海洋有害生物暴发的机理研究

针对我国近海富营养化不断加剧、海洋有害生物暴发日趋严重的严峻态势及海洋生态安全保障的需求,重点选择了有害藻华、水母开展研究。

"我国近海藻华灾害演变机制与生态安全"。选择长江口南北海区作为重点研究海域,围绕藻华灾害问题,以富营养化驱动下藻华灾害形成和演变的过程、机制及其生态安全效应为研究核心,开展生态系统比较和多学科交叉综合研究。主要内容包括:①典型海域富营养化特征、演化及对藻华灾害的影响;②关键物理过程对藻华灾害形成和演变的调控;③藻华灾害对近海生态安全的影响及调控对策。

"中国近海水母暴发的关键过程、机理及生态环境效应"。以我国东海和黄海水母灾害高发区为主要研究区域,以水母种群暴发机制研究为核心,从水母生活史研究入手,以食物网相互关系研究为主线,研究水母暴发的关键过程、受控机理、生态环境效应和发展趋势。主要内容包括:①水母生活史、理化环境变化对水母不同生活史阶段的调控机理;②海洋环境演变和食物网变动对水母种群增长的调控作用;③水母暴发对海洋生态系统的影响与成灾机理;④水母暴发对近海海洋生态系统演变的影响及应对策略。

5.多重压力下近海生态系统可持续产出与适应性管理的科学基础

针对国家对近海生态系统食物生产的可持续发展的重大需求,以生物地球化学过程对多重压力下的响应为研究主线,开展3个方面的研究:①多重压力对近海典型生态系统中生物地球化学循环的调控作用,包括:黄、东海陆架生境的年际和年代际时空变化的特征,锋面、跃层和水团等的时空变化对典型生态系统的水文结构和生境演变的影响,黑潮和长江径流变化对化学元素在典型生态系统中迁移、周转与更新的调控作用;②东海陆架缺氧区生态系统功能对多重压力的响应过程,包括:缺氧区生物代谢和氧化-还原过程对生物要素循环的控制,缺氧过程对近海大气与开阔海洋的反馈,缺氧现象对东海陆架食物网结果和功能的影响;③近海典型增养殖区的食物生产对多重压力的适应性响应机制。

(四)海岸带

海岸带是海岸线向陆海两侧扩展一定宽度的带状区域,包括陆域与近岸海域。海岸带是海洋系统与陆地系统相连接,复合与交叉的地理单元,是海岸动力与沿岸陆地相互作

用、具有海陆过渡特点的独立环境体系，与人类的生存与发展的关系最为密切。现在海岸带面临着全球气候变化、海平面上升、区域生态环境破坏、生物多样性减少、污染加重、渔业资源退化的巨大压力，严重影响了海岸带的可持续发展。如何协调海岸带区域综合承载力与经济社会可持续发展的关系，成为当今政府与社会各界关注的热点。

目前，海岸带研究方向主要集中在如下方面：

1)环境友好型海岸带资源化学与化工技术；

2)海岸带环境与生态过程及退化环境的修复治理；

3)海岸带环境演化及其对气候变化的响应机制及脆弱性评估；

4)海岸带信息集成与海岸带综合管理体系建设；

5)陆海统筹的海陆一体化可持续发展策略和定量化评价体系研究等。

针对全球气候变化研究的"我国典型海岸带系统对气候变化的响应机制及脆弱性评估研究"("973"项目)，拟综合集成遥感和地面观测及野外调查资料，揭示典型海岸带系统的陆-海、陆-气、海-气关键界面过程变化特征，辨识气候变化和人类活动对其影响机理；构建基于过程的气候变化对海岸带影响的评估模式，定量评估气候变化影响下海岸带系统的脆弱性及其对海岸带区域经济的影响。解决的关键科学问题包括：①气候变化与区域人类活动对海岸带系统影响的辨识；②海岸带系统对气候变化的响应过程和机理。主要研究内容有：①海岸带关键界面过程变化特征及其对气候变化的响应；②海岸带系统对气候变化的响应过程和机制；③气候变化影响下海岸带系统脆弱性的定量评估与应对策略。

(五)区域及全球环境变化

区域与全球环境变化的研究大致分为两个方面：一是区域系统(如流域、海岸带及其海域)对气候变化的影响与适应性研究；二是全球海洋对气候变化的响应，及其通过海-气耦合系统的反馈对气候变化的调控作用。

由国家自然科学基金委资助的重大项目"上层海洋-低层生物地球化学与物理过程的耦合研究"，选择半封闭的黄海为主要区域，具大洋特征的南海北部海盆为对照比较区域，开展上层海洋-低层大气生物地球化学与物理过程耦合研究。主要研究内容为：大气物质的沉降及其对海洋生态环境的影响；上层海洋-低层大气物质交换过程及其控制机制；海洋辐射活性气体释放及其对气候变化的影响。

通过3个航次海洋与大气的综合观测，系统地获取了黄海与南海北部海洋水文、化学、生物与大气化学及海气通量资料；通过观测与数值模拟研究，初步给出了黄海海域春季沙尘与大气氮的入海通量；通过理论研究，给出了考虑海面状况和波龄的海-气间的气体交换系数；通过现场围隔与室内实验，认识了近海与大洋海洋生态系统对沙尘、不同形态氮与铁施加的响应；通过观测研究，初步给出了黄海与南海区域辐射活性气体 CO_2、CH_4、DMS、N_2O 的海气通量。

可以看出，近年来，以国家级重大项目为代表的海洋生态与环境研究项目在一定程度上反映了海洋环境学科的发展趋势和走向。以解决实际的海洋环境问题需求为导向，考虑海洋环境的特殊属性，海洋环境学科重点关注的科学问题和主要研究内容大都在多学科、多尺度、多层次、多手段、多界面的层面上同步展开。一些大的项目有时需要将自然科学与社会科学的研究结合成一个有机整体。因此,海洋环境学科逐步向多学科相互交叉渗透的综合性学科体系发展。不过,在综合研究的基础上,海洋环境学科如何创立新的独特研究方法并在现代科学认识论的引导下发展和完善自己的理论体系,依然是这一学科面临的重要挑战和机遇。

三、海洋环境学科研究主要进展

(一)环境问题

1. 近海富营养化

近10年来,我国近海不但营养盐浓度显著增加,营养元素之间的比例也明显变化,富营养化问题成为威胁我国近海生态系统健康和价值的重要因素之一。"十一五"期间有关研究主要从营养盐浓度及组成上进行了近海富营养化现象的成因分析。

研究表明,营养盐主要通过城市污水、工业废水排放、农业、养殖业以及化石燃料燃烧等途径排入近海环境。氮主要通过地表水、地下水或大气等途径进入海洋,而磷主要通过河流输送进入海洋。20世纪90年代,通过化肥施用和化石燃料燃烧等过程进入环境中的氮达到1.6亿t,超过生物固氮量(1.4亿t)[1]。氮输入已经成为近海富营养化的重要原因[2]。人类生产活动如化肥施用导致的磷浓度的增高,每年经由河流从陆地输入海洋中的溶解态磷达到自然状态下的2倍(约400万~600万t)[3]。

我国近岸海域中不仅DIN浓度上升,海水中N对P和Si的营养盐比值(N/P、N/Si)也不断增加。我国渤海2008年海水N/P值增大到40[4](Redfield比为C:N:P= 106:16:1)。21世纪初,珠江口海水中NO_3^-浓度的增加导致夏季海水中N/P比值高达100[5]。过去40年长江口海域硝酸盐和活性磷酸盐浓度分别上升到了97 μm及0.95 μm[6]。

海水中Si的含量将影响硅藻类藻华的发生,海洋硅藻类对硅与氮需求的原子比约为1:1。东海高含量的SiO_3-Si以及Si/P比导致了春季硅藻藻华的优先暴发[7]。

当今的富营养化研究中,不仅关注营养盐供给情况,同时关注营养元素之间的结构、组成情况,尤其是营养盐比值的变化导致的藻类藻华的暴发和演替。

2. 海洋生物灾害

这里所指生物灾害包括赤潮和水母暴发。

2005—2010年以来,我国海域共发现赤潮462次,其中渤海39次、黄海49次、东海303次、南海66次,累计面积约97252km²,其中东海的赤潮累计面积高达69225km²,占赤潮总发生面积的71.2%[8]。

赤潮的频发和带来的巨大经济损失受到了全世界的关注,联合国政府间海洋学委员会(IOC)和海洋研究科学委员会(SCOR)组织了赤潮联合工作组,并于1998年在丹麦联合发起了全球有害藻华生态学与海洋学研究计划(GEOHAB),协调世界各国相关的研究活动。我国也专门成立了相应的组织CEOHAB,对赤潮的产生、监测和防治进行研究。

在这些研究计划中,赤潮的监测尤其是赤潮生物检测技术研究成为其中的重要内容[9]。通过先进的赤潮生物检测和分析,阐明赤潮发生的机制,并进行监测、预警、预报和防治,已成为海洋学家、生物和生态学家必须面临的一个极具挑战性的课题[10]。

近年来,全球许多海域出现水母大规模暴发现象,并且其频率和范围逐年扩大。水母暴发是继有害藻华之后最大的海洋生态灾害。水母暴发与赤潮发生之间能够相互促进[11],并对近海生态系统的退化和演变产生重要影响。水母作为海洋食物网的顶层捕食者,一旦成为生态系统的主导生物,将导致整个生态系统的状态转变,且难以恢复。海洋生态系统由"硅藻-甲壳类浮游动物-小型鱼类-大型鱼类、海鸟、哺乳动物等"组成的复杂食物网将被"甲藻-微型浮游动物-水母"组成的简单食物网所替代,导致海洋生态灾害的恶性循环,对海洋生态系统健康构成严重威胁。

鉴于灾害全球化以及严重的资源环境后果,水母暴发已经成为地缘政治经济合作中敏感和复杂的海洋生态与环境安全问题之一。如,日本政府片面提出"日本海受到了来自中国沿海水母的'入侵'",并指责我国近海环境变化(如长江口富营养化等)是造成日本海近年来大型水母灾害频发的可能性原因之一。我国已积极开展水母暴发机制的基础性和系统性研究,以应对国际环境和生态安全领域面临的挑战。

3. 海洋酸化

近年来,海洋酸化(ocean acidification)成为人们关注的一个长远性的海洋环境灾害问题。正常的海水 pH 为 8.2 ± 0.3,偏碱性,近百年来海洋表层海水的 pH 值下降了 0.1,意味着 H^+ 浓度增加了 30%,海洋明显酸化[12]。海洋酸化究竟在多大程度上影响海洋动植物的生长,钙化生物又如何响应或适应这种环境压力,已成为海洋科学领域的研究热点之一。

海洋酸化引起藻类光合固碳作用的变化,关系到海洋生态系统的初级生产力及未来海洋对 CO_2 的吸收能力,这或许是一个正的效应。海洋生态系统在响应大气 CO_2 浓度升高的过程中,对 CO_2 的吸收量也可能会发生变化。近年来的研究表明,大型海藻种群在一定程度上能够适应酸化后的海水环境,表现出一定的种群调节能力[13]。

另外,海水酸化可通过酸碱调节、渗透压/离子调节、细胞信号介导等不同途径影响海洋生物的正常生长、发育及行为等。酸碱平衡参与生物细胞的血浆/血淋巴中重碳酸盐离子的平衡过程,如贻贝 *Mytilus galloprovincialis* 和棘皮动物 *Psammechinus miliaris* 在低 pH 值条件下表现出血淋巴/体腔液中重碳酸盐离子浓度升高。据报道,从几种海洋鱼类中分离的离子传递体,可促进离子的传输效率[14]。关于细胞信号介导途径的影响,目前了解的还比较少,但部分研究证实酸化环境可影响海洋生物依靠嗅觉探测信号物质的能力,从而影响它们的交配、繁育、捕食等。

海洋酸化在影响海洋生物生长、繁育及进化的过程中,对海洋系统的碳循环过程将会产生深刻的影响。一方面,海洋酸化条件导致海洋底层沉积物中 $CaCO_3$ 类物质的分解,使得海洋沉积物表层"变软";另一方面,海洋酸化导致海水中 CO_2 分压的升高,改变了海洋表层水气界面的交换过程。这些影响对于全球气候变化的调控可能起着重要的作用。

海洋酸化的趋势已成为不可阻挡的演变过程,但由于海洋生态系统对海水酸化环境的响应是由多种作用机制参与的复杂过程的综合体现,目前还难以建立一个有效的模型进行预测。

4. 低氧区

低氧区(hypoxia)是指底层海水中溶解氧(DO)的浓度小于 2 mg/L 的海区,是水体水质恶化后的一种常见现象。低氧区的形成是多种因素综合作用的结果,近海水体营养盐的过度输入是主要原因之一[15]。

2003 年 8 月份的调查结果显示,我国东海存在自长江口离岸 400 km,沿海岸向南延伸 300 km,总面积超过 12000 km² 的低氧区(DO $<$ 2～3 mg/L),堪称世界上近海分布的最大低氧区[16]。调查结果显示,长江口毗邻海域存在长江口和浙江近海两处低氧区,且具有不同的季节演替和年际变化特征,说明季节性跃层的成长是近底层低氧区形成的必要条件,而水团迁移和消长过程及其季节和年际变动是导致低氧区不同时间尺度变化的重要物理因素[17]。大辽河口与辽东湾海域也存在一定面积的低氧区,且该低氧区的形成与污染因子 COD、无机氮、磷等密切相关[18]。

近年来,人们开始关注低氧区对海洋生态系统的影响。据调查,香港吐露港海域的大量底栖生物在夏季出现低氧区时消失,而在冬季低氧环境改善时重新出现[19]。鱼类等大型游泳动物通常对低氧环境比较敏感,低氧环境会导致鱼体内与新陈代谢相关的生理功能降低[20],于是被迫选择回避的方式远离低氧区,在海洋表层活动。研究发现美国切萨皮克海湾中的鱼类通过减少日间的上下垂直迁移来避免低氧环境,而中型浮游动物可利用低氧区作为庇护区域。在墨西哥湾北部的远洋海区食浮游动物的鱼类也主要分布在低氧区的边缘捕食食物[21]。据报道,美国近海的 300 多个生态系统中发现了低氧区,对海洋生态系统的结构与功能造成不同程度的影响[22]。因此,低氧区的出现改变了海洋生态系统食物网的物质循环和能量流动过程[23]。

5. 海洋环境灾害

海洋环境灾害主要包括风暴潮、海浪,海冰、海雾、海啸及赤潮、海水入侵、溢油等灾害。

世界上绝大多数因强风暴引起的特大海岸灾害都是由风暴潮造成的。风暴潮作为海洋灾害之首,对国民经济造成巨大损失,严重威胁生命财产安全[24]。据统计,仅 2005 年我国由风暴潮灾害造成的直接经济损失已多达 329.8 亿元,成为历年经济损失之最[4]。

中国风暴潮预报工作起于 20 世纪 70 年代,从 1974 年 5 月召开的中国首次风暴潮预报经验交流会到现在,我国在风暴潮研究中取得了巨大进展。近年来开发的风暴潮数值预报模式,有国家海洋预报中心开发的台风风暴潮数值预报模式(CTS 模式)和温带风暴潮数值预报模式(CES 模式)等[24]。

据统计,每年通过各种渠道排入海洋的石油和石油产品,约占全世界石油总产量的0.5％。倾注到海洋的石油量达 200 万～1000 万 t,由于航运而排入海洋的石油污染物达160 万～200 万 t。石油类污染对水质和水生生物危害极大,漂浮在水面上的油类可迅速扩散,形成油膜,阻碍水面与空气接触,使水中溶解氧减少,导致水生生物因缺氧而死亡。针对我国不同情况海域的溢油事件,对溢油预报模式进行了探索,如在无冰海域中的溢油预报系统的研究以及针对有冰海域、浅海海域、多开边界群岛海域等溢油预报系统的研究，同时预报模式也随着海流预报模式的提高而得到不断改进。目前的理论和模型虽为溢油预测和模拟提供了良好的指导，但仍存在许多不足之处，如还需要提高溢油动态数值模拟的精确度、完善油污清除技术和设备的开发，避免处理过程中的二次污染等[25]。

6.有毒有机污染

有毒有机污染物种类很多，主要包括多环芳烃(PAHs)、多氯联苯(PCBs)、石油烃、有机磷农药、有机氯农药等。近年来，有毒有机污染物在近岸海水、沉积物和海洋生物体内被普遍检出。

海洋环境中PAHs的主要来源是人为源，包括石油开采，机动船舶废物排放，沿海城市生活垃圾、生产废物排放，化石燃料的不完全燃烧等。人为源产生的PAHs通过大气干湿沉降和地表径流等外部输入，并在生物体内富集，从而沿食物链放大[26]。目前应用较为广泛的检测方法为气相色谱-质谱法和高效液相色谱法[27]。

海洋中的PCBs主要来自于工业废水和城市污水排放，PCBs易吸附到悬浮物上并最终沉降到底泥中浓缩。PCBs因其具有持久性、生物蓄积性和高毒性，对海洋生态系统具有很大的危害：刺激微粒体酶活性，降低其解毒作用；具有致癌性；有一定的致畸性，对动物受精卵和幼虫会产生毒性。

有机磷农药污染来源于沿岸农业施用、水产养殖及大气沉降等。研究表明，有机磷农药能够降低动物体内的乙酰胆碱酯酶的活性，阻碍神经活动的传递，从而导致肌肉丧失正常的生理功能。海水鱼类胚胎和仔稚鱼发育对有机磷农药的污染亦十分敏感，有机磷农药引起鱼类早期发育异常的浓度可作为判断沿海水体污染程度的指标之一。

有机氯农药由于其挥发性小、结构稳定，在环境中可以长时间存在、迁移、转化，造成严重的环境问题。有机氯农药能抑制浮游植物的光合作用，破坏海洋生态平衡；鱼、贝等养殖生物对有机氯农药具有很强富集作用，导致神经系统麻痹，影响生理机能；降低海洋生物的孵化率，有些甚至根本不发育或导致畸形等。

7.生态系统健康与退化

健康的海洋生态系统指在特定的自然边界范围内，可维系其正常的结构(现存物种类别、种群大小和组成)和功能(物质循环和能量流动)的海洋生态系统。健康的海洋生态系统可以为人们提供丰富的海洋自然资源和巨大的生态系统服务功能。但由于近年来环境污染、入海水道被疏浚、海岸带被过度开发、过度捕捞以及气候变化等因素，导致主要渔业种群严重衰退或食物网受损；营养盐的过量输入，致使沿岸海水成为世界上化学成分改变最大的区域。所有这些因素与全球气候变化所引起的海平面上升和更为频发的严重风暴潮协同作用，使海洋生态环境持续恶化，海洋生态系统退化。

20世纪90年代以来，海洋生态系统健康成为海洋环境研究的新目标。相对与传统的环境评价方法仅仅着眼于物理化学参数或生物检测技术，海洋生态系统健康评价作为一门交叉科学的实践，不仅包括海洋生态系统内部、海陆交错带生态系统的指标来体现海洋生态系统的复杂性，还兼收了物理化学、生物、社会经济以及人类健康等方面的指标，反映了海洋生态系统为人类社会提供生态系统服务的质量与可持续性，生态系统各要素之间相互作用,以及如何加强健康评价与生态管理的结合等。如王方雄等[28]采用健康距离模型作为海洋生态系统健康的定量评价模型并开发了一套海洋生态系统健康评价信息系统。Costanza 等人提出生态系统是由结构(组织)、功能(活力)、适应力(弹性)三方面指标综合决定的,并建立了生态系统健康指数法来评价生态系统的健康状况[29]。李晴新等[30]应用灰色系统理论,综合考虑近海海域水质、沉积物和生态系统结构指标,建立了近海海洋生态系统健康综合评价模型。

8.生物多样性变化

全球环境和气候变化正从多角度、多层次上影响着海洋生物多样性,全球温度上升已经并继续改变着海洋生物的物种分布格局,加速海洋生物病虫害的爆发并可能引起部分海洋物种面临日益严重的灭绝危险。我国自工业革命以来的气候变暖,已经造成礁石珊瑚的生存海域向北推移了 3 个纬度至浙江南麂列岛附近。

相对于陆地和淡水系统广泛深入的生物多样性研究,海洋生物多样性的研究还十分欠缺,人类对海洋生物和海洋生态系统的了解仍然十分有限,难以满足合理利用和有效保护的需要。

信息技术的发展为人类进一步了解海洋生命活动的过程与机制、认识海洋生物多样性的变化及其原因提供了更好的手段和设备。国际上一些科学家发起了利用先进技术在全球范围进行海洋生物多样性的调查研究,最具代表性的是国际海洋生物普查计划(Census of Marine Life, CoML),该计划吸引了 80 多个国家参与,历期 10 年(2000—2010 年),研究范围覆盖了全球主要的海洋生态系统。研究结果表明,不同种类海洋生物的分布模式非常相似,都受到全球温度变化的影响;人类活动密集的地区和海洋生物多样性的热点地区高度重叠;海洋栖息地环境变化会对海洋生物的分布产生较大影响[31]。

(二)海洋环境监测与技术

2002 年 5 月,中国第一颗海洋卫星("海洋一号 A")发射升空。2002 年 12 月 12 日,"海洋一号 A"卫星数据正式对外发布。2007 年 4 月,装备更为精良的"海洋一号 B"卫星成功发射升空。这两颗海洋专属卫星,覆盖了中国的广阔海域,同时实现微波遥感和信息激光的通讯,可以在全天时、全天候条件下,对海面、海底上相关的海流、海浪、海冰、绿潮、赤潮展开拍摄、监测。目前卫星在海洋环境监测方面开展了业务化工作,使海洋卫星数据在海洋灾害监测与预报、海洋环境监测与保护的国际与地区合作等方面得到了广泛应用[32]。

多海洋参数赤潮监测技术在卫星海洋遥感中被成功应用。中分辨率成像光谱仪(MODIS)综合了光谱分辨率(36 波段)、时间分辨率(Terra 星和 Aqua 星每天两次获取同一区域影像)和空间分辨率(250m、500m 和 1000m),在资源环境遥感应用方面比其他卫星传感器更具有优势,并被广泛应用于赤潮灾害遥感监测技术[33-35]。但以往的大部分算法基于单一的海洋物理参数、波段比值运算和假彩色影像合成方法,针对近岸二类水体的复杂性和赤潮信息的多样性,该类算法很难保证赤潮灾害信息提取的准确性[33]。薛存金和董庆[36]提出了一种多海洋参数赤潮遥感监测技术。该方法利用 MODIS 影响数据繁衍出海洋表面温度和叶绿素 a 浓度,结合悬浮泥沙浓度和海水异常等多海洋参数,设计赤潮灾害提取判别规则,该规则能充分利用海洋参数在赤潮灾害提取中的优势,并通过实例证实了基于多海洋参数的赤潮遥感监测技术的可行性和有效性。

(三)海洋环境预测预报

1. 数值模式

海洋数值模式是进行海洋环境数值预报的核心,包括海洋动力数值模式和以动力为基础的下游海洋数值模式。其中,动力数值模式包括海浪数值模式、环流数值模式、潮汐潮流数值模式和内波数值模式。下游海洋数值模式包括海洋生态数值模式(如赤潮数值模式)、水质数值模式、动力沉积数值模式等[37]。

在上述所有海洋数值模式中,海洋环流数值模式是核心。至今,在对海洋环流的模拟研究中,经历了从理论模式(包括理想的箱式模式和二维纬向平均模式)到基于高性能计算机等设备的复杂三维环流模式的发展。目前,全球的大洋环流模式应用较广的有 MOM、HYCOM、POM 和 TOM 等模式;应用于近海和区域环流模拟的较常见的三维模式 POM、ECOM、HAMSOM、FVCOM 等。国际广泛使用的海洋数值模型基本上都是国外学者研制开发的,国内尚缺乏通用的数值模型,对于海洋环境的模拟预测研究更多依赖于国外成熟的模型或者通过局部修改国外模型来完成[38]。

2. 水质预测

水质预测即推断水环境质量的发展变化及状态。国内外在近海海域、河口、河流等水环境质量预测分析上较常用的水动力-水质耦合模型主要有 EFDC/HEM3D(1、2、3D)、MIKE21(2D)、MILE3(3D)、RMA10(3D)以及由美国 Brigham Young 大学图形工程计算机图形实验室开发的二维模型系统 SMS。目前国内外水质预测面临的主要挑战是模式关键参数的确定,各过程的有效耦合以及如何提高预报系统的精度和时效性。

最近由中国海洋大学完成的海洋公益性行业项目"胶州湾水质预报关键技术前期研究"在海湾水质短期预报方面进行了有益探索。该项目以胶州湾的海洋水质预报关键技术为重点,将海洋环境动力学与生物地球化学过程研究相耦合,建立了流域-大气-海洋相耦合的、多过程集成、高时空分辨率的三维水质数值预报系统,并构建了可视化预报系统的框架,建立了海洋水质可视化预报的示范系统。该系统在稳定天气条件下的试运行结果良好。

四、海洋环境学科重大成果及应用

(一)海岸带综合管理

近几年,针对我国海岸带综合管理现状中存在的问题[39,40],提出了立法、海岸带总体规划、海岸带信息和数据的共享、公众参与和海岸带地区的联合执法等建议。然而,我国海岸带综合管理中存在的海岸带管理边界的界定、管辖权重叠等问题仍待进一步研究和探讨[41]。

在海岸带监测和管理方面,国家海域动态监视监测管理系统业务化运行工作已稳步推进,海域使用权属数据整理工作取得阶段性成果。到2010年,以卫星遥感、航空遥感和地面监视监测为主要手段,已建立起海域动态监视监测网,实现全年两次对全海域的低精度卫星遥感监测和对31个重点区域的高精度卫星遥感监测,通过视频监控、现场监测等方式进行区域用海建设,以及用海项目地面监视监测的建设。此外,安装和优化了海域动态监视监测系统基本软件,开展全国海域使用权属数据整理工作,完成3.5万余宗用海数据的整理入库,开展年度围填海以及海岸线变化等专题评价,反映全国海域开发利用情况,为海域管理提供决策支持[42]。

(二)海域规划环评

我国于2003年颁布《环评法》,明确规定需对开发规划进行环评,提出预防或者减轻不良环境影响的对策和措施,并进行跟踪监测。2005年国家海洋局和福建海洋与渔业厅共同资助开展福建12个海湾1个河口的围填海规划环境影响评价研究,从水动力影响、化学污染、生态影响、社会经济等4个方面,开展回顾性评价、现状评价和预测评价,并进行公众参与和风险评价。通过比较分析筛选围填海规划的环评方法并进行标准化处理,编写了《海湾围填海规划环境影响评价技术导则》(以下简称《导则》)。该《导则》通过了技术评审和国家海洋局的行政审查,即将发布。该《导则》规定的方法,在北方的胶州湾、南方的湛江湾、厦门湾、罗源湾和兴化湾开展了一系列的验证和应用研究,以进一步检验标准技术内容的科学性、实用性和可操作性。

(三)海域使用的法制建设

我国已展开了一系列的立法建设。继《中华人民共和国海洋环境保护法》和《中华人民共和国海域使用管理法》后,2007年实施的《海域使用权管理规定》明确了海域使用权招标、拍卖及转让等有偿使用规定。2007年实施《填海项目竣工海域使用验收管理办法》加强了对填海项目的动态监督管理,规范了填海项目竣工海域使用验收工作。2008年施行《海域使用论证管理规定》,要求对"水、领海持续使用特定海域三个月以上的排他性用海活动"进行海域使用论证。2010年国家海洋局印发《关于开展海域海岛海岸带整治修复保护工作的若干意见》制定了海域海岛海岸带整治修复规划和加强修复保护项目实施管理,2010年12月国土资源部国家海洋局联合发布《关于加强围填海造地管理有关问题的通知》,强化了围填海造地的年度计划管理。

此外,沿海的省和城市已纷纷通过制定当地的海洋环境功能区划,指导和管理海域的使用。据《2010年海域使用管理公报》统计,辽宁、河北、天津、山东、江苏、上海、浙江、福建、广东、广西、海南等地,均已完成了当地的海洋环境功能区划,其中河北、山东、上海已制定了当地的《海岸保护与利用规划》。

五、海洋环境学科能力建设

(一)学科建设与人才培养

以海洋环境研究为特色的中国海洋大学与厦门大学的环境科学学科于 2007 年被批准为国家级重点学科。以海洋环境法研究为特色的中国海洋大学"环境与资源保护法学"专业 2006 年成为新的博士授予点。

此外,我国正处于全面推进国家海洋战略、建设海洋强国的关键时期,一些高校先后改组,成立了浙江海洋学院、上海海洋大学、广东海洋大学、大连海洋大学等。

2010 年,围绕国家创新体系建设,国家海洋局和教育部先后签订协议,与北京大学、清华大学、北京师范大学、中国地质大学(北京)、天津大学、大连理工大学、上海交通大学、同济大学、南京大学、河海大学、浙江大学、厦门大学、中国海洋大学、武汉大学、中国地质大学(武汉)、武汉理工大学、中山大学等高校合作共建,推进这些高校的涉海学科建设及科技创新平台建设,提高海洋人才培养能力。

中国科学院在 2006 年正式开始建设烟台海岸带研究所,国内其他有关科研机构随后也内设了海岸带研究中心。

(二)基础研究平台建设

由中国海洋大学牵头,中国科学院海洋研究所、国家海洋局第一海洋研究所、中国水产科学院黄海水产研究所、国土资源部青岛海洋地质研究所 5 家单位共同建设的青岛海洋科学与技术国家实验室建设取得了实质性进展。多个以海洋环境为主要研究对象或相关领域研究的国家重点实验室通过验收或立项建设,包括:海洋地质国家重点实验室(同济大学)、近海海洋环境科学国家重点实验室(厦门大学)、海洋污染国家重点实验室(香港城市大学等)、卫星海洋环境动力学国家重点实验室(国家海洋局第二海洋研究所)等。同样,以海洋环境为主要研究对象的省/部级重点实验室也通过了验收或立项建设,加快了海洋环境研究的基础平台建设。

六、海洋环境学科发展趋势及展望

目前,近海生态系统大面积退化且正处于剧烈演变阶段,海洋生态环境灾害频发,海洋环境学科的现有水平已不能满足解决海洋环境问题的需求。展望"十二五"及更远的未来,我国沿海地区将面临新一轮的经济快速发展,这对海洋环境和资源提出了更高的要求,必须从生态系统健康及服务功能的角度,分析海洋环境对经济发展的持续支撑能力以及海洋空间资源的供给能力。从自然-社会-经济复合生态系统的角度认识海洋环境的演变规律,以海洋动力学和海洋生物地球化学的研究为基础发展其预测预报技术、提出适应性调控对策,将是未来海洋环境学科发展的重点方向。

（一）海洋环境与气候变化

进一步开展全球海洋-大气-陆地系统的研究,重点探讨海洋在全球气候系统变化中的作用。以 ENSO 为例,ENSO 事件的发生对中国降水产生较大影响,近年来我国旱涝灾害频繁发生,造成巨大的经济损失,对 ENSO 形成机理的深入研究将有助于提高对此类灾害的预报和防灾减灾能力。

海洋长期监测和研究资料相对匮乏,应继续加强对海洋环境及海洋生态系统的监测,收集相关资料,探究气候变化对生物多样性的影响机制,为制定相应的管理措施提供依据。

分析在全球气候变化下我国近海海洋生态系统的脆弱性特征,开展我国近海海洋生态环境对全球气候变化的适应性研究,为国家和有关地区制定经济和社会可持续发展战略提供科学依据。

（二）海洋环境管理与生态修复

构建海洋蓝色生态屏障、推进海洋生态文明建设对海洋经济的可持续发展具有至关重要的作用。

1.海洋环境保护的制度建设

强化环境跟踪监管机制,完善生态损害补偿制度,提高海洋排污成本,建立采用环境法律(制度、标准等)促进企业技术进步、调整区域产业结构和发展方式的可持续发展机制。完善海洋环境监测预报体系建设,实现主要入海河口和各类省级以上海洋保护区的全覆盖监测,弄清海域环境质量状况与演变趋势、主要污染源的状况及潜在的环境风险。

2.加强海洋生态与环境保护工作的技术研究

这些技术包括:海洋生态环境地理信息系统和遥感应用技术;重点海域污染物总量控制技术;近岸海域生态环境质量综合评价技术;典型海域污染防治和海岸带生态修复应用技术;赤潮和海域污损灾害监测预测及防治技术等。同时还应积极探索近岸海域生态环境保护工作的管理机制,研究制订地方性海洋生态环境质量标准。

3.开展海洋生态修复

以推进海洋滨海湿地保护区、水产增殖放流区、水产种植资源保护区建设为主要内容,进一步规范和加强渔业资源增殖放流工作,积极培育增殖放流优良品种,以达到涵养资源、修复生态的目的。同时,探索受损海洋生态系统的修复技术、脆弱性评估技术和适应性管理对策。

（三）海洋环境监测与预测技术

海洋环境监测及预测技术的研究应集中在以下几个方面:

1)在"全球海洋观测系统"(GOOS)框架下,发展中远距离的监测能力、水下监测能力和实时数据传输能力,形成立体实时监测能力,满足环境监测、国家安全、灾害预警等方面的需求。

2)发展海洋生态与环境要素的快速监测系统技术。利用微机械和微电子技术,将实验室的化学分析方法和实验室自动分析仪器进行"浓缩",构成小型或微型的现场监测仪器,并集成为多种应用系统,这是污染和生态环境监测技术发展的一个重要方向,是解决营养盐、COD、BOD、痕量重金属和有机物等环境参数在线监测的有效途径。

3)海洋监测技术的系统集成。按系统化、模块化、标准化的现代设计思想,发展监测系统技术,形成多源数据的综合应用和服务能力,将是未来海洋监测技术发展的主要目标。

4)提高海洋生态要素和水质预测预报精度。发展数据同化技术,促进数据同化技术在海洋环境预报中的应用,结合海洋监测系统与先进的海洋数值模式,不断提高海洋环境预测预报精度。

5)高技术与产业化同步发展。以关键技术的突破和技术创新的带动作用为核心,为产业化创造核心技术和拳头产品。实施成果标准化工程,开展产品定型,实现从技术到产品的转化。发展海洋高技术产业,提高我国海洋监测高技术产品在市场上的竞争能力,改变国家海洋监测仪器长期依赖进口的局面。

参考文献

[1] Gruber, N., Galloway, J. N. An Earth – system perspective of the global nitrogen cycle[J]. Nature, 2008, 451 (7176): 293 – 296.

[2] Howarth, R. W., Marino, R. Nitrogen as the limiting nutrient for eutrophication in coastal marine ecosystems: Evolving views over three decades[J]. Limnology and Oceanography, 2006, 364 – 376.

[3] Selman M, S, G. Eutrophcation: sources and drives of nutrient pollution. In WRI Policy Note[C]. Water quality: eutrophication and hypoxia, No. 2, 2009.

[4] 国家海洋局. 渤海海洋环境公报[EB/OL]. 2008. http://www.soa.gov.cn/soa/hygbml/hq/eight/bh/webinfo/2009/08/1281687829584714. htm.

[5] Yin, K. Monsoonal influence on seasonal variations in nutrients and phytoplankton biomass in coastal waters of Hong Kong in the vicinity of the Pearl River estuary[J]. Marine Ecology Progress Series, 2002, 245,111 – 122.

[6] Zhou, M., Shen, Z., Yu, R. Responses of a coastal phytoplankton community to increased nutrient input from the Changjiang (Yangtze) River[J]. Continental Shelf Research, 2008, 28 (12):1483 – 1489.

[7] 张传松,王修林,朱德弟,等. 营养盐在东海春季大规模赤潮形成过程中的作用[J]. 中国海洋大学学报(自然科学版), 2007, 37 (6):1002 – 1006.

[8] 国家海洋局,中国海洋环境质量公报,2001 – 2010.

[9] Kim, M. C., Yoshinaga, I., and Imai, I. A close relationship between algicidal bacteria and termination of *Heterosigma akashiwo* (Raphidophyceae) blooms in Hiroshima Bay[J]. *Mar. Ecol. Progr.*, 1998, 170: 25 – 32.

[10] Zingone, A., and Enevoldsen, H. O. The diversity of harmful algal blooms: a challenge for science and management[J]. Ocean Coast Manage, 2000, 43: 725 – 748.

[11]Pitt K. A., Kingsford M. J., Rissik D. et al. ellyfish modify the response of planktonic assemblages to nutrients[J]. *Mar. Ecol. Prog. Ser.* 2007，351：1 – 13.

[12]高坤山. 海洋酸化正负效应：藻类的生理学响应[J]. 厦门大学学报（自然科学版），2011，50(2)：411 – 417.

[13]Palacios S., Zimmerman RC. Response of eelgrass Zostera marina to CO_2 enrichment：possible impacts of climate change and potential for remediation of coastal habiats[J]. *Mar. Ecol. Prog.* 2007，Ser. 344：1 – 13.

[14]Hardege. J. D., J. M. Rotchell., J. Terschak., et al. Analytical challenges and thedevelopment of biomarkers to measure and to monitor the effects of ocean acidi？cation[J]. Trends in Analytical Chemistry，2011，30(8)：1320 – 1326.

[15]Diaz，R. J.，Rosenberg，R. Marine benthic hypoxia：a review of its ecological effects and the behavioral responses of benthic macrofauna[J]. *Oceanogr. Mar. Biol. Annu. Rev.* 1995，33：245 –303.

[16]Chen C. C.，Gong G. C.，Shiah F. K. Hypoxia in the East China Sea：One of the largest coastal low – oxygen areas in the world[J]. Marine Environmental Research，2007，64：399 – 408.

[17]周锋，黄大吉，倪晓波，等. 影响长江口毗邻海域低氧区多种时间尺度变化的水文因素[J]. 生态学报，2010，30(17)：4728 – 4740.

[18]李艳云，王作敏. 大辽河口和辽东湾海域水质溶解氧与COD、无机氮、磷及初级生产力的关系[J]. 中国环境监测，2006，22(3)：70 – 72.

[19]Fleddum A.，Cheung S. G.，Hodgson P.，et al. Impact of hypoxia on the structure and function of benthic epifauna in Tolo Harbour，Hong Kong[J]. Marine Pollution Bulletin，2011，63：221 –229.

[20]Chabot D.，Claireaux G.. Environmental hypoxia as a metabolic constraint on fish：The case of Atlantic cod，Gadus morhua[J]. Marine Pollution Bulletin，2008，57：287 – 294.

[21]Zhang H.，Ludsin S. A.，Mason D. M.，et al. Hypoxia – driven changes in the behavior and spatial distribution of pelagic fish and mesozooplankton in the northern Gulf of Mexico[J]. Journal of Experimental Marine Biology and Ecology，2009，381，S80 – S91.

[22]Diaz，R. J.，Rosenberg，R. Spreading dead zones and consequences for marine ecosystems[J]. Science，2008，321：926 – 929.

[23]Ludsin S. A.，Zhang X.，Brandt S. B.，et al. Hypoxia – avoidance by planktivorous fish in Chesapeake Bay：Implications for food web interactions and fish recruitment[J]. Journal of Experimental Marine Biology and Ecology，2009，381：121 –131.

[24]刘清容，于建生，韩笑. 风暴潮研究综述及防灾减灾对策[J]. 科技风，2009，(6)：226 – 227.

[25]娄厦，刘曙光. 溢油模型理论及研究综述[J]. 环境科学与管理，2008，33(10)：33 – 37.

[26]Filipkow ska A，Lubecki L，Kow alew ska G. Polycyclic aromatic hydrocarbon analysis in different matrices of the marine environment[J]. Anal Chim Acta，2005，547(2)：243 – 254.

[27]李先国，虢新运，等. 海洋环境中多环芳烃的测定与来源解析[J]. 中国海洋大学学报，2008，38(3)：473 – 478.

[28]王方雄，马凯，徐惠民. 基于ArcEngine的海洋生态系统健康评价信息系统研究[J]. 海洋开发与管理，2010，27(5)：13 – 16.

[29] Costanza R，Norton BG，Haskell BD. Ecosystem Health：New Goal for Environmental Management[M]. Washington D C：Island Press，1992.

[30]李晴新，朱琳，陈中智. 灰色系统法评价近海海洋生态系统健康[J]. 南开大学学报（自然科学版），

2010，43(2)：39－43.

[31]孙松，孙晓霞. 国际海洋生物普查计划[J]. 地球科学进展，2007，22(10)：1081－1086.

[32]赵锦全. 中国海洋卫星 2009 年应用概况[J]. 中国航天，2010，3－6.

[33]Hu C M，Muller K，Frank E，et al. Red tide detection and tracing using MODIS fluorescence data：a regional example using in SW Florida coastal waters [J]. Remote sensing of environment，2005，97(3)：311－321.

[34]王其茂，马超飞，唐军武，等. EOS/MODIS 遥感资料探测海洋赤潮信息方法[J]. 遥感技术与应用，2006，(1)：6－10.

[35]Kim Y M，Byun Y G，Kim Y I，et al. Detection of cochlodinium polykrikoides red tide based on two－stage filtering using MODIS data[J]. Desalination，2009，249(3)：1171－1179.

[36]薛存金，董庆. 多海洋参数赤潮 MODIS 综合监测[J]. 应用科学学报，2010，28(2)：171－181.

[37]乔方利. 海洋动力系统数值模式体系及海浪-环流耦合理论[J]. 前沿科学，2007，(3)：81－86.

[38]王修林，王辉，范德江. 中国海洋科学发展战略研究[M]. 北京：海洋出版社，2008.

[39]段君伟. 我国海岸带综合管理机制之探究[J]. 法制和社会，2008，(7)：170－171.

[40]倪国江，鲍洪彤. 美、中海岸带开发与综合管理比较研究[J]. 中国海洋大学学报(社会科学版)，2009，(2)：13－17.

[41]范学忠，袁琳，戴晓燕，等. 海岸带综合管理及其研究进展[J]. 生态学报，2010，30(10)：2756－2765.

[42]国家海洋局. 2010 年海域使用管理公报，2011 年 3 月. http://www.soa.gov.cn/soa/hygb/hygb/webinfo/2010/04/1304819183909395.htm.

撰稿人：田伟君　史　洁　祁建华　李正炎　李爱峰
　　　　李　瑾　张学庆　张越美　陈　尚　高会旺
　　　　高增祥　甄　毓　潘进芬

环境医学与健康学科发展报告

摘要 "十一五"期间,我国在环境污染治理与健康影响方面有了长足的发展,特别是在治理机动车尾气污染健康影响、气候变化与健康影响等方面取得了非常喜人的成绩。在多项国家自然科学基金重点项目、国家自然科学基金面上项目、国家"十一五"科技支撑计划、"973"计划、"863"计划、国家环境保护部、卫生部以及世界卫生组织、美国中华医学会、日中医学会等众多环境与健康项目的资助下,开展了大量有关环境污染对健康影响,特别是大气颗粒物污染对健康影响的研究工作,部分研究成果得到了国外同行的认可和高度评价。针对城市机动车尾气污染日益严重的现实问题,构建了人群机动车尾气污染暴露的评价模型,建立了机动车尾气人群健康影响评价技术;针对我国大部分城市颗粒物污染特别是细颗粒物污染严重的状况,开展了大量大气细颗粒物对人群健康影响的调查研究和实验室研究,深入揭示了大气细颗粒物对人群呼吸系统和心血管系统的影响,并充分利用专业特点,将现场调查与实验室研究相结合,分别采用体内实验和体外实验研究方法,初步阐明了大气细颗粒对呼吸系统和心血管系统的毒性作用机制。

一、引言

"十一五"期间,我国环境医学工作者对主要的环境污染物与人群健康的关系在不同的健康效应终点上进行了广泛深入的研究,在不同研究方向上取得了一系列环境与健康研究成果,主要表现在大气颗粒物污染对健康的影响、机动车尾气污染健康影响、铅、镉等重金属污染对健康影响、室内空气污染对健康的影响、气候变化对健康的影响等方面,进行了流行病学调查及毒理学毒作用及其机理的探讨。研究者不仅关注其对人群呼吸系统健康的影响,更开始关注对心血管系统、神经系统、生殖系统等的影响及作用机制;研究观察的人群,不仅关注老年人和儿童等敏感人群,很多研究还开始关注不同水平的环境污染物对健康成年人健康影响研究。在研究方法上,学习国外先进方法,将其应用到国内的实际调查研究中,开展了许多时间序列分析、病例交互研究、定组研究等。不仅如此,还积极主动将传统流行病学的研究方法应用到实际环境问题的研究过程中,取得了很好的结果。

从不同污染水平、不同健康效应终点、不同研究人群以及不同研究方法的综合应用,为我国环境医学与健康事业的飞速发展提供了大量宝贵的科学数据,也为相关管理部门有针对性地采取有效措施,保护环境,保障人群健康提供了有力的支持。

二、环境医学与健康基础理论研究进展

(一)机动车尾气暴露评价技术研究进展

随着我国工业化、城市化的快速发展,城镇人口日益增多,居住在交通干道附近的人

口以及因工作、学习、生活等接触机动车尾气的人口呈迅速增长。流行病学的研究表明，机动车尾气不仅能损害人体的呼吸系统，而且还能对心血管系统、神经系统、免疫功能、生殖功能等造成危害，已经引起人们的广泛关注[1-9]。在对机动车尾气污染进行健康危险度评价时，暴露评价起着至关重要的作用。科学地评价人群暴露于机动车尾气污染的强度、频率和持续时间等将为其健康危险度评价提供准确的暴露数据，从而有利于政府管理部门制定相应的机动车尾气排放标准和管理措施，更好地保护人民健康。

近年来，机动车尾气污染暴露评价研究逐渐增多，从近似估计机动车流量、人群距交通道路距离等的替代方法，到暴露评价模型、污染物监测技术以及现代科学技术手段如生物标志物检测的应用，机动车尾气污染暴露评价的科学性有了较大的提高[10-15]。

(二)环境污染物暴露水平监测技术

早期的研究常采用固定监测站的数据估计人群的大气污染暴露水平，这种方法虽然简单易行，但是由于没有考虑到大气污染随时间、空间各种因素的变化情况，以及人群在不同微环境中的暴露水平不一致等因素，固定监测站的数据难以代表人群真实的暴露水平。

1. 个体暴露水平评价方法

便携式个体暴露仪器的产生，使精确地进行个体暴露水平监测成为可能。虽然个体暴露水平监测有不可回避的缺点，包括仪器测定花费高、不适合于大规模的人群流行病学研究、需要研究对象携带仪器难以进行长期的监测等，但是与其他暴露评价方法比较，个体暴露水平监测不需考虑研究对象距交通干道的距离、机动车排放量、地形、气象条件等一系列因素，而且对于移动性较大的人群研究，个体暴露水平监测具有其他方法无法比拟的优势。

2. 生物标志检测

生物标志物是指能反映外源化学物通过生物学屏障进入组织或体液以及引起的生物学后果的指标。生物标志物通常分为接触生物标志物、效应生物标志物和易感性生物标志物，可通过检测血、尿、呼出气、唾液、乳汁等中某些物质的含量来反映其水平。生物标志物能反映环境因素与生物体的相互作用，通过生物标志物的监测能反映人体的内暴露剂量或效应剂量等。因此生物标志物检测被认为是进行环境暴露水平评价的有效方法，近年来这种方法在机动车尾气污染暴露评价中的应用也逐渐增多。

生物标志物检测考虑了人体与环境因素的相互作用，提高了暴露评价的精确度，但是它的应用也有局限之处。包括生物样本的采集涉及研究对象的身体权，执行难度较大，并且生物标志物是一个综合性的指标，它是各种环境因素通过各种途径进入人体并与人体相互作用的综合性结果，因此非机动车来源的污染物进入人体会混淆机动车尾气引起的生物标志物的变化水平。尽管现有的研究正尝试采用污染物的半衰期、生物学转化、代谢动力学等参数建立生物学标志物与监测点数据之间的关系模型，但是很多研究仍处于假说阶段。

三、环境医学与健康研究进展

(一)大气污染对人群健康影响研究

大气污染是我国重要的公共卫生问题之一。有研究者计算,在占国内 70％国民生产总值(GDP)的 111 座大中型城市中,由可吸入颗粒物(PM_{10})污染引起的年经济损失可达 291.79 亿美元[16-18]。自 20 世纪 90 年代以来,大气污染健康影响的研究主要为两类,一类是关注大气污染短期健康效应的时间序列和病例交叉研究,着重于分析大气污染物浓度短期变化与每日死亡率/患病率/入院率/急诊率等的关联;另一类是关注大气污染长期健康效应的队列研究或横断面研究,着重于分析长期暴露于大气污染与人群疾病风险增加的关联。此外,引入国外定组研究(panel study)研究新方法,通过重复测量研究对象某些健康指标的变化,可较好地观察大气污染的短期健康影响[1,18,19]。

大气污染健康影响研究主要在国内大中型城市中开展,如北京、上海、武汉、沈阳、西安等。多数研究发现大气污染物浓度短期升高与总死亡率/患病率升高之间有关,其中以心血管疾病、呼吸疾病状况与大气污染物浓度短期变化的关联更强[18-24]。例如,有研究者分析了武汉 2001—2004 年间每日死因别死亡率与 PM_{10}、SO_2、NO_2 和 O_3 的关联。结果表明,PM_{10} 浓度每升高 $10\mu g/m^3$,非意外伤害、心血管、中风和呼吸疾病每日死亡率分别可升高 0.36％、0.51％、0.44％和 0.71％;NO_2 浓度每升高 $10\mu g/m^3$,上述疾病每日死亡率分别可升高 1.43％、1.65％、1.49％和 2.23％;SO_2 和 O_3 与每日死亡率无显著性关联。另有研究者分析了上海 2001—2004 年间每日总死亡率和心血管疾病死亡率与大气污染物的关联,结果表明,PM_{10}、SO_2 和 NO_2 浓度每升高 10 $\mu g/m^3$,总死亡率分别可上升 0.25％、0.95％和 0.97％。该研究还发现,大气污染物对疾病的影响还与季节、性别、年龄和教育程度等因素有关。在北京开展的一项病例交叉研究则发现,$PM_{2.5}$、SO_2 和 NO_2 浓度每升高 $10\mu g/m^3$,心血管疾病急诊发生数的比值比分别为 1.005、1.014 和 1.016;PM_{10}、$PM_{2.5}$ 浓度每升高 $10\mu g/m^3$,高血压急诊发生数的比值分别为 1.060 和 1.084。

目前我国对大气污染长期效应的研究较少,除仅有的一项队列研究外,还有一些生态学研究(横断面研究)也对此进行了探索。有研究者以国家高血压调查的人群(70947 名中年男性及女性)为基础,首次在国内开展大气污染长期暴露与人群死亡率的队列研究。研究者分别于 1990 年和 2000 年对研究对象进行了基线调查和随访,并使用不同固定监测点的总悬浮颗粒物(TSP)、SO_2 和 NO_x 监测数据估计监测点周围人群对上述大气污染物的暴露水平,结果发现人群心肺疾病及肺癌死亡率与大气污染水平有显著关联。TSP、SO_2 和 NO_x 浓度每升高 10 $\mu g/m^3$,总死亡率分别上升 0.3％、1.8％和 1.5％。另有研究者采用横断面研究方法分析了北京地区 1980—1992 年间大气污染长期暴露与死亡率的关系,发现大气硫酸根离子浓度与心血管疾病、恶性肿瘤及肺癌的死亡率均有显著性相关(相关系数均＞0.50),并且上述疾病与污染物近期浓度及死亡之前 12 年的浓度之间均有相关性。另有研究者分析了从 1954—2006 年间广州地区雾霾的历史数据,发现大气污染事件发生与肺癌发病率上升之间具有较高的一致性,且以 7 年为滞后间隔时的相关性最强[24]。

定组研究可以大气污染暴露的高危人群为研究对象,也可以健康人群为研究对象,采用的健康指标通常为亚临床指标。例如,正常情况下,人体心脏节律会随身体状况和昼夜交替而改变,这种心率的规则性变化称心率变异性(heart rate variability,HRV),其降低可增加人体心血管疾病发病的风险。一项定组研究以北京市一组年轻健康的出租车司机为研究对象,追踪其 HRV 水平在奥运会前、中、后等不同时期的变化与大气污染变化的关系。研究结果发现,对机动车来源 $PM_{2.5}$ 的暴露浓度增高可导致研究对象的 HRV 明显降低,而奥运会期间 $PM_{2.5}$ 暴露浓度的降低则可显著扭转这种不利影响。具体表现为在 $PM_{2.5}$ 浓度较低的奥运会期间,人群 HRV 水平较高;而在 $PM_{2.5}$ 浓度较高的奥运会之前及之后,人群 HRV 水平较低[1,26,27]。另一项老年人群中定组研究同样发现奥运会期间研究人群的 HRV 水平高于非奥运会时期,人群 HRV 水平与 PM_{10}、NO_2 和 SO_2 等污染物均存在显著性关联[28]。上述出租车司机定组研究进一步的分析还发现,暴露于机动车相关 CO 对健康个体的 HRV 也有一定影响,且上述两种污染物存在联合效应;不同时期(奥运会前、中、后及随后的采暖季节)的相同污染物暴露对上述人群的 HRV 影响程度有所不同,提示可能存在影响 HRV 水平的其他重要因素。更进一步的研究发现,机动车相关 $PM_{2.5}$ 对人体 HRV 的影响与其成分有关,钙、镍、铁等金属元素可能是 $PM_{2.5}$ 影响人体 HRV 的关键成分;同时人体 HRV 变化与 $PM_{2.5}$ 中的碳质成分及铅、锌等金属元素也存在一定关联,提示 $PM_{2.5}$ 对人体 HRV 的效应是其不同成分综合作用的结果[31]。该研究同时也观察了研究人群一系列血液指标的变化,发现其血脂代谢和血液流变学状态也与奥运会前后大气质量变化有关。上述研究结果较为系统全面地阐明了机动车相关污染物及其组分对健康人群 HRV 水平的影响,首次提供了机动车尾气污染控制可促进人群心血管系统健康的直接证据[26,27]。

1. 大气污染对儿童呼吸系统健康影响

颗粒物一直是我国大部分城市的首要污染物,北京市大气可吸入颗粒物(空气动力学直径 $\leqslant 10\mu m$ 的颗粒物,PM_{10})的年日均值一直高于国家空气质量二级标准,2007 年大气 PM_{10} 年均浓度为国家二级标准的 1.48 倍。近年来,随着北京市机动车数量的急剧增加,使得 $PM_{2.5}$ 在大气颗粒物中的比例明显增加,$PM_{2.5}$ 在 PM_{10} 中所占的百分比平均水平约为 $40\% \sim 60\%$,并有逐年升高的趋势。不少学者以北京市为调查地点,进行了北京市大气细颗粒物对儿童呼吸系统健康影响的调查研究[13,29,30]。研究发现:北京市城区大气细颗粒物浓度水平明显高于郊区,城区 $PM_{2.5}$ 中元素碳(EC)和有机碳(OC)的含量及比例均高于郊区,且城区 OC/EC 值低于郊区,说明城区机动车尾气的排放量高于郊区,机动车尾气对大气中 $PM_{2.5}$ 的贡献比例高于郊区。

2. 大气污染对成人肺功能影响

(1)大气颗粒物对成人肺功能长期影响

有关大气颗粒物对成人肺功能长期影响的研究多是针对较大人群队列的横断面研究或者较长时间跨度的队列研究,研究对象包括一般人群和高暴露、易感人群。有关高暴露人群的研究主要选取交通警察或使用生物燃料的女性为研究对象;易感人群研究主要针对相关呼吸系统疾病患者或老年人群的研究。顾珩等通过对太原和青岛两地交警(131名 vs 100 名)肺功能的横断面调查,结合当地空气污染水平的 6 年来监测资料,分析结果显示:太原市大气 TSP 浓度高于青岛市,太原市交通警察慢速肺活量(slow vital capacity, SVC),FVC,FEV$_1$ 等肺功能指标均显著低于青岛市交通警察(均 $P<0.01$)。曹力生通过对我国西昌健康交警(53 名,22~38 岁)以及对照人群(42 名,低暴露)肺功能的横断面测量以及环境监测数据的分析显示:高暴露区环境 PM$_{10}$ 为对照区的 22~70 倍,高暴露区交警肺活量(Vital Capacity, VC),最大呼气中断流速(Maximum Mid-expiratory flow, MMEF),PEF 等肺功能指标显著低于对照组人群(均 $P<0.05$)。王惠梅通过对太原城区和郊区妇女(51 名 vs 53 名,25~40 岁)呼吸系统功能的横断面调查以及两地室内外空气污染物(TSP,SO$_2$)的监测,研究结果表明:郊区妇女(由于燃料以及住房及设施原因,室内 TSP,SO$_2$ 含量显著高于城区)肺功能指标 PEF%(PEF 占其预期值的百分比)、MMEF 显著低于城区妇女($t=-2.61$,$P<0.01$;$t=-2.59$,$P<0.01$)。Regalado J 等对墨西哥附近村庄非吸烟妇女(841 名,$\geqslant$38 岁)肺功能的横断面调查以及其使用燃料(多使用柴草)和厨房内颗粒物浓度的调查。分析结果表明:使用柴草室内 PM$_{10}$ 浓度远高于使用燃气室内浓度;使用柴草作为燃料的妇女肺功能显著较低:FEV$_1$/FVC (79.9% vs 82.8%)($P=0.03$,<0.05),FEV$_1$,FVC 平均降低 81mL($P=0.04$,<0.05)、122mL($P=0.02$,<0.05)。多项研究结果显示:交通警察和长期使用柴草等生物燃料妇女处于长期空气颗粒物较高浓度暴露,可导致肺功能的下降。

(2)大气颗粒物对成人肺功能短期影响

大气颗粒物对成人肺功能短期影响的研究多为近几年出现,研究方法不同于长期影响的研究,多为较少人群的较短时间随访研究;采用诸如定组研究(panel study)、病例-交叉研究等研究方法。大量相关研究提示:大气颗粒物的短期作用也导致成人肺功能的降低,易感人群更为敏感,粒径较细的颗粒物短期成人肺功能损伤效应较为严重。有关大气颗粒对高暴露人群的呼吸功能短期影响研究较少;易感人群研究主要仍是针对呼吸系统相关疾病患者以及老年人群等为研究对象。高暴露人群颗粒物的短期影响导致呼吸系统功能的降低。由此可见,诸多研究结果均提示大气可吸入颗粒物短期影响导致易感人群肺功能降低,对肺功能危害更大。

3.机动车尾气污染对职业暴露人群心血管系统影响

我国典型城市机动车尾气污染水平及特点在此主要以北京市和广州市为例做分析。

1)北京市机动车尾气污染水平及特点。北京市颗粒物水平呈现出春季>秋季>夏季的变化,夏季颗粒物组分以硫酸盐、硝酸盐和铵盐这些二次组分为主(占 PM$_{2.5}$ 质量的42%),春、秋季颗粒物组分以有机物为主,春季由于沙尘影响,钙元素具有较高的浓度;昼夜间颗粒物中碳质组分水平的变化受机动车排放的影响较大,室内颗粒物浓度水平同室外颗粒物有较一致的变化;室内颗粒物成分以有机物为主,其浓度明显高于室外,但室内金属元素比例明显低于室外;室内硫酸根水平呈现夏季>春季>秋季的变化规律。

北京市出租车内颗粒物污染水平较高(图 1),呈现春季>冬季>秋季>夏季的规律。在奥运会期间(夏季),颗粒物污染水平出现显著下降。奥运会后(秋季)及采暖季节(冬季)期间,颗粒物污染水平有所上升,但仍低于奥运会前的水平。此外,车内颗粒物成分且以碳质为主,占 $PM_{2.5}$ 质量浓度的 61.7%,主要来源于机动车尾气排放和燃料(煤、生物秸秆等)的燃烧;其中 OC 和 EC 比例分别为 51.6% 和 10.0%,两者浓度比值平均为 5.6;除奥运会期间的其他时期,$PM_{2.5}$ 中碳质及各种元素成分呈现与 $PM_{2.5}$ 质量浓度相似的变化规律;奥运会期间 $PM_{2.5}$ 暴露水平下降明显,其中以 $PM_{2.5}$ 碳质成分的水平下降更为显著,且碳质成分中的 OC 与 $PM_{2.5}$ 及另一种碳质成分 EC 的相关性在奥运会期间与其他时期差别明显。上述结果提示,奥运会期间北京市采取的一系列污染控制措施(以交通限行为主)对大气颗粒物污染水平和特征产生了显著影响。

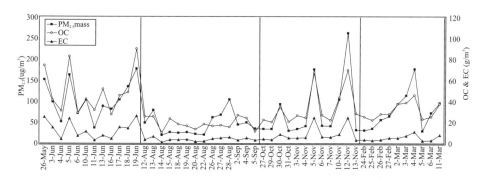

图 1   出租车内 $PM_{2.5}$ 及其碳质成分 OC/EC 水平的季节变化趋势

(注:从左至右的 4 个时期分别为奥运会前、奥运会中、奥运会后和采暖季节)

出租车内实测 $PM_{2.5}$ 浓度与通过多元回归模型计算得到的出租车内 $PM_{2.5}$ 浓度比较,两者存在高度相关性。通过主成分分析和多元回归方法对出租车内 $PM_{2.5}$ 进行源解析的结果,机动车内颗粒物的主要来源包括三种:机动车源、混合源(=燃煤+生物质燃烧+工业生产)和路面扬尘,分别占到颗粒物来源的 29.60%、31.58% 和 25.21%;此外还有 13.61% 的未知源。可见与北京室内外颗粒物来源相比,机动车内颗粒物来源于机动车排放的比例明显更高。

2)广州市机动车尾气污染水平及特点。广州市室内外颗粒物均以有机物为主,约占颗粒物的 31%~38%,且浓度相近,室内钾和氯元素水平高于室外;烹饪、吸烟是造成室内颗粒物浓度升高的主要原因;儿童定组研究监测点附近的燃煤电厂的局部污染使得室内、外颗粒物中的硫酸盐高于老年人定组研究监测点 8% 左右;老年人定组研究监测点附近的交通干道对颗粒物碳质成分的贡献要大于儿童定组研究监测,使老年人定组研究监测地室内、外的 EC 浓度高于儿童定组研究监测地;除了硝酸根之外,其他化学组分的 IO 比值均呈现老年定组研究监测点大于儿童定组研究监测点的规律。

(二)水体污染对人群健康影响研究

水环境污染直接或间接地影响人类的健康和生活。受污染水体中的病原微生物、金属污染物、有机污染物等通过饮水或食物链进入人体,可引起人体的急性和慢性中毒,发生以水为媒介的传染病,长期饮用受污染的水还会诱发癌症等重大疾病[31-35]。我国水环境污染对人群健康影响不容忽视,仅华北、西北、东北和黄淮海平原地区 6300 多万人饮用水中含氟量超过生活饮用水卫生标准,造成驼背、骨质疏松、骨骼变形甚至瘫痪,丧失劳动能力;北方和东部沿海地区3800万人饮用苦咸水,导致胃肠功能紊乱,免疫力低下;内蒙古、山西、新疆、宁夏和吉林等地新发现200多万人饮用高砷水,导致皮肤癌和多种内脏器官癌变多发;韶关、河源等市有些农民由于长期饮用含放射性、有害矿物质污染水,新生儿出现发育不全、智力低下、痴呆、畸形等病例。

近年来,我国有关水环境污染对人体健康影响的研究主要集中于病原微生物、金属、有机污染物、饮水型砷暴露、氟暴露等对人群健康影响的现况调查以及机制探索。随着研究技术手段的发展,水环境健康风险评价正逐渐兴起,并成为一个新的研究领域。其主要特点是以风险度作为评价指标,把水环境污染与人体健康联系起来,定量描述水环境污染对人体健康危害的风险,即将污染物的危害程度量化并以风险度来直接表达其对人体的危害[36-39]。以下将从水污染与人体暴露评价以及水污染对人体健康影响的研究进展两方面阐述我国有关水环境污染对人体健康影响的研究进展。

(1)水污染与人体暴露评价的研究进展

目前我国水污染与人体暴露评价的研究主要侧重于通过对水中污染物或人体生物样本(包括血、尿、头发等)中污染物浓度的测定来评估人体经饮用水途径对污染物的摄入量。例如,饮水型地方性氟中毒的暴露评价研究,通常会对饮水氟含量进行测定,作为外暴露评价指标,有些研究还会同时对研究对象的尿氟、血清氟进行测定,作为内暴露评价指标。饮用水砷暴露、铅暴露等的评价方法也类似,一般通过对饮用水或生物样本中砷、铅浓度的测定来评价研究对象的暴露量[40]。例如康家琦等有关饮水砷对儿童智力影响的研究中,测定了某高砷饮水地区268名小学生家庭饮用水和空腹晨尿中砷含量,对该小学生群体的砷暴露量进行评价。魏益民等[7]有关某矿区居民经饮用水途径铅暴露的调查中,对家庭饮用水中铅浓度进行测定和家庭饮用水摄入量进行调查,评估了该区居民经饮用水途径对铅的暴露量。

然而,当前我国严重缺乏人体对水介质的暴露参数,尤其是饮水率,在开展大量的水污染对人体健康风险评估工作时,往往采用国外发布的暴露参数,可能会造成较大的偏差。目前已经有研究开始对我国居民饮水暴露参数进行调查研究,但全国性大规模的暴露参数调查研究仍有待于进一步开展。

(2)水污染对人体健康影响的研究进展

目前我国水污染对人体健康影响的研究主要集中于污染物对人体健康影响的调查以及污染物作用机制探索。健康影响调查包括污染水源中病原微生物、金属、有机污染物、农药、砷、氟暴露等对人体消化系统、心血管系统、皮肤、骨骼、神经系统等各方面的影响[41-43]。例如研究发现,长期饮用高砷水除了导致人类各种癌症、心血管疾病高发外,还可引起人体的皮肤损伤,如皮肤色素沉着、皮肤过度角质化等。有关不同污染物对人体影响的作用机制的研究也在不断深入开展。如张强等通过测定高砷暴露地区皮肤损伤组人群与未见皮肤损伤组人群尿中无机砷及其代谢产物含量,两组进行比较后发现皮肤损伤组人群机体对砷的甲基化能力降低,提示地下水砷污染引起的人体皮肤损伤程度与人体对砷的甲基化能力有关。

随着研究技术手段的进步,水环境健康风险评价日益受到科学界的重视。健康风险评价是20世纪80年代后兴起的环境风险评价的重要组成部分,它以风险度作为评价指标,把环境污染与人体健康联系起来,定量描述污染物对人体产生健康危害的风险。水环境健康风险评价是健康风险评价的一个重要组成部分。

在我国,由于水污染导致的人群健康危害以及生态破坏的案例越来越多。近几年来,从水环境中各种金属、非金属的健康风险评价到有机污染物的健康风险评价研究日益增多。例如高继军等对北京市城区 8 个区和郊区 10 个区、县饮用水中的铜、汞、镉和砷的浓度进行了调查研究,并应用健康风险评价模型对北京市各区县饮用水中重金属所引起的健康风险作了初步评价。结果表明,通过饮水途径所致健康风险中,砷在通州区所引起的致癌风险最大,镉在昌平区的致癌风险最大,但均低于国际辐射防护委员会推荐的可接受风险水平。在通过饮水途径引起的非致癌风险中,汞的风险最大,铜次之,但是二者风险均低于国际辐射防护委员会推荐的可接受风险水平。

段小丽等用电感耦合等离子质谱法测定了位于长江和淮河流域交界处城镇和农村居民饮水中 14 种重金属含量,用健康风险模型计算了调查人群对 14 种重金属经口饮水暴露和经皮肤暴露的健康风险,结果显示各类人群经口饮水和皮肤暴露砷的致癌风险分别在 $(2.5\times10^{-6})\sim(5.2\times10^{-6})$ 和 $(1.1\times10^{-7})\sim(2.3\times10^{-7})$ 之间,各类人群经口饮水和皮肤暴露非致癌物的总风险在 $(2.1\times10^{-7})\sim(1.7\times10^{-6})$ 和 $(1.0\times10^{-8})\sim(6.0\times10^{-8})$ 之间,农村各类人群的非致癌总风险是城镇的 $2.1\sim5.6$ 倍,但风险处于可接受水平以内[43,44-46]。

许川等采用水环境健康风险评价模型对三峡库区水环境中持久性有机污染物对人体健康产生的潜在危害风险进行了评估,结果显示水源水中 6 种持久性有机污染物经饮水途径所致健康危害的个人年风险为 $(2.79\times10^{-10})\sim(4.44\times10^{-13})$,低于国际辐射防护委员会推荐的最大可接受值。

董继元等应用健康风险评价法对黄河兰州段多环芳烃有机污染物通过饮水和皮肤接触途径进入人体的健康风险进行了初步评价,结果表明,黄河兰州段多环芳烃有机污染物的非致癌风险指数值均小于 1,其中萘的非致癌风险指数值在 10^{-3} 数量级,偏高于其他污染物。与国内其他地区相比,黄河兰州段萘的非致癌风险较高。

(三)土壤污染对人群健康影响研究

多年来,国内许多学者对我国土壤状况、土壤污染来源、土壤污染特征、对人群健康影响等多方面进行了调查与研究。

1. 土壤环境污染对健康影响概述

不同类型的土壤污染物,因其物理化学性质不同,对人体的健康影响也不尽相同。生物性污染主要由于致病微生物与寄生虫卵引起消化道感染或人畜共患病,一些特殊情况也可引起外伤感染;土壤重金属污染,则可通过农作物和水进入人体,造成各种毒害,如食用含镉的米造成镉中毒进而导致"痛痛病"、矿业尾砂造成的慢性铊中毒、铬渣堆放引起的铬中毒、土壤中的铅通过食物或呼吸道等进入人体导致铅中毒等;农药污染导致的多系统慢性毒性、类激素样作用以及致突变、致畸和致癌的"三致作用",加上多数农药在土壤中的难降解性,使其对环境、人体的危害日益严重,受到社会各界的重视。

近年来,随着研究方法的拓展及研究层面的不断深入,国内学者从土壤污染特征、污染物暴露评价、健康风险评估等多方面进行了研究,也取得了较多成果。下面是土壤污染物人体暴露评价。

土壤暴露评价是土壤环境健康危险度评价中的关键步骤。从近年来国内研究可看出,土壤暴露评价研究有较大进展,但也存在一些问题。

任慧敏等在沈阳全市范围内采集大气、土壤、灰尘样品,根据美国 EPA 推荐的儿童暴露参数,将所得的环境铅含量与儿童行为数据和铅摄入量结合,计算沈阳市儿童环境铅暴露量。结果显示,在沈阳市儿童各种环境铅暴露中,每天由于手、口接触摄入的土壤铅量>灰尘铅摄入量>吸入空气铅量>皮肤从土壤中吸收的铅量。其中,土壤和灰尘铅是儿童铅负荷的最主要来源。除皮肤铅暴露,沈阳市儿童每日土壤、灰尘和空气铅暴露量近似正态分布。研究还指出,铁西区等为沈阳市儿童主要的环境铅暴露区。

崔玉静等在广西采集重金属污染区和对照区农田和路旁土壤,通过体外模拟装置模拟人体消化系统进行消化,分别取胃和小肠阶段反应液样本离心过滤后检测其 Cd、Pb、Zn 含量并计算其生物可给性;根据重金属生物可给量进行健康风险评价。结果提示,污染区土壤中 Pb 对当地儿童的健康具有较大的潜在风险,其他数据虽然在相应限量以下,但由于通过土壤—人途径的摄入会增加人体对重金属摄入的总量,从而使健康风险的总量增加[47]。

郭观林等选择我国典型废弃化工污染场地,采用美国 ASTM 场地环境评价方法,结合我国人群特点和场地特性修正风险评估参数,对该化工场地 VOC/SVOC 污染土壤进行环境健康风险分析。在暴露评价过程中,分析了不同暴露途径的毒性参数,根据实际情况确定暴露因子,发现数种 VOC/SVOC 在部分点位通过口腔摄入、皮肤接触和呼吸吸入污染物三种暴露途径导致致癌风险较高,风险超过 1,对人体和周边环境的健康风险较大[48]。

孙丽娜等按照美国环保局推荐的暴露模型和成人、儿童暴露参数,计算细河流域土壤中 5 种重金属 Zn、Pb、Ba、Cd 和 Hg 的成人、儿童暴露量。结果表明污染土壤重金属的人群暴露主要来自食物途径,食物摄入暴露量明显大于呼吸摄入暴露量,皮肤接触暴露量则更小。不同重金属的食物日暴露量为:Zn>Pb>Ba>Cd>Hg;呼吸与皮肤接触暴露中儿童的重金属暴露较成人明显。在 3 种暴露途径中,儿童的平均体重日暴露量均明显大于成人[49]。

采用此类方法或改进的方式,国内针对不同情况下各种土壤污染物暴露研究还有不少[50-55]。

2. 土壤污染对人体健康影响的研究进展

多年来对主要的土壤污染物的健康效应研究已经较为深入,结果也较为明确。一些流行病学调查显示,国内少数地区近年来因土壤污染,受到公害病的威胁[16]。慢性镉中毒:在贵州赫章、江西赣州、广西桂林、湖南衡东、广东马坝和辽宁沈阳的张士地区,农作物镉含量已严重超标,10% 以上居民已出现腰背、四肢、骨关节疼痛等症状和镉生化指标异常;慢性砷中毒:广东连南县、云南个旧市和湖南石门县等老矿区的健康调查结果显示,10%～30% 的居民都不同程度地出现了皮肤色素沉着、角化过度、手足发绀、慢性腹泻等慢性砷中毒症状,这些地区皮肤癌的发病率也高于正常水平;慢性铅中毒:广东曲江县、湖北枝江县和云南省红河有色金属工业园等工矿地区农作物、蔬菜铅含量明显升高,对儿童健康调查结果显示,这些地区儿童的身高、体重、智商、卟啉代谢和免疫功能等都低于对照区;慢性汞中毒:贵州省的万山、铜仁地区是我国重要的汞矿区,此地区的粮食、蔬菜和水中的汞严重超标,50％以上居民出现感觉障碍、运动失调、视野狭窄等中毒体征。

土壤中农药的慢性毒性、激素样作用(亦即环境内分泌干扰物作用),也引起人们的强烈关注。研究表明,许多杀虫剂和其他环境污染物可对机体产生激素样作用,使人群中与内分泌相关的肿瘤(如乳腺癌)发病率升高,并出现出生缺陷和生长发育障碍[17]。研究发现,EEDCs 可以影响甲状腺激素的合成、分泌、贮存、释放、转运、清除等各个环节,还与甲状腺激素竞争性结合甲状腺球蛋白,模拟甲状腺激素作用等,使甲状腺功能发生紊乱,表现为甲状腺功能亢进或减退。丙基硫尿嘧啶能诱导啮齿类甲状腺机能减退,进而导致生长延迟、睁眼推迟、过度活跃、认知缺陷、失聪等。

(四)气候变化与健康

科学研究表明,地球气候近百年来正经历一次以全球变暖为主要特征的显著变化。2007 年政府间气候变化专业委员会(IPCC)第四次气候变化评估报告结果显示,20 世纪可能是过去 1000 年中最暖的 100 年;第四次报告还明确指出,近 50 年全球气候变暖有超过 90％的可能性是与人类活动产生的温室气体排放有关。气候变化是环境问题也是关乎人群健康的问题。世界卫生组织(WHO)认为,全球气候变化是 21 世纪人类面对的最大健康挑战。WHO 估计,20 世纪 70 年代中期以来,气候变化相关的居民死亡已达 15 万人,伤残调整生命年(DALY)损失 500 万人/年。

1. 我国气候变化趋势

我国气候变化的趋势与全球气候变化趋势基本一致。近百年来,中国年平均气温升高了 0.5～0.8 ℃,略高于同期全球增温平均值,近 50 年变暖尤其明显。从地域分布看,西北、华北和东北地区气候变暖明显,长江以南地区变暖趋势不显著;从季节分布看,冬季增温最明显。从 1986—2005 年,中国连续出现了 20 个全国性暖冬。近 50 年来,中国主要极端天气与气候事件的频率和强度出现了明显变化。华北和东北地区干旱趋重,长江中下游地区和东南地区洪涝加重。

2. 我国气候变化对居民健康影响研究

我国有关气候变化与人群健康的研究基本可分为直接健康效应研究、间接健康效应研究、人群脆弱性和敏感性研究及适应性研究。

(1)气候变化对我国人群健康的直接影响

环境温度与人群健康的关系一直备受关注,各种疾病的发病率或死亡率与环境温度都有直接关系。刘方等[56]总结多个研究发现,每日温度与日死亡人数存在"U"、"V"、"J"形关系,这说明温度-死亡的关系是非线性关系,而且在不同地区或国家每日温度与日死亡人数的曲线形状也不尽相同。日温差(每日最高、最低温度的差值)的改变可以反映全球和区域性的气候变化特征。Kan 等[57]研究了日温差与每日死亡率的关系,发现日温差升高可增加居民死亡风险,日温差每增加 1℃,总死亡风险增加 1.4％,心脏病死亡风险增加 1.9%。继 Kan 等研究之后,Tam 等[58]在香港分析了日温差与居民心脑血管病死亡率的关系,发现日温差的波动在大于 65 岁年龄组人群中的健康效应最为明显。

热浪可以明显增加居民死亡人数,特别是心肺疾病死亡。Tan 等[59]在上海研究了热浪与健康预警系统,结果显示,湿热气团(Moist Tropical Plus,MTP)作为集高温度与高湿度于一身的气团,是造成热浪的主要原因;湿热气团影响上海时,每日超额死亡率达 16%～28%,每日超额死亡数达 35～63 人。Huang 等[60]研究了 2003 年热浪对上海市居民死亡率的影响,发现热浪期与非热浪对照期相比,居民总死亡风险增加了 13%、心脑血管死亡风险增加 19%、呼吸道疾病死亡风险增加 23%。Tan 等[61]还比较了上海市 1998 年和 2003 年热浪期间的每日死亡数的不同,发现 1998 年热浪期间最高每日死亡数是非热浪期平均每日死亡数的 3 倍,而 2003 年热浪期间最高每日死亡数只比非热浪期间平均每日死亡数增加了 42%,社会经济条件的改善被认为是 1998 年和 2003 年热浪健康危害不同的原因。

值得注意的是,气候变化不仅表现在变暖,与越来越多的热浪相应出现的还有寒潮。寒潮对人群健康的影响值得深入研究。2008 年,我国的强寒冷冬季,造成了广泛的社会影响。钟堃等[62]用病例交叉研究方法分析寒潮天气对居民心脑血管疾病死亡的影响,结果显示,温度降幅大且伴随高气压的寒潮可能会造成心脑血管疾病死亡风险的升高,居民每日心血管病、急性心肌梗死和脑血管疾病死亡的风险分别增加为 50%、91%、68%。

(2)气候变化对我国人群健康的间接影响

气候变化对人群健康的间接影响,是我国公共卫生安全面临的重要挑战。这主要表现在三个方面:气候变化对传染病的影响;气候变化与大气污染物的联合健康效应;气候变化对环境生态系统的影响。

气候变化对传染病的影响:气候变化对传染病的影响表现在多个方面,包括传染性疾病的媒介物与感染性寄生虫流行范围和活动能力改变、经水和食物传播的病原体生态状况改变及对农业生产的不利影响等。其中,气候变化对媒介生物性疾病流行范围的影响最为显著。

气候变化与大气污染物联合健康效应:环境温度与大气环境中的二次污染物的生成密切相关。气温升高加剧光化学反应,臭氧生成增加,进而影响人体健康。同时,极端气象条件和大气污染在对人群的不良健康效应上可能存在着协同作用。我国武汉的一项研究评估了日平均温度和大气颗粒物浓度与人群死亡率的关系,结果发现高温热浪与大气颗粒物对居民总死亡、心血管疾病死亡和心肺疾病死亡的影响有协同增强效应[63]。

气候变化对环境生态系统的影响:气候变化对环境生态系统的影响是多方面的。随着气候变暖和人类开发利用自然资源的强度加大,环境生态系统可出现明显退化或恶化,对人群健康甚至人类的生存与社会发展构成威胁。

(五)环境与健康领域政策研究进展

在《国民经济和社会发展第十一个五年规划纲要》中强调指出,环境保护工作要"以解决影响经济社会发展特别是严重危害人类健康的突出问题为重点,有效控制污染物排放,尽快改善重点流域、重点区域和重点城市的环境质量。"环境与健康问题在"十一五"被提到更加突出的位置。

毋庸置疑,环境污染严重危害人类健康,可以引发各种疾病。相关资料显示,"十一五"期间,我国共发生较大(Ⅲ级)以上环境事件232起,其中56起为环境污染导致健康损害事件,19起引发了群体性事件。根据世界卫生组织2009年报告,我国每年归因于环境相关因素的疾病负担为21%。而死因顺位在前几位的恶性肿瘤、呼吸系统疾病、心脑血管疾病等也与环境因素密不可分。环境污染途径多样,人口暴露途径多样,所带来的健康问题也极为复杂。

面对日益严峻的环境与健康问题,在"十一五"期间,相关部门开展了一些针对环境与健康问题的政策研究,并出台了一系列政策性文件和法规。

1."十一五"期间我国环境与健康相关政策回顾

"十一五"期间,为改善环境质量、保障人民健康,党中央、国务院及相关部门相继制订了一系列重大政策措施,成立了国家环境与健康领导小组,加强了环境相关监测,开展相关调查研究,完善突发环境事件应急机制,推动了我国环境与健康工作的发展。

(1)发布纲领性文件

为了有力推进中国环境与健康工作,积极响应国际社会倡议,针对中国环境与健康领域存在的突出问题,2007年11月6日,卫生部、原国家环保总局等18个部委局办联合发布了《国家环境与健康行动计划(2007—2015)》(以下简称《行动计划》)。《行动计划》以"完善环境与健康工作的法律、管理和科技支撑,控制有害环境因素及其健康影响,减少环境相关性疾病发生,维护公众健康,促进千年发展目标实现,保障经济社会持续协调发展"为总体目标,并分阶段制定了阶段目标,逐步开展环境与健康工作。其中行动策略包括以下几个方面:建立健全环境与健康法律法规标准体系、形成环境与健康监测网络、加强环境与健康风险预警和突发事件应急处置工作、建立国家环境与健康信息共享与服务系统、完善环境与健康技术支撑建设以及加强环境与健康宣传和交流,并提出了重点工作和发展要求。同时,根据有关部门的行政管理职权,《行动计划》对有关18个部委局开展环境与健康监督管理的责任进行了明确的划分,提出了建立国家、地方和部门协作的工作机制,为开展"部门协作,科学管理"奠定了基础,为确保《行动计划》各项任务和工作顺利实施提供了重要的组织保障。作为中国环境与健康领域的第一个纲领性文件,《行动计划》充分表明了坚持以人为本、落实环境保护基本国策的态度,反映了努力解决当前发展、环境与健康之间突出矛盾的决心,指明了中国环境与健康事业今后的发展方向和主要任务,对指导国家环境和健康工作科学开展,促进经济社会可持续发展具有重要意义。

(2)建立协调合作机制

2007年2月15日,原国家环保总局与卫生部联合发布了《卫生部、国家环保总局环境与健康工作协作机制》,建立了包括国家环境与健康工作领导小组、联合办公室、专家咨询委员会、主题工作组等4个层面的组织机制。其中,环境与健康工作领导小组采取双组长制,组长由卫生部、原国家环保总局分管领导担任,成员由相关业务司局级领导担任。领导小组负责研究拟出台或需进行重大调整的环境与健康工作宏观管理政策,指导环境与健康工作的发展;环境与健康工作联合办公室采取双办公室制,分别设在卫生部卫生监督局和原国家环保总局科技标准司相应处室,办公室主任分别由两部门主管环境与健康工作的处级领导担任。联合办公室是领导小组下设的办事机构,负责环境与健康相关工作的运转和协调;环境与健康专家咨询委员会为环境与健康工作的开展提供咨询建议和技术支持;环境与健康主题工作组承担某一重点领域的具体工作。同时建立了环境与健康工作协调机制,包括领导小组例会制度、联合办公室工作制度和共同协调地方工作制度,并对监测、调查、研究、突发公共事件、应急处理、宣传、教育和培训等工作的协调机制上给予指导。

2008 年 1 月 31 日,卫生部办公厅和原国家环境保护总局办公厅又联合发布了《关于成立国家环境与健康工作领导小组的通知》,成立了由 18 个部委局办组成的国家环境与健康工作领导小组,由其负责研究制定国家环境与健康宏观管理政策,指导环境与健康工作科学发展;并成立由卫生部、环保总局联合组成的国家环境与健康工作领导小组秘书机构,承担相关工作的运转和协调。这项通知的发布进一步明确了环境与健康管理体系的工作机构、职责以及领导小组的负责人,有利于工作的进一步开展。

(3)不断推出以"维护公众健康"为目标的政策

2008 年,第一批"高污染、高环境风险"产品名录发布,共涉及 6 个行业的 141 种产品。其中"高环境风险"产品是指在生产、运贮过程中易发生污染事故、危害环境和人体健康的产品。制定"高污染、高环境风险"的产品目录是原国家环保总局落实国务院《节能减排综合性工作方案》和建立环境经济政策体系的重要举措。不仅有利于通过环保优化经济增长,更好地促进产业结构调整,而且有利于通过控制"双高"产品的生产使用,更好地保护公共环境安全和公众健康。

2009 年 7 月 22 日,工业和信息化部、环境保护部发布了《关于认真开展 2009 年整治违法排污企业保障群众健康环保专项行动的通知》,在工业领域开展淘汰落后产能、环境污染专项调查、全民清理涉砷行业以及查处不符合相关要求的企业等专项行动,以解决当前影响可持续发展的突出环境问题,保障人民群众的切身环境权益。

根据《关于持久性有机污染物的斯德哥尔摩公约》,2007 年,中国编制并向公约缔约方提交了《中华人民共和国履行(关于持久性有机污染物的斯德哥尔摩公约)国家实施计划》(以下简称为《实施计划》)。该《实施计划》分析了中国持久性有机污染物现状并制定了战略和行动计划。总体目标为减少、消除和预防 POPs 带来的健康和环境风险,有助于维系人类健康繁衍和维护生态环境安全。2010 年 10 月,环境保护部、国家发展改革委员会等部委联合发布了《关于加强二噁英污染防治的指导意见》,从各方面进一步布置了控制和管理污染物的工作,加强对严重威胁人民健康的重点污染物的防治。

2009 年 8 月 12 日,国务院第 76 次常务会议通过《规划环境影响评价条例》。该条例第八条中明确规定了对规划进行环境影响评价时应分析、预测和评估的内容,其中包括规划实施可能对环境和人群健康产生的长远影响。此外,2008 年 4 月 30 日,环保部办公厅公布了《环境影响评价技术导则——人体健康》(征求意见稿),对建设项目环评、区域环评和规划环评中对确定环境危险因素、健康影响识别、人体健康影响评价和健康危险度评价结果等相关内容作了规定。

2006 年 1 月 24 日,由国务院颁布的《国家突发环境事件应急预案》(以下简称《预案》)开始实施。其中按伤亡人数、影响区域等因素将环境事件划分为四级,明确了适用范围和指导原则并以保护人体健康为目的。

(4)加大环境与健康相关领域研究支持力度

为了加强环境与健康基础研究,2002年原国家环境保护总局批准建立国家环境保护与健康重点实验室,重点探索环境影响人群健康机制,开展水污染、大气及室内空气污染的健康危害及防治、公害病判定及其相关技术的研究,建立环境与健康监测网及数据库,以适应环境与健康管理日益紧迫的要求,为我国的环境管理提供科技支持。2007年,华中科技大学和中国辐射防护研究院联合建设的国家环境保护环境与健康重点实验室已经验收并予以正式命名,为环境与健康相关研究提供了有力的技术支持和人员储备。

针对特定重点区域开展环境与健康专项调查与防治研究。2007年由卫生部与环保部牵头,会同发改委、科技部、财政部、建设部、水利部、农业部等部门,江苏、安徽、山东、河南四省省政府参加,开展了淮河流域癌症综合防治工作,对淮河流域居民癌症发生、死亡和环境污染状况进行调查,制定并实施环境治理与癌症防治的综合措施,并建立了相应的环境与健康监测点,取得了一定的进展。

在政策研究领域,"十一五"期间,环保部环境与经济政策研究中心、国务院发展研究中心社会发展研究部、中国疾病预防控制中心、中国环境科学研究院以及北京大学公共卫生学院共同研究编写了《国家环境与健康战略研究》报告(以下简称《战略研究》);中国环境与发展国际合作委员会课题组研究编写了《环境与健康管理体系与政策框架》(以下简称《体系与政策框架》)报告。其中,《战略研究》和《体系与政策框架》对我国环境与健康工作体系作了深入的整体性战略分析,梳理了目前我国环境与健康的现状、问题及发展趋势,汲取环境与健康问题国际经验和教训,提出了对我国环境与健康事业发展的战略构想。《战略研究》还对我国环境与健康赔偿案例进行了整理和分析。同时,环境保护部环境与经济政策研究中心和中国政法大学也共同组织编写了《我国建立环境健康损害赔偿制度相关政策研究——环境健康损害赔偿立法的必要性和可行性》研究报告,通过分析目前国内环境与健康损害赔偿的现状和存在的问题,在借鉴国际经验的基础上,对我国制定健康损害赔偿法的必要性和可行性进行研究,提出相关的政策建议。此外,由环境保护部科技标准司组织,国务院发展研究中心社会发展部编写的《环境与健康管理体制和机制调研和评价报告》(以下简称《调研和评价报告》)则是通过对我国环境与健康管理体制机制的梳理和调研,评价目前我国的管理体制机制,并借鉴国际经验,提出环境与健康管理体制机制,特别是环境健康风险管理制度的改革创新方案。

2.重点领域政策研究进展

"十一五"是环境与健康管理政策研究的起步时期,主要针对以下几个方面工作开展了相关研究。

(1)环境与健康管理体制

《战略研究》在总结我国的环境与健康管理体系历史进程和现状的基础上,提出管理工作面临管理体制不完善、政策法规不配套和人员队伍相对弱的问题。研究指出:我国环境与健康没有明确的管理部门,没有从事环境与健康工作的队伍以及多头松散管理的现状使环境健康工作落后于发展的需要,而且信息资源仍得不到充分的共享。《体系与政策框架》中也提出我国环境与健康工作体制不完善,缺乏统一的宏观管理体制,同时指出虽然环保部专门设立了环境与健康处,但地方各级环保部门尚未建立相应的机构,配备专职人员协同开展环境与健康工作,且缺乏有效推动环境与健康工作的监管机制;在卫生部体系内环境与健康管理体系也不尽完善。《调研和评价报告》则从中央和地方两个层面进行分析,指出中央层面环境与健康工作尚未统筹开展,相关部门职责不明确,资源配置、项目设置、绩效考核等工作尚未落实,环保部门现行环境管理制度建设与健康风险管理脱节,没有真正体现以保护人民健康为终极目标的政策宗旨;而地方层面相关体系不全、管理能力不足,基本没有确定相关责任单位。同时,部门间和上下层级间都没有建立完善的协作机制。

(2)法律法规及标准体系

《战略研究》中提出我国关于环境与健康的法律法规和标准尚未形成体系,是导致环境健康工作无章可循、应对不力的重要原因之一。在优先控制的污染物质,环境保护的监测体系、评价体系中缺少对人体健康具有重大危害的污染物质的控制政策、标准和相应的技术支撑体系。此外,环境健康损害赔偿的相关法律制度不健全,难以维护群众的环境与健康合法权益。《我国建立环境健康损害赔偿制度相关政策研究——环境健康损害赔偿立法的必要性和可行性》专门针对立法的必要性和可行性做了详细的论证。在《调研和评价报告》中,编者指出我国至今没有专门的环境与健康管理法规及执行标准,标准法规缺失现象突出、科学性不够且相互不统一、不衔接。

(3)基础能力建设

1)人员储备和技术支撑。《战略研究》和《体系与政策框架》都指出,一方面环境健康问题专业性和政策性很强,具有跨学科、跨部门的特点,但我国环境与健康专业队伍力量不足,不能满足环境与健康工作发展的要求。另一方面,我国环境与健康相关技术力量不足,专业技术、科研能力和装备条件均不能很好地适应目前环境与健康工作的实际需求,更无法有力支持环境卫生标准的制订。

2)资金保障和运行。在资金保障和运行方面,《战略研究》提出,由于缺乏工作经费的保障,随着技术队伍人员的散失和条件装备的老化,我国省级以下的各级疾病预防控制单位基本不做环境与健康方面的常规工作。因此,应将环境与健康工作的经费列入各级政府常规预算。《体系与政策框架》认为,对环境与健康工作应给予充分的重视和必要的经费投入,建立起科学的评价体系,实现此项工作的可持续发展。《调研和评价报告》还指出,没有明确的职能界定以及相关的工作绩效考核无法保证投入资金的高效运转。

3)基础研究和调查。各项研究都显示:环境健康基础性和前瞻性研究薄弱,人群健康调查研究和监测均受制约,使得干预工作难以有效开展。由于基础调查不足,基础数据缺乏,给研究环境污染与健康损害的因果关系、提出有效的应对措施带来困难。此外,还出现科研发展不平衡,原始性创新能力不足的问题。《战略研究》中指出,目前我们对许多有害污染物根本拿不出健康危害评价的指标和分析测试技术。在发生环境污染事件时,我们也无法拿出使人信服的科学依据来平息群众的健康担忧。

(4)风险预警和应急处置能力

《体系与政策框架》中提出,由于环境健康风险的加大,在环境与健康的管理工作中需要对可能发生的严重环境污染及其健康危害进行预警,做到早分析、早预报、早干预,防止重大环境污染与健康损害事件发生,特别是对突发性的环境健康损害事件采取应急措施。但是我国目前的环境与人群健康监测数据是无法共享的分离系统,同时环境监测的数据也不能满足人群健康监测的需要。《战略研究》中提到了部门间信息交流与共享对环境风险管理的重要性。此外,《调研和评价报告》中指出我国环境影响评价及其他制度均没有对环境风险进行全过程防控,环境风险管理没有上升到区域和国家国民经济和社会发展综合决策层面。文中还通过调查分析农村环境污染的特殊性以及对体制机制问题的总结,指出从环境风险控制角度入手完善环境管理制度,在"面上的总量管理"控制的同时,通过"点上的风险管理"严控,以克服健康风险防范上"不准"和"不全"的弊端。

(5)环境健康损害赔偿制度

《我国建立环境健康损害赔偿制度相关政策研究——环境健康损害赔偿立法的必要性和可行性》研究,提出我国环境健康损害赔偿制度的若干问题,包括赔偿立法空白、环境标准不适用于人体健康、缺少损害判定标准、技术支持不足以及地方保护主义等弊端。文中还进一步论证了环境健康损害赔偿立法的必要性和可行性。而《体系与政策框架》中也提到由于群众缺乏环境维权的依据和手段、赔偿的标准和程序等不统一、因果关系难以判定等因素,我国需要建立环境与健康损害赔偿机制和法律体系,并研究制订环境污染健康损害的程度鉴定、赔偿标准与程序等具体赔偿办法。

(6)国际经验和教训

各项研究均总结了一些有代表性的国家在环境与健康方面的相关工作。其中,《体系与政策框架》阐述了日本、美国、欧盟及一些发展中国家的相关经验,包括环境健康损害的预防、环境卫生管理制度和政策框架、环境健康损害赔偿政策框架等内容。在此基础上提出几点建议:增强政府职能;管理和协调机制做到责任清晰;提高财政和人力资源;确定优先管理事务;完善环境健康补偿机制;加强信息公开,加大公众获取信息的渠道;建立绩效评估机制。而《战略研究》探讨了发达国家和非发达国家应对环境与健康问题的发展模式,总结了各国在具体环境健康问题上的防治对策,并强调了环境与健康工作的重要性、强化政府的监督管理、多部门协作的重要性、围绕健康风险评价开展工作以及完善法律法规体系的经验和教训。《我国建立环境健康损害赔偿制度相关政策研究——环境健康损害赔偿立法的必要性和可行性》研究则主要对一些国家的环境健康损害赔偿制度概况及特点进行了总结,为我国相关立法提供借鉴,如重视健康损害赔偿、完善行政救济途径、关注损害认定、强调企业责任和政府补偿等。

3. 主要政策研究产出与建议

我国环境与健康战略构想是各研究中的重要研究成果。

《战略研究》制定了环境与健康战略的总目标,即识别健康问题和风险,建立一套管理体制和制度,采取有效干预措施,最大限度地减少因环境污染因素导致的健康损害。确立了"减少因环境因素导致的疾病负担、识别并预防环境因素引起的新健康威胁和加强我国在这一领域的政策制定和执行能力"为我国环境与健康战略的原则,并分四个阶段提出工作指导目标,逐步推进相关工作。

《体系与政策框架》提出了对我国环境与健康管理体系的构建,具体为以环境保护部、卫生部、国家发展与改革委员会、财政部和科技部等政府部门为管理主体,依靠广大的社会公众、企业、相关支持机构和实施机构等环境与健康管理的利益相关者广泛参与,采取"预防为主,防治结合"的工作思路,以"政府主导、社会参与,统筹安排、部门协调,预防预警、积极救治"为基本原则,不仅着眼于解决当前已经出现的环境与健康问题,更重要的是要通过政策、制度、技术和方法的完善和管理能力的提高,预防未来可能出现的环境与健康风险。

《调研和评价报告》则以我国环境与健康风险管理制度的构建为重点,提出体制机制以"统筹、规范、高效"为完善方向,以"人员到机构再到制度"为建设路径,从加强环境保护部的统筹协调职能起步,以加强环保部内设的环境与健康工作处室为抓手。

《我国建立环境健康损害赔偿制度相关政策研究——环境健康损害赔偿立法的必要性和可行性》则是构建了我国环境健康损害赔偿的立法体系。

在环境与健康战略构想之下,各相关工作的主要政策研究产出与建议如下:

(1)推进职能分工和协作机制

《战略研究》中提出环境与健康工作以环保部门和卫生部门为核心,其他有关部门配合的协作机制框架,其中环保部门的职责涉及环境健康损害责任的认定、环境污染治理和环境健康风险的监测及评估;卫生部门则以环境健康损害的认定和治疗、环境干预和治理的绩效评估以及环境健康影响监测为工作重点。《体系与政策框架》对环境保护部、卫生部、国家发展与改革委员会、财政部和科技部等五个核心部门的政府职能进行了分工,其中环保部主要政府职能是预防环境污染,避免或减少因污染导致的健康损害,卫生部应重点在环境污染导致的健康损害的发现、应对及救治等环节承担并履行政府职能。在协作机制上建议成立国务院促进环境与健康工作领导小组,协商和处理环境与健康管理工作的重大议题,协调各部门之间的工作部署,建立交流和沟通平台,协调解决部门争议和冲突,处理工作中遇到的困难和问题,督促各项任务的执行情况,确保国家环境与健康的战略、任务和政府职责落到实处。

(2)建立工作绩效评价机制

《战略研究》提出把保护人体健康作为评价环境保护工作的重要指标,把降低环境因素疾病负担作为评价卫生部门的重要指标,建立起完善的环境健康工作绩效评价体系。《体系与政策框架》中提出应明确政府责任,建立考核机制,接受社会监督。《调研和评价报告》则上升到实践层面,借鉴风险管理的理念,用 GPA 方法(空缺分析)来评价重点地区环境与健康工作的绩效。结果显示:一方面区域内的环境与健康工作总体情况较好,但内部比较下部分地区行政资源投入不足、配置效率不高,存在管理空缺。另一方面,部分地区资金投入不足,不能满足有效开展污染、疾病防治等工作的需要。

4.加强法律法规及标准体系建设

《体系与政策框架》提出针对当前工作中存在的突出矛盾,完善环境与健康相关法律法规的总体方案,逐步建立起一个包括环境健康风险和影响评估、环境健康问题预防、环境健康损害赔偿、环境健康事件应急处理、环境健康损害救济等各个环节在内完整的法律法规体系,使得环境健康工作的每个环节都有法可依。《战略研究》提出 2010—2020 年期间根据监测和调查的进程和我国的实际情况,综合评估现有法律法规的实施效能,针对当前工作中存在的突出矛盾,统筹协调标准制修订工作,完善标准体系,抓紧制订环境与健康重点领域急需的基础标准,尽快解决现行标准的衔接问题。

5.加大基础能力建设力度

(1)加强人才培养和技术支持

《战略研究》中提出注重培养公共卫生和临床医疗的复合型人才,为环境健康工作的全面、深入开展提供可靠的人力保障。同时,要加强环保和卫生部门之间人才交流。此外,还提出环境健康工作的开展需要一些关键技术支撑,如污染对人体健康影响的机理与识别技术等。《体系与政策框架》提出加强环境与健康科技支撑能力建设是关键,包括基础科研能力、监测能力、实验室装备、标准体系开发能力、人才培养等方面的能力建设。

(2)加大资金投入,保证有效利用

在资金保障方面,《战略研究》指出环境健康的基础研究和调查具有公共产品性质,要以政府投入为主,同时积极争取国际捐助资金;环境因素的干预由政府和企业共同投入,政府主要负责影响健康的基础设施投入和大型水污染、空气污染治理工程投入,企业主要为排污付费或纳税,并投资废弃物处理设备;健康损害赔偿主要由污染者承担,可采取保险筹资方式。同时环境保护基金需要在污染治理过程中得到贯彻实施,法律对该制度的规定必须具有权威性、完整性和可操作性。《体系与政策框架》中提出充足的财政经费保障是保证管理体系正常运作的基础。同时,建立环境导致健康损害赔偿基金也是保证广大公众环境与健康权益的重要资金机制。

(3)广泛开展科学研究和调查

《战略研究》中指出应部署和启动大范围、长时段的健康流行病学调查,重点针对工业污染造成的疾病和健康影响,进行长期跟踪调查,总结规律,以改变环境健康的总体情况不清、基础数据缺乏的现状。《体系与政策框架》在加强环境与健康管理技术支撑体系建设中也提出在全国范围内开展主要环境污染物现状调查、人体内暴露水平调查和环境所致健康危害流行病学调查,系统掌握重点污染源、污染途径与主要污染物污染现状、中国人群体内环境污染物负荷基础数据和健康危害种类、成因、地区分布等实际状况,为制订环境健康损害认定标准、开展环境因素健康损害防治研究与监测以及建立健全环境所致健康危害有关法律法规等提供技术依据。此外,《体系与政策框架》中还提出根据国际和国内环境与健康工作发展形势与需要,尽快开展一些基础性和应用性研究工作,如环境污染健康危害评价技术研究、环境污染疾病负担评估体系研究等。

(4)完善信息管理制度

《体系与政策框架》中提出完善环境与健康信息支撑体系,包括建立、完善环境与健康信息管理与服务工作机制、建立环境与健康信息发布制度以及建立环境与健康监测数据库。通过信息发布制度,定期发布环境与健康信息,向社会公布环境污染信息和可能造成健康损害的信息,接受公众监督,帮助社会公众规避健康风险。同时,在信息发布上进行部门间的沟通和协作,保证信息的权威性和准确性。

6.重点发展环境健康风险管理体系

《战略研究》中建议 2010—2020 年要重点建立环境健康风险监控和预警的网络体系。

环保部门要充分依托卫生部门疾控系统的现有网络,促进环保部门和卫生部门人力资源的流动和共享,建立起环境健康风险监控和预警体系,使得环境健康问题能及时发现,尽早应对。《体系与政策框架》中提出要分别建立和完善环境与健康管理的预防体系、监测体系、预警机制和应急机制。在预防体系中建议加快建立预防环境与健康风险的标准体系、建立污染物优先控制名录及建立严格的环境准入制度。在监测网络的建设中分别建立水环境与健康、空气污染与健康、土壤环境与健康、极端天气气候事件与健康以及公共场所卫生和特点场所生物安全的监测网络。在预警机制中强调建立环境与健康风险评估机制和加强环境与健康抗风险预警工作。在应急机制方面提出进一步完善环境与健康的应急机制,加强相关技术、人员素质、处置水平及设备保障等,同时进一步完善突发环境事件导致健康损害救助机制。此外还特别提出环境与健康干预的重点应由目前的传统污染物逐步扩展到有机物,特别是细颗粒物($PM_{2.5}$)、重金属、持久性有机物等对人体健康更具危害性的污染物质控制,要重视环境与健康问题的城乡差异。

《调研和评价报告》通过GAP分析方法对淮河流域淮河水系14个县区的环境与健康工作绩效和相关体制机制进行分析,并从技术角度提出了构建环境与健康风险预警体系的基本思路,即通过逐年的GAP分析发现某个区域健康风险的动态变化情况,在基础信息实现全面覆盖、共享之后构建环境与健康风险管理制度。在专家访谈,综合考虑必要性和可行性后,确定其内容主要包括:重点地区特征污染物综合监测、特征污染物风险评价及其延伸审批、重点地区特征污染物清单管理、重点地区特征污染物管理绩效评价和风险预警以及环保工作重点调整信号。此外还建立了环境与健康风险管理从人员到机构再到制度的路线图。

7.完善环境健康损害赔偿制度

《我国建立环境健康损害赔偿制度相关政策研究——环境健康损害赔偿立法的必要性和可行性》中对环境健康损害赔偿立法提出若干建议,如选择专门立法模式、适用无过错原则和非违法性原则、进行精神损害赔偿、充分考虑环境侵权特点等。同时建立环境健康损害赔偿制度体系,包括法律体系、损害监测体系、损害鉴定评估体系、赔偿资金机制,从各个方面完善赔偿制度。《战略研究》中提到健康损害赔偿主要由污染者承担,可采取保险筹资方式。

8.促进宣传教育和交流合作

《体系与政策框架》中提出开展公众宣传和广泛交流,培养社会对环境与健康工作的普遍认知,争取各有关方面的有力支持,提高社会各界对环境与健康工作的重视,促进社会团体、非政府机构、科研与学术单位、企业以及媒体等自觉履行责任和义务。广泛开展环境与健康领域学术和技术研讨活动,及时更新知识和信息,锻炼培养学科带头人和业务技术骨干,促进研究和科技创新,为环境与健康工作提供有力的技术支撑。积极参与国际和区域环境与健康行动,掌握国际信息和动态,吸收环境与健康工作先进经验,开展科研项目合作,学习新技术与新方法。

(六)纳米材料与健康

纳米材料是指三维空间中至少有一维处于纳米尺度(1~100nm)的材料,介于微观的原子、分子和典型的宏观物质的过渡区域。纳米材料结构的特殊性使其具有强烈的小尺寸效应、量子效应以及巨大的表面效应,表现出独特的物理化学性能。由于纳米材料的这些特性,使得它们在机械、计算机、半导体、军事设备、家用电器、化妆品、石油、汽车、化工、医药、环保等领域的应用日益广泛,从而对人体健康产生重要影响。目前有关人造纳米材料毒性效应和生物安全性研究进展涉及 12 个方面:活性氧生成;氧化应激反应;线粒体功能干扰;炎性反应;网状内皮细胞摄取增加;蛋白变性降解,酶活性丧失;细胞核摄取导致 DNA 损伤;中枢神经组织摄取导致脑和周围神经系统损伤;吞噬功能损伤,纤维化,肉芽肿;内皮功能损害,凝血功能障碍;改变细胞周期调节;突变和癌变。

四、环境医学与健康研究发展趋势和展望

(一)机动车尾气排放污染物暴露评价技术方面

近年来机动车尾气污染暴露评价的研究已经取得了一些进展,但现有的暴露评价方法仍存在不足之处,人群机动车尾气暴露评价还需要进一步探讨与研究,主要包括以下几个方面:

(1)建立标准化的暴露评价方法

不同地区进行的暴露评价研究,即使采用相同的暴露评价方法也因不同程度上缺乏质量控制,使研究结果受到混杂因素的干扰,研究之间无法进行比较,因此建立标准化的暴露评价方法将有助于不同研究的比较,从而对人群机动车尾气暴露水平进行综合性评价。

(2)鉴别机动车尾气来源的污染物暴露水平

在机动车尾气污染物暴露水平研究中,反映暴露水平的污染物有多种,这些污染物不仅可由机动车尾气排放也可由其他污染源产生,如颗粒物的来源除机动车尾气外,还来源于工业生产、建筑扬尘、生活燃料燃烧等,但机动车尾气来源的颗粒物成分与其他来源的颗粒物存在差别。因此,通过污染物背景浓度的测定;在交通干道附近设立固定监测点对健康危害较大的污染物(由健康危险度评价所确定)进行重点监测;对颗粒物进行成分测定等方法,鉴别机动车尾气来源的污染物暴露水平是将来需要进一步研究的方向。

(3)改进健康危险度评价技术

包括利用地理信息系统提供的数据、减轻个体暴露监测仪器的重量、探索机动车尾气污染特异性生物标志物等,都有助于机动车尾气污染暴露评价精确度的提高。

(二)大气污染对人群健康影响

我国臭氧和细颗粒物等二次污染十分严峻,然而对大气复合污染引发的公共卫生问题的研究却刚刚起步,并且大气污染长期健康影响和低浓度大气污染健康影响研究和大气污染物作用的生物学机制研究尚需加强。此外,沙尘暴对呼吸系统疾病的流行病学研究尚处在局部的、小规模的、初步研究的水平上,有关沙尘暴与心血管病流行病学及沙尘暴的毒理学作用的研究还不多见;酸雨对人群健康影响方面的研究还很少,也有待进一步

深化。

（三）水污染与健康

近年来,由于水源污染影响到供水水质和生态破坏的突发事件频发,水体中的持久性有机污染物、化学和生物致癌物等污染物对人体健康的影响也越来越受到关注,特别是水体重金属污染及其健康影响和作用机制,有待进一步深入研究。

（四）土壤污染与健康

以往在对土壤污染物的人体暴露评价上,多采用环境测量浓度结合暴露系数得出,对个体暴露测量和生物标志的测量较少;关于土壤环境污染物对人体健康暴露的定量研究(如暴露-反应关系)尚不多见,所研究污染物的范围亦比较小,尚需加强农药对人群的内分泌干扰作用研究,土壤重金属污染对我国人体健康影响的暴露-反应关系研究和土壤病原生物污染的健康影响研究等。此外,我国还有很多污染场地未进行系统的健康风险评估,亟须建议适合中国国情的健康风险评估的标准方法与程序。

（五）气候变化与健康

针对气候变化与人体健康问题,建议做好以下三方面的工作:第一,建立健全的气候变化与健康的监测预警系统:研究气候变化对我国不同气候带城市和农村地区居民健康和疾病传播的影响,特别是高温热浪、暴雨洪涝、风暴、沙尘暴、干旱、霾等极端天气气候事件对我国各省区气候变化敏感疾病发生率的影响,开发建立气候变化与人体健康早期预警系统和应急预案及相应的方法和预防控制技术和适应技术。第二,加强气候变化与人群健康的基础研究:加强国际和国内多领域多学科的合作,研究和探索气候变化对人体健康影响的作用机制、评价和预测的模型研究、人类应对气候变化保护健康的适应新措施和方法。第三,建立气候变化对健康和经济影响的综合评价体系:气候变化既是环境问题,也是发展问题,涉及大气物理化学过程、气象、健康、经济等诸多因素。正确理解和应对全球气候变化需要多管齐下,将"机制-观测-预警-健康-经济"等领域的研究有机结合起来,才可能比较完整的对全球变化问题进行深入研究。

参考文献

[1]Wu S, Deng F, Niu J, et al. Association of heart rate variability in taxi drivers with marked changes in particulate air pollution in Beijing in 2008[J]. *Environ. Health. Perspect.*, 2010,118(1):87—91.

[2]Chan CK, Yao X. Air Pollution in megacities in China[J]. Atmos Environ, 2008, 42:1 - 42.

[3]Fang M, Chan CK, Yao X. Managing air quality in a rapidly developing nation:China[J]. Atmos Environ, 2009, 43:79 - 86.

[4]Sun Q, Hong X, Wold LE. Cardiovascular effects of ambient particulate air pollution exposure[J]. Circulation, 2010, 121:2755 - 2765.

［5］Kan H，Chen R，Tong S. Ambient air pollution，climate change，and population health in China
［J］. Environ Int，2011，DOI：10. 1016/j. envint. 2011. 03. 003.

［6］Wang W，Primbs T，Tao S，et al. Atmospheric particulate matter pollution during the 2008 Beijing
Olympics［J］. Environ Sci Technol，2009，43：5314－5320.

［7］张秋丽，林蓉，于莹莹，等. 城市公交车司机交通污染暴露水平评估［J］. 中国卫生检验杂志，
2009，19(7)：1651－1653.

［8］Liu YN，Tao S，Dou H，et al. Exposure of traffic police to Polycyclic aromatic hydrocarbons in
Beijing，China［J］. Chemosphere，2007，66：1922－1928.

［9］Liu Y，Tao S，Yang Y，et al. Inhalation exposure of traffic police officers to polycyclic aromatic
hydrocarbons（PAHs）during the winter in Beijing，China［J］. Sci Total Environ，2007，
383：98－105.

［10］邓芙蓉，王欣，苏会娟，等. 北京市某城区儿童大气 $PM_{2.5}$ 个体暴露水平及其影响因素研究［J］. 环
境与健康杂志，2009，26(9)：762－765.

［11］吴少伟，邓芙蓉，郭新彪. 某社区老年人冬季 $PM_{2.5}$ 和 CO 及 O_3 暴露水平评价［J］. 环境与健康杂
志，2008，25(9)：753－756.

［12］王嫒，黄薇，汪彤，等. 患心血管病老年人夏季 $PM_{2.5}$ 和 CO 的暴露特征及评价［J］. 中国环境科
学，2009，29(9)：1005－1008.

［13］邓芙蓉，郭新彪. 我国机动车尾气污染及其健康影响研究进展［J］. 环境与健康杂志，2008，25(2)：
174－176.

［14］李继，郝吉明，叶雪梅，等. 湖南省大气污染物排放与人体暴露水平研究［J］. 环境科学，2003，24
(3)：16－20.

［15］黄虹，李顺诚，曹军骥，等. 利用人体肺部 PM 浓度模型定量评估广州市夏、冬季抽样人群 $PM_{2.5}$ 的
暴露［J］. 生态毒理学报，2006，1(4)：375－378.

［16］Zhang M，Song Y，Cai X，et al. Economic assessment of the health effects related to particulate
matter pollution in 111 Chinese cities by using economic burden of disease analysis［J］. J Environ
Manage 2008，88：947－954.

［17］Qian Z，He Q，Lin HM，et al. Association of daily cause－specific mortality with ambient particle
air pollution in Wuhan，China［J］. Environ Res，2007，105：380－389.

［18］Qian Z，He Q，Lin HM，et al. Short－term effects of gaseous pollutants on cause－specific
mortality in Wuhan，China［J］. J Air Waste Manag Assoc，2007，57：785－793.

［19］Kan H，London SJ，Chen G，et al. Season，sex，age，and education as modifiers of the effects of
outdoor air pollution on daily mortality in Shanghai，China：The Public Health and Air Pollution in
Asia（PAPA）Study［J］. Environ Health Perspect，2008，116：1183－1188.

［20］Guo Y，Jia Y，Pan X，et al. The association between fine particulate air pollution and hospital
emergency room visits for cardiovascular diseases in Beijing，China［J］. 2009，407：4826－4830.

［21］Guo Y，Tong S，Zhang Y，et al. The relationship between particulate air pollution and emergency
hospital visits for hypertension in Beijing，China［J］. Sci Total Environ，2010，408：4446－4450.

［22］Cao J，Yang C，Li J，et al. Association between long－term exposure to outdoor air pollution and
mortality in China：a cohort study［J］. J Hazard Mater，2011，186：1594－1600.

［23］Zhang J，Song H，Tong S，et al. Ambient sulfate concentration and chronic disease mortality in
Beijing［J］. Sci Total Environ，2000，262：63－71.

［24］Tie XX，Wu D，Brasseur G. Lung cancer mortality and exposure to atmospheric aerosol particles in

Guangzhou，China[J]．Atmos Environ，2009，43:2375 – 2377.

[25]贾予平，郭玉明，王振，等.北京奥运会期间大气质量与人群心率变异性关系的定组研究[J]．中华预防医学杂志，2009，43(8):669 – 673.

[26]Wu S，Deng F，Niu J，et al．The relationship between traffic – related air pollutants and cardiac autonomic function in a panel of healthy adults：a further analysis with existing data[J]．Inhal Toxicol，2011，23(5)：289 – 303.

[27]Wu S，Deng F，Niu J，et al．Exposures to $PM_{2.5}$ components and heart rate variability in taxi drivers around the Beijing 2008 Olympic Games[J]．Sci Total Environ，2011，409:2478 – 2485.

[28]吴少伟，邓芙蓉，郭新彪.北京市空气污染水平对出租车司机心血管系统相关血液指标的影响[J]．环境与健康杂志，2009，26(9):755 – 757.

[29]郭新彪.环境健康学基础[M].北京:高等教育出版社,2011:106 – 108.

[30]中华人民共和国环境保护部.2010 年中国环境状况公报.

[31]中国科学院地学部中国水资源问题咨询项目组.我国城乡饮水安全的现状与对策建议[R].2005.

[32]U. S. EPA．The risk assessment guidelines of 1986［R］．Washington DC：Office of Emergency and Remedial Response．1986.

[33]王烁,李伯灵,谈伟君.饮水型地方性氟中毒健康危险度评价[J].职业与健康.2011,27(9):1041 –1044.

[34]康家琦,金银龙,程义斌,等.饮水砷对儿童智力的影响[J].卫生研究.2007,36(3):347 – 349.

[35]魏益民,陈天金,潘家荣,等.某矿区居民经饮用水途径铅暴露的调查[J].环境与健康杂志,2006,23(3):247 – 248.

[36]段小丽,聂静,王宗爽,等.健康风险评价中人体暴露参数的国内外研究概况.环境与健康杂志,2009,26(4):370 – 373.

[37]段小丽,王宗爽,王贝贝,等.我国北方某地区居民饮水暴露参数研究[J].环境科学研究.2010,23(9):1216 – 1220.

[38]World Health Organization．MDG drinking water and sanitation target：The urban and rural challenge of the decade．MDG Assessment Report 2006［R］．2006.

[39]Kapaj S，Feterson H，Liber K，et al．Human health effect from chronic arsenic poisoning——a review［J］．Environ Sci Health，Part A．2006，41：2399 – 2428.

[40]Xia Y，Liu J．An overview on chronic arsenism via drinking water in PR China［J］．Toxicology，2004，198：25 – 29.

[41]张强,郑美全,席淑华,等.高砷暴露致皮肤损伤人群尿砷代谢产物分析[J].环境与健康杂志,2009,26(12):1048 – 1050.

[42]高继军,张力平,黄圣彪,等.北京市饮水水源水重金属污染物健康风险的初步评价[J].环境科学,2004,25(2):47 – 50.

[43]段小丽,王宗爽,李琴,等.基于参数实测的水中重金属暴露的健康风险研究[J].环境科学,2011,32(5):1329 – 1338.

[44]许川,舒为群,罗财红,等.三峡库区水环境多环芳烃和邻苯二甲酸酯类有机污染物健康风险评价[J].环境科学研究,2007,20(5):57 – 60.

[45]董继元,王式功,尚可政.黄河兰州段多环芳烃类有机污染物健康风险评价[J].农业环境科学学报,2009,28(9):1892 – 1897.

[46]任慧敏.沈阳市儿童环境铅暴露评价[J].环境科学学报,2005,9,25(9)：192 – 193.

[47]崔玉静.体外模拟法在土壤-人途径重金属污染的健康风险评价中的应用[J]．环境与健康杂志,

2007，9，24(9)：672－674.

[48]郭观林. 某废弃化工场地 VOC/SVOC 污染土壤健康风险分析[J]. 环境科学，2010，31(2)：397－392.

[49]孙丽娜. 沈阳市细河流域土壤重金属的暴露评估[J]. 辽宁工程技术大学学报(自然科学版)，2009，10，28(5)：841－844.

[50]朱宇恩. 北京城郊污灌土壤-小麦(Triticum aestivum)体系重金属潜在健康风险评价[J]. 农业环境科学学报，2011，30(2)：263－269.

[51]师荣光. 不同土地利用类型下土壤-作物砷的积累特征及健康风险[J]. 土壤学报，2011，48(4)：751－750.

[52]方凤满. 芜湖市区土壤和地表灰尘中 As 含量分布及健康风险评价[J]. 环境化学，2010，29(5)：881－884.

[53]赵肖. 污水灌溉土壤中 As 暴露的健康风险研究[J]. 农业环境科学学报. 2004，23(5)：926－929.

[54]骆永明. 长江三角洲地区土壤环境质量与修复研究Ⅱ：典型污染区农田生态系统中二噁英/呋喃(PCDD/Fs)的生物积累及其健康风险[J]. 土壤学报，2006，43(4)：563－570.

[55]于云江. 某典型农业区农田土壤重金属污染的健康风险初步评价[J]. 环境与健康杂志，2010，27(8)：693－696.

[56]刘方，张金良. 气象因素对人类健康的影响[J]. 中国公共卫生，2005，(3)：115－117.

[57]Kan H, London S J, Chen H, et al. Diurnal temperature range and daily mortality in Shanghai, China[J]. Environ Res,2007,103(3):424－431. PMID:17234178.

[58]Tam W, Wong T W, Chair S Y, et al. Diurnal Temperature Range and Daily Cardiovascular Mortalities Among the Elderly in Hong Kong[J]. ARCHIVES OF ENVIRONMENTAL & OCCUPATIONAL HEALTH,2009,64(3):202－206. PMID:19864223.

[59]Qian Z, He Q, Lin H M, et al. High temperatures enhanced acute mortality effects of ambient particle pollution in the "oven" city of Wuhan, China[J]. Environ Health Perspect,2008,116(9):1172－1178. PMID:18795159.

撰稿人：邓芙蓉　黄　婧　郝　羽　吴少伟　郭新彪

土壤和地下水环境学科发展报告

摘要 基于对我国社会经济发展、环境保护与自然资源可持续利用需求分析,系统阐述了我国土壤与地下水环境学科面临的重大理论、技术与方法关键节点、发展空间、发展机遇与发展趋势。应该关注到,土壤与地下水环境科学作为社会经济与环境安全的重要支撑受到国家层面的广泛关注,面临重要发展机遇。通过对"十一五"期间国内外土壤和地下水环境科学与技术发展分析,依托国家环境科技发展与环境保护的重大战略布局,土壤和地下水科学基础理论创新、科学技术方法取得重要研究成果。理论层面上,逐步形成污染化学、物质输移的界面与生态过程、生态毒理与微生态效应、污染水动力学和微生物地理学等土壤和地下水环境科学理论创新体系;通过技术、方法与设备研发,在非均质介质多相流体数值模拟方法、修复化学与生物功能材料制备方法、风险暴露与风险表征为核心的环境风险评价与不确定分析方法、环境友好的绿色生物修复等环境材料技术、污染控制与修复技术方法等方面取得了重大突破,极大地提升了我国土壤和地下水环境治理能力与水平。结合对"十二五"国家环境科学发展战略、专项研究计划与国家重大规划,以及土壤和地下水环境科学总体进展系统分析,进一步解析了土壤和地下水环境科学技术的重大需求,在战略层面明确了土壤与地下水环境学科的发展方向,从土壤环境科学和技术、地下水试验技术、污染模拟技术、微生物学理论与技术、污染场地修复理论与技术等方面提出了土壤和地下水环境科学与技术发展趋势。

一、引言

土壤和地下水是人类赖以生存的重要资源,对社会经济的可持续发展起着重要基础作用。伴随国民经济的快速发展,能源与资源高耗型的工农业生产活动,对我国土壤和地下水造成的污染及生态安全问题日益突出,使资源可持续利用产生巨大压力。尤其是随着城市的规模不断扩大、"退二进三"的进程不断加快,工业污染场地问题越来越突出,污染所造成的严重危害事件时有发生,呈现逐步上升趋势,引起国家和地方政府的广泛关注。土壤和地下水环境保护成为环境学科领域的重要发展方向[1]。

矿产资源开发与加工,工业"三废"的不合理处置或任意排放,以及工业生产过程中的跑冒滴漏和突发事故等,构成我国场地污染的重要原因。据初步调查,油田区污染场地规模占油田开采区面积近30%;化工生产企业场地的土壤和地下水受到农药、挥发性有机污染物的污染,农药检测值高达数千毫克/千克,地下水中苯、三氯乙烯、挥发酚等污染物浓度达到几十微克每升到十几毫克每升;矿山开采与农业活动等造成土壤和地下水中有毒有害重金属、苯系物(BTEX)、多环芳烃(PAHs)、多氯联苯(PCBs)等污染物严重超标。

土壤和地下水环境中污染物的积累,造成土壤和地下水的理化及生物学性质的变异,对赖以生存的生物系统产生影响与生理毒性,并通过食物链对人类健康产生直接和潜在危害。总体上,场地污染所造成的土壤质量损害、土地荒芜、水源报废和生态环境破坏等,由此引起的直接或间接的经济损失和生态灾难,是社会经济可持续发展的重大挑战。

"十一五"期间,我国土壤和地下水环境科学的发展受到国家的高度重视,在宏观战略、污染调查、理论基础、技术研发、环境管理以及学科平台建设等方面,取得了明显的进展。针对土壤与地下水污染物迁移规律与演变机制、污染治理的新理论和新技术、污染防治与修复等重要理论与技术问题开展了大量的研究,为保障我国环境安全、生态安全和人居环境健康发挥了重要的科技支撑作用。2011 年 8 月 24 日国务院常务会议讨论通过的《全国地下水污染防治规划(2011—2020 年)》[2],对保障我国地下水水质安全、全面提高地下水水质等提出了更高的要求,将极大推动土壤和地下水科学的进步与发展。土壤和地下水环境学科已经成为我国人居环境安全、饮水安全、生态环境建设等领域的重要支撑学科之一。

二、土壤与地下水污染防治基础理论研究进展

土壤和地下水表现出复杂介质构成、底层结构、多样性的微生物群落结构、复杂物质构成等特性。尤其是在人为影响下的土壤和地下水环境,物质类型与构成极为复杂,除重金属污染物外,农药、多氯联苯类、多环芳烃类等有机污染物已成为局部地区土壤和地下水中主要的有毒有害污染物质。土壤污染呈现出新老污染物并存,无机、有机复合污染的局面;由常规体系转变为微量非常规物质体系,由单相物质系统过渡为复合相物质系统。基于土壤和地下水环境的独特性质,从污染化学、污染过程学、污染动力学、微生物地理学和污染物界面输移与微生态效应等方面学科基础理论研究进展的系统论述,在污染物土-液界面交互作用机理及调控原理、有毒物质剂量-效应关系、环境化学行为、根-土界面的迁移转化和交互作用、污染物在复杂界面的传质过程和物量平衡、多孔介质中水气液多相互不混容流体相互驱替的过程、微生物活性指标与微生态环境内在关系等方面所取得的重要成果,为土壤和地下水环境科学的发展提供了坚实的理论支撑。

(一)土壤污染防治

1. 土壤污染化学及其有效性

针对我国土壤中重金属和有机污染问题,开展了土壤组分及其性质对主要污染物的影响机制、土壤胶体表面重金属和有机污染物的吸附特征、污染物土-液界面交互作用机理及调控原理等方面的研究。在污染化学微观尺度上取得了重要研究进展[3,4]。

近年来,运用表面模型方法研究了土壤中主要吸附表面对重金属的吸附贡献。结果发现,相比土壤黏粒、无定型的 Fe、Al 氧化物,土壤有机质是最重要的吸附表面,有机质对 Cu 的吸附贡献最高。由于高浓度的重金属使得有机质吸附点位达到饱和之后,有机质对 Cu、Zn、Pb 的吸附贡献率随着重金属含量的升高而降低。对于 Zn、Cd,土壤黏粒是重要的吸附表面,在所研究的土壤中,黏粒对 Zn、Cd 吸附的平均贡献分别达到 17.0% 和 8.2%。无定型 Fe、Al 氧化物对 Cu、Zn、Cd 的吸附贡献较小,平均吸附贡献率均在 1% 以下。相对于 Cu、Zn、Cd,无定型 Fe、Al 氧化物对 Pb 有较高的亲合能力,其吸附贡献相对重要。

借助同步 X 射线吸收精细结构(XAFS)技术,研究了有机质和碳酸钙含量较高的碱性冲积土对 Pb 吸附微观机理以及溶液初始 pH 值、Pb 浓度和 Cd 竞争吸附对其影响。结果表明,Pb 吸附过程以内圈吸附机制为主,同时存在外圈吸附和置换作用。Pb 与土壤中的碳酸钙、有机质间发生强烈吸附作用,其中与碳酸钙的反应是通过置换作用替换 Ca 离子而进入矿物晶格;土壤对 Pb 的吸附随溶液初始 pH(6.0~8.0)和初始 Pb 浓度的增大,内圈吸附比重加大。吸附体系同时存在 Cd 竞争吸附时,土壤 Pb 的配位数和配位半径略有加大。Pb‑SO 第一配位层半径为 1.624~1.727Å。研究还发现,菲(Phe)在农田土壤不同粒径组分中的平均含量大小顺序为粗砂粒>细砂粒>黏粒>细粉粒>粗粉粒,苯并[a]芘(B[a]p)为粗砂粒>细砂粒>粗粉粒>细粉粒>黏粒。Phe 和 B[a]p 在不同粒径组分中的含量与粒径组分中有机质的含量均呈显著性正相关($P<0.01$)。不同粒径组分中的有机质对 Phe 富集能力的大小顺序为粗粉粒>细粉粒>细砂粒>粗砂粒>黏粒,对 B[a]p 的富集能力为粗粉粒>粗砂粒>细粉粒>细砂粒>黏粒。

上述研究成果对于进一步了解土壤中污染物的生物有效性及其在土壤环境中迁移转化都具有重要的意义。但是,还有待进一步研究污染物的土壤颗粒表面、溶液和固‑液界面过程与机制。

2. 土壤污染生态过程与生物毒性

土壤‑生物系统中污染生态过程、生态毒理与生态风险研究受到国际高度重视,尤其低剂量暴露和复合污染的生物效应研究成为当前研究的前沿和热点。目前已经开展了土壤中生物个体水平上的有毒物质剂量‑效应关系、生物配体模型、污染对微生物群落结构、生物多样性影响的研究。

采用 BIOLOG 系统、PLFAs 及 PCR‑DGGE 不同生态层次的微生物研究方法,研究了长三角典型复合污染高风险区农田土壤的微生物群落功能、结构及分子遗传多样性。结果表明,随着重金属复合污染程度的加剧,土壤微生物群落代谢剖面及群落功能多样性呈现幂函数形式下降,其下降程度不仅与 Cu、Cd、Pb、Zn 综合污染指数有关,还与重金属元素的种类密切相关。重度污染土壤中表现为格兰氏阴性菌类群增多,格兰氏阳性菌比例相对减少。

重金属复合污染降低了土壤总 DNA 含量,明显改变了土壤微生物群落的遗传多样性。重金属复合污染对微生物群落遗传多样性的胁迫作用主要是通过影响群落中一部分敏感种群来实现的。这一结果有助于表征重金属复合污染土壤的微生物生态系统稳定性,为同类污染土壤环境质量的生物学风险评估提供了科学依据。

同时,开展铜、多氯联苯单一及复合暴露对赤子爱胜蚓生物毒性评价研究,结果发现土壤暴露 14 天后,蚯蚓可对铜、多氯联苯单独或复合污染产生最大响应。污染物单独作用时,蚯蚓细胞 DNA 损伤程度随暴露浓度增加而显著增加,铜、多氯联苯作用的暴露浓度分别与 DNA 损伤程度存在良好的剂量‑构效关系,而复合污染对蚯蚓 DNA 损伤产生加和效应。

由于土壤‑生物系统的复杂性,需要研究重金属、有机污染物单一和复合污染下不同土壤生态系统中微生物、动物致毒机理,阐明污染物的地下食物网传递过程和生物响应机制,建立土壤污染的生物生态诊断指标、早期预警系统和生态风险评估方法;需要发展土壤生物配体模型,揭示污染物的反应动力学、形态、生物有效性及生态毒性;也需要突出土壤类型及其组成、性质和条件,研究土壤环境污染生物生态化学过程与变化机制。

3. 土壤－植物系统中污染物互作过程

研究土壤－植物系统中污染过程、相互作用机制与调控原理是保障土壤环境和农产品安全的重要科学基础。近年来,对土壤中重金属、农药和持久性有机污染物的环境化学行为、根土界面的迁移转化和交互作用、作物耐性与积累以及植物根系分泌物的鉴定、特性及其与重金属耐性、运输、积累关系等方面开展了许多研究,取得了显著进展。

探讨了植物根系膜蛋白与土壤重金属吸收的关系,揭示了植物对土壤重金属存在主动吸收机制,证实 Cu 吸收与根质膜 Fe(Ⅲ)螯合物还原酶(FCR)及转运蛋白 IRT1 密切相关。基于对柠檬酸在植物对土壤重金属的吸收转运过程中的作用的研究与分析,提出了柠檬酸通过根外屏蔽、促进重金属向植物地上部分迁移、在叶中形成低活性金属形态等过程来调控植物对重金属的吸收转运。

通过对重金属在植物体内的重金属微区分布和亚细胞定位的系统研究,揭示了不同重金属在植物体内的分配特征,证明了表皮毛细胞对重金属的区隔化并不是所有植物耐重金属的普遍机理,重金属耐性植物与敏感植物累积 Cu 的主要差异在于是否能主动地将胞内游离铜离子区隔化于液泡中。基于对海州香薷细胞壁特别是根细胞壁对 Cu 吸附固定的分子机制研究,细胞壁成分纤维素、木质素中的羧基、氨基和羟基是 Cu 的主要结合位点,果胶质贡献不大,细胞壁结合 Cu 的分子形态类似于 Cu-组氨酸、Cu-草酸和水合态 Cu^{2+}。

采用 X 射线吸收光谱等原位表征技术研究了植物胞内重金属的分子形态及其转化规律,揭示了植物胞内 Cu 主要与 O 配位,并随着重金属的累积,Cu-O 键将向 Cu-S 键转化,Cu^{2+} 趋向还原。从重金属配位环境、氧化价态和结合物质等微观水平,证明了 Cu 与诱导产生的含 S 铜结合蛋白螯合,以及 Cu^{2+} 的还原是植物对 Cu 解毒的主要机理。揭示了土壤重金属对植物蛋白质组的影响,从蛋白质组学的角度阐明了植物耐受重金属毒害的分子机理。

4. 污染场地微生物地理学分布与群落结构

PCR-DGGE 技术是一种基于 16S rRNA 基因的现代分子生物学技术,在地质微生物群落结构和多样性分析方面具有重要作用。利用碱基差异导致 16S rRNA 在凝胶上溶解特性的不同,通过线性梯度迁移,分离得到不同位置的条带可以用于表征微生物种群信息。基于 PCR-DGGE 技术,通过对不同油田污染成的土壤微生物群落的空间分布趋势分析,如图 1 所示,表明微生物群落系统进化上存在可能的地理学分布规律。

据对各油田微生物群落和油田间地理距离作 Mantel test 相关性分析,微生物群落相似性随地理距离的增加明显减小,图 2 是微生物功能基因聚类图,基于功能基因芯片的微生物群落相似性随地理距离的增加而减小,表现出相同的结果。尽管石油污染胁迫下微生物很容易发生基因突变、转移,微生物群落结构及多样性都会发生改变,但这种影响不足以改变微生物的地理分布格局。

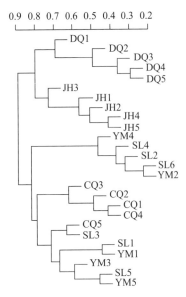

图1 PCR－DGGE 条带聚类图

（DQ：大庆，YM：玉门，SL：胜利，CQ：长庆，JH：江汉）

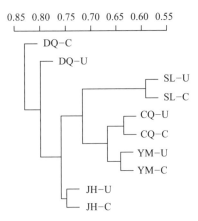

图2 微生物功能基因聚类图

（U 和 C 分别代表未污染和污染土壤）

已有的研究成果表明,石油污染水平对于微生物群落结构具有显著影响。图3是微生物功能基因聚类分析,由微生物功能基因的聚类分析结果表明,相同污染水平土壤微生物群落结构相似。微生物群落随烃类污染浓度梯度存在明显的聚类关系。当污染土壤含油量＞50mg/g 时微生物群落结构发生明显改变,与已有研究报道土壤蔗糖酶和脲酶活性在含油量为 50mg/g 的临界点时受到显著抑制相一致。进一步证实了污染对于微生物群落演化的抑制性。

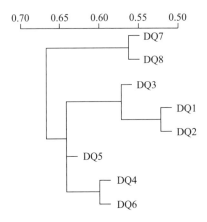

图3 微生物功能基因的聚类分析

5. 场地污染物质输移与微生态效应识别

针对污染场地复杂的地质、物化与生态环境特征,基于典型污染场地污染过程与空间演化解析,通过复杂介质与界面环境中污染物迁移转化的物化和生物学过程研究,揭示了污染物在复杂界面的传质过程和物量平衡。

污染物扩散模式与组分演化受到地下水动力学、界面传质、生物降解动力学控制。污染物迁移转化途径包括吸附/截留、渗滤、生物降解挥发和植物萃取等。芳香烃类物质的水溶性差,植物根际的土壤环境因根系分泌物的作用对芳香烃类物质有增溶作用,另外,根际微生物活性的增强,促进了石油烃类的降解,同时提高了芳香烃类物质的降解速率。污染场地暴露途径与方式表现在污染物通过土壤、大气、地表和地下水迁移至植物体内,造成场地植物体内重金属、挥发烃、总烃等石油类污染物含量超过背景值 3~10 倍。

污染场地生态毒性表征和微生态效应分析是污染场地性质界定与风险识别的关键。基于生物学和生态毒理学,采用高效的 DNA 提取手段,通过 16S rDNA PCR 扩增,基于 16S rDNA 样品的 DGGE 和 LH-PCR、功能酶活性表征等现代分子生物学分析方法,识别了污染场地微生物种群组成,揭示了典型污染场地微生物群落与结构演化、生物多样性特征与生态毒性表征。基于生物量碳和多种功能酶活性效应分析,确定了场地污染破坏土壤微生态结构、改变酶构成与酶活性的基本特征。污染场地的土壤蛋白酶、脲酶及磷酸酶分别与氮磷营养水平显著相关。通过抑制脲酶活性,阻抑土壤氮循环过程,降低土壤速效氮水平,破坏土壤正常的生物和非生物构成以及土壤微生态结构,影响物质的赋存状态与循环。污染场地生态毒性与微生态效应识别为石油污染场地风险评价、基于环境风险的土壤质量建议值的确定、污染场地修复技术选择提供了科学依据。

(二)地下水污染防治

1. 污染地下水动力学基础理论

有机污染物进入地下环境,在地下水环境的运动过程中,属于多孔介质多相渗流问题,即有机污染物-水-气三相共存的状态,主要表现在不混溶的液相或气相的共同运动,即孔隙介质中的多相流动问题[5]。

前期研究往往假定气相压力等于常数并忽略气相的黏度值,即忽略了气相的作用,与实际的多孔介质水气液多相互不混溶流体相互驱替过程存在差异性。由于气相对土壤的吸力和水的渗透系数产生较大的影响,影响污染物在土壤中迁移转化。因此,对于污染地下水动力学基础理论的研究,已从单一流体转变为多相流,兼顾涉及物理、化学与生物变化。

已有的研究成果表明,当两种不混溶流体同时存在多孔介质时,由于孔隙空间中两种流体黏性不同导致它们之间相互干扰。当湿润流体饱和度增加,非湿润流体通道中存在孤立的残余非湿润流体,造成湿润流体的渗透率显著低于单相流体饱和时的渗透率。近些年国内外学者一直致力于把多孔介质流体力学理论引入到土壤及地下水污染中,完善多相模型并发展成为二维、三维,使模型更加符合地下水环境有机物污染的实际情况。

2. 非均质性与污染物迁移的关系

含水介质渗透系数的空间变异性,即含水介质的物理非均质性,对污染物的迁移起着重要的控制作用。不同尺度上含水介质非均质性的描述,更加准确地模拟地下水流动和污染物迁移,成为污染地下水动力学的重要研究领域,包括利用地质统计学方法和其他随机方法描述含水层非均质性和由此形成的优先流通道。推导与传统对流-弥散模型不同的新的数学和计算机模型,用于描述高度非均质含水层的非高斯溶质运移。利用地球物理方法高分辨率描绘非含水介质的均质性。在污染物迁移转化的模型中综合考虑多尺度的物理、化学和生物非均质性。

3. 地下水修复微生物学基础理论

地球表层大多数元素的地球化学循环,是由生物参与的生物地球化学循环。基于微生物作用效应的水-岩作用过程研究受到广泛关注。利用现代分析、材料和生物学理论与技术,在特定降解与适应性能的菌种分离和纯化、生物降解界面效应理论、微生物活性强化机制、降解菌剂与生物载体制备方面取得研究进展。

基于环境胁迫微生物群落结构演化与基因变异的现代生物学理论,采用土壤微生物的筛选、分离与纯化技术,从油田污染土壤中分离具有石油烃降解能力的菌种,以及低温地区或低温季节条件下(10~20℃)降解石油烃的菌种。有机污染土层和地下水微生物群落结构鉴定与分析,对于强化有机污染非饱和带生物修复效果,研究和评价污染地下水系统中BETX等苯系物的自然衰减生物学过程具有重要理论和实际意义。利用现代微生物学与化学分析技术,量化微生物活性,构建微生物活性指标与微生态环境内在关系,为有机污染地下水系统修复奠定基础。

三、土壤与地下水污染防治技术研究进展

受污染的土壤和地下水严重影响环境与人居安全,环境修复与功能恢复成为国内外重要研究领域,在修复理论、功能材料、修复技术与工程等多方面开展了研究。按照修复方式,分为"非破坏性"和"破坏性"修复。所谓"破坏性"修复为改变污染物性质与结构,如化学或生物修复手段,其中土壤固化-稳定化、化学淋洗、氧化-还原、光催化与生物降解、电动力学修复等在修复工程中得到应用。相反,"非破坏性"修复为不改变性质或结构,如物理分离与萃取技术,其中热脱附、高温热解、微波加热、蒸汽浸提等物理修复技术已经广泛应用于有机污染土壤;重金属污染土壤的植物吸取修复技术在国内外都得到了广泛研究,植物修复、微生物修复、植物-微生物联合修复等原位修复技术已经应用于多环芳烃、多氯联苯、农药以及与重金属复合污染的土壤的修复中。以下章节系统阐述了物理、化学、生物和协同修复,以及数值模拟、微生物分析和风险评估等方面的具体进展与成果。

(一)土壤污染防治技术研究进展

土壤修复技术是土壤环境科学技术领域的重要研究内容之一。"十一五"期间国家科技部等国家部委相继部署了一些土壤修复技术研发项目和专题,如启动了金属矿区、油田、多环芳烃以及污染场地修复技术与示范等4项"863"计划重点项目,以及环保部实施的污染土壤修复与综合治理试点等,有力地推动了我国土壤污染控制与修复科学技术的研发[6,7]。

1. 污染土壤物理修复研究进展

物理修复是利用各种物理过程将污染物从土壤中去除或分离的技术,包括热脱附、高温热解、微波加热、蒸汽浸提等技术,已经应用于苯系物、多环芳烃、多氯联苯、二噁英等污

染土壤的修复。

目前,欧美国家已将土壤热脱附、蒸汽抽提技术工程化,广泛应用于高污染的场地有机污染土壤的离位或原位修复。我国在利用热脱附技术、土壤蒸汽抽提(简称 SVE)技术与设备去除土壤中多氯联苯、挥发性有机污染物(VOCs)等方面进行了一些工程示范,但规模性应用还受脱附时间过长、尾气净化处理成本过高等问题制约。

低温等离子体技术作为有效去除污染土壤中有机污染物的新途径受到关注。适用于低温等离子体修复的土壤前处理、多相均匀放电、低温等离子体修复排放的尾气检测与处理等成为研究重点。

2. 污染土壤化学与物化修复研究进展

污染土壤的化学修复主要有土壤固化-稳定化、淋洗、氧化-还原、光催化降解、电动力学修复等。固化-稳定化技术是将污染物在污染介质中固定,使其处于长期稳定状态,是较普遍应用于土壤重金属污染的快速控制修复方法。

国际上已有利用水泥固化-稳定化处理有机与无机污染土壤的技术,而我国一些冶炼企业场地重金属污染土壤和铬渣清理后的堆场污染土壤也采用了这种技术。有机污染土壤的固化-稳定化、新型可持续稳定化修复材料及其长期安全性监测评估等成为关注重点。

土壤淋洗修复在多个国家已被工程化,应用于修复重金属污染或多污染物混合污染介质。纳米级粉末零价铁的强脱氯作用已被接受和运用于土壤与地下水的修复。但是,该技术应用存在铁表面活性的钝化、被土壤吸附产生聚合失效等问题,故需要开发新的催化剂和表面激活技术。

近年来,我国也先后开展了铜、铬等重金属、菲和五氯酚等有机污染土壤的电动修复技术研究。电动修复速度较快、成本较低,特别适用于小范围的黏质的多种重金属污染土壤和可溶性有机物污染土壤的修复。

3. 污染土壤生物修复研究进展

金属在制药、电子、催化和核能等许多工业领域的应用越来越广。但是,与此同时,这些工业造成了严重的环境污染问题。重金属和放射性核素是引起癌症和婴儿畸变的重要原因。美国 EPA 列出优先控制污染物中包括 Sb、Cr、Hg、As、U、Tc、Pb、Se、Cd。美国能源部专门成立了环境修复科学研究计划(environmental remediation science program,ERSP),资助这些污染场所的生物修复技术开发。

土壤生物修复技术,包括植物修复、微生物修复、生物联合修复等技术。植物修复技术包括植物吸取修复、植物稳定修复、植物降解修复、植物挥发修复、植物过滤修复等技术,可应用于重金属、农药、石油和持久性有机污染物、炸药、放射性核素等污染土壤中。其中,重金属污染土壤的植物吸取修复技术在国内外都得到了广泛研究,已经应用于砷、镉、铜、锌、镍、铅等重金属以及与多环芳烃复合污染土壤的修复。

植物修复技术正向生物生态、植物固碳、生物质能源以及根圈阻隔的杂交修复技术发展。在我国,已构建了农药高效降解菌筛选技术、微生物修复剂制备技术和农药残留微生物降解田间应用技术。

同时,筛选了大量的石油烃降解菌,复配了多种微生物修复菌剂,研制了生物修复预制床和生物泥浆反应器,提出了生物修复模式。近年来,开展了持久性有机污染物如多氯联苯和多环芳烃污染土壤的微生物修复技术工作。

目前,正在发展微生物修复与其他现场修复工程的嫁接和移植技术,以及针对性强、高效快捷、成本低廉的微生物修复设备,以实现微生物修复技术的工程化应用。

4. 污染土壤联合修复技术

联合修复技术可以提高单一污染土壤的修复速率与效率,克服单项修复技术的局限性,实现对多种污染物的复合/混合污染土壤的修复,已成为土壤修复技术的发展潮流。微生物/动物-植物联合修复技术是土壤生物修复技术研究的新内容。利用能促进植物生长的根际细菌或真菌,发展植物-降解菌群协同修复、动物-微生物协同修复及其根际强化技术,促进有机污染物的吸收、代谢和降解将是生物修复技术新的研究方向。

化学/物化-生物联合修复技术是最具应用潜力的污染土壤修复方法之一。化学淋洗-生物联合修复是基于化学淋溶剂作用,通过增加污染物的生物可利用性而提高生物修复效率。化学预氧化-生物降解和臭氧氧化-生物降解等联合技术已经应用于污染土壤中多环芳烃的修复。

电动力学-微生物修复技术可以克服单独的电动技术或生物修复技术的缺点,在不破坏土壤质量的前提下,加快土壤修复进程,但这些技术多处于室内研究的阶段。

土壤物理-化学联合修复技术是适用于污染土壤离位处理的修复技术。溶剂萃取-光降解联合修复技术是利用有机溶剂或表面活性剂提取有机污染物后进行光解的一项新的物理-化学联合修复技术。发展协同联合的土壤综合修复技术已成为土壤污染修复的重要研究内容。

(二)地下水污染防治技术研究进展

1. 污染地下水数值模拟技术

数值模拟一直在研究污染物质在地下水环境中的运移演化行为中扮演的重要角色。针对有机污染物的数值模拟,研究涉及气-水-油三相流动的物理机制。经过多年的研究与开发,我国建立或利用能够模拟各相流动过程和多种成分在相间传输过程的数学模型,提高地下水污染时空分布的精细刻画,有效预测、评价地下水污染治理工程效果。

另外,不断完善形成的有机物不混溶流动模型,充分考虑了各相间毛细压力随饱和度的变化。此外,模拟有机污染成分在各相间传输和分配的模型结构复杂并且包含有大量参数,可全面描述液相和气相之间的物质传输。伴随近年来数值模型的完善和发展,涌现出各种日趋完善的数值模拟软件。

2. 地下水微生物分析研究进展

近年来,分子生物学方法已经用于研究微生物群落结构及功能,包括16S rRNA 基因分析、变性梯度凝胶电泳(denaturing gradient gel electrophoresis ,DGGE)、长度非均质性聚合酶链式反应(length heterogeneity polymerase chain reaction ,LH - PCR),终极制性片段长度多态性(terminal restriction fragment length polymorphism ,TRFLP)和分子探针法。探针法既能用于原位也能用于异位,包括 DNA microarray、荧光原位杂交和稳

定同位素探针。近年来,检测和量化特定代谢基因与实时 PCR 被用于精确定量污染物降解涉及的基因类型和数量(beller et al.,2002)。生物传感器(biosensor)可以用来评价生物可利用化合物的毒性和检测。

3. 环境风险评价技术与参数体系研究

针对我国不同类型场地的污染状况和场地特征,构建毒性评价(危害判定和剂量-反应评估)、暴露评价(暴露环境、暴露途径和暴露估算)和风险表征(致癌污染物风险和非致癌污染物风险)为核心的污染场地风险评价技术框架。基于 IRIS 毒性评价参数,明确污染物与人体健康风险之间的定量关系,通过对暴露估算所涉及的暴露量、接触频率、暴露频率、暴露期、体重和暴露平均时间的识别,确认了污染物风险表征方式。结合环境风险评价过程中数据收集、毒性评价和暴露评价的不确定性,构建了污染场地环境风险不确定性分析方法[1]。

通过污染物毒性数据和总暴露计量关系分析,全面构建了涉及化学特性、大气运移、水体动力学、蒸发及入渗、食物链和暴露期的摄入等环境风险评价参数体系,确定了污染物化学、生物化学和毒性特征变量[亨利常数、降解速率常数和有机碳标化分配系数(K_{oc})、致癌因子、参考剂量],介质的环境特征变量(水力传导系数、孔隙率、有机碳浓度和弥散度),摄取和暴露特征变量(摄取率、皮肤的土壤接触面积和体重)等参数。

基于蒙特卡罗技术,利用多介质环境风险评价模型模拟结果,构建环境风险评价中不确定性的参数赋值、影响因素灵敏性分析、影响不确定性组分比构成等识别方法体系,识别了不同参数体系对结果不确定性产生的影响。构建了输出变量 Y 的不确定性关系:$Y=f(\delta_{X_1}/\overline{X}_1,\delta_{X_2}/\overline{X}_2,\cdots,\delta_{X_n}/\overline{X}_n)$,以及变量 X_i 对不确定性贡献量 $p_i = \dfrac{\omega_i\delta_{X_i}/\overline{X}_i}{\sum\limits_{i=1}^{n}\omega_i\delta_{X_i}/\overline{X}_i} \times$

100%,为环境风险评价的不确定性分析提供技术与方法。基于典型石油化工污染场地饮水风险、吸入风险和总风险水平的累计概率分布分析,如图 4 所示。

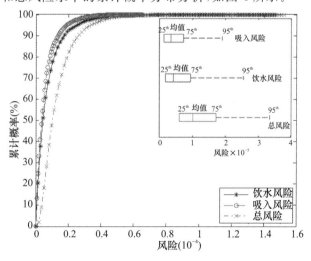

图 4　风险水平累计概率分布

针对 16 类因素对环境风险的不确定性影响程度分析,如图 5 所示,确定了影响最为显著的因素与暴露途径,分别为土壤-水分配系数、饮水率、年入渗补给率和场地规模,提高其参数的精确度可有效控制风险水平的不确定性。

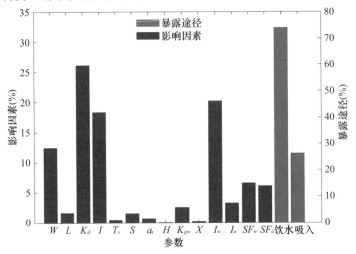

图 5　影响因素对总风险的不确定性分析

随着影响因素数目的增加,不确定性会逐渐降低,但最终趋于稳定,即再增加影响因素数量,也难以减少或消除不确定性。同时,针对不同的暴露途径和迁移途径,影响不确定性的因素和因素数量存在差异性。因此,环境风险评价的影响因素的合理确定是降低环境风险评价不确定性的关键。

4. 地下水污染生物修复研究进展

针对有机污染场地中挥发与半挥发有机物,开展物化、生物修复技术的研究。对于轻质石油烃(包括 BTEX)等挥发性有机物,研发了拖尾期强化去除技术和尾气收集处理技术,提高了土壤通气技术对污染物的去除效率,并避免了二次污染。针对半挥发和重质有机物,富集、筛选了高效石油降解菌,并复配了降解菌剂。研发了具有增溶作用的微生物表面活性剂,研制了具有多种功能的复合修复菌剂。针对污染场地中难降解的 PAHs 和高分子量石油类污染物,在表面活性剂淋洗和强化高级氧化净化技术突破的基础上,研发了物化分离、化学氧化与生物降解的协同技术,与传统的单项修复技术相比,该技术去除效率显著提高,有效缩短了修复周期,为污染场地修复技术规范的制定提供了技术支撑。

结合我国污染场地特点及修复技术与工程实践,形成了内容涵盖场地调查、风险评价、修复目标的确定、总体技术方案的制定和评估、修复工程设计与施工、修复系统运行/监测/维护、系统关闭和场地清理等适合中国污染场地特点的污染场地修复技术框架与技术要点。

(三) 土壤与地下水污染防治发展战略需求

2007 年中国工程院会同国家环境保护部开展了中国土壤环境宏观战略研究,从国家宏观层面和长远观点系统分析了我国土壤环境保护问题,并提出了国家土壤环境保护的指导思想、方针、目标以及未来几十年的主要任务与策略。2010 年,国家环境保护部科技司组织编制了我国土壤污染防治和修复专项研究计划。国家发改委批准了第一个"十二五"期间《重金属污染防治规划》,并且将《土壤与场地污染治理与修复》列入了"十二五"社会发展科技领域国家科技计划项目指南。

《全国地下水污染防治规划(2011—2020 年)》已经国务院批复(国函〔2011〕119 号),从国家层面对于地下水环境学科提出要求。到 2015 年,基本掌握地下水污染状况,初步控制地下水污染源,初步遏制地下水水质恶化趋势,全面建立地下水环境监管体系。到 2020 年,对典型地下水污染源实现全面监控,重要地下水饮用水水源水质安全得到基本保障,重点地区地下水水质明显改善,地下水环境监管能力全面提高,地下水污染防治体系基本建成。《全国地下水污染防治规划》的批复与实施,在战略层面明确了地下水环境学科的发展方向。地下水污染防治的法律法规完善、地下水污染监测体系、地下水污染风险评估与控制技术体系、地下水污染修复技术体系、地下水污染应急系统等建设成为学科发展的重要支撑内容[2]。

2011 年召开的第 408 次香山科学会议国际研讨会《中国典型地下水污染问题的形成、演变机制及其调控研究》,进一步分析了国内外地下水污染研究的现状与未来趋势,达成一系列共识并提出一些建议。包括:①发展与地下水污染、修复有关的行政管理与法律框架。有关部门应健全和完善地下水污染防治的法律法规,明确监管责任;②尽快开展全国地下水污染调查工作,完善地下水污染监测体系,加强地下水污染风险评估与控制技术体系建设,研发高效安全且能适用于不同地质环境、不同污染物特征的地下水污染原位修复技术体系,加强地下水污染应急系统建设;③国家科技管理部门和科学基金加大对地下水污染研究的资助力度,加强地下水污染应用性基础研究,提出典型地下水污染的调控模式,为我国地下水污染防治提供理论基础与科学支撑,提升我国在地下水研究领域的国际地位;④高等院校和政府有关部门应该大力培养熟悉地下水污染过程和修复方法和技术的管理人才。

四、土壤与地下水污染防治重大成果

近年来,欧美等发达国家在场地污染暴露评估模型、暴露参数取值、受体-危害效应关系等方面开展了大量的研究。目前国内关于土壤环境质量基准和污染土壤风险评估方法的研究刚刚起步,开展了基于风险评估方法制定我国土壤环境质量基准的探索性研究。提出了土壤环境质量标准(GB 15618—1995)修订稿,国家环保部制定了《污染场地风险评估技术导则》、《场地环境调查技术规范》、《场地环境监测技术导则》、《污染场地土壤修复技术导则》以及《污染场地风险评估技术导则》(征求意见稿)等。同时,开展了我国土壤污染防治的立法以及投融资政策与相关机制研究工作。

在相关标准与技术规范编制的基础上,支撑我国完成了土壤环境质量和重点场地调查,初步掌握污染场地规模、类型与污染程度,为污染控制与修复理论研究、功能材料与技术设备研发奠定了信息基础。在此基础上,基于各级政府对污染场地环境问题的高度重视,技术与设备的研究成果已在部分修复工程中得到应用,为污染场地评估与修复技术的应用提供巨大空间和产业化条件。土壤和地下水环境科学的发展,为构建和完善我国污染场地环境风险管理、政策、资金机制与监管体系奠定了基础。标志性成果为:

1. 污染场地微生物群落结构与生态毒性表征

基于生物统计学及生物地理学研究方法,首次构建以 Biolog 微平板技术、PCR-DGGE 技术及功能基因芯片技术为主的油田土壤微生物群落结构与功能基因分析方法体系。其中通过设计具有杂交特异性的寡核苷酸片段,将传统的功能基因芯片单通道杂交改进为双通道杂交,构建双通道数据标准化方法,功能基因芯片改进后的双通道杂交,提高了基因芯片应用于环境微生物检测时的准确度和可比性,取得了国际领先的成果。

基于对我国不同地理气候区域的七大油田的现场调查与采样分析,利用现代分子生物学技术,特别是高通量的功能基因芯片,研究了不同油田微生物群落结构及功能基因的区域地理分布特征,识别了微生物群落区域性分布差异中 81%～89% 的因素,揭示了微生物群落相似性随地理距离的增加而显著降低的关系。识别了石油污染场地中降低的碳、氮循环功能基因与选择性富集的有机物降解功能基因。

为了利用微生物对污染场地生态毒性的快速敏感和高特异的表征,针对石化污染场地中的敏感微生物种属的基因芯片识别、适用于广谱宿主的融合基因超声转化技术、启动基因筛选、基因融合等一系列关键过程中的难点与技术空白进行攻关,建立了污染场地生态毒性的微生物生物传感表征技术体系。

通过上述技术体系,构建了用于表征多环芳烃污染地下水系统遗传毒性的生物传感细胞,其对丝裂霉素 C 和苯并[a]芘的检测灵敏度分别为 $1\mu g/L$ 和 $0.05~\mu g/L$,细胞可高灵敏度检出未经前处理的石化污染地下水样品和石油开采污染土壤的遗传毒性,用于以 PAHs 污染为主的地下水系统的遗传毒性评价具有可行性和可靠性。通过在不动杆菌中首次实现了人类 P450 酶系的异源表达,进一步提高了传感细胞的灵敏度,并且提高了微生物传感细胞毒性表征与人体健康风险的相关性,为环境监测、风险评价和场地修复等研究和工程领域中遗传毒性表征提供了重要的技术支持。

2. 土壤污染特征、风险评价和修复理论与技术

首次系统揭示了长江和珠江三角洲区域土壤重金属与有机污染物的空间分布及纵向迁移,阐明了电子垃圾拆解、冶炼等企业造成周边土壤重金属、POPs 以及酸化等严重复合污染的特征。系统研究了香港地区土壤的发生、形态、特征和环境质量及其空间分布和变异,填补了该地区相关研究的空白。综合运用特征化合物比值法、化合物指纹图谱、稳定同位素和多元统计等方法,半定量或定性地解析了土壤污染来源,建立了区域土壤环境地球化学基线,为建立我国地区土壤背景值提供了科学依据。

系统建立了一套从基因、细胞、个体、种群、群落等不同层面的土壤生物生态毒性与毒理研究方法,以及污染土壤环境生态和健康风险评估方法。建立了土壤可溶性重金属的预测模型,并提出了基于健康风险或生态风险的土壤污染物临界值,为污染土壤风险管理和修复决策提供了参考实例。在国内首次建立了典型区土壤环境的安全预测预警和管理策略,构建了基于 DPSIR 系统的区域土壤环境质量管理框架。

在国际上首次报道了新的锌镉超积累植物"伴矿景天"和镉超积累植物"皖景天";探明了镉、砷等重金属在超积累植物体内的微区分布及吸收积累规律;探明了有机络合剂(EDDS)对污染土壤重金属的调控效应与环境风险;阐明了化学诱导—植物修复技术、化学氧化—植物修复及化学淋洗—植物修复技术原理,发明了修复植物资源化利用方法,率先建立了国际上第一个砷及镉锌铜复合污染土壤植物修复示范基地。首次分离到高效降解苯并[a]芘的噬氨副球菌 HPD-2 和一株产漆酶活性的真菌 *Monilinia* sp. W5-2,阐明了降解菌对多环芳烃(PAHs)降解机制并研制了微生物修复剂。提出了多氯联苯污染土壤的豆科植物—根瘤菌联合修复新途径,并揭示其联合修复机制,参与建立了全国第一个多氯联苯污染农田土壤的生态修复工程示范区。

五、土壤与地下水污染防治能力建设进展

(一)学术团体与学术活动

我国土壤与地下水环境学科涉及的主要学术团体包括中国环境科学学会的土壤与地下水环境专业委员会、中国土壤学会的土壤环境专业委员会、中国地质学会水文地质专业委员会、中国地质学会环境地质专业委员会。近年来,学术活动活跃,多次组织召开了土壤和地下水污染与修复方面的高水平国际会议、国内研讨会和高端培训班,为我国污染土壤和地下水修复技术的研究和发展起到了引领和推动作用。

(二)平台建设与人才培养

建设了生物地质与环境地质国家重点实验室、环保部土壤环境管理与污染控制重点实验室、环保部环境微生物利用与安全控制重点实验室、中国科学院土壤环境与污染修复重点实验室以及教育部污染环境修复与生态健康重点实验室、北京市工业场地污染与修复重点实验室等。同时,培养了数名与土壤和地下水环境相关的国家杰出青年科学基金获得者、中科院"百人计划"和教育部"长江特聘教授"等优秀人才。

六、土壤与地下水污染防治研究发展趋势及展望

基于国家社会经济发展对于土壤、地下水环境与人居安全的重大需求,将为土壤和地下水环境科学的发展提供重要空间与平台;土壤和地下水环境演化,复合界面污染物的物理、化学、生物过程及其效应,污染动力学与地质微生物学理论,以及污染场地修复技术、材料与设备等研发将成为重要研究内容。

(一)土壤污染防治研究发展趋势

1. 土壤环境科学发展趋势

土壤环境是深受土壤内部固态、液态、气态、生态物质影响的陆地表层。土壤界面污染物的物理、化学、生物过程及其效应正在成为土壤环境科学关注的前沿课题。土壤界面

过程以及土-气-水-生相互作用与驱动的过程,物理-化学-生物-地学耦合的生物地球化学迁移、交换、转化和循环过程等成为研究重点。针对污染过程和环境风险研究,将更加关注土壤环境污染过程、机理及其尺度效应和预测模型,土壤污染物的生物有效性、生态毒理和生态风险研究,包括土壤毒害污染物在食物网营养层间的传递、转化及相互作用机理,高强度人类活动下经济快速发展地区土壤环境质量演变及其耦合关系,土壤区域背景、质量基准及基于风险的环境质量管理策略与模型,以及全球环境变化和长期环境污染胁迫下的生物变化与适应机制等[8]。

2. 土壤修复技术发展趋势

结合土壤修复技术发展趋势分析认为,污染土壤修复决策已从基于污染物总量控制的修复目标发展到基于污染风险评估的修复导向;技术上已从物理修复、化学修复和物理化学修复发展到生物修复和自然衰减,从单一的修复技术发展到多技术联合的修复技术、综合集成的工程修复技术;设备上从基于固定式设备的离场修复发展到移动式设备的现场修复;应用上已从服务于重金属污染土壤、农药或石油污染土壤、持久性有机化合物污染土壤的修复技术,发展到多种污染物复合或混合污染土壤的组合式修复技术;已从单一厂址场地走向特大城市复合场地,从单项修复技术发展到融大气、水体监测的多技术多设备协同的场地土壤-地下水综合集成修复;已从工业场地走向农田耕地,从适用于工业企业场地污染土壤的离位肥力破坏性物化修复技术发展到适用于农田污染土壤的原位肥力维持性绿色修复技术。

(二)地下水污染防治研究发展趋势

1. 地下水试验技术与研究手段

由于缺乏单个场地的详细调查和多种手段的综合运用,严重制约对于地下水污染系统的认识与了解,影响地下水环境整治的科学决策。由此,地下水实验技术与研究手段,尤其是污染场地综合勘察技术、以污染控制为目标的大型试验场技术、污染场地精细描述的环境地球物理技术、污染地下水分层取样技术、环境示踪技术、痕量-超痕量污染物测定技术、污染物迁移过程的耦合模拟技术等成为重要研究内容,亟待创新性研究、发展和完善,全面支撑我国地下水环境科学的研究和污染控制与修复技术研发。

2. 污染地下水动力学理论与技术

未来几年,有机污染物在土壤及地下水中迁移转化将成为污染地下水动力学的研究重点。亟须进一步探索滞后现象对地下水中有机污染物分布的影响,揭示非饱和带中污染物迁移转化机理,探讨复合型污染物迁移转化机理。方法层面上,需要建立表土层、非饱和带及地下含水层整体数学模型,探求各阶段参数的率定方法;进一步研究实验测定三相同时流动情况下的各相参数,尤其是气相压强、各相的相对渗透系数的有效确定方法。在土壤轻质油污染多相流实验的基础上,研究多相同时流动时各相间的相互影响和作用,并加强实验机理的理论研究和定量分析,以提高土壤和地下水污染治理预测评价的准确性。

研究溶质运移的基本过程与尺度效应对预测污染物迁移转化具有重要作用,地表水-

土壤-地下水复合界面污染物运移与转换的动力学过程分析成为模拟要点,非均质地下介质对污染物运移与修复过程的控制作用及其尺度效应成为关注的重点。需要通过尺度效应研究,掌握微观机理的宏观表征方式,从而提高地下水污染模拟和预测的精度。微观机制研究包括:表面络合过程,颗粒间的扩散过程,由扩散控制的表面络合过程等。而在尺度效应方面,重点需研究反应速率等参数的升尺度(upscaling)算法,以及非均质性对于反应速率提升尺度的影响。

3. 地质微生物学理论与技术

在地质微生物和生物修复研究方面,包括微生物群落结构识别,生物修复理论研究、生物技术应用、生物修复工程化等方面存在显著的差距,缺乏对地质微生物和生物修复系统完整的研究。另外,用于支撑污染地下水系统修复的现代分子生物学理论与技术、酶系统、复合生物功能材料、复合生物修复理论与技术等方面缺乏具有原创性的研究成果。因此,未来地质微生物学理论与技术发展趋势主要包括以下几个方面:

1)加强地球表层环境的微生物地球化学过程及效应研究,识别生命不同结构层次(分子、细胞、个体、群体、群落)有机系统,揭示地下水系统物质构成与演化过程的生物作用,探索物质循环与转化的生物过程,以及二者的相互作用内在关联性。

2)研究污染地下水系统微生物的种群结构与代谢能力,构建污染物生物可利用性评价指标,研究微生物代谢能力的高效生物降解增强技术,揭示微生物和植物修复理论与机制,探索物化和生物修复的耦合理论与技术。

3)研究开发高效降解微生物资源信息库,复合生物优化修复理论与关键技术,研究与制备复合功能生物修复材料,构建复合功能生物修复材料指标与评价体系。

4)针对目前污染地下水原位生物修复技术的发展趋势和难点,以污染物在地下水环境中迁移转化机理研究为基础,构建污染地下水复合修复系统与指标体系,量化污染物在地下水环境中的行为特征与毒理性表征,揭示迁移转化生物动力学,完善地下水污染修复理论,建立地下水污染原位修复技术指标体系,并在污染物转化的化学与生物作用模式与生物动力学、填充材料与传质效应、微生物酶活性与氮转化内在关联度方面实现创新和突破。

4. 地下水修复理论与技术发展趋势

很多污染场地的修复工作由于完整的现场数据难以获取,污染物总量无法彻底去除,同时,尺度变换导致的参数变异等多种限制因素的存在仍具有挑战性。由于缺乏足够数据完整刻画场地介质的非均质性,并且很难对场地系统取得完全控制。

我国目前在地下水修复方面存在的瓶颈问题,如现有技术存在高投入、能耗高等缺点,处置方式较为粗放,缺乏相应的成套设备及大型修复工程的运行和管理经验,过度重视工程,轻视规范性的场地调查、评价与科学的修复决策程序,难以实现快速、高效、绿色修复等。

通过过程模拟方法来识别污染物赋存与运移状态,并基于暴露过程与风险评价来制订修复目标;通过技术创新和集成突破修复技术瓶颈,开发新材料和新型生物技术提高修复的有效性;研发高效安全且能适用于不同地质环境、不同污染物特征的地下水污染原位修复技术体系,通过功能耦合与协同来降低修复成本,建立修复技术的可实施性评估体系,加强地下水污染应急系统建设等应是今后地下水修复理论与技术的发展趋势。

综上,"十一五"期间,我国的土壤和地下水环境学科发展受到高度重视,在理论和技术方面取得了显著进展,为保障我国环境安全、生态安全和人居环境健康发挥了重要的科技支撑作用。需要关注的是,"十二五"期间以及未来较长阶段,对土壤和地下水学科发展与环境保护提出了更高的要求,由此"水土联动"的综合性保护、协同性污染控制与修复、系统性风险管理成为污染场地控制、修复与管理的重要特征,尤其是污染场地复杂介质界面的物化与生物作用过程、污染物迁移转化动力学与微生态环境、修复功能材料与设备等将成为土壤和地下水环境科学理论发展与技术创新的重要方向。

参考文献

[1]李广贺、李发生.污染场地环境风险评估与修复技术体系[M].北京:中国环境科学出版社.2010.

[2]环保部、国土资源部.全国地下水污染防治规划(2011—2020)[S].

[3]骆永明.土壤学学科发展报告[M].北京:中国科学技术出版社,2011:134-146.

[4]骆永明.中国污染场地修复的研究进展、问题与展望[J].环境监测管理与技术,2011,23(3):1-6.

[5]中国地下水科学战略研究小组.中国地下水科学的机遇与挑战[M].北京:科学出版社,2009.

[6]骆永明.土壤环境与生态安全[M].北京:科学出版社.2009.

[7]骆永明.污染土壤修复技术研究现状与趋势[J].化学进展,2009,21(2-3):558-565.

[8]赵其国,骆永明,滕应.中国土壤保护宏观战略思考[J].土壤学报,2009,46(6):1140-1145.

撰稿人:李广贺　骆永明　吴吉春　郑春苗

持久性有机污染物污染防治发展报告

摘要 持久性有机污染物(POPs)是重要的全球环境问题之一,全球 170 多个国家和地区正通过《斯德哥尔摩公约》采取共同行动以控制消除 POPs 对生态环境和人类社会的影响。广义的 POPs 有数十类数百种,狭义的 POPs 迄今已有 22 种,围绕 POPs 的分析方法、环境存在、环境行为、毒害效应、替代技术、减排技术、处置技术、政策法规等理论体系正在形成。在过去五年里,全球和我国的 POPs 科学技术研究都呈现快速发展之势,我国发表的 SCI 论文数仅次于美国和日本。我国在 POPs 方面的能力建设也成效显著,环保部、卫生部、国家质检总局、农业部等部门已经建立了能支持其管理工作的 POPs 分析实验室,教育部的部分大学和中科院的部分研究所也建立了高水平的 POPs 分析研究实验室。中国 POPs 论坛、中国 POPs 科技网等信息交流平台也日臻完善。本报告就"十一五" POPs 基础理论体系、科学技术发展以及研究能力与平台建设状况进行了总结,POPs 科学技术发展促进了我国履行《斯德哥尔摩公约》。本报告还结合我国的实际需求和国际研究前沿,分析了 POPs 学科方向今后的发展趋势和方向。

一、引言

人类社会对滴滴涕(DDT)等持久性有机污染物(POPs)的认识几乎与全球环境保护运动同步,20 世纪 60 年代 Rachel Carlson 女士在《寂静的春天》中就描述了 DDT 等有机氯农药造成的生态危害。但 POPs 真正引起人类社会的共同关注是在 20 世纪 90 年代之后,而 2001 年 5 月 23 日 90 多个国家或地区签署《关于持久性有机污染物的斯德哥尔摩公约》(以下简称《斯德哥尔摩公约》)正式启动了国际社会消除 POPs 的共同行动,在随后的 10 年中,POPs 成为国际政治、经济、科技、教育等众多领域备受关注的对象。

我国是首批签署《斯德哥尔摩公约》的国家,全国人大常委会于 2004 年 6 月 25 日批准了《斯德哥尔摩公约》,该公约于 2004 年 11 月 11 日对我国正式生效,国务院 2007 年 4 月正式批准并开始实施《中国履行〈斯德哥尔摩公约〉国家实施计划》(以下简称《国家实施计划》),启动了我国消除 POPs 的全面行动。

为了加强国内从事 POPs 基础理论、政策法规以及削减控制技术研究的科学技术人员之间的学术联系,促进与国际 POPs 学术界的交流与合作以及 POPs 知识的普及,密切科学研究单位、政府管理机构、企业之间的联系,更好地为我国履行《斯德哥尔摩公约》以及彻底消除 POPs 污染提供决策支撑和技术服务,中国环境科学学会经报请民政部审批,于 2007 年成立 POPs 专业委员会。在过去的几年中 POPs 专业委员会开展了大量富有成效的工作,在我国 POPs 科学研究、科普教育、人才培养、决策支持等方面发挥了重要的作用。本报告概述了我国在过去 5 年中在 POPs 方面的发展现状,并展望了未来的发展趋势。

二、持久性有机污染物污染防治基础理论体系建设进展

持久性有机污染物学科是一个对象型的学科方向。持久性有机污染物学科方向主要研究 POPs 在环境介质中存在形态、化学特性、行为特征、生物效应及其削减控制化学原理和方法的科学。持久性有机污染物可分为"广义持久性有机污染物"和"狭义持久性有机污染物"。"广义持久性有机污染物"是指具有以下特性的有机污染物：①具有毒性；②能在环境中持久地存在；③能在生物体内积累；④能通过大气输送至很长距离之外；⑤对于接近或远离污染源的环境质量和人体健康会产生不利的影响。"狭义持久性有机污染物"是指具有持久性有机污染物特性且被列入《斯德哥尔摩公约》控制名单的有机污染物，因此也可称为"受控持久性有机污染物"。到目前为止，狭义持久性有机污染物共有 22 种（表 1），它们是最受关注的持久性有机污染物。

表 1　狭义持久性有机污染物

批准年	种类	具体物质
2001	12	艾氏剂、狄氏剂、异狄氏剂、DDT、六氯苯、氯丹、灭蚁灵、毒杀芬、七氯、多氯联苯（PCBs）、多氯联苯并-对-二噁英（PCDDs）、多氯联苯并呋喃（PCDFs）
2009	9	林丹、α-六氯环己烷（HCH）、β-六氯环己烷、商用五溴联苯醚、商用六溴二苯、开蓬、商用八溴二苯醚、全氟辛基磺酸及其盐类和全氟辛基磺酰氟、五氯苯
2011	1	硫丹

除狭义持久性有机污染物外，广义持久性有机污染物还包括部分多环芳烃以及卤代有机污染物。随着全球履行《斯德哥尔摩公约》的不断推进，一些对人体健康和生态系统有重要影响的广义持久性有机污染物将可能分批成为受控持久性有机污染物。

持久性有机污染物真正引起人类社会的共同关注是在 20 世纪 90 年代之后，而 2001 年 90 多个国家或地区签署的《斯德哥尔摩公约》正式启动了国际社会消除 POPs 的共同行动，也促进了 POPs 基础理论的发展。同年，国内第一个专门的 POPs 科研机构——清华大学持久性有机污染研究中心成立。中心建立的宗旨是围绕 POPs 这一新的全球性环境问题，组织环境科学与工程、化学、化工、生物、法律、经济、管理等学科的相关人员，多学科交叉地开展前沿性基础研究、前瞻性高技术开发和战略性决策咨询，为我国乃至全球范围内消除 POPs 污染提供理论基础、技术支撑和决策服务。

2004 年我国启动第一个 POPs 领域第一个为期 5 年的"973"项目的"持久性有机污染物的环境安全、演变趋势与控制原理"，系统地开展了 POPs 科学技术研究，研究我国典型 POPs 的主要污染源、释放因子、污染特征、排放模式及演变趋势，研究这些化合物在环境介质中的界面过程动力学和复合生态毒理效应，探索焚烧等过程中 POPs 的控制和削

减技术原理,初步建立 POPs 生态风险评价和预警方法体系。

随着对 POPs 问题认识的加深,POPs 的研究领域不断发展,研究对象日益丰富。我国 POPs 研究起步较晚,主要借助于环境化学、环境生物、环境工程等学科来研究 POPs 问题。

持久性有机污染物的基础理论体系主要是围绕 POPs 的分析方法、环境存在与行为、危害效应、控制技术、修复技术、政策法规等来建立的,目前正在不断形成之中。

POPs 分析监测技术:研究开发大气、水、底泥、土壤、废气、废水、固体废物等环境介质中低浓度 POPs 的方法,并对实际环境进行监测 。

POPs 替代技术:为了不再使用杀虫剂类、多溴联苯醚(PBDEs)、全氟辛烷磺酸(PFOS)等具有明确功能用途的 POPs,研究开发成本低、效果好的替代化学品或替代技术。

POPs 减排技术:研究开发二噁英和呋喃(PCDD/Fs)等副产物类 POPs 的源头减排和控制技术,特别是最佳可行技术和最佳环境实践(BAT/BEP)。

POPs 处置技术:由于 POPs 的禁用而造成的废弃库存杀虫剂类 POPs、历史生产积存的含 POPs 生产废渣、含多氯联苯(PCBs)废旧电力设备(变压器、电容器等)、含二噁英类废渣(如焚烧炉飞灰、污泥等),都是严重威胁人类健康与生态环境的定时炸弹,研究开发能对其进行环境无害化处置的经济有效、无二次污染的安全处置技术。

POPs 污染场地修复技术:历史上 POPs 生产场地、含多氯联苯电力设备封存点、含二噁英类工业废渣堆放场地等都有可能有污染场地的问题,我国这一问题的规模较大、涉及面较广,重点研发经济高效、符合我国国情的场地修复技术。

三、持久性有机污染物污染防治研究进展

持久性有机污染物在过去的十多年中一直是全球环境科学与技术研究的热点,围绕狭义 POPs 发表的高水平研究论文快速增加的趋势(图 1)体现了这一特点。我国在 POPs 方面的研究也快速发展,在过去 10 年里发表的 SCI 论文数仅次于美国和日本。

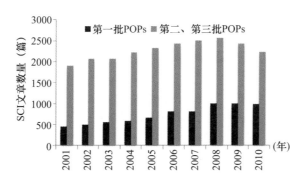

图 1　过去 10 年关于狭义 POPs 的 SCI 论文

"十一五"期间,世界范围有关 12 种首批 POPs 的论文报道数量趋于稳定,而国内相关研究总体上仍呈现上升趋势[图 2(A)]。在 12 种首批 POPs 当中,PCBs 和 PCDD/Fs 是近 5 年来研究的热点,2006—2010 年国内有关上述两类 POPs 论文占 12 种 POPs 的 35.9% 与 28.0%[图 2(B)]。世界范围内,PCBs 和 PCDD/Fs 的相关 SCI 论文分别稳定在1100~1200 篇/年与900~1000 篇/年,而我国两类 POPs 的研究成果分别由 75 与 84 篇(2006 年)上升至 179 与 136 篇(2009 年)。

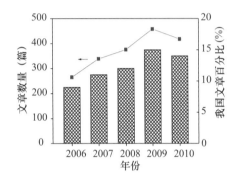
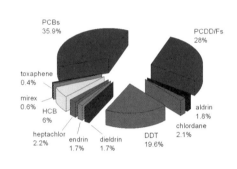

（A）SCI 论文数量及占世界的比例　　　　（B）各类 POPs 相关 SCI 比例

图 2　2006—2010 年我国发表 12 种首批 POPs 相关 SCI 论文发表情况

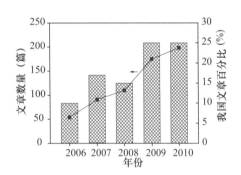
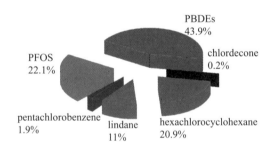

（A）SCI 论文数量及占世界的比例　　　　（B）各类 POPs 相关 SCI 比例

图 3　2006—2010 年我国发表新 POPs 相关 SCI 论文发表情况

"十一五"期间,我国在新 POPs 的研究方面,无论从论文发表绝对数量上,还是占世界总量的比例上,都呈现出快速增加的趋势[图 3(A)]。2006—2010 年的总体分布说明 PBDEs、PFOS 和 HCHs 是我国新 POPs 的研究热点[图 3(B)],而从三种新 POPs 年度发表情况看,PBDEs 的研究发展迅速,增幅显著;PFOS 的研究每年均有一定程度的增加,但增幅不及 PBDEs 显著;而 HCHs 虽然最近被列入 POPs 名单,但是其环境问题早就受到关注,HCHs 的研究相对 PBDEs 和 PFOS 来说增幅较小(图 4)。

相关科技论文发表情况体现了我国 POPs 科学技术研究的发展,具体进展如下:

(一)我国 POPs 清单研究

清单研究是从宏观层次弄清 POPs 污染现状和潜在暴露风险的一个手段,涉及 POPs

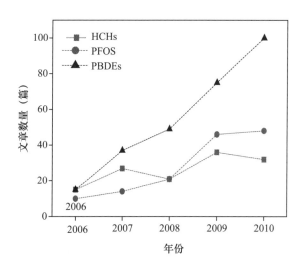

图4 我国 HCHs、PFOS 与 PBDEs 相关 SCI 论文的年度发表情况

的生产、使用和排放的调查。POPs 清单调查将有助于弄清 POPs 的潜在污染和环境风险，以及环境管理和控制措施的制定和实施。为了履行《斯德哥尔摩公约》，我国学者开发了一系列方法来开展 POPs 清单调查，目前已经建立了有机氯农药（OCPs）类 POPs、PCBs、非故意产生的 POPs（UP－POPs）等第一批 POPs 类的排放清单研究。对于新POPs，如 PBDEs 和 PFOS，我国也正在进行相应的清单研究[1]。

1. PCBs 清单研究[2]

清华大学借鉴发达国家和国际组织已经开展的 PCBs 清单调查工作经验，分析了中国 PCBs 管理现状及清单调查的困难挑战。随后在此基础上，归纳得到开展清单工作所必须解决的一系列核心问题，包括如何确定调查对象、调查目标单位、调查方法等，并提出了较为完善的解决方案。对中国开展 PCBs 清单调查工作的整个过程进行了规划，在充分考虑和研究了调查过程涉及的有关技术环节的基础上，提出了中国 PCBs 清单调查方法。

为了验证所建立的清单调查方法，使其更好地适应实际调查工作的需要，以浙江省的 PCBs 清单示范项目为依托，将所建立的 PCBs 清单调查方法应用到实际的调查中。在清单方法的指导下，浙江省的 PCBs 清单调查工作开展顺利，并获取了初步的调查结果，从而验证了所建立调查方法的可行性。考虑到公约已对中国生效，中国必须尽快得到完整的全国清单数据。根据这种情况，在示范省清单工作的基础上，对全国 PCBs 清单调查工作进行了设想，提出了将 PCBs 清单调查工作推广到全国的实施计划。为弄清我国历史上 PCBs 设备的使用、储存、废弃和处置状况以及对周围环境产生的影响，得到全国 PCBs 清单数据，设计了工作方案并提出了建议。

2. UP－POPs 清单研究

中科院生态环境研究中心以联合国环境规划署（UNEP）的《鉴别及量化二噁英类排放标准工具包》为指导，以中国现有的和潜在的各种二噁英排放源为调查对象，分行业进行调查,根据工具包和实际测试的各种不同排放源的排放因子数据,结合中国特殊的行业工艺技术水平和专家咨询的结果,科学评估确定各行业排放因子水平,并据此计算中国各行业二噁英类排放量和二噁英类排放总量,得到中国的二噁英排放量大约为 10kg TEQ/a(以 2004 年为基准年)[3]。从二噁英年排放量估算来看,我国是当前全球二噁英排放量最大的国家;由于针对二噁英排放控制的措施有限,我国二噁英等 UP - POPs 的排放量还有增加的趋势。控制二噁英是我国面临的巨大挑战。2010 年 10 月,环境保护部等九部委联合发布了《关于加强二噁英污染防治的指导意见》,明确提出了对二噁英排放行业的技术和环境管理要求。

六氯苯和多氯联苯也是被列入《斯德哥尔摩公约》附件 C 中要求采取减排控制措施的 UP - POPs。参考日本环境省基于实测数据编制的排放因子,清华大学研究人员首次计算了中国主要排放源非故意产生六氯苯和多氯联苯的大气排放清单(以 2008 为基准年)。结果表明,由主要行业产生的六氯苯年排放量为 529kg,多氯联苯的年排放量为 7.8t。对于六氯苯,主要排放源依次为水泥行业(42.4%)、电炉炼钢(27.5%)、钢铁烧结过程(14.7%)和初级铜冶炼(7.8%);对于多氯联苯,水泥行业占了排放量的 90% 以上[4]。上述排放源应当在制订其减排战略和行动计划时予以关注和优先考虑。

3. OCPs 清单研究

公约中的 POPs 大多数是有机氯农药。作为农业大国,中国曾经是有机氯农药的主要生产国和消费国。为了履行《斯德哥尔摩公约》,中国 2009 年全面淘汰了首批 9 种杀虫剂类 POPs,禁止其生产、使用和流通。但是目前新列入 POPs 名单的硫丹仍然在中国大量生产和使用。我国科研工作者借鉴国际经验,根据我国特点,充分进行数据调研,建立了杀虫剂生产、废弃库存以及使用清单调查方法。中国环境科学研究院于 2005—2006 年间对我国废弃 POPs 类杀虫剂库存成功地开展了一次摸底调查,调查结果表明,我国废弃 POPs 类杀虫剂的总量约为 4000~6000t,其中滴滴涕为 2600~4500t,六氯苯、氯丹、灭蚁灵的总量约为 1500t,基本没有毒杀芬、七氯、狄氏剂、异狄氏剂和艾氏剂的废弃物[5]。基于农药施用强度、使用范围和使用面积,我国科研人员开展了大量工作进行杀虫剂类 POPs 的清单调查,已经建立了 DDT、HCH、氯丹、灭蚁灵和硫丹等 OCPs 的使用清单[6-9]。这些清单有助于我国 OCPs 的总体污染和环境风险评估[10,11],并促进我国履约工作。

4. PFOS 清单研究[12]

PFOS 清单研究在参考国际上其他国家编制清单方法经验的同时,亟须找到适合中国特点的研究方法,方法必须能够反映 3M 公司淘汰 PFOS 后的使用领域分布和国情等特殊因素。由于 PFOS 会存在于多种商品中,要确定中国市场里每个潜在源的 PFOS 排放因子耗时耗力,所以"生命周期法"在目前条件下并不适用。目前 PFOS 在全球的应用领域上有很大改变,中国对 PFOS 的使用模式也有所改变,所以基于过去 3M 公司对 PFOS 的使用模式的另一个清单方法,即"直接-间接法",也不适用于中国。在考虑现有文献报道的 PFOS 数据的基础上,研究设计了适合中国的 PFOS 排放清单方法,包括商品源和工业排放源。基于本研究的相关性调查发现污水处理厂排水中

PFOS 的浓度与人口密度、当地生产总值等较易获取的区域性统计数据呈现良好的正相关性。由此,商品源排放量可通过此类区域性统计数据外推得到。研究提出的清单方法的另一部分是调查 PFOS 的工业排放源,主要包括 POSF(PFOS 前体物)的生产、纺织业、半导体生产、金属电镀、消防泡沫生产(AFFF)与造纸等 6 个工业领域。通过国家环保部和其他组织公开报道的数据,预测这 6 个行业的 PFOS 排放量总和占总工业排放量的 95%。

(二)POPs 环境分析技术研究

环境样品中的 POPs 与其他污染物质相比,一般浓度较低,对分析技术要求高。分析技术是进行 POPs 研究的瓶颈问题,只有解决了 POPs 分析方法,才能进行进一步的研究。"十一五"期间,我国相关科研人员在 POPs 的环境样品前处理技术和仪器分析方面开展了大量的研究工作,在环境样品采集、萃取、预分离纯化、仪器分析等方面取得了可喜的研究成果。在采样技术上,被动式采样技术得到大力发展,在一些实际应用中填补了主动采样技术的不足。在样品前处理方面,传统萃取技术如液-液萃取,索氏提取正迅速被固相萃取、压力溶剂萃取、微波辅助萃取等技术取代。我国相关研究人员引进或开发一些新型萃取技术,如中空纤维支载液膜萃取、基于碳纳米管的新型固相微萃取(SPME)涂层萃取技术等。"十一五"期间,我国相关研究机构对于 OCPs、PCBs 等第一批 POPs 的分析能力已经得到全面发展;我国二噁英类化合物的分析能力得到进一步加强,对 PCDD/Fs 的检测技术主要有化学分析法和生物检测法两大类,化学分析法主要应用高分辨率气相色谱/高分辨率质谱(HRGC/HRMS)检测技术,检测限可达到飞克(fg)级,满足环境样品中超痕量 PCDD/Fs 的检测需要,可检测出 PCDD/Fs 的各种组分,目前我国已经建立了二十多家配备 HRGC/HRMS 的二噁英实验室;同时我国也发展了二噁英的生物检测方法,包括 EROD 酶活力诱导法、EIA 酶免疫法、Ah 受体法以及生物芯片法等[13-17],与化学分析法相比,生物检测法具有耗时短、成本低、效率高等优点,但一般只能给出分析样品中 PCDD/Fs 各组分的总量,无法分离出各个组分的含量,定量分析不如化学分析法,稳定性、可靠性也有待提高。新 POPs(如 PBDEs、PFOS 等)的问题日益显现,迫切需要研究它们在各种环境介质的污染现状和环境行为,这对分析技术提出了挑战。"十一五"期间,我国很多研究机构建立了 PBDEs、得克隆(DP)、PFOS/PFOA 等新兴受控 POPs 物质或广义 POPs 物质的分析能力,并正在进行一些分析难度大的 POPs 候选物质(如短链氯化石蜡,SCCPs)的分析能力的建立。基于这些分析方法,我国相关科研人员大量开展了环境存在以及生物和人体暴露状况的研究。但是由于分析能力的限制,现在我国各类 POPs 研究非常不平衡,一般来说,具有较成熟分析能力的 POPs 物质得到了较好的研究,如 OCPs 和 PCBs。"十一五"期间,由于分析技术的发展,新兴受控 POPs 物质或广义 POPs 物质得到了越来越多地关注,表 2 列出了我国一些新兴受控 POPs 物质或广义 POPs 物质的研究状况。

表 2 我国一些新兴受控 POPs 物质或广义 POPs 物质研究现状[1]

POPs	PBDEs	PFOS	DP	SCCPs*
生产	目前我国不生产受控的 PBDEs(五溴和八溴联苯醚),但是仍然在生产十溴联苯醚,而其能在环境中降解为五溴和八溴联苯醚	仍在中国大量生产,据估计 2004—2006 年的产量分别为 91、165 和 247t	到 2009 年,只有一家 DP 生产厂家,位于江苏,年产量大约为 300t。但是目前新的 DP 生产厂家正在建设中,我国 DP 产能将大大增加	中国是世界最大的氯代石蜡生产国,但是缺少关于 SCCPs 的准确生产信息
使用	主要作为阻燃剂使用	织物处理、金属电镀、半导体、灭火泡沫行业中年 PFOS 使用量分别约为 100、25、1 和 80t	主要作为阻燃剂使用	工业上用作阻燃剂、增塑剂、金属加工油和皮革处理剂等
环境污染源	在生产和使用过程中排放。特别是广东、浙江等地的电子垃圾拆解场地的排放	来自生产和使用过程。污水处理厂排放也是重要来源。我国主要使用行业 PFOS 的年排放量为 10.9t(水)和 0.085t(空气),排放主要集中在水体	主要来自使用过程,生产过程可能不是主要来源。电子垃圾处理也是重要来源	来自生产和使用过程。污水处理厂排放也是重要来源
环境存在研究现状	针对多介质环境存在,人体和生物暴露,开展了相对较好的研究	近 5 年来,我国开展了相当多的工作来研究 PFOS 的多介质环境存在、人体和生物暴露	近 3～4 年来,我国开展了一些工作来研究 DP 的污染状况	受 SCCPs 分析技术的限制,只是近两年来,有零星的研究开展来分析中国 SCCPs 污染状况
污染状况	在广州、浙江等地的电子垃圾拆解地,PBDEs 浓度非常高,十溴联苯醚(BDE-209)是主要污染物	除了水体中 PFOA 通常比 PFOS 浓度高,PFOS 通常是其他环境介质中主要的全氟化合物(PFCs)。我国环境中 PFOS 浓度相对于北美较低	我国大气中 DP 浓度与美国大湖区空气中浓度相当;淮安土壤中 DP 浓度与 Ontario 和 Erie 湖底泥中浓度相当;垃圾拆解区观测到较高的 DP 人体暴露浓度	我国某 STP 进水中 SCCPs 浓度高于日本。目前,SCCPs 已经在自然水体、污水接纳水体和污水灌区检出,但相关研究很少

注:* SCCPs 是目前 POPs 审查委员会审查中的备选 POPs 物质。

（三）POPs 环境行为研究

POPs 在环境中能够持久存在,因此 POPs 的环境行为研究尤为重要,特别是 POPs 在环境中的迁移和转化。"十一五"期间,PBDEs 和 PFOS 等新型 POPs 的环境行为成为研究热点。而电子垃圾拆解场地的 PBDEs 污染问题是我国比较突出的问题,相关环境行为研究尤其值得关注。

PBDEs 是广泛用于电子电器、建材、纺织、化工等行业的溴代阻燃剂,市场销售的商业产品主要为五溴联苯醚、八溴联苯醚和十溴联苯醚(BDE-209)。五溴和八溴联苯醚已被列入 POPs 清单,而对于占全球 PBDEs 使用量 75% 以上的 BDE-209 是否列入清单目前尚存争议。尽管目前我国已经不生产五溴和八溴联苯醚,但是我国是全球最大的 BDE-209 生产基地。尽管 BDE-209 可在生物体和人体内富集,但由于该类化合物自身毒性相对较小,BDE-209 转化产物及其毒理的研究是其环境风险评估的关键科学问题,也是 BDE-209 是否被禁用的重要科学证据[18]。中科院广州地球化学研究所在 BDE-209 新转化产物的研究方面获得如下原创性研究成果[19,20]:①在电子垃圾拆解地区土壤和大气、广州室内外大气中成功发现并通过合成标样确认了环境介质中可能普遍存在溴氯混合联苯醚化合物,其中的两个九溴一氯联苯醚是从未报道的新化合物。PBDEs 在一定的环境条件中除脱溴转化成低溴代联苯醚外,通过溴氯原子的置换转化成溴氯混合化合物也是重要的转化途径之一,研究为 BDE-209 在环境介质中的分子结构转化方式提供了新思路。②通过对电子垃圾拆解地区人体血液中 POPs 的筛选、分析,发现人体血液中可富集极高浓度的十溴联苯醚,同时首次发现十余个未知新化合物,大部分为含溴/含氯阻燃剂的转化产物。鉴定出的 3 个新高溴联苯醚的羟基代谢产物证实 BDE-209 可在人体内发生氧化代谢,并生成相关的代谢物。这是国际首次发现的高溴联苯醚代谢新化合物。

POPs 具有长距离迁移性,而气候因素是影响 POPs 长距离迁移的一个重要因素。中国环境科学研究院研究人员选择成都平原和青藏高原之间的过渡地带进行 POPs 冷捕集效应的研究,研究表明土壤中 POPs 浓度经过土壤有机质的校正,均表现出沿海拔升高呈指数增加的规律。山地冷捕集效应主要取决于半挥发性有机化合物的湿沉降效率对特定一段海拔梯度引起的温度差的敏感程度。青藏高原作为地球的第三极在 POPs 大气长距离传输研究中可以发挥独特的作用,这引起国内外的广泛关注,在喜马拉雅山北坡的研究表明 PCBs 和 PBDEs 等 POPs 浓度沿海拔上升而增加,而且挥发性弱的同系物比挥发性强的更容易在高海拔富集[21]。"十一五"期间,我国中科院生态环境研究中心科研人员参加了南极科考活动,研究极端气候下 POPs 的环境行为,通过对南极地区大气、海水、浮游生物、藻类、磷虾、贝类等样品的采集和分析,研究 POPs 的在极地环境的生物富集机制和传递规律。研究获得的南极地区 POPs 结果不但可以为极地生态环境保护提供基础数据,也为制定我国优控 POPs 名录提供 POPs 的长距离迁移能力和生物富集影响等数据支撑。

气候变化对 POPs 环境行为的影响越来越受到关注,加拿大、中国和挪威的科学家在《自然》杂志上发表文章表明,气候变化增加北极大气中的 POPs。过去的几十年来,由于限制 POPs 物质的生产和使用,北极大气中的许多 POPs 物质的含量已经下降。然而,随着气候变暖,沉降的 POPs 物质将会转移到大气中。科学家们发现许多 POPs 物质随着气温的升高和冰层的融化转移到空气,在过去的二十年里,由于气候变化,POPs 物质已经广泛进入了北极大气,气候变暖会破坏北极在降低环境和人类暴露于这些有毒化学物质中的巨大作用。概括而言,气候变化可以从如下三个方面影响 POPs 的环境行为[22]:①气候变化影响 POPs 的排放:减少温室气体排放的措施会同时减少 UP－POPs 的排放,但是在变化的气候条件下,一些因素会引起 POPs 环境排放水平的增加。例如,疟疾等病媒传播疾病范围的扩大会引起持久性有机杀虫剂使用量的增加;更加干燥的气候会引起火灾的增加,从而引起二噁英排放量的提高;②气候变化影响 POPs 的环境归趋:气候变化会影响环境条件,比如温度、降水模式、积雪、海洋的盐浓度等,这些环境条件的变化继而引起 POPs 在环境介质中分布的改变;③气候变化影响 POPs 暴露水平:高排放量和冰雪消融引起空气和水体中的 POPs 含量增加将使得生物直接或间接通过食物链引起 POPs 暴露水平升高,对人类和生态环境造成更大的负面效应。

(四)POPs 毒理学研究

总体而言,我国在 POPs 毒理效应和生态风险方面的研究滞后于欧美发达国家。近5年来,我国在新 POPs 毒理效应研究方面开展了大量工作,特别是关于全氟化合物的毒理学研究取得了一定进展。全氟化合物是《斯德哥尔摩公约》中新增的一类新型 POPs,其心血管发育毒性尚未明确。中科院城市环境研究所研究人员建立了海水马达卡鱼毒理实验模型系统,通过对鱼卵进行 PFOS 暴露,研究发现 PFOS 引起心房-心室间距变长,改变胚胎心率。进一步克隆了 8 个鱼心血管发育的关键特异性转录因子和发育相关功能基因,发现 PFOS 暴露改变相关基因的表达。结果表明,PFOS 具有早期心血管发育毒性,干扰心血管特异转录因子的表达,这为进一步理清 PFOS 等 POPs 的心血管发育毒性的分子机制提供了更多线索。该工作得到中国科学院知识创新工程的资助[23]。中国医科大学和大连理工大学也基于各种模型生物,开展了大量的研究来分析全氟化合物的毒理效应,为 PFOS 风险评价提供了更多的基础信息。中科院生态环境研究中心等通过对模型动物孵化、性别异化阶段、全生命周期和多代效应的暴露实验,研究了 POPs 引起性别异化的制毒机制及生殖生理影响。中科院生态环境研究中心还在引进国外模型生物物种和开发本土生物物种研究方面取得了一定的进展。"十一五"期间,三维定量结构活性相关（3D－QSAR）等计算机辅助分析手段在 POPs 毒理效应分析中得到了快速发展和应用。

目前,气候变化对 POPs 的毒性效应的影响引起了研究者的关注。一些物种由于对环境变化的适应性有限,对气候和污染物之间的反应格外敏感,POPs 暴露水平的升高以及其他因素的影响对这些生物、食物网、和生物多样性产生不利影响,引起生存能力和适应温度变化能力的下降。一些数据表明温度升高会造成野生动物对一些污染物的暴露更为敏感。

(五)POPs 生态风险研究

目前我国的 POPs 生态风险研究处于起步阶段,迫切需要建立适合我国国情的 POPs

生态风险评价模式,对我国POPs生态风险现状进行评估。"十一五"期间,在国家"973"项目子课题"持久性有机污染物生态风险评价模式和预警方法体系"的支持下,清华大学研究人员根据POPs在环境中的迁移转化生命周期过程,提出了图5所示的POPs生态风险评价模式。上述的基于POPs暴露生命周期的风险评价体系包括:①基于POPs源排放的生态风险评价;②基于外部环境暴露的POPs生态风险评价;③基于生物体内暴露的POPs生态风险评价。通过各子模型的耦合集成建立一套基于多介质环境模型和食物网累积模型的多营养级生物组成的生态系统的概率风险评价模式[1,24]。

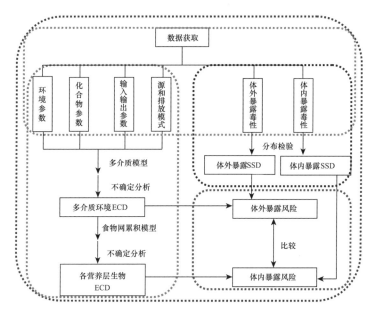

图5 POPs生态风险评价模式
(注:ECD,暴露浓度分布;SSD,物种敏感性分布)

清华大学研究人员根据上面提出的POPs生态风险评价模式,首先在效应评价中,应用参数方法、非参数bootstrap方法建立了物种敏感性分布(SSDs),并且对常规bootstrap方法进行了改进,用改进bootstap方法和改进bootstrap回归法建立SSDs[25]。在第一级生态风险评价中,建立基于POPs源排放的生态风险评价模型,通过多介质环境逸度模型对我国各省级区域OCPs归趋进行模拟,然后运用HQ方法和PAF方法对区域水生生态风险进行初步评价。在第二级生态风险评价中,建立了多层次的POPs生态风险评价方法和共存POPs联合生态风险评价方法。并且以淮河、海河、渤海湾等重点水体环境为例,进行典型POPs生态风险分析[26,27],筛选高风险POPs和高风险区域。在第三级生态风险评价中,建立POPs食物网累积模型,并以渤海湾为例,研究多个营养层生物对DDTs的生物累积情况,运用Monte Carlo模拟进行食物网模型不确定性分析,在此基础上进行基于体内暴露的生态风险评价[28]。生态风险评价模式及其应用将有助于我国POPs的风险管理与削减,保障我国的生态环境安全。

(六)POPs 替代技术研究

2007 年 4 月 14 日国务院批准《国家履约实施计划》。《国家履约实施计划》明确提出将引进和开发 POPs 替代品/替代技术,推进产业化作为我国履约的优先性选择和行动目标之一。《国家履约实施计划》提出了"推进替代品、替代技术、污染治理技术政策研究"履约行动的具体行动内容如下:运用市场机制,通过环境标志、政府绿色采购等拉动有效需求,建立和完善鼓励自主创新、促进替代品、替代技术、污染治理技术的研发和应用的政策,促进相关环保产业发展,提高产品的市场竞争力。

"十一五"期间,我国重点研究了杀虫剂类、溴代阻燃剂和全氟化合物替代品研究,启动了国家"863"重点项目"典型优控持久性有机污染物替代产品和替代技术"。中国已初步具备杀虫剂类 POPs 替代品的生产能力,但替代品成本较高且产品性能尚不能满足替代要求,需要加强自主开发能力,集中力量研发高效低毒、环境友好、经济合理的替代品和替代技术。

淘汰 PFOS/PFOSF 的关键在于寻找到合适的替代品或替代技术,为此环境保护部对外合作中心与世界银行合作,启动了"中国削减和消除 PFOS/PFOSF 战略研究项目",旨在弄清我国 PFOS/PFOSF 的生产应用清单、评估可能的替代技术、识别机构能力和政策法规方面的改进需求,从而为 PFOS/PFOSF 的淘汰削减战略的制订打下基础,以便该战略能够在下次更新《国家实施计划》时被纳入。

目前我国用于生产水成膜泡沫灭火剂(AFFF)的碳氟表面活性剂主要是 PFOS。PFOS 被列为 POPs 的主要原因之一是其具有较长的氟碳链(C_8F_{17}—)。已有结果表明,当碳氟链小于等于 4 个碳时,其对环境的危害就显著降低。根据表面活性剂的表面活性原理,表面张力的降低主要取决于表面吸附层最外层基团的结构。依据这一原理,我国科研人员关注能否改变氟表面活性剂的结构,缩短其中含氟片断的长度、外接其他基团使其具有高表面活性,合成了一种以短链的全氟丁基(C_4F_9—)为基础的阳离子氟表面活性剂,N-[3-(二甲基胺基)丙基]全氟丁基磺酰胺盐酸盐。该表面活性剂适用于强酸性环境,具有极高的表面活性。在此基础上,以短链的全氟丁基(C_4F_9—)为基础合成了可用于 AFFF 的氟表面活性剂,并做出了相应的 AFFF 配方[29]。

随着国际环保标准的提高,阻燃剂的环保安全问题受到越来越多的关注。我国相关的科研单位和企业正在加紧研制、开发和推广新型的阻燃剂,作为替代部分争议较大的溴阻燃剂的解决方案。其中,由国家环保部和科技部支持的含磷高聚物阻燃剂研发进展顺利。国家"863"重点项目"典型优控持久性有机污染物替代产品和替代技术"子课题"十溴二苯醚阻燃剂替代品开发"的目标就是开发 3 种能有效取代十溴二苯醚的含磷高聚物阻燃剂,并建成 3 个示范工厂。目前,3 种含磷高聚物阻燃剂的小试已完成,即将开始中试。

对于替代品/技术评估的研究,需要建立替代品/技术评估指标体系。基于评估指标体系,对我国主要受控 POPs 应用领域的替代技术应用前景进行预测,并提出下一步替代技术研发、引进的建议。对于技术相对成熟、经济可行、且环境友好的替代品/技术,促进技术拥有方和需求方之间开展合作,推广应用。

(七)POPs 处置技术研究

由于 POPs 污染的严重性和广泛性,许多国家相继投入大量人力物力,研究、寻求 POPs 的控制和消除方法。按照处置原理来分,POPs 处置技术可以概括为物理法、化学法和生物法。近年来,PBDEs 和 PFOS 等新 POPs 成为处置技术研究的热点化合物,国内外开展了大量 PBDEs 和 PFOS 等新兴 POPs 的处置技术研究。由于 PBDEs 的化学结构和 PCBs 相似,所以 PBDEs 很难被氧化,却相对容易通过还原脱溴加氢实现还原降解。目前 PBDEs 的处理技术主要有生物处理和物理化学处理两大类。如 PBDEs 的生物降解、真菌降解、光催化降解、零价铁还原降解、催化/电催化降解、水热降解[30-24]。PFOS 烷基上的氢全部被氟取代,这使得其无论对生物还是化学处理技术都具有很强的抵抗力。常用的高级氧化技术(AOP)如 O_3/H_2O_2 及 Fenton 试剂(Fe^{2+}/H_2O_2)对 PFOS 的降解效果都不理想。一些光解手段如直接光解、过硫酸光解、碱/异丙醇光解、光催化等在高 PFOS 浓度条件下显示出了对 PFOS 不同程度的降解。此外于亚临界水中的铁单质显示出了对 PFOS 的还原能力。实验室条件下将超声用于水溶液中 PFOS 的去除取得了良好的效果。去除 PFOS 的处置技术主要可分为 5 类:生物降解、氧化、还原、热处理、物理处理[35-40],而目前我国 PBDEs,PFOS 等新 POPs 的处理处置技术基本停留在实验室阶段,几乎没有实际应用。

对于 PCBs 的处置,早在 1995 年沈阳环境科学研究院就建立了国内第一个处置高浓度 PCBs 废物的焚烧中试试验装置,目前改装置全面达到国家相关技术标准、许可证规定和试烧计划要求的各项性能指标,全面具备了安全、高效、无害化焚烧处置 PCBs 废物的条件。2006 年 1 月,中国第一个履约示范项目"中国多氯联苯管理与处置示范项目"启动。项目将浙江省的废弃 PCBs 电力设备储存点及其污染物运送到辽宁省进行环境无害化处置,以示范含 PCBs 电力设备的脱氯技术,并在此基础上制订我国 PCBs 管理与处置的全国推广规划。2009 年 3 月,在"中国多氯联苯管理与处置示范项目"的支持下,日处理 PCBs 污染土壤 70～100t 的热脱附处理设备已于 2010 年于浙江杭州建德市到安置位,将率先应用于浙江省数万吨 PCBs 废物的环境无害化管理。2011 年初,该设备完成了调试,已投入运行。2009 年,"863"项目"典型工业污染场地土壤修复关键技术研究与综合示范"子课题"多氯联苯类污染场地修复技术设备研发与示范"启动,课题针对我国 PCBs 污染场地土壤修复问题,结合场地再利用功能和修复目标,研发具有我国自主知识产权的高浓度 PCBs 污染场地土壤的高效热脱附修复技术和设备,以及中低浓度 PCBs 污染场地土壤的强化生物修复技术,建立成套的 PCBs 污染场地土壤修复技术集成系统,进行工程示范,提升我国 PCBs 类污染场地土壤修复的技术水平。

国际上非常重视二噁英等 UP - POPs 减排技术的研发,近年来一些国际机构和国家相继出台了相关的技术导则,在二噁英减排技术方面,联合国环境规划署组织专家编制了《二噁英减排最佳可行技术/最佳环境实践技术导则》。然而,现有的技术主要是来自发达国家的实践,一方面这些技术普遍投资费用和运行费用较为昂贵,系统较为复杂;另一方面这些技术是否适合发展中国家的情况还不得而知,缺乏深入分析和实证研究。我国正在加紧研究我国二噁英排放特点和机理,进行控制方法的研究,并且在一些钢铁、造纸、焚烧等行业的多个企业成功进行了技术示范。目前,迫切需要推广一批符合国情、技术经济性较高、接近国际先进水平的技术成果,以支撑二噁英等 UP‑POPs 的减排。

针对目前我国 POPs 污染场地污染土壤修复问题,在科技部"863"计划重点项目"典型工业污染场地土壤修复关键技术研究与综合示范"的支持下,我国科研人员开展了挥发性有机污染场地土壤气提修复技术与设备研制,有机氯农药污染土壤多功能强化洗脱和序批式复合催化反应器小试设备研制,PCBs 热脱附修复和原位生物修复技术与设备研制等,为后阶段成套设备研发打下基础。

四、持久性有机污染物污染防治重大成果及应用

我国一直高度重视 POPs 污染防治和履约工作,2005 年国务院批准成立了由相关部委组成的工作协调组;2007 年国务院批准了《国家实施计划》,明确了我国履约的总体目标和具体行动。一方面,我国履约需求驱使着 POPs 科研技术的发展;另一方面,我国POPs 科学技术的发展大力推动了国家履行《斯德哥尔摩公约》。

我国是 POPs 生产、使用和排放大国。为了促进履约工作,我国启动了一系列科技支撑项目,如"十一五"国家科技支撑计划重大项目子课题"执行《POPS 公约》的支撑技术研究与示范",中挪国际合作项目"POPs 履约地方能力建设示范研究",公益性行业科研专项 "新增 POPs 环境管理决策支撑关键技术研究"等。在 POPs 科学技术的支持下,《国家实施计划》的执行总体上进展顺利。"十一五"期间,我国在全国范围内开展了 POPs 调查,基本掌握了 17 个二噁英排放主要行业的情况,摸清了全国电力行业和 8 个省份非电力行业含多氯联苯电力设施在用及存放的废物数量和情况;查明了 11 个主要省份杀虫剂类 POPs 废物的种类、数量和存放情况,以及 44 家曾经生产杀虫剂类企业 POPs 污染场地的状况,对典型污染场地进行了污染分析,明确了 POPs 污染防治的重点区域、重点行业和重点监管对象。完成了全部有意生产和消费的首批 POPs 的淘汰;对钢铁、造纸、废物焚烧等重点行业新源采取 BAT/BEP 措施;优先针对重点区域的重点行业现有二噁英排放采取了 BAT/BEP 措施;完善了 POPs 废物环境无害化管理与处置支持体系。我国还颁布了三十多项与 POPs 污染防治和履约相关的管理政策、标准和技术导则,初步构建了 POPs 政策法规和标准体系。POPs 的控制、削减、淘汰工作将纳入国家中长期规划,并逐步系统化、常态化。此外,通过与国际组织及双边政府密切合作,我国开展了杀虫剂类POPs 的削减和替代示范、POPs 废物处置和二噁英类重点排放行业减排技术示范等三十多个国际合作项目,引入了先进的管理理念和 POPs 削减及替代技术,消除了每年数千吨杀虫剂类 POPs 生产产能和使用,处置了约两万吨 POPs 废物和污染土壤,促进了相关行业技术升级,培育了 POPs 治理的相关产业和市场。

当前 POPs 污染防治的形势依然十分严峻:二噁英排放量大而且涉及领域广泛,受控新 POPs 不断增加;POPs 废物和污染场地环境隐患突出;政策法规体系不完善,监督管理能力不足;替代技术缺乏,污染控制技术水平较低;POPs 履约资金缺口大,投入不足。虽然中国 POPs 污染防治和履约工作面临巨大的压力和挑战,但同时也迎来了前所未有的大好机遇,特别是《国务院关于加强环境保护重点工作的意见》中明确提出要加强 POPs

排放重点行业的监督管理。今后中国将通过加大落后产能淘汰力度、严格环境准入条件、推行清洁生产等方式,降低重点行业的二噁英排放强度,安全处置已查明的 POPs 废物,逐步开展 POPs 污染场地环境调查、风险评估和修复示范。为全面落实《国家实施计划》要求,中国需要进一步完善政策,强化监管,构建 POPs 污染防治长效机制。POPs 科学技术的进一步发展也将促进中国实施《国家实施计划》,履行《斯德哥尔摩公约》,并推动 POPs 相关产业的发展。

POPs 科学技术不光推动了我国履行《斯德哥尔摩公约》,而且使我国能够在国际履行公约中发挥更重要的作用。2005 年 5 月召开的《斯德哥尔摩公约》第一次缔约国大会上,POPs 专委会主任、清华大学余刚教授当选为该公约 BAT/BEP 专家组联合主席,2005 年 11 月在日内瓦主持了第一次专家组会议。2006 年 5 月召开的联合国环境署《斯德哥尔摩公约》第二次缔约国大会上,余刚教授应邀参加了大会主席团会议,并代表专家组向大会报告了专家组的工作进展和工作计划。2006 年 12 月举行的 POPs 公约 BAT/BEP 专家组第二次会议上,余刚教授和瑞典的 Bo. Wahlström 先生担任联合主席共同主持了会议。作为 POPs 公约 BAT/BEP 专家组联合主席组织全球 40 多位专家编制了《BAT/BEP 导则》,已经被第三届缔约国大会通过。

五、持久性有机污染物污染防治研究能力与平台建设进展

"十一五"期间,在中国履约的迫切需求和国内外各种资金的支持下,POPs 科学技术研究能力与平台得到快速发展。

(一)人才培养与人才贡献

"十一五"期间,我国从事 POPs 的科学技术研究与履约工作的队伍不断充实。从事 POPs 研究方向的硕士和博士研究生亦逐年增加,为了激励 POPs 领域优秀青年的成长,每年在中国 POPs 论坛上,由论坛主办方评选和颁发 POPs 论坛优秀研究生论文奖,从 2006 年至今,已有四十多位研究生获得此项奖项,而很多当时获得此奖项的研究生已经成长为 POPs 领域的科研骨干,一些特别优秀者已经晋升正高级职称。POPs 领域相关研究人员素质也不断提升,相关研究得到了国家"973"、"863"、国家科技支撑计划项目和国家自然科学基金等多项项目资助。2006 年,中国环境科学学会 POPs 专委会主任,清华大学余刚教授获得国家杰出青年基金。多位我国学者还在国际 POPs 履约中发挥了重要作用,余刚教授在 2005 年当选为《斯德哥尔摩公约》BAT/BEP 专家组联合主席;POPs 专委会副主任、中科院生态环境研究中心郑明辉研究员 2007 年当选为亚太区域 POPs 监测组委会主席,同年当选为《斯德哥尔摩公约》全球 POPs 监测协调委员会委员;POPs 专委会副主任、北京大学胡建信教授 2006 年当选为《斯德哥尔摩公约》新 POPs 审查委员会委员。

为表彰为我国 POPs 事业做出重要贡献的杰出人士,每年在中国 POPs 论坛上,由论坛主办方中国环境科学学会 POPs 专业委员会等机构颁发消除持久性有机污染物杰出贡献奖,从 2006 年至今,共有 6 人获奖,他们分别为中国科学院院士、中国科学院生态环境

研究中心研究员,我国著名的环境化学家徐晓白女士(2006 年);原国家环境保护总局国际合作司副司长、原国家环保总局《斯德哥尔摩公约》履约办公室副主任岳瑞生先生(2007 年);中国工程院院士、中国工程院环境与轻纺工程学部主任、中国环境监测总站研究员,我国著名的环境化学家魏复盛先生(2008 年);中国科学院院士、中国科学院广州地化所研究员,我国著名有机地球化学家与环境地球化学家傅家谟先生(2009 年);南京大学环境学院教授,我国著名的环境化学家王连生先生(2010 年);中国工程院院士、环境保护部南京环境科学研究所研究员,我国著名环境化学家和环境毒理学家蔡道基先生(2011 年)。他们在 POPs 科学研究技术发展、国家履约行动方面做出了杰出贡献,推动了我国 POPs 的控制和消除。

(二)研究平台建设

在过去的 5 年中,环境保护部建设了以七个区域二噁英分析实验室为重点的 POPs 分析平台体系,卫生部的疾病控制中心(CDC)系统、国家质检总局系统、教育部的几所大学、中科院的几家研究所也建立了十多家二噁英分析实验室,目前我国已经有 25 家左右二噁英分析实验室,全面提高了我国的 POPs 分析能力与水平。如清华大学的二噁英分析平台具有按国际规范设计的全新风洁净实验环境,装备有日本电子最新型的高分辨气相色谱/高分辨质谱系统(JMS-800D 型),具备进行以二噁英、多氯联苯等 POPs 的痕量分析能力。2009 年,平台共完成了 150 多个样品中二噁英、多氯联苯及杀虫剂的含量分析,为国家"十一五"科技支撑计划"执行《POPs 公约》关键技术研究与示范"、联合国环境署"发展中国家废物露天焚烧导致的有害物质排放研究"、中挪合作"地方 POPs 履约能力建设示范"、联合国大学项目"部分地区 POPs 风险评估"等项目的实施提供了准确可靠的测试数据。平台参加了由联合国环境署组织的亚太地区 POPs 分析实验室间比对研究,在烟气、底泥、鱼样等各类样品都取得了理想结果。2009 年 12 月,平台顺利通过了国家计量认证资质认可的现场评审。2008 年,国家环境分析测试中心的二噁英实验室被批准建设成为"国家环境保护二噁英污染控制重点实验室"。该实验室先后承担了国家"十五"科技攻关计划项目、环境保护部科技发展计划项目、科技部基础性工作专项研究项目、科技部重点新技术新方法科研项目、中日技术合作项目、国家"863"计划项目、国家"973"计划项目、国家环保公益性行业科研专项等多项重大科研课题。实验室通过了中国实验室国家认可委员会(CNAL)的计量认证/实验室认可现场评审,并在多次国际二噁英实验室间能力验证和比对实验中取得优异成绩,分析测试技术已达到国际同类实验室先进水平。

POPs 高昂的检测分析成本一直制约着我国相关研究工作的发展。由于三峡库区生态环境保护非常重要、任务十分艰巨,环境保护部特别将重庆市纳入中挪合作 POPs 地方履约能力建设示范项目,并将北碚区选为全国首个 POPs 履约能力建设项目示范区(县)。"十一五"期间,重庆市北碚区成功创建了全国首个低成本 POPs 快速生物检测实验室,它不仅能够对各种 POPs 进行有效检测和治理,还对整个西南地区乃至全国的环境监测工作具有指导性作用。

2009 年第四次缔约方大会日前批准了设在我国的巴塞尔公约亚太地区协调中心为《斯德哥尔摩公约》亚太区域中心。主要为东南亚地区国家提供技术转移、技术培训服务,同时配合公约秘书处开展履约服务工作。

(三)学术团体和学术交流

1.中国环境科学学会持久性有机污染物专业委员会

中国环境科学学会持久性有机污染物专业委员会于 2008 年由民政部批准成立。POPs 专业委员会的宗旨是加强国内从事 POPs 基础理论、政策法规以及削减控制技术研究的科学技术人员之间的学术联系,促进与国际 POPs 学术界的交流与合作,促进 POPs 知识的普及,密切科学研究单位、政府管理机构、企业之间的联系,为我国履行《斯德哥尔摩公约》以及彻底消除 POPs 污染提供决策支撑和技术服务。

2.中国持久性有机污染物论坛

中国持久性有机污染物论坛是中国持久性有机污染物论坛暨全国持久性有机污染物学术研讨会的简称,是由清华大学持久性有机污染物研究中心、环境保护部斯德哥尔摩公约履约办公室、中国环境科学学会持久性有机污染物专业委员会和中国化学会环境化学专业委员会共同主办的系列年会,每年在《斯德哥尔摩公约》国际生效纪念日 5 月 17 日开幕。

秉承高起点、高层次、高水平的组织理念,中国持久性有机污染物论坛定位于为我国 POPs 领域的学术界、管理界和产业界构建一个集思广益、共谋对策的交流平台,围绕 POPs 履约需求与应对策略、POPs 科学研究与决策支持以及 POPs 技术研发与应用体系三大主题,报告 POPs 履约的国际动态和国内成效,研讨 POPs 研究的最新进展和发展趋势,展示 POPs 产业的仪器设备和试剂装置。

在 POPs 领域产学研各界人士的热烈响应与积极参与下,中国持久性有机污染物论坛已经成功举办了六届,参会代表从首届论坛的 230 余人逐年增长,到 2009 年第四届论坛之后每年都有 300 余人与会。论坛已经成为我国 POPs 领域学术界、管理界和产业界共同关注的年度盛会,在我国 POPs 淘汰、削减和控制的进程中发挥积极的促进作用。

3.中国持久性有机污染物网络平台

中国持久性有机污染物科技网(http://www.china-pops.net)是公益性学术网站,该网站在 2008 年进行了全面改版,形成了新闻中心、图片中心、企业展台、POPs 专家库、下载中心、博客系统、论坛系统等内容频道。该网站已成为 POPs 领域广为人知的网络资源,访问人次已达 20 余万,成为众多研究者、管理人员与企业人士进行虚拟交流的重要网络平台。

中国 POPs 履约行动网(http://www.china-pops.org)是国家履行斯德哥尔摩公约协调组办公室官方网站。该网站展示履约最新动态,发布公约进展,政策法规和控制技术等。

中国 POPs 信息网(http://www.china-pops.com)是由全球环境基金小额赠款项目支持,中国环境新闻工作者协会主办的公益性网站,旨在为公众建立一个能够全面、系统地了解持久性有机污染物信息的渠道,更好地普及持久性有机污染物的相关知识。

六、持久性有机污染物污染防治研究发展趋势及展望

经过近五年的发展,我国POPs研究已经取得了巨大的进步,学科基础理论体系已渐趋成熟,学科队伍得到了充分锤炼,同时POPs相关科学技术为我国履行公约,消除POPs发挥了重要作用。目前,我国的一些高水平研究机构的POPs研究能够关注国际热点问题,紧跟国际研究前沿。但是,我国POPs研究的总体水平与欧美日等发达国家相比,还存在一定差距,主要体现在如下几个方面:①环境中具有POPs特性的新兴污染物基本由发达国家研究机构首先发现,并建立环境分析方法进行相关研究,我国一些高水平研究机构在这些问题受到关注后也能够快速跟进研究,但是缺少重大发现;②发达国家在POPs相关的基础理论研究上做出了重大贡献,如提出POPs的蒸馏效应、全球归趋机制、POPs生物富集机理等;而我国在POPs基础理论研究方面尚缺少重大的理论突破;③我国POPs处置技术和污染场地修复技术相对于发达国家还不够成熟,较为先进的技术多从发达国家引进,迫切需要加强自主创新,开发适合我国国情的技术;④我国POPs相关标准、政策法规的相关研究滞后于发达国家。

虽然我国的POPs研究总体水平与国际一流水平存在一定差距,由于我国解决POPs问题的迫切需求的推动,可以预期POPs科学技术将在如下方面得到快速发展,逐渐缩小与发达国家的差距。

在分析技术上,POPs的检测方法技术体系将更加完善,越来越多的新POPs物质的分析需求带动仪器制造行业和标样行业的发展,促进方便快捷的自动化前处理装置和新型色谱质谱联用技术的研发。在发展化学仪器分析方法的同时,在机制研究的基础上发展用于POPs检测的生物分析技术和以多成分免疫传感分析为核心的检测新技术,建立环境中痕量POPs的快速检测方法。研制具有多种POPs分析能力的免疫传感器和阵列传感器。针对环境中低浓度POPs监测的重大需求,以监测环境不同介质中低浓度POPs为目的,研究基于生物催化和化学催化的新型高灵敏电化学传感器技术,开发具有自主知识产权的新型环境生物材料、化学复合材料和监测技术,制备传感器监测功能组件,研制新型适用于大气、水、土壤中低浓度POPs的电化学传感器。

在POPs环境行为研究上,针对新POPs的环境行为的研究将加强,一方面,在POPs区域乃至全球的宏观大尺度上探索POPs污染物的运移和循环规律;另一方面,针对POPs微观环境行为,阐明POPs在环境体系中的变化及其影响因素。研究新POPs在生物体内的降解和代谢,探讨POPs的生物降解和代谢途径;分析POPs在不同营养级别水生和陆生生物中的传递与放大;研究和发展分子同位素等技术手段用于示踪POPs在不同生物链中的迁移过程;通过三维分子模拟技术研究POPs在生物体内与相关代谢酶的结合过程,预测POPs的结构与其体内代谢有效性的定量关系;探讨溶解有机质对水体中POPs生物有效性的影响。气候变化对POPs行为和环境风险的影响将受到越来越多的关注。

在毒理学研究上,研究将从个体水平向分子水平发展,探讨POPs对靶分子结构与功能的影响,研究新POPS对生物大分子的毒性作用机制;揭示新POPs在细胞中的代谢、

活化和毒性效应间的关系;研究 POPs 对动物早期生命发育、全生命周期的生长、发育和种群繁衍等的毒性效应;大力发展新 POPs 污染生态环境风险评价技术。

我国在"十二五"期间还应重点开展以下方向的 POPs 处理技术研究,力争为国家提供一批符合我国国情、技术经济性较高、接近国际先进水平的技术成果,为我国淘汰、削减和控制 POPs 的事业提供技术支撑。①含二噁英废气的选择催化还原分解技术研究:针对各类高温热过程的含二噁英废气的减排问题,开发出具有自主知识产权的选择催化还原分解用催化材料,并建立典型行业的成套技术设施。②POPs 低温脱氯催化降解或光催化降解技术研究:以含 POPs 的环境介质无害化、资源化安全处理为导向,研制和筛选环境友好型高效催化剂;针对库存 POPs、垃圾焚烧飞灰、POPs 污染土壤和垃圾焚烧尾气等不同介质中 POPs 污染物,研制成本低、操作简单、无二次污染的新型 POPs 催化降解材料或光催化降解材料,以此为核心开发出降解技术。③电子废物拆解地 POPs 污染修复技术研究:针对典型电子废物拆解地受 POPs 污染的土壤和水体,研制经济有效的修复技术。④全氟化合物生产废水的高效处理技术研究:鉴于我国作为世界 PFOS 最大生产国家的事实,针对我国典型生产企业/工艺所产生的生产废水,研制能够高效去除废水中 PFOS 的水处理技术。

参考文献

[1]Wang B, Huang J, Deng S B, et al. Addressing the Environmental Risk of Persistent Organic Pollutants in China. Frontiers of Environmental Science & Engineering in China. 2011, DOI:10.1007/s11783 - 011 - 0370 - y (in press).

[2]Shi W, Yu G, Huang J, et al. Inventory methodology and occurrence of PCBs wastes in Zhejiang Province of China[J]. Organohalogen Compounds, 2005, 67: 1066 - 1069.

[3]郑明辉,孙阳昭,刘文彬. 中国二噁英类持久性有机污染物排放清单研究[M]. 北京:中国环境科学出版社, 2008.

[4]杨淑伟,黄俊,余刚. 中国主要排放源的非故意产生六氯苯和多氯联苯大气排放清单探讨[J]. 环境污染与防治, 2010, 32(7): 82 - 85.

[5]韩文亚,黄俊,余刚,等. 我国持久性有机污染物类废弃杀虫剂库存的清单调查方法学研究[J]. 农业环境科学学报,2007,26(5):1615 - 1618.

[6]赵丽娟. 中国氯丹和滴滴涕使用清单研究[D]. 北京:北京大学, 2005.

[7]GEF. China - Demonstration of Alternatives to Chlordane and Mirex in Termite Control Project[J]. Washington:GEF, 2006.

[8]Jia H L, Li Y F, Wang D G, et al. Endosulfan in China 1 - gridded usage inventories[J]. Environmental Science and Pollution Research, 2009, 16(3): 295 - 301.

[9]Jia H L, Sun Y Q, Li Y F, et al. Endosulfan in China 2 - emissions and residues[J]. Environmental Science and Pollution Research, 2009, 16(3): 302 - 311.

[10]Wang B, Iino F, Yu G, et al. HRGC/HRMS analysis of mirex in soil of Liyang and preliminary assessment of mirex pollution in China[J]. Chemosphere, 2010, 79(3): 299 - 304.

[11]王斌. 持久性有机污染物生态风险评价模式及其应用[D]. 北京:清华大学, 2008.

[12]Lim T C，Wang B，Huang J，et al. Emissions Inventory for PFOS in China – Review of Past Methodologies and Suggestions[J]. TheScientificWorldJOURNAL，2011，11：1963 – 1980.

[13]Wang B，Yu G，Zhang T T，et al. CALUX bioassay of dioxin – like compounds in sediments from the Haihe River，China[J]. Soil and Sediment Contamination，2009，18(4)：397 – 411.

[14]Zhang T T，Yu G，Wang B，et al. Bioanalytical characterization of dioxin –like activity in sewage sludge from Beijing，China[J]. Chemosphere，2009，75(5)：649 – 653.

[15]Chen H Y，Zhuang H S. Real – time immuno – PCR assay for detecting PCBs in soil samples. Analytical and Bioanalytical Chemistry，2009，394(4)：1205 – 1211.

[16]Shen C F，Chen Y X，Huang S B，et al. Dioxin – like compounds in agricultural soils near e – waste recycling sites from Taizhou area，China：Chemical and bioanalytical characterization［J］. Environment International，2009，35(1)：50 – 55.

[17]Rong Z Y，Li K，Yin H W. Pilot study of the polychlorinated dibenzo – p – dioxins and dibenzofurans level in agricultural soil in Shanghai，China［J］. Environmental Monitoring and Assessment，2010，171(1 – 4)：493 – 500.

[18]广州地球化学研究所. 广州地化所在环境介质和人体血液中发现十溴联苯醚的新转化产物. http://www. cas. cn/ky/kyjz/201110/t20111009_3359813. shtml. 2011 – 11 – 9.

[19]Yu Z Q，Zheng K W，Ren G F，et al. Identification of monochloro – nonabromodiphenyl ethers in the air and soil samples from south China[J]. Environ. Sci. Technol. ，2011，45 (7)：2619 – 2625.

[20]Yu Z Q，Zheng K W，Ren G F，et al. Identification of Hydroxylated Octa – and Nona – Bromodiphenyl Ethers in Human Serum from Electronic Waste Dismantling Workers[J]. Environ. Sci. Technol. ，2010，44 (10)：3979 – 3985.

[21]王春霞,朱利中,江桂斌. 环境化学学科前沿与展望[M]. 北京:科学出版社,2011.

[22]UNEP/AMAP expert group. Climate Change and POPs：Predicting the Impacts. http://chm. pops. int/Implementation/GlobalMonitoringPlan/ClimateChangeandPOPsPredictingtheImpacts/tabid/1580/Default. aspx. 2011.

[23]Huang Q S，Fang C，Wu X L，et al. Perfluorooctane sulfonate impairs the cardiac development of a marine (Oryzias melastigma)[J]. Aquatic Toxicology，2011，105：71 – 77.

[24]王斌,余刚,黄俊,等. POPs 生态风险评价体系和模式初探[R]. 第三届持久性有机污染物全国学术研讨会论文集,北京,2008:225 – 227.

[25]Wang B，Yu G，Huang J，et al. Development of species sensitivity distributions and estimation of HC5 of organochlorine pesticides with five statistical approaches[J]. Ecotoxicology，2008，17 (8)：716 – 724.

[26]Wang B，Yu G，Huang J，et al. Tiered aquatic ecological risk assessment of organochlorine pesticides and their mixture in Jiangsu reach of Huaihe River，China[J]. Environmental Monitoring and Assessment，2009，157(1 – 4)：29 – 42.

[27]Wang B，Yu G，Huang J，et al. Probabilistic ecological risk assessment of OCPs，PCBs，and DLCs in the Haihe River，China[J]. The Scientific World Journal，2010，10：1307 – 1317.

[28]Wang B，Yu G，Huang J，et al. Probabilistic ecological risk assessment of DDTs in the Bohai Bay based on a food web bioaccumulation model[J]. Science of the Total Environment，2011，409(3)：495 – 502.

[29]陈蔚勤,邢航,肖进新. 用于水成膜泡沫灭火剂的 PFOS 替代品的研究[A]. 第六届持久性有机污染物全国学术研讨会论文集[C]. 北京,2011：188 – 189.

[30]He J Z, Robrock K R, Alvarez - Cohen L. Microbial Reductive Debromination of Polybrominated Diphenyl Ethers(PBDEs)[J]. Environ. Sci. Technol, 2006, 40 (14):4429 - 4434.

[31]Gerecke A C, Hartmann R C, Heeb N V, et al. Anaerobic degradation of decabromodiphenyl ether [J]. Environmental Science & Technology, 2009, 39:1078 - 1083.

[32]Kim Y M, Nam I H, Murugesan K, et al. Biodegradation of diphenyl ether and transformation of selected brominated congeners by Sphingomonas sp. PH - 07[J]. Appl Microbiol Biotechnol, 2007, 77(1):187 - 194.

[33]Zhou J, Jiang W Y, Ding J, et al. Effect of Tween 80 and cyclodextrin on degrada - tion of decabromodiphenyl ether (BDE - 209) by white rot fungi[J]. Chemosphere, 2007,70(2):172 -177.

[34]Ahn M Y, Filley T R, Jafvert C T, et al. Photodegradation of Decabromodiphenyl Ether Adsorbed onto Clay Minerals, Metal Oxides, and Sediment[J]. Environ. Sci. Technol, 2006, 40 (1): 215 -220.

[35]Parsons J R, Saez M, Dolfing J, et al. Biodegradation of Perfluorinated Compounds[J]. Reviews of Environmental Contamination and Toxicology, 2008, 196: 53 - 71.

[36]Yamamoto T, Noma Y, Sakai S I, et al. Photodegradation of perfluorooctane sulfonate by UV irradiation in water and alkaline 2 - propanol[J]. Environmental Science & Technology, 2007, 41 (16): 5660 - 5665.

[37] Ochoa - Herrera V, Sierra - Alvarez R, Somogyi A, et al. Reductive defluorination of perfluorooctane sulfonate[J]. Environmental Science & Technology, 2008, 42(9): 3260 - 3264.

[38]Ciawi E, Rae J, Ashokkumar M, et al. Determination of temperatures within acoustically generated bubbles in aqueous solutions at different ultrasound frequencies[J]. Journal of Physical Chemistry B, 2006, 110(27): 13656 - 13660.

[39] Tang C, Fu Q S, Robertson A P, et al. Use of reverse osmosis membranes to remove perfluorooctane sulfonate (PFOS) from semiconductor wastewater[J]. Environmental Science & Technology[J]. 2006, 40(23): 7343 - 7349.

[40]Chang M B, Chang J S. Abatement of PFCs from semiconductor manufacturing processes by nonthermal plasma technologies: A critical review [J]. Industrial & Engineering Chemistry Research. 2006, 45(12): 4101 - 4109.

[41]楚惠萍. POPs 防治和履约再提速—《关于持久性有机污染物的斯德哥尔摩公约》履约十周年综述 [N]. 中国环境报第 2 版, 2011 - 11 - 11.

[42]顾瑞珍. 我国构建持久性有机污染物污染防治长效机制[EB/OL]. 新华网. 2011 - 11 - 11.

撰稿人:王 斌 余 刚

环境基准与标准学科发展报告

摘要 "十一五"期间,我国环境基准与标准工作取得了较大进展。在环境基准研究方面,我国环境基准的研究起步较晚,基础薄弱。近年来,我国开始逐步加强对环境基准研究工作的重视,在"973"项目、"水专项"和国家环保公益性行业科研专项项目中都设立了有关环境基准的研究项目,取得了一系列科研成果,初步建立了我国环境基准体系研究框架。在环境标准研究方面,"十一五"期间,我国环境保护标准体系建设以前所未有的速度快速发展,共发布标准 502 项,现行标准超过 1300 项。我国以环境质量标准、污染物排放(控制)标准、环境监测规范为核心的环境保护标准体系已经基本建立,国家环境标准体系基础框架已经形成。同时,环境质量标准和排放标准制修订方法学研究也取得了较大进展,规范和指导了相关标准的制订工作。

"十二五"期间,进一步开展环境基准理论方法学及相关支撑技术研究,为构建国家环境基准体系提供支撑;环保标准研究则积极围绕"强化污染减排、改善环境质量、防范环境风险"的环保工作总体思路,以深化标准体系顶层设计、协调各类标准之间的关系、强化标准制修订方法和实施机制及实施效益评估方法等为重点,积极适应国家经济社会发展和环境保护工作的需要,不断推进环保标准工作。

一、引言

"环境基准"与"环境标准"两个概念密切联系但又有所区别。"环境基准"是以保护人体健康、生态系统以及相关环境功能为目的,反映了污染物在环境中最大可接受浓度的科学信息;同时,"环境基准"是自然科学的研究范畴,是在研究污染物在环境中的行为和生态毒理效应等基础上科学确定的,基准值完全是基于科学实验的客观记录和科学推论。"环境标准"是指为保护人体健康、生态环境及社会物质财富,由法定机关对环境保护领域中需要规范的事物所作的统一的技术规定。在我国现行环境标准体系中环境标准分为五类,即环境质量标准、污染物排放(控制)标准、环境监测规范、环境基础类标准与环境管理技术规范类标准。其中,环境质量标准是整个环境标准体系的核心组成内容,也是国家环境管理的目标。环境质量标准主要依据环境基准制定,是环境质量评价、风险控制以及整个环境管理体系的基础。

本报告分析总结了"十一五"期间我国环境基准与环境标准学科发展情况,重点分析讨论了环境基准和标准理论体系建设和学科研究的最新进展及成果应用,并提出了关于学科研究发展方向的建议。

二、环境基准与标准基础理论研究进展

(一)环境基准理论研究进展

孟伟等(2006)参考国外文献(USEPA,1980d)将环境基准概括为"环境中污染物对特定对象(人或其他生物)不产生不良或有害效应的最大剂量(无作用剂量)或浓度。"按照环境介质的不同,环境基准可分为水环境基准、大气环境基准、土壤环境等;按照作用对象(或保护对象)的不同,环境基准可分为生态基准(对动植物及生态系统的影响)、健康基准(对人群健康的影响)和物理基准(对材料、能见度、气候等的影响)和感官基准(防止不愉快的气味或衣服污染)等[1]。欧美等发达国家较早开展了环境基准的研究,我国近几年才开始这方面的研究,本章从国内外比较阐述我国环境基准研究进展的情况。

1. 国外水环境基准体系研究进展

(1)美国

美国较早开展了水质基准(water quality criteria)的研究和制订工作。自20世纪60年代,美国相继发表了《绿皮书》、《蓝皮书》、《红皮书》和《金皮书》等水环境基准文献,形成了以保护水生生物和人体健康的水质基准为主,辅以营养物基准、沉积物基准、细菌基准、生物学基准、野生生物基准和物理基准等较为完整的水环境基准体系。这些基准一般用数值或描述方式来表达,为美国各州制订水质标准提供了科学依据。此外,美国还建立了各类基准的技术指南,以规范基准的制订,包括水生生物水质基准推导方法指南、人体健康水质基准推导方法指南、水质基准推导中健康风险评估方法指南,以及生物累积因子推导方法指南等。

美国最新的水质基准是2009年由美国环境保护局(USEPA)发布的,共包括167项污染物的淡水急性、淡水慢性、海水急性、海水慢性和人体健康基准值以及23项感官基准。167项污染物包括合成有机化合物107种、农药31种、金属和无机化合物24种、基本的物化指标4种、细菌1种,其中120种为美国优先污染物(priority pollutants)[2]。

自20世纪60年代以来,美国投入巨资,依据《清洁水法》开展了长期而系统的环境基准研究,目前已形成了比较完整的环境基准体系,奠定了美国在国际环境保护领域中的领先地位。

(2)世界卫生组织(WHO)

1984—1985年,世界卫生组织发布了《饮用水水质指南》(共三卷)第一版,并于1993—1994年进行了修订。2008年,又发布了最新的《饮用水水质准则:卷一》(第三版),《准则》阐述了确保饮用水安全的条件,如最小化程序、特定的指南值等,以及如何达到这些条件,并描述了《准则》推导值的使用方法。

(3)其他国家和地区[1]

加拿大于1987年制定了《水质指南》,提供了水质参数对加拿大水体用途影响的基础科学信息;提出了评价水质问题的方法,并且协助地方建立了敏感区域的水质目标,报道了许多无机化合物、有机化合物及放射性化学物质的生物学参数和耐受浓度。目前,加拿

大环境保护部最新的水质基准文件有:《加拿大保护水生生物水质指南》、《休闲用水水质指南和感官性质》和《加拿大保护农业用水水质指南》等。2007年,加拿大环境部将水质基准分为短期暴露基准和长期暴露基准,短期暴露基准主要用于防止突发性事件中大多数物种的死亡,而长期暴露基准主要防止非限制性暴露(长期暴露)下的有害影响。

澳大利亚和新西兰在2000年颁布的《淡水和海洋水质指南》中采用了"指导性触发值"(慢性暴露条件)对水生生物进行保护,按照数据量和质量以及保护水平可将触发值分为高可靠触发值、中度可靠触发值和低可靠触发值。

此外,欧盟采用预测无效应浓度作为污染物水质基准的主要依据,保护水生生态系统中绝大多数物种。荷兰于2007年颁布了最新的《环境风险限值推导指南》,按照保护水平将环境风险限值分为4个等级,即无效应浓度、最高允许浓度、高风险浓度和生态系统最大可接受浓度。

2.国外大气环境基准体系研究进展

(1)美国

根据《清洁空气法》,美国环境保护局需制定环境空气质量标准中每一项污染物的基准。2004年美国环保局更新了《颗粒物空气质量基准文件》,建议收紧细颗粒物($PM_{2.5}$)日均浓度的限值,并制定可吸入粗粒子标准的限值以代替现行标准中的PM_{10}。2006年美国环保局又更新了《臭氧和相关的光化学氧化物空气质量基准文件》,提出了臭氧8小时平均浓度限值的范围。2006年美国更新了《铅空气质量基准文件》,建议修订铅环境空气质量标准,大幅度收紧铅的浓度限值。2008年美国更新了《氮氧化物空气质量基准文件》,建议修订二氧化氮空气质量标准,取消二级标准年平均浓度限值,增加一级标准小时平均浓度限值。

(2)世界卫生组织(WHO)

为保护人群健康,降低环境空气污染相关疾病的发生率,为成员国制定环境空气质量标准提供参考,WHO欧洲地区办公室依据北美和欧洲发表的流行病学和毒理学研究成果于1987年发布了第一版《欧洲空气质量准则》,2000年发布了第二版《欧洲空气质量准则》。该准则值是根据最新的科学研究结果,从保护人群健康角度提出的指导值,未考虑技术、经济、人文、政治等因素,具有非强制性。

2005年,WHO发布了最新的《空气质量准则-颗粒物、臭氧、二氧化氮和二氧化硫》(2005年全球最新版),不但给出了上述四种污染物非常严格的准则值,而且还给出了颗粒物($PM_{2.5}$和PM_{10})、臭氧和二氧化硫的过渡期阶段目标值。这些目标值可作为逐步减少空气污染的渐进性指标,促进污染较严重的地区空气污染浓度由高到低的转变。

3.我国环境基准体系研究进展

我国环境基准研究目前仍处于起步阶段,最初的研究大多是对国外资料的收集和整理,以及对国外水质基准推导方法的零星论述。1981年中国建筑工业出版社出版了美国1976年《水质基准》(《红皮书》)的中文版(许宗仁译)。1991年水利电力出版社出版了美国1986年《水质基准》(《金皮书》)的中文版(水利电力部水质试验研究中心译)[1]。这两本中文版的出版加强了我国对国外水质基准研究的了解,使我国环境管理部门和科学界意识到了水质基准对水质评价和标准制定的重要作用。2004年,夏青等在《水质基准与水质标准》中第一次较为全面地介绍了美国水质基准,并阐释了我国《地表水环境质量标准》(GB 3838—2002)中部分污染物项目标准值的制定依据[3]。近年来,国内部分学者概括了美国及其他国家保护水生生物水质基准的制定方法和数据要求(孟伟,2009;张瑞卿等,2010;汪云岗和钱谊,1998)[4-6]。这些都为我国学者对环境基准的深入研究奠定了基础。

近年来,我国非常重视环境基准的研究工作,在国家"水体污染控制与治理"重大专项、科技部"973"计划项目、科技基础性工作专项以及国家环保公益性行业科研专项等科研项目的支持下,开展了有关湖泊水质基准,我国环境毒理、风险评估与基准、环境基准技术框架体系等方面的研究,取得了一定的研究进展。

例如,科技部"973"项目"湖泊水环境质量演变与水环境基准研究",初步建立了具有我国区域特点的湖泊水环境质量基准理论、技术和方法体系,提出了我国湖泊水环境质量基准的"三性"原则(科学性、基础性和区域性),指出环境暴露、效应识别和风险评估是基准研究的3个关键环节。国家水专项子课题"流域水环境质量基准与标准技术研究",以辽河和太湖流域为主要研究对象,初步提出了具有生态分区差异性的水生生物基准制定方法技术体系。国家科技基础性工作专项项目"我国环境毒理、风险评估与基准"系统整理了国内外生态毒理及环境健康方面的研究成果,针对几十项重点污染物,形成我国环境毒理、风险评估与基准信息汇编。借助以上部分研究成果,孟伟、吴丰昌等(2010)编制出版了《水质基准的理论与方法学导论》和《美国水质基准制定的方法学指南》[7,8],系统阐释了水质基准的内涵与技术方法体系。在环保公益重大科研专项的支持下,2010年启动了"我国环境基准框架体系及典型案例预研究",开展我国环境基准体系、中长期路线图及典型案例预研究。

"十一五"期间国家"水专项"开展了湖泊区域差异性调查、生态分区、营养物基准和富营养化控制标准制定技术的预研究,在全国湖泊区域差异性调查的基础上,开展了湖泊2级营养物生态分区探索研究[9,10];初步开展了适合我国不同分区湖泊富营养化特征的营养物基准制定的关键技术方法,建立云贵湖区的营养物基准参照状态[11,12]。

这些研究工作的开展是我国在环境基准理论体系研究方面的探索与尝试,将为我国环境基准理论体系的建设奠定科学基础。

(二)我国环境标准基础理论研究进展

近年来,随着国家环境保护工作的不断深入,环境标准受到社会各界的广泛关注,对环境标准工作提出了更高要求,对标准体系"科学性、系统性、适用性"的要求也越来越迫切。

借助国家环保公益性行业科研专项项目以及国家环境保护"十二五"规划编制工作的契机,有关研究人员就我国环境标准制修订方法学、体系构建等方面开展了研究工作。

1.我国环境质量标准制定方法研究

国家环保公益性行业科研专项"我国环境质量标准制定方法研究"项目(2007年)针对目前我国环境质量标准制订工作中存在的突出理论与技术难题,在环境质量标准基本结构模式、环境质量标准污染物指标筛选与方法、水质基准等效采用程序与转化、地表水环境质量达标评价方法等方面开展了研究工作。

1）环境质量标准基本结构模式研究。在对国内外（以美国、欧盟、日韩等国为主）的大气和地表水环境质量标准的框架结构进行分析比较的基础上，结合我国环境管理特点，提出了我国大气和地表水环境质量标准的框架结构建议。

2）环境质量标准污染物指标筛选与方法研究。在比较研究国外确定环境质量标准重点控制污染物项目的筛选方法和名录的基础上，根据收集和实测掌握的环境数据及污染物对人体健康和生态环境的危害、暴露状况等因素，初步建立了我国地表水环境质量标准重点控制污染物的筛选技术原则和方法，并提出了我国地表水环境质量标准重点控制污染物名录。

3）水环境基准向水环境质量标准转化程序与方法研究。系统分析了美国水质基准现状和体系，及水质基准的方法指南，就美国水质基准在我国水质标准中等效采用的转化程序与方法，以及水质基准向水质标准的转化及应用开展了研究。

4）地表水环境质量标准达标评价方法研究。充分利用国内外现有的地表水环境质量达标评价方法和收集实测的我国饮用水源地监测数据，开展地表水质达标评价方法研究，初步建立了我国地表水环境质量达标评价方法，并开展了评价方法验证工作。

2.我国污染物排放标准制定与实施方法学研究

国家环保公益性行业科研专项“我国污染物排放标准制定与实施方法学研究”（2007年）主要针对我国污染物排放标准体系的构建与完善、控制项目的选择与指标设计、标准限值制定方法以及标准实施制度等方面的内容开展了研究。

1）污染物排放标准体系构建研究。系统分析总结了美国、欧盟、日本等国家和地区的污染物排放管理体系和标准体系，分别对我国现行水、大气、移动源等污染物排放标准体系的系统性、科学性和适用性进行了评估，结合国家“十二五”以至更长时期内环境管理的重点领域和工作，初步构建了我国污染物排放标准体系框架。

2）控制项目的选择与指标设计。研究了国内外污染物控制原则及方法，总结了我国重点行业污染物排放制修订过程中控制项目选择的方法，提炼了项目选择与指标设计的原则与方法。

3）标准限值制定方法研究。在综合分析了国内外污染物排放标准限值制定方法的基础上，结合标准实施的经济、环境效益分析，提出了定位计算、模型估算、总量控制等限值确定方法理论。

4）标准实施制度研究。从污染物排放标准体系、环境法律制度和政策法规、工业企业遵循标准、广大公众监督等方面构建了污染物排放标准实施体系，并使其有机地结合，形成系统性的、完善的污染物排放标准实施制度，有效地落实污染物排放标准。

三、环境基准与环境标准研究进展

（一）我国环境基准研究进展

目前我国环境基准研究取得了一定进展，主要在以下几个方面。

1. 水环境基准研究进展

自 2005 年松花江硝基苯污染事件以来,水环境基准研究成为我国环境科学研究领域的热点。我国学者主要通过借鉴美国环境基准理论与研究方法,结合我国区域环境特征和污染状况,开展了环境基准理论方法学和重金属、有机污染物的典型案例研究。

Yin 等人(2003)根据美国环保局推荐的方法以及我国水生物区系,分别研究了 2,4-二氯苯酚和 2,4,6-三氯苯酚的基准,推导出了 2,4-二氯苯酚和 2,4,6-三氯苯酚的基准最大浓度值和基准连续浓度值。周忻等(2005)以 1,2,4-三氯苯的环境水质基准推导为例,论述了非致癌有机物保护人体健康水质基准的推导方法,研究中参考了美国 2000 年发布的方法学,获得了该化合物的环境水质基准值。王子健研究组按照美国水质基准制订方法筛选了太湖流域的优势物种以及相应的毒性数据,探讨了五氯酚、2,4-二氯酚和 2,4,6-三氯酚在我国太湖地区的水生态基准,同时采用蒙特卡罗构建物种敏感度分布曲线和生态毒理模型方法做了对比研究[1]。

此外,吴丰昌等开展了镉、锌、铜和硝基苯的淡水水生生物水质基准研究,获得了这几类污染物的急性和慢性水质基准值[13-16]。曹宇静和吴丰昌(2010)以及闫振广等(2009),研究获得了中国镉的基准最大浓度和基准连续浓度[17,18]。闫振广和刘征涛(2011)选择黄颡鱼、青虾等 6 种我国本土水生生物对硝基苯的急性和慢性生物毒性进行了研究与测试,并结合硝基苯的毒性文献数据综合分析,针对我国特有的生物区系以及水质状况,对保护我国水生生物的硝基苯水质基准进行了研究[19]。在国家"973"项目的资助下,河海大学在初步确定我国区域水环境特征和污染特征的基础上,对国际上通用几种沉积物质量基准推导的方法进行综合对比和分析,最终以太湖沉积物 Pb、Zn、Cu、Cr、As、Hg 等 6 种主要金属污染物为研究对象,通过采样实测污染物在沉积物固相和间隙水相间平衡分配系数 Kp 的方法,探讨相平衡分配法在沉积物环境质量基准建立中的应用,以及沉积物中污染物主要结合相对基准的校正方法,获得这些金属的沉积物基准初步值。

2. 大气环境基准研究进展

在大气环境基准领域,我国学者主要围绕环境空气中颗粒物、二氧化硫及氮氧化物等物质对人群的健康影响开展了研究。

国家环保公益性行业科研专项"我国大气颗粒物基准预研究"(2007),开展了大量环境空气颗粒物相关研究,完成了示范城市(天津市)大气颗粒物来源解析研究,并在示范城市选取了老年人和儿童两类空气污染易感人群建立了固定群组,并开展了固定群组个体暴露研究,结合固定群组体检结果综合评价了环境空气颗粒物对易感人群的健康风险。项目研究在我国北方四城市(沈阳、天津、太原和日照)同步建立了 4 万人的 10 年回归性队列,利用队列调查数据,研究颗粒物污染对人群死亡率(以呼吸系统疾病、心脑血管疾病和恶性肿瘤死亡为主)的影响。

复旦大学开展了"我国 31 个城市大气污染对居民死亡慢性影响的回顾性队列研究"。课题利用我国 1991—1999 年"全国高血压跟踪调查"队列,在严格控制年龄、性别、教育程度、肥胖、吸烟、饮酒、体育锻炼和疾病史等混杂因素影响的基础上,分析了颗粒物、二氧化硫和氮氧化物对人群死亡的影响。

科技部"973"项目"空气颗粒物致健康效应基础研究"（2010年）主要是为阐明空气颗粒物人群暴露特征与健康效应的关系，阐明空气颗粒物致心肺健康危害中与机体交互作用机制，发现生物标志谱，建立以机制为基础的环境健康危险度评价新模式。该项目的研究成果将为我国空气颗粒物基准的确定提供支撑，为制订空气污染防控对策提供科学依据。

（二）我国环境标准研究进展

1.我国环境标准体系研究与建设进展

"十一五"期间，我国环境标准发展迅速，已逐步形成了以环境质量标准、污染物排放（控制）标准、环境监测规范为核心，包涵环境基础类标准、管理规范类标准在内的五大类环境保护标准体系。标准的适用范围已涵盖水、气、土壤、声与振动、固体废物与化学品、生态、核与辐射等环境要素。在环境质量标准方面，修订并发布了《声环境质量标准》（GB 3096—2008）。《环境空气质量标准》修订稿已完成二次公开征求意见。同时，陆续启动了地表水环境质量标准、海水水质标准、农田灌溉水质标准、渔业水质标准、环境空气质量标准、保护农作物大气污染物最高允许浓度、土壤环境质量标准、机场周围环境噪声标准及测量方法、城市区域环境振动标准及测量方法等9项环境质量标准的修订；在污染物排放标准方面，"十一五"期间，加强了重点行业的排放标准的研究制定，发布了31项污染减排重点行业污染物排放标准。这些污染物排放标准的发布和实施对于加强COD、二氧化硫排放管理和重金属污染防治起到了积极作用。此外，根据环境质量标准和污染物排放标准的监测需要，分别制定了与之配套的环境监测分析方法和监测规范。

环境标准体系建设是一个不断调整和完善的过程。2008年环境保护部第30号公告，对国家水污染物排放标准体系进行了调整，设置了水污染物特别排放限值。根据太湖地区防治污染和保障饮用水安全的需要，经商有关地方和主管部门，确定在太湖流域一定的行政区域范围内执行国家污染物排放标准水污染物特别排放限值；同时，在2008年发布的行业型水污染物排放标准中，对于排入城镇污水处理厂的工业废水排放提出了要求（即间接排放限值）。间接排放限值的设立有利于进一步完善我国污染物排放标准体系，使其在污染物减排、环境优化经济发展等方面发挥更加积极的作用。

"十二五"期间，为适应解决损害群众健康的突出环境问题、降低主要污染物排放强度工作的需要，要在现行标准体系的基础上，对环境质量标准、排放标准、监测规范、管理技术规范等标准的表达方式和制修订工作模式进行调整，以重点污染物和环境要素为核心，形成若干个针对重点环境问题、由各类不同的标准单元组合而成的标准子体系（标准簇），使标准在实际工作中能够更好地打出组合拳。这些子体系包含有毒重金属、总量控制污染物、POPs物质、移动污染源、挥发性有机物、有毒有机物、生物多样性等。同时，围绕各项国家环境保护重点工作和解决突出环境问题的需要，对业已形成的子体系的系统性和适用性进行深入评估，完善标准体系的网状结构，以多个标准集成的方式，完整地表达对环境质量、排放控制、监测与监控等方面的要求。

2.我国环境保护标准工作进展

"十一五"期间，环境保护标准体系日臻成熟，总体水平迅速提高，标准内容独具特色，标准作用更加突出,影响显著加强,人才队伍不断壮大,工作能力日益提升,标准工作取得跨越式发展,为"十二五"乃至更长一段时期标准工作发展奠定了坚实的基础。据统计,"十一五"期间,共发布国家环境保护标准 502 项,平均每年出台的国家环境保护标准数量达到 100 项以上,增长幅度在 30 多年的环境保护标准工作历史上前所未有。截至"十一五"末期,我国累计发布环境保护标准 1400 余项,其中现行的标准 1300 余项。通过发布制浆造纸、有色金属、火电、稀土等行业污染物排放标准,有力促进了 COD、二氧化硫以及重金属排放重点行业的污染减排。通过实施城镇污水处理厂、纺织染整、畜禽养殖、水泥等行业相关环境标准,优化了产业结构,促进了行业污染防治技术水平的提升。通过发布实施《环境监测 分析方法标准制修订技术规范》(HJ168—2010)统一了相关技术要求,规范了 300 余项环境监测方法标准的制修订工作。

截至目前,正在制修订的国家环境标准约 1000 项,其中包括环境质量标准 16 项,污染物排放控制标准 145 项,环境监测方法标准 273 项,其他环保标准 600 余项。

四、环境基准与标准取得的重大成果

(一)环境基准国家重大研究项目与成果

1. 国家重点基础研究发展计划("973"计划)项目"湖泊水环境质量演变与水环境基准研究"

该项目由中国环境科学研究院主持,河海大学、中国科学院广州地球化学研究所、南京大学等近 10 家单位共同承担,执行期为 2008 年 7 月至 2012 年 8 月。

该项目直接面向我国湖泊污染防治重大科技需求,以湖泊污染过程和生态健康效应为核心,以水环境质量演变、环境暴露、效应识别和风险评估为基础开展理论研究。项目以太湖、巢湖和滇池为重点研究对象,针对水质基准的三性原则"区域性、基础性和科学性",围绕构建适合我国区域特点的、以保护水生态系统和人体健康为目标的湖泊水环境基准理论、技术和方法体系而开展基础性和前瞻性研究。拟解决的关键科学问题包括:①区域水环境要素对湖泊水环境污染过程和毒理效应的影响机理;②富营养化水体污染物的污染过程和生态健康效应;③区域水质基准体系构建的新理论和方法。项目将在揭示湖泊水环境区域差异特征的基础上,研究污染物的迁移转化规律、复合污染机理和毒理效应,开展饮用水源地生态安全评估研究,提出重点湖泊水环境基准清单和重要特征污染物的水环境基准建议值,构建我国区域水环境基准的理论框架体系,为我国以风险理论为基础的湖泊环境管理和污染防治提供理论依据。

通过研究,该项目目前已初步揭示了湖泊水环境质量演变规律,形成了湖泊水环境基准框架和指标体系;通过典型污染物沉积物基准模型的建立、典型污染物水生态基准和保护人体健康基准的推导,为我国水质基准研究提供了成功示范,对推动湖泊污染环境暴露、毒理和风险评估等国际前沿学科的发展有十分重要的意义。目前项目已出版英文专著 2 部,编写中文专著 4 部;发表科技论文 130 余篇,其中 SCI 刊物论文 70 多篇。

2. 国家"水专项"课题"我国湖泊营养物基准和富营养化控制标准研究"

国家"十一五"科技重大专项"水体污染控制与治理"课题"我国湖泊营养物基准和富营养化控制标准研究"针对我国湖泊富营养化控制和管理的重大科技需求,从全国湖泊流域整体层面出发,开展以营养物生态分区、营养物基准和富营养化控制标准制定为目标的湖泊区域差异性调查,揭示不同区域湖泊固有营养物水平、生态效应与富营养化区域差异性及内在规律,科学进行湖泊营养物生态分区;研究不同生态分区湖泊营养物基准制定方法学,研究基于湖泊营养物基准制定富营养化控制标准的关键科学问题。该项目重点突破营养物生态分区原理、技术方法,构建不同分区营养物基准制定的技术指南,并确定典型区域的湖泊营养物基准;突破制定国家湖泊富营养化控制指导标准及技术指南,构建不同生态分区湖泊营养物基准和富营养化控制标准体系,为进行全国不同分区湖泊富营养化控制和综合管理提供科学手段和方法;以富营养化控制标准为依据,开展淀山湖、兴凯湖、洱海、抚仙湖和乌梁素海富营养化控制标准应用研究,并进一步提出全国湖泊营养物削减和富营养化控制"分区、分类、分级、分期"指导的国家方案。

3. 国家"水专项"课题"流域水环境质量基准与标准技术研究"

国家"十一五"科技重大专项"水体污染控制与治理"课题"流域水环境质量基准与标准技术研究"通过在大辽河和太湖流域进行水化学因子和生物因子的现场调查,获得了大量现场观测数据,对水体、沉积物和生物体内的污染物分布情况进行分析测定。研究了辽河流域、太湖流域浮游生物群落结构、空间分布差异性及分布规律,筛选了辽河和太湖流域特征污染物,进行了辽河和太湖流域沉积物中有机污染物生态风险评估。编制了具有生态分区差异性的水生生物基准制定方法技术导则,建立了具有生态分区差异性的水生生物基准制定技术框架。该项目还初步推导了重金属镉的淡水水生生物基准,完成了利用毒性百分数排序法对硝基苯、六价铬、毒死蜱与氨氮的水质基准推导,初步推导出基于浮游植物的分子氨的水生态学基准值及沉积物中重金属(Cd、Cu、Pb、Zn)、有机污染物($PAHs$、$OCPs$)的基准值,为我国环境基准研究的深入开展奠定了基础。

(二)重大环境标准研究成果

"十一五"期间,紧密结合国家环境管理需要,环境保护部及时发布实施了一批重要环境标准,对于促进我国节能减排目标的实现和环境质量的提升发挥了重大作用[6]。

1)为适应经济社会发展状况,完善我国声环境质量评价体系,根据国内外相关调查研究情况,修订并发布了《声环境质量标准》(GB 3096—2008)。《环境空气质量标准》修订稿已完成二次公开征求意见,修订的主要内容包括取消了环境空气质量功能区的三类区,增设了$PM_{2.5}$指标、臭氧8小时平均浓度限值等。该标准的修订将进一步促进我国环境空气质量的改善,完善我国环境空气质量评价体系。

2)发布了一批污染减排重点行业污染物排放标准。"十一五"期间,加强了重点行业的排放标准的研究制定,共发布实施了排放标准31项。其中,2010年发布了《淀粉工业水污染物排放标准》(GB 25461—2010)、《酵母工业水污染物排放标准》(GB 25462—2010)、《油墨工业水污染物排放标准》(GB 25463—2010)、《陶瓷工业污染物排放标准》

(GB 25464—2010)、《铝工业污染物排放标准》(GB 25465—2010)、《铅、锌工业污染物排放标准》(GB 25466—2010)、《铜、镍、钴工业污染物排放标准》(GB 25467—2010)和《镁、钛工业污染物排放标准》(GB 25468—2010)等八项污染物排放标准。这些标准的发布和实施对于加强 COD、二氧化硫排放管理和重金属污染防治起到了积极作用。

此外,《火电厂大气污染物排放标准》(GB 13223—2011)和《稀土工业污染物排放标准》(GB 26451—2011)是以"十一五"期间大量研究工作为基础并于近期发布的重大标准。火电厂标准对实现国家"十二五"期间二氧化硫和氮氧化物减排目标将起到关键作用;稀土标准的制订和实施将有利于提高稀土产业准入门槛,加快转变稀土行业发展方式,推动产业结构调整,促进行业持续健康发展。

3)支持北京奥运会和残奥会、上海世博会等国家重大活动环境质量保障。为保障国家重大活动期间的区域环境质量,制订并发布了储油库、油罐车和加油站大气污染物排放标准和展览会用地土壤环境质量评价标准;经国务院批准,在北京、上海、珠江三角洲、南京等地区提前实施了国家第四阶段机动车排放标准;为提高车用燃油清洁化水平,保障国家第四阶段机动车排放标准在全国的顺利实施,开展了车用汽油和柴油中有害物质控制标准的制修订研究。

4)满足重大自然灾害和污染事件的环境应急需要。太湖蓝藻事件后,按照国务院的部署,原国家环保总局贯彻让江河湖泊休养生息战略,对标准体系和实施体系作出重大调整,在国家排放标准中设立了适用于环境敏感和脆弱地区的水污染物特别排放限值,发布了多项含有特别排放限值的排放标准,并与相关省人民政府协商确定了特别排放限值的实施时间和范围,有力地促进了太湖流域产业结构调整和环境质量的改善。

2008 年汶川发生地震后,为支持抗震救灾,指导灾区环境保护工作,紧急制定了饮用水安全、固体废物处理、临时安置点建设等方面的多个环境保护技术规范;在灾后重建时期,出台了《地震灾区活动板房拆解环境保护技术规范》。

在陕西凤翔等地发生儿童铅中毒事件后,针对国家排放标准实施过程中存在的问题,为完善污染源监控体系,确保环境安全,在新的国家排放标准中提出了对污染源周围环境质量进行监控的要求,并发布了适用于铅、锌、铝、铜、镍、钴、镁、钛等有色金属冶炼工业的国家排放标准。

5)积极支撑农村面源污染防治。为加强对面源污染防治工作的指导和规范,陆续颁布实施了一系列关于面源污染防治的环境标准,主要包括《农药使用环境安全技术导则》(HJ556—2010)、《化肥使用环境安全技术导则》(HJ555—2010)和《农村生活污染控制技术规范》(HJ574—2010)等,为面源污染防治提供了技术指导。

6)促进环境管理规范化。"十一五"期间,大力开展了环境监测规范、环境信息传输标准、环境执法现场检查规范的制修订研究,为污染减排和环境监管提供技术依据。制订并发布了一系列适用于清洁生产、环境影响评价、建设项目竣工环境保护验收、资源开发与管理生态保护、核与电磁辐射环境保护、化学品环境管理、标准制修订等方面的管理规范类环境保护标准,为规范开展各方面环境保护工作提供了重要的技术依据。

五、环境基准与标准研究能力建设进展

(一)学术团体、机构及学术期刊建设

"中国环境基准与标准专业委员会"为中国环境科学学会的分支机构,经民政部登记注册(社证字第3119—15号)批准成立。专委会挂靠在环境保护部环境标准研究所,定期组织开展与标准有关的学术研讨会。专委会由全国环境标准与基准领域的专业人员自愿组成,其主要职责是:在遵守中国环境科学学会章程的前提下,坚持民主办会原则,团结本领域的科技工作者、管理工作者、产业界代表以及社会公众等,促进环境标准与基准的理论、方法、案例等的研究、交流和创新,普及环境标准与基准知识,培养专业人才。专委会成立以来,开展了一系列丰富多彩的学术交流活动。

1)2010年4月1~3日,在北京会议中心成功举办了"中国环境科学学会环境基准与标准专业委员会2010年学术研讨会"。来自北京大学、清华大学、中国科学院、荷兰国家卫生与健康研究院等多所国内外高校和科研院所,浙江省环科院、山东省环科院等地方环科院,以及国际铜业协会等行业协会,共计100余名专家代表参加了会议。此次会议编辑出版了《中国环境科学学会环境标准与基准专业委员会2010年学术研讨会论文集》,收录文章68篇。此次会议的召开,极大地促进了我国环境标准与基准研究领域的学术交流。

2)2011年1月5~7日,在江苏南京成功召开了"中国环境科学学会环境标准与基准专业委员会2011年学术研讨会"。来自环保、卫生、农业、解放军、中科院及教育等系统科研机构的400余名专家学者分别就我国环境标准和基准基础研究、环保标准"十二五"规划等方面的内容进行了学术交流。此次学术研讨会与中国毒理学会环境与生态毒理学专业委员会联合举办,加强了环境标准与基准专业委员会与相关研究专业委员会的合作,与中国毒理学会环境与生态毒理学专业委员会共同编辑出版了《中国环境科学学会环境标准与基准专业委员会2011年学术研讨会-中国毒理学会环境与生态毒理学专业委员会第二届学术研讨会 会议论文集》两册,共收录论文145篇。

(二)人才培养

1.环境基准研究人才队伍建设

依托国家"水专项"、"973"计划项目以及国家环保公益性行业科研专项等各类科研项目的实施,以中国环境科学研究院为代表已初步形成了一支以院士为学术带头人、以中青年高学历研究人员为骨干的环境基准专业研究团队。依托中国环境科学研究院建立的"环境基准与风险评估"国家重点实验室以国家环境保护"化学品生态效应与风险评估重点实验室"和"湖泊污染控制重点实验室"2个部级重点实验室为主体,现有固定人员82位,平均年龄38岁,具有博士学位68位。研究队伍中包括4位院士,1位国家水专项技术总师,2位总体专家组成员,1位杰青和中科院优秀"百人计划",3位"新世纪百千万人才工程"国家级人选,2位国家杰出科技人才获得者,2位中国青年科技奖获得者。很多

中青年科研人员在环境基准研究领域开展前沿性的科学研究,积累了科研经验,获得了极大的锻炼与提升。

2. 环境标准研究人才队伍建设

按照建立"环保统一战线"的要求,"十一五"期间,依托中国科学院、中国工程院、环境保护部咨询委和科技委,动员全国环境保护科研院所、高校、行业协会和行业科研院所等全社会科研力量,参与标准制修订工作,加快科研和工程实践成果转化。目前,承担标准制修订工作的单位约 200 家,建立了较为广泛的环境保护标准工作队伍。

同时,为适应大规模开展环保标准制修订工作的需要,进一步提高标准工作的质量和效率,加强了标准技术管理工作,于 2007 年向各相关单位发出《关于加强国家环境保护标准技术管理工作的通知》,委托环境保护部环境标准研究所(原国家环保总局环境标准研究所)开展技术管理工作。标准所不断加强队伍建设,提升工作能力水平,极大保障了标准工作进展。目前标准所人员数量超过 50 名,其中高级职称人员 10 余名。

(三)基础研究平台建设

以中国环境科学研究院为依托建设的"环境基准与风险评估"国家重点实验室于 2011 年 4 月获得批准立项。该实验室是在"十一五"期间以及更早时期内环境基准与标准科研工作的积累的基础上成立的,是环保系统筹建的第一个国家重点实验室,标志着我国环境科研基础能力建设迈上了一个新的台阶。该实验室将针对国家环境管理和污染控制的重大科技需求,瞄准"科学确定基准"的国家目标和国际科学前沿,主要围绕"流域/区域环境质量演变规律和分区理论"、"环境基准理论与方法学"以及"环境风险评估理论与技术"三个研究方向开展各项基础与应用基础研究,建立适合我国生态环境特征和污染控制需要的国家环境基准理论、技术和方法体系,促进国际环境基准领域的发展,丰富和完善风险评估理论,为我国环境质量标准制/修订、保护生态环境与人体健康的重大决策及环境管理提供科技支撑。

六、发展趋势与展望

(一)我国环境基准研究展望

面对国家经济快速发展和人体健康保护的迫切需求,如何系统开展环境基准相关的研究工作已提上日程,我国有关学者经过多年环境基准研究实践,认为我国环境基准研究应从以下几个方面着手[19,20]。

(1)开展区域生态环境质量演变方面的基础研究工作

我国地域广阔,自然地理条件复杂,污染特征和人文自然环境也有别于其他国家。首先是基准的保护对象不同,如中国的生物区系特征与北美存在显著性差异,不同生态系统对特定污染物的耐受性和毒理学分布规律有明显不同。其次是优先控制污染物不同。由于我国处于社会经济发展的初级阶段,一些相对高能耗、高污染和初加工行业,污染相对严重,由此产生的污染物的来源、类型、排放量和环境风险不完全相同,所以对生态系统和居民健康有重要危害的优先控制污染物特征也不完全相同。针对我国的自然地理条件，需进一步拓展区域生态环境质量演变方面的基础研究工作，特别是开展适合我国区域特点的分区理论、技术和方法的研究。具体包括以下方面：① 从我国区域特点出发，根据地形地貌、气候、水文、植被、生物群落等情况，确定我国生态和环境功能分区理论、技术和方法；从区域整体性出发，分析各环境因子和生物因子的变化，建立环境质量演变的指标体系，反演不同区域生态环境质量的历史演变过程；② 分析各生态分区的环境质量要素（营养盐、重金属以及典型有机污染物）的变化，识别不同区域生态环境质量变化的主导因子与特征因子；③ 监测区域生态系统空间格局及其动态过程，分析区域生态系统结构与功能对环境质量的响应关系；研究区域生态系统空间格局、区域差异与演变过程，识别影响区域生态系统演变的关键驱动因子，预测环境质量的变化趋势。

（2）特征污染物环境行为、生态效应与毒理学研究

环境质量基准不是一成不变的，它会随着分析化学、毒理学和风险评估等学科的进步而不断更新。传统的毒理学研究对象主要针对生物个体，缺乏从种群、群落以及生态系统等宏观尺度水平上研究污染物的生物效应机制，而环境质量基准的保护目标是整个生态系统，并不是生态系统中某一个别生物，因此，从研究污染物对单个生物的毒理效应，上升到研究污染物对种群、群落乃至整个生态系统的毒理效应，是符合环境质量基准发展要求的。此外，传统的环境污染物毒性评价一般使用脊椎动物、哺乳动物或藻类等动植物进行急性和慢性毒性实验，来研究污染物的毒性效应，这些方法一般耗时较长，而且得出的实验结果往往不够精确，不能说明污染物的作用机制和原理。随着对毒性机制认识的不断深入，一些现代技术方法如细胞彗星试验、微核试验、基因探针、分子生物标记物等将逐渐被采用，通过快速检测污染物与生物靶分子 DNA、RNA 以及细胞和器官的变异特征指标来研究污染物的毒性效应将是研究毒理效应的必然手段。

目前无论是国际上还是在我国，环境质量基准都是针对单一污染物而言的，而实际上往往是不同的有毒污染物同时存在于环境中。随着不同种类污染物越来越多地进入环境系统，其对生态系统和人类健康的危害性也与日俱增。因此，近年来环境复合污染在国际环境科学领域得到了越来越多的关注，有关研究报道成倍增加，从而使人们对复合污染这一科学问题有了较为初步的认识。现有生态与健康风险评价的对象一般仅限定于单一污染物，而对区域复合型环境污染很少涉及，尚不能直接用于解析区域复合型环境污染的风险，从而限制了其研究结果的实际应用价值。因此，环境多介质复合污染过程、机理和风险评估理论研究是该领域的国际发展趋势。

（3）环境基准的理论与方法学研究

环境暴露、生物富集和风险评价是环境基准理论的重要组成部分，环境基准是多学科综合研究的集成，反映了最新的科学进展，随着环境科学、毒理学和地球化学等学科研究的不断深入，环境基准基础理论也须不断提高和完善，建立适合区域特点的环境基准的前提是必须建立适合本国的环境风险、环境暴露和生物富集评价的模型和毒性数据库。近几年来随着新型污染物的出现，如纳米材料、内分泌干扰物、药物和激素、藻毒素等，它们在环境中的归宿、生态与健康效应还不清楚，急需开展这些新型污染物的效应识别、环境暴露、风险表征、剂量效应关系和基准推导等方面的理论和方法研究。因此，不断运用新

技术和新方法深入开展这些新型污染物的环境行为、生态毒理效应和风险评估的原创性研究,发展环境基准的新理论和新方法,是国内外该领域的重要研究内容和发展趋势。

(二)我国环境标准体系与研究展望

根据国家环境管理的需求,"十二五"期间,环保标准体系与研究要紧密围绕国家环保重点工作,与时俱进,开拓创新,实现由数量增长型向质量管理型转变,积极适应国家经济社会发展和环境保护的需要,以加快完善标准体系为重点,全面推进环保标准的研究与发展[21,22]。

1)新时期社会管理和环境保护工作都对环保标准提出了更高的要求,在丰富标准体系内容的同时,应注重标准体系建设的质量,不断优化标准体系结构。以提高标准体系的科学性、系统性、适用性为核心,进一步理顺、优化和完善国家环境保护标准体系。同时,为适应解决区域环境问题的需要,结合法律的贯彻落实,应采取措施促进地方级环境保护标准发展,初步建立与国家级环保标准紧密衔接、相互配合、反映各地经济社会发展和环境保护需要的地方环境保护标准体系。

2)为适应解决损害群众健康的突出环境问题、降低主要污染物排放强度的需要,在现行标准体系的基础上,对环境质量标准、排放标准、监测规范、管理技术规范等标准的表达方式和制修订工作模式进行调整,以重点污染物和环境要素为核心,形成若干个针对重点环境问题、由各类不同的标准单元组合而成的标准子体系(标准簇),使标准在实际工作中能够更好地打出组合拳。这些子体系包含有毒重金属、总量控制污染物、POPs物质、移动污染源、挥发性有机物、有毒有机物、生物多样性等。同时,围绕各项国家环境保护重点工作和解决突出环境问题的需要,对业已形成的子体系的系统性和适用性进行深入评估,完善标准体系的网状结构,以多个标准集成的方式,完整地表达对环境质量、排放控制、监测与监控等方面的要求。

3)标准与其适用对象之间存在着复杂的互动关系,逐步建立重要标准的实施效益评估机制,通过评估及时发现标准实施过程中出现的问题,并将其作为修订标准和完善环境监管工作的依据。建立和完善标准制修订"负反馈"工作机制,在标准实施效益评估工作的基础上开展制修订工作,实现标准工作的"闭环控制"。要进一步加强标准工作的全过程、规范化管理,提高标准制修订项目的准入门槛,严把立项关,提高标准工作的前瞻性和预见性。

4)为做好环保标准工作,对标准制修订和实施工作中涉及的各种问题进行广泛、深入的调查研究,不断探索标准工作客观规律,夯实标准工作发展的基础。针对环保标准发展的需要,结合国情和实践经验,加强标准体系构建的基础理论研究,提高相关研究工作的针对性、适用性和有效性,使标准研究成果能够真正服务于标准工作,满足标准工作的需要。

参考文献

［1］中国环境科学研究院.水质基准的理论与方法学导论［M］.北京:科学出版社,2010.

［2］陈艳卿,孟伟,武雪芳,等.美国水环境质量基准体系［J］.环境科学研究,2011,24(4):465－473.

［3］夏青,陈艳卿,刘宪兵.水质基准与水质标准［M］.北京:中国标准出版社,2004.

［4］孟伟,闫振广,刘征涛.美国水质基准技术分析与我国相关基准的构建［J］.环境科学研究,2009,22(7):757－761.

［5］张瑞卿,吴丰昌,等.中外水质基准发展趋势和存在的问题［J］.生态学杂志,2010,29(10):2049－2056.

［6］汪云岗,钱谊.美国制定水质基准的方法概要［J］.环境监测管理与技术,1998,10(1):23－25.

［7］孟伟,吴丰昌,水质基准理论与方法学导论［M］.北京:科学出版社,2010.

［8］吴丰昌,李会仙译.孟伟校.美国水质基准制定的方法学指南［M］.北京:科学出版社,2011.

［9］姜甜甜,高如泰,等.云贵高原湖区湖泊营养物生态分区技术方法研究［J］.环境科学,2011,31(11):2599－2606.

［10］高如泰,姜甜甜,席北斗,等.湖北省湖泊营养物生态分区技术方法研究［J］.环境科学研究,2011,24(1):43－49.

［11］霍守亮,陈奇,席北斗,等.湖泊营养物基准的候选变量和指标［J］.生态环境学报,2010,19(6):1445－1451.

［12］霍守亮,陈奇,席北斗,等.湖泊营养物基准的制定方法研究进展［J］.生态环境学报,2009,18(2):743－748.

［13］吴丰昌,孟伟,曹宇静,等.镉的淡水水生生物水质基准研究［J］.环境科学研究,2011,24(2):172－184.

［14］吴丰昌,孟伟,张瑞卿,等.硝基苯保护淡水水生生物水质基准研究［J］.环境科学研究,2011,24(1):1－10.

［15］吴丰昌,冯承莲,曹宇静,等.锌对淡水生物的毒性特征与水质基准研究［J］.生态毒理学报,2011,6(4):367－382.

［16］吴丰昌,冯承莲,曹宇静,等.中国铜的淡水水生生物水质基准研究［J］.生态毒理学报,2011,6(6):619－630.

［17］曹宇静,吴丰昌.淡水中重金属镉的水质基准制定［J］.安徽农业科学,2010,38(3):1378－1380.

［18］闫振广,孟伟,刘征涛,等.我国淡水水生生物镉基准研究［J］.环境科学学报,2009,29(11):2393－2406.

［19］闫振广,孟伟,刘征涛,等.我国淡水生物氨氮基准研究［J］.环境科学,2011,32(6):1564－1570.

［20］张瑞卿,吴丰昌,李会仙,等.中外水质基准发展趋势和存在的问题［J］.生态学杂志,2010,29(10):2049－2056.

［21］国家环保标准"十二五"规划(送审稿).

［22］我国环境保护标准发展战略/体系研究报告.

撰稿人:王宗爽　吴丰昌　武雪芳　周羽化　蔡木林

环境影响评价学科发展报告

摘要 本报告介绍了环境影响评价的基本概念和发展沿革，通过典型案例的剖析，阐述了"十一五"期间战略环评、规划环评、建设项目环评的法律和制度建设，以及学科理论和技术方法的发展，最终给出了环评的发展趋势与展望。

一、引言

环境影响评价是指对规划和建设项目实施后可能造成的环境影响进行分析、预测和评估，提出预防或者减轻不良环境影响的对策和措施，并进行跟踪监测的方法与制度。1969 年，美国《国家环境政策法》的通过，使其成为世界上第一个把环境影响评价用法律固定下来并建立环境影响评价制度的国家[1]。我国的环境影响评价起步于 20 世纪 70 年代，1973 年第一次全国环境保护会议将环境影响评价的概念引入我国。1978 年 12 月 31 日，在中共中央批转的国务院环境保护领导小组《环境保护工作汇报要点》中，首次提出要开展环境影响评价。1979 年 9 月，我国颁布了《中华人民共和国环境保护法（试行）》，将环境影响评价作为强制性法律制度确定下来，标志着我国环境影响评价制度的正式建立。自 1994 年起，原国家环保总局陆续颁布实施《环境影响评价技术导则》、《电磁辐射环境影响评价方法与标准》、《火电厂建设项目环境影响报告书编制规范》等一系列技术导则、规范。1998 年 11 月国务院 253 号令颁布实施建设项目环境管理的第一个行政法规——《建设项目环境保护管理条例》，2002 年 10 月，第九届全国人大常委会通过《中华人民共和国环境影响评价法》，从此环境影响评价由建设项目环境影响评价扩展到规划环境影响评价。我国的环境影响评价制度在国民经济发展中，对环境保护发挥着越来越重要的作用。本报告主要介绍"十一五"期间，环境影响评价学科应用理论体系建设的进展，建设项目环评和战略环评的进展，并列举典型案例，展现 5 年中环评方法学的发展，最后将展望环境影响评价学科的发展趋势。

二、环境影响评价应用理论体系建设进展

"十一五"期间是我国贯彻科学发展观、实现经济结构调整和增长方式转变的重要历史时期。作为环境保护与经济发展联系最为紧密的环境影响评价工作，在主动地服务经济平稳较快发展的同时，严把建设项目环保准入关，努力推进规划环评，从源头上控制污染和生态破坏，在促进经济结构调整和增长方式转变的过程中，环境影响评价在法规体系与评价制度建设、学科应用领域、学科理论与技术方法、评价队伍建设等方面取得了新的重大发展。

(一)环境影响评价法规体系建设

2009年8月17日国务院以第559号令发布了《规划环境影响评价条例》(以下简称《条例》),自2009年10月1日起施行。这是我国环境立法的重大进展。《条例》在《环境影响评价法》的框架下,进一步明确了规划环评的实施细则,增强了规划环评制度的可操作性和实用性,标志着环境保护参与综合决策进入了新的历史时期。《条例》明确了规划环评"客观、公开、公正"的三原则;规定了评价的三方面内容,即对相关区域、流域生态系统产生的整体影响,对环境和人群健康产生的长远影响,经济效益、社会效益与环境效益之间以及当前利益与长远利益之间的关系;细化了规划环评的责任主体、环评文件的编制主体和编制方式、公众参与、实施程序等;明确了专项规划环评的审查主体、程序和效力;确立了"区域限批"等责任追究和约束性制度等。《条例》通过进一步明确要求、规范程序、落实相关方的责任、权利和义务,增强了规划环评制度的可操作性和实用性,有利于促进规划环评制度的落实,发挥规划环评从决策源头预防和控制不良环境影响的重要作用,从而促进资源节约型、环境友好型社会的建设。

"十一五"期间,各地也积极加强体制机制建设,上海、辽宁、新疆等23个省(自治区、直辖市)发布了规划环评管理的地方法规或政府文件。

(二)环境影响评价制度建设

"十一五"期间,环境保护部对建设项目环境影响评价文件审批实行"四个不批、三个严格"的原则,即对于国家明令淘汰、禁止建设、不符合国家产业政策的项目,一律不批;对于环境污染严重,产品质量低劣,高能耗、高物耗、高水耗,污染物不能达标排放的项目,一律不批;对于环境质量不能满足环境功能区要求、没有总量指标的项目,一律不批;对于位于自然保护区核心区、缓冲区内的项目,一律不批。严格限制审批涉及饮用水源保护区、自然保护区、风景名胜区、重要生态功能区等环境敏感区的项目;严格控制高能耗、高污染、高耗资项目建设,杜绝已被淘汰的项目以技术改造、投资拉动等名义恢复生产;严格按照总量控制要求,把污染物排放总量指标作为区域、行业和企业发展的前提条件,使"以新带老"、"上大压小"等污染减排措施得到有效落实。

为进一步贯彻《环境影响评价法》对于公众参与制度的规定,2006年原国家环境保护总局发布了《环境影响评价公众参与暂行办法》,进一步规范了环境影响评价中的公众参与制度。

(三)环境影响评价理论及方法建设

学科理论与技术方法方面,在总结实践经验和借鉴国外环境影响评价新技术的基础上,对1993年以来发布的环境影响评价技术导则和规范开展了全面研究与修订的工作,对需要制订但尚未制订的环境要素及行业环境影响评价技术导则开展了科学研究与制订工作,这些研究、修订与制订导则的工作,取得了可喜成果。同时,我国战略及规划环评的方法学研究,在借鉴传统环境影响评价方法的同时,进行了广泛的提升和改进,在区域环境影响评价方法的应用、新技术方法的引进和探索应用等方法学研究方面,特别是以总量控制技术与环境承载力分析为核心的评价方法和技术,成绩斐然[13,14,16,17]。

在学科领域方面,建设项目环境影响评价得到了进一步深化与提升,规划环评向纵深发展。国务院有关部门、设区的市级以上地方人民政府及其有关部门组织编制的土地利用的有关规划,区域、流域、海域的建设、开发利用规划,以及工业、农业、畜牧业、林业、能源、水利、交通、城市建设、旅游、自然资源开发的有关专项规划,即"一地、三域、十专项"规划的环境影响评价已有实质性进展;同时,我国首次开展并完成了大区域发展战略的环境影响评价。我国环境影响评价领域的扩大,与我国基本国情相适应的环境保护宏观战略体系正在形成。

三、环境影响评价主要领域研究的进展

(一)战略环境评价的进展

1.战略环境评价的对象和内容

战略环境评价是对政策(Policies)、计划(Plans)或规划(Programs)及其替代方案的环境影响进行规范的、系统的、综合的评价过程,包括根据评价结果提交的书面报告和把评价结果运用于综合决策中。

战略环境评价是环境影响评价在法律、政策、规划和计划层次的应用。战略环境评价的提出和发展是人们从宏观和整体上解决人类活动对环境影响问题而不断发展的结果,可使开发活动的替代方案、累积影响、附加影响、地区性或全球性影响以及非工程性影响(例如由经营管理方式导致的影响),在早期的政策、规划或计划阶段得到充分的考虑。它和项目环境影响评价既相互联系,又相互区别,是从不同层次、不同侧面分析人类活动对环境影响的两种分析方法。项目环境影响评价是战略环境评价的重要基础,战略环境评价是项目环境影响评价群体高层次的概括和发展,项目环境影响评价要服从于战略环境评价。因此,项目环境影响评价的研究思想和技术方法成为战略环境评价研究思想和方法的重要来源之一,并在战略环境评价的发展中得到扩展,并被赋予新的含义。

政策环评、规划(计划)环评都属于不同层次的战略环评[2]。我国《环境影响评价法》以立法的形式确定了规划层次战略环境评价的地位。

2.战略环评的方法学研究

我国战略环评的方法学研究主要基于3部分:①对传统的环境影响评价方法的提升和改进,例如将层次分析、系统动力学引入到战略环评中[6,7]。②区域环境影响评价方法的应用,如基于不确定性多目标的规划环境影响评价模型、累积环境影响评价、模糊模式识别理论、投入产出、GIS的基础数据平台等方法在规划环境影响评价中的应用[21,22]。③新发展的技术方法,如从定性到定量的综合集成方法、政策评估方法等。其中重点对地理信息系统、环境承载力、不确定性和基于生态学的方法进行了探索和应用研究[8-20]。例如,常春芝[8]、曾维华[9]等识别环境影响因素,研究区域环境承载力的利用强度,构筑环境承载力分析指标体系,定量地计算出对规划的综合评价,为规划的环境影响评价结论提供

量化依据;王玉梅和尚金城[10]介绍了组合预测模型的基本思想,提出将其应用到山东省汽车规划环境影响评价中;张晓峰和周伟[11]采用地理信息系统中的叠图法,经过景观图件绘制、景观分类、景观指数计算以及景观影响分析,定量分析公路网规划实施过程中对生态系统的影响;周炳中[12]阐述了系统脆弱度变化特性及其驱动机制,定量描述系统脆弱度及其变化方向、幅度和强度等的量度结果。

在应用研究中,学者们主要探讨了将不同方法学和指标体系应用于土地、交通、流域、能源、煤矿区和农业等规划的环境影响评价中[23-62]。①土地利用规划环境影响评价研究方面,蔡玉梅等针对土地利用规划环评的方法做了大量研究;孟旭光等[23]将土地利用规划与环境分析相结合,阐述了中国土地利用规划 SEA 的立法框架和运行程序;李贞等[38]结合山西省土地利用规划进行指标与方法研究。②规划环评的研究涉及水利专项规划、能源规划环评方法和指标体系的建立;涉及矿产资源规划环评的工作方法探讨和指标体系建立及替代方案研究;涉及流域开发规划环评方法和评价指标体系的建立及环评中累积影响研究;涉及区域生态风险与防范、应急研究;涉及旅游规划环评中旅游环境承载力研究、评价要点与指标体系研究、评价方法研究;涉及生态环境规划战略环评研究等。

在研究层次上,主要以规划层次为研究主体,规划层次又以空间规划和行业规划为主,同时政策层次上的方法学研究也初具端倪,如李天威等[3]对政策环境评价的方法和实践进行了研究;周影烈和包存宽(2009)初步探讨了政策环境影响评价的模式构建,以期为政策战略环评的发展提供理论和方法依据;蔡玉梅等(2008)以土地利用为例,提出建立以决策为导向的政策环境影响评价方法,注重研究土地利用政策环评的程序。产业政策方面,李丽平(2007)对我国的化工行业贸易政策进行环境影响评价。

3. 战略环境评价的实践

(1)我国五大区域重点产业发展战略环评(以下称"五大区域战略环评")

《国务院关于落实科学发展观加强环境保护的决定》要求"对环境有重大影响的决策,应当进行环境影响论证"。"十一五"期间,在相关省(自治区、直辖市)政府以及各级环保部门的大力支持和配合下,环境保护部组织有关部门和专家,顺利完成了环渤海沿海地区、海峡西岸经济区、北部湾经济区沿海、成渝经济区和黄河中上游能源化工区等五大区域重点产业发展战略环评工作。这项工作涉及 15 个省(自治区、直辖市)的石化、能源、冶金、装备制造等 10 多个重点行业,涉及环境、生态、经济、地理等 10 多个学科领域,涉及技术牵头、协作单位近 100 家。开展地域范围如此之大、行业覆盖如此之广、动员单位如此之多的大区域战略环评,在我国还是第一次。作为探索中国环保新道路的成功实践,五大区域战略环评大大拓展了环境保护参与综合决策的深度和广度,构建了从源头防范布局性环境风险的重要平台,探索了破解区域资源环境约束的有效途径,2010 年 9 月 15 日,包括 7 名院士在内的成果专家验收会通过了技术成果验收评审,相关成果已在重点产业布局和重大项目环保准入中得到应用。

五大区战略环评采用的主要技术方法如下。

五大区域战略环评是我国首次开展的大尺度区域性战略环境影响评价,在大尺度时空数据集成、技术方法统筹以及生态风险评估等方面进行了有益的探索。本次战略环评的工作过程中还综合运用大尺度评价模型和环境系统分析方法,构建大区域尺度海洋水质模拟模型、大气环境质量模拟模型,对海洋、大气环境进行了环境承载力和生态环境风险影响的预测评估。

1)海洋环境的模拟预测分析

①水质模拟预测。为给研究海域的水质模拟提供准确和可比较的水动力条件,本研究采用大区、中区和小区模型嵌套技术。其中,中区直接为嵌套的小区二维模型提供开边界条件,而中区的开边界条件由大区间接提供。在大区和中区的三维潮流模拟中,采用MIKE3 FM Hydrodynamic获得评价海域的计算边界条件。针对海域水动力特征和污染物的稀释扩散规律,小区二维垂向平均潮流模型采用MIKE21 Flow Model,进行评价海域潮流的模拟计算。

②海洋环境承载力分析。采用中区和小区水动力模型模拟输出的潮汐动力结果,分别建立与水动力模型配合的各主要纳污海域(海湾)的实时水质模型。为较充分复演海域的水环境状况,小区空间网格步长取 50～100m,中区空间网格步长取 500～2000m,模拟时间过程拟分别进行连续冬季半个月和夏季半个月的较完整潮汐过程。根据区域发展规划和沿海排污的特点,以及国家对水污染物总量控制等的要求,选择 COD、无机氮、磷酸盐、石油类等特征污染物作为控制因子,以模拟计算的最大包络浓度作为判断是否满足混合区边界水质目标的限制和附近海域环境功能区水质目标的限制,同时还用来判断排污量可能对研究范围内敏感点或保护区等的影响是否可以接受。

③海洋环境风险预测评估。根据沿海开发利用特点,采用网络法、GIS及叠图法和专家咨询法进行北部湾经济区海域环境累积影响因果分析,将模型模拟与情景分析法相结合对研究区域不同规划时段下各种开发活动可能带来的海域水动力环境、水质环境影响进行定量预测,结合预测结果和海域环境承载力等,采用专家咨询法、模糊系统分析法等对开发活动造成的海域污染累积影响与风险进行评估。

2)大气环境质量的模拟预测分析

①大气边界层污染气象特征和规律的分析。利用MM5中尺度气象模型对气象场进行模拟,根据气象场模拟结果,并结合已有的其他相关研究成果(主要包括大气污染物源解析研究、大气环境容量测算及总量控制研究、成渝地区气候及气象条件分析研究等相关资料),对大气边界层特征及主要大气污染物输送规律进行分析,并为空气质量模型提供污染气象背景场数据。

②区域大气环境质量现状模拟及其特征分析。根据区域现有主要污染源的 SO_2、NO_x、PM_{10} 排放量及参数,利用空气质量模型(Calpuff)对现有排放源的大气环境影响进行模拟,结合环境监测资料,对模型参数进行调整,在此基础上对现有大气排放源的环境影响特征进行分析(主要包括影响区域的分布和影响程度)。沿海地区,在进行区域污染气象观测研究的同时,运用 MM5 气象模块研究海陆风形成的规律及特点,并模拟海陆风条件下污染物输送扩散的影响。

五大区域战略环评是我国首次开展的跨区域、跨流域综合性的战略环评,通过"规模-结构-布局"大尺度区域战略环评模式,结合情景分析方法,开展定量化预测和系统评估,较好地解决了大区域尺度上中长期环境变化的不确定性与风险评估问题,对今后开展较大尺度的规划、战略环境评价工作,都具有极高的参考价值。

五大区域战略环评主要成果如下：

1)五大区域战略环评是我国首次开展的大尺度区域性战略环境影响评价。项目涉及了15个省(自治区、直辖市)的67个地级市和37个县(区)，国土面积111万平方千米，经济总量占全国的五分之一，是我国基础性、战略性产业的重要分布区，也是我国区域经济的重要增长地和产业结构调整的主要承载区域。同时，这些区域全部位于我国重要的生态功能区，涵盖了我国典型的生态脆弱区、生物多样性富集区及重要的流域、海域，在国家总体生态安全格局中地位突出。五大区域战略环评在全面分析区域资源环境禀赋和承载能力的基础上，系统评估了重点产业发展可能带来的中长期环境影响和生态风险，提出了重点产业优化发展调控建议和环境保护战略对策，研究了在决策阶段和宏观战略层面预防布局性环境风险、确保区域生态环境安全的新思路和新机制，项目成果具有战略性、前瞻性和科学性，是我国环境保护参与经济发展宏观决策的一次成功实践。

2)五大区域战略环评坚持以环境保护优化经济发展的理念，探索了跨领域、跨部门、跨区域联合攻关模式，通过建立三级项目管理架构和技术管理体系，实现科学管理、高效管理、严格管理，保证了项目顺利实施和圆满完成。五大区域战略环评的实施，拓展了环境保护参与综合决策的深度和广度，为从源头防范布局性环境风险构建了重要平台，探索了破解区域资源环境约束、实现区域经济、社会和环境协调发展的有效途径。

3)五大区域战略环评在大尺度时空数据集成、技术方法统筹以及生态风险评估等方面进行了有益的探索。建立和发展了"规模-结构-布局"大尺度区域战略环评模式，综合运用环境系统分析方法，构建了大区域尺度海洋水质模拟模型、大气环境质量模拟模型，并将其运用于环境容量测算和承载力分析中，结合情景分析方法，开展了定量化预测和系统评估，较好地解决了大区域尺度上中长期环境变化的不确定性与风险评估问题；综合运用大尺度空气、水环境评价模型和环境系统分析方法，对海洋、大气、水资源、岸线和陆地进行了跨越大中尺度的环境承载力和生态环境风险影响的预测评估。

4)五大区战略环评全面分析区域产业发展与生态安全的矛盾和潜在风险，提出区域重点产业发展的定位目标以及产业布局优化、结构调整、规模控制的优化调控方案，明确了区域生态环境战略性保护的环保目标、生态底线和准入标准，规划了重大生态环境保护工程，为维护区域生态安全指出了方向和途径，构建了从源头防范布局性环境风险的重要平台。《报告》围绕把五大区域建设成为环境保护优化经济发展示范区域的总目标，努力破解产业发展的空间布局与生态安全格局、结构规模与资源环境承载能力之间的两大矛盾，优先落实产业升级政策、优先保证环保投入、优先加强环境管理能力建设，确保生态功能不退化、资源环境不超载、排放总量不突破和环境准入不降低四条红线，为进一步优化国土开发空间格局，合理利用土地、岸线和水资源，逐步扭转粗放的发展模式，实现区域经济、社会和生态环境协调发展探索了有效途径。

(2)辽宁沿海经济带发展战略环评[4]

由于战略内容的广泛性和不确定性，辽宁沿海经济带发展战略环评除采用传统的系统工程科学、规划学、环境科学、经济学、生态学、计算机科学等学科的理论与方法外，还采用了生态足迹和相对承载力的方法对资源、环境承载力进行分析，后两种方法对于宏观环境战略研究具有较强的适用性。

1)生态足迹方法。生态足迹是指在任何已知人口(一个城市或者一个国家)地区,生产这些人口所消费的所有资源和吸纳这些人口所产生的所有废弃物所需要的生物生产土地的总面积和水资源量。生态足迹是度量一个地区可持续发展的综合指标。

根据生态足迹的分析结果,经过近几年的发展,辽宁沿海经济带六城市(大连、丹东、锦州、营口、盘锦、葫芦岛)均出现了不同程度的生态赤字,区域发展模式处于相对不可持续状态。辽宁沿海的大部分城市资源消耗主要体现在能源的消耗上,反映了工业生产的迅速发展不断地消耗了大量的资源,进而导致较高的生态足迹。在未来城市的发展中,能源和水源是制约发展的首要问题。

未来降低生态足迹的需求,关键是减少化工能源的用地足迹需求,调整能源结构,逐步降低不可再生能源的用量,增加可再生清洁能源。采用产业结构调整和科学技术的手段,可弥补因资源亏缺给未来社会经济带来的制约效应。因此要降低生态赤字,当务之急是调整产业结构、节约能源。

根据上述分析结果,辽宁沿海经济带发展战略环评提出优化产业布局,避免结构性污染的建议,认为从五个重点发展区域的产业布局分析,它们的产业结构、发展环境极其相似,五个重点发展区域均以第二产业为主,区域的同质化现象十分严重。工业布局不合理,造成城市环境污染问题严重。建议对辽宁沿海经济带产业结构重新布局,避免主导行业重复,避免石化类项目过多的建设。增加高新技术产业的比例达到20%以上。要跨行政区界限,在全省范围内合理配置生产力布局。如丹东临港工业区适宜建设以汽车零部件、旅游为主导的临港产业集群。从保护丹东鸭绿江口自然保护区和边境安全角度分析,应慎建冶金和石化工业区。

辽宁沿海经济带发展战略环评还提出集约利用土地、控制投资密度的建议。沿海开发要从盲目地招商引资逐渐向招商选资过渡。对投资密度和建筑物容积率提出了要求。

2)相对资源承载力的方法。相对资源承载力是以较之研究区更大的数个参照区域为对比标准,根据参照区的人均资源拥有量和消费量,研究区域的资源存量,计算出研究区域的相对资源承载力。与传统的单一资源承载力相比较,突出了自然资源与经济资源之间的互补性。

现有条件下如只对经济与资源两项进行计算,则与辽宁省、全国、东部 7 省 3 市和沿海 7 省相比,辽宁沿海经济带均处于富余状态,即存在发展空间,且发展空间较大。但如果引入环境负荷,则与上述四个地区相比,辽宁沿海经济带处于承载力超载状况,尤其是与东部 7 省 3 市和沿海 7 省相比,超载状况更为严重。因此,环境污染在很大程度上制约了该地区发展。

根据上述分析结果,辽宁沿海经济带发展战略环评提出大力发展循环经济,降低污染物总量的建议。要完成根据国家下达的污染物总量控制指标,则必须大力提倡循环经济,强制清洁生产审核,建设生态工业园区,城市污水处理厂必须建设中水回用设施,将单位 GDP 化学需氧量排放强度降到 3.3 千克/万元,将单位 GDP 二氧化硫排放强度控制在 5.2 千克/万元以下。

辽宁沿海经济带发展战略环评还提出划定国土开发类型、预留足够发展空间的建议。根据资源环境承载能力、现有开发密度和发展潜力,统筹考虑未来辽宁沿海六市经济发展、产业布局、生态环境保护、国土利用和城镇化格局,将区域划分为优化开发、重点开发、限制开发和禁止开发四类主体功能区,按照主体功能定位调整完善区域政策和绩效评价,规范空间开发秩序,形成合理的空间开发结构。依据沿海岸线的人口、资源、环境承载能力和发展潜力,将辽宁沿海岸线划分为工业岸线、生活岸线、生态岸线。

辽宁沿海经济带发展战略环评根据辽宁省社会经济发展情况和沿海区域环境现状,提出“生态产业带”、“循环经济带”的建设目标,以“经济发展与生态保护并重、环境优化经济增长”为总原则提出 12 条环境经济协调发展和节能减排建议,绝大部分已经被省政府采纳。辽宁省委、省政府明确提出以环境保护优化经济增长,构建“生态产业带”和“循环经济带”,积极开展规划环评。由此,战略环境评价第一次进入省级政府的宏观决策程序。

(二)规划环境影响评价的进展

1.规划环境影响评价的对象和内容

规划环境影响评价简称规划环评,是规划层次上的战略环境评价。就其功能、目标和程序而言,规划环评是一种结构化的、系统的和综合性的过程,用以评价规划及其替代方案的环境效应;通过评价将结果融入制定的规划,或提出单独并将成果体现在决策中,以保障可持续发展战略落实在规划中。规划环评指在规划编制阶段,对规划实施后可能造成的环境影响进行分析、预测和评价,提出预防或者减轻不良环境影响的对策和措施的过程。规划环评是战略环评在中国开展的主要形式。在我国,规划环评是在政策法规制定之后,项目实施之前,对有关规划进行科学评价,内容涉及土地利用、区域、流域、海域开发建设,工业、农业、畜牧业、林业、能源、水利、交通、城建、旅游、自然资源开发等主要经济发展部门。相比项目环评和早期的区域环评而言,规划环评实现了从微观到宏观、从尾部到源头、从枝节到主干的转变。在我国,由于《环评法》中只规定了规划环评制度,因此现阶段推进战略环评主要是推进规划环评[2]。

2.我国规划环境影响评价机制的进展

2003 年 9 月 1 日实施的《环境影响评价法》,将环境影响评价从单纯的建设项目扩展到各类发展规划,用法律的形式确立了规划环境评价的地位。2009 年 10 月 1 日实施的《规划环境影响评价条例》补充、完善了规划环境影响评价的内容、范围和审查机制,进一步明确了规划环境影响评价的任务和相关方的职责,增强了可操作性。

“十一五”期间,我国重点领域和行业的规划环评得到全面推进。从煤炭矿区到能源基地,从城市轨道到城际交通,从西南水系到跨界河流,规划环评的范畴不断扩大,内涵不断丰富,发挥了重要作用。环境保护部与国家发改委密切联系,共同研究各级环保和发改委部门在规划环评中的责任和义务,以及协同推进规划环评的措施和要求;与农业部、国家能源局等部门加强沟通协调,探索相关领域规划环评管理新机制。各地也积极加强体制机制建设,上海、辽宁、新疆等 23 个省(自治区、直辖市)发布了规划环评管理的地方法规或政府文件。广西、福建等地通过梳理规划环评目录,明确了开展规划环评的范围和类别。重庆市环保局积极与财政部门协调,将规划环评经费纳入财政预算,为推进规划环评工作提供了充足的资金保障。

3.我国规划环境影响评价实践的进展

"十一五"期间,我国积极开展规划环境评价实践。2008 年开展的《汶川地震灾后重建规划环境影响评价》[38-41],科学分析、评价了规划潜在的环境影响和风险,提出了优化建议和环境保护对策措施,为灾后恢复重建提供了决策参考。同年开展的《新增千亿斤粮食规划环境评价》,推动了决策的科学化、合理化。此外,开展了辽宁沿海经济带"五点一线"、江苏沿海地区及广东横琴重点开发区域规划环评;推动上海等 30 个重点城市开展轨道交通建设规划环评;国家 112 个煤炭矿区中的 66 个已开展或正在开展规划环评;沿海 25 个主要港口中的 10 个已完成规划环评。

为从决策层次优化调整内蒙古自治区经济发展战略,实现以保护环境优化区域经济增长,原国家环保总局和内蒙古自治区政府共同成立领导小组,组织开展了内蒙古国民经济和社会发展"十一五"规划纲要规划环评[5,33]。规划环评深入分析内蒙古"十一五"期间区域和产业发展的定位、布局、结构、规模与环境资源承载能力之间的关系,对规划纲要提出了很多富有针对性的优化、调整建议,如提出树立"生态立区"的发展战略,提出经济增长速度从年均由 15％下调为 13％,对自治区拟重点发展的能源资源产业提出煤炭产能由 5 亿吨调整为 4 亿吨,发电装机容量从 6600 万千瓦调整为 5500 万千瓦等。这些建议在纲要的编制中得到了充分采纳,从而为自治区今后发展的合理布局、调整结构和优化规模提供科学支持。

(三)建设项目环境影响评价的进展

1.建设项目环境影响评价的内容

根据国务院环境保护行政主管部门制定建设项目的环境影响评价分类管理名录,建设单位组织编制建设项目环境影响报告书、环境影响报告表或者填报环境影响登记表,完成对建设项目的环境影响评价。

"十一五"期间的新建项目环境影响报告书包括下列内容:

1)建设项目概况;

2)建设项目周围环境现状;

3)建设项目工程分析;

4)建设项目对环境可能造成影响的分析、预测和评估;

5)建设项目环境风险评价;

6)建设项目环境保护措施及其技术、经济论证;

7)建设项目清洁生产分析和循环经济;

8)建设项目污染物排放总量控制;

9)建设项目环境影响的经济损益分析;

10)建设项目环境管理与环境监测的建议;

11)建设项目环境影响评价的结论。

涉及水土保持的建设项目,还必须有经水行政主管部门审查同意的水土保持方案。

改建项目、扩建项目及技术改造项目环境影响报告文件还应包括相关现有工程环境影响回顾评价及采取的"以新带老"措施。

"建设项目对环境可能造成影响的分析、预测和评估"与"建设项目环境保护措施及其技术、经济论证"评价内容,按水、大气、声、振动、生物、土壤等环境要素分别评价。

环境影响报告表和环境影响登记表的内容和格式,按国务院环境保护行政主管部门规定的要求编写。

"十一五"期间,我国履行环境影响评价审批手续的建设项目约有 162 万个,其中,编写环境影响报告书的为 8.7 万个,编制环境影响报告表的为 131.6 万个,其余的为填写环境影响登记表。可见,建设项目环境影响评价在协调环境保护与经济发展中,占据十分重要的位置。

2. 建设项目环境影响评价方法研究进展

随着环境影响评价学科的发展与技术进步,在总结过去建设项目环境影响评价实践经验和借鉴国外环境影响评价新技术的基础上,我国开展了对 1993 年以来发布的环境影响评价技术导则总纲、环境要素及行业的环境影响评价技术导则和规范进行修订的工作,并对需要制定但尚未制定环境影响评价技术导则的环境要素及行业开展了科学研究。

"十一五"期间共发布实施了 6 项环评技术导则,其中 2 项环境要素导则(大气环境、声环境)、3 项建设项目导则(城市轨道交通、农药、陆地石油天然气开发)、1 项规划环境导则(煤炭工业矿区总体规划)。环境要素导则属于修订导则,其他属于新制订的导则。这些导则的出台不仅从技术上规范了环评,而且还引入了国际流行的预测方法,进一步提升了预测的精度和可操作性。

(1)《环境影响评价技术导则 大气环境》

《环境影响评价技术导则 大气环境》(HJ2.2—2008)于 2008 年 12 月 31 日发布,2009 年 4 月 1 日实施,同时替代了 HJ/T2.2—93(93 版大气导则)。2008 版大气导则在环评方法和要求方面更加贴近当前的管理需要,在预测模型方面借鉴了当前国际先进实用的大气模型。

93 版大气导则推荐的环境质量预测模型基于 20 世纪 60~70 年代的大气边界层理论,假定大气中的污染物扩散遵循高斯分布,且混合层顶为不可穿透的平面,另外模型采用的稳定度分类和扩散参数是不连续的。2008 版导则中推荐的模型克服了 93 版导则中推荐模型的这些缺陷,采用国际主流的环境质量预测模型所应用的 20 世纪 80~90 年代的大气边界层理论,并应用了近几十年对湍流扩散的研究成果,反映了大气边界层湍流特征的连续变化的情况。2008 版导则具有下述特点:①按空气湍流结构和尺度概念,湍流扩散由参数化方程给出,稳定度用连续参数表示;②中等浮力通量对流条件采用非正态的 PDF 模型;③考虑了对流条件下浮力烟羽和混合层顶的相互作用;④具有计算建筑物下洗功能。

2008 版导则推荐了 3 种国际主流的预测模型:ADMS - EIA、AERMOD、CAL-PUFF,下表列出了 2008 版模型与 93 版模型在适用范围、适用污染源源类型、复杂地形、复杂风场、建筑物下洗条件下的功能对比(表 1)[63]。

表 1　2008 版导则与 93 版导则推荐模型的功能比较[63]

项目	93 版导则烟羽模型	ADMS-EIA	AERMOD	CALPUFF
适用范围	评价范围≤50km 的一级、二级评价项目			评价范围>50km 的区域和规划评价
污染源类型	点源、面源、线源	点源、面源、线源、体源	点源、面源、线源	点源、面源、线源、体源
复杂地形	简单修正	适用	适用	适用
复杂风场	不适用	不适用	不适用	适用
建筑物下洗	不支持	支持	支持	支持
干、湿沉降	不支持	支持	支持	支持
化学反应	不支持	简单化学反应	简单化学反应	复杂化学反应

2008 版导则修订课题组对两版导则推荐模型做了大量的比对模拟试验。例如,2007年课题组以美国环境保护局 2 个试验场 Clifty Creek(平坦地形)和 Lovett(复杂地形)的数据资料为比较数据,分别用 AERMOD 模型和 93 版导则推荐模型计算了点源排放对地面 SO_2 小时平均浓度的贡献,在 Pasquill 6 类稳定度下用相对偏差(FB)、预测值与观测值的比率(RHC_R)及图形法(Q-Q 图)等进行模型比较。结果表明,在 RHC_R 和 FB 中,AERMOD 模型除个别值外,其他均好于 93 版导则模型,其可靠性也优于 93 版模型。图形法比较中,大气强不稳定和不稳定条件下 AERMOD 模型明显好于 93 版导则模型,其他稳定度下的结果相差不大[64]。

(2)《环境影响评价技术导则 声环境》

《环境影响评价技术导则 声环境》(HJ2.4-2009)于 2009 年 12 月 23 日发布,2010年 4 月 1 日实施,同时替代了 HJ/T2.4-1995(95 版声导则)。

95 版声导则模型是基于 20 世纪 90 年代国外的研究成果建立的,其中公路、铁路、机场飞机噪声预测模型做了一些简化假定,如:①列车通过速度基本不变;②铁路干线两侧建筑物分布状况不变;③列车噪声辐射特性不变;④机车鸣笛位置基本不变等,对于道路交通中的高架道路和轻轨,道路两侧建筑物的反射等问题未考虑,另外在地面吸收衰减、林带衰减等问题上,存在缺陷,因此预测结果存在一定误差。

1996 年国际标准化组织颁布了《声学,户外声传播的衰减,第二部分——计算方法》(ISO9623-2,1996),1998 年我国声学标准委员会据此制定了《户外声传播衰减,第二部分——一般计算方法》(GB/T17247.2)。2009 版声环境导则模型借鉴了上述理论和方法,在公路交通噪声预测模型中,将 95 版导则模型使用的 15m 处的源强调整为 7.5m 处的源强,相应的参数也进行了调整;铁路、城市轨道交通噪声预测模型删除了比例预测模型,细化了模型预测法;机场飞机噪声预测模型采用了国际民航组织推荐的飞机噪声预测模型;在工业企业及交通噪声预测模型中,对地面效应衰减公式、声屏障衰减公式、树木等引起的衰减公式进行了修订。经验证,在顺风、逆温的气象条件下,预测结果的误差一般在正、负 3 分贝以内,且可以通过准确确定噪声源强以及预测点与噪声源间的位置关系等进一步减小误差[65]。

四、环境影响评价队伍建设

"十一五"期间,随着我国国民经济的快速发展和投资体制改革以及环境管理的不断深化,环境影响评价业务量明显上升。与此同时,环评队伍建设呈现良好发展态势,环评机构和从业人员规模持续扩大。全国建设项目环评资质单位共增加了95家,较2005年末(1022家)增长了9.3%,环评技术人员增加了1.3万人(其中环评工程师9000多人),较"十五"末(19414人)增长67.5%。2010年末,全国省级评估机构达到28家,地市级评估机构67家。全国环评队伍开展分层次、全方位、求实效的培训持续进行,环评队伍的政策和业务水平得到明显提高。

五、环境影响评价发展展望

"十二五"是中国全面建设小康社会的关键时期,是深化改革开放、加快转变经济发展方式的攻坚时期。这一时期乃至更长的时间,中国经济在实现发展方式转变的过程中仍将持续增长,经济发展对环境的巨大压力更加凸显,经济与环境的协调发展面临着空前的挑战。中国的环境保护以及与经济发展联系最为紧密的环境影响评价工作在面对经济发展对环境带来的巨大压力与挑战的同时,亦面临着更大的发展机遇。在深入贯彻落实科学发展观、加快推动经济发展方式转变、提高生态文明建设水平实践过程中,中国的环境影响评价在学科领域发展、法规与机制建设、理论体系与技术方法等方面将会得到前所未有的发展和创新。

(一)环境影响评价在研究领域、法规与机制建设发展的展望

1)五大区域战略环评将推动《全国主体功能区规划》中涉及国家和省级两个层面的各类主体功能区战略环境影响评价的开展。

国务院已公布《全国主体功能区规划》,这是我国国土空间开发的战略性、基础性和约束性规划,是从关系全局和长远发展的高度,从中华民族的长远发展和可持续发展出发,统筹谋划未来国土空间开发的战略布局,对未来国土空间开发作出的总体部署,是实施主体功能区战略的纲领性文件。

环渤海沿海地区、海峡西岸经济区、北部湾经济区沿海、成渝经济区和黄河中上游能源化工区等五大区域是《全国主体功能区规划》中的3个优化发展区域和18个重点发展区域的组成部分,五大区域战略环评的完成必将推动"十二五"期间国家和省级两个层面四类主体功能区(优化开发区域、重点开发区域、限制开发区域、禁止开发区域)战略环境评价的开展。

2)以"十二五"时期"一地、三域、十专项"规划环评为主线的规划环境影响评价,在国内将得到全面推进,通过规划环评促进经济发展方式转变,规划环评的有效性将不断提高。

《环境影响评价法》确定了"一地、三域、十专项"规划应进行环境影响评价的制度，2009年10月1日实施的《规划环境影响评价条例》进一步明确了规划环境影响评价的内容、范围以及审查机制、要求，规范了程序，落实了相关方的责任、权利和义务，增强了规划环评制度的可操作性和实用性。近期，《国务院关于加强环境保护重点工作的意见》（国发〔2011〕35号）中明确提出"凡依法应当进行环境影响评价的重点流域、区域开发和行业发展规划以及建设项目，必须严格履行环境影响评价程序"的要求，环境保护部和国家发展和改革委员会联合下发《关于进一步加强规划环境影响评价工作的通知》（环发〔2011〕99号）。可以预期，在规划环评的实践中不断总结经验，进一步完善和规范规划编制和环评程序，规划环评（特别是重点领域的规划环评）将得到深化，规划环境影响评价在规划编制和审批决策中一定会发挥重要作用，更好地促进经济社会和环境的全面协调可持续发展。

3）以促进经济结构调整为着力点，抓重点行业和重点地区，建设项目环境影响评价将得到进一步深化与提高。

通过强化环评管理等方式，严格重点行业的市场准入，从而加快产业结构优化升级和产业布局调整。特别是强化"两高一资"、产能过剩和重复建设行业以及其他环境影响较大的行业的环评管理，把好建设项目环保准入关口，加快推进落后产能淘汰和兼并重组。同时，对战略性新兴产业等国家鼓励发展的产业，要研究采取更好的支持措施。

贯彻西部大开发战略，积极发挥环境影响评价优化经济发展的作用，继续为西部大开发做好环评把关与服务。通过强化环评管理，促使西部地区在发展经济的同时保护好生态环境，加强环境风险防控，建设生态安全屏障，鼓励西部地区引进环境友好型的项目，加快基础设施和优势资源转化等项目建设。

4）在新时期及今后相当一段历史时期内，同时实施规划环评与项目环评两项环境影响评价制度和联动机制，是我国环境影响评价的基本制度，亦是环境影响评价学科发展的基本保障与驱动力。

（二）环境影响评价研究的发展趋势与展望

综合环境影响评价的发展历程和现存问题，环境影响评价研究有如下的发展方向和趋势：

1）虽然环境影响经济评价的理论方法比较成熟，但基于费用-效应分析在环境影响评价中的重要地位，考虑社会整体效应的环境影响评价是今后该学科发展的大势所趋，有关这方面的研究会进一步完善和发展。

2）随着环境影响评价制度从单纯建设项目评价向战略（含规划）环境评价的发展，大区域层次或全球层次的环境影响评价研究将是人们关注的一个方向。

随着环境影响评价理论研究与环评实践经验的总结和应用，"一地、三域、十专项"规划的环境影响评价技术导则将会陆续出台，这将使我国规划环评与战略环评的规范化和科学化得到很大提升。战略环境评价技术在大尺度时空数据集成、技术方法统筹以及生态风险评估等方面将有新的突破与发展。

3）随着从单个项目简单因果关系的环境影响评价到考虑多个项目具有时空效应的、复杂因果关系的积累影响评价，要求人们对环境影响评价的积累影响进一步研究。

4)由总纲、专项环境影响评价技术导则和行业环境影响评价技术导则构成的建设项目环境影响评价技术导则体系,将会得到进一步发展与完善,其中应用程序的计算机(网络)化、可视化是其技术发展的重要动向。

5)发展清洁生产和循环经济战略,完善环境风险评价体系、特别是生态风险评价体系,完善环境影响评价制度中的公众参与机制,在新时期环境影响评价中将占据更加突出地位,在协调经济与环境发展中发挥更大作用。

参考文献

[1]张云怀,姚建玉,董西哲.我国环境影响评价的回顾与发展[J].北方环境,2011,23(4):82-84.

[2]徐鹤.中国战略环境评价的理论与实践[M].北京:科学出版社,2010.

[3]李天威,李巍.政策层面战略环境评价理论方法与实践经验[M].北京:科学出版社,2010.

[4]朱京海.沿海城镇连绵带规划与环境:辽宁省沿海经济带规划与环境影响评价论文集[M],沈阳:辽宁科学技术出版社,2009.

[5]唐大为,孙钰.战略环评绿化内蒙古发展蓝图[J].环境保护,2006(16):35-39.

[6]赵歆玉,孟文阁.基于层次分析法的旅游公路景观评价[J].森林工程,2006,22(5):63-65.

[7]徐凌,陈冲,尚金城。大连国际航运中心建设 SEA 的系统动力学研究[J].地理科学,2006,26(3):351-357.

[8]常春芝.环境承载力分析在规划环境影响评价中的应用[J].气象与环境学报,2007,23(2):38-41.

[9]曾维华,杨月梅,陈荣昌,等.环境承载力理论在区域规划环境影响评价中的应用[J].中国人口、资源与环境,2007,17(6):28-31.

[10]王玉梅,尚金城.组合预测模型在战略环境评价中的应用[J].环境科学与技术,2007,30(8):66-67.

[11]张晓峰,周伟,王磊.江西省公路网规划对景观格局的影响分析[J].安全与环境学报,2006,6(2):49-52.

[12]周炳中.脆弱度变化模型在规划环境影响评价中的应用[J].同济大学学报,2007,35(5):695-700.

[13]牟瑞芳.交通环境承载力计算方法[J].交通运输工程与信息学报,2006,4(3):30-34.

[14]赵赞,李丰生.生态旅游环境承载力评价研究——以桂林漓江为例[J].安徽农业科学,2007,35(8):2380-2383.

[15]陈秋林,毛德华.生态足迹方法在土地利用总体规划实施评价中的应用——以常德市鼎城区为例[J].广东土地科学,2007,16(2):27-31.

[16]孙艳军,陈新庚,包芸,等.广州市交通环境承载力变化的相关性分析[J].环境科学与技术,2006,29(80):45-47.

[17]汤晓雷,刘年丰,李贝,等.单因子超载的综合环境承载力计算方法研究[J].环境科学与技术,2007,30(4):70-71.

[18]吴克宁,赵珂,赵举水,等.基于生态系统服务功能价值理论的土地利用规划环境影响评价——以安阳市为例[J].中国土地科学,2008,22(2):23-28.

[19]王娟,崔保山,卢远.基于生态系统服务价值核算的土地利用规划战略环境评价[J].地理科学,2007,27(4):549-555.

[20]许旭,李晓兵,符娜,等.生态系统服务价值核算在土地利用规划战略环境评价上的应用——以北京市为例[J].资源科学,2008,30(9):1382-1389.

[21]马铭锋,陈帆,于仲鸣,等.投入产出模型在规划环评中的应用探讨[J].生态经济,2008(7):37-39.

[22]吴静.累积环境影响评价在战略环评中的应用[J].城市环境与城市生态,2007,20(4):44-46.

[23]孟旭光.国土资源规划理论与实践[M].北京:地质出版社,2009.

[24]刘磊.城市总体规划环境影响评价研究[J].城市问题,2008(4):19-24.

[25]刘毅,陈吉宁,何炜琪.城市总体规划环境影响评价方法[J].环境科学学报,2008,28(6):1249-1255.

[26]莫罹,孔彦鸿,邵益生.试论城市规划的环境影响评价.//规划50年——2006中国城市规划年会论文集.上册[M].北京:中国建筑工业出版社,2006:713-716.

[27]杨永宏,罗上华.城市总体规划战略环评研究[J].昆明理工大学学报(理工版),2008,33(3):87-91.

[28]马铭锋,陈帆,吴春旭.规划环境影响评价技术方法的研究进展以及对策探讨[J].生态经济,2008,(7):31-35.

[29]陈文波,赵小敏,武春友.土地利用总体规划环境影响评价理论与方法初探[J].江西农业大学学报,2006,28(1):134-139.

[30]程波,常玉海,陈凌.农业规划环境影响评价指标体系研究[J].环境保护,2004(4):40-44.

[31]董家华,包存宽,蒋大和.土地利用规划环评的技术方法[J].四川Ⅰ环境,2006,25(3):50-54.

[32]高吉喜,韩永伟,吕世海,等.区域开发战略环境影响评价总体思路与技术要点[J].电力环境保护,2007,23(5):1-4.

[33]耿海清.我国的空间规划体系及其对开展规划环评的启示[J].华中师范大学学报(自然科学版),2008,42(3):477-450.

[34]寇刘秀,蒋大和.交通规划环境影响评价技术方法研究[J].河北工程大学学报(自然科学版),2007,24(1):36-39.

[35]李光笑,孙瑜.农业规划战略环境影响评价的基本思路与方法[J].农业工程学报,2008,24(4):296-300.

[36]李庆瑞,钱晓东,卢毅.交通规划环境影响评价研究综述[J].湖南交通科技,2009,35(1):145-169.

[37]李贞,杨岚,马根慧,等.山西省农业"十一五"规划环评的指标与方法[J].环境保护,2006(23):31-33.

[38]詹存卫,陈帆.汶川地震灾后重建城镇体系规划环评探讨[J].环境保护,2009(2):11-14.

[39]曹晓红,吕巍.汶川地震灾后重农村建设规划环评工作实践[J].环境保护,2009(2):15-18.

[40]刘园,陈帆.生态功能区划在汶川地震灾后重建规划环评中的应用[J].环境保护,2009(2):19-22.

[41]刘晓丽.土地利用规划环境影响评价中不确定性分析[J].山东国土资源,2007,23(9):28-33.

[42]吕昌河,贾克敬,冉圣宏,等.土地利用规划环评指标与案例[J].地理研究,2007,26(2):249-258.

[43]秦建春,李文水.关于规划环境影响评价的思考[J].环境科学与管理,2007,32(5):189,190.

[44]盛永校,王圣,濮文青.能源规划环境影响评价内容框架研究与探讨[J].电力环境保护,2006,22(5):52-53.

[45]田丽丽,徐鹤,朱坦,等.城市国民经济和社会发展规划战略环境评价研究[J].生态经济,2007(7):33-36.

[46]王瑷玲,赵庚星,王瑞燕,等.区域土地整理生态环境评价及其时空配置[J].应用生态学报,2006,17(8):1481-1484.

[47]王敏,刘厚风,郑新奇.土地规划环境影响评价与建设项目环境影响评价的比较[J].水土保持研究,2006,13(4):180-182.

[48]王亚男,赵永革.空间规划战略环境评价的理论、实践及影响[J].城市规划,2006(3):20-25.

[49]吴佳鹏,陈凯麒.水电规划环境影响评价指标体系的构建[J].水力发电,2008,34(6):10-12.

[50]吴飚.土地利用规划环境影响评价的评价指标体系研究及其应用[M].重庆:重庆大学出版

社,2006.

[51]吴志伟,陈文波。赵丽红,等.土地利用总体规划环境影响评价空间格局分析方法初探——以江西省分宜县为例[J].国土资源科技管理,2007,1:101-105.

[52]徐凌,尚金城,邵立国.国外交通运输战略环境评价的实践及对我国的启示[J].上海环境科学,2006,25(3):123-126.

[53]徐小黎,贾克敬,刘康.三级土地利用总体规划环评体系研究[J].中国土地科学,2008,22(11):15-19.

[54]余冠明,毛文锋.战略环境评价的主动性与整体性分析[J].环境科学与技术,2006,29(5):59-61.

[55]余琦,马蔚纯.营口港体规划环境影响评价.//国家环境保护总局环境影响评价管理司.战略环境影响评价案例讲评(第一辑)[M].北京:中国环境科学出版社,2006,285-339.

[56]於凡、白亚男.土地利用规划的环境影响评价研究初探[J].国土资源情报,2008,4:37-41.

[57]张利鸣.环境风险分析在港口规划环境影响评价中的应用[J].中国航海,2006(2):91-95.

[59]颜磊,许学工.区域生态风险评价研究进展[J].地域研究与开发,2010,29(2):113-118.

[59]冉圣宏,吕昌河,贾克敬,等.基于生态服务价值的全国土地利用变化环境影响评价[J].环境科学,2006,1(27):2139-2145.

[60]郑学辉,姚建,杨贤,等.基于生态系统服务价值的土地利用规划环境评价研究[J].四川环境,2008,27(6):56-59.

[61]周美春,钱新,钱瑜,等.证据推理法在战略环境评价中的应用[J].中国环境科学,2008,28(11):1042-1046.

[62]丁峰,李时蓓.大气环境影响评价导则修订与对比分析[J].环境科学与技术,2011,34(4):120-124.

[63]江磊,黄国忠,吴文军,等.美国AERMOD模型与中国大气导则推荐模型点源比较[J].环境科学研究,2007,20(3):44-51.

[64]陈帆,赵仁兴.新声导则主要变化与要点释疑[J].环境保护,2010(05):48-50.

撰稿人:朱　坦　胡学海　戴文楠　段飞舟

环境监测学科发展报告

摘要 "十一五"是环境监测学科不断完善和发展的一个重要阶段。本报告主要从环境监测学科基础及应用研究进展、环境监测科学技术研究进展、环境监测科学技术在产业发展中的重大应用成果、环境监测科学技术研究能力建设进展以及环境监测科学技术发展趋势展望等 5 个方面介绍"十一五"期间环境监测学科发展情况。其中,在环境监测学科基础及应用研究进展部分,详细阐述了"十一五"期间环境监测领域提出的或深入发展的环境监测预警体系建设、环境监测进一步向"天地一体化"发展、环境监测城乡一体化、国内区域环境联动监测机制等 4 个理念。从科研攻关、环境监测系统平台、监测质量管理体系、监测自动化水平以及监测结果的决策参考价值等 5 个方面阐述了环境监测科学技术研究的进展。从学术刊物、人才培养和基础研究平台等 3 个方面阐述了环境监测科学技术研究能力建设进展。最后,从环境监测基础研究、业务保障体系优化研究、标准规范制修订项目研究、新技术新方法研究及应用、国际履约环境监测方法体系研究、科技创新平台建设和法律体系建设等 7 个方面展望了环境监测科学技术发展趋势。

一、引言

当前,环境保护工作正处于蓬勃发展的历史机遇期。党中央、国务院高度重视环境保护工作,在应对金融危机的过程中,丝毫没有放松环境保护,为"十一五"规划的实施提供了强有力的支持。"十一五"前 4 年,节能减排的两项相约束性指标单位 GDP 化学需氧量和二氧化硫分别下降 9.66% 和 13.14%,二氧化硫"十一五"减排目标提前一年实现。总体上看,"十一五"期间主要污染物排放基本得到控制,污染恶化趋势得到一定程度缓解,减排取得明显成效,部分环境质量指标持续好转,部分地区生态环境质量有所改善。

"十一五"期间,环境监测科技取得了长足的进步。水专项国家"水环境监测技术体系研究与示范项目"顺利启动并全面实施;公益性行业科研专项有序开展,部分项目阶段成果显著;制订或修订了 34 余项监测标准分析方法及技术规范;环境监测系统已建成了 2 个国家环境保护重点实验室;完成了中国环境宏观战略研究。"十一五"期间环境监测能力不断提高,监测科技水平逐步提升,为环境管理决策提供了重要支撑。

在取得明显成效的同时,还需清醒地认识到环保工作面临很大压力。我国仍处于工业化中后期,重工业特征将更加明显,产业结构调整偏慢,经济增长的资源环境压力较大,城镇化和工业互相促进,传统工业文明的弊端日益显现,后金融危机时代调整路径和态势不确定性较大。废水及水污染物排放量呈上升趋势,地表水劣五类水体改善不明显。二氧化硫虽排放量趋于稳定但增量较大,氮氧化物排放量呈增长态势,城市空气质量超过二级标准的重点城市比例较高。农村环保复杂而艰巨,污染减排长效机制有待建立。

"十二五"期间,环境保护工作将以消减总量为重要抓手,按照环境质量响应、技术可达可控、经济可承受的原则,通过总量控制实现宏观层面环境形势基本面持续趋好;以改善环境质量为切入点,大力推进区域层面环境质量改善;在实现环境形势趋好的同时,严格防范环境风险,保障环境安全,改善民生。

二、环境监测学科基础及应用研究进展

20世纪80年代以来,随着环境科学和环境监测工作的发展,环境监测学逐渐被学者所认同并被提出。环境监测的工作范围是:准确地测取环境质量数据、资料,科学地解释所测取的数据、资料,合理地运用所得到的数据、资料,为环境管理服务。基于以上观点,有的学者[1]提出环境监测学的概念,环境监测学就是从环境质量整体化观念出发,充分运用化学、生物学、物理学、地学、数学以及经济学、法学、社会学、管理学等多种学科的知识,对环境质量变化因素进行调查、测试,并综合分析其变化规律,预测发展趋势。

综上所述,环境监测学是一个涉及诸多学科、理论的学科,是一类应用型学科。"十一五"期间是环境监测相关理论、技术大发展的阶段,据不完全统计,环境监测相关的书籍出版时间见图1(数据来源于国家图书馆)。其中,"十一五"期间出版的专著占整个出版专著的48%。然而,环境监测涉及的内容过于庞杂,环境监测学的学科结构依然尚未完善,未有定论。因此,"十一五"期间,环境监测学科理论体系的完善主要体现在对环境监测新理念的提出与应用上。

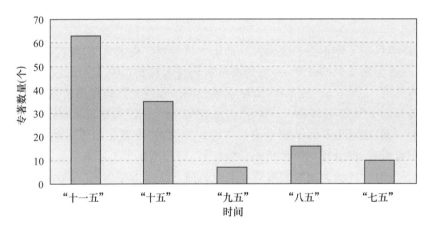

图1　环境监测相关的专著出版时间

(一)环境监测预警体系建设

"预测预警"是早已存在的理论和技术体系,在气象、能源、灾害等领域应用由来已久,在环境领域应用的历史却并不久远。2001年,中国环境监测总站提出了环境预测预警的理念,并成功地制定出相应的预警系统。2006年4月,国务院总理温家宝在第六次全国环保大会上指出,要建立先进的环境监测预警体系,全面反映环境质量状况和趋势,准确预警各类环境突发事件。

"十一五"期间,环境预测预警得到了飞速发展,以科研成果为例,根据中国知网的数据库显示(检索方式为题名检索,检索关键词为"环境"并含"预警"),截止到2010年年底,

发表的博硕士论文和期刊论文共 648 篇,其中"十一五"期间发表的共 503 篇,占整个发表总量约 78%。付朝阳等人[2](2008)提出了区域环境监测预警体系建设框架,认为环境监测预警体系功能的实现需要依赖基础风险信息、监测体系和预警体系、信息发布系统以及相应的应对措施等功能模块,而建设区域环境监测预警体系则需要将功能模块落实到支撑层、监测层、咨询层和服务层等的建设中。

郭羽等人[3](2010)认为,为了应对频发的水环境污染事故,在污染事故发生后快速有效地制定应急响应措施,有必要在水源保护区建立水污染预警 DSS 系统,并重点对系统建立的核心与难点水质预警模型进行研究。研究人员以密云水库上游的白河为研究区域,设计水污染预警 DSS 系统的三层结构框架,将控制端、核心预警模型、GIS 空间数据库紧密联合起来;在此基础上对核心预警模型的建模过程、参数取值等进行研究;最后以典型污染物氰化钠为例,设置水污染事故情景以及应急措施预案情景,进行了情景模拟分析。实例表明,提出的水质预警模型能够较准确地对污染发展趋势进行分析预测,并对不同的应急处理方案的实施效果进行模拟分析,模拟结果能够支持应急方案的制订与优选决策,达到了 DSS 系统的功能需求。

李维新等人[4](2010)从流域整体性和系统性的理念出发,调查分析太湖流域社会经济、资源开发利用等人类活动与水环境质量变化的关系,进行太湖流域水环境风险预警的需求分析,提出了太湖流域水环境风险预警系统的总体目标和结构设计,构建了包括预警方案订制、风险预警模型库和预测结果三维展示 3 个子系统为一体的太湖流域水环境风险预警系统。

孙金凤[5](2010)从重大危险源综合监督管理和监控需求出发,综合利用 Structs+Hibernate 架构技术、Java Script 技术和 ArcGIS Server For Flex 技术研究并开发了重大危险源安全监控预警系统。以某公司的油库贮罐区重大危险源为例,对该预警系统中各子系统和功能模块进行实验应用,结果表明,系统的在线辨识结果、重大危险源在线分级结果与安全评价报告结果吻合。

侯嵩[6](2010)基于压力-状态-响应模型,针对跨界水污染事故范围广、不确定性大等不同于一般水污染事故的特点,构建了跨界水污染事故预警指标体系。

此外,吴世利[7](2010)从靖宇水源保护区的生态环境保护及矿泉水可持续发展的实际出发,建立长白山天然矿泉水水质安全监控预警系统。任杰[8](2010)针对环境预警监测体系建设提出了 4 点优先建设内容和 3 点重点保障措施。

在实际应用层面。2008 年以来,我国开展了太湖、巢湖和滇池(简称"三湖")蓝藻水华预警和应急监测工作,在获取大量数据的基础上进行综合分析,及时进行水华预测和预警。庄巍等人[9](2010)研究了长江下游水源地突发性水污染事故预警应急系统。大连市 2010 年建立起饮用水水源地水环境监控预警体系[10]。

(二)环境监测进一步向"天地一体化"发展

"天地一体化"最早是航空航天领域提出的概念,以后随着遥感技术发展,逐步应用到测绘、气象、地震、信息和环境保护等领域。在环境保护领域,"天地一体化"是"十一五"提出的一个新理念。

在 2008 年开展的"三湖一库"水华预警和应急监测工作中,初步实现了地面监测与遥感监测技术手段的结合。每次的"蓝藻预警监测"采用 MODIS 遥感影像监测水华面积和分布,现场巡视和实验室监测分析太湖水体中的藻类密度、优势种、温度等指标,浮标和水质自动监测站 24 小时监测水体中 pH 值、溶解氧、氨氮等指标,在预警分析中综合考虑了蓝藻的密度、分布以及水体的理化性质指标和天气状况等多种情况,达到了准确预测预报水华的目标。跨出了环境监管技术手段向"天地一天化"发展的重要一步。

2008 年 9 月 6 日环境一号卫星 A 星、B 星被成功送入太空,标志着环境监测"天地一体化"进入一个全新的阶段。其目的是综合利用环境一号卫星 A 星、B 星测试数据和地面环境监测数据,开展区域大气环境、湖泊、河流和海洋环境、重要生态功能区环境、自然保护区环境、城市环境、重大工程和区域开发等生态环境动态监测和综合评估业务工作,逐步实现大范围、快速、动态的生态环境监测,跟踪、预警突发环境污染事件的发生和发展,全面提升我国的环境监测预警能力和水平,建立天地一体化环境监测体系,为我国环境保护工作历史性转变提供重要的技术支撑。

王桥等人[11](2010)详细介绍了环境一号卫星 A 星、B 星环境遥感业务运行模式,见图 2。其中主要的空气环境质量遥感监测业务有:①城市环境空气质量遥感监测业务;②酸雨和二氧化硫污染遥感监测业务;③工业废气污染源遥感监测工作;④温室气体遥感监测工作;⑤农业区秸秆焚烧遥感监测工作。主要的水环境遥感监测业务有:①流域和近海海域水体水质遥感监测业务;②饮用水源区环境遥感监测业务;③工业废水排放遥感监测工作。主要的生态遥感监测业务有:①区域生态环境遥感监测工作;②全国生态环境质量遥感评价工作;③城市生态环境质量遥感监测工作;④农村生态环境质量遥感监测工作;⑤国家生态安全预警工作。

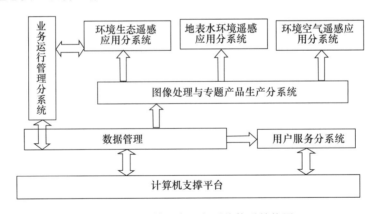

图 2 卫星环境业务运行系统体系结构图

刘建东等人[12](2008)在构建的浑河流域污染事故监控系统中,采用卫星遥感与浑河流域水质准同步监测技术,实现天地一体化模拟实验。

光洁等人[13](2010)研究提出了卫星数据、地面观测数据结合后向轨迹模型、空气质量预报模式构建天地一体化的大气环境监测和预报系统的思路。

(三)环境监测城乡一体化

由于各种历史原因,多年来我国的环境监测工作侧重在城市开展,农村环境监测始终没有被正式纳入环境监测工作视野。为贯彻落实国务院相关指示精神,2007年,国家环境保护总局发布的《关于加强农村环境保护工作的意见》(环发〔2007〕77号)中要求"加强农村环境监测和监管",具体为"建立和完善农村环境监测体系,研究制定农村环境监测与统计方法、农村环境质量评价标准和方法,开展农村环境状况评价工作,定期公布全国和区域农村环境状况。加强农村饮用水水源保护区、自然保护区、重要生态功能保护区、规模化畜禽养殖场和重要农产品产地的环境监测。有条件的地区应开展农村人口集中区的环境质量监测。"至此,拉开了农村环境监测的序幕。

2009年,我国开展了"农村'以奖促治'村庄专项监测",在各省(自治区、直辖市)环境监测站分别选取3个不同类型的代表性村庄,开展空气质量、饮用水水源地和地表水质以及土壤环境质量监测。并依据监测结果编写了《全国农村'以奖促治'村庄专项监测报告》。在此基础上,2010年将此项工作的监测范围扩大到每个省份6个村庄,目前这项工作正在顺利开展。

四川省"十一五"期间着力构建的五大环境监测网络中,农村空气监测点是一项重要工作。

在研究层面,宁昭玉等人[14](2008)、董明朝等人[15](2008)初步构建了农村环境监测与评价指标体系。

张铁亮等人[16](2009)总结了农村环境质量监测与评价研究现状,提出了农村环境质量监测布点原则与方案,在此基础上构建了更具针对性、灵活性的农村环境质量监测与评价指标体系。

廖岳华等人[17](2010)提出了开展农村环境状况调查的主要内容和我国农村典型村庄的分类方法,深入探讨了农村村庄空气、地表水、饮用水源、土壤等环境要素的布点采样与监测指标选择的原则与技术方法。

孟涛等人[18](2010)以 Visual studio 2005 为平台,结合 GIS 组件和 GPRS/CDMA 宽带通讯技术进行农村环境监测系统二次开发。该系统具有样品自动采样、污染因子在线监测、农村污染源排放总量监测、数据自动传输和汇总分析等功能。

(四)区域环境联动监测机制

区域环境联动监测是环境监测领域正在不断发展的新生事物。在国际领域,区域联动随着环境监测国际合作得到了长足发展,例如全球环境监测系统(GEMS)、1998年开展的东亚酸沉降监测等。"十一五"期间,2006年2月,中俄两国签署了《关于中俄两国跨界水体水质联合监测的谅解备忘录》,标志着中俄跨界水体水质监测上升为国家行为。同年5月,国家环保总局与俄罗斯自然资源部在京共同签署了《中俄跨界水体水质联合监测计划》,中俄两国据此在额尔古纳河、黑龙江、乌苏里江、绥芬河、兴凯湖开展联合监测。目前这项工作开展顺利。

在国内,1992年,由上海、杭州、南京等14个城市发起成立的长三角经协(委)办主任联席会议,主要目标是开展经济合作。但是从 2003 年开始,长三角区域开始联手实施环境保护,维护可持续发展的生态环境。然而,"区域联动"的理念是在"十一五"期间迅速发展的。

2006 年,我国开展了"锰三角地区"17 个河流和湖库断面的水质月报工作。2010 年 6 月,湖南省、重庆市和贵州省"锰三角地区"区域环境保护合作联防联控座谈会召开,花垣、松桃、秀山三县人民政府签订环境保护合作框架协议,实现"锰三角"区域环境保护合作联防联控。2007 年 2 月,广东省成功举行了区域联动突发环境事件应急监测演习,对环境应急监测任务中的"接警和任务下达"、"应急监测准备"等 7 个科目进行实战演习。2008 年的奥运会期间,北京及其周边地区开始实施区域联动保障奥运大气环境。2009 年,环保部下发了《京津冀区域空气质量监测方案》,以期说清京津冀区域的空气质量状况及变化趋势,形成京津冀地区空气质量预测和预警网络,服务于区域空气质量改善。2010 年环境保护部等 9 委部局联合下发了《关于推进大气污染联防联控工作改善区域空气质量的指导意见》,要求全面推进大气污染联防联控工作,切实改善区域和城市环境空气质量,计划到 2015 年建立起比较完善的大气污染联防联控机制,形成区域大气环境管理的法规、标准和政策体系。

三、环境监测学科技术研究进展

(一)监测科研攻关

"十一五"期间,环境监测科研工作迅速发展,先后组织实施了:

1)《国家水环境监测技术体系研究与示范项目》(水体污染控制与治理科技重大专项)。

2)优控污染物的监测系统技术、环境污染事件重大风险源识别与监控技术、应急实验室建设与运行示范等 4 项"863"课题。

3)突发性环境污染事故应急分析技术资源库的建立、环境质量数据库建设与共享等国家科技基础条件平台建设专项。

4)国家环境空气监测背景站的点位设置研究、环境质量监测数据准确性评定指标研究、环境质量常规监测数据管理系统框架结构研究、我国重要有机污染物的水生态基准预研究、重点领域环境监测技术体系研究、噪声自动监测系统开发与应用研究、道路交通噪声监测与评价新方法研究、酸雨重点地区环境空气质量日常监测及信息调研、重点城市臭氧监测体系研究等环保公益性行业专项。

5)中国环境宏观战略研究——"十年来的环境形势与未来发展趋势"专题。"十年来的环境形势与未来发展趋势"专题是中国环境宏观战略研究的专题之一。专题通过对二十多年来,尤其是近十年来系统的环境质量监测数据进行分析,结合新出现的典型污染物和新型环境问题,整体评价我国环境质量;在此基础上,结合污染源排放统计数据和国家环境政策措施,对我国环境状况进行评述;并结合经济发展、人口压力、能源消耗、产业结构、消费能力等因素,描述和判断我国的环境形势和未来发展趋势。

这些研究成果丰富了环境监测基础理论,储备了测试技术、完善了评价方法,健全了指标体系、拓展了表征技术,提高了环境监测科技创新能力。

6)科技型中小企业技术创新基金。科技型中小企业技术创新基金是经国务院批准设立,用于支持科技型中小企业技术创新的政府专项基金,开始于 1999 年。由于资助项目较多,因此采用该基金数据可以在一定程度上分析环境监测科研状况的变化趋势。与"十五"相比,"十一五"期间,资助项目由 22 项增加到 53 项,资助资金由 1450 万元增加到 3465 万元,平均单项资助资金由 65.9 万元下降到 65.5 万元,变化不明显。在"十一五"期间内,资助项目数量呈现显著上升趋势,2010 年项目数量是 2006 年项目数量的 3.4 倍(见图 3),2010 年平均单项资助资金是 2006 年的 1.3 倍(见图 4)。

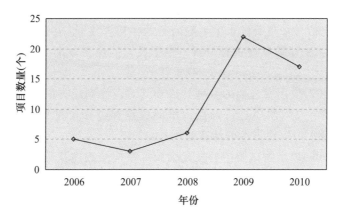

图 3 "十一五"科技型创新基金资助环境监测相关项目数量

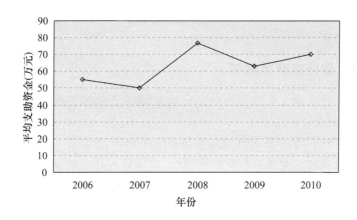

图 4 "十一五"科技型创新基金对环境监测相关项目的平均资助金额

(二)环境监测自动化

环境自动监测包括大气自动监测、水质自动监测、噪声自动监测等。我国的环境监测自动化是以环境空气和地表水为切入点发展起来的。1999 年 9 月我国开始水质自动监测试点工作,最初有 10 个,到 2009 年相继共建成 100 个水质自动监测站。"十一五"期间,针对水质自动监测指标局限于常规指标的现象,在水质自动监测领域开发新指标及相应测试技术,如生物毒性、重金属、藻类以及 VOC 等,并在国家水质自动站逐步应用。

以水质自动监测的生物毒性检测为例。生物毒性检测法是利用生物的组分、个体、种群或群落对环境污染或环境变化所产生的反应,来评价环境质量。该方法利用生物效应的原理检测环境污染物的毒性影响,常用的方法有生物酶活性、水生生物、微型生物群落、细菌等 4 种毒性检测法。其中发光细菌毒性检测法与其他生物的检测法相比,具有快速、经济、节省空间且可靠等优点,因此备受关注。

"十一五"期间,由中科院生态中心研发的水质安全在线生物预警系统已经投入使用,该系统采用在线生物监测技术可以实现水体突发性污染事故的安全预警,并可根据受试生物的生物学指标变化对水体中多种污染物的综合毒性进行监测。水质安全在线生物预警技术通过低压电信号采集受试水生生物的行为生态学变化,并通过信号分析系统和设定的行为变化阈值,对水质状况进行分析。根据设定的预警方式,可以实现水质变化定性和半定量预警[19]。

黄静等[20](2007)应用发光菌的生理特性和其对毒性判断方面的知识,结合理论数据探讨了应用发光菌在线对水质进行毒性分析的优点和过程。利用 C++ 软件编写了基于实验数据的分析污水中生物毒性的计算应用软件。

彭强辉[21](2009)以生物试验中的发光细菌毒性检测法为基础,结合现代光电检测技术和虚拟仪器技术,通过系统运行控制参数的优化,进行发光细菌的分批式和连续式培养的综合研究,实现对水质毒性的在线监测功能。

张波[22](2010)采用了先进的嵌入式技术、信息技术、通信技术和自动控制技术设计实现了一种水质综合生物毒性在线自动分析仪。采用明亮发光菌作为生物传感器实现水质综合毒性的检测分析,该仪器结合先进的互联网技术进行设计,能够与远程控制中心进行实时数据信息交互。

(三)监测质量管理渐成体系

数据精准是环境监测工作的生命线。环境监测质量管理是提高数据质量的基本途径,是监测管理的灵魂。

夏新等人[23](2007)结合我国环境监测质量管理现状,探讨了环境监测质量管理体系的结构框架。并提出建立完善的质量体系、形成质量管理评价体系、完善质量管理制度、形成完善的监测质量监督管理机制、开展质量管理技术研究、建立基础的质量管理工作平台等 6 点建议。

柏仇勇等人[24](2008)在调研国内外环境监测质量管理模式的基础上,提出了强化环境监测统一监督管理,建立国家环境监测质量管理与技术中心、区域(流域)环境监测质量管理与技术中心、完善各级环境监测机构质量管理工作体系的设想。

石勉[25](2010)以广东省水环境监测中心为研究对象,针对水环境监测实验室质量管理体系的建立和运行状况,运用质量管理理论和评审准则,从管理和技术两个角度分析广东省水环境监测中心影响体系运行质量的关键要素。针对这些关键要素发生的质量问题,根据质量控制原理和评审准则的要求,提出水环境监测实验室质量管理体系有效运行的质量保证措施,运用集中式和渐进式两种做法持续改进质量管理体系。

在应用方面,杨冬雪等人[26](2007)从省级站环境监测质量管理工作的实际需求出发,利用.NET技术的B/S模式构架,研究开发了与环境监测密切相关的质量管理信息共享平台,形成了以省站为核心的省、市、县质量管理信息管理网络系统。目前,福建省88个环境监测站利用该系统建立的信息共享平台,实际用于计量认证、监测站标准化建设、达标验收申请书填报、站内部质量管理、设区市对所辖区监测站质量管理、省站对全省监测站的质量管理。

(四)环境监测系统平台

"十一五"期间,环境监测系统平台在理论研究和实践应用方面都得到了很大提高。

1.理论研究

申文明等人[27](2007)针对国家级环境监测信息化建设的要求,结合环境监测业务需求,对国家级环境监测空间数据平台建设进行了研究探讨。以大型商业关系型数据库系统和空间数据引擎为基础,设计并初步实现了国家级环境监测空间数据的平台化管理与运行。

周桥等人[28](2007)针对ArcGIS9的特点,将环境监测信息的管理和查询分析与GIS结合起来,将GIS空间分析和常规数据管理系统无缝连接,实现环境监测信息综合查询分析。

张亦含等人[29](2007)通过对网络化环境监测数据管理的需求分析、数据库设计、系统设计实施、主要功能模块等方面的介绍,提出了利用B/S架构和WebGIS技术,结合相应的编程语言和规范的关系数据库,为环境监测信息化服务的新思路和新方法。

刘琦等人[30](2007)在参考国内外基于WebGIS的环境监测系统的基础上,设想一个针对湖北省的利用遥感技术并基于WebGIS的水环境监测系统,并设计其架构与功能。

魏房忠等人[31](2010)设计了新型国家级水环境监测数据传输系统,集成现有环境监测数据传输软件的思想,提取现有和未来环境监测数据传输业务的共性需求,设计了具有良好扩展性、通用性的系统架构,以满足环境监测部门数据传输需求,保障水环境监测数据在各个数据中心之间规范有序地传输,实现系统高度集成互联互通、信息资源充分共享、环保业务紧密互动。

2.实践应用

朱坚等[32](2008)开发了宁波市生态环境监测服务平台。综合利用遥感、地面台站监测、定点调查、室内分析的方法,形成一个能够有效覆盖宁波市域范围的立体式生态环境监测网络。在GIS技术的支持下,能有效对时空数据资源进行一体化的管理和更新,实时为宁波市生态环境管理与应急响应提供数据资源的保障,并研制形成了宁波市生态环境质量评估系统。

施心陵等人[33](2008)开发了云南省环境监测动态信息综合处理平台,开发了相关软件产品,实现了实时自动监测系统数据接口标准化。建成覆盖全省128个县级监测站使用的网上环境监测动态信息管理平台。

从2009年起中国环境监测总站开始建设环境监测数据平台系统。该平台系统把国家层面各个业务系统、模块整合起来,形成集高频的数据采集系统、先进的计算机网络支撑系统、快捷安全的数据传输系统、充足的数据库存储系统、功能完备的业务处理系统和及时的监测信息分发系统于一体的统一平台。实现业务工作的自动化和智能化。

(五)监测结果评价

环境监测的产品是监测数据,如何科学合理地表达监测数据才是监测的最终目的。监测数据的表达分为两个步骤,第一步是数据分析,第二步是监测报告。

1. 数据分析

通常的环境监测数据分析包括统计规律分析、合理性分析和效益分析。在"十一五"期间,环境监测数据分析的创新主要体现在对分析方法的集成和结果的显示方面。

李琳[34](2007)针对传统 J－A 算法在处理数据流连接聚集查询时存在着效率低下的问题,提出了一种改进的 J&A+ 算法,该算法在消耗较少内存的情况下提供高效准确的查询结果。在此基础上,提出了一种面向环境监测的数据流实时处理机制,该机制提高了数据流实时处理效率,还可以对异常状况快速捕获。应用上述成果,设计并实现了环境监测系统,该系统解决了执行传统查询功能时需要进行大量的 I/O 交换效率低下的问题。

易敏等人[35](2007)按照环境监测的目的不同,从环境质量监测、污染源监督监测和应急监测三个方面,阐述 GIS 在环境监测数据管理分析中的具体应用,并利用现有的一些基于 GIS 的环境监测信息系统实例进一步说明 GIS 在环境监测数据管理分析中的应用,充分发挥了 GIS 空间信息表达处理及综合分析的优势,使环境监测数据的管理分析更加快速、实时、有效。

陈文玲等人[36](2008)针对水环境监测数据的特点以及监测数据分析中存在的问题和困难,首先对数据进行处理,然后利用 Java 动态画图、JSP 实现 Web 显示,提出一种在网页内以滚动的动态图表显示数据的简单易行的方法。通过此方法,用户可以根据自己的需求,查询得到数据的变化趋势和相互关系的动态图形显示,为环境监测数据的分析和决策提供了技术支持。

卜志国等[37](2010)对海洋环境监测数据分析评价系统的功能和结构设计进行了论述和探讨,并根据需要,以 GIS 技术作为系统基础,构建了海洋环境监测数据分析评价应用系统,实现了监测数据的自动分析与评价等功能。

2. 监测报告

"十一五"期间,本着短平快的原则,环境监测报告的形式和内容也不断创新。例如,就有关重大敏感环境问题,不定期编发的《重要环境监测信息专报》《环境监测快报》;紧密围绕国控重点污染源监督性监测和主要污染物总量减排等国家环保重点工作,编制《国控重点污染源排放达标情况分析》《国家重点监控企业污染源监督性监测报告》《总量减排专项监测报告》;对重点、热点地区环境质量进行预测预警并提出有针对性的污染防治措施和建议,主要包括《地表水重金属污染专报》《太湖蓝藻预警监测日报》《巢湖蓝藻预警监测快报》《三峡水华监测快报》《三湖蓝藻预警监测周报》《菜篮子种植基地和污水灌溉区环境质量调查监测报告》《农村环境质量试点监测报告》《界河联合监测报告》《重点地区土壤环境污染试点监测报告》等。

(六)环境监测仪器

"十一五"期间,环境监测仪器开发取得了长足进展,环境监测仪器的先进程度不断提高,以专利为研究对象,与环境监测相关的专利在各个时间段内的分布情况见图 5。由图 5 可见,"十一五"的专利数量为 111 项,是"九五"和"十五"总和的 5.3 倍;"十一五"内,专利数量也呈现逐年上升的趋势,数量由 2006 年的 7 件上升到 2010 年的 44 个,增长了 6.3 倍。监测仪器国产化程度也不断提高,诞生了与环境监测相关的两家上市公司。2010 年 9 月国内首款便携式气相色谱-质谱联用仪 Mars-400 诞生;基于生物监测技术的国产水质综合毒性在线监测仪也于 2010 年 6 月研发成功。

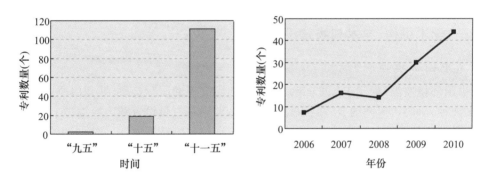

图 5　环境监测专利数量分布图

四、环境监测学科重大成果及其应用

环境监测科学研究通常具有较强的应用性,以上介绍的主要成果都有较为广泛的应用。其中,比较突出的有:

1)以"六五"和"七五"期间建设的 64 个重点监测站为骨架,组建并不断完善了全国环境监测网络。逐步建成了全国环境空气、地表水、近岸海域、噪声、生态遥感、酸沉降、沙尘暴、三峡工程生态与环境监测网络。

2)以编写环境质量报告为抓手,不断提高综合分析水平。从 20 世纪 80 年代初每年编写一份全国环境质量报告书,发展到现在每年编写 30 多种 1500 多份各类环境质量报告,环境监测成果的内容与形式日益丰富,为环境管理与决策提供有力的技术支持。

3)以环境空气和地表水监测为切入点,大力推进自动监测技术发展,提升环境监测自动化水平。国家投资建设了 126 台套地表水水质自动监测站和 380 多台套空气自动监测站,建成了覆盖我国主要水体的地表水自动监测网络和全国 113 个环保重点城市空气自动监测网络,全国地级以上城市实现了空气质量日报或预报。

4)以"3S"技术为手段,构建环境监测信息网络系统。以中国环境监测总站为例,该单位建设了大屏幕演示及自动监测信息联网系统、生态遥感解析与 GIS 实验室,提高了环境质量表征能力和信息化水平。

5)以加强仪器装备和技术储备为重点,提高环境应急监测响应能力。在松花江水污染事件、四川汶川特大地震应急监测和北京奥运会、残奥会空气质量保障应急监测中发挥了重要作用。

6)以质量控制考核和质量监督为主线,强化质量管理工作。从水质监测质量控制拓展到空气、污染源、近岸海域等领域的质控考核和质量监督,从实验室质量控制发展到初步开展全程序的质量管理体系建设,质量管理水平不断提高。

7)区域联动机制形成并不断完善。

五、环境监测学科能力建设

(一)学术机构、学术刊物建设进展

1.《中国环境监测》期刊

《中国环境监测》创刊于 1985 年。为便于国际交流和国际接轨,期刊由原中文变更为中英文文种;页码由原来的 64 页扩展到 128 页;期刊在栏目设置和内容编排上,突出体现了不同时期环境监测的重点工作,为推动现阶段环境监测转型发展,发挥了引领环境监测技术的平台作用。2008 年,该期刊再次入选中文核心期刊和中国科技核心期刊。2009 年,作为环境保护部选送的期刊参加了国庆 60 周年环保成果展。

2.《环境监测管理与技术》期刊

《环境监测管理与技术》1989 年创刊,是由江苏省环境监测中心和南京市环境监测中心站联合主办的集学术性与实用性于一体的环境科技双月刊。2007 年在江苏省第 6 届期刊质量评估及优秀期刊评选中,获编辑质量 3 等奖。

3.《环境研究与监测》期刊

《环境研究与监测》是由甘肃省环境保护局主办的环境科学综合性期刊,创刊于 1982 年,季刊。主要报道环境科学领域最新科研成果,环境监测新方法,推广污染治理先进技术,促进环境学术交流。

4.《三峡环境与生态》期刊

《三峡环境与生态》杂志是由重庆市环境保护局主管、重庆市环境监测中心主办的,国内外公开发行的环境科技双月刊,2008 年创刊。该期刊已入选《中国学术期刊综合评价数据库》来源期刊,《中国核心期刊(遴选)数据库》收录期刊,《中文科技期刊数据库(全文版)》收录期刊。

5.《环境监控与预警》期刊

《环境监控与预警》于 2009 年创刊,江苏省环境监测中心主办,双月刊。跟踪国家及地方的环境政策、环境标准的变化,聚焦环境监测与预警管理、技术中的热点难点问题,关注与介绍国内外环境领域的新动态、新技术、新科研成果。

6.《环境科技》期刊

《环境科技》于 1988 年创刊,徐州市环境监测中心站主办,双月刊。该刊重点报道报

送环境科学最新实用技术、科研成果、治理开发及国内外最新信息与动力。

此外还有,1977 年创刊,齐齐哈尔市环境监测中心站主办的《黑龙江环境通报》,季刊。1987 年创刊,新疆环境监测总站主办的《干旱环境监测》。

(二)人才培养进展

1.学生培养

环境监测是环境工程专业的一门必修的主干专业课,它以环境工程专业的其他基础课和专业基础课为基础,同时又为水污染控制工程、大气污染控制工程、固体废物处理与处置以及环境质量评价等课程的学习打下基础。通过环境监测这门课程的教授,培养了大量的熟悉环境监测基本知识的工作人员,同时也培养了许多从事环境监测研究的科研工作者。

2.全国监测系统技术人员培训

全国环境监测系统由国家、省、市、县四级监测站构成,目前共 2535 个,监测人员 5 万多人。"十一五"期间,按照"全国监测队伍一条龙"的技术培训目标,重点开展空气监测、地表水监测、综合分析评价和新技术、新方法等重点领域技术培训。仅以中国环境监测总站为例,在 2006—2010 年之间,共举办 141 期培训班,培训人员 13312 人次。

3.建立国际和国内环境监测技术交流与合作机制

目前环境监测领域的国内国际学术交流非常活跃,全国各级环境监测站都积极参与各种类型的学术研究和成果交流,坚持与国内外科研院所、高等院校和有关专业机构建立长效的交流合作机制,创新培训模式,拓宽交流渠道,不断提高技术培训的水平与层次。以中国环境监测总站为例,"十一五"期间,共举办两次全国环境监测学术交流会。

4.中国环境监测总站的人才队伍建设

2008 年末中国环境监测总站人员编制由 100 名增加到 180 名,以此为契机,总站接收应届毕业生和选调专业技术骨干,加大优秀人才引进力度,到"十一五"末期,通过公开招聘硕士以上应届毕业生和引进人才近 70 名,有效改善了人才队伍梯次,人才短缺矛盾初步得到缓解。以事业单位人事制度改革为契机,不断完善专业技术人员技术职务评审聘任、年度绩效考核、继续教育和培训深造等相关政策制度,逐步建立一整套体现监测行业特色、符合公益性事业单位特点的人才管理机制,形成结构合理、梯次衔接的环境监测技术型和业务型专家队伍。

(三)基础研究平台进展

1.环境监测领域不断拓展

紧密结合人类健康和敏感环境事件,不断拓展监测领域。目前,环境监测领域从最初的"三废"监测,发展到环境空气、酸沉降、沙尘暴、地表水、饮用水源地、近岸海域、土壤、生态/生物、噪声、污染源等多领域多环境要素的综合性监测,初步建成了覆盖全国的环境监测网络。"十一五"期间,为了服务污染减排能力建设,开始实施空气质量背景值监测;为了履行 POPs 公约义务,开展的除毒杀酚外 11 种 POPs 的监测;为了适应我国建设社会主义新农村和统筹城乡环境保护的要求,开展的农村环境专项监测;启动国家土壤环境例行监测;以及臭氧、温室气体、灰霾试点监测等。

2. 形成强大的监测网络,监测范围不断扩大

从最初的以城市为中心的环境污染监测,发展到流域、区域的生态环境监测乃至全球性重大环境问题监测。

国家在全国重点水域布设了 759 个水质监测断面,在国界河流布设了 78 个监测断面,监测范围基本覆盖了我国十大流域和主要出入境河流,可以基本说清全国地表水环境质量状况和出入境河流水质状况。113 个重点城市,共建设了 661 个空气自动监测站点。投资 6830 万元,新建 14 个国家空气背景值监测子站,基本具备了说清背景地区空气质量的能力。投资 1925 万元,新建 31 个温室气体监测源区代表站,为国际履约、应对全球气候变化、维护国家权益提供科学的技术支撑和服务。投资 5711 万元,新建 31 个农村空气自动监测子站,我国空气质量监测网络从城市扩展到了广大农村地区,初步具备了农村空气质量监测的能力。2008 年起,在 7 个地区选择 18 个监测点位开展臭氧试点监测工作,监测项目有臭氧、细颗粒物、氮氧化物、挥发性有机物等。

3. 环境监测技术水平不断提高

从最初的手工采样监测,发展到自动在线连续监测和遥感监测,监测仪器设备向高、精、尖方向发展,初步建立了一整套环境监测技术和标准方法体系。

建立了 440 种国家环境监测技术标准与规范,230 多种国家环境标准样品,30 多项环境监测仪器设备技术条件,20 多项环境监测质量保证和质量控制方面的国家标准,再版了《水和废水监测分析方法》(第四版)、《空气和废气监测分析方法》(第四版),为配合饮用水源地水质全分析工作,编写了《地表水环境质量监测实用分析方法》。

4. 国家对环境监测的投入不断增加

以中央财政对国家网运行经费的投入为例,从"九五"到"十一五"每年投入资金见图 6。从图 6 可知,投入由 1997 年的 0.2 亿元增加到 2010 年的 1.328 亿元,增加了 5.6 倍;2010 年较"十一五"初年的 2006 年增加了 56%。

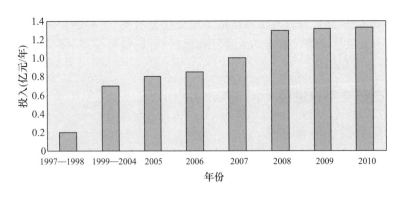

图 6　中央财政对国家网运行经费的投入情况

六、环境监测学科发展趋势及展望

当前,发达国家环境监测因子、手段、污染物种类、分析仪器、分析方法、监测质量管理、环境质量的表达方式不断创新发展,而我国环境监测技术的更新没有及时跟上世界领先的形势要求和科技发展前沿,还存在较大差距。主要表现为:①环境监测基础研究有待进一步完善。②监测技术水平有待进一步提高。③监测数据评价表征与信息获取共享技术亟须深入研究。④环境监测质量管理技术相对滞后。⑤监测科技体制机制和人才队伍难以适应科技创新需要。⑥环境监测国家级实验平台亟须构建。⑦环境监测仪器设备研发能力落后。基于上述问题,提出环境监测学科发展趋势。

(一)环境监测基础研究

1.环境监测发展战略研究

1)开展环境监测回顾性评价研究,提出未来十年更长时间内中国环境监测发展战略。研究环境监测立法,明确环境监测工作的性质、地位、作用;研究环境监测管理的体制和监测机构运行机制;优化国家监测网络(包括流域网、区域网),扩大国家环境监测网络覆盖范围,制订国家网络运行管理办法(包括环境质量监测网和污染源监测网),提高网络运行效率,保障环境监测的健康发展。

2)研究完善不同环境要素的监测技术路线,制订相应的技术政策。拓展监测领域,增加监测项目,完善监测业务体系。修改完善现有的空气、地表水、噪声、污染源、生态、固体废物、土壤、生物和辐射等环境要素的环境监测技术路线,研究近岸海域、振动、酸沉降、光污染、热污染和沙尘暴等环境监测技术路线,研究突发性环境污染事件应急监测技术路线、地下水和农村等环境监测新领域的技术路线,初步建成现代环境监测技术路线体系框架。针对不同环境要素的污染特征,研究制定与之配套的监测技术政策,更好地为环境管理服务。

3)研究各级环境监测机构任务需求和装备配置标准。根据不同级别不同地域监测任务的不同,研究仪器设备的配置标准,合理反映区域差异,满足按照区域流域开展污染防治和环境管理的需要。

2.区域(或流域)环境污染现状调查研究

开展重点区域和重点流域重金属、有毒有害污染物以及危害人体和生态环境健康的污染物污染状况调查,研究污染物的迁移转化规律及区域联防措施及机制。配合环境保护部"十二五"区域特征因子总量控制措施,开展污染总量调查研究以及污染减排效果研究。

3.优先控制污染物筛选

开展不同类型饮用水源地、典型区域环境空气以及化工区土壤中优先控制污染物筛选研究。开展主要行业排放废水、废气中有毒有害污染物调查及环境污染损害评估,筛选对生态和人体健康具有潜在环境问题或风险的污染物。在全国或国家的某些典型区域研究筛选出对环境质量改善起瓶颈作用的重要因子,且监测技术和方法已经成熟,在全国能够获取具有可比、准确的监测数据的污染物项目。

4.环境预警监测和应急监测技术的研究

开展典型区域和重点流域的环境监测预警指标体系和预测预警模型的研究。开展饮用水源地水质预警监测技术研究,典型区域(京津冀、长三角、珠三角等地区)环境空气自动监测预报预警技术研究,重点流域(松花江、淮河、辽河、海河等)地表水监测预警系统技术研究、化工区污染源预警监测技术研究和重点生态区与海洋环境预警监视系统建立的研究。研究建立各类环境要素的环境风险评价指标体系,制定环境风险级别分级方式与划分方法。开展环境应急监测技术体系和应急监测仪器装备研发。

(二)业务保障体系优化研究

1.环境质量表征技术和方法体系的研究

(1)环境监测数据整合、集成、传输监控技术研究

进一步开展环境质量和污染源数据采集、传输、处理、管理技术研究。开展环境质量监测断面(点位)编码和监测方法编码规范研究;各级环境监测数据中心层级体系架构研究;各类数据库软件(主要是自动站、LIMS、电子表格数据源)的数据耦合交换技术研究;开展监测全过程监测数据管理研究和监测信息共享技术研究。

(2)信息表征技术研究

开展环境监测信息和空间数据的可视化表达和空间表征的研究,环境质量模拟结果可视化表达技术研究,环境监测数据、空间地理数据、遥感数据实现共享和发布的技术研究。

2.质量保证与质量控制技术研究

健全现场采样与现场监测质量保证与质量控制(QA/QC)技术体系,解决现场质控手段薄弱问题;健全饮用水源监测、水质自动监测、大气自动监测 QA/QC 技术体系研究;完善 QA/QC 量化指标评价,解决土壤、固废、气体样品质控数据量化指标的不足;健全固废监测 QA/QC 体系。

加强各级网络运行的质控管理技术研究,提高监测数据的准确性、真实性和可比性。

加强污染源自动监测质量的控制,使污染源监测数据能真实、准确地反映污染物在时间、空间及生产运行中的状况。

3.综合评价技术研究

开展各环境要素环境质量评价和综合评价指标、方法、标准和模型研究。

1)修改完善环境空气、地表水、噪声、生态环境质量评价方法的研究,解决环境质量评价结果与老百姓感觉不一致的问题。

2)开展饮用水源地、土壤评价方法研究。

3)开展排放总量和环境质量相应关系研究,建立总量监测和评价方法体系。

4)开展农业面源污染和环境质量关系研究,建立农村环境质量指标监测的评价体系。

(三)标准规范制修订项目研究

1.健全环境监测标准分析方法体系

1)开展现行环境质量标准中尚缺的配套分析方法的研究,特别是有机类污染物的监测方法标准。

2)开展环境中有毒有害污染物及新的监测领域的监测方法标准化的研究,增强土壤、生物监测、环境空气中挥发、半挥发有机物监测与评价方法研究。建立环境污染对人体健康影响相关因子监测指标体系和标准方法。

3)污染源监测方法标准化的研究。研究各种快速分析方法标准体系并制定各类应急监测仪器的验收标准。

4)开展优先控制污染物监测方法标准化研究。

5)ISO相关环境监测标准方法的转化和验证及跨界污染监测标准方法的标准化研究。

2.健全环境监测技术规范体系研究

1)修订现有的环境监测技术规范,以适应当前环境监测和管理的要求。

2)将现有的、成熟的环境监测技术规定或试行方法上升为国家标准或国家环境保护标准的研究。

3)开展新领域(土壤、酸雨、沙尘暴等)环境监测技术规范的研究和制定。

(四)新技术新方法研究及应用

1.监测新技术的研究

1)拓展监测领域的相应监测方法研究。重点加强农村监测方法的研究,面源污染监测研究,土壤元素有效态监测技术方法研究,土壤可溶性有毒物质浸提方法与毒性监测技术方法研究。

2)开展持久性有机污染物(POPs)、持久性毒性物质(PTS)、痕量超痕量污染物等特征污染物监测方法的研究。

2.新技术新方法在环境监测领域的应用研究

1)加快生物预警监测技术研究与应用;开展环境生物毒理学、生态毒理学研究,整合、优化现有生物毒性监测技术,为开展生物毒性监测,评估污染物生态效应及对人体健康影响奠定基础。

2)开展天地一体化监测体系的构建研究,将遥感监测与地面监测有机融合:开展区域大气环境遥感监测技术研究、卫星遥感技术监测重点水域水华的研究以及对区域应急监测、重大水污染事件跟踪监测的研究。

3)开展新监测方法业务化应用对比研究,开展手工监测的自动监测的比对研究,验证方法的准确性、稳定性和可操作性。

3.环境监测仪器设备的开发应用

1)开展采样装备更新升级研究,提高自动化和智能化水平。

2)污染事故应急监测仪器及便携式监测仪器的开发研究,适应当前复杂的环境污染事故。

3)自动监测和在线监测仪器的开发研究,增加监测项目和使用范围,提升环境监测和监控的水平。

4)特征污染物监测分析仪器的研究,解决新的污染物环境监测分析问题。

5)开展环境监测技术与装备的自主研发,解决当前使用监测仪器多为国外进口仪器,价格昂贵且维护管理费用不菲的问题。

(五)国际履约环境监测方法体系研究

开展温室气体和持久性有机污染物监测体系的研究,包括监测方法、统计方法和评价方法的研究。

(六)科技创新平台建设

1.完善环境监测背景站和生态站

利用全国环境监测网络,依靠国家能力建设资金,建立完善流域水环境背景站、区域大气环境背景站和典型区域生态站建设,长期定位监测、试验和研究环境问题,为解决重大环境问题提供决策支持。

2.建设环保部重点实验室

力争在环境背景大气监测、持久性有机物(POPs)分析、生物监测与预警、环境监测质量管理等重点环境监测领域,形成较为完善的实验能力,积极争取建设国家环境保护重点实验室,同时,依靠地方监测站的重点实验室开展专项环境问题的研究。

(七)法律体系建设

我国目前没有专门的环境监测法律法规,环境监测部门规章是环境监测法律体系的主要组成部分,1983年颁布的《全国环境监测管理条例》、2007年颁布的《污染源监测管理办法》,立法层次偏低,使得环境监测工作的性质、地位、作用缺乏明确的法律依据,使全国的监测管理体制、监测人员管理模式以及监测经费保障方式等不统一、不到位,客观上不利于环境监测工作的实施和健康发展[38]。

在"十二五"期间,出台相应的法规,修改运行了近30年的《全国环境监测管理条例》是环境监测学科发展中一项重要的工作。

参考文献

[1]吴忠勇.开展环境监测理论研究,不断深化环境监测管理—贺《环境监测管理与技术》创刊[J].环境监测管理与技术,1989,(1):3-7,10.

[2]付朝阳,金勤献,孙鹏程.区域环境监测预警体系建设框架研究[J].环境科学,2008,29(7):

2077 -2080.

[3]郭羽,贾海峰.水污染预警 DSS 系统框架下的白河水质预警模型研究[J].环境科学,2010,31(12):
2866 - 2872.

[4]李维新,张永春,张海平.太湖流域水环境风险预警系统构建[J].生态与农村环境学报,2010,26(增
刊 1):4 - 8.

[5]孙金凤.重大危险源安全监控预警系统及应用研究[D].广州:华南理工大学,2010.

[6]侯嵩.基于 GIS 的跨界重大污染事件预警系统的建立[D].哈尔滨:哈尔滨工业大学,2010.

[7]吴世利.靖宇水源保护区环境监测系统的设计与实现[D].长春:吉林大学,2010.

[8]任杰.青海省环境监测预警体系建设思考[J].青海环境,20(4):162 - 164.

[9]庄巍,李维新,周静,等.长江下游水源地突发性水污染事故预警应急系统研究[J].生态与农村环境
学报,2010, 26 (增刊 1):34 - 40.

[10]徐辉,王日东,夏莹.大连市饮用水水源地水环境监控预警体系研究[R].2010 中国环境科学学会
学术年会论文集(第二卷),2010:2061 - 2064.

[11]王桥,张峰,魏斌,等.环境减灾 - 1A、1B 卫星环境遥感业务运行研究[J].航空器工程,2009,18(6):
125 - 132.

[12]刘建东,刘玉机,刘毅.构建基于"3S"技术的浑河流域污染事故监控示范系统[J].环境科学研究,
2008,21(3):211 - 214.

[13]光洁,薛勇,李英杰,等.构建天地一体化的大气环境监测与预报系统[R].2010 中国环境科学学会
学术年会论文集(第二卷),2010:1972 - 1976.

[14]宁昭玉,魏远竹,徐学荣.福建农村生态环境现状与评价指标体系构建[J].环境科学与管理,2008,
33(2):37 - 41.

[15]董明朝.新农村建设环境保护指标体系研究[J].科技创业月刊,2008(8):105 - 107.

[16]张铁亮,刘凤枝,李玉浸,等.农村环境质量监测与评价指标体系研究[J].环境监测管理与技术,
2009,21(6):1 - 4.

[17]廖岳华,罗岳平,赵晓军.关于开展农村环境质量监测的思考与实践[J].农业环境与发展,2010,
(3):74 - 79.

[18]孟涛,刘文全.基于 GIS 的农村乡镇污染企业环境监测系统的设计[J].中国海洋大学学报,2010,41
(1/2)113 - 116.

[19]任宗明,饶凯锋,王子健.水质安全在线生物预警技术及研究进展[J].供水技术,2008,2(1):5 - 7.

[20]黄静,赵大明,童俊强.水质生物毒性在线自动分析仪设计及毒理分析算法研究[J].仪表技术与传
感器,2007,(4):21 - 23.

[21]彭强辉.在线水质毒性监测仪开发研究[D].淮南:安徽理工大学,2009.

[22]张波.基于嵌入式水质综合生物毒性在线自动分析仪控制器关键技术的研究[D].杭州:浙江理工大
学, 2010.

[23]夏新,刘伟.中国环境监测质量管理体系之我见[J].中国环境监测,2007,23(1):3 - 5.

[24]柏仇勇,胡冠九,袁力.创新我国环境监测质量管理体系初探[J].中国环境监测,2008,24(4):1 - 4.

[25]石勉.水环境监测实验室质量管理体系的研究[D].广州:华南理工大学,2010.

[26]杨冬雪,刘用清,张良,等.环境监测质量信息监控管理系统.福建省环境监测中心站,2007.

[27]申文明,王桥,王文杰,等.国家级环境监测空间数据平台设计与实现[J].中国环境监测, 2007, 23
(5):44 - 47.

[28]周桥,李东军.基于 GIS 的环境监测信息管理平台的构建[J].江西测绘,2007,(1):37 - 39.

[29]张亦含,李旭文,黄丙湖,等.基于 WebGIS 的环境监测数据管理平台设计与开发[J].计算机应用与

软件,2007,24(5):15-16,31.

[30]刘琦,茹波,孙莉.湖北省水环境监测平台设计[J].地理空间信息,2010,8(6):48-49,52.

[31]魏房忠,温香彩,黎刚,等.国家级水环境监测数据传输平台构想[J].中国环境监测,2010,27(1):38-41.

[32]朱坚,翁燕波,高占国,等.宁波市生态环境监测服务平台.宁波市环境监测中心,2008.

[33]施心陵,陈建华,张榆霞,等.云南省环境监测动态信息综合处理平台.云南大学,2008.

[34]李琳.环境监测中的数据流处理技术研究与实现[D].长沙:国防科学技术大学,2007.

[35]易敏,吴健平,姚申君,等.GIS在环境监测数据管理分析中的应用[J].环境科学与管理,2007,32(2):148-153.

[36]陈文玲,白宝丹,苏娜峰,等.针对水环境监测数据特征的动态图形表现方法[J].环境科学导刊,2008,27(2):87-89.

[37]卜志国,高晓慧,李忠强.海洋环境监测数据分析评价系统[J]. Proceedings of 2010 Second International Conference on E-Learning, E-Business, Enterprise Information Systems, and E-Government (EEEE 2010) Volume 2, 2010:114-117.

[38]刘萍,赵文涛,李茵.环境监测法律体系浅析[J].江西化工,2005,(4):65-67.

撰稿人:王　光　王业耀　李铭煊　汪太明　张　迪

核与辐射学科发展报告

摘要　报告简要回顾了我国核能与核技术利用概况以及国内外核与辐射安全技术的研究进展,结合我国的实际情况,提出了未来我国在核与辐射安全技术领域的重点研究方向。报告同时简要介绍了我国核安全监管的历史和现状,并对未来加强核安全监管方面提出了建议。

一、引言

人类到 20 世纪初才逐渐认识原子核,并在 20 世纪 40 年代人为地促使原子核内部结构发生变化,使其释放出蕴藏的巨大能量加以利用。核科学技术的形成和发展是人类对物质微观结构及其运动规律的认识和对核能发现、开发、利用的一个飞跃。1942 年 12 月 2 日,由著名科学家费米领导建设的,放置在芝加哥大学橄榄球场看台下的世界第一座核反应堆达到了临界,这标志着人类已开始进入核能时代。1954 年 6 月苏联建成了世界上第一座试验性核电站,标志着核电时代的到来[1,2]。20 世纪 50 年代末到 70 年代初,大规模发展核电的国家主要有美国、英国和苏联等国家。20 世纪 70 年代初的石油危机极大地冲击了世界能源市场,一些国家,特别是自然资源比较匮乏的国家开始大规模发展核电,以减少对石油的依赖,确保国家的能源安全。这些国家有法国、日本、德国和加拿大等,其中法国和日本尤其突出,截至目前法国的核能发电比例已超过 80%,日本也超过了 40%。到 20 世纪末,核电已提供了约 17% 的世界电力需求。核电发电量超过 20% 的国家和地区共 16 个,其中包括美、法、德、日等发达国家。核电与水电、火电一起构成世界能源的三大支柱,在世界能源结构中占有重要的地位。

中国经济近些年的快速发展导致了对能源需求的急剧增长,目前中国的年能源消耗折合大约 20 亿吨标准煤,中国的年发电总量已居于世界第二位,装机容量超过 3 亿 kW。即使如此,中国的人均能源拥有量仍远低于世界平均水平,预计到 21 世纪中叶中国的总能源需求还要增加 3 倍。中国的能源结构中煤炭所占比例过大,导致了严重的酸雨、粉尘和温室气体排放等问题,同时占用了大约一半的铁路、水路运输能力。2001 年中国的石油进口已接近 7000 万 t,居世界第二位,世界石油市场的波动已对中国经济产生较大影响。有资料预计,到 2020 年,中国的石油进口将超过 2.5 亿 t/a,因而能源安全问题将成为一个影响经济发展和国家安全的重大问题。世界核电近 50 年的运行经验表明,核电是一种安全、清洁的能源,不造成对大气的污染排放。相对而言,正常运行情况下对环境的放射性排放比燃煤电厂还要低,核电厂运行人员所受到的年剂量照射低于一次医用 X 光检查。正是基于这些优点,为保障能源供应安全,优化能源结构,保护环境,提升我国综合经济实力、工业技术水平,我国制定了积极推进核电建设的重要政策。按照我国的核电中长期发展规划,到 2020 年,核电运行装机容量争取达到 4000 万 kW,并有 1800 万 kW 在建项目结转到 2020 年以后续建。核电占全部电力装机容量的比重从现在的不到 2% 提高到 4%。

随着科学技术的发展,核技术在国际上得到迅速发展,各种核技术,如加速器技术、核探测技术、核分析技术、核成像技术、核辐照技术、新型辐射光源技术、同位素技术,均得到了迅速发展,并且在农业、人口与健康、环境、信息、材料等领域以及生命科学、地球科学、凝聚态物理、考古学等多种学科的基础研究中得到日益广泛的应用。正因为如此,目前世界各国已投入大量资金,用于新建一批规模空前的核科学工程研究设施和大型实验装置。基于核技术的产业,特别是射线诊疗、辐照和探伤产业,在各先进工业国家也已形成相当大的规模。

核与辐射安全技术是伴随着核能与核技术的开发利用发展起来的。从人类开始利用核能和核技术以来,核安全问题就一直伴随着它。核能和核技术利用过程中已多次发生事故,特别是 1979 年的美国三哩岛核电厂事故和 1986 年的苏联切尔诺贝利核电厂事故,逐步引起了人们对核安全问题的高度关注。为了促进核能的和平利用,1954 年美国总统艾森豪威尔签署了《原子能法》。由于认识到一次重大的核事故可能就会毁掉核能和平利用的希望[3],因而必须扩充相关的知识,这导致了在核电厂厂址、反应堆堆芯设计(包括燃料、核设计、机械和热工水力,反应性控制等)、反应堆控制、仪表、水化学、屏蔽设计、安全壳和事故缓解等方面的大量研究,这样核安全就发展成为一个相对独立并且涉及广泛领域的学科[4]。20 世纪 70 年代以来,一些核安全的基本要素,如纵深防御概念、最大可信事故、源项、应急堆芯冷却系统准则等相继建立起来。随着大量核电厂的运行经验反馈,以及一些新的安全评价方法,如概率风险评价方法等技术的发展[5-8],使人们对核安全问题产生了许多新的认识,新一轮的大规模核安全研究再次展开,这些新的研究成果为新一代核电厂的开发提供了安全技术基础。

核与辐射事故相对于一般工业安全事故的特点是造成的经济损失大,辐射危害的长期性、社会和国际影响大,事故处理复杂。三哩岛核事故和切尔诺贝利核事故留给人们的阴影还没有完全散去,2011 年 3 月 11 日发生在日本福岛的重大核事故让核能界大为震惊,业界也必将重新审视目前的核与辐射安全理念。本报告对我国核能与核技术发展概况作了简要描述,在此基础上对核与辐射安全技术进展及未来我国在核与辐射安全领域须重点关注的研究方向进行了阐述,并对我国核与辐射安全监管历史、现状和未来须加强的方面进行了阐述,以期为核与辐射安全工作者提供参考。

二、我国核能与核技术利用概况

(一)核能利用概况

我国是世界上少数几个拥有比较完整核工业体系的国家之一。为推进核能的和平利用,20 世纪 70 年代国务院做出了发展核电的决定,经过三十多年的努力,我国核电从无到有,得到了很大的发展。自 1983 年确定压水堆核电技术路线以来,目前在压水堆核电站设计、设备制造、工程建设和运行管理等方面已经初步形成了一定的能力,为实现规模化发展奠定了基础。

我国发展的核电堆型主要包括轻水压水堆、重水堆、高温气冷堆和钠冷快堆。大规模商业化运作的主要是轻水压水堆和重水堆[9-13]。自 1991 年我国第一座核电站——秦山一期并网发电以来,我国核电站已有 13 台机组 1079.8 万 kW 先后投入商业运行,已形成浙江秦山、广东大亚湾、江苏田湾三个核电基地;截至 2010 年,30 台核电机组已获国家核安全局颁发的建造许可证,装机容量共 3213 万 kW,其中三代核电技术 AP1000 机组 4 台、EPR 机组 2 台,二代改进项核电机组 24 台。

在核电发展的带动下,通过引进和自主开发,对核燃料循环工业体系进行了技术改造,在一些关键环节实现了工艺技术的更新换代。我国的天然铀采冶形成了以地浸、堆浸、原地爆破浸出为主的生产体系;浓缩铀生产实现了从扩散法向先进离心法的技术过渡;核电燃料元件制造实现了国产化,质量达到国际先进水平;一座多用途的乏燃料后处理中间试验工厂即将投入运行;供实验用的模拟混合氧化物(MOX)燃料芯块也已研制成功[14-17]。

在发展核电的同时,中国积极开展其他形式核能利用的研究。核聚变方面,先后建成了中国环流器一号(HL-1)和二号 A 装置(HL-2A)、HT-7、EAST 等托卡马克试验装置,达到国际同类装置的先进水平。我国已正式加入国际热核聚变实验堆(ITER)计划;成功地完成了低温核供热的工程试验研究;由国家“863”计划支持的高温气冷堆于 2000 年年底达到临界,2003 年 1 月实现满功率运行,并网发电;国家核安全局也于近日批准释放中国实验快堆“首次并网”控制点,进入试运行之中;中国先进研究堆等几个重大科学工程建设进展良好。

我国的核电发展自秦山后基本上走的是市场换技术的路线,以引进为主。虽然我国的核工业体系相对比较完整,但只能称得上是核电大国,还达不到强国的水平。从起步就存在着多国引进、多种堆型、多类标准和多种技术共存的局面,从而导致反应堆的工艺不同、系统不同、运行和管理模式不同,使操作运行、安全管理缺少可直接借鉴的经验,这是在其他国家少有的。无论是设计、管理还是一些关键设备的制造,目前我国都亟待加强。我国核能的发展状况无疑使核安全监管的难度大为增加。根据国家能源发展计划,核电在未来 20 年将会有较大的发展,随着我国核电的大力发展,人才急剧稀释,再加上营运者经验不足、技术限制、安全素养不高、管理不善等原因,核电发展的潜在风险快速增加。此外,我国引进的新一代核电站新技术(AP1000 和 EPR)在世界上都是首次建设,尚缺乏对这些新技术、新设计进行安全审查的经验,国外可借鉴的经验也不多,需要做更深入细致的研究。高温气冷堆以及快堆的审评技术接近空白,急需进行相关的审评技术研发。

(二)核技术利用概况

目前,核技术广泛应用于我国工业、农业、医疗卫生、环境保护、矿产勘探、公共安全、科研等诸多领域,放射性同位素产品制备和相应的核仪器设备等都取得了显著的社会和经济效益[21]。

截至 2010 年年底,全国共有 5.3 万余家放射性同位素与射线装置生产、销售、使用等核技术利用单位,在用放射源 9.5 万余枚,X 射线机、加速器等射线装置 9.5 万余台。核技术利用在社会经济发展过程中正发挥着越来越重要的作用,在工业领域,同位素仪表、辐射加工与消毒、无损探测、火灾报警器等得到广泛应用;在农业领域,诱变育种与作物改良、辐射防治害虫、食品辐照保鲜、同位素示踪等,发挥了重要作用;在医学领域,放射诊疗已成为检查、诊断及治疗心、脑、肿瘤三大疑难疾病的最佳手段之一,且成为各大医院的必备诊疗手段;我国在加速器、放射性同位素及制品和辐照装置等方面的科研开发也取得重大突破。根据中国同位素与辐射行业协会的统计,我国核技术利用产业 2003 年的年产值约为 376 亿元,2009 年的年产值突破 1000 亿元(不计医疗机构在放射诊疗方面创造的产值),年增长率达到 17.7%。

放射性同位素和射线装置的广泛使用在给我们带来经济和社会效益的同时,也给辐射安全监管工作带来了巨大挑战,辐射安全形势依然严峻。放射性同位素和射线装置应用分布区域广、类型多样、数量巨大;流动放射源监管难度更大,丢失、被盗引发的辐射事故占较大比例;部分辐照装置设施设备技术落后、工艺陈旧、安全风险大、已进入设备运行故障多发期;废旧放射源的产生量逐年递增,废源收贮工作面临经费和技术困难;大量核技术利用单位普遍存在安全意识差、安全防护技术能力薄弱、安全管理混乱等问题。因此,进一步加强核技术利用项目的辐射安全监管工作,防治放射性污染,保证核技术利用的安全发展,是一项艰巨而持久的任务。

三、国内外核与辐射安全技术研究与进展

(一)我国核与辐射安全技术主要进展

中国的核工业早期是在苏联的帮助下建立起来的,它的特点是以服务于军工目的为主。由于军事领域的特殊性,因而在核安全方面也有鲜明的特点。其一是核设施以服务于功能为主,在服务于功能的基础上考虑安全措施,因而缺乏系统的安全考虑;其二是缺乏完整的核安全理念,如纵深防御原则,以及与这套理念相配套的一整套安全要求;其三是比较重视辐射防护,即重后果,而相对轻视事故的预防。用现在的法规标准衡量,我国早期建立的一些核设施在安全方面存在诸多问题。

我国普遍开始关注核安全问题应该说是在美国的三哩岛核电厂事故之后,由于事故引起了世界范围内的影响,同时我国的核能和平利用也已起步,我国相关单位和科研人员开始了核安全方面的研究,但我国真正系统地开展核安全领域的安全评价技术工作是在 20 世纪 80 年代中期的国家核安全局成立以后。迄今为止,我国已基本掌握了核与辐射安全领域的有关技术[20],其中包括:核设施厂址评价、核反应堆专设安全设施、核反应堆控制和保护系统、三废处理、核设施事故分析、核设施运行安全管理、核设施概率风险分析、核与辐射安全监管信息技术的应用等。

(二)国外核与辐射安全技术发展态势

美国三哩岛核电厂事故和苏联切尔诺贝利核电厂事故后,核安全问题再次引起社会的高度关注,特别是原有核电厂设计中所考虑的最大可信事故——反应堆冷却剂系统主管道的双端断裂事故,已被事实证明并不能包络电厂的所有潜在风险,新的研究工作广泛

开展,其重点集中在人因、小破口事故(SB - LOCA)、燃料的损毁、裂变产物的释放、氢的产生和控制以及安全壳在严重事故下的完整性等方面[18]。

为了保证核电的社会可接受性和维持核电的持续发展,各国的核电界和管理当局都在探讨能在经济性和安全性两个方面都得到提高的先进核电厂。1986年,美国核管会发布了《先进核电厂的监管:政策声明》(51FR24643"Regulation of Advanced Nuclear Power Plants:Statement of Policy")[4],鼓励采用可靠的、易维修的、经过验证的设备,以及简化的、采用非能动技术的系统来开发先进核电厂。

近些年来,面对恐怖主义的威胁,核电厂实体保卫和防止核扩散方面也成为关注的重点。

在一些西方国家,如美国,大批20世纪60～70年代建造的核电厂已接近设计寿期,核电厂的延寿问题也提上议事日程。

2011年3月11日,由于地震引发海啸造成了日本福岛第一核电厂多堆熔毁的严重事故,截至现在,事故后果还没有最终控制下来。针对这次核事故,国际上更加关注外部事件对核电厂的风险。

为应对上述需求,近期国际上核安全研究的几个重点领域有:严重事故的研究、乏燃料储存安全措施的完备性及评价方法、数字化控制和保护系统、人失误对核电厂安全的影响、非能动安全技术、老化管理、燃料组件行为和高燃耗燃料、概率安全评价技术[22]、防恐怖和防核扩散。

(三)核与辐射安全技术未来重点研究方向

受限于我国的科研与工业水平,核与辐射安全技术研究目前缺乏的是必要的理论和试验数据。我国核能利用走的是引进消化吸收到自主化的道路,虽然可以充分利用国际上核安全研究的成果,但经验表明,核能利用发达国家是不会轻易转让核心技术的。要建立完善的核工业体系,形成自己的核与辐射安全标准规范体系,必须有足够的投入,研究解决相当一部分关键技术。结合日本福岛核事故后国际上最新的核安全理念和管理要求,建议未来在核与辐射安全技术上我国须重点研究的方向如下:

1.严重事故研究

日本福岛核事故后给核工业界最大的启示就是,在目前的科技水平下严重事故发生的概率虽然很小,但不可能完全避免。我国在严重事故研究方面还处于起步阶段,特别是严重事故机理和严重事故预防与缓解措施的有效性评价技术方面需要加强,如压力容器完整性(IVR)技术研究,安全壳内氢气的行为特性研究,可燃气体控制的研究,堆芯熔融物引起的蒸汽爆炸研究、熔融物与安全壳底板混凝土的相互作用以及安全壳极限承载能力研究等。福岛事故后,核电厂目前迫切需要解决的是研制严重事故管理大纲及相关的事故规程,并要通过适当的技术和方法来验证其有效性,并要研究在严重事故管理导则中临时供水供电接入措施的可行性,以应对外部事件导致电站多重保护措施失效的风险。

2.概率安全分析与风险管理技术研究

应积极开展核安全风险管理技术研究,包括PSA分析原始数据的积累、概率安全目标、概率安全准则等。在一级 PSA 分析的基础上,适时开展 PSA 在核电厂应用的试点工作,以优化核电厂的运行、试验及维修维护,在不影响核安全的前提下,提高核电厂的经济效益。此外,要全力开展核电厂二级和三级 PSA 的研究工作,以支持严重事故管理导则和应急响应计划。要吸取日本福岛核事故的经验,全面开展外部事件 PSA 的研究工作。尽早出台 PSA 应用的相关法规导则。

3. 非能动系统功能的验证研究

随着西屋 AP1000 技术的引进以及我国基于非能动技术的核电技术的自主研发,非能动系统设计功能的验证研究已刻不容缓。从概念上,非能动系统的优势明显,在执行安全功能时减少了对外部动力的依靠,简化了电站的系统设计。但能否实现其设计功能,需要大量的研究工作来验证。目前主要开展的工作是相似试验,试验设计方法将是研究的重点。

4. 核设备监管技术研究

开展核安全设备安全分析计算、核安全设备材料工艺实验、热工水力试验,进行电气设备试验、机械设备无损检验能力验证及检验方法等的研究,满足核安全设备计算分析复核、鉴定试验、质量检测与复验等监管工作的需要。

5. 高温气冷堆安全评价技术的验证

国家重大专项模块式高温气冷堆已经立项,并开展了前期工作。需要开展安全评价技术的验证工作以及相关设计规范和核安全法规标准的制定工作。

6. 研究堆、核燃料循环设施监管技术研究

开展和推进适合我国研究堆现状和特点,并与国际接轨的研究堆监管重要课题和重大专项的研究。开展核燃料循环设施核临界安全理论和实验研究,进一步推动概率安全评价方法在研究堆安全审评中的应用研究。

7. 放射性废物管理

开展一回路放射性源项、排放源项研究和气态流出物监测取样的代表性问题研究;开展废物最小化策略及方法研究,研究核电厂、研究堆、核燃料循环设施及放射性废物治理设施的废物最小化策略及具体技术方法,包括放射性废物最小化应用策略、源项减少技术、放射性废液和废气处理技术、放射性固体废物减容技术等;开展放射性废物容器安全研究,早期重点进行混凝土高整体容器、金属高整体容器和聚合物高整体容器材料性能验证研究。

8. 开展退役策略和技术研究

研究核电厂、研究堆、核燃料循环设施及放射性废物治理设施的退役策略及具体的退役方法,重点是放射性废物的分类管理和废物最小化技术。

9. 放射性物品运输和实物保护

开展放射性物品运输容器安全的临界、屏蔽、热工、包容、力学等基础研究工作,同时开发用于放射性物品运输容器设计、计算和安全分析的计算机软件,掌握国际上先进的容器评价技术;开展放射性物品运输容器辐射屏蔽性能、正常传热与耐热试验性能、运输容

器事故跌落性能检测方法研究(包含抗冲击性能检测方法研究)、容器抗振动性能检测方法、运输容器材料的研究(包括耐疲劳性能、扭转、挤压和拉力性能等)、开展放射性物品运输容器性能检测平台研究工作;开展放射性物质运输活动小型在线监控系统的研究和建设工作;开展核设施实物保护系统有关的材料、设备等试验验证和可靠性检验科研工作;开发核设施实物保护系统有效性评价分析软件。

10.辐射照射控制研究

建立核设施运行、检修期间辐射防护最优化数据库及经验反馈系统;核设施职业照射预测模拟计算机程序的开发;研究根据核设施的辐射源项数据,结合检修及退役作业情况,预测人员剂量水平估算方法及计算机程序;研究用于作业最优化分析目的的实时个人剂量监测系统。

11.辐射监测与评价研究

高灵敏、高可靠性监测方法的研究,包括高灵敏度流出物监测技术研究,放射性碘、惰性气体、气溶胶流出物高灵敏监测方法,气态流出物的采样技术,气载放射性的高灵敏测量方法研究,研究环境中放射性气体的高灵敏采样、监测方法,具有伽马核素识别能力的环境监测系统。研究在不经过生物样品采样的条件下,直接测量估算受照人员的内、外照射剂量、评价模式及其可用性研究,辐射后果评价方法研究。

12.辐射源安全研究

跟踪国际辐射安全法规标准发展动态,结合我国核技术利用和发展的现状,积极开展法规标准的基础研究,逐步健全与核技术利用产业快速发展相适应的法规标准体系。开展废旧、闲弃放射源回收再利用的机制及技术研究、废旧放射源的安全处置技术研究。防止放射性物质的非法贩卖和走私,避免受到放射性污染的材料或产品流入流出我国境内,加强海关、机场、港口、高速公路对放射性物质的侦测识别能力,研发、配备有效的探测装置和仪器仪表,加强人员培训。开展放射源安全风险分析和评估技术研究、放射源管理及在线监控技术研究、放射源安全状态信息采集与数据整合方案及关键技术研究、数据远程传输与控制方案及关键技术研究,建立适合我国现状的实时在线监控技术和应急监测体系,有效降低或避免放射源失控现象的发生,全面提升我国高风险放射源监管能力和应急能力。开展失控放射源基本情况调查及恢复控制国家战略研究、失控放射源搜寻与探测技术研究、可视化放射源精确定位技术研究、高活度失控放射源安全回收技术研究、高活度失控放射源回收中的辐射安全与防护措施研究、失控放射源回收时的现场整备技术研究、失控放射源安全运输、贮存和处置技术研究等,提出我国失控放射源恢复控制的国家战略,减少我国失控放射源对人和环境的潜在威胁,提高辐射事故应急处理能力。开展城市电磁辐射环境容量、区域电磁环境总量控制目标及污染防治技术研究,完善典型电磁辐射工程和伴生电磁辐射效应工程的监测技术体系,制定电磁类建设项目环境影响评价和验收技术规范,完善相关法规标准,提升我国电磁辐射监管能力。

13.核安全信息平台的研究和建立

建立全国统一的核安全信息平台,使有关的核安全信息能够很好地分析、交流、共享,是保证经验反馈效率、提高核安全水平的重要手段。建立核安全舆情收集和分析系统,加强和公众的沟通。

14. 核与辐射应急与反恐防恐技术研究

开展各种核设施与强放射源的威胁评价研究,并确定各自的威胁等级;核设施与强放射源的保安措施研究,针对核设施与强放射源的威胁等,开展相应的保安能力的调查,研究出强化防范核与辐射恐怖事件的保安措施。研究城镇地区针对核与辐射恐怖的应急准备,包括组织准备、技术准备与资源准备,探讨建立应急响应专业小分队的必要性和方案。研究建立快速有效的反恐预警系统,该系统应具有威胁分析、风险评估、对策分析及预警报告等功能。恐怖事件辐射后果与人员受照剂量评价研究,包括城镇地区后果评价模式与参数研究,研究适用于人口建筑物密集的城镇地区辐射后果评价模式,分析相关计算参数的可用性。人员受照剂量估算方法研究,研究公众受照射后的内外照射剂量快速估算方法,公众心理社会影响研究。针对核的敏感性,研究核与辐射恐怖事件的公众心理社会影响和相关应对措施。开展用于反恐的辐射监测方法、仪表和辐射防护药物研究;建立全国性针对核恐怖和辐射源安全的辐射监测网络,在重要核设施(如核电站、后处理厂)、边境口岸、机场、港口、高速公路、铸造厂、炼钢厂、废料场、废渣填埋场和焚化厂等地安装和配备辐射监测装置和仪器仪表。

四、我国核与辐射安全监管历史和能力建设

核安全监管是核能与核技术利用的必须支撑和必然要求。在核能与核技术开发利用过程中,必须始终坚持"安全第一、质量第一"的原则,把核与辐射安全摆在首位,因为核与辐射安全是国家安全的重要组成部分,是核能与核技术事业的生命线,是保持核能开发利用持续稳定健康发展的前提和基础。

(一)核与辐射安全监管历史和现状

经过二十多年的努力,我国的核安全监管已基本建立了一套与国际接轨的体制和相关的法规、标准体系,培养了一支专业配套尚属齐全的审评和监督队伍,为保障在役核设施运行安全、控制在建核设施建造质量、逐步规范和深入开展辐射环境、放射源与放射性废物监管工作做出了贡献。

我国核与辐射安全监督管理工作主要包括对核设施(主要包括核电厂、民用研究堆、核燃料浓缩和元件制造、放射性废物处理和处置等)、核设备、核技术利用、铀(钍)矿和伴生放射性矿、电磁辐射装置等5类对象相应的核安全与辐射安全及辐射环境保护工作的统一监督管理;组织开展辐射环境监测和核设施、重点辐射源的监督性监测;组织开展应急、相关人员培训及国际公约的国内履约。

随着我国核能和核技术利用的高速发展,特别是国家积极发展核电的形势下,核安全监管的任务日趋繁重,历史遗留问题日渐突出,监管难度日益加大,核安全监管力量已经远不能适应实际需要,主要体现在监管人员少、技术手段落后、法规标准不健全、经费明显不足等方面。

(二)核与辐射安全监管存在的主要问题

通过前期建设,我国各类核设施安全运行,辐射安全事故得到有效控制,环境辐射水平控制在天然本底涨落范围内。但面对经济和社会发展的新形势、新情况,仍存在一些亟待解决的问题。

1.法规标准体系建设滞后

近年来,我国虽然相继制定和颁布了放射性污染防治法、核安全设备安全监督管理条例、放射性同位素与射线装置安全和防护条例等核与辐射安全法律及条例,但核与辐射安全法规、特别是技术标准仍远滞后于工作需要。目前仅有1部《中华人民共和国放射性污染防治法》、6部行政法规、34项部门规章、81项相关导则以及相关技术标准和技术文件[19]。尚未制定规范核安全监督管理的核安全法,缺少放射性物质运输安全和放射性废物安全管理有关条例,现有的技术法规标准还有较多缺项。针对高温气冷堆和快堆的标准规范还是空白。特别是核电厂技术来源于多个国家,多国规范标准混用的局面依然存在,对我国大规模核电建设和安全运行都会带来负面影响。此外,我国已经发布的核与辐射安全技术法规和标准大部分照搬国外法规标准,缺少自主研发的技术法规和标准,不利于我国装备制造业的发展和国产化。

2.监测能力不足且发展不均衡

辐射环境监测是监管工作最重要的环节之一,监测能力不足且发展不均衡已成为监管工作进一步发展的瓶颈。现有的辐射环境监测体系中,没有国家级的辐射环境监测机构,部分省级辐射环境监测机构达不到标准化要求,地市级机构基本没有形成有效的监测能力,县级机构几乎空白。辐射环境监测力量主要集中在省级,但总体能力薄弱、地区差异大、能力参差不齐,发展极不平衡;有的省市仅能进行外照射监测,实验室分析测试能力不足;辐射环境监测的自动化程度低,各省只有在省会城市有1~2个自动监测站,绝大部分点位靠人工手动采样、现场监测完成;电磁辐射环境的监测还仅仅停留在利用便携式仪器赴现场临时监测的模式,数据量少、准确度低,难以做出正确的评价。

实施监测的领域范围窄、监测项目不能涵盖所有关键核素、有的分析方法尚未建立,难以说清全国辐射环境质量状况。在目前已开展的全国辐射环境质量监测中,只有部分省市开展大气环境监测,代表性不足;水环境监测尚不能覆盖主要水系;海洋环境、生物类等监测远未达到要求;重点核设施流出物监督性监测尚未开展,难以全面掌握污染源的基本情况及其排放情况。

3.应急能力不能适应发展需求

伴随着核与辐射活动不断增多,安全风险不断加大,且我国周边核安全形势日趋复杂。我国虽已建立了应急体系,但应急体系尚不健全,应急能力有待进一步提升。"十一五"期间的两次边境辐射应急行动以及河南杞县"卡源"等辐射安全事件的处理,给我国核与辐射安全敲响警钟的同时,暴露出现有应急监测、信息网络与信息处理、通讯手段、交通工具、公众应对等应急能力欠缺等问题,现有应急能力不能适应发展需求。

4. 公众宣传工作薄弱

我国大部分公众的核与辐射安全知识仍十分匮乏,恐惧和排斥核与辐射技术应用的现象比较普遍。放射源被盗、电磁辐射信访纠纷以及类似杞县"卡源"导致群众恐慌等情况的发生,与科普宣传不到位、信息发布量不足、信息发布方式不完善以及公众交流不充分有直接关系。

(三)核与辐射安全监管能力建设

1. 完善法规标准体系

结合我国核能和核技术利用的发展特点和工业水平,积极开展核与辐射安全法规标准的基础研究,加快推进相关法律、法规、标准、规范的制订和修订工作。

努力推进《中华人民共和国核安全法》的立法工作。继续加快推进《放射性废物安全管理条例》和《电磁环境保护条例》的制订工作。系统梳理核与辐射安全领域法律法规,研究并定位本领域各项法规之间存在的分散、重叠、交叉和矛盾,通过新增、废止、整合、修改等措施,推进核与辐射安全领域部门规章、核安全与辐射安全导则的编制工作,完善核与辐射安全法律体系。

开展国家标准、规范的研究工作,特别是针对高温气冷堆和快堆的相关标准规范。制订和修订核电厂、研究堆、核燃料循环设施、放射性废物管理、核材料管制、民用核安全设备管理、放射性物品运输管理、放射性同位素与射线装置监督管理、辐射环境保护等领域的标准、规范,建立满足我国核能和核技术利用发展水平的核与辐射安全标准、规范体系。

密切跟踪国际核与辐射安全法规标准发展动态,特别是日本福岛核事故发生后,必将会改变现有的核安全理念,在核安全规范以及管理要求方面会提出进一步的要求。结合我国核能及核技术利用和发展的状况,须积极开展核与辐射安全法规标准的理论、政策研究,开展辐射监测新标准、新技术、新方法的研究,开展相关科研试验和方法的基础研究,为制订、修订和完善核与辐射安全法律法规标准体系提供有力支撑。

2. 完善监测体系

建设与我国其他监测系统同步协调发展的先进辐射环境监测体系,技术水平基本达到与周边国家一致、技术标准与国际接轨,具有一定影响力的国家辐射环境监测网。以全国辐射环境质量监测为工作中心,重点污染源监督性监测为重点,以"三个说清"为目标,即说得清我国的辐射环境质量现状及其变化趋势,说得清国家重点监管的核与辐射设施放射性污染源排放情况及辐射环境影响,说得清潜在的核与辐射环境风险。建立组织网络化、管理程序化、技术规范化、方法标准化、装备现代化、质量保证系统化的四级辐射环境监测体系。真实反映我国辐射环境保护工作的成效,为政府决策和辐射环境管理提供技术支持,为公众了解辐射环境状况提供辐射环境监测信息。

对现有辐射环境质量监测国控点进行优化、补充,加强环境辐射自动监测系统建设,动态掌握和评价我国境内辐射环境质量指标及变化趋势。建设核设施流出物实时在线监测系统,及时掌握污染源排放情况,评价其造成的辐射环境影响。建立统一的辐射环境安全预警监测系统,实现潜在、可能的核与辐射危害及事故的预警功能。

针对核与辐射事故,以及防范、处置核辐射恐怖事件,建立国家核与辐射应急监测系统,进一步提高应急监测能力。开展应急专用监测技术研究,完善应急监测技术,研究针对核与辐射恐怖事件的处置技术和措施,增强应急监测队伍的快速反应、协同作战的能力。

开展辐射环境信息化建设,依靠信息化手段,提高管理服务水平和效率。建立全国辐射环境质量现状、辐射污染源及其环境污染状的动态数据库,定期向社会发布辐射环境质量公告,为政府决策和管理提供依据,为经济建设和人民生活服务。

3. 完善应急体系

强化国家核与辐射应急中心应急能力,进一步提高省级辐射安全监管机构应急处置能力,地市级辐射安全监管机构初步具备独立处置突发事故能力,部分县级辐射安全监管机构形成基本应急能力。

建立环保部核与辐射应急预案数字化管理系统,做好核事故、辐射事故应急准备和响应工作。构建环境保护部与31个省级环保部门在辐射事故应急、核事故应急与反恐应急领域的指挥调度、决策支持、分析评价的可兼容系统,配备应急设施设备,加强人员培训工作。

明确组织职责,确定事故分级和应急行动。制定应急响应实施程序、监测实施程序、联络及信息交换实施程序、人员培训实施程序、演习程序。

4. 提升宣教与国际交流能力

为争取公众对核能与核技术的信任,消除公众对核电发展和核技术利用的神秘感和恐惧感,需要建立与公众沟通的渠道,满足公众的核与辐射安全信息需求。我国是多个核与辐射安全国际公约的签约国,需要积极主动参加国际间的双边合作和多边合作,坚持"共同但有区别"责任的原则,承担与发展水平相适应的国际义务。

建立核与辐射安全公众宣传教育基地,采取核电厂模拟操作系统、核电厂安全屏障模型、辐射影响模型、科普讲座等多种形式与方法,建立与公众沟通的渠道,增加信息透明度,满足公众的核与辐射安全信息需求,争取公众对核能与核技术的信任,消除公众对核电发展和核技术利用的神秘感和恐惧感,为核能与核技术应用创造良好的发展环境。

在现有合作项目和技术的基础上,进一步拓展与美、法、加、日等先进国家的国际合作与交流,继续扩大交流范围和合作渠道,开展国际间核与辐射安全领域的经验交流、研讨、培训活动,引进吸收新的理念、新的技术,提高我国核与辐射管理水平。推动我国核能技术出口和人员出国交流,扩展我国的国际市场,帮助发展中国家和平利用核能和提高核与辐射安全保障的能力,树立我国核与辐射安全方面负责任大国国际形象,争取国际社会对中国核与辐射发展事业更多的理解和支持。

五、结束语

由于核能利用的特殊历史和核能本身具有的一些特点,核能的社会可接受性成为一个非常关键而敏感的问题,核安全是核能发展的重要保证。为了保证核能的可持续发展,必须高度重视核与辐射安全问题和核与辐射安全研究。虽然核与辐射安全问题有其相对独立性,但核与辐射安全必须依靠核设施的具体设计、建造和运行来体现。核与辐射安全和核技术是紧密相连、互相依托的一个整体,在具体的研究工作中,要与核能技术的研究一起进行。

参考文献

[1]美国核学会公众信息委员会(Public Information Committee of American Nuclear Society)网站. "The History of Nuclear Power Safety"[R].

[2]美国核管会网站."NRC SHORT HISTORY"[R].

[3]美国核管会.50FR32138"Policy Statement on Severe Reactor Accidents Regarding Future Designs and Existing Plants"[R].

[4]美国核管会.51FR24643"Regulation of Advanced Nuclear Power Plants:Statement of Policy"[R].

[5]美国核管会网站."Use of Risk in Nuclear Regulation"[R].

[6]机械工业出版社.IAEA-TECDOC-861《当代压水堆核电站发展新趋势一先进压水堆设计方案评述》[R].

[7]国际原子能机构.IAEA-TECDOC-712"Safety aspects of future light water reactors(evolutionary reactors)"[R].

[8]国际原子能机构.IAEA-TECDOC-801"Development of safety principles for the design of future nuclear power plants"[R].

[9]国家核安全局.NNSA-0031《秦山核电厂最终安全分析报告安全评价报告》[R].

[10]国家核安全局.NNSA-0037《广东大亚湾核电厂最终安全分析报告安全评价报告》[R].

[11]国家核安全局.NNSA-0047《秦山第二核电厂最终安全分析报告安全评价报告》[R].

[12]国家核安全局.NNSA-0069《田湾核电厂最终安全分析报告安全评价报告》[R].

[13]国家核安全局.NNSA-0038《重水研究堆安全评价报告》[R].

[14]国家核安全局.NNSA-0062《国营八一二厂核电燃料组件生产线完善工程安全分析报告安全评价报告》[R].

[15]国家核安全局.NNSA-0017《西南反应堆工程研究设计院脉冲堆安全评价报告》[R].

[16]国家核安全局.NNSA-0061《四〇四厂动力堆元件后处理中间试验工厂乏燃料接收与贮存设施初步安全分析报告安全评价报告》[R].

[17]国家核安全局.NNSA-0011《动力堆元件生产线安全评价报告》[R].

[18]美国核管会网站."Nuclear Reactor Safety Research"[R].

[19]国家核安全局.中华人民共和国核安全法规汇编[M].中国法制出版社.1998.

[20]中国核学会.核科学技术学科发展报告[M].中国科学技术出版社.2008.

[21]核科技发展的回顾与展望[M].原子能出版社.1994.

[22]环境保护部核与辐射安全中心.《核与辐射安全发展与挑战—论坛文集》[R].2009.

撰稿人:李 斌 康玉峰 陈晓秋 杨丽丽 张庆华

机动车污染防治技术发展报告

摘要 机动车污染防治是一门综合技术,内容包括发动机制造技术、清洁燃油技术、后处理技术和排放检测技术等。"十一五"期间,我国在上述技术领域均取得了一定的进展与突破,但与国际先进水平相比,还存在显著的差距。本报告概述了 2006—2010 年期间,该领域有关方法与技术的重要研究进展,并对今后的研究前景及发展趋势进行了展望。

一、引言

"十一五"期间,我国的机动车保有量以较快的速度持续增长,年均增长率达到 10%。2010 年全国机动车保有量超过 1.9 亿辆[1],排放一氧化碳(CO)4080.4 万 t、碳氢化合物(HC)487.2 万 t、氮氧化物(NO_x)599.4 万 t、颗粒物(PM)59.8 万 t。其中,汽车是机动车污染物排放总量的主要贡献者。汽车排放的 CO 和 HC 超过 74%、NO_x 和 PM 超过89%。严重的机动车排气污染已经成为改善城市空气质量的主要障碍。

目前,我国已全面实施国Ⅲ排放标准,并正在逐步实施国Ⅳ阶段汽车排放标准。

机动车污染防治技术是一门综合技术,主要包括发动机制造技术、清洁燃油技术、排放控制技术(后处理技术)和排放检测技术四个方面。前三个方面既相互独立、又相互关联;而排放检测技术是保证机动车达标排放的重要手段。

本报告论述了我国机动车污染防治技术领域的研究进展。

二、发动机与新能源汽车技术研究进展

各国发动机厂商、科研机构投入了大量的人力、物力进行传统内燃机技术的完善与新能源汽车技术的开发。新能源车是未来机动车的发展方向,但还处在研发和试验阶段,离大规模应用还有相当长的时间。

(一)发动机新技术(new internal combustion engine)

内燃机是目前最成熟可靠的机动车动力机械,发达国家及我国仍在致力于内燃机高新技术的创新开发,通过改进发动机的燃烧室结构、改善进气系统和燃油喷射系统、采用废气再循环等技术,进一步提高内燃机的能效和降低污染物的排放。目前发动机新技术的研究热点主要包括:燃油直喷、共轨燃油喷射、可变气门正时和废气再循环等。

1. 燃油直喷(fuel direct injection,FDI)

燃油喷射—缸内直喷技术可以产生与传统的发动机不同的缸内气流运动状态,使喷入气缸的燃油和空气形成一种多层次的旋转涡流,真正实现了精准按比例控制喷油并与进气混合,并且消除了缸外喷射的缺点。直喷技术分为汽油机直喷和柴油机直喷两种,其

中柴油机直喷技术已经比较成熟并应用,汽油机直喷技术正处于研发之中。

我国目前在直喷发动机技术方面的研究主要集中在缸内燃烧场数值模拟、燃料类型对直喷发动机性能的影响、直喷技术与其他发动机新技术结合运用的效果、直喷的电控技术等多个领域。其中王莉等[3]将复合供油系统用于直喷汽油机,可以明显改善冷启动过程中的燃料雾化和燃烧,降低油耗和碳氢化合物的排放;袁银南等[4]在直喷柴油机上进行了生物柴油试验,证明使用生物柴油的直喷发动机排气中颗粒物、一氧化碳和碳氢化合物的排放量均下降38%以上。制约FDI发动机发展的主要技术难点是排放问题。例如,分层燃烧时在火花塞附近出现混合气局部过浓状况,使NO_x生成增加,目前成熟的三效催化技术还不能得到有效利用;较高的压缩比和放热率也导致大负荷工况NO_x生成量增加,因而NO_x排放较高。

国内的汽油直喷发动机已逐步开始批量生产。2007年长春一汽集团自主开发出国内第一款汽油直喷发动机JB8,采用了汽油直喷与气道喷射共用的燃油系统和电控系统;奇瑞公司也开发了使用直喷技术的自主品牌汽油机。

2.共轨燃油喷射(common rail injection,CRI)

共轨燃油喷射技术是指在高压油泵、压力传感器和电子控制单元(ECU)组成的闭环系统中,将燃油压缩和喷射分开的一种供油方式。刘雄等[5]发现控制主喷射各时期的喷油速率,可以缩短缓燃期,提高输出功率,减少燃油消耗,降低烟度和碳氢化合物的排放;陈贵升等[6]的研究证明,喷射压力是共轨喷射的关键参数,高的喷射压力有助于降低高转速、大负荷时的颗粒物排放,但达到150~200MPa后继续升高喷射压力的效果并不明显;江军等[7]通过对预喷机理分析,确立了高压共轨燃油喷射系统中的预喷控制策略,提出了预喷控制的喷射协调、预喷油量、预喷起始时刻、喷油器作用时间和预喷释放等问题的控制策略,并进行了软件设计。虽然共轨燃油喷射系统已在国产柴油机上广泛应用,但博世、德尔福、西门子、电装公司、VDO和玛格纳-马瑞利公司等主要的共轨喷射系统供应商均为国外企业。国内正在积极开展该项技术研发,辽宁新风企业集团引进了柴油机高压共轨系统,在此基础上经过创新,开发出了更适合中国的车用柴油机,2010年开始投产;一汽无锡油泵油嘴研究所已形成了自主电控共轨系统产业化集成能力,自主开发的电控共轨系统已与多种型号柴油机进行了匹配,在城市公交等领域开始应用。但我国自主开发的产品市场规模还比较有限。

3.可变气门正时(variable valve timing ,VVT)

发动机可变气门正时技术是近年来被逐渐应用于现代轿车上的一种新技术,它可以提高进气充量,使充量系数增加,从而提高发动机的扭矩和功率,对污染物排放也有明显的改善。我国在此领域起步较晚,目前处在技术探索阶段。张桐山[8]通过可变正时气门发动机与原机的对比研究发现,可变气门正时可以改善排放性能,在中高负荷时,氮氧化物降低达10%~15%,碳氢化合物下降约10%,相对而言,一氧化碳的变化不大,但在高速高负荷工况下,一氧化碳排放也有显著下降;苏进辉[9]对摩托车用小排量汽油机进行可变气门正时技术改造,在动力性和经济性方面也取得了良好的成效。部分企业将此项技术应用于商品车型,如1.0L小排量VVT发动机功率可以达到57kW,已投入市场并产生良好的环境效益。由吉利集团自主研发的中国首台采用 CVVT 技术(智能连续可变气门正时技术)的发动机,2006 年在宁波基地正式量产。

4. 废气再循环(exhaust gas recycle,EGR)

废气再循环可以降低燃烧室的氧气浓度和最高燃烧温度,使燃烧过程相对平缓,从而减少 NO_x 的产生。我国在废气再循环技术方面已经具有了一定的研究和应用经验[10-12],也可以自主生产各种类型的 EGR 阀等关键部件。目前中国重型汽车公司已投产的 WD615 发动机,采用了长春一汽自主研发的废气再循环技术。但是我国目前的燃油硫含量较高,排气中的硫氧化物容易腐蚀 EGR 阀,需要从油品质量和阀门材料等方面改进才能更好地发挥废气再循环技术的效果。

(二)新能源汽车技术(new energy vehicle)

新能源汽车是指采用非常规的车用燃料作为动力来源,综合车辆的动力控制和驱动方面的先进技术的汽车。新能源汽车包括:混合动力汽车(HEV)、纯电动汽车(PEV)、燃料电池汽车(FCEV)、氢动力汽车以及燃气汽车和醇醚汽车等。新能源汽车是汽车产业的可持续发展方向。

"十一五"期间节能与新能源汽车重大项目启动以来,我国新能源汽车研发与应用速度加快。纯电动客车技术已达到了较高的水平,并已出口国外。混合动力汽车部分车型已通过国家产品认证,开始小批量产业化。新一代燃料电池轿车在 2007 年国际清洁汽车挑战赛上完成了拉力赛、性能测试等全部赛程,技术水平已进入国际先进行列。奥运会期间,25 辆燃料电池汽车、110 辆混合动力汽车、50 辆纯电动客车和 320 辆纯电动场地车进行了示范应用;上海世博会期间,也有相当多的新能源车投入了运行。

1. 混合动力汽车(hybrid electrical vehicle,HEV)

混合动力汽车是指同时装备两种动力源——热动力源(由传统的内燃机产生)与电动力源(电池与电动机)的汽车。HEV 可按平均需要的功率确定内燃机的最大功率,以降低油耗、减少污染物排放;电池可以十分方便地回收制动、下坡和怠速时的能量。根据混合度以及节油率的不同,混合动力汽车又可分为微混、轻混和全混。聂彦鑫等[13]发现,混合动力的结合形式对污染物排放有直接的影响,串联混合动力车辆氮氧化物排放较高,而并联混合动力车辆的颗粒物、碳氢化合物和一氧化碳的排放浓度较高;王领辉等[14]研究了不同储电装置对车辆污染物排放的影响,结果表明,用电容储电时,颗粒物和碳氢化合物的排放高于电池储电形式,氮氧化物和一氧化碳排放对比结果则与之相反;王存磊等[15]的研究证明,混合动力车辆在冷启动时,拖动转速是影响碳氢化合物和氮氧化物排放的关键因素,优化的拖动速度约为 1000 转/分钟。随着关键技术的研究开发并产业化,混合动力汽车在电动汽车中已经率先形成了规模化生产能力。

2. 纯电动汽车(pure electric vehicle)

电动汽车真正实现了汽车行驶过程中污染物的零排放,是环境友好技术。目前电动汽车技术面临的关键问题是电池技术不够成熟,成本高、寿命短,能量密度大大低于化石燃料,电池一次充电行驶距离也较短,车辆运行的经济性不够理想。电动汽车是我国今后新能源汽车发展的重要方向,国家《节能与新能源汽车产业发展规划》中提出了2020年电动汽车市场规模达到1000万辆的目标。国内开发的电动汽车采用的是超级电容和锂离子电池相结合的技术,具有行驶里程长、充电速度快、充放电循环次数高等优点,一次完全充电最大行驶距离可达100~300km,最高时速可达80~100km/ h,一次完全充电时间小于3h,耗电量小于1.6kWh/km;开发的铁电池技术[16]采用全新设计,电池容量、循环寿命、使用温度范围、放电性能、电池安全和可靠性均优于锂电池。纯电动汽车将是大势所趋,但在其技术不够成熟的情况下,与混合动力技术结合是其成熟和发展最容易实现的模式。

3. 燃料电池汽车(fuel cell vehicle ,FCV)

燃料电池汽车实质上是电动汽车的一种,一般来说,燃料电池是通过电化学反应将燃料的化学能转化为电能,再由电动机驱动车辆。

可以用于汽车上的燃料电池主要包括质子交换膜燃料电池(PEMFC)、碱性燃料电池(AFC)、磷酸盐型燃料电池(PAFC)、固体氧化物燃料电池(SOFC)等。到目前为止,技术最成熟的是PEMFC。奥运会期间,上海大众成功运行了PEMFC车。由我国研发的PEMFC技术在上海世博会期间也进行了示范。但是,燃料电池系统技术总体而言尚不成熟,成本居高不下,一定程度上阻碍了其发展。建立燃料电池系统模型,通过仿真和分析有助于解决这一问题。总的来说,我国在燃料电池汽车领域的研究水平与发达国家比较接近,但还存在一些技术问题:氢氧结合生成的电能尚无法达到车辆行驶的要求,而在制动时,燃料的化学反应又不能立刻中止,难以有效回收此时生成的电能;氢的制取、储存及携带成本高,基础设施建设投资大等。目前燃料电池汽车的产品技术发展,多数处于概念车阶段,预计今后10年左右才有可能小批量商业化。当前研究和开发工作的重点是降低成本和开发规模化制造工艺。随着燃料电池的体积功率和质量功率的逐步提高,生产成本的不断降低,制造材料和工艺的进一步改进和完善,燃料电池汽车将会得到广泛使用。

4. 氢动力汽车(hydrogen - powered Vehicle,HPV)

氢动力汽车是传统汽车一种较理想的替代方案。氢气可以直接在内燃机中燃烧,将其转化为机械能;也可以与传统燃料混合燃烧,降低内燃机的排放水平。姜雪等[17]研究发现,氢气在燃料中的比例为20%时,内燃机可以达到较好的排放和动力性能。天然气发动机掺氢燃烧的一个主要问题是造成氮氧化物排放的显著升高。王婕等[18]的研究发现,天然气掺氢发动机使用废气再循环(EGR)后,缸内温度、压力、放热量和氮氧化物出现的时刻推迟、浓度下降,使用EGR是降低NO_x排放的一种直接和最有效的手段。国内目前已经对高压容器储氢[19]、金属储氢[20]、复合体系储氢[21]等多种方式进行了系统研究。长安汽车在2008年北京车展上展出了自主研发的中国首款氢动力概念跑车"氢程"。

目前,氢动力汽车的主要技术问题还是氢燃料的储存与来源,从目前的技术来看,生产液态氢本身就要消耗很多的能源。

三、机动车排放后处理技术研究进展

安装在发动机排放系统中,能降低排气中一种或数种污染物排放量的系统称为排放后处理系统,相关装置的设计、生产与应用技术称为排放后处理技术。

(一)汽油车排放后处理技术(the aftertreatment technology for emissions of gasoline vehicles)

目前,汽油车排放后处理技术主要采用(TWC)三效催化器。随着机动车排放标准的加严,对 TWC 的低温活性和耐久性提出了更高的要求。

1. 低温起燃技术(low light-off technology)

汽油车冷起动阶段排气温度较低,碳氢化合物排放高,会造成严重的污染。因此随着排放法规的加严,需要提高 TWC 的低温活性,主要手段包括:一是改进催化剂配方,提高其低温活性,降低三效催化剂开始反应所需的温度;二是通过优化设计,尽可能缩短催化剂起燃所需要的时间,如:将催化剂安装在靠近发动机排气口的位置,构成所谓的紧密耦合催化剂(close coupled catalyst,CCC),或通过隔热保温、电加热等方式使催化剂快速升温,加速实现碳氢等污染物的高效净化。杨春清[22]等对铈锆固溶体在 TWC 中的作用进行了对比实验研究,结果表明,此固溶体与二氧化铈相比具有更好的储氧能力,有利于提高 TWC 的低温起燃性能,并可以降低催化剂中贵金属的用量。李凯[23]、刘宜霈[24]等对 TWC 中铈锆固溶体与贵金属的相互作用进行了实验分析,发现贵金属可以提高铈锆复合氧化物的低温储放氧能力和水汽转化反应催化活性,从而大大提高 TWC 的低温反应活性。国内设计的紧密耦合单钯型[25]和铂铑型[26]催化剂取得了良好的试验效果,开发和生产的紧密耦合产品已在国Ⅲ、国Ⅳ汽车上得到成功应用。张爱敏等[27]研究发现提高催化剂载体的孔密度,降低孔壁厚度,使有限的排气热量更快地提高催化温度,也可改善催化剂的低温活性。

2. 高耐久性技术(high durability technology)

目前,我国已经开始实施汽油车国Ⅳ排放标准,相对于国Ⅲ标准,后处理装置的耐久性要求从 8 万 km 提高到 10 万 km,在下阶段标准中,还将进一步提高到 16 万 km。TWC 活性下降主要有化学中毒和热失活两种原因。解淑霞等[28]的研究表明,催化剂表面沉积的硫、磷、金属组分等造成催化剂活性的降低,其中硫的影响最显著。热失活是指高温引起催化剂表面积减少、活性组分凝聚,从而导致活性下降。因此改善催化剂的耐久性主要从以下方面着手:一是提高催化剂的抗硫性;二是提高基材的耐热性;三是使用与贵金属之间化学结合力较强的载体。

张丽娟等[29]用过渡金属改性的氧化铝材料制备的样品在 1000℃长期高温老化后可以保持 $168m^2/g$ 以上的高比表面积。蒋玮等[30]报道,以溶胶-凝胶法和反相微乳液法制备的硅改性氧化铝也获得了很好的热稳定性,在 1100℃、10h 高温老化后仍保持 $175m^2/g$ 的比表面积。将锆掺杂在氧化铈中所得的铈锆复合氧化物具有更好的热稳定性。同时,铈锆复合氧化物还可以提高氧化铝载体和贵金属的抗烧结能力,使其在更长的使用时期内保持高度分散状态,从而显著改善 TWC 的热稳定性。近期的研究重点集中在掺杂钇、钕和锶等第三种元素上[31-33],取得了良好的耐高温改性效果。

(二)柴油车排放后处理技术(the aftertreatment technology for emissions of diesel vehicles)

柴油机排气中的常规污染物是氮氧化物(NO_x)、颗粒物(PM)、一氧化碳(CO)和碳氢化合物(HC)。为了应对我国即将实施的重型柴油车和轻型柴油车国Ⅳ排放标准,我国加快了满足国Ⅳ标准的技术研发。研发中的柴油车排放后处理技术主要包括四种:氧化催化剂技术(DOC)、颗粒物过滤器技术(DPF)、氮氧化物净化技术(de - NO_x)和四效催化技术(FWC)。氮氧化物净化技术主要有选择性催化还原技术(SCR)和氮氧化物储存还原催化技术(NSR)。

1.氧化催化剂(DOC)

DOC 通常是以陶瓷蜂窝或金属蜂窝为载体,负载氧化物涂层和活性金属组分。活性组分包括 Pt、Pd 等贵金属,稀土或碱土金属作为促进剂。车用柴油机加装 DOC,可以除去排放 PM 中 90% 的可溶性有机成分(SOF),从而使 PM 排放减少 40%~50%,同时对 HC 与 CO 也有良好的净化效果。但 DOC 除去 PM 中的碳烟(SOOT)的效果较差。在国Ⅳ技术中,DOC 可作为 DPF 再生的辅助装置,氧化喷入排气中的柴油产生热量,提高排气温度,实现 DPF 再生,并将排气中的 NO 氧化成 NO_2,促进 DPF 低温再生。DOC 也可作为 SCR 反应器的预氧化装置,将排气中的 NO 部分氧化成 NO_2,提高低温下 SCR 反应器的 NO_x 还原效率。DOC 性能易受柴油品质,特别是硫含量的影响。

我国在耐硫 DOC 制备、活性、耐久性模拟考核等方面开展了研究,并取得进展。陈超等[34]选择在催化剂涂层中添加 Ba 来抑制 DOC 对 SO_2 的氧化。当添加量为涂层量3% 时,可以有效升高 SO_2 的起燃温度,并大大降低 HC 和 CO 氧化所需温度。王军方等[35]证实,在不同工况条件下 DOC 均降低颗粒物数量浓度,但在不同转速下,DOC 对颗粒物粒径分布产生的影响并不相同。在 DOC 作为 DPF 再生的助催化装置时,应重视其耐久性。鲍晓峰等[36]在"863"计划重点项目支持下,开发了我国首台轻型柴油车后处理装置耐久性试验装置,对 DOC 辅助 DPF 再生的后处理装置进行了发动机台架和实车耐久性模拟对比试验,研究了 40000km 内 DOC 性能的劣化过程。

2.颗粒物过滤器(DPF)

DPF 是控制柴油机排放 PM 最有效的方法。DPF 有壁流型(wall - flow)和流通型(flow - through)两种结构。流通型 DPF 能捕捉 30%~75% 的 PM,壁流型 DPF 能捕捉90% 以上的 PM,负载氧化催化剂的流通型 DPF 又称为颗粒氧化催化剂(particle oxidation catalyst,POC)。

DPF 的研究主要集中在过滤材料和再生两个关键技术上。壁流型 DPF 常用的陶瓷材料是堇青石和碳化硅,其他材料还有钛酸铝、莫来石等。POC 采用不锈钢金属丝网结构,或具有迂回流路的金属箔基体。

DPF 使用中,要周期性进行再生以恢复其性能,再生技术通常分为主动再生(active regeneration)和被动再生技术(passive regeneration),也可以组合使用。主动再生是通过外部能量提高排气温度至 600~650℃,实现 DPF 再生。主动再生包括发动机管理燃油后喷射再生、电加热再生、喷油助燃再生和微波加热再生等技术。被动再生是指发动机依靠正常运行条件下的排气热量或利用催化剂降低 PM 起燃温度,使其接近颗粒物的最低燃烧温度 250~550℃,而实现 DPF 再生。PM 起燃温度越低越容易实现被动再生。被动再生技术主要包括燃油添加剂(FBC)技术,催化过滤器(CDPF)技术和连续再生过滤器(CRT)技术。由于在 CRT 和 CDPF 中使用催化剂涂层,对燃油含硫量有较高的要求。

近年来,非热等离子(NTP)再生技术是研究中的热点。NTP 反应器可以产生活性氧物种,并将排气中的 NO 氧化为 NO_2,在低温下实现 DPF 再生。由于这样的方法不使用催化剂,不受燃油硫含量的影响,具有广阔的应用前景。Masaaki Okubo 等[37,38]在 DPF 前端的排气中注入臭氧,实现了在 250℃ 条件下 DPF 连续再生。

在过滤器材质方面,三和陶瓷[39]、艾比西材料[40]等国内企业,采用耐温高达 1100~1400℃ 的多孔铁铬铝/镍铬/不锈钢等材料研发了多孔金属过滤器,无锡威孚[41]开发了铁-铬-铝合金丝网编织结构的 POC。

我国在 DPF 组合再生技术、油品的适应性、对发动机动力性和排放(包含非常规污染物)的综合影响等方面的研究中取得了一定进展。袁守利等[42]以 SOFIM8140.27 柴油机为对象,试验证实了以柴油添加剂与电加热结合的 DPF 再生技术具有良好的可靠性和实用性,能够适应高硫燃油。李新等[43]设计了一套由燃烧器与 DOC 构成全流式再生系统,采用两级升温,能有效地进行 DPF 再生。王宪成等[44]采用壁流式蜂窝陶瓷过滤体,用红外辐射进行再生,再生率超过 89%。侯献军等[45]、鲍晓峰等[36]设计了 DOC 辅助过滤器再生方案。经过 4 万千米实车道路试验和发动机台架实验证明,该方法再生效率高、稳定性好。艾华兴等[46]在重型柴油车上进行了 POC+FBC(一种含 Fe 的 HC 溶剂)净化 PM 的试验,结果表明:FBC 可替代 DOC,得到较为理想的净化效果。李树会等[47]考核了 POC 对国内油品的适应性,在 10 万千米道路试验中,POC 背压无明显升高,POC 的催化效能在高硫环境中没有明显的恶化,适合目前国内柴油机发展和油品水平,可以满足国Ⅲ/Ⅳ排放法规要求。

我国在颗粒物燃烧催化剂研究中也有很大进展。韦岳长等[48]制备的纳米级 $Ce_xZr_{1-x}O_2$ 固溶体,即使在与碳烟颗粒松散接触的情况下,对颗粒物燃烧也具有良好的催化活性。其中 $Ce_{0.9}Zr_{0.1}O_2$ 低温催化活性最高。付名利等[49]用模拟碳烟,考察了 SO_2 对 $La_{0.8}K_{0.2}Mn_{0.95}Cu_{0.05}O_3$ 催化剂性能的影响。该研究认为:硫改变了表面氧物种,从而导致催化剂性能发生变化。钟敏宜等[50]考察了 Ce 掺杂量、活性组分 K 含量、载体焙烧温度、催化剂焙烧温度对 Pt/K/Ce-Al-O 催化氧化颗粒物活性的影响,发现掺杂 9%Ce,负载量 9%,焙烧温度 700℃ 时催化剂的活性较好。

3.氮氧化物选择性催化还原技术(NOₓ selective catalytic reduction,SCR)

选择催化还原(SCR)技术是降低柴油机 NOₓ 排放的有效措施。按所用还原剂的不同,有三种 SCR 技术之分:以 NH_3、HC 和 H_2 为还原剂时,分别构成(NH_3)-SCR、

(HC)-SCR 和(H_2)-SCR 系统。考虑到 NH_3 的强刺激性、毒性与腐蚀性,实际应用中是以尿素代替氨,即尿素(NH_3)-SCR 技术。

(1)尿素(NH_3)-SCR

目前欧洲出售的重型车大多使用尿素(NH_3)-SCR 系统来满足 EuroIV 和 EuroV 排放标准,并采用质量分数 32.5%尿素水溶液(AdBlue)作为还原剂。博世(BOSCH)、日立(Hitachi)和 MAN 公司是国外持有该技术的代表性公司[51]。

为配合我国即将实施的国IV排放标准,汽车后处理系统生产企业正在进行尿素(NH_3)-SCR 后处理系统技术产品开发。2006 年 2 月玉柴推出了拥有自主知识产权的国IV柴油发动机 YC6L-40。该机型采用"增压中冷＋电控燃油喷射系统＋SCR"的技术路线。2008 年服务于奥运会的客车中,有 5500 多辆装备了玉柴 SCR 系统。目前威孚高科、银轮股份、玉柴国际、天纳克和万向通达等国内公司具有 SCR 系统潜在量产能力。尽管国内重型汽车生产企业都有自己的国IV汽车产品,但是真正掌握核心技术的还是少数合资品牌企业,更多的国内自主品牌主要是靠外购技术来实行自己的产品策略。

围绕我国自主知识产权的重型柴油车尿素(NH_3)-SCR 后处理系统的开发,邓成林等[52]建立了基于 GT-Power 软件的目标发动机模型和尿素 SCR 一维催化器模型,并将上述模型耦合,对柴油机尿素 SCR 系统进行模拟分析。SCR 反应主要集中在催化剂的入口段。提高催化剂的 NH_3 吸附能力可以显著提高催化剂的转化效能。陈镇等[53]研究了多种因素对 SCR 反应的影响,发现包裹保温材料能够在 ETC 循环中提高 SCR 载体温度 20℃左右,从而使发动机更多工况处于 SCR 催化剂反应高效区域;喷嘴安装在更靠近发动机涡轮出口处,各工况下 NO_x 转化效率均有所提高;安装混合器也可以显著提高 NO_x 的转化效率。李伟等[54]研究了新型的 MnO_x-CeO_2/ZrO_2-TiO_2 非钒系 SCR 催化剂,证明通过优化制备条件可以得到低温活性好,温度窗口宽的高效催化剂,具有替代钒基催化剂的潜力。另外,程琪等[55]开发了低温等离子体协同的(尿素)(NH_3)-SCR 技术,采用低温等离子体替代 DOC 进行 NO 预氧化,可避免使用贵金属催化剂,同时也避免了催化剂中毒问题。

高性能 SCR 催化材料开发是 SCR 技术的关键。(NH_3)-SCR 催化材料主要包括贵金属催化剂、金属氧化物催化剂、分子筛催化剂及其他催化材料。其中 V_2O_5-WO_3-TiO_2 体系和分子筛体系应用最广泛。V-W-Ti 催化剂在 300～400℃范围内脱硝效率超过 90%,TiO_2 载体具有较强的抗硫中毒性能,但仍存在低温活性不足、高温热稳定性差等缺点。而且该催化体系存在高温 V 挥发,产生二次污染环境问题。

国内在开展 V/W/Ti 体系催化剂性能研究的同时,进行了新催化剂体系的探索研究。吴晓东等[56]制备了低温活性催化剂 CeO_2-MnO_x-TiO_2 和 V_2O_5-MnO_x-TiO_2,研究了 Ce 和 V 对 MnO_x-TiO_2 催化剂活性和选择性的影响。江洋[57]研究了过渡金属离子掺杂对 CeO_2-SO_4^{2-} 固体酸催化剂结构、吸附性能、redox 性能和(NH_3)-SCR 活性的影响。掺杂 Ni^{x+} 和 Zr^{x+} 的 CeO_2-SO_4^{2-} 在 250～360℃温度范围内 NO_x 的转化率可达 80%以上。钟标城等[58]研究了 Fe 掺杂对 MnO_x 催化剂结构性质及低温 SCR 反应机制的影响。司知蠡等[59]用 Ni 和硫酸根对催化剂进行共同改性,可拓宽 $Ce_{0.75}Zr_{0.25}O_2$ 催化剂的活性温度窗口,在 280～400℃范围内 NO 的转化率可达 80%以上。李飞[60]报道了一种新型的 Ce-P-O 催化剂,与 V-W-Ti 催化剂相比,该催化剂具有一定的耐水蒸气、抗 SO₂能力及较好的抗碱中毒性能。

(2)(HC)-SCR 技术

(HC)-SCR 也是当前研究热点之一,被视为富氧条件下除去 NOₓ 的一种有潜力的替代技术。相对于成熟的尿素(NH₃)-SCR 技术,(HC)-SCR 技术有很多优点。可用车载燃料或燃料改质制成的低级烃、含氧烃作为 NOₓ 还原剂,不需要安装任何还原剂附加装置,避免了后处理装置需增加尿素系统的问题。

性能良好的(HC)-SCR 催化剂体系包括 SiO₂、TiO₂、ZrO₂、Al₂O₃ 或 Zeolites 负载的 Ag 催化剂。Donald W. Whisenhunt Jr[61]用多通道快速催化剂评价(High-throughput Screening)系统,以 HC 为还原剂,对数百种(HC)-SCR 催化剂进行评价后发现,在较高温度下 Ag 基催化剂性能良好。

国内对以 Ag/Al₂O₃ 为催化剂乙醇作还原剂的 Ag/Al₂O₃-乙醇体系的实用化进行了深入研究。资新运等[62]在 NOₓ 选择性催化还原试验装置上建立了柴油机 NOₓ 排放预测模型,分析了 NOₓ 起燃特性和最佳还原剂喷射比例,进行了 NOₓ 选择性催化还原技术整车试验。康守方等[63]考察了整体式 Ag/Al₂O₃ 催化剂制备过程条件对催化剂还原反应活性的影响。董红义等[64]开发了基于开环控制的还原剂空气辅助喷射系统。选择与 Ag/Al₂O₃ 配合使用的 DOC、集成排气后处理系统,在发动机上进行了 ESC 测试循环实验,并将该系统集成在旅游客车进行了实车道路实验。贺泓等[65]制备了大尺寸整体式堇青石蜂窝载体 AgCl/Al₂O₃ 催化剂,对用乙醇为还原剂的后处理系统进行了发动机台架试验,AgCl/Al₂O₃ 表现出良好的 NOₓ 净化能力。据此,他们认为结合柴油机机内调整,应用 Ag/Al₂O₃-乙醇的 SCR 体系能够满足我国重型柴油车国Ⅳ排放标准。柯锐等[66]研究了 NTP 对 Ag/γ-Al₂O₃ 催化剂上 C₃H₆ 还原 NOₓ 的反应的影响。结果表明,在 NTP 中 C₃H₆ 通过氮化和氧化反应可以生成对 SCR 有促进作用的含氧有机物、NCO、CN 等,因此提高了 200~400℃范围内 SCR 反应的活性。

(3)(H₂)-SCR 技术

(H₂)-SCR 技术是近年发展起来的以 H₂ 取代 NH₃ 和 HC 的一种柴油机 NOₓ 排放处理技术。与 NH₃ 和 HC 相比,以 H₂ 为还原剂时,具有明显的优势[67]:反应温度一般小于 150℃,远低于(NH₃)-SCR (250~400 ℃)和(HC)-SCR (350~450 ℃)的反应温度,可大幅度降低能耗和对设备的要求。结合车载 NTP 柴油改质器制取氢气技术,能够避免 NH₃ 储藏、运输和使用过程中的问题。目前用于(H₂)-SCR 反应的催化剂主要是负载型 Pt 和 Pd 催化剂,载体主要有单一氧化物、复合氧化物和分子筛。Samir Bensaid[68]设计了一种使用 H₂ 处理 NOₓ 的轻型柴油车新型后处理集成系统。使用 La₀.₈Sr₀.₂Fe₀.₉Pd₀.₁O₃ 催化剂,由车载自热改质器(ATR)产生 H₂。通过几个原型装置的整车台架性能试验证明,该系统在多种运行条件下能独立工作,能有效地控制和维持改质反应,NO 的排放保持在低于 Euro Ⅵ 水平。

国内的(H₂)-SCR 技术研究仍处于实验室模拟或小规模试验阶段。武鹏等[67]在贫燃条件下研究了磷酸铝分子筛作为载体的 Pt/SAPO-34 催化剂在低温(60~260℃)条件下选择还原 NO 的活性。结果表明,0.5%Pt/SAPO-34 催化剂的活性高于相同金属负载量的 Pt/SiO$_2$ 和 Pt/ZSM-5 催化剂。吸附态的硝酸盐物种是进行(H$_2$)-SCR 反应的主要中间物种,过量氧气和催化剂上 B 酸位的存在都可以促进该物种的形成。于青等[69]的实验结果表明,Pd 基催化剂 Pd/Al$_2$O$_3$ 和 Pd/SiO$_2$ 有极高的(H$_2$)-SCR 反应催化活性。在快速(H$_2$)-SCR 反应过程中产生的 NH$_3$ 物种与 NO-NO$_2$ 之间的快速(NH$_3$)-SCR 反应是高温(> 200 ℃)时 Pd 基催化剂具有高活性的原因。

4. 氮氧化物储存还原催化剂技术(NO$_x$ storage and reduction catalyst,NSR)

NSR 技术因具有脱硝效率较高、不需外加还原剂和开发成本较低等优点,有望成为轻型柴油车 NO$_x$ 满足欧 V 与美国 Tier 2 排放标准的备选技术方案。NSR 主要由载体、储存组分和活性组分构成。贵金属 Pt 是常用活性组分,通常加入 Rh 促进 NO$_x$ 还原。碱金属和碱土金属有较强的碱性,是常用的储存组分。一些过渡金属作为储存成分加入 Pt/Ba/Al$_2$O$_3$ 体系中,制成双金属或多金属协同储存催化剂,对 NO$_x$ 具有较高治性。此外,添加过渡金属后,对抗硫性能有一定的促进作用。由于载体 γ-Al$_2$O$_3$ 在高温下容易发生相变或与 Ba 反应生成尖晶石结构的 BaAl$_2$O$_4$,导致 NO$_x$ 储存活性位的损失,需添加助剂提高催化剂的热稳定性和抗硫性。复合氧化物 Mg-Al-O 具有较大的比表面积和碱性,具有载体和 NO$_x$ 储存材料的双重功能,还有低温转化性能好、抗硫中毒能力强等优点,是近年 NSR 催化剂研究的热点。

另外,在使用中 NSR 受燃料和机油中硫的影响中毒失活后,需要在高温(约 650℃)和还原气氛条件下脱硫,恢复 NSR 性能。降低脱硫温度可改善 NSR 耐久性。H$_2$ 和 CO 气是最好的还原剂,能在 180℃ 低温下再生 NSR。L. Bromberg[70] 报道了以 NTP 柴油改质器制取 H$_2$ 和 CO 还原气,用于柴油机台架和大型公交车的 NSR 脱硫试验。结果显示,与喷射柴油相比,NSR 再生时油耗约下降 50%,怠速运转时 NSR 也可得到再生,再生中 HC 泄露下降 90%。

国内在改善 NSR 催化剂配方、扩大活性温度窗口、提高催化剂的耐硫能力和开发低温脱硫技术等研究中取得了一定成果。雷超等[71] 使用不同比例的铈锆复合氧化物作为载体,考察了储放氧性能和材料稳定性对 NSR 的影响。结果表明:随着 Ce 含量的增加,在一定程度上提高载体的热稳定性,老化前后 NSR 都具有较好的储放氧能力。肖建华等[72] 的试验表明,由 Mn 取代的水滑石前驱体制备的 Mn-Mg-Al-O 催化剂既具有较高的 NO 氧化活性,又有较好的 NO$_x$ 储存能力,但该催化剂受 SO$_2$ 的影响,NO$_x$储存能力降低。何俊等[73] 考察了 Pd/Mg(Al)O 催化剂的 NO$_x$ 储存和还原性能。结果表明,NO 在 Pd/Mg(Al)O 上的主要储存途径是 Pd 促进 NO 氧化生成 NO$_2$,NO$_2$ 再与 Mg(Al)O 作用成盐,并放出 NO。NO 在 Pd/Mg(Al)O 上吸附储存的适宜温度为 350℃。李凯[74,75] 使用柴油改质气进行了 NSR 再生的发动机台架试验。当柴油改质气中 H$_2$ 浓度为 5% 时,即使排气温度降低到 150℃,都可以在短期内完全还原 NO$_x$,台架试验的排气温度完全可以满足 H$_2$ 还原 NO$_x$ 的条件。

5. 四效催化剂技术(four way catalytic converter,FWC)

能够同时除去柴油机排气中 HC、CO、PM 和 NO$_x$ 的后处理技术称为 FWC。目前开发中的 FWC 主要分为单项技术优化组合的 FWC 系统和单一型 FWC 两种技术路线。

（1）组合技术

国外已经开发了多种不同的组合方式，如 DPF/SCR、DPF/NSR 组合的四效催化器系统。Johnson 开发的 SCRT 系统由连续再生过滤器 CRT 和尿素-SCR 复合构成，SCR 安置在 CRT 下游。SCRT 系统适用于重型柴油货车和柴油公交车排气净化，已在欧洲广泛使用。丰田公司开发的 DPNR 技术是 DPF 与 NSR 的组合技术。将 NSR 催化剂涂敷在壁流式 DPF 表面上，构成一个整体催化器。因 DPNR 具备了良好的低温活性，更适用于轻型柴油车 PM 和 NO_x 的同时净化。以上两种组合技术的硫适应性较弱，须使用硫含量小于 50ppm（$1ppm = 10^{-6}$）低硫柴油。李凯等[75]集成了 NSR-DOC-DPF 组合系统，利用等离子体柴油改质制取的富氢气体，分别实现 NSR 和 DPF 再生。在发动机台架试验中，富氢气体能够对 NSR 和 DPF 完全再生。

（2）四效催化剂技术

柴油车排气中的 PM 也具有还原性，让 PM 和 NO_x 互为还原剂和氧化剂是实现柴油车排气中 PM、CO、HC 和 NO 四种污染物在同一催化剂床层上同时除去的理论根据。英国 Johnson Matthey、美国 Allide Signal 和德国 Degussa 公司等国际著名的催化剂公司和国内许多单位都在致力于四效催化剂的开发。目前研发中的四效催化剂主要有两类：贵金属和非贵金属四效催化剂。美国 Engelhard 公司生产的柴油机排气四效催化剂由贵金属组分、不含贵金属的第一沸石组分、包含沸石与贵金属的第二沸石组分以及非催化性含孔沸石构成，催化剂的工作范围是 $100 \sim 800$℃。在 Pt/Al_2O_3 催化作用下，HC 和 CO 被氧化成 H_2O 和 CO_2，SOF 被裂化或轻微氧化，在 Pt/ZSM-5 作用下，PM 和 NO_x 进行反应生成 H_2O、CO_2 和 N_2。

国内对多种催化剂体系的四效功能进行了实验研究，但距离实用化还有相当距离。陈铭夏等[76]将钙钛矿型催化剂 $La_{0.8}K_{0.2}Mn_{0.95}Cu_{0.05}O_3$（LKMC）负载于 DPF 上，进行了柴油机排气的催化净化实验研究，取得了良好的 NO_x 和 SOOT 去除效果。

（3）低温等离子体技术

Yukihiko YAMAGATA[77]将 NTP 和污染物的局部区域浓缩技术结合开发了同时分解 PM 和 NO_x 方法。排气中低浓度 PM 和 NO_x 分别用静电除尘器（ESP）和蜂窝催化剂（$Pt-ZrO_2-Al_2O_3$）收集在同一反应器的固定空间中，启动 NTP 将脱附的 NO 氧化成 NO_2，NO_2 再氧化 PM 生成 N_2，实现了 PM 和 NO_x 同时去除。Masaaki OKUBO[78-80]开发了一种全新的柴油机四效催化净化装置。它可以避免现有 DPF 技术和尿素-SCR 技术的缺点。装置第一级是 PM 过滤器，由喷入的 O_3 气流在低温下实现 DPF 再生。第二级由一个 NO_x 吸附脱附柱和一个 N_2 气等离子体反应器构成，含 NO_x 的脱附气流进入 N_2 等离子体反应器，由 N 自由基将 NO_x 还原成 N_2 和 O_2。目前已完成了中试，在 NO_x 浓度为 $240 \sim 325ppm$、流速为 300L/min 条件下，60％的 NO_x 去除率持续了 20h 试验。

用 NTP 与催化剂和还原剂构成的低温等离子体辅助催化技术（non-thermal plasms assisted catalyst，NPAC）有可能实现 PM 和 NO_x 净化。国内已有该技术研究的报道。吴千里等[81]将静电旋风捕集技术与等离子体协同的烃类选择性催化还原技术（Plasma/HC-SCR）相结合，开发了一套柴油机后处理原理性试验装置。柴油机台架试验研究结果表明，颗粒物在等离子体和催化剂的共同作用下，280℃即可催化燃烧，实现

DPF 再生。等离子体催化系统在外加 HC 还原剂的条件下，NO_x 转化率最高可达 60%。

四、车用油品环保技术研究进展

车用燃料的组分含量及比例等内在性质不仅对发动机排气产生直接影响，而且可能产生沉积、毒害等现象而间接造成机动车的排气质量劣化。燃油有害物质和清净性对机动车污染防治效果有严重影响。

(一)车用燃油有害物质控制

燃油中的有害物质主要包括硫、磷、铅、锰、铜等。除硫外，其他成分主要来自燃油的生产过程，或作为某种添加剂组分进入燃油中。

硫含量是体现燃油品质的一个关键指标。燃油中硫以有机物和无机物的形式存在，在燃烧过程中产生二氧化硫，并可能进一步形成硫酸盐，导致汽油车的三效催化剂活性降低或中毒，使柴油机颗粒物过滤器堵塞，还可能腐蚀废气再循环阀门而造成系统的失灵。为降低燃油中的硫含量，我国已开发了包括氧化脱硫、加氢还原脱硫等低硫炼制方法。其中，中国石化开发成功的 FH-UDS 柴油深度加氢脱硫催化剂目前已在金陵石化、镇海炼化等公司的多套工业装置上成功应用，年处理量达 1300 万 t。2007 年，已经向北京地区供应了硫含量 50ppm 以下的国Ⅳ标准低硫汽、柴油，随后又逐步实现上海、广州、深圳等地区的燃油低硫化。但是，燃油低硫化并没有在全国全面实施，导致我国目前在实施汽油车污染物排放国Ⅳ标准的情况下，大部分地区的汽油硫含量还停留在国Ⅲ标准所要求的水平；柴油机排放国Ⅳ标准已被迫延期实施。排放标准和油品标准的错配，大大降低了新排放标准的预期减排能力。

汽油中的锰主要来自抗爆剂甲基环戊二烯三羰基锰（MMT），其主要作用是提高汽油辛烷值，但有研究表明使用 MMT 容易导致催化器后处理装置堵塞，使排放恶化。随着炼油水平的提高，有多种方式可以提高辛烷值，我国在新建的炼油项目中不再考虑添加MMT。汽柴油中含有的其他金属杂质如铅、铁、铜等金属以无机盐或有机络合物等形态存在于原油中，在炼制过程中主要通过电脱盐手段去除，虽然此种方法比较成熟，但对于品质差的原油，需要加强其他非电脱盐技术。

为了快速降低燃油中有害物质的含量，环境保护部于 2011 年发布实施了《车用汽油有害物质控制标准（中国第四、第五阶段）》《车用柴油有害物质控制标准（中国第四、五阶段）》，通过以上标准的大力宣传贯彻，有望推进燃油品质的提高。

(二)车用燃油清净性技术

发动机工作过程中，燃油容易在进气阀、燃烧室和喷油嘴等处产生沉积物，造成气门闭合不严、燃油雾化不充分、火花质量下降，影响发动机燃烧过程，致使汽车出现动力性能下降、尾气排放增加等问题。燃油自身防止发动机沉积物形成和清除已经形成沉积物的能力称为清净性。清净性主要由燃油本身的化学组分决定，不饱和烃的含量高，则形成沉积物的趋势较强，清净性差。提高燃油清净性一种简便有效的措施是向油中加入清净剂。

1.汽油清净剂技术

目前广泛使用的车用汽油清净剂是集清净、分散、抗氧、防锈、破乳多种功能为一体的复合清净剂。它不仅可以解决喷油嘴和进气阀积碳问题，并清除已经生成的沉积物，从而保证了发动机性能的正常发挥，延长燃油系统及发动机的保养周期。国内已开发了以聚异丁烯酰胺类衍生物和聚异丁烯胺类化合物为主剂的清净剂样品，在按照国标 GB/T 19230《评价汽油清净剂使用效果的试验方法》进行检测，进气阀沉积物为 23.8mg，远低于 70mg 的限值要求，并有一定的节油效果。国内开发的汽油/乙醇汽油通用型清净剂可以使桑塔纳轿车的碳氢化合物和氮氧化物排放分别下降约 12％和 47％。针对普通汽油清净剂可能造成燃烧室沉积物增长，对污染物排放和燃油经济性产生一定影响的问题，目前国内外正在开发第四代清净剂，国外正处于早期的商业化阶段，国内正处于初步试验阶段。

2.柴油清净剂技术

添加清净剂可以有效地减少柴油机燃油系统沉积物产生和积累，从而改善柴油机的油耗和排放性能。柴油清净剂通常包括功能型主剂、载体油和其他辅助添加剂等成分，其功能成分又包括有灰型和无灰型两种，有灰型又称为金属清净剂，主要是一些金属氧化物；无灰型主要是一些含氮有机物及其衍生物。自 20 世纪 50 年代开始，已经开发应用了四代柴油清净剂产品，第五代产品还在研究中，尚未投入使用。我国的清净剂研究始于 1995 年左右，中国石油、中国石化等企业成功开发出第三代柴油清净剂产品，并开始大范围推广使用。

为鉴定柴油清净性及评价清净剂产品的性能，我国引进了欧盟的 XUD9 发动机试验方法，可以测定 10h 的工况运行前后喷油嘴堵塞率，来判定清净性优劣。

3.车用汽油清净性模拟测试技术

国内外主要采用发动机台架试验和整车试验来评价汽油清净性，但台架和整车试验设备昂贵，测试手续复杂。为降低检测和执法成本，提高检测速度，"十一五"期间中国环境科学研究院与企业合作研发了两种全新的非发动机模拟试验方法（沉积板法、贫氧胶质法）和设备，获得了国家发明专利。这两种模拟评定方法已经作为标准方法写入了国家污染物控制标准 GWKB 1.1－2011《车用汽油有害物质控制标准》中。

（1）沉积板法

沉积板法是在一个强制通风的罩子内，汽油与恒压、恒流的空气一起由喷嘴喷向一个已称重并加热到特定试验温度的铝制沉积物收集板上，在收集板表面会形成油膜，油膜被不断地加热、烘烤以及被雾化样品油冲刷，经过一段时间，表面逐步形成沉积物。试验前后对收集器进行称重，其差值即为沉积物重量。根据沉积物重量与形貌，判断汽油清净性。沉积板法可以快速、定量地对汽油清净性和清净剂质量进行判断。

（2）贫氧胶质法

贫氧胶质法是在贫氧状态下，将车用汽油进行蒸发，获得车用汽油中的贫氧胶质，并用异辛烷进行萃取。实验中得到三组数据：洗前残余物质量（未洗胶质），洗后残余物质量（洗后胶质），洗前洗后差值，通过上述三个数据，对车用汽油清净性进行判断。贫氧胶质法也可以快速、定量地检测车用汽油的清净性和清净剂的效果。

五、污染物排放检测技术研究进展

污染物排放检测是环境保护执法和污染控制技术开发的重要手段。随着新标准的实施,常规污染物排放限值大大下降和非常规污染物的提出都对排放检测技术提出了更加严格的要求。

在推进机动车污染控制工作的进程中,环保部门和汽车行业都加大了检测能力的建设力度,成立了功能丰富的专业实验室。中国环境科学研究院与德国合作建立了车用燃料与添加剂实验室,具备了车用汽油、车用柴油环保性能和清净剂性能试验测试能力,为国家车用油品环保管理提供了重要的技术支撑。北京市环保局与意大利环境领土与海洋部合作建立了机动车排放实验室,可以对车辆排放执行国Ⅲ、国Ⅳ标准检测,为管理部门开展尾气排放检测、污染防治政策制定等提供技术支持。重庆市也于2008年建成了车辆排放与节能实验室,可以满足国Ⅲ和国Ⅳ标准的测试要求。环境管理部门、汽车技术研究中心、机动车与相关配件生产企业等也建立了大量的排放检测实验室,为排放标准的实施和提高奠定了良好的技术基础。

(一)机动车排放分析取样系统

国内外机动车排放法规对污染物的取样技术和设备提出了明确的要求,特别是形式核准用车辆和发动机排放检测标准,均要求分析过程采用稀释取样系统。根据稀释过程原始排气的用量不同,又可以将其分为全流稀释系统和部分流稀释系统。相对于部分流稀释系统,全流稀释系统具有更好的取样精度。但由于测试设备复杂性,目前国际上仅有日本 Horiba 公司、奥地利 AVL 公司等少数企业掌握了全流稀释取样系统生产技术,国内排放研究和产品开发技术工作长期依赖进口仪器设备。为突破国外的技术垄断,中国环境科学研究院先期进行了相关设备的设计开发,建成了柴油车排气颗粒物取样全流稀释通道,为本领域的继续开发奠定了良好的基础。上海同圆发动机测试设备有限公司已经研制了发动机排放测量全流稀释定容采样系统,首次为国内开展机动车排放研究工作提供了国产测试设备,但由于技术成熟程度和用户设备更新周期等方面的原因,该产品还未能充分占领市场,有待于进一步完善。

(二)机动车排放污染控制装置检测技术

随着更严格排放法规标准的实施,新型排放污染控制装置逐步投入使用。特别是柴油车的 DPF 和 SCR 等后处理装置检测方法与三效催化器等传统类净化技术装置存在显著的差别,如何快速准确检测其性能,对技术研发与产品应用至关重要。按照整车实验方法进行检测成本高、周期长,特别是耐久性试验,燃料、人力和时间消耗过大,难以大量应用。欧盟在欧Ⅴ排放标准中已经提出了以发动机代替整车进行后处理装置性能检测的思路。美国的部分研究机构和企业进行了发动机台架检测技术的开发试验。在国家"863"计划的资助下[38],国内开展了柴油机净化装置性能检测技术的研究。通过系统地测试分析实车耐久性考核过程中柴油机的运行参数,获得了发动机台架模拟考核工况点,建立了可替代实车耐久测试的发动机台架模拟工况。研究的发动机台架模拟考核规程可使耐久性考核测试周期缩减80％以上,测试成本大幅度降低。结果证明,所建立的模拟考核规程在准确性方面与实车测试接近,可在产品研发和认证过程中代替实车试验,达到了同类研究成果的国际先进水平。

欧盟在机动车排放欧Ⅴ标准第二阶段中提出了对颗粒物排放数量进行限制的要求,并制定了相应的排放限值,我国也在准备开展这方面的工作。为弥补传统车辆和发动机排放检测技术的不足,国外已经开始利用便携式检测设备进行车载排放检测并制订相关检测标准,国外检测设备制造企业已推出了便携式排放检测仪器。我国还没有开展以上两种设备的研发,有待于快速跟进。

六、机动车排放污染防治技术展望

"十一五"期间,我国在机动车污染防治技术领域取得了长足的进展。在市场和相关政策的共同推动下,我国的机动车发动机技术、后处理技术、新能源技术等实现了较大的进步,燃油品质和排放检测技术也得到了一定的提升。因此,在机动车保有量大幅攀升的情况下,污染物排放随之快速增长的势头初步得以遏制,污染防治工作取得了明显的成效。但是,预期我国的机动车保有量还将长期保持高速增长的态势,排放污染控制工作的压力依然巨大,相对于发达国家和地区,我国的机动车污染防治在技术和经验上还存在一定的差距,因此必须进一步加强相关防治技术开发与应用,以实现污染减排和改善大气环境质量的目标。

在新能源技术尚未成熟的情况下,内燃机还将在一定时期内作为机动车的主要动力,因此还须结合节能工作需要充分挖掘新型内燃机技术的减排潜力。在混合动力、电动汽车和氢动力汽车逐步投入使用后,将会有力推进节能、减排目标的实现,届时也需要根据新要求调整研究重点。

由于我国内燃机机动车还将长期使用,排放法规也在逐步加严,后处理技术的研究与应用必须满足污染控制目标日益提高的要求。汽油车排气三效催化器的应用相对成熟,今后应重点提高其冷启动净化能力和耐久性,降低贵金属用量以控制应用成本。柴油机排气污染后处理技术比较复杂,应作为后处理技术研究的重点。其中,除了改进现有颗粒物和氮氧化物净化技术、加强相关匹配与集成技术外,还须加强新技术和产品应用过程中还原剂供应、监管手段等配套技术的研究,以达到预期减排效果。此外,还应将后处理技术与等离子体等新型净化技术有机结合,以提升减排效果。

为适应发动机和后处理技术的进步,燃料质量必须进一步提高。燃油中有害物质含量应同步满足更高阶段排放标准的要求,清净性应从改进油品成分和添加高水平清净剂两方面加以保证。为了提高机动车排放监管技术水平和法规标准的执行能力,今后应加强新增污染物监控指标、燃油品质和净化产品性能测定技术研究,以及颗粒物数量浓度计量与车载排放检测设备的开发应用。为了推动新能源汽车应用,必须提高现有氢气等清洁能源在制备、储运与使用中各环节的安全与可靠性,确保零排放发动机和机动车技术的有效应用。

参考文献

［1］中国机动车污染防治年报(2011年度),环境保护部.

［2］人民网,http://www.people.com.cn/h/2011/0722.html.

［3］王莉,刘德新,李明.直喷式汽油机冷起动排放解决方案的数值模拟[J].小型内燃机与摩托车,
2010,(5):1-5.

［4］袁银南,张恬,梅德清,等.直喷式柴油机燃用生物柴油燃烧特性的研究[J].内燃机学报,2007,
(1):43-46.

［5］刘雄,张惠明,纪丽伟.利用预喷射降低柴油机低速全负荷黑烟排放[J].内燃机学报,2006,(4):
326-330.

［6］陈贵升,沈颖刚,翁家庆.直喷式柴油机高压共轨技术及其对排放的影响[J].科技创新导报,2008,
(10):38-39.

［7］江军,申立中,颜文胜,等.高压共轨系统预喷控制策略研究[J].车用发动机,2008,(增刊):
98-101.

［8］张桐山.基于可变气门正时技术的汽油机排放性能研究[D].天津:天津大学,2008.

［9］苏进辉,张力,徐宗俊,等.摩托车发动机VVT系统控制策略的分析[J].重庆大学学报(自然科学
版),2006,(9):10-13.

［10］王天灵,李骏,吴君华,等.废气再循环降低增压柴油机排放的试验研究[J].汽车技术,2005,(12):
12-15.

［11］杨立平,马修真,李君,等.废气再循环与过量空气系数联合的NO_x控制策略在天然气发动机上的
应用[J].吉林大学学报(工学版),2010(4):942-946.

［12］尧命发,张波,郑尊清,等.废气再循环与燃料辛烷值对均质压燃发动机性能和排放影响的试验研
究[J].内燃机学报,2006(1):15-21.

［13］聂彦鑫,李孟良,余乐.混合动力客车与常规车排放对比研究[J].商用车与发动机,2009,(7):
22-24.

［14］王领辉,李孟良,徐达.不同储电装置混合动力车辆排放对比研究[J].城市车辆,2008,(4):41-43.

［15］王存磊,殷承良,于海生.混合动力系统用发动机冷起动排放[J].上海交通大学学报,2010,(10):
1352-1355.

［16］比亚迪的铁电池有什么优点.http://wenku.baidu.com/view.html.

［17］姜雪,胡二江,巩静,等.天然气掺氢配合废气再循环发动机的性能及排放研究[J].西安交通大学
学报,2009,(5):18-21.

［18］王婕,黄佐华,刘兵.天然气掺氢配合废气再循环发动机燃烧过程的数值模拟[J].西安交通大学学
报,2009,(5):22-25.

［19］吴兵,陈沛,冷宏祥,等.车载供氢系统[J].上海汽车,2009,(9):9-11.

［20］李蓉,黄巍,吴建民,等.LaCo13基金属间化合物的磁性能和储氢性能[J].中国稀土学报,2007,
(5):513-521.

［21］曹文学.车载吸附储氢系统的设计与研究[J].上海:上海交通大学,2010.

［22］杨春清,李振国,周仁贤.焙烧温度对$Pd/Ce_{0.75}Zr_{0.25}-Al$催化剂三效催化性能的影响[C].第十六

届全国稀土催化学术会议论文集.济南,2009:299－303.

[23]Li K,Wang XZ,Zhou ZX,et al. Oxygen storage capacity of Pt－,Pd－,Rh/CeO$_2$－based oxide catalyst[J]. Journal of Rare Earth,2007,(1):6－10.

[24]刘宜霈.贵金属对铈锆氧化物储氧能力和水气转化反应活性的影响[D].北京:北京航空航天大学,2008.

[25]Shi ZH,Gong MC,Chen YQ. Pd Close Coupled Catalyst[J]. Chinese Chemical Letters,2006,(9):1271－1274.

[26]史忠华.密耦催化剂的研制[D].成都:四川大学,2006.

[27]张爱敏,吴乐刚,卢军,等.载体孔结构与三效催化剂起燃特性实验研究[J].稀有金属材料与工程,2008,(6):1074－077.

[28]解淑霞,胡京南,鲍晓峰,等.实车三效催化剂表面成分分析[J].环境科学,2010,(7):1470－1475.

[29]张丽娟,董文萍,郭家秀,等.胶溶法制备镧-钡共稳定氧化铝的性能[J].物理化学学报,2007,(11):1738－1742.

[30]蒋玮,张碧蓉,吴东方,等.耐高温高比表面氧化铝的研究进展[J].材料导报,2008,(专辑):288－291.

[31]吴群英,陈楠,郭子峰,等.高性能铈锆钇储氧材料的制备及应用研究[J].无机盐工业,2009,(1):20－23.

[32]Fan J,Weng D,Wu XD,et al. Modification of CeO$_2$ZrO$_2$ mixed oxides by coprecipitated/impregnated Sr:Effect on the microstructure and oxygen storage capacity[J]. Journal of Catalysis,2008,(1):177－186.

[33]杨志柏,林培琰,汪文栋,等.以 Nd 改性 CeO$_2$ZrO$_2$ 固溶体助剂的研究[J].催化学报,2001,(4):365－369.

[34]陈超,刘洋,褚霞,等.抑制柴油车尾气二氧化硫催化氧化的试验研究[C]//第十六届全国稀土催化学术会议论文集.济南,2009:258－260.

[35]王军方,丁焰,尹航,等.DOC 技术对柴油机排放颗粒物数浓度的影响[J].环境科学研究,2011,(7):711－715

[36]鲍晓峰,等.机动车排放污染控制装置公共检测技术课题研究报告[R].国家高技术研究发展计划(863 计划),2010.

[37]Okubo M,Arita N,Kuroki T,et al. Carbon particulate matter incineration in diesel engine emissions using indirect nonthermal plasma processing[J],Thin Solid Films,2007,(9):4289－4295.

[38]吉田惠一郎.排ガスの処理方法及び処理装置:日本,JP 2011－74867A[P].2011.

[39]江西省萍乡市三和陶瓷有限公司. http://www.pxsanhe.com.

[40]上海艾比西材料科技有限公司. www.sdkjg.com/2008.html.

[41]无锡威孚环保公司. www.weifu.com.cn/index.asp.

[42]袁守利,杜传进,颜伏伍.基于添加剂和电加热的柴油机 DPF 再生技术研究[J],车用发动机,2007,(3):75－78.

[43]李新,资新运,姚广涛.柴油机排气微粒捕集器燃烧器再生技术研究[J].内燃机学报,2008,(6):538－542.

[44]王献成,孙坦,高希彦.柴油机红外再生微粒捕集系统实验研究[J].大连理工大学学报,2007,(2):180－184.

[45]侯献军,马义,彭辅明,等.喷油催化燃烧再生的 DPF 提温特性研究[C]//第 16 届全国稀土催化学术会议论文集,济南:2009:307－311.

[46]艾华兴,庞海龙,罗涛,等. 微粒氧化催化器与催化型燃油添加剂联合降低重型柴油车微粒排放的试验研究[J]. 车用发动机,2009,(6):66-69.

[47]李树会. POC-轻型柴油车国Ⅲ/国Ⅳ后处理方案[J]. 内燃机,2008,(6):40-42.

[48]韦岳长,刘坚,赵震,等. 纳米 $Ce_zZr_{1-z}O_2$ 固溶体的制备及其对碳烟燃烧催化性能的研究[C]// 第16届全国稀土催化学术会议,济南:2009;167-172.

[49]付名利,叶代启,乐向晖,等. 反应气氛中二氧化硫存在下 $La_{0.8}K_{0.2}Mn_{0.95}Cu_{0.05}O_3$ 催化剂对碳烟的氧化[J]. 中国稀土学报,2010,(2):165-170.

[50]钟敏宜,梁红,李树华,等. 以稀土改性氧化铝为载体的柴油车排气颗粒净化催化剂的研究[C]// 第16届全国稀土催化学术会议论文集,济南,2009:173-178.

[51]姚广涛,索建军,邓成林. 中国高新技术企业,2010,(3):163-165.

[52]邓成林,张亚军,张春润,等. 柴油机 Urea-SCR 系统建模与仿真研究[J]. 车用发动机,2009,(3):69-73

[53]陈镇,胡静,陆车栋,等. 提高柴油机尿素 SCR 系统氮氧化物转化效率的试验研究[J]. 车用发动机,2010,(6):79-82.

[54]李伟,林涛,张秋林,等. 整体式 $MnOx-CeO_2/ZrO_2-TiO_2$ 催化剂用于 NH_3 低温选择性催化还原 NO[J]. 催化学报,2009,(2):104-110.

[55]程琪,管斌,等. 等离子体辅助 NH_3-SCR 去除柴油机 NO_x 的试验研究[J]. 车用发动机,2010,(1):33-36.

[56]Wu Xiaodong,Si Zhichun,Li Guo. Effects of cerium and vanadium on the activity and selectivity of $MnOx-TiO_2$ catalyst for low-temperature NH_3-SCR[J]. Journal of Rare Earths,2011,(1):64-68.

[57]江洋,司知蠢,吴晓东,等. 过渡金属离子掺杂 $CeO_2-SO_4^{2-}$ 固体酸的结构、redox 性能、吸附性能及 NH_3-SCR 活性研究[J]. 中国稀土学报,2011,(4):417-421.

[58]钟标城,周广英,王文辉,等. Fe 掺杂对 MnO_x 催化剂结构性质及低温 SCR 反应机制的影响[J]. 环境科学学报,2011,(10):2204-2209

[59]司知蠢,翁端,吴晓东. Ni 和 SO_4^{2-} 改性 $Ce_{0.75}Zr_{0.25}O_2$ 催化剂的 NH_3-SCR 活性研究[C]// 第16届全国稀土催化学术会议论文集. 济南:2009,66-71.

[60]李飞,肖德海,张一波,等. 用于 NH_3 选择催化还原 NO 反应的新型 Ce-P-O 催化剂[J]. 催化学报,2010,(31):938-942.

[61]Donald W.,Whisenhunt J.,Dan H.,et al. High-Throughput Screening of NO_x HC-SCR Catalysts. www.nacatsoc.org/20nam/abstracts/O-S1-02.pdf.

[62]资新运,姜大海,郭锋,等. 氮氧化物选择性催化还原技术试验研究. 车用发动机,2006,(2):46-48.

[63]康守方,魏丽斯,李俊华,等. Ag/Al_2O_3 选择性还原整体式催化剂的制备[J]. 清华大学学报(自然科学版),2008,(6):1004-1007.

[64]董红义,帅石金,李儒龙,等. 乙醇 SCR 降低 NO_x 排放的应用研究:还原剂喷射控制系统的开发与道路实车实验[C]// APC 联合学术年会论文集,丹阳:2006,125-135.

[65]贺泓,余运波,李毅,等. Ag/Al_2O_3 催化剂催化含氧烃类选择性还原氮氧化物的基础与应用研究进展[J]. 催化学报,2010,(5):491-501.

[66]柯锐,陈强,赵大庆,等. 低温等离子体协同 $Ag/\gamma-Al_2O_3$ 选择性催化还原 NO_x[J]. 清华大学学报,自然科学版,2006,(8):1349-1353.

[67]武鹏,于青,严品晶,等. 富氧条件下氢气选择催化还原氮氧化物研究的进展[J]. 催化学报,2010,

(8):912 - 918.

[68]Bensaid S. ,Borla E. M. , Russo N. ,et al. Appraisal of a De - NO$_x$ System Based on H$_2$ for Light - Duty Diesel Engine Vehicles[J]. Ind. Eng. Chem. Res. , 2010, (21): 10323 - 10333.

[69]于青,孔凡晓,李兰冬,等. Pd 基催化剂上 H$_2$ 快速选择催化还原 NO$_x$[J]. 催化学报,2010,(3): 261 - 263.

[70]Bromberg L. ,Cohn D. R. , Rabinovich A. , et al. Onboard Plasmatron Hydrogen Production for Improved Vehicles. PSFC JA - 06 - 3,2006.

[71]雷超,沈美庆,王军,等. 不同铈锆比例载体对 NO$_x$ 存储还原催化剂 Pt/Ba/CexZr$_{1-x}$O$_2$ 性能的影响[C]// 第十六届全国稀土催化学术会议,济南:2009:72 - 80.

[72]肖建华,李雪辉,王芙蓉,等. Mn - Mg - Al - O 催化剂上 NO$_x$ 的氧化-储存性能[J]. 燃料化学学报. ,2009,(1):82 - 86.

[73]何俊,陈英,李雪辉,等. Pd /Mg(Al)O 催化剂上 NO$_x$ 的储存还原[J]. 燃料化学学报,2006,(3): 348 - 352.

[74]李凯,鲍晓峰,周泽兴,等. 车载燃料改质制氢技术及应用[R]//第 16 届全国稀土催化学术会议论文集. 济南,2009:103 - 108.

[75]李凯. 柴油机尾气四效催化技术研究,中央级公益性科研院所基本科研业务专项研究报告[R]. 北京:中国环境科学院,2010.

[76]陈铭夏,张志翔,郭赛峰,等. La(K)-Mn(Cu)-0 钙钛矿型催化剂去除柴油机尾气排放 NO$_x$ - HC - CO - PM 的研究[C]// 第 16 届全国稀土催化学术会议论文集,济南,2009:37 - 41.

[77]Yamagata Y. , Nilo K. , Jono T. , et al. Simultaneous Decomposition of Diesel Particulate Material and NOx Using Dielelctric Barrier Discharge[J]. J. Adv. Oxid. Technl. 2006,(2):134 - 138.

[78]Okubo M. , Arita N. , Kuroki T. , et al. Total Diesel Emission Control Technology Using Ozone Injection and Plasma Desorption[J]. Plasma Chem Plasma Process,2008, (2):173 - 187.

[79]Okubo M. ,. Kuwahara T. ,Kannaka,Y. ,et al. Improvement of NO$_x$ Reduction Efficiency in Diesel Emission Using Nonthermal Plasma - Exhaust Gas Recirculation Combined Aftertreatment[R]. Industry Applications Society Annual Meeting, 2010, pps. 1 - 7.

[80]Mihalcioiu A. ,Yoshida K. ,Okubo M. ,et al. Design Factors for NO$_x$ Reduction in Nitrogen Plasma[J]. Industry Applications, 2010,(6): 2151 - 2156.

[81]吴千里,马朝臣,韩静,等. 采用低温等离子体同步净化柴油机 PM 和 NO$_x$(二):试验研究[J]. 车用发动机,2009,(4)58 - 60.

撰稿人:李　凯　解淑霞　周泽兴　鲍晓峰

ABSTRACTS IN ENGLISH

Comprehensive Report on China Development of Research on Environmental Science during the 11th Five-year Plan

During "the 11th Five-year Plan" period, China officially established the strategy of promoting environmental protection by technology to constantly boost 3 major environmental protection technology projects, including the "environmental technology innovation", the "construction of environmental protection standard system" and the "technical management system of environmental protection", and carried out key technology special projects, including the "national census for nationwide pollutant sources", the "macroscopic strategic research on Chinese environment" and the "major science and technology program for the water pollution control and treatment" and a batch of strategic scientific research special projects. "863" program, "973" program, science and technology support program, social benefit research, natural science fund, and other national and local science and technology programs continued to be inclined to the key points of environmental science and technology. The unprecedented comprehensive layout was performed for the environmental technology research in terms of the field scope and scientific depth. China gave full play to the role of the environment technology in guiding and supporting the environmental protection development. In the case that both economic growth and total energy consumption exceed the planned expectation, the emission reduction tasks of both COD and SO_2 were overfulfilled by relying on the environmental technology and technology support of the environmental protection industry. It fully shows that China has made great progress in environmental protection in the past 5 years.

1.1　Fundamental researches and key environmental issues

1.1.1　Water environment science

China preliminarily formed a train of thought of preventing and controlling water pollution and eutrophication in the lakes and reservoir drainage basins as well as a strategic approach to preventing and controlling water pollution in the rivers, put forward a series of theoretical research outcomes of preventing and controlling eutrophication in the lakes and reservoirs including the theory of "blue algae growth formed water bloom formed", and "generation and flow mechanism of the clear water in the drainage basin", etc. , established the theoretical system and zoning technology method of water ecology sectorization in the Chinese drainage basin as well as the risk assessment and prewarning technology method for aquatic environments in different types of drainage basins, and constructed a "census data management platform for aquatic environments in the nationwide lakes (reservoirs)" to realize the informatization management of the aquatic environment of the lakes(reservoirs).

1.1.2 Atmospheric environment science

China put forward the synchronizing cascading turbulence theory, which formed the pollutant source list technology and database with Chinese feature, created an inversion method of the regional emission list "from top to bottom" based on satellite remote sensing, established an integrative regulation and control method for the regional atmospheric environment quality, and perfected the total amount control theory, method and blowdown right transaction system of pollutants.

1.1.3 Solid waste and noise abatement

China carried out the theoretical research on the new technology of changing solid waste into the resource and pollution-free disposal and achieved some progress on the acoustic material, acoustic quality and acoustic landscape, noisy pre-estimate & monitoring and other aspects. The fundament research system has been gradually matured.

1.1.4 Soil pollution and restoration

China formed the pollution chemistry, material transportation interface and ecological process, ecological toxicity and micro ecological effect, microbion geography and other environmental science theory innovation systems, and developed a numerical simulation method of the nonhomogeneous medium multiphase fluid, risk exposure and environmental risk assessment and uncertainty analysis method, pollution control and restoration technology.

1.1.5 Environmental management

China expanded the theories on environmental laws, environmental economics, environmental management system, environmental planning .

1.2 Breakthrough on key technologies

1.2.1 Water environment technology

China focused on breaking through a batch of key technologies and generic technologies of source control and emission reduction, such as control and governance of industrial pollution sources and agriculture non-point pollution, urban sewage treatment and changing sewage into resource, water body's water quality purification and ecological restoration, drinking water safety control and aquatic environment monitoring pre-warning and management, developed out a batch of key equipments and completed a set of equipments.

1.2.2 Atmospheric environment science

China established the regional regulation and control mechanism for the integrated control of the atmospheric combined pollution and broke through the synchronization control and governance technology for SO_2 and NO_X in the burning process, the control technology for toxic and harmful organic pollutants in the industrial discharge, the resource utilization technology for the desulfuration byproduct($CaSO_4$ and $CaSO_3$).

1.2.3 Technologies of solid waste disposal

China developed a batch of new technologies on the solid waste pollution-free disposal and resource utilization, achieved great progress on the electronic waste, hazardous waste, sludge pretreatment and other multi-fields. The biomass energy technology has been further developed and applied.

1.2.4 Noise and vibration environment technology

China developed the acoustic material with thin, light, wide and strong features, and the product structure is basically adapted to the Chinese pollution governance demand. China developed out a batch of serialized and standardized universal noise control equipments.

1.2.5 Soil pollution and restoration technology

In the decision-making, the total amount control of pollutant has been changed into the pollution risk assessment, and the single restoration technology has been changed into the combined and integrated project restoration technology.

1.2.6 Environmental policy and legislation

China researched and revised the Law on the Prevention and Control of Water Pollution, the Law on the Prevention and Control of Atmospheric Pollution, the Circular Economy Law, established 7 environmental protection administrative regulations, for example, the environmental impact assessment ordinance of planning, the control regulations for recovery processing of scrapped electric appliances and electronic products, etc. and unveiled the regulation documents, for example, the integrative work scheme for energy conservation and emission reduction, the national scheme for climatic change, etc; formulated and revised 1 050 national environmental standards. The regional environmental protection program research developed rapidly.

In addition, by relying on two strategic special projects, "national census for nationwide pollutant sources", "macroscopic strategic research for Chinese environment", China completed verification for production blowdown coefficient of industry and town domestic pollution sources and centralized pollution governance facilities, established overall clue, work goal, key task and safeguard measure of the environment technology in the next 10-20 years.

1.3 Important progress achievements in environmental science

1.3.1 Structural emission reduction

China completed the environmental appraisal for key industry development strategies in five major regions, for example, Bohai coast, west coast of strait, etc., washed out a great deal of the lagging productive capacity, which promoted the development and expansion of the environmental protection industry and other new strategic industries. For the emission reduction by engineering, a batch of new technologies were popularized and applied in the town, industry and all classes of waste water treatments, such as highly efficient denitrification and dephosphorization waste water treatment, treatment of the refractory waste water, sewage recycling, etc. For the atmospheric environment pollution control, the resource recovery in the desulphurising process, highly efficient utilization of desulfuration byproduct, combustion of low nitrogen and denitration of fume and other new technologies and new process were extensively applied. For the emission reduction in management, "three major systems", including pollution emission reduction indices, monitoring and examination, were constructed.

1.3.2 Environmental quality control ability

The new idea of controlling eutrophication in the lakes and reservoirs developed in the aquatic environment field broke through a batch of puzzles, for example, a complete set of key technologies for eutrophication in the large and medium shallow lakes, key technologies and equipments for urban sewage advanced treatment, systematized techniques for water ecology sectorization in drainage basin, etc. In the atmospheric environment field, the control technologies and countermeasures were formed for regional atmosphere particulate matter, nitrogen oxide, ozone and toxic harmful pollutants in the air. In solid waste field, the new technologies, new processes and new equipments were developed out for treatment, disposal and resource utilization on all classes of solid wastes. In the acoustical environment field, China developed out the damping steel spring levitation road bed vibration isolation technology, rectangular array type muffler and a batch of environment noise and vibration control technologies. Many outcomes also sprang up in the fields of the ocean environment, radiation environment, land and rural environment, etc., which provided a support for the environmental quality improvement.

1.3.3 Key drainage basin governance

China worked hard at the research and tech-demonstration in the "three lakes", "one river", "one reservoir". Its governance effect for control of water pollution, ecological degradation and other problems began to appear.

1.3.4 Guarantee of air quality

China explored and constructed an air pollution joint defense and control mechanism of " unified planning, unified monitoring, unified supervision and control, unified assessment and unified coordination", formed "guidance opinion on boosting air pollution joint defense and control and improving the regional air quality", which successfully provided a guarantee of the air quality for the "Beijing Olympic Games", the "Expo 2010 Shanghai", the "Guangzhou Asia Games" and other important activities.

1.3.5 Environment supervision and control

China successful launched the environment calamity monitoring moonlet A and B. The outer space and ground integration monitoring ability was preliminarily realized.

1.4 R&D and personnel training in environmental science

1.4.1 Construction of R&D and application

Two national key environmental protection laboratories were newly-built. China has also 9 built or building national engineering research centers(NDRC)and 11 built or building engineering and technological research centers under the Ministry of Science and Technology. 6 newly-built key laboratories and 5 engineering research centers under the Ministry of Environmental Protection. China constructed a sharing platform of national environment technology resource information. Preliminarily formed a research and information exchange platform adapted to the environment technology, environmental management and compound decision.

1.4.2 Higher education

China carried out the pilot work of the environment engineering subject certification and formulated a certification standard. 196 universities offered a master degree program of environment engineering. Therein 149 universities offered a doctoral degree program. In professional management aspect, the number of the environmental appraisal institutions and professionals has constantly increased. The registration of environmental protection engineers have been brought into the unified planning for the nation-wide professional qualification certification system.

1.5　Prospects for environment science and technology

(1) The discipline development will be changed from the natural science field to the humanities sociology field and combined with sociology, psychology, socioeconomic development, public service and other socioeconomic subjects on the basis of the traditional discipline system of pollution governance and ecological protection;

(2) The research field will be changed from the single environmental element to the overall ecosystem;

(3) The research process will be changed from the microscopic view to the macroscopic view;

(4) The research content will be changed from the single element to the multi-elements;

(5) The research scope will be changed from the micro-scale to the regional-scale or global -scale;

(6) The research means will be changed from the traditional technology method to the interdisciplinary method, and environment scientific research will be fused together with high-tech development;

(7) The major research emphasis on the pollution prevention technique will be changed from the terminal governance to the whole prevention and control, and the "green economy" and "low carbon economy" to ensure the coordinated development of environment and economy;

(8) The environment technology will be changed from the post-event emergency to the to pre-event pre-warning and post-event emergency;

(9) The research hotspot will be all kinds of assessing the human health risks.

Writtkn by Wan Jun, Wang Hui, Lv Yadong, Liu Ping, Li Guanghe ,Li Xiaokuan,
Wu Shanze, Zhang Yuanhang, Zhang Jianhui, Zhang Aiqian ,Zhang Pengyi,
Wu Xuefang,Yi Bing,Jin Xiangcan, Zhou Qi,Hu Hongying,Gao Xiang,
Guo Xinbiao,Jiang Jianguo

Report on Advances in Water Environmental Science

During "the 11th Five-year Plan", the water environment science of China developed rapidly. With the renew of the concept of water environment science and the raise of the technology of environment detection and analysis, the theory and research methods of water environment science have some new trends. In this paper, the developments of water environment science during "the 11th Five-year Plan" are systematically illuminated on the theory, the technology, the achievement, the subject construction, the problems and the development trends of water environment science, in order to provide useful information to the development of water environment science in "the 12th Five-year Plan".

Written by Jin Xiangcan, Jiang Xia, Zhang Yongsheng, Wang Kun, Lu Shaoyong, Ye Chun, Kong Fanxiang, Qin Boqiang, Shi Hanchang, Lv Xiwu, Song Lirong, Zhang Yimin, Huang Minsheng, Zhao Yijun, Yang Linzhang, Chen Yingxu

Report on Advances in Atmospheric Environmental Science

During "the 11th Five-year Plan" period, China has made great progress in the field of atmospheric environment science and technology, as a result of investigation on formation mechanism of complex pollution as well as pollutant control principles and technology. The integration of the modern means of detection and simulation technology motivated the research of physical structure of the boundary layer and its affection on the transport and diffusion of air pollutant, which has promoted the further innovation of turbulent flow theory. Focused on the key scientific issues, investigation on the complex pollution was carried out in the field of formation mechanism and atmospheric variation by the methods of field observation, laboratory study and numerical modeling calculation. As a result, heterogeneous reaction mechanisms of gas pollutants over particles were elementarily revealed, the mechanisms of new particle nucleation and secondary aerosol formation as well as atmospheric implication were explored, a serious defect was found in the traditional theory of atmospheric photochemical reaction, and basic knowledge on fog chemistry in our country was obtained. China is still facing the critical situation of ozone and fine particle pollution while the impact of complex pollution on public health has drawn little attention in the past years.

Some important breakthroughs have been made in China on key environmental monitoring technologies of atmospheric environment. A comprehensive satellite remote sensing monitoring system for air pollution and a series of key on-line monitoring technologies and equipments have been developed to make a continuous, high time-resolution measurements for gaseous pollutants, particulate matter and chemical compositions. Physics simulation technology has made important breakthroughs in increasing accuracy and elimination of human errors. Numerical modeling technology has also made large achievements on atmospheric environment models and air pollution and climate change coupled models with Chinese characteristics.

In the field of pollution control, technologies on the control of flue gases from fossil-fired power plant, gaseous industrial waste, greenhouse gases, indoor air pollution and district pollution were improved remarkably, together with the development of environmental protection devices.

During the "the 11th Five-year Plan" period, the Chinese government has support 9 national "973" projects, 5 national science and technology support programs, 50 national "863" program, and 132 national natural science foundations, which strongly promoted the development of atmospheric environment scientific research in china. In addition, the programs of air quality improvement for the significant international activities including Beijing Olympic Games 2008, Shanghai Expo 2010, and Guangzhou Asian Games 2011 have also made large achievements.

Written by Chai Fahe,Chen Jianmin,Chen Xiongbo,Chen Yizhen,Fan Shaojia,
Hao Jiming,Liu Yue,Wang Renjie,Wang Tao,Wang Tijian,Wu Zhongbiao,
Ye Xingnan,Zhang Qingzhu,Zhang Yuanhang,Zhao Yuxi,Zhong Liuju,
Zhu Lizhong,Zhu Tong,Zhuang Bingliang

Report on Advances in Solid Waste Treatment

In terms of environmental pollution control, the treatment of waste water, waste gas, soil waste pollution is not the end. The pollution prevention and control of solid waste is largely assumed to bear the final pressure of environmental quality management. Solid waste is both a pollutant "sink" and "source". The achievement of water, air and soil protection could be fundamentally kept and the overall environment quality could be ultimately improved only controlling the environmental risk from solid waste. Therefore, enhancing the level of solid waste pollution prevention and control is an important guarantee to the overall environment quality improvement of water, air and soil. Currently, the pollution prevention and control of solid waste is at the stage of green transformation development. Serious challenges and problems are faced. The report systemically described the research progress, industrial applications and research capacity building in the field of solid waste disposal. The future prospects and trends were made about the treatment and disposal of solid wastes, especially for hazardous waste, electronic waste, waste from mining, dressing and smelting, sewage sludge, municipal solid waste, municipal solid waste incinerator fly ash and biomass waste.

Written by Hu Hualong, Zhang Junli, Shao Chunyan, Li Jinhui, Zhou Lianbi, Zhao Youcai, Wang Wei, Wang Qunhui, Li Rundong, Zheng Lei, Li Xiujin

Report on Advances in Environmental Biology

During "the 11th Five-year Plan", environmental biology have achieved rapid development in both theoretical and practical fields along with the advance of research concepts and improvement of analytic techniques, which have provided science and technology supports to the development of environmental protection in our country. In the report, the present application of environmental biotechnology in ecological restoration, environmental monitoring, resources protection and so on, as well as the research progress on theories and techniques in the field of environmental biology, is summarized. In the field of basic theories, the theory of multiple stable states in shallow lakes, the theory of nutrient limitation, the physiologic and ecologic mechanisms of allelopathy are introduced. In the field of technology innovation, remediation techniques of sediments, techniques for aquatic plant reconstruction, techniques of aeration/external carbon sources addition/ grade combination of substrates in constructed wetland, techniques for selection /isolation/identification techniques of allelochemicals, are introduced. Finally, the construction of experiment platform for environmental biology is elaborated, and the development trend of environmental biology is also predicted, which will provide theoretic guidance for the development of environmental biology in "the 12th Five – years Plan".

Written by Liang Wei, Zhou Qiaohong, Liu Biyun, Gao Yunni, Wang Yafeng, Wu Junmei, Dai Yanran, Zhang Ting, Ge Fangjie, Liang Xue, He Xiaofang

Report on Advances in Environmental Acoustics

Environmental acoustics is the study of the sound environment and its interaction with human activities, including sound generation, transmission, reception and its effects. And it is playing more and more important role in practice of environmental protection. Remarkable achievements have been made in China upon the accomplishment of "the 11th Five-year Plan", for example environmental noise laws and standards, active noise control, micro-perforated panel absorber, and acoustic diode are still in the international advanced level. However, the basic researches are rather insufficient, such as that acoustic simulation, noise subjective evaluation, noise maps, distributed network monitoring system. The insight and financial support are needed to increasing support in the future layout of disciplines. In the report, the latest progress in theoretical system, relevant technology innovation, and capacity building were reviewed, while the overall trend in development strategy for environmental acoustics was also discussed.

Written by Tian Jing, Lv Yadong, Zhang Bin, Yang Jun, Di Guoqing, Jiao Fenglei, Gu Xiaoan

Report on Advances in Environmental Chemistry

Environmental chemistry is a branch of environmental sciences that deals with the origins, transport, reactions, effects, and fates of chemical species in the water, air, earth, and living environments and the influence of human activities thereon. As the most useful tool of risk characterization and pollution control, environmental chemistry plays a key role in risk control of potential contaminants. Remarkable achievements have been made in China upon the accomplishment of "the 11th Five-year Plan", and comparatively complete discipline framework has also been established. However, there is serious uneven development of different branches of environmental chemistry. The qualified experts in theoretical environmental chemistry and process mechanism of environmental pollution are rather insufficient, and insight into the micro-level rule underlying the environmental toxicological chemistry is needed. Obviously, more attention should be paid on the rational layout of the environmental chemistry discipline. In the present paper, latest progress in theoretical system, relevant technology innovation, and capacity building was reviewed, while the overall trend in development strategy for environmental chemistry was also discussed.

Written by Zhang Aiqian, Zheng Minghui

Report on Advances in Environmental Geoscience

Based on the object of human-environment system, environmental geoscience is one branch of environmental sciences that deals with its development, composition and formation, regulation and control as well as the law of transformation and use. The influence and feedback human activities having brought about on the earth environment and climate, and the harmonious relationship between human and nature, is paid more attention. Innovative and high technology is widely used in analysis and testing, observation and monitoring as well as computer simulation, which provides strong technical support for the development of environmental geoscience. From 2006 to

2010, remarkable achievements have been made in environmental geological research. In this paper, research contents, development trends, research methods and technology development were reviewed, meanwhile, leading edge subjects in different space scales are stated, which are global environmental changes, watershed environmental risk and urban ecological system simulation. Finally, scientific problems of environmental geoscience requiring immediately solution are pointed out.

Written by Yang Zhifeng, Liu JingLing, Zhang Jun, Yan Jinxia, Xu Lei, Li Yi

Report on Advances in Environmental Law

"The 11th Five - years Plan" was the time that bridged the past and the future for the development of environmental law. The scholars obtained plentiful and substantial theoretical research productions on the basic theories of environmental law, polluting prevention and natural conservation. The research subjects were covered with all important topics in environment law. The whole subject became more flourishing through improving the theoretical level, expanding the research field, perfecting the research methods and communicating with other subjects. During "the 11th Five-year Plan", the progress of research on basic theory of environmental law could be summarized as hundred schools of flowers blooms together and hundred schools of thought contend. Environmental law scholars had invested considerable academic enthusiasms in such fields as philosophy, legal system, principles, basic institutions, and right theory systems and legal responsibility. On the other hand, the reflections and contentions of the current theories of environmental law had become noticeable research styles.

During "the 11th Five-year Plan", the research on environmental legal systems and practices focused on the important environmental legislation in national level, such as the enactment and amendment of Property law, Tort Law, Energy Law, Renewable Energy Law, Law of Prevention and Control on Water Pollution. Meanwhile, the legislation of ecological conservation became a new hot research topic quickly, which specially emphasized the legislation of Biological safety and Ecological Compensation and Natural Reservation. Furthermore, the basic theories of international environmental law got a standing advancement. The common consensus was reached in the field of ideas and fundamental principles and implement mechanisms of international environmental law.

During "the 11th Five-year Plan", the problems in the development of environmental law were as follows: research of basic theory were weak, there were no unified paradigm; the research process lacked the continuity, more repetitive research, less groundbreaking results; there were less integrative studies, research results were scattered; there were less dialogues among other subjects of law, cross-disciplinary research needed to be improved.

During "the 12th Five-year Plan", around the state's major environmental legislations, law enforcements and judicial activities, the trends of environmental law research include: research on basic theory will be strengthened to form an unique paradigm; the discipline systematization will be promoted, and new subject knowledge structure will come out; research scope will be expanded to fill the gaps, and the research on legislative countermeasures will increase; the hot topics will be taken as the link with other disciplines to enhance interactions and communications.

Written by Wang Canfa, Wang Mingyuan, Lin Yanping, Wang Shekun, Li Yanfang, Wang Jing, Zhu Xiao, Hu Jing, Hou Jiaru, Yuan Wei, Fu Xueliang, Dong Yan, Pang Qing, Cao Wei

Report on Advances in Environmental Planning

In "the 11th Five-year Plan" period, a number of research results which support for the implementation of the integrate planning of environmental protection and the special planning have been published. The development and construction of environmental planning discipline have been in the accelerated period, various fields in it have made considerable progress. In the five years, environmental planning and development have showed the following characteristics：

（1）A great change occurred in the concept of environmental planning idea. In "the 11th Five-year Plan" period, there was a big change in the idea of some basic theory and research methods for environmental planning, such as sustainable development theory, concept of circular economy, systems theory of human and geography, ecological principles, environmental carrying capacity, environmental science and policy, etc. It started from the thinking of static target type to the thinking of dynamics way of process-control, form the mandatory method to the economic-oriented way from the rigid planning methods to flexible one, which leaded environmental planning development.

（2）Environmental planning system tended to complete. In "the 11th Five-year Plan" period, environmental planning covers the range of water, air, soil, ecological environment and all the traditional elements, and began the extension of environmental risks, toxic and hazardous substances and other non-traditional areas. The executive level of planning expanded to towns and villages and gradually to micro-units such as garden and business on base of the four level of national, provincial, city and county. Continuous innovation came up in integrated and cross-field environmental planning as the regional and basin-scale river basin.

（3）The whole process of control system for Environmental planning of the "preparation – implementation – evaluation – feedback" came to further improve. In "the 11th Five-year Plan" period. All levels have established evaluation mechanisms for assessment of environmental planning from national to local. The report of the National Environmental Protection Mid-term Evaluation of "the 11th Five-year Plan" which passed through the standing committee of state council Executive Meeting of the State Council especially promoted the implementation of the planning and improved the scientific and manipulative property of the planning.

（4）More emphasis on environmental planning had more concern on the integration and coordination of society and economic development. In "the

11th Five-year Plan" period, economic development regulation-control and environmental protection had been closely integrated by the strict implementation of binding index of major pollutants (COD, SO_2) emissions. Pollution control and economic policy was used respectively in industry which contributed big to the reduction of pollution. The character of cross-disciplinary, marginal, and applied sciences feature became more outstanding.

(5) Environmental planning had more concern on space guidance and floor controls. In "the 11th Five-year Plan" period, the concept of optimizing regional development space in use of environmental space became increasingly important. Ecological function zoning, environmental function zoning made continuous development. Division management policy began to come.

Environmental planning research was flourishing and discipline grew rapidly. They reflected in: ① disciplines construction, in "the 11th Five-year Plan" period, capacity-building of environmental planning construction as planning institutes, academic settings, training of master and doctor made considerable progress, ② the quality of research, in this period, Chinese scholars of environmental planning had published literature and documents more than the one totally in the past 10 years. ③Research methods. At this time, technical methods of environmental planning were improving continuously, some research tools such as geographic information systems, computer systems, mathematical and economic models and other models, technical methods of environmental planning became the major one.

There were also some major problems for environmental planning discipline. ①Environmental planning had strong crossing character and utility but weak fundamental research. Technical methods system needed urgent improvement and wide use. ②Environmental planning had close relationship with economic development, social development. The planning system and the management, establishment and implementation mechanism of it were still not perfect. Technical methods cannot support the development needs of environmental planning. ③ The technical approach focused more on the micro-scale study and it had not close interface with the economic and social coordination and industry at macro-scale. The study of planning area character was not enough, Cost-effective quantitative analysis of policy mechanism was weak. ④ The situation of environmental planning training was not optimistic. Professional Paper publishment about environmental planning had inherent disadvantages, The number of master and doctor was limited.

In "the 12th Five-year Plan" period, the ministry of Environmental Protection Plan of China promotes four strategic tasks of deepening emission reduction to promote green development, improving environmental quality to protect livelihood, avoiding environmental risks to make it safe, and impelling environmental basic public services to promote the balance development. The field of environmental planning will be further upgraded. The strategic, systematic, scientific, operational requirements of the planning will further. The discipline development of environmental planning will focus more on the following in the future. ① Environmental protection and environmental planning should adapt new requirements at new era. The research of basic theory and technique methodology should be strengthened and the theoretical methods and technology system of environmental planning should be completed. ② Technology method research that in close connection with social and economic development such as environmental impact, environmental effects, environmental-economic situation analysis, prediction of quantitative assessment should be strengthened. ③Combined with regional and space, strengthen the technical methods of research such as space control, zoning classification, pollution reduction and environmental quality improvement mechanisms of environmental planning and etc. ④Strengthen the research in environmental risk control, environmental safety management, basic public services about environment and other field. ⑤Strengthen capacity construction as the professional environment, environmental planning institutes. Give more support on basic and applied research projects about environmental planning.

Written by Wu Shunze, Wan Jun, Li Xin, Liu Yong

Report on Advances in Environmental Economics

From 2006 to 2010, certain progress had been made in the field of environmental economics, both on the research of theories and methods and their application in management practice in China. In theory research, such fundamentals as public goods, property right theory and polluters pay principle were further developed and become the guidelines and principles of formulating new environmental economic policies. Many results had been made in the research of modeling the relationship between environment and economic and energy growth, aiming at exploring the rule and path of sustainable economic growth. Though many empirical studies on the hypothesis of environmental Kuznets curve were conducted, no consistent results were made as to the hypothesis that the environmental quality would be improved with the development of economy. Green economy and low carbon economy have become new hot words. There is no significant progress being made in the study of normative methodology for environmental economics. However, there is a quite fruitful results on the empirical studies. Wide use of quantitative methods has characterized the development trend of the study of environmental economics. In the aspect of practice, some environmental economic policies, such as nature resources price policy, environmental tax (fee) policy, and ecological compensation policy are moving faster, and pilot implementation is being conducted extensively at the local level in China.

In the past five years, the subject of environmental economics has got great development. At present, there are 28 universities having doctor program, and 76 having master program on environmental economics. In addition, there are 40 influential research teams of environmental economics working in key universities and research institutions under government departments, such as MEP and NDRC, etc.

Looking into the future, the theory system of environmental economics needs to be improved by learning from other subjects; quantitative technologies would be used more often in formulating and implementing environmental economic policies;

environmental economic policies would occupy an increasingly important position in environmental management in China; During "the 12th Five-year Plan" period, the environmental economic polices focus on "four areas" and "two mechanisms", that is: improving the environmental economic policies in the areas of taxation and fees, pricing, finance, and trade; establishing the mechanisms of the ecological compensation and emission trading. There is a great room for promoting the position of environmental economics subject and enhancing the innovation capability of researchers.

Written by Li Hongxiang, Li Na, Cao Ying

Report on Advances in Environmental Management

In the period of "the 11th Five-year Plan", great progress has been made in the research on environmental management, especially on environmental administrative policy, method and other related researches. In this report, we reviewed the progress made in the research on the institutional system of environmental management, the research and practices on the policies and measures for pollution reduction, and the research on urban environmental management. The main contents of this report include: first, regarding the administration system of environmental management, the Ministry of Environmental Protection was set up by the State Council in 2008, which on one hand strengthened the responsibility to take part in the decision-making of national socio-economy development and macro-level control, and the mechanism and capacity of environmental management has been continuously improved and strengthened. On the other hand, the major problems in the administration system of environmental management had been studied in a broad and deep manner, and the reform and innovation measures for local environmental management system had been emerging. Second, in the research on pollution reduction, with focus on the main areas of pollution reduction, progresses have been made in the national and local pollution reduction policy researches, which provided an important basis for establishing and improving the pollution reduction policy system. Third, in the urban environmental management research, the exploration and practical application of theories, new methods and new technologies had been promoted through the deepening of the activities and policies on total emission control, energy conservation and pollution reduction, strengthening of the construction and operation level of urban environmental infrastructures, categorized guidance and integration of urban and rural areas in urban environmental management, and deepening of the work on the "Quantitative Assessment of the Comprehensive Management of Urban Environment" and "Establishment of National Model City for Environmental Protection". This report summarized the above-mentioned progresses in the researches on environmental management and proposed the major areas of future research and its strategic needs.

Written by Wen Qiuxia, Tian Chunxiu, Li Xuan,

Shen Xiaoyue, Song Xuna, Xia Guang

Report on Advances in Ecological and Natural Conservation

Ecological and natural conservation research has experienced important progress since the beginning of the 21st century. A series of hot scientific themes have aroused much attention of the academic realm such as biodiversity and ecosystem functioning, ecosystem management, ecological risks and ecological security, the ecological responses and effects of global change. The general trend of contemporary ecological research is multidimensional and can be summarized as deepening the scientific under standing on ecological mechanisms, ecosystem monitoring and modeling across spatiotemporal scales, integrative ecosystem assessment and management with consideration of both socioeconomic and biophysical factors. The socioeconomic development in China is faced with serious challenges for the limited natural resource reserve and disturbing environmental problems. In response to these challenges, large scale ecological conservation and restoration project s have already been implemented across the country, for which many scientific questions in ecosystem research are urgently needed for resolution. This report proposed some priority areas and important directions for ecological and natural conservation science in China based on the integrative analysis of the trends and frontiers of international level ecological research and the practical needs for the relationship between environmental and development in China.

Written by Wu Jianyong, Zhou Kexin, Zhao Fuwei, Guo Jixi, Xue Dayuan

Report on Advances in Agro-ecological Environment

During the period of "the 11th Five-year Plan", the mainly research in agro-ecological environment was focused on the agro-ecological environment digital information system, agro-ecological environmental monitoring, the agro-environmental protection methods and policies etc. With the rapid development of technology, a lot of modern devices such as GIS models etc. have been applied in the agro-ecological environment studies. Agricultural environment protection, in China has made considerable progress in the basic agricultural environment science theory innovation, and the innovation of agricultural environment protection technology and industrialization, as well as in the agricultural environment protection policy guarantee mechanism. Agricultural environment protection has been more powerful and prosperous.

The global climate change which due to a variety of factor, caused some impacts of agricultural environment. There are always some problems to adjust to the changing environment, whether from a favorable or adverse influence. With the prominent effects of global change, the agriculture scholars have taken note of global change on the influence of the agro-ecological environment. Studying on the relationship between climate change and the agro-ecological environment is the need and trends of the era.

The PRC Ministry of Environmental Protection, National Bureau of Statistics, Ministry of Agriculture jointly issued "The First National Survey of Pollution Sources Bulletin" in 2010. The bulletin shows that the agricultural non-point pollution accounts for 1/3 to 1/2 of the total amount of pollution. And it has become a significant source of water, soil and air pollution. It is the primary task for agro-ecological researchers to study on the way to achieve energy conservation and emission reduction, control the agricultural non-point pollution, ensure the food safety and realize the sustainable development of agriculture.

Written by Feng Zhaoyang, Zhang Linbo, Shang Honglei,
Han Yongwei, Shu Jianmin

Report on Advances in Marine Environmentology

In the last five years, many research projects funded by the National Basic Research Program of China and by the State Key Program of the National Science Foundation of China have been carried out, aiming to improve or prevent deterioration of transitional (estuaries) or coastal waters coastal waters of the state of the environment and to assess the impact of climate change on marine ecosystem and on environments. Preliminary study ecologically and oceanographically revealed the formation mechanism of large scale red tide, set up the general layout of the theory system for marine ecosystem dynamics in the coastal ocean of China, advanced the basic studies on the process and mechanism of marine environment evolution, and deepened the understanding of the role that the interfaces (river-sea interface, air-sea interface, sediment-water interface, organisms-water interface) play in the formation and development of the marine problems, and intensively investigated the exchange capacity of coastal and gulf waters and the environmental carrying capacity of typical pollutants.

Refer to the construction of academic subjects, disciplines involving marine science and platform for research innovation had been founded around the central task of establishment of the state innovation system, additionally national research organizations on coastal zone study have been founded. Refer to the construction of research platform, substantial progress had been made in the implementation of the Qingdao National Research Center for

Marine Science and Technology, and many national key laboratories researching on the marine environment and concerning research areas had been constructed or even had already passed the acceptance check.

Written by Guo Huiwang, Gao Zengxiang, Li Aifeng, Shi Jie, Zong Yu, Pan Jinfei, Li Zhengyan, Li Jin, Tian Weijun, Qi Jianhua, Zhang Yuemei, Chen ShangZhang Xueqing

Report on Advances in Environmental Medicine and Health

During 2006—2010, China's environmental pollution and health has made great progress, especially in the health effects of vehicle exhaust pollution, health impacts of climate change and has made a very gratifying results. In a number of key projects of National Natural Science Foundation, National Natural Science Foundation, the National Technology Support Program, National Basic Research "973" Program of China, National Basic Research "863" Program of China, the State Department of Environmental Protection, Ministry of Health and the World Health Organization, the U. S. Chinese Medical Association, Japan Chinese Society and many other environmental and health projects funded to carry out a lot about the health effects of environmental pollution, especially particulate matter air pollution on health effects research, some research has been recognized and their foreign counterparts highly. Vehicle exhaust pollution for the city growing reality, build a vehicle exhaust pollution exposure assessment model, the establishment of population health impact assessment of motor vehicle exhaust technology; for most of our urban particulate pollution, especially fine particulate matter pollution in serious condition, to carry out a large number of atmospheric fine particulate matter on human health effects research and laboratory studies, further revealed the atmospheric fine particulate matter on the crowd respiratory and cardiovascular system, and take advantage of the professional characteristics of the site investigation and laboratory studies combined, were used in vivo and in vitro methods, initially to clarify the atmospheric fine particles on the respiratory system and cardiovascular system toxicity mechanism.

Written by Deng Furong, Huang Jing, Hao Yu, Wu Shaowei, Guo Xinbiao

Report on Advances in Soil and Groundwater Pollution Control

Based on the analysis of key requirements in the national socioeconomic development, environmental protection and sustainable utilization of natural resources, this study provides a systemic summary of major theoretical, technological, and methodological milestones, as well as challenges, opportunities, and future trends in the discipline of soil and groundwater environmental sciences. It was noteworthy that this growing discipline has become an important foundation for socioeconomic development and environmental security, and is receiving increasing attention from the national level, and facing significant development opportunities. Based on a review of the development in soil and groundwater related environmental sciences and technologies during "the 11th Five-year Plan" period (2006—2010), important research achievements are identified in both fundamental, theoretical innovations and applied methodological breakthroughs spurred by the national strategies for environmental protection and development of environmental science and technology. On the theoretical front, there have been significant innovations accomplished related to contamination chemistry, interfacial and ecological processes of mass transfer, ecological toxicity and microbial ecological effects, water contamination dynamics, and microbial geography. On the applied front, by developing technologies, methods and equipments, key breakthroughs have been achieved in numerical simulation of multiple-phase fluid kinetics in heterogeneous media, development of chemically and biologically active materials for contaminant remediation, risk exposure and risk characterization-based environmental risk assessment and uncertainty analysis, environmentally friendly biological remediation materials development, and contaminant control and remediation technologies, all of which have significantly elevated the capability and level of soil and groundwater environmental restoration in China. After an analysis of the development strategies for environmental sciences in "the 12th Five-year Plan", specific national research programs, and major national initiatives, as well as overall progress in soil and groundwater environmental sciences, this study further articulates the key requirements in soil and groundwater environmental sciences, and identifies the future directions in specific areas, including soil science and technology groundwater field experiment, groundwater pollution modeling, microbiological theory and technology, and polluted site remediation.

Written by Li Guanghe, Luo Yongming, Wu Jichun, Zheng Chunmiao

Report on Advances in Persistent Organic Pollutants Pollution Control

The Stockholm Convention on Persistent Organic Pollutants (POPs) was adopted in 2001. During past ten years, 22 chemicals or chemical categories have been listed as POPs in the Stockholm Convention. POPs is a very hot research topic nationally and globally. Now, under the Stockholm Convention, more than 170 countries/regions are making great efforts to control or eliminate POPs to protect the human health and ecosystem security. During "the 11th Five-year Plan" period, remarkable achievements have been made in China on the analytical methods, occurrence in multiple environment, fate and transport, emission reduction, degradation and disposal technologies, policy and regulation related to POPs. In the mean time, the government management institutions, universities, and research institutes established quite a few POPs analysis laboratories equipped with advanced instruments. The annual conference "China POPs Forum" and website "China POPs Network" were developed for enhancing communication, cooperation among researchers, officials and industry people in POPs areas. In this report, latest progress in POP-related theoretical system, science and technology innovation, and research capacity building was reviewed. The development in the science and technology in the area of POPs contributed China's implementation of the Stockholm Convention. The overall trend in development strategy for POPs was also discussed.

Written by Wang Bin, Yu Gang

Report on Advances in Environmental Criteria and Standards

During "the 11th Five-year Plan" period, environmental criteria and standards research obtained great progress in China. China's environmental criteria study started relatively late with weak foundation. In recent years, the environmental criteria research in China has been gradually strengthened, a number of "973" projects and special water major projects environmental criteria study research have been carried out result in a series of achievements in scientific research. China's environmental standard system framework was preliminary established. The environmental protection standard system was constructed with high speed, a total of 502 standards were issued, at the end of "11th Five-year Plan" period, more than 1300 standards were issued. The environmental quality standard, pollutant discharge (control) standards, environmental monitoring standard as the core of the environmental protection standard system has been basically established, national environmental standard system framework has been formed. In addition, the environmental quality standards and emission standards methodology also obtained great progress, standardized and guided the formulation of related standards research.

During "the 12th Five-year Plan" period, China will continue to increase environmental criteria study support dynamics, in order to give more reference to establish our own environment criteria system. The environmental protection standards should be in accordance with the "strengthen pollution reduction, improve the quality of the environment, and prevent environmental risks" overall demand, deepen standard system top design, coordinate the relationship between standard, strengthen standard method and the implementation mechanism and benefit evaluation method as the key point, and actively adapt to national economic and social development and environmental protection need, promote the environmental protection standards.

Written by Wang Zongshuang, Wu Fengchang, Wu Xuefang, Zhou Yuhua, Cai Mulin

Report on Advances in Environmental Impact Assessment

The report introduces the basic concept and the development of EIA. It uses typically analyzed cases to demonstrate the building of laws and rules and the theoretical and methodological development of SEA and project-EIA during "the 11th Five-year Plan". At the same time, it also lays out the future direction of EIA development.

Written by Zhu Tan, Hu Xuehai, Dai Wennan, Duan Feizhou

Report on Advances in Environmental Monitoring

Environmental monitoring subject developed rapidly in "the 11th Five-year Plan" period. In this report, five aspects, which were basic and applying research, advances in technology, achievements and application, capacity building, and trend, were discussed to clarify the development in the five years. In the part of basic and applying research, the development on Environmental Monitoring Early Warning System, Space-Earth Integration of Environmental Monitoring, Urban-rural Integration of Environmental Monitoring and Regional Interaction of Environmental Monitoring were described in detail. In the part of advances in technology, research progress on scientific research for tackling, system platform of data, quality management system, automated continuous technology and expression of monitoring results were described in detail. The part of capacity building described the development of periodical, talent training and basic facility. In the part of environmental monitoring trend, basic research, optimization research on guarantee system, standard specification research, research of new technology and new technique, research of International Implementation Monitoring method system, research of basic facility, and construction of law system were described in detail.

Written by Wang Guang, Wang Yeyao, Li Mingxuan, Wang Taiming, Zhang Di

Report on Advances in Nuclear Energy and Nuclear Technology

The report presents the general situation of the utilization of nuclear energy and nuclear technology in China and the brief research progression of the nuclear and radiation safety technology in the world. Considering the actuality of our country, this report suggests the main research aspect of nuclear and radiation safety technology in the future. And also the report introduces the history of nuclear safety regulation in China and gives some suggestion with the expectation of enhancing the nuclear and radiation safety regulation.

Written by Li Bin, Kang Yufeng, Chen Xiaoqin, Yang Lili, Zhang Qinghua

Report on Advances in Vehicle Emission Control

The control of vehicle emission is an integrated technology system, and is composed of manufacturing technology of engine, clean fuel technology, aftertreatment technology, emission test technology, and so on. In the period of "the 11th Five-year Plan", some progresses in the above fields were made by Chinese researchers, but compared with the world advanced level, we still have a long way to go. This report summarized the progresses of the methods and technologies made during 2006—2010 year in this area, and looked forward to the researching and developing works of the next stage.

Written by Li Kai, Xie Shuxia, Zhon Zexing, Bao Xiaofeng

本书的出版得到了国电科技环保集团股份有限公司的支持。在此表示感谢!